国家卫生和计划生育委员会"十二五"规划教材
全国高等医药教材建设研究会"十二五"规划教材
全国高等学校制药工程、药物制剂专业规划教材
供制药工程、药物制剂专业用

制药工艺学

主 编　赵临襄　赵广荣

副主编　方 浩　王 凯　尚振华

编 者（以姓氏笔画为序）

王 凯（武汉工程大学化工与制药学院）

王 欣（辽宁大学药学院）

方 浩（山东大学药学院）

刘 丹（沈阳药科大学）

沈广志（牡丹江医学院）

张 静（郑州大学化工与能源学院）

张为革（沈阳药科大学）

张业旺（江苏大学药学院）

尚振华（河北科技大学化学与制药工程学院）

赵广荣（天津大学化工学院）

赵临襄（沈阳药科大学）

曹正宇（南京制药厂有限公司）

人民卫生出版社
PEOPLE'S MEDICAL PUBLISHING HOUSE

图书在版编目(CIP)数据

制药工艺学/赵临襄,赵广荣主编. —北京:人民卫生出版社,2014

ISBN 978-7-117-18703-9

Ⅰ.①制… Ⅱ.①赵…②赵… Ⅲ.①制药工业-工艺学-高等学校-教材 Ⅳ.①TQ460.1

中国版本图书馆 CIP 数据核字(2014)第 031630 号

人卫社官网	www. pmph. com	出版物查询,在线购书
人卫医学网	www. ipmph. com	医学考试辅导,医学数据库服务,医学教育资源,大众健康资讯

制药工艺学

主　　编:赵临襄　赵广荣

出版发行:人民卫生出版社 (中继线 010-59780011)

地　　址:北京市朝阳区潘家园南里 19 号

邮　　编:100021

E - mail:pmph @ pmph. com

购书热线:010-59787592　010-59787584　010-65264830

印　　刷:北京铭成印刷有限公司

经　　销:新华书店

开　　本:787×1092　1/16　印张:25

字　　数:624 千字

版　　次:2014 年 5 月第 1 版　2024 年 2 月第 1 版第 12 次印刷

标准书号:ISBN 978-7-117-18703-9/R·18704

定　　价:40.00 元

打击盗版举报电话:010-59787491　E-mail:WQ @ pmph. com
(凡属印装质量问题请与本社市场营销中心联系退换)

出 版 说 明

《国家中长期教育改革和发展规划纲要(2010-2020年)》和《国家中长期人才发展规划纲要(2010-2020年)》中强调要培养造就一大批创新能力强、适应经济社会发展需要的高质量各类型工程技术人才,为国家走新型工业化发展道路、建设创新型国家和人才强国战略服务。制药工程、药物制剂专业正是以培养高级工程化和复合型人才为目标,分别于1998年、1987年列入《普通高等学校本科专业目录》,但一直以来都没有专门针对这两个专业本科层次的全国规划性教材。为顺应我国高等教育教学改革与发展的趋势,紧紧围绕专业教学和人才培养目标的要求,做好教材建设工作,更好地满足教学的需要,我社于2011年即开始对这两个专业本科层次的办学情况进行了全面系统的调研工作。在广泛调研和充分论证的基础上,全国高等医药教材建设研究会、人民卫生出版社于2013年1月正式启动了全国高等学校制药工程、药物制剂专业国家卫生和计划生育委员会"十二五"规划教材的组织编写与出版工作。

本套教材主要涵盖了制药工程、药物制剂专业所需的基础课程和专业课程,特别是与药学专业教学要求差别较大的核心课程,共计17种(详见附录)。

作为全国首套制药工程、药物制剂专业本科层次的全国规划性教材,具有如下特点:

一、立足培养目标,体现鲜明专业特色

本套教材定位于普通高等学校制药工程专业、药物制剂专业,既确保学生掌握基本理论、基本知识和基本技能,满足本科教学的基本要求,同时又突出专业特色,区别于本科药学专业教材,紧紧围绕专业培养目标,以制药技术和工程应用为背景,通过理论与实践相结合,创建具有鲜明专业特色的本科教材,满足高级科学技术人才和高级工程技术人才培养的需求。

二、对接课程体系,构建合理教材体系

本套教材秉承"精化基础理论、优化专业知识、强化实践能力、深化素质教育、突出专业特色"的原则,构建合理的教材体系。对于制药工程专业,注重体现具有药物特色的工程技术性要求,将药物和工程两方面有机结合、相互渗透、交叉融合;对于药物制剂专业,则强调不单纯以学科型为主,兼顾能力的培养和社会的需要。

三、顺应岗位需求,精心设计教材内容

本套教材的主体框架的制定以技术应用为主线,以"应用"为主旨甄选教材内容,注重学生实践技能的培养,不过分追求知识的"新"与"深"。同时,对于适用于不同专业的同一课程的教材,既突出专业共性,又根据具体专业的教学目标确定内容深浅度和侧重点;对于适用于同一专业的相关教材,既避免重要知识点的遗漏,又去掉了不必要的交叉重复。

四、注重案例引入,理论密切联系实践

本套教材特别强调对于实际案例的运用,通过从药品科研、生产、流通、应用等各环节引入的实际案例,活化基础理论,使教材编写更贴近现实,将理论知识与岗位实践有机结合。既有用实际案例引出相关知识点的介绍,把解决实际问题的过程凝练至理性的维度,使学生对于理论知识的掌握从感性到理性;也有在介绍理论知识后用典型案例进行实证,使学生对于理论内容的理解不再停留在凭空想象,而源于实践。

五、优化编写团队,确保内容贴近岗位

为避免当前教材编写存在学术化倾向严重、实践环节相对薄弱、与岗位需求存在一定程度脱节的弊端,本套教材的编写团队不但有来自全国各高等学校具有丰富教学和科研经验的一线优秀教师作为编写的骨干力量,同时还吸纳了一批来自医药行业企业的具有丰富实践经验的专家参与教材的编写和审定,保障了一线工作岗位上先进技术、技能和实际案例作为教材的内容,确保教材内容贴近岗位实际。

本套教材的编写,得到了全国高等学校制药工程、药物制剂专业教材评审委员会的专家和全国各有关院校和企事业单位的骨干教师和一线专家的支持和参与,在此对有关单位和个人表示衷心的感谢!更期待通过各校的教学使用获得更多的宝贵意见,以便及时更正和修订完善。

全国高等医药教材建设研究会

人民卫生出版社

2014 年 2 月

序号	教材名称	主编		适用专业
1	药物化学 *	孙铁民		制药工程、药物制剂
2	药剂学	杨 丽		制药工程
3	药物分析	孙立新		制药工程、药物制剂
4	制药工程导论	宋 航		制药工程
5	化工制图	韩 静		制药工程、药物制剂
5-1	化工制图习题集	韩 静		制药工程、药物制剂
6	化工原理	王志祥		制药工程、药物制剂
7	制药工艺学	赵临襄	赵广荣	制药工程、药物制剂
8	制药设备与车间设计	王 沛		制药工程、药物制剂
9	制药分离工程	郭立玮		制药工程、药物制剂
10	药品生产质量管理	谢 明	杨 悦	制药工程、药物制剂
11	药物合成反应	郭 春		制药工程
12	药物制剂工程	柯 学		制药工程、药物制剂
13	药物剂型与递药系统	方 亮	龙晓英	药物制剂
14	制药辅料与药品包装	程 怡	傅超美	制药工程、药物制剂、药学
15	工业药剂学	周建平	唐 星	药物制剂
16	中药炮制工程学 *	蔡宝昌	张振凌	制药工程、药物制剂
17	中药提取工艺学	李小芳		制药工程、药物制剂

注:* 教材有配套光盘。

5

全国高等学校制药工程、药物制剂专业
教材评审委员会名单

主任委员

尤启冬　中国药科大学

副主任委员

赵临襄　沈阳药科大学
蔡宝昌　南京中医药大学

委　　员（以姓氏笔画为序）

于奕峰　河北科技大学化学与制药工程学院
元英进　天津大学化工学院
方　浩　山东大学药学院
张　珩　武汉工程大学化工与制药学院
李永吉　黑龙江中医药大学
杨　帆　广东药学院
林桂涛　山东中医药大学
章亚东　郑州大学化工与能源学院
程　怡　广州中医药大学
虞心红　华东理工大学药学院

前　言

为适应全国高等学校制药工程、药物制剂专业的教学需求,更好地满足制药工业对高质量工程型人才的需求,全国高等医药教材建设研究会、人民卫生出版社组织编写了国家卫生和计划生育委员会"十二五"规划教材《制药工艺学》。

制药工艺学课程是制药工程、药物制剂专业的专业核心课程,课程内容涉及化学制药工艺学、生物制药工艺学、中药和天然药物制药工艺学和药物制剂工艺学的研究内容。通过对该课程的学习,学生应在掌握基本理论的基础上,理论联系实践,对原料药和制剂的生产工艺进行深入了解和剖析,培养分析和解决制药工业生产中实际问题的能力。

本教材紧密结合国内外制药工业的发展现状和发展趋势,以阐述原料药及其制剂研发与生产中的制药工艺学问题为主线,分别介绍了化学药物、生物制品、中药和天然药物等原料药制药工艺学的研究内容和方法,并对原料药及其制剂研发与生产中涉及的中试放大与物料平衡、药品生产质量管理与控制以及安全生产与环境保护等共性问题进行了综合性总结。

本教材具有以下特点:

1. 系统阐述原料药及其制剂研发与生产中的工艺研究内容和研究方法,反映制药工艺学的发展水平,力求一定的广度和深度。

2. 反映了制药工艺学的新概念和新进展,例如化学合成工艺路线的设计和选择中的绿色度和原子经济性,化学合成工艺优化研究中的工艺过程控制和实验设计;又如在介绍发酵工程制药工艺的基础上,重点总结基因工程制药和动物细胞制药工艺。使学生能及时更新知识,拓宽知识面,了解并跟上制药工艺学的前沿发展。

3. 增加药品注册管理和药品生产管理方面的法律法规,有关新药注册方面的要点,如晶型研究、杂质研究、溶剂残留、GMP 厂房设计要点等,使教材内容更加贴近岗位实际。

本教材编写委员会由教学一线的教师和制药企业的行业专家组成。第一章由沈阳药科大学赵临襄编写,第二章由沈阳药科大学张为革编写,第三章由辽宁大学王欣编写,第四章由沈阳药科大学赵临襄和南京制药厂有限公司曹正宇编写,第五章由沈阳药科大学刘丹编写,第六章和第七章由天津大学赵广荣编写,第八章由郑州大学张静编写,第九章由牡丹江医学院沈广志编写,第十章由江苏大学张业旺编写,第十一章由山东大学方浩编写,第十二章由武汉工程大学王凯编写,第十三章由河北科技大学尚振华编写。全书由赵临襄和赵广荣任主编。

本教材作为高等院校制药工程专业和药物制剂专业的专业课教材,有助于推动专业课程建设,建立和提升与市场经济接轨的人才培养体制,培养应用型、创新型和复合型专门人才。本教材也可供从事制药工程和药物制剂及相关学科领域的科研人员、大专院校教学人员、研究生以及高年级本科生阅读。

由于我们学识有限,编写制药工艺学教材方面经验不足,资料选材上有一定的局限性,教材内容与工业生产也有一定的差距,恳请各校同仁使用时提出宝贵意见和建议,以备进一步完善。

编　者

2014 年 2 月

目 录

第一章　绪　　论

制药工艺学(pharmaceutical process)是在药物研发和生产过程中,对原料药及其制剂的制备工艺进行设计和研究,实现制备工艺过程经济、安全、高效的一门科学;也是研究工艺原理和工业生产过程,制订生产工艺规程,实现制药生产过程最优化的一门科学。本章以世界制药工业的发展现状和发展趋势为基础,总结我国医药工业的现状和发展前景,介绍药品管理与质量控制法律法规。

第一节　概　　述

药物是对失调的机体呈现有益作用的化学物质,包括有预防、治疗和诊断作用的物质;药品是防病治病、保护健康必不可少的重要物品,也是一种特殊商品。制药工艺学涵盖化学制药工艺学、生物制药工艺学、中药和天然药物制药工艺学和药物制剂工艺学等内容,本节在总结制药工艺学的研究内容和研究方法的基础上,提出学习本课程的要求和方法。

一、制药工艺学的研究内容与研究方法

制药工业是一个知识密集型的高技术产业。研究开发新药和不断改进生产工艺是当今世界各国制药企业在竞争中求生存与发展的基本条件。制药工艺学一方面要为新研发的药物品种积极研究和开发易于组织生产、成本低廉、操作安全和环境友好的生产工艺;另一方面要为已投产的药物不断改进工艺,特别是对于产量大、应用面广的品种,研究和开发更先进的新技术路线和生产工艺。

(一) 制药工艺学的研究内容

制药工艺学涵盖化学制药工艺学、生物制药工艺学、中药和天然药物制药工艺学和药物制剂工艺学等内容。

1. 化学制药工艺学　是综合应用有机化学、药物化学、分析化学、物理化学、制药化工过程及设备等课程的专门知识,设计和研究经济、安全、高效的化学药物合成工艺的一门科学,与生物技术、精细化工等学科相互渗透。在化学药物研究、开发和生产过程中,设计和研究经济、安全、高效的化学合成工艺路线,研究工艺原理和工业生产过程,制订生产工艺规程,实现化学制药生产过程最优化。

2. 生物制药工艺学　融合现代生物技术与制药学等课程的专门知识,是生物药物研究、开发和生产的一门综合性应用技术科学。生物制药工艺学的研究对象为生物药物,主要是蛋白质、多糖、酶等大分子;随着生物科学和工程技术的快速发展以及人类疾病的发生对药品研究、开发和生产的迫切需求,生物药物的种类、数量日趋丰富,凸显出巨大的社会效益和经济效益,已成为高风险、高投入和高收益的行业。同时,生物制药对新药的研制与开发、

制药工业技术改造以及制药工业结构调整均产生了重大影响。

3. 中药和天然药物制药工艺学　是以中医药理论为基础,利用现代中药制药的技术与手段,对中药及天然药物进行提取、分离、浓缩、干燥及制剂工艺研究的一门科学,涉及现代中药学、天然药物化学、中药制剂学、中药制药工程学等专门知识。评定现代中药制药工艺的标准为"三个前提"和"三个结果"。"三个前提"为主治病症、处方组成及选择剂型,即以研制药物的主要治疗病症和处方中各类药物的理化性质为中心,结合市场调研分析,确定药物剂型,然后确定工艺路线、评价和优化工艺条件;"三个结果"是指药品质量检验标准、药物的药理作用与临床应用疗效,即确定了药品的生产工艺和条件后,就要制订药品质量控制标准和检验方法、药理活性的评价指标,优选最佳工艺,药品经过中试生产和制剂成型工艺形成成型产品,需通过临床观察,为新药的工业化生产提供理论依据。

4. 药物制剂工艺学　是研究药物制剂工艺原理、工业生产过程及质量控制,实现制剂生产过程最优化的一门科学。进行处方设计与辅料筛选,研究固体制剂、液体制剂、半固体及其他制剂以及靶向制剂、微粒制剂等现代药物的工艺原理、工业生产过程及质量控制,实现制剂生产过程最优化。

（二）制药工艺学的研究方法

制药工艺研究可分为实验室工艺研究、中试放大研究和工业生产工艺研究3个相互联系的阶段。如果是创新药物的开发研究,应对药学和药理毒理学性质、临床评价和市场潜力等进行分析和总结,在此基础上,对工艺条件研究的各种方案进行审议。如果是不受专利保护的药物,必须对所遴选的药物进行周密的调查研究,对该药已有的合成路线和市场需求预测等写出调研报告,选择经济、实用的工艺条件,开展系统的工艺研究。

实验室工艺研究(小试工艺研究或小试)包括考察工艺技术条件、设备及材质要求、劳动保护、安全生产技术、"三废"防治、综合利用,以及对原辅材料消耗、成本等进行初步估算。在实验室工艺研究阶段,要求初步弄清各步化学反应的规律并不断对所获得的数据进行分析、优化和整理,写出实验室工艺研究总结,为中试放大研究做好技术准备。

中试放大研究(中试放大或中试)是确定药物生产工艺的重要环节,即将实验室研究中所确定的工艺条件进行模拟工业化生产的考察、优化,为生产车间的设计与设备选型、"三废"处理、制订相关物质的质量标准和工艺操作规程等提供数据和资料,并在车间试生产若干批号后制订出生产工艺规程。

工业生产工艺研究指对已投产的药物特别是产量大、应用面广的品种进行工艺路线和工艺条件的改进,研究和应用更先进的新技术路线和生产工艺。

二、学习本课程的要求和方法

制药工艺学是培养从事药物研制、工艺研究及工业生产的专门人才的主干课程。通过学习本课程,学生应掌握化学药物、生物技术药物、中药和天然药物以及药物制剂工艺研究的基本理论和方法。

学习本课程的基本要求有:

1. 关于绪论　了解世界制药工业的特点和发展趋势,掌握我国医药工业"十二五"发展的主要任务,了解与药物管理相关的法律法规体系。

2. 关于化学制药工艺学　在掌握化学药物合成工艺路线设计、评价与选择方法的基础上,了解影响反应的因素,熟练掌握合成工艺优化的方法,掌握反应后处理方法和产物纯化方法。

3. 关于生物制药工艺学　在学习发酵工程、基因工程和细胞工程基本理论的基础上，熟练掌握生物技术药物工艺控制方法和分离纯化技术。

4. 关于中药和天然药物制药工艺学　在掌握中药和天然药物制药基本工艺的基础上，了解工艺选择的方法。

5. 关于药物制剂工艺学　了解制剂处方设计和辅料筛选方法，熟练掌握制剂工艺研究的基本方法。

6. 关于中试放大与物料平衡　掌握中试放大的研究方法和研究内容，熟悉掌握物料平衡的计算方法。

7. 关于药品生产质量管理与控制　了解工艺说明书内容，熟练掌握药品生产质量管理与控制的相关规定。

8. 关于安全生产与环境保护　了解安全生产和防治污染的主要措施，熟练掌握"三废"处理的常规方法。

在学习本课程基本理论和基础知识的基础上，可选择典型的化学药物、生物技术药物、中药和天然药物品种，对原料药和制剂的生产工艺进行深入了解、剖析和总结，并且到生产企业实地学习，把理论与生产实践密切结合起来，培养分析和解决制药工业生产中实际问题的能力。

第二节　世界制药工业的现状和发展趋势

自 20 世纪 70 年代以来，创新药物的不断研制上市以及在临床上的大量推广和应用带动了世界制药工业的加速发展，使化学制药工业从化学工业中迅速独立出来，并与生物制药工业、传统药物制药工业形成一个完整的产业体系。制药工业是与人类生活休戚相关的、长盛不衰的、高速发展的工业。本节将总结世界制药工业的发展现状，并提出世界制药工业的发展趋势。

一、世界制药工业的现状和特点

（一）世界制药工业的现状

世界制药工业分为化学制药（包括化学原料药和化学药物制剂）、生物制药和传统药物（以植物药为主）三大类别。随着新药开发、人口老龄化以及人们健康保健意识的增强，全世界医药产品市场持续快速扩大。2006～2010 年世界药品市场的年均增长率为6.2%，2010 年世界药品市场规模为 8500 亿美元，2011 年全世界药品市场达到 9560 亿美元。

（二）世界制药工业的特点

大企业、国际化、畅销产品是当代世界医药产业发展的显著标志，拥有的跨国企业的数量和规模已经成为衡量一个国家医药产业国际竞争力的重要指标。

1. 国际化大公司推动医药经济全球化　2012 年国际 20 大制药公司处方药的销售额为6084 亿美元，见表 1-1。这些国际化大公司凭借雄厚的资本和技术实力，在全球范围内进行了大规模的并购重组，使市场份额增加，市场控制力增强。它们投入巨资进行研发，成果颇丰。通过国际化的市场运作，产品畅销全球，推动了世界医药经济的发展。

表1-1　全球制药业排名前20强公司的处方药销售额与研发费用（单位：亿美元）

排名	公司名称	2012年 处方药销售额	2012年 研发费用	2011年 研发费用
1	辉瑞 Pfizer	674	78.70	90.74
2	强生 Johnson & Johnson	650	76.65	75.48
3	诺华 Novatis	586	93.32	95.83
4	默克 Merck & Co	480	81.68	84.67
5	拜尔 Bayer	471	20.52	20.39
6	罗氏 Roche	450	89.90	85.64
7	赛诺菲 Sanofi	431	64.51	63.05
8	雅培 Abbott Laboratories	389	43.22	41.29
9	葛兰素史克 GlaxoSmithKline	341	59.58	60.19
10	阿斯利康 AstraZeneca	280	52.43	55.23
11	礼来 Eli Lilly	243	52.78	50.21
12	梯瓦制药 Teva Pharmaceutical Industries	203	13.56	10.95
13	百时美施贵宝 Bristol-Myers Squibb	188	39.04	38.39
14	安进 Amgen	156	32.96	31.16
15	德国默克集团 Merck KGaA	130	15.82	16.34
16	百特 Baxter International	128	11.56	9.46
17	诺和诺德 Novo Nordisk	106	19.16	16.92
18	吉利德科学 Gilead Sciences	80	17.60	12.29
19	百健艾迪 Biogen Idec	50	13.35	12.20
20	塞尔基因 Celgene	48	17.24	16.00

2012 排名全球前 20 强的大型医药集团中,11 家为美国公司,瑞士拥有诺华和罗氏两家跨国公司,英国拥有葛兰素史克和阿斯利康,拜尔和德国默克集团属于德国,赛诺菲和诺和诺德分别为法国和丹麦的制药公司,梯瓦制药公司是以色列的一家跨国公司,也是唯一一家来自亚洲的公司。例如辉瑞在 21 世纪初并购华纳兰伯特和法玛西亚后,增加了全球市场份额,2009 年又斥资 680 亿美元收购惠氏,成为世界最大的制药公司,2011 年和 2012 年处方药销售额分别为 577 亿和 674 亿美元。

北美、欧洲和日本是全球最大的 3 个药品市场,占全球药品市场份额的 2/3 以上。新兴市场在跨国公司中的战略地位提升,2011 年跨国制药公司的销售额中 19% 来自中国、巴西、俄罗斯、印度、墨西哥、土耳其和韩国等 7 个新兴市场国家。

2. 制药工业是一个以新药研究与开发为基础的朝阳产业 2004~2013 年,美国食品药物管理局(Food and Drug Administration,FDA)批准 220 个新分子实体(new molecular entity,NME)和 42 个生物技术药物上市。这些新药的上市与应用推动了制药工业的快速发展。近 10 年创新药物的研发重点转向慢性病和难治愈性疾病,肿瘤、糖尿病、多发性硬化症和艾滋病等临床需求大、治疗费用高和适合于新技术应用的治疗领域得到快速发展。

创新药物研发投入不断增长,研发风险不断增加,但新药上市数量持续减少。从表 1-1 可见,2012 年国际 20 大制药公司的研发费用为 893.58 亿美元,投入最多的 10 家制药公司的研发费用占销售收入的比例平均达到 15.9%。与 2011 年的研发费用投入相比,2012 年前 20 家公司有 6 家公司投入减少,其中削减幅度最大的是当今世界最大的生物制药公司——辉瑞,研发费用从 2011 年的 90.74 亿美元下降到 2012 年的 78.7 亿美元;而梯瓦制药却大幅增加研发投入,意味着该公司将从世界最大的仿制药生产商转型开发更多的专利药。

新药研发周期长,复杂程度高,研发风险不断增加。新药品种从实验室发现到进入市场平均需要 10~15 年的时间,新药开发期的不断延长导致其上市后享有的专利保护期缩短,专利保护期的缩短意味着销售额大量减少。在原研药上市 4 年之后,仿制药就可提交上市批准申请。随着疾病复杂程度的提升,临床试验的设计和程序变得越来越复杂,临床试验受试者的获取和保留也变得越发困难,需要更多的人力、物力和时间。

由于药品监管的日益严格以及疾病的复杂度越来越高,新药的研发成功率正在不断降低。药物从研究开始到上市销售是一项高技术、高风险、高投入和长周期的复杂系统工程。据不完全统计完成Ⅲ期临床试验的新分子实体(new molecular entity,NME)有 1/3 不能获准上市;药品从早期开发到上市销售的成功率欧洲为 1/4317、美国为 1/6155。

3. 畅销品种支撑全球药品市场,决定医药企业的生存与发展 畅销品种(blockbuster drug)指年销量超过 10 亿美元以上的药物品种,国际化大制药公司都集中于从畅销品种中获取最大的收益,业绩也依赖于这些主要畅销药物的销售。专利过期引起的仿制药竞争,使这些品种的销售额和利润大幅下降。

2012 年和 2011 年世界最畅销的 20 个药物合计销售额分别为 1047.29 亿和 1085.86 亿美元,约占药品总市场的 15%,见表 1-2。2012 年世界最畅销的 20 个药物中 12 个为化学药物,8 个为生物技术药物;12 个化学药物中 4 个为复方制剂。既有抗肿瘤、抗哮喘、降血糖、降血脂、抗 HIV、抗血栓药物,又有治疗类风湿关节炎、斑块型银屑病、神经痛等难治愈性疾病的药物。降血脂药物阿托伐他汀(atorvastatin;商标名 Lipitor,立普妥)上市 16 年,销售额远超千亿美元。从 2002 年开始,蝉联 10 年的单品种销售额冠军地位;2004 年阿托伐他汀成为全球第一个销售额突破百亿美元的药物;2008 年销售额达到顶峰,为 124 亿美元。在 2011 年 11 月专利到期后,2011 年销售额下降到 95.77 亿美元,2012 年销售额下跌到 39.48 亿美元。

表1-2　2012 年全球 20 个最畅销处方药(单位:亿美元)

排名	品种	商品名	隶属公司	2012 年销售额	2011 年销售额
1	阿达木单抗	修美乐 Humira	雅培	92.65	79.32
2	沙美特罗-氟替卡松	舒利迭 Advair	葛兰素史克	79.04	79.28
3	利妥昔单抗	美罗华 Rituxan	罗氏	72.85	65.23
4	甘精胰岛素	来得时 Lantus	赛诺菲	66.48	52.49
5	曲妥珠单抗	赫赛汀 Herceptin	罗氏	63.97	57.06
6	瑞舒伐他汀钙	可定 Crestor	阿斯利康	62.53	66.22
7	英利昔单抗	类克 Remicade	强生	61.39	54.92
8	贝伐珠单抗	安维汀 Avastin	罗氏	62.6	57.47
9	度洛西汀	欣百达 Cymbalta	礼来	49.94	41.61
10	氯吡格雷	波立维 Plavix	赛诺菲 百时美施贵宝	53.18	98.23
11	依那西普	恩利 Enbrel	安进	42.36	37.01
12	培非格司亭	Neulasta	安进	40.92	39.52
13	普瑞巴林	乐瑞卡 Lyrica	辉瑞	41.58	36.93
14	西他列汀	捷诺维 Januvia	默克	40.86	33.24
15	阿托伐他汀钙	立普妥 Lipitor	辉瑞	39.48	95.77
16	埃索美拉唑	耐信 Nexium	阿斯利康	39.44	44.29
17	孟鲁司特	顺尔宁 Singulair	默克	38.53	54.79

续表

排名	品种	商品名	隶属公司	2012 年销售额	2011 年销售额
18	依法韦仑 恩曲他滨 替诺福韦酯	Atripla	吉利德	35. 74	32. 25
19	布地奈德 福莫特罗	信必可 Symbicort	阿斯利康	31. 94	31. 48
20	恩曲他滨 富马酸替诺福韦	特鲁瓦特 Truvada	吉利德	31. 81	28. 75

4. 国际化分工协作的外包市场正在快速发展 专利药到期引发的利润压力、新药研发费用的暴涨以及全球的医改趋势,促使国际大型制药企业纷纷开始重新调整在研产品线,在预算的压力下开始转向通过合同研究组织(contract research organization,CRO)实行研发外包,并将研发重心向新兴市场转移。

越来越多的国际医药集团在经济全球化发展的前提下,充分利用外部的优势资源,重新定位、配置企业的内部资源。为了节省药品研发支出,提高效率,降低风险,跨国制药企业将研发网络从新加坡、爱尔兰和印度,进一步扩大到临床资源丰富、科研基础较好的发展中国家,中国和印度开始转向以技术和质量取胜市场。随着以基因工程为核心的生物技术的迅猛发展,发达国家和跨国医药集团争相发展生物技术。由于发达国家环保费用高,传统的原料药已无生产优势,因此,跨国制药企业逐步退出一些成熟的原料药领域,转移到环保要求较低的发展中国家。随着医药制造工艺日趋复杂,为追求企业经营效益最大化,部分企业将生产制造的业务外包出去。

二、世界制药工业的发展趋势

2011～2015 年世界药品市场年均复合增长率为 3%～6%,较 2006～2010 年 6.2% 的增长率进入一个增长慢的周期,预计到 2016 年世界药品市场将接近 1.2 万亿美元。美国药物消费的低增长水平、成熟市场专利过期的持续影响、新兴医药市场需求的持续坚挺以及若干国家的政策导向变化等,都将成为影响未来增长的关键因素。世界制药工业的发展趋势将体现以下 6 个方面的特点。

1. 品牌药物支出比例下降加剧 2005～2010 年全球品牌药物的市场份额从 70% 下降到 64%,估计到 2015 年将下降至 53%。虽然全球市场份额缩水,但是新兴市场品牌产品增长态势稳健,预计由现在的 19% 上升至市场总体的约 1/3。作为发达国家市场的佼佼者日本,则将继续保持 11% 左右的全球医药市场占有率。

2. 成熟市场受益于大批量的专利过期 由于药品专利过期,美国和欧洲等成熟市场在 2005～2010 年期间节省了 540 亿美元,预计到 2015 年,药品专利过期将节约 1200 亿美元。2011～2018 年全球面临专利到期的总销售额将达 3310 亿美元,世界非专利药品市场年平均增长 10.2%,达到 960 亿美元。在美国市场,当原研药专利过期时,其市场份额瞬间可被仿制药瓜分,仿制药消费市场会最大限度扩张。其他发达国家仿制药迅速占领市场的现象不如美国,如日本仿制药市场份额持续走低。赛诺菲、诺华和礼来在过去 10 年里率先进入仿制药行业,辉瑞、罗氏、葛兰素、阿斯利康和雅培等制药巨头紧随其后。

3. 新疗法填补病患需求的空白 新药的研发、上市及其带来的新疗法将以延长病患的生命、提高患者的生活质量为目标,为病患提供全新的治疗选择。例如卒中的预防疗法;采用口服药物治疗多发性硬化症,用药便利且疗效更佳;抗心律失常药盐酸决奈达隆(dronedarone hydrochloride)可显著降低房颤/心房扑动患者发病率和死亡率,成为治疗心律不齐的新疗法;曲美替尼(trametinib)和达拉非尼(dabrafenib)两种新型口服靶向药物,分别使携带BRAF突变的晚期黑色素瘤患者的进展或死亡风险降低55%和70%,提高了转移性黑色素瘤患者存活率;乳腺癌和丙型肝炎的创新性治疗方案的选择;前列腺癌的第一个疫苗的上市是个体化医疗的突破性进展等。

4. 新兴市场药品消费接近于美国水平 作为全球第三大药品市场的中国,2005年占全球医药市场6.4%的份额,2011年上升到14.7%,5年间市场份额翻了一番。2006~2015年,美国、欧洲和日本等发达国家的市场份额从73%下降到57%,而中、俄、巴西和印度等新兴市场国家的份额扩大1.4倍,成为扩张速度最快的地区,平均增长率为10.4%。新兴市场的药品消费额从2010年的1510亿美元,预计到2015年将翻一番达到2850亿~3150亿美元。到2015年,新兴市场药品消费将接近于美国的水平,超越德国、法国、意大利、西班牙和英国,成为第二大药品消费市场。这一结果得益于经济增长与民众收入增加、药物成本降低,以及政府提高治疗普及率政策的实施。

5. 医疗政策将对药品消费产生长期影响 近几年世界各国陆续发布了控制医药费用过快增长的医改政策,这些政策将对未来5年的全球医药消费产生重大影响。例如美国的平价医疗法案,将医疗保险的覆盖面扩大了2500万~3000万人;法国将药品报销范围缩小了10%~20%;英国引入风险分担机制,降低昂贵药物的风险;俄罗斯出台加强药品价格管制力度的相关政策;巴西的成本控制政策,可能导致政府药品预算缩减;印度把价格控制基本药物的品种从74个增至354个;中国的药品价格控制政策,降低了药价,确保医疗普及可持续发展;日本改革了进口药价格核算制度,降低了新药上市价格,药价下降5.75%;西班牙降低药品消费开支和降低药价的政策;以及德国在药品报销政策中引入成本-效益分析方法,总之无论发达国家还是发展中国家都在控制药品支出和降低药价。

6. 生物仿制药发展迅速,但其使用受限

其主要原因有:

(1)巨额的开发成本,面临高风险:1个生物仿制药品种的开发和商业化需投入1亿~2亿美元,而传统的小分子仿制药仅需要100万~200万美元。

(2)生物仿制药成本和投资收益低:化学仿制药研发需3~5年,平均价格下降25%~80%;而生物仿制药研发需8~10年,平均价格下降10%~30%。

(3)患者和医生短期内对生物仿制药的接受程度比较低:日本对生物仿制药的质量和疗效持有怀疑态度,法国、意大利和西班牙很少使用仿制药。

(4)开发生物仿制药存在技术难题:对于生物仿制药,即使其表达载体和原研药物一样,采用的技术、剂型和生产流程也相同,可能也无法保证产品的类似性。

由于生物药的价格非常昂贵,为了节省医疗保健支出,政府和医患开始关注生物仿制药。预计到2015年,生物仿制药的销售额将达到20亿美元,或者占到全球生物技术药物总支出的1%左右。仿制药市场成熟的美国、德国和英国等国家对生物仿制药的接受程度很大,美国市场占据主导地位。

第三节 我国医药工业的现状和发展前景

我国医药工业是关系国计民生的重要产业,是培育发展战略性新兴产业的重点领域,主要包括化学药、中药、生物技术药物、医疗器械、药用辅料和包装材料、制药设备等。医药工业在保护和增进人民健康、应对自然灾害和公共卫生事件、促进经济社会发展等方面发挥了重要作用。

以下主要讨论我国医药工业"十一五"的辉煌成就、存在的主要问题;以《医药工业"十二五"发展规划》提出的"十二五"医药工业的发展目标和10项主要任务为核心内容,说明我国医药工业的发展前景。

一、我国医药工业的现状

医药工业在新中国成立以前基本上是空白,1949～1978年,解决了一些常用的大宗药品的国产化问题,生产技术和工艺水平也不断提高。1978～2010年,随着人民生活水平的提高和对医疗保健需求的不断增长,医药工业一直保持着较快的发展速度,经济运行质量与效益不断提高,成为国民经济中发展最快的行业之一。医药工业平均销售增长幅度超过20%,比同期全球医药工业的年平均增长速度快3倍;在国内生产总值(gross domestic product,GDP)中的比重由2.17%上升到3.2%。2011年全国医药工业实现销售总产值15 025.09亿元,成为全球第三大医药市场。

(一)我国医药工业的辉煌成就

"十一五"是我国医药工业取得显著成绩的5年。随着国民经济快速增长,人民生活水平逐步提高,国家加大医疗保障和医药创新投入,医药工业克服国际金融危机影响,继续保持良好发展态势。

1. 规模效益快速增长 2010年全国医药工业完成总产值12 427亿元,比2005年增加8005亿元,年均增长23%,完成工业增加值4688亿元,年均增长15.4%,快于GDP增速和全国工业平均增速。2012年医药制造业销售收入17 083.26亿元,七大子行业产品销售收入、增速及占比见表1-3。

表1-3 2012年医药制造业七大子行业产品销售收入、增速及占比

医药制造业子行业	销售收入(亿元)	占比(%)	同比增长(%)
化学药品原料制造	3289.72	19.25	13.95
化学药品制剂制造	5023.69	29.41	22.53
中药饮片加工	990.29	5.80	24.23
中成药生产	4079.16	23.88	21.37
兽用药制造业	802.52	4.70	17.05
生物药品制造	1775.44	10.39	18.84
卫生材料及医药用品制造业	1122.44	6.57	19.85
合计	17 083.26	100	19.79

2. 技术创新成果显著　国家通过"重大新药创制"等专项投入近 600 亿元,带动了大量社会资金投入医药创新领域,通过产学研联盟等方式新建了以企业为主导的 50 多个国家级技术中心,技术创新能力不断加强。盐酸安妥沙星、重组幽门螺杆菌疫苗等创新药物获得批准,超微粉碎、超临界萃取等先进技术在中药生产中推广应用,重组人 II 型肿瘤坏死因子受体-抗体融合蛋白等单抗药物实现产业化,复方丹参滴丸进入美国 III 期临床试验,超声诊断、监护仪等产品竞争力显著增强,自主研制的多层螺旋 CT、磁共振成像装置等医学成像设备技术水平逐步提高,大规模细胞培养、生物催化等技术应用取得突破,阿莫西林、维生素 E 等一大批品种生产技术水平提高,新产品、新技术开发成效明显。

3. 企业实力进一步增强,集中度提高　在市场增长、技术进步、投资加大、兼并重组等力量的推动下,涌现出一批综合实力较强的大型企业集团。销售收入超过 100 亿元的工业企业由 2005 年的 1 家增加到 2010 年的 10 家,超过 50 亿元的企业由 2005 年的 3 家达到 2010 年的 17 家。扬子江药业、哈药集团、石药集团、北京同仁堂、广药集团和山东威高等大型企业集团规模不断壮大,江苏恒瑞、浙江海正、天士力、神威药业和深圳迈瑞等一批创新型企业快速发展,特别是上海医药工业研究院并入中国医药集团,上海医药集团、上实医药和中西药业合并重组,华润医药集团重组北京医药集团,这些骨干企业集团通过并购重组迅速扩大规模,实现了产业链整合,提升了市场竞争力。2010 年销售收入超 20 亿元的企业达到 60 多家。医药大企业成为国家基本药物供应的主力军,有效保障了基本药物供应。

4. 区域发展特色突出　东部沿海地区发挥资金、技术、人才和信息优势,加强产业基地和工业园区建设,促进集聚发展,大力发展生物医药和高端医疗设备,"长三角"、"珠三角"和"环渤海"三大医药工业集聚区的优势地位更加突出,辐射能力不断增强。2010 年,山东、江苏、广东、浙江、上海和北京的医药工业总产值总和占全行业的 50% 以上;销售收入前 100 位的工业企业中,约 2/3 集中在三大区域。中西部地区依托地方生物资源优势,积极承接产业转移,大力发展特色医药经济,实现产业快速发展,吉林、江西、四川和贵州等省中药总产值进入全国前 5 位。江西、安徽、河南、内蒙古、湖南、四川、宁夏、重庆和青海等省份产业增速均高于全国平均水平。医药产业总体呈现布局优化和区域协调的发展态势。

5. 对外开放水平稳步提升　医药出口持续快速增长,2010 年出口总额达到 397 亿美元,"十一五"年均增长 23.5%。2012 年,我国医药产品进出口总值 809.5 亿美元,增幅 10.5%,再创历史新高。其中,出口 476.0 亿美元,同比增长 6.9%;进口 333.5 亿美元,同比增长 15.9%。我国作为世界最大化学原料药出口国的地位得到进一步巩固,抗生素、维生素和解热镇痛药物等传统优势品种的市场份额进一步扩大,他汀类、普利类和沙坦类等特色原料药已成为新的出口优势产品,具有国际市场主导权的品种日益增多。监护仪、超声诊断设备和一次性医疗用品等医疗器械出口额稳步增长。制剂面向发达国家出口取得突破,"十一五"期间通过欧美质量体系认证的制剂企业从 4 个增加到 24 个。境外投资开始起步,一批国内企业在境外投资设立了研发中心或生产基地。利用外资的质量进一步提高,外商投资制药企业在华发展迅速,外商独资、合资药企约占中国医药市场份额的 28%。大型跨国医药公司在华新增投资约 200 亿元,其中研发投资近 70 亿元,有 10 余家企业在我国设立了全球或区域研发中心。

6. 应急保障能力不断提高　中央与地方两级医药储备得到加强,增加了实物储备的品种和数量,新增了特种药品和疫苗的生产能力储备,在应对突发事件和保障重大活动安全等方面发挥了重要作用。

（二）我国医药工业存在的主要问题

我国目前仅是制药大国，与制药强国相比差距不小。我国医药工业在快速发展的同时，仍然存在一些突出矛盾和问题，主要是：

1. 技术创新能力弱，企业研发投入低，高素质人才不足，创新体系有待完善　企业研发投入少、创新能力弱一直是困扰我国医药产业深层次发展的关键问题。

目前我国医药研发的主体仍是科研院所和高等院校，大、中型企业内部设置科研机构的比重仅为50%。同时，国内风险投资市场尚未建立，整个技术创新体系中间环节出现严重断裂。由此造成我国的医药产品在国际医药分工中处于低端领域，国内市场的高端领域也主要被进口或合资产品占据。有效整合科研院所、工程和医学临床机构等资源，建立以企业为主体、市场为导向、产品为核心、产学研相结合的较为完善的医药创新体系，全面提高行业原始创新能力、集成创新能力和引进消化吸收再创新能力，具备较强的工程化、产业化能力，这是创新体系建设的长期目标。

2. 产品结构亟待升级，一些重大、多发性疾病药物和高端诊疗设备依赖进口，生物技术药物规模小，药物制剂发展水平低，药用辅料和包装材料新产品新技术开发应用不足　我国多数重大原料药品种生产技术水平不高，生产装备陈旧，劳动生产率低，产品质量和成本缺乏国际市场竞争力。虽然我国化学原料药的出口额较大，但是通过国际市场注册和认证的产品却不多。2010年年底我国原料药取得欧洲药典适用性认证（certificate of suitability，COS）证书的数量和在美国FDA登记的原料药药物主控档案（drug master file，DMF）文件的数量分别为278个和740个，绝大部分产品仍以化工产品形式进入国际市场。

中药资源保护的相关法规建设滞后，中药材的种植及生产方式较落后，缺乏必要的组织。一方面野生药材资源的过度开采，导致部分品种达到濒危的程度，甚至将要灭绝；另一方面因为盲目种植，导致大量积压，造成巨大的资源浪费。

我国的剂型分类基本上接近于发达国家，但我国只能生产3500多个品种的产品，美国是我国的43倍，日本是我国的12.6倍。国外1个原料药平均有10种以上制剂，我国1个原料药平均只有3种制剂。我国药物释放技术在总体上与世界先进水平相比仍有较大差距，以追踪性研究为主，新型释药技术的开发应用有限，药用辅料研究与开发滞后。以缓控释制剂为例，国外已经有200多种，我国正常生产的却不足100种。中药制剂工艺较为落后，科技含量不高，竞争力弱，附加值低。

3. 产业集中度低，企业多、小、散的问题依然突出，低水平重复建设严重，造成过度竞争、资源浪费和环境污染　2011年全国4706家医药工业企业中，20大制药企业的规模合计2665亿元，占中国医药市场21.32%的份额；20强上市的制药公司销售收入1262.7亿元，占中国医药市场的份额为10.10%，见表1-4。我国有1.3万多家医药批发企业，医药批发的毛利率平均为7.2%，费用率平均为5.3%，批发利润率为2.2%，产业集中度低。

大多数生产企业规模小，科技含量低，管理水平低，生产能力利用率低。大部分企业品种雷同，没有特色和名牌产品，低水平重复研究、重复生产、重复建设。例如具有头孢哌酮钠/舒巴坦钠复方制剂批文的企业多达411家，107家企业注册生产；286家企业有奥美拉唑的生产批文，267家注册生产；氯吡格雷的生产批文8个，7家注册生产。维生素C等老产品也出现盲目扩大生产规模的问题，产品价格一降再降，甚至处于亏损边缘。

4. 药品质量安全保障水平有待提高，企业质量责任意识亟待加强。企业存在"重认证、轻管理"的倾向　部分企业质量管理部门地位低下、质量否决权受到多方干扰、质量管理人员素质参差不齐和质量责任意识弱化,生产线上技术人员专业不对口,技术考核制度不健全,员工培训流于形式,尤其缺少"质量事故"的典型教育。

二、我国医药工业的发展前景

(一)"十二五"主要发展目标

《医药工业"十二五"发展规划》(2012 年 1 月 19 日公布)确定的主要发展目标为:

1. 产业规模平稳较快增长 工业总产值年均增长 20%,工业增加值年均增长 16%。2015 年超过 3 万亿元,医药工业占 GDP 的比重从 2011 年的 3.28% 增长到 2015 年的 5.2%。

2. 确保基本药物供应 基本药物生产规模不断扩大,集约化水平明显提高,有效满足临床需求。基本药物生产向优势企业集中,主要品种销售前 20 位的企业占 80% 以上的市场份额。

3. 技术创新能力增强 建立健全以企业为主体的技术创新体系,重点骨干企业研发投入达到销售收入的 5% 以上,创新能力明显提高。获得新药证书的原创药物达到 30 个以上,开发 30 个以上通用名药物新品种,完成 200 个以上医药大品种的改造升级,开发 50 个以上掌握核心技术的医疗器械品种。

4. 质量安全上水平 全国药品生产100%符合新版药品生产质量管理规范(good manufacture practice,GMP)要求,药品质量管理水平显著提高。2015 年版药典将建立同类品种的通用标准,建立药品标准物谱图库。加快国际认证步伐,200 个以上化学原料药品种通过美国 FDA 检查或获得欧盟 COS 证书,80 家以上制剂企业通过欧、美、日等发达国家或 WHO 的 GMP 认证。

5. 产业集中度提高 2015 年销售收入超过 500 亿元的企业达到 5 个以上,超过 100 亿元的企业达到 100 个以上,制药企业百强的集中度由 2011 年的 44.2% 到 2015 年超过 50%。

6. 国际竞争力提升 医药出口额年均增长 20% 以上。改善出口结构,有国际竞争优势的品种显著增多,制剂出口比重达到 10% 以上,200 个以上通用名药物制剂在欧、美、日等发达国家注册和销售。"走出去"迈出实质步伐,50 家以上的企业在境外建立研发中心或生产基地。

7. 节能减排取得成效 单位工业增加值能耗较"十一五"末降低 21%,单位工业增加值用水量降低 30%,清洁生产水平明显提升。

(二)"十二五"医药工业的主要任务

按照《医药工业"十二五"发展规划》(2012 年 1 月 19 日公布)要求,"十二五"医药工业的 10 项主要任务如下。

1. 增强新药创制能力 提升生物医药产业水平,持续推动创新药物研发。坚持原始创新、集成创新和引进消化吸收再创新相结合,在恶性肿瘤、心脑血管疾病、神经退行性疾病、糖尿病、感染性疾病等重大疾病领域,呼吸系统、消化系统等多发性疾病领域,以及罕见病和儿童用药领域加快推进创新药物开发和产业化,着力提高创新药物的科技内涵和质量水平。支持企业在国外开展创新药物临床研究和注册。实现一批临床用量大的专利到期药物的开发生产,填补国内空白。

加强医药创新体系建设。进一步发挥企业在技术创新体系中的主体作用,支持骨干企业技术中心的建设,提高企业承担国家科技项目的比重,增强新药创制和科研成果转化能力。引导和扶持创新活跃、技术特色鲜明的中、小企业发展,培育成为医药创新的重要力量。继续推动企业和科研院所合作,构建高水平的综合性创新药物研发平台和单元技术研究平台。完善医药创新支撑服务体系,加强药物安全评价、新药临床评价、新药研发公共资源平台建设。

鼓励发展合同研发服务。推动相关企业在药物设计、新药筛选、安全评价、临床试验及工艺研究等方面开展与国际标准接轨的研发外包服务,创新医药研发模式,提升专业化和国际化水平。

2. 提升药品质量安全水平　全面实施新版 GMP。推动企业完善质量管理体系,健全管理机构,规范生产文件管理,提高生产环境标准,建立和落实质量风险管理、供应商审计、持续稳定性考察等质量管理制度,完善药品安全溯源体系。强化企业质量主体责任,树立质量诚信意识,认真实施质量受权人制度,加强员工培训,提高员工素质,实现全员、全过程、全方位参与质量管理,严格执行 GMP,显著提升我国药品质量管理整体水平。鼓励有条件的企业开展发达国家或 WHO 的 GMP 认证,带动我国药品质量管理与国际接轨。

不断提高质量标准。健全以《中国药典》为核心的国家药品标准体系,继续推进药品标准提高行动计划,重点提高基本药物、中药、民族药、高风险品种、药用辅料和包装材料的质量标准。加强医疗器械标准体系建设,实施国家医疗器械标准提高行动计划,重点提高基础性和通用性标准,以及高风险产品、自主知识产权产品和量大面广产品的标准。强化标准科学性、合理性及可操作性研究,提高标准的权威性和严肃性。

按照国际先进标准开展通用名药物大品种的二次开发和再创新。鼓励企业增加质量研发投入,改进产品设计,优化工艺路线,研究开发和应用先进的质量控制技术,重点提高药物晶型、溶剂残留和杂质控制水平,加强药品生物利用度和等效性研究,重点提高固体口服制剂溶出度等质量指标,在临床疗效和安全性方面做到与国际先进水平一致。进一步完善质量评价体系,加快建立药品杂质标准品库、质量评价方法和检测平台。加强品牌建设,形成一批市场认知度较高的知名品牌。

3. 提高基本药物生产供应保障能力　完善基本药物生产供应保障模式。对用量大、生产厂家多的品种,促进生产能力向优势企业集中,提高规模化和集约化水平。对用量小、企业生产不经济的品种,研究采用定点生产方式集中生产,保障供应。对用量不确定、企业不常生产的品种,加快建立常态化基本药物储备。完善招标采购、药品价格等政策,调动企业生产基本药物的积极性。

提高基本药物生产技术水平。支持基本药物生产企业不断改进生产工艺,推广应用新技术和新装备,加快实施新版 GMP 改造,稳步提高产品质量,有效降低生产成本。

加强基本药物生产供应监测。完善基本药物生产统计制度,及时掌握生产动态。加强产需衔接,定期发布重点品种供求信息。重点监测紧缺原料药和中药材供应情况,协调解决生产原料的供应不足问题。

4. 加强企业技术改造　利用现代生物技术改造传统医药产业。依托优势企业,结合新版 GMP 实施,支持一批符合结构调整方向、对转型升级有引领带动作用的技术改造项目。瞄准国际先进水平,加强清洁生产、节能降耗、新型制剂、生产过程质量控制等方面的新技术、新工艺、新装备的开发与应用,重点推进基因工程菌种、生物催化等生物制造技术对传统工艺技术的优化与替代,积极采用生物发酵方法生产药用植物活性成分,提升医药大品种的生产技术水平。

加快新产品产业化。围绕生物技术药物、化学药、现代中药和先进医疗器械等重点领域，立足现有产业基础，加大技术改造投入，强化技术改造与技术引进、技术创新的结合，着力解决中试放大、检验检测等制约新产品产业化的突出问题，加快形成一批先进的规模化生产能力。

5. 调整优化组织结构　鼓励优势企业实施兼并重组。支持研发和生产、制造和流通、原料药和制剂、中药材和中成药企业之间的上、下游整合，完善产业链，提高资源配置效率。支持同类产品企业强强联合、优势企业重组困难落后企业，促进资源向优势企业集中，实现规模化、集约化经营，提高产业集中度。加快发展具有自主知识产权和知名品牌的骨干企业，培育形成一批具有国际竞争力和对行业发展有较强带动作用的大型企业集团。

深化体制机制改革和管理创新。鼓励兼并重组企业建立健全规范的法人治理结构，转换企业经营机制，创新管理模式。引导企业加强资金、技术、人才等生产要素的有效整合和业务流程的再造，实现优势互补。支持企业加强和改善生产经营管理，促进自主创新和技术进步，落实淘汰落后生产工艺装备和产品指导目录，淘汰落后产能，提高市场竞争力。

促进大、中、小企业协调发展。坚持统筹协调，分类指导，鼓励大型骨干企业加强新药研发、市场营销和品牌建设；支持中、小企业发展技术精、质量高的医药中间体、辅料、包材等产品，提高为大企业配套的能力。鼓励中、小企业发挥贴近市场、决策迅速、机制灵活的特点，培育一批专业化水平高、竞争力强、专精特新的中、小企业，促进形成大、中、小企业分工协作、协调发展的格局。

6. 优化产业区域布局　发挥东部地区引领医药产业升级的主导作用。充分利用"长三角"、"珠三角"和"环渤海"地区在资金、技术、人才和信息上的优势，重点发展附加值高、资源消耗低、具有国际先进水平的医药产品，建设与国际接轨的研发和生产基地。积极引导受资源约束、不再具有比较优势的产业合理有序地转移。

鼓励中西部地区发展特色医药产业。发挥中西部地区能源、原材料丰富和比较成本低的优势，加强中药、民族药资源保护和开发利用，依托医药骨干企业，建设特色医药产品生产基地。鼓励中西部地区因地制宜，积极承接东部地区产业转移。严格限制在环境敏感和承载能力弱的地区发展高污染品种，防止低水平重复建设，形成东、中、西部优势互补和协调发展的格局。

鼓励产业集聚发展。引导和鼓励医药企业向符合规划要求的工业园区集聚，创建一批管理规范、环境友好、特色突出、产业关联度高、专业配套齐全的国家新型工业化产业示范基地。选择具备一定基础、环境适宜的地区，重点改造和提升一批符合国际环境、职业健康、安全（environmental health safety，EHS）标准，实施清洁生产的化学原料药生产基地，实现污染集中治理和资源综合利用。

7. 加快国际化步伐　优化对外贸易结构。统筹开发新兴医药市场和发达国家市场，加快转变出口增长方式。进一步巩固大宗原料药的国际竞争优势，提高特色原料药出口比重。依托化学原料药优势积极承接境外制剂外包业务，扩大制剂出口。不断增加生物技术药物和疫苗出口，努力扩大中成药和天然药物的国际市场销售，提高医疗器械出口产品附加值。逐步减少高耗能、高污染产品的出口。

进一步提高对外开放水平。积极开展药品国际注册和生产质量管理体系国际认证，推动 EHS 管理体系及其他各项标准与国际接轨，为开拓国际市场创造条件。支持有条件的企业"走出去",鼓励拥有自主知识产权药物的企业在国外同步开展临床研究,支持企业在境外投资设厂和建立研发中心。

改善投资环境,提高利用外资质量,鼓励跨国公司在国内建设高水平的医药研发中心和生产基地,提升我国医药产业的国际地位。

8. 推进医药工业绿色发展 提高清洁生产和污染治理水平。以发酵类大宗原料药污染防治为重点,鼓励企业开发应用生物转化、高产低耗菌种、高效提取纯化等清洁生产技术,加快高毒害、高污染原材料的替代,从源头控制污染。开发生产过程副产物循环利用和发酵菌渣无害化处理及综合利用技术,提高废水、废气、废渣等污染物治理水平。

大力推进节能节水。实施能量系统优化工程,推动节能技术和设备的应用,对空压机、制冷机等高能耗设备进行节能改造,提高能源利用效率,降低综合能耗。加快节水技术和设备的推广,提高水循环利用率,降低水耗。严格执行制药工业节能节水标准,淘汰能耗高、运行效率低的落后工艺设备。

9. 提高医药工业信息化水平 加强信息技术在新产品开发中的应用。建立基于信息技术的新药研发平台,利用计算机技术辅助进行药物靶标筛选、药物分子设计、药物筛选、药效早期评价,加快新药研发进程。提升医疗器械的数字化、智能化、高精准化水平,开发基于网络和信息技术的医疗器械品种,统一技术标准,支持远程医疗和医疗资源共享。

提高生产过程信息化水平。加强计算机控制在生产过程中的应用,推动药品生产线和质量检测设施的数字化改造,实现全流程自动化数据采集控制。推广应用生产执行管理系统,提高生产效率和生产过程可控性,降低生产成本,稳定产品质量,实现产品质量的可追溯性。

提高企业管理信息化水平。鼓励企业集成应用企业资源计划、供应链管理、客户关系管理、电子商务等信息系统,推动研发、生产、经营管理各环节信息集成和业务协同,提高企业各个环节的管理效率和效能。建设医药行业运行监测和医药行业统计信息系统,完善"中国医药统计网",为加强行业管理提供有力支撑。

10. 加强医药储备和应急体系建设 完善两级医药储备制度。统筹整合中央、地方医药储备资源,实现两级储备的互补和联动,提高国家医药储备应急反应能力,提高财政资金的使用效率。建立全国联网的医药储备信息平台,加强动态监测,保障在公共事件发生时医药物资的足量供应。

建立应急特需药品研发生产平台。加强灾情疫情预测,联合军地科研力量,有计划地对应急特需药品、试剂开展提前研究,形成技术储备;加强应急特需药品的需求预测,组织生产企业实施扩能改造,形成生产能力储备,保障在应急状态下能快速生产出所需药品,提高应急体系的前瞻性、针对性和有效性。

健全应急响应工作机制。完善相关法规政策,制定完善的分级应急预案,全面提升突发事件应对能力。在重大疫情灾情发生时,统一指挥和综合协调应急处置工作,加强中央地方之间、政府部门之间、军队地方之间联动,确保应急研发、审批、生产、收储、调运和接收等环节运转高效,信息传递及时通畅,物资调配合理,完成应急特需药品供应保障任务。

第四节　药品管理与质量控制法律法规

我国药品管理的法律法规以宪法为基本依据,以《中华人民共和国药品管理法》为主体,是由数量众多的药品管理行政法规、部门规章、规范性文件、药品标准,地方性法规、规章以及国际药品条约组成的多层次、多门类有内在联系的法律法规体系。

1984年9月20日发布并于1985年7月1日实施的《中华人民共和国药品管理法》第一次以法律的形式对药品研制、生产、经营和使用环节进行规定,明确了生产、销售假劣药品的法律责任,标志着中国药品监管工作进入了法制化轨道。该法于2001年2月28日修订发布并于2001年12月1日实施,标志着我国药品监管依法行政进入一个新时期。最主要的药品管理行政法规是2002年8月15日国务院发布并于2002年9月15日起施行的《中华人民共和国药品管理法实施条例》。主管全国药品监督管理工作的国家食品药品监督管理总局(China Food and Drug Administration,CFDA),前身为国家食品药品监督管理局(State Food and Drug Administration,SFDA)及其上级管理部门中华人民共和国国家卫生和计划生育委员会(National Health and Family Planning Commission,NHFPC),前身为卫生部(Ministry of Health,MOH),制定有关药品的部门规章。本节在概述药品管理法律法规的基础上,重点介绍药品注册管理和药品生产管理方面的相关规定。

一、药品管理法律法规

从医药产业政策和行业发展规划、国家药物政策和管理制度、药品监督管理、药品经营管理、药品价格与广告管理、药品标识物管理、特殊药品管理、药品进出口管理及中药管理等9个方面简述现行的、主要的药品管理相关法律法规。

(一)医药产业政策和行业发展规划

2012年7月9日国务院发布《"十二五"国家战略性新兴产业发展规划》,明确了节能环保产业、新一代信息技术产业、生物产业、高端装备制造产业、新能源产业、新材料产业和新能源汽车产业等七大领域的重点发展方向。2012年12月29日国务院发布《生物产业发展规划》,进一步明确生物医药产业、生物医学工程、生物农业、生物制造产业、生物能源、生物环保和生物服务发展的主要任务。2012年1月19日工信部发布《医药工业"十二五"发展规划》,2011年5月5日商务部发布《全国药品流通行业发展规划纲要(2011~2015)》,2011年12月28日国家中医药管理局发布《中医药事业发展"十二五"规划》。

(二)国家药物政策和管理制度

1. 国家基本药物政策 2006年6月23日SFDA发布《关于公布第一批定点生产的城市社区农村基本用药目录的通知》,《国家基本药物目录(基层医疗卫生机构配备使用部分)》(2009年版)2009年8月18日发布,并于2009年9月21日起施行。2012年3月13日卫生部发布《国家基本药物目录》(2012年版),并于2013年5月1日施行。

2. 医疗保障与基本医疗保险用药政策 1998年12月14日国务院发布并实施《国务院关于建立城镇职工基本医疗保险制度的决定》。1999年4月26日劳动和社会保障部及SFDA发布《城镇职工基本医疗保险定点零售药店管理暂行办法》。1999年5月12日劳动和社会保障部、计委、经贸委等部门发布《城镇职工基本医疗用药范围管理暂行办法》以及2007年7月24日国务院办公厅发布《国务院关于开展城镇居民基本医疗保险试点的指导意见》等。

3. 药品分类管理制度 1999年4月19日SFDA、卫生部、中医药局等部门联合发布《关于我国实施处方药与非处方药分类管理若干意见的通知》。1999年6月18日SFDA发布《处方药与非处方药分类管理办法(试行)》,并于2000年1月1日起施行。2004年6月10

日 SFDA 发布《实施处方药与非处方药分类管理 2004～2005 年工作规划》。2005 年 8 月 12 日发布《关于做好处方药与非处方药分类管理实施工作的通知》。

4. 国家药品储备制度 1997 年 7 月 3 日国务院发布《关于改革和加强医药储备管理工作的通知》。1999 年 6 月 15 日国家经贸委发布《国家医药储备管理办法》。

5. 药品不良反应报告制度 2011 年 5 月 4 日卫生部发布《药品不良反应报告和监测管理办法》,自 2011 年 7 月 1 日起施行。2001 年 9 月 25 日 SFDA、公安部等联合发布《关于加强药物滥用监测工作的通知》。

6. 药品召回制度 2007 年 12 月 10 日 SFDA 发布《药品召回管理办法》,自公布之日起施行。

(三)药品行政监督管理

1992 年 12 月 12 日国务院批准,1992 年 12 月 19 日国家医药管理局发布《药品行政保护条例》,2000 年 10 月 24 日 SFDA 发布并施行《药品行政保护条例实施细则》。2002 年 4 月 30 日 SFDA 发布《国家药品监督管理局行政立法程序规定》,自 2002 年 7 月 1 日起施行。2002 年 8 月 5 日 SFDA 发布《国家药品监督管理局行政复议暂行办法》,并于 2002 年 10 月 1 日起施行。2003 年 4 月 28 日 SFDA 发布《药品监督行政处罚程序规定》,并于 2003 年 7 月 1 日起施行。2004 年 10 月 14 日 SFDA 发布《国家食品药品监督管理局关于施行行政许可项目的公告》。2005 年 12 月 30 日 SFDA 发布《国家食品药品监管局听证规则(试行)》,并于 2006 年 2 月 1 日起施行。2006 年 1 月 16 日 SFDA 发布《国家食品药品监管局行政复议案件审查办理办法》

(四)药品经营管理

1. 药品经营企业管理 SFDA 2004 年 2 月 4 日发布并于 2004 年 4 月 1 日起施行《药品经营许可证管理办法》,2004 年 3 月 24 日发布《开办药品批发企业验收实施标准(试行)》,2004 年 7 月 8 日发布《互联网药品信息服务管理办法》,2005 年 5 月 26 日发出《关于加强药品经营许可监督管理工作的通知》。

2. 药品经营质量管理规范(good supply practice,GSP) 2000 年 11 月 16 日 SFDA 发布《药品经营质量管理规范实施细则》,2001 年 5 月 17 日发出《对〈药品经营质量管理规范〉及其实施细则有关条款解释的函》。2013 年 1 月 22 日卫生部发布《药品经营质量管理规范》,并于 2013 年 6 月 1 日起施行。

3. GSP 认证管理 2001 年 10 月 15 日 SFDA 发布并施行《关于加快 GSP 认证步伐和推进监督实施 GSP 工作进程的通知》,2003 年 4 月 24 日 SFDA 修订并发布《药品经营质量管理规范认证管理办法》,2004 年 1 月 14 日发布《2004 年 GSP 认证工作意见》。2004 年 10 月 21 日 SFDA 发布《关于县以下药品零售企业开展药品经营质量管理规范认证工作的意见》,2004 年 10 月 26 日 SFDA 发布《关于〈药品经营许可证〉变更企业名称有关问题的通知》。

4. 药品流通管理 1999 年 12 月 28 日 SFDA 发布《处方药与非处方药流通管理暂行规定》,2004 年 5 月 25 日 SFDA 发布《关于加强流通领域处方药与非处方药分类管理工作的通知》。SFDA 于 2007 年 1 月 31 日发布《药品流通监督管理办法》,自 2007 年 5 月 1 日起施行。

5. 药品集中招标采购 2000 年 7 月 7 日卫生部、国家计委、国家经贸委、SFDA、中医药局联合发布《医疗机构药品集中招标采购试点工作若干规定》。2001 年 11 月 9 日卫生部、国家计委、国家经贸委、SFDA、中医药局、国务院纠风办联合发布《医疗机构药品集中招标采购工作规范(试行)》。2001 年 11 月 12 日国务院纠风办、国家计委、国家经贸委、卫生部、工商总局、SFDA、中医药局联合发布《医疗机构药品集中招标采购监督管理暂行办法》。2002 年 3 月 27 日 SFDA、卫生部联合发布《关于药品招标代理机构认定工作的通知》。2004 年 9 月 23 日卫生部、发改委、工商总局、SFDA、中医药局、国务院纠风办联合发布《关于进一步规范医疗机构药品集中招标采购的若干规定》。

药品经营管理还有关于互联网药品交易和互联网药品交易服务管理、农村两网建设方面的规定。

(五) 药品价格与广告管理

1. 药品价格管理　2000 年 7 月 20 日国家计委发布《关于改革药品价格管理的意见》。2000 年 11 月 21 日国家计委发布《国家计委定价药品目录》、《药品政府定价办法》、《国家计委定价药品目录》、《药品政府定价申报审批办法》、《药品价格监测办法》和《乙类药品价格制定调整有关问题》。2001 年 1 月 4 日国家计委发布《关于单独定价药品价格制定有关问题的通知》。2001 年 4 月 17 日国家计委发布《国家计委对药品政府定价实行公示制度的通知》,并于 2001 年 4 月 20 日施行。国家计委办公厅 2001 年 7 月 17 日发布《药品单独定价论证会试行办法》和 2001 年 8 月 8 日发布《化学药品单独定价申报评审指标体系(试行)》。2003 年 12 月 8 日发改委办公厅发布《关于进一步规范药品政府价格行为的通知》。2004 年 4 月 1 日发改委发布《国家发展改革委关于进一步改进药品单独定价政策的通知》。2004 年 9 月 29 日发改委发布《集中招标采购药品价格及收费管理暂行规定》。2005 年 3 月 28 日发改委办公厅发布《关于贯彻执行药品差比价规则(试行)有关问题的通知》。2005 年 11 月 2 日发改委发布《关于对部分药品从出厂环节制定价格进行试点的通知》。2006 年 5 月 19 日发改委、财政部、卫生部、劳动保障部、商务部、SFDA、国务院法制办、国务院纠风办联合发布《关于进一步整顿药品和医疗服务市场价格秩序的意见的通知》。

2. 药品广告管理　2001 年 7 月 4 日 SFDA 发布《关于建立违法药品广告公告制度的通知》。2002 年 9 月 28 日 SFDA、工商总局联合发布《关于药品广告受理审批有关问题的通知》。2003 年 5 月 6 日工商总局、SFDA 发布《关于禁止以注册商标企业名称等形式变相发布处方药广告的通知》。2006 年 5 月 23 日 SFDA 发布《关于在药品广告中规范使用药品名称的通知》。2006 年 9 月 30 日 SFDA 发布《关于建立违法药品医疗器械保健食品广告警示制度的通知》。2007 年 3 月 3 日,国家工商行政管理总局和国家食品药品监督管理局发布《药品广告审查发布标准》,自 2007 年 5 月 1 日起施行。2007 年 3 月 13 日 SFDA 与国家工商行政管理总局颁布《药品广告审查办法》,自 2007 年 5 月 1 日起施行。

(六) 药品标识物管理

2000 年 4 月 29 日 SFDA 发布《药品包装用材料、容器管理办法》(暂行),自 2000 年 10 月 1 日起施行。SFDA 2004 年 7 月 20 日发布《直接接触药品的包装材料和容器管理办法》,2006 年 3 月 15 日发布并于 2006 年 6 月 1 日起施行《药品说明书和标签管理规定》。2006 年 5 月 10 日发布《化学药品和治疗用生物制品说明书规范细则》和《预防用生物制品说明书规范细则》,2006 年 6 月 16 日发布《放射性药品说明书规范细则》及 2006 年 10 月 20 日发布《化学药品非处方药说明书规范细则》和《中成药非处方药说明书规范细则》等。

(七) 特殊药品管理

麻醉药品、精神药品、医疗用毒性药品和放射性药品等属于特殊管理药品,在管理和使用过程应严格执行国家的有关管理规定。

1985 年我国加入联合国《经修正的 1961 年麻醉药品单一公约》和《1971 年精神药物公约》。国务院 2005 年 8 月 3 日发布并于 2005 年 11 月 1 日起施行《麻醉药品和精神药品管理条例》。2005 年 10 月 31 日 SFDA 发布《麻醉药品和精神药品生产管理办法(试行)》和《麻醉药品和精神药品经营管理办法(试行)》。2010 年 4 月 7 日卫生部发布并于 2010 年 5 月 1 日起施行《药品类易制毒化学品管理办法》。商务部、公安部、海关总署和 SFDA 联合 2006 年 10 月 10 日发布并于公布之日起 30 日后施行《麻黄素类易制毒化学品出口企业核定暂行办法》等。

国务院 1988 年 12 月 27 日发布《医疗用毒性药品管理办法》,1989 年 1 月 13 日发布《放射性药品管理办法》。2004 年 7 月 13 日 SFDA 发布《正电子类放射性药品质量控制指导原则》。国务院 2004 年 1 月 13 日发布并于 2004 年 3 月 1 日起施行《反兴奋剂条例》。

(八) 药品进出口管理

2003 年 8 月 18 日 SFDA、海关总署联合发布《药品进口管理办法》,并于 2004 年 1 月 1 日起实施。2004 年 3 月 16 日 SFDA 发布《关于修订进口已有国家药品标准化学原料药临床研究规定的通告》和《关于进口药品目录中非药用物品进口通关有关事宜的通告》。2004 年 6 月 25 日 SFDA 发布《进口药品注册检验指导原则》。2004 年 7 月 6 日 SFDA 发布《关于加强进口检验不合格药品监督查处工作的通知》。2005 年 11 月 24 日 SFDA 发布《进口药材管理办法(试行)》,并于 2006 年 2 月 1 日起施行。2005 年 12 月 31 日 SFDA、海关总署联合发布《关于进口药材登记备案等有关事宜的公告》。2006 年 6 月 6 日 SFDA 发布《关于印发〈进口药材抽样规定〉等文件的通知》,并于 2006 年 7 月 15 日起实施。

(九) 中药管理

国务院 1987 年 10 月 30 日发布《野生药材资源保护管理条例》,并于 1987 年 12 月 1 日施行。1992 年 10 月 14 日国务院发布《中药品种保护条例》并于 1993 年 1 月 1 日起施行,2003 年 5 月 9 日发布并于 2003 年 10 月 1 日起施行《中华人民共和国中医药条例》。2002 年 4 月 17 日 SFDA 发布并于 2002 年 6 月 1 日起施行《中药材生产质量管理规范(试行)》,2003 年 9 月 19 日发布并于 2003 年 11 月 1 日起施行《中药材生产质量管理规范认证管理办法(试行)》,2003 年 1 月 30 日发布《中药饮片 GMP 补充规定》等。

二、药品注册管理和生产管理法律法规

(一) 新药研究和药品注册管理

1. 药物非临床研究质量管理(good laboratory practice,GLP) 1999 年 10 月 15 日 SFDA 发布《药品研究机构登记备案管理办法(试行)》。2000 年 1 月 3 日 SFDA 发布《药品研究实验记录暂行规定》。2003 年 8 月 6 日 SFDA 修订并发布《药物非临床研究质量管理规范》,自 2003 年 9 月 1 日起施行。2007 年 4 月 16 日 SFDA 发布《药物非临床研究质量管理规范认证管理办法》。

2. 药物临床试验质量管理(good clinical practice,GCP) 2003 年 8 月 6 日 SFDA 修订并发布《药物临床试验质量管理规范》,自 2003 年 9 月 1 日起施行。2004 年 2 月 19 日 SF-DA 和卫生部联合发布《药物临床试验机构资格认定办法(试行)》。

3. 药品注册管理 我国的药品注册管理已形成以《药品注册管理办法》为核心,以《中药注册管理补充规定》、《药品注册现场核查管理规定》、《新药注册特殊审批管理规定》和《药品技术转让注册管理规定》等为配套文件的药品注册管理法规体系。2007 年 7 月 10 日

发布,2007年10月1日施行的《药品注册管理办法》规定,药品注册是指SFDA根据药品注册申请人的申请,依照法定程序,对拟上市销售药品的安全性、有效性、质量可控性等进行审查,并决定是否同意其申请的审批过程。药品注册申请包括新药申请、仿制药申请、进口药品申请及其补充申请和再注册申请。

2005年6月22日SFDA发布《医疗机构制剂注册管理办法》(试行),自2005年8月1日起施行。2005年11月18日SFDA发布《国家食品药品监督管理局药品特别审批程序》,自公布之日起施行。

4. 药品研究技术指导原则 2005年10月14日SFDA发布《预防用疫苗临床前研究技术指导原则》、《生物制品生产工艺过程变更管理技术指导原则》、《联合疫苗临床前和临床研究技术指导原则》、《多肽疫苗生产及质控技术指导原则》、《结合疫苗质量控制和临床研究技术指导原则》和《预防用疫苗临床试验不良反应分级标准指导原则》等6个技术指导原则。2006年8月29日SFDA发布《化学药物综述资料撰写格式和内容的技术指导原则——对主要研究结果的总结及评价、立题目的与依据、药学研究资料综述》、《化学药物申报资料撰写格式和内容的技术指导原则——药理毒理研究资料综述、临床试验资料综述》和《已有国家标准化学药品研究技术指导原则》等6个研究技术指导原则。为科学规范和指导中药、天然药物研发工作,保证研发质量,SFDA于2006年12月30日发布《中药、天然药物稳定性研究技术指导原则》。

(二)药品生产管理

1. 药品生产企业管理 根据《中华人民共和国药品管理法》第七条规定,开办药品生产企业,须经药品监督管理部门批准并发给《药品生产许可证》,凭《药品生产许可证》到工商行政管理部门办理登记注册,无《药品生产许可证》的,不得生产药品。2006年6月23日SFDA发布《关于公布第一批定点生产的城市社区农村基本用药目录的通知》,通知规定了城市社区、农村基本用药定点生产企业条件。2007年2月9日,发布《关于公布第一批城市社区、农村基本用药定点生产企业名单的通知》。

2011年1月17日卫生部发布《药品生产质量管理规范(2010年修订)》,并于2011年3月1日施行。2003年1月30日SFDA发布《中药饮片GMP补充规定》。2004年4月30日SFDA发布《关于执行〈关于全面监督实施药品GMP有关问题的通告〉有关事项的通知》。2006年3月23日SFDA发布《药用辅料生产质量管理规范》。

药品生产质量管理规范(GMP)是药品生产和质量管理的基本准则。根据《中华人民共和国药品管理法》第九条规定,生产企业必须按照国务院药品监督管理部门依据该法制定的《药品生产质量管理规范》组织生产。药品监督管理部门按照规定对药品生产企业是否符合《药品生产质量管理规范》的要求进行认证;对认证合格的,发给GMP认证证书。新版药品GMP共14章,相对于1998年修订的药品GMP,新版药品GMP吸收国际先进经验,结合我国国情,按照"软件硬件并重"的原则,贯彻质量风险管理和药品生产全过程管理的理念,更加注重科学性,强调指导性和可操作性,达到了与世界卫生组织药品GMP的一致性。

2002年04月17日SFDA发布《中药材生产质量管理规范(试行)》(good agricultural practice,GAP),自2002年6月1日起施行。2003年9月19日,发布《中药材生产质量管理规范认证管理办法(试行)》及《中药材GAP认证检查评定标准(试行)》。GAP共10章57条,其内容涵盖了中药材生产的全过程,是中药材生产和质量管理的基本准则。适用于中药材生产企业生产中药材(含植物药及动物药)的全过程。

2. GMP 认证管理 2011 年 8 月 2 日 SFDA 再次修订并发布《药品生产质量管理规范认证管理办法》。2006 年 4 月 24 日 SFDA 发布《药品 GMP 飞行检查暂行规定》。

3. 药品生产监督管理 2002 年 3 月 20 日 SFDA 发布《关于加强中药前处理和提取监督管理工作的通知》。2003 年 8 月 25 日 SFDA 发布《关于药品变更生产企业名称和变更生产场地审批事宜的通知》。2004 年 8 月 5 日 SFDA 修订并发布《药品生产监督管理办法》。2005 年 11 月 15 日 SFDA 发布《接受境外制药厂商委托加工药品备案管理规定》,并于 2006 年 1 月 1 日起施行。2006 年 6 月 28 日 SFDA 发布《全国药品生产专项检查实施方案》。

（三）**药品标准与质量控制**

1. 药品标准 药品标准是药品生产、使用、检验和管理部门共同遵守的法定依据,国务院药品监督管理部门发布的《中华人民共和国药典》和药品标准为国家药品标准。

根据《中华人民共和国药品管理法》第三十二条规定,药品必须符合国家药品标准。国家药典委员会负责国家药品标准的制定和修订,药品监督管理部门的药品检验机构负责标定国家药品标准品和对照品。

2. 药品技术监督管理 2000 年 9 月 12 日 SFDA 发布《药品检验所实验室质量管理规范（试行）》。2003 年 3 月 11 日 SFDA 发布《关于报请批准用补充检验方法和项目进行药品检验有关问题的通知》。2006 年 6 月 30 日 SFDA 发布《药品检测车使用管理暂行规定》。2006 年 7 月 21 日 SFDA 发布《药品质量抽查检验管理规定》。

2001 年 3 月 13 日,SFDA 发布并施行《医疗机构制剂配制质量管理规范》（试行）。2005 年 4 月 14 日,SFDA 发布《医疗机构制剂配制监督管理办法》（试行）,自 2005 年 6 月 1 日起施行。

（赵临襄）

第二章 药物合成工艺路线的设计与选择

第一节 概　　述

药物合成工艺路线是化学制药工业的基础,对原料药生产的产品质量、经济效益和环境效益都有着至关重要的影响。因此,药物合成工艺路线的设计与选择是化学制药工艺学的核心内容之一。

一、权宜路线与优化路线

一个化学合成药物往往可通过多种不同的合成途径制备。按照其开发阶段、任务目标和技术特征来分类,药物的合成路线可分为权宜路线(expedient route)和优化路线(optimal route)两大类。

在药物研发的初始阶段,根据药物作用靶标(生物大分子)和(或)先导化合物(活性小分子)的结构特征设计了多种目标化合物,这些化合物需要尽快制备出来并用于活性筛选。由于活性筛选所需化合物样品的用量较小(通常为毫克级或克级),而样品的制备周期必须较短(通常为数周时间),这些样品的合成路线一般以制备类似化合物的常规途径为基础进行设计,只要能在较短的时间内获得质量良好的化合物样品即可,无需过多考虑合成路线长短、技术手段难易、制备成本高低等问题。此类合成路线仅用于小量样品的实验室制备,极少能被药物的批量生产所采用,是典型的权宜路线。随着研究工作的深入,某个目标化合物经过系统的临床前评价被确定为具有实际开发前景的候选药物(drug candidate),需要制备样品用于Ⅰ、Ⅱ和Ⅲ期临床试验研究。临床试验所需候选药物样品的用量较大(通常为千克级),需要设计一条适合于批量制备、稳定可靠的实用合成路线。此类合成路线虽然具有一定的实用性,但在其设计过程中对经济因素、安全因素和环境因素的考量依然较少,很少能被直接用于药物的大批量生产,通常仍属于权宜路线的范畴。

优化路线是具有明确的工业化价值的药物合成路线,必须具备质量可靠、经济有效、过程安全、环境友好等特征。药品是用于预防、诊断和治疗人类疾病、有目的地调节人的生理功能,并规定有适应证和用法、用量的物质,是关系到人类生命健康的特殊商品。药品质量是指"反映药品符合法定质量标准和预期效用的特征之总和",包括有效性、安全性、稳定性和均一性等几个方面。在生产过程中必须严格控制药品质量,将引起质量不合格和不稳定的因素及时消除;通过严格控制药品生产过程中的每一个环节,达到保证药品质量的目的。原料药的质量是药品质量的基础,各种原料药中杂质的种类和含量以及药物本身的稳定性和均一性都有严格、明确、详细的规定,用于原料药工业化生产的优化路线首先必须保证成品的质量。为了达到这一基本要求,优化路线所使用的各种化工原料以及各步反应所制得的合成中间体的质量必须达到要求、各步化学反应及后处理过程稳定可控。如果不能充分保障原料药的产品质量,无论合成路线在其他方面存在怎样的优点,均无法成为具有工业化价值的优化工艺路线。药物的商品属性决定了药物的研发与生产均属于商业行为,追求利润是医药企业生存和发展的内在需求。无论是在国际还是国内医药市场上,同一个药物往往有多家企业同时生产,相互间的竞争十分激烈;即便是处于专利保护期内的新药,也面临着市场上现有同类药物的强力排挤和即将上市的类似新药的严峻挑战。医药企业必须在保证药品质量的前提下,尽可能采用经济有效的合成路线,生产出廉价的、大量的原料药产品,才能在市场竞争中占据有利地位。合成路线的经济有效性的核心是最大限度地降低药物的生产成本。原料药生产成本的构成比较复杂,包括原辅料价格、能源消耗、人力成本、管理成本和设备投入等诸多方面,应以实际工业生产过程中的综合成本作为确定优化路线的评价指标。化学制药工艺过程的安全性问题直接关乎生产人员的生命安全和身体健康,必须予以高度重视。任何化工工艺过程都无法做到百分之百的安全,但对其危险程度需要有充分的认识。如果合成工艺路线所涉及的化学品或工艺方法存在严重的安全隐患,必须严格避免使用。对于理论上认为相对安全的工艺路线,也需要通过细致的实验加以安全性评估,尽可能将不安全因素排除掉,最大限度地降低工艺过程的危险性。环境保护是人类可持续发展的基础,也是我国的基本国策。以保护人类健康为己任的医药工业,其发展决不能以牺牲环境为代价。因此应用于实际生产的优化路线必须以国家的有关环境法规为指导,严格依法办事。在优化路线的设计和选择过程中,需要采用原子经济性良好的绿色化学方法,使用无毒或低毒试剂,注意溶剂、试剂的回收与循环使用,努力使废水、废气和废渣的种类和数量最小化,并考虑制订相应的"三废"处理方案。同时,需要尽量降低能源消耗,减少能源生产过程中的"三废"数量。

二、优化路线的研究对象

优化路线的研究主要对象包括即将上市的新药,专利即将到期的药物和产量大、应用广泛的药物。在创新药物研究过程的后期阶段,一旦某个候选药物在临床试验中呈现出优异性质,有望成为新化学实体(new chemical entity,NCE),药物研发企业就需要抓紧开发合成该 NCE 的优化路线,为新药的注册和上市做好准备。药物专利到期后,其他企业便可以仿制该药物,药物的价格将大幅下降,成本低、产品价格低廉的生产企业将在市场上具有更强的竞争力,优化路线研究显得尤为重要。某些活性确切的老药社会需求量大、应用面广,如能使用更为合理的优化路线提高产品质量、降低生产成本、减少环境污染,可为企业带来极大的经济效益和良好的社会效益。

总体而言,药物合成工艺路线的研究对象既包括权宜路线,也包括优化路线,但后者无疑是重点。药物合成工艺路线的研究内容涵盖合成工艺路线的设计和合成工艺路线的选择两个方面,本章将就上述两个方面分别加以讨论。

第二节　工艺路线的设计

药物合成工艺路线的设计是化学制药工艺研究的起点,对整个工艺研究过程有着至关重要的影响。工艺路线的设计合理与否,是决定整个工艺成败的关键环节。如果工艺路线设计存在严重的内在缺陷,在后续工艺条件研究中所付出的巨大努力都将付之东流。

药物合成工艺路线的设计并不是短期行为,它将贯穿于药物研发、生产的整个过程。在药物研发的最初阶段,药物化学家(medicinal chemist)需要设计快捷、有效的权宜路线完成化合物的制备,为生物活性测试提供样品。在临床研究阶段,研究人员设计稳定、可靠的权宜路线用于候选药物的批量制备,为临床试验提供药品。在新药上市前,研发企业的工艺化学家(process chemist)经过大量的研究和论证,设计出以质量可靠、经济有效、过程安全、环境友好为特征的具有明确的工业化价值的药物合成优化路线,适时申请工艺发明专利,为新药的商品化奠定技术基础。对于市场效益良好的新药,多家药品生产企业会在其化合物专利到期前预先开展新的优化路线的设计,建立具有自主知识产权的药物合成工艺,希望在专利到期后的市场竞争中抢得先机。对于临床常用药物,特别是应用范围广、市场份额大的经典药物,医药企业也会予以关注,通过设计更为优化的工艺路线并形成自主知识产权,可以提高生产效率、降低生产成本,使企业在市场竞争中占据有利地位。

从技术层面分析,药物合成工艺路线的设计仍属于有机合成化学的范畴,是有机合成化学的一个分支,唯一的独特之处在于所合成的目标分子为药物或可能成为药物的活性化合物。对于任何药物而言,其合成工艺路线都是多种多样的,与之相应的合成路线设计思路也各有不同。药物合成工艺路线设计的常用方法包括逆合成分析法和模拟类推法。

一、逆合成分析法

逆合成分析法是药物合成工艺路线设计的基本方法,本节将就逆合成分析法基本概念、主要方法、关键环节、常用策略以及该方法在手性药物、半合成药物工艺路线设计中的应用等问题进行介绍和讨论。

(一)逆合成分析法的基本概念与主要方法

逆合成分析法(retrosynthetic analysis)又称切断法(the disconnection approach),是有机合成路线设计的最基本、最常用的方法。逆合成分析法是一种逆向的逻辑思维方法,从剖析目标分子(target molecule)的化学结构入手,根据分子中各原子间连接方式(化学键)的特征,综合运用有机化学反应方法和反应机制的知识,选择合适的化学键进行切断,将目标分子转化为一些稍小的中间体(intermediate);再以这些中间体作为新的目标分子,将其切断成更小的中间体;依此类推,直到找到可以方便购得的起始原料(starting material)为止。这种合成路线的设计思路是从复杂的目标分子推导出简单的起始原料的思维过程,与化学合成的实际过程刚好相反,因此被称为"逆"合成或"反"合成,见图2-1。当代有机合成化学大师、哈佛大学教授 E. J. Corey 于 20 世纪 60 年代正式提出逆合成分析法,并运用这一方法完成了百余个复杂天然产物的全合成。因为以上成就,Corey 教授获得了 1990 年的诺贝尔化学奖。

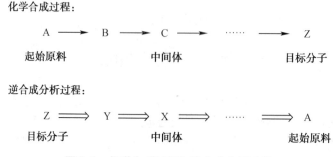

图2-1 化学合成过程与逆合成分析过程

逆合成分析方法最早可追溯到托品酮(tropinone)合成路线的设计。托品酮(又称颠茄酮、莨菪酮)是从颠茄等茄科植物中分离得到的生物碱,为托烷类生物碱生合成的重要前体化合物。1902 年,德国化学家 R. Willstatter(1915 年诺贝尔化学奖的获得者)以环庚酮为起始原料,经成肟、还原、甲基化、卤代和成胺等 10 余步反应完成了托品酮的首次全合成。尽管每步反应的收率均较高,但由于步骤较多,使总收率大大降低,仅为 0.75% 。

1917 年,英国化学家 R. Robinson(1947 年诺贝尔化学奖的获得者)提出了"假想分解"的概念,根据托品酮分子结构的对称性特征,利用逆向的逻辑思维方法,巧妙地使用 Mannich 反应,从虚线处切断,逆推至原料丁二醛、甲胺和丙酮。在实际合成中,Robinson 以反应活性更高的 3- 氧代戊二酸替代丙酮,在弱酸性水溶液中与丁二醛、甲胺发生 Mannich 反应直接构建托品酮母环,经加热脱羧完成托品酮合成。经 Schopf 改进后,整个反应在缓冲水溶液中连续进行,反应温度和溶液 pH 均接近于天然条件,反应的收率可达 92.5% 。Robinson 托品酮合成法(或称 Robinson- Schopf 反应)是应用逆合成分析思路进行有机合成路线设计的第一个成功事例,也是天然物仿生合成的经典范例,在有机合成化学的发展史上占据重要的地位。

Corey 在系统研究逆合成分析法的过程中,提出了切断(disconnection)、合成子(synthon)和合成等价物(synthetic equivalent)等概念。切断是目标化合物结构剖析的一种处理方法,想象在目标分子中有价键被打断,形成碎片,进而推出合成所需要的原料。合成子是指已切断的分子的各个组成单元,包括电正性、电负性和自由基等不同形式。合成等价物是具有合成子功能的化学试剂,可以是亲电物种、亲核物种,也可以是其他反应活性试剂。逆合成分析的过程可以简单地概括为以目标分子的结构剖析为基础,将切断、确定合成子、寻找合成等价物 3 个步骤反复进行,直到找出合适的起始原料。

　　下面以广谱抗真菌药物克霉唑(clotrimazole,2-1)为例,说明利用逆合成分析法进行药物合成工艺路线设计的基本过程。首先,剖析目标分子的结构,分清整个目标分子的主要部分(基本骨架)和次要部分(官能团),在综合考虑各官能团的引入或转化的可能性之后,确定目标分子的基本骨架。对于特定的目标分子,结构剖析的结果并不是一成不变的,从不同的视角进行分析,可获得不同的分子基本骨架。在克霉唑(2-1)分子中,邻氯苯基咪唑结构可以被看作是分子的基本骨架,而苄位上的两个苯基则可以看作是取代基。在确定目标分子的基本骨架之后,对该骨架的第一次切断将分子骨架转化为两个大的合成子,第一次切断部位的选择是整个合成路线设计的关键步骤。作为切断部位的前提条件是该价键比较容易形成,换言之,有可靠的化学反应可用于构建该价键。在克霉唑(2-1)的分子骨架中,C—N键相对比较容易形成,与之相对应的 N-烷基化等反应简便易行,故该价键是首选的切断部位。C—N 键切断后,可以形成两个碎片,即电正性合成子和电负性合成子。从极性、稳定性等角度考虑,苄基部分为电正性合成子、咪唑部分为电负性合成子更为合理。咪唑部分为电负性合成子的合成等价物为咪唑分子(2-2);苄基部分为电正性合成子的合成等价物可选择苄位连有两个苯基的邻氯氯苄(2-3)。前者(2-2)为可方便购得的原料,而后者(2-3)需要自行制备。将该氯苄(2-3)作为新的目标化合物,可逆推至苄醇(2-4)。在这一逆推过程中,化合物的分子骨架没有变化,仅涉及苄位的氯转化为羟基,此类过程被称作官能团转换。苄醇(2-4)是带有两个相同官能团(苯基)的叔醇,根据这一结构特征,可选择苯基与苄间的两个 C—C 键为切断位点。切断后,可得到电负性苯基合成子和电正性苄醇结构合成子。这两个合成子的合成等价物分别为苯基格氏试剂(2-5)和邻氯苯甲酸酯(2-6)。

　　基于以上的逆合成分析过程,可以设计出克霉唑(2-1)的合成路线-1:

　　该路线以邻氯苯甲酸酯(2-6)为起始原料,在无水乙醚中先与苯基格氏试剂(2-5)发生 Grignard 反应,得到叔醇(2-4);化合物(2-4)经二氯亚砜氯代,制备了苄位连有两个苯基的邻氯氯苄(2-3);后者在碱存在下与咪唑发生亲核取代反应,完成克霉唑(2-1)的合成。

　　需要特别注意的是,几乎所有药物的合成路线都不止 1 条。采用不同的逆合成分析思路,选择不同的切断位点,确定不同的合成子和合成等价物,可以设计出多条合成路线。以克霉唑(2-1)为例,下列两条合成路线都是可行的。

　　路线-2 选用邻氯甲苯(2-7)为起始原料,与氯气和三氯化磷反应,制得苄位三氯代产物(2-8);化合物(2-8)在三氯化铝的催化下,与苯发生两次 Friedel-Crafts 烷基化反应,得到氯苄(2-3);化合物(2-3)碱性下与咪唑反应,制得克霉唑(2-1)。

　　路线-3 改用邻氯苯甲酸(2-9)为原料,先与二氯亚砜反应,制得邻氯苯甲酰氯(2-10);化合物(2-10)在三氯化铝的催化下,与苯发生 Friedel-Crafts 酰基化反应,得到二苯甲酮类化合物(2-11);化合物(2-11)与五氯化磷反应,形成苄位二氯代化合物(2-12);化合物(2-12)在三氯化铝的催化下,与苯发生 Friedel-Crafts 烷基化反应,得到氯苄类化合物(2-3);后者(2-3)在碱性条件下与咪唑反应,制得克霉唑(2-1)。

　　以上 3 条路线各有特色,利弊共存。合成路线-1 比较简捷,仅用 3 步反应就完成了克霉唑(2-1)的制备;原料邻氯苯甲酸酯(2-6)较为易得,氯代和 *N*-烷基化反应收率较高,产物的质量较好。主要的不足之处在于使用了 Grignard 试剂,整个反应体系要求严格无水,原辅料质量要求高,反应条件比较苛刻;所用醚类溶剂易燃、易爆,存在严重的安全隐患,对反应设备和管理水平要求较高,使该路线的实际应用受到限制。合成路线-2 也包括 3 步反应,其中第三步反应与路线-1 相同。该路线原料来源方便,反应收率较高。第二步 Friedel-Crafts 反应虽有 HCl 放出并产生废弃物铝盐,但只要处理得当,不会对环境产生严重影响。该路线的核心问题是在第一步氯化反应 1 次引入 3 个氯原子,反应温度高、时间长,未反应的氯气不易充分吸收,极易造成设备腐蚀和环境污染,甚至会对操作者的安全构成威胁。合成路线-3 包括 5 步反应,由于苄位上的两个苯基分次引入,导致整个路线较长。由于原料来源可靠,反应条件温和且易于控制,对环境的影响相对较小,收率较高,成本较低,该路线更适合于工业化生产。

（二）逆合成分析法的关键环节与常用策略

在使用逆合成分析法进行药物合成工艺路线设计的过程中，切断位点的选择是决定合成路线优劣的关键环节。在药物合成路线设计的实际工作中，通常选择分子骨架中方便构建的碳-杂键或碳-碳键作为切断位点。判断分子中哪些价键易于合成，需要路线设计者对常用的基本化学反应十分熟悉，对某些常见的化学反应也有一定的了解。掌握的化学反应方面的知识越全面、越熟练，合成路线的设计思路就越开阔、手段越多样。氟康唑（fluconazole，2-13）为氟代三唑类广谱抗真菌药物，化学名称为 2-（2，4-二氟苯基）-1，3-双（1*H*-1，2，4-三唑-1-基）-2-丙醇。氟康唑（2-13）的分子结构特征比较明显，它是 1 位和 3 位连有三氮唑环、2 位连有 2，4-二氟代苯基的 2-丙醇。根据这一结构特征，可以选择 1 位的 C—N 键作为第一次的切断位点，逆推至 1、2 位为环氧环的化合物（2-14）；利用三氮唑 N 原子的亲核性，通过与环氧化合物（2-14）间的亲核取代反应完成 C—N 键的构建，并形成 2 位羟基。环氧化合物（2-14）的切断位点选择在 1、2 位间的 C—C 键和 1 位的 C—O 键，逆推到羰基化合物（2-15）；利用硫 ylide 与羰基间的反应，可一次性构建 C—C、C—O 键，形成环氧环。羰基化合物（2-15）的切断应选择 C—N 键处，逆推至 α-氯代苯乙酮类化合物（2-16）；采用三氮唑与 α-氯代苯乙酮类化合物（2-16）发生亲核取代反应，即可制备化合物（2-15）。很明显，α-氯代苯乙酮类化合物（2-16）的切断位点可选择在羰基与苯环间的 C—C 键，逆推到起始原料间二氟苯（2-17）；利用经典的 Friedel-Crafts 酰基化反应，可很方便地制得化合物（2-16）。

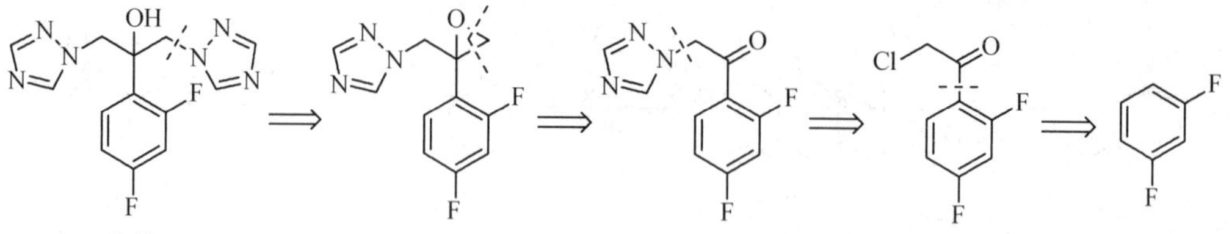

2-13　2-14　2-15　2-16　2-17

经过以上的逆合成分析过程，可设计出如下的氟康唑（2-13）合成路线：

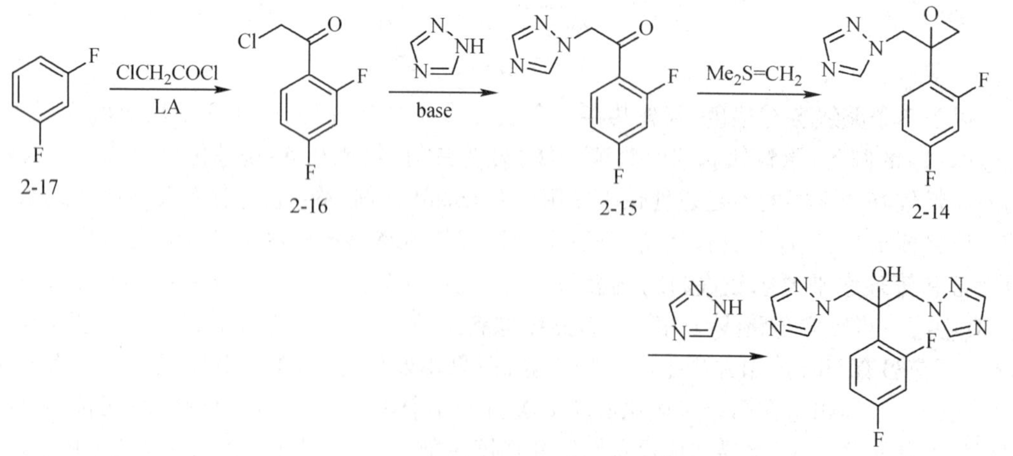

2-17　2-16　2-15　2-14

2-13

以间二氟苯（2-17）为原料，在 Lewis 酸的催化下与氯乙酰氯发生 Friedel-Crafts 酰基化反应，制备 α-氯代苯乙酮类化合物（2-16）；后者（2-16）在碱的作用下与三氮唑发生亲核取代反应，制得了羰基化合物（2-15）；事先制备的硫 ylide 硫 yield 与化合物（2-15）反应，得到环氧化合物(2-14);后者(2-14)再与三氮唑反应,最终完成氟康唑(2-13)的合成。

在设计药物合成工艺路线时,通常希望路线尽量简捷,以最少的反应步骤完成药物分子的构建。但需要特别注意的是,追求路线的简捷不能以牺牲药物的质量为代价,必须在确保药物的纯度等关键指标的前提下去考虑合成路线的长短、工艺过程的难易等因素。在路线设计的过程中,要求设计者对反应(特别是关键反应)的选择性有充分了解,尽量使用高选择性反应,减少副产物的生成。必要时需采用保护基策略,提升反应的选择性,以获取高质量的产物。沙丁胺醇(salbutamol,2-18)为β_2肾上腺素受体激动剂,作为临床常见的镇咳药用于治疗支气管哮喘、喘息性支气管炎、支气管痉挛、肺气肿等呼吸道疾病,其化学名称为1-(4-羟基-3-羟甲基苯基)-2-(叔丁氨基)乙醇。根据沙丁胺醇(2-18)的邻胺基醇结构特征,一种最为简捷的逆合成分析路径是逆推到环氧化合物(2-19),利用叔丁胺对环氧环的亲核取代反应直接构建沙丁胺醇(2-18)。然而,该反应的选择性并不理想。环氧环上的两个碳原子都有可能被胺基进攻,在形成主产物沙丁胺醇(2-18)的同时,伴随较多异构体副产物生成,且主、副产物的结构高度近似,分离纯化困难,产物质量下降,致使该路线无法实现工业化。改进的逆合成方式如下:首先进行官能团转换,从沙丁胺醇(2-18)逆推至相应的羰基化合物(2-20)。选择羰基邻位的C—N键作为切断位点,逆推到羰基α-溴代物(2-21);利用叔丁胺的亲核取代反应构建C—N键。切断羰基α-溴代物(2-21)的C—Br键,逆推到苯乙酮类化合物(2-22);利用选择性的羰基α-位溴代反应合成化合物(2-21)。从苯乙酮类化合物(2-22)可逆推到廉价易得的原料水杨酸(2-23)。与上一路线相比,此路线的步骤明显增加,但总体而言,反应比较可靠,选择性较好。如果细致分析可以发现,羰基α-溴代物(2-21)与叔丁胺之间发生的亲核取代反应在选择性方面仍存在一定的问题。由于羰基α-溴代物(2-21)的反应活性较高,可使叔丁胺N原子上发生两次烷基化,导致副产物的出现。采用控制两种物料配比的方法并不能规避副产物的生成,需要采用保护基策略,在叔丁胺N上先行引入合适的保护基,完成C—N键构建后,再选择适当的时机将保护基去掉。

以上述逆合成分析为基础,考虑到关键反应的选择性以及类似反应一步完成等问题,设计了具有工业化价值的沙丁胺醇(2-18)合成路线。从水杨酸(2-23)出发,首先经过O-乙酰化反应制得乙酰水杨酸(2-23)，即阿司匹林(aspirin)。阿司匹林是最早应用于临床的化学合成药物，它不仅是经典的解热镇痛药，还具有抗血栓的作用，其制备方法简单、可靠。阿司匹林(2-23)在 Lewis 酸的催化下发生 Fries 重排反应，高收率地制得羟基对位乙酰化产物(2-25)。在惰性溶剂中，以单质溴作为溴代试剂，苯乙酮类化合物(2-25)发生离子型的溴代反应，制得羰基 α-位单溴代产物(2-26)；此过程中，化合物(2-25)分子中其他基团未受到影响。在随后的反应中，使用 N 上引入苄基保护基的叔丁胺作为反应物，可避免叔丁胺 N 原子两次烷基化副产物的生成；此为药物合成中以提高反应选择性为目标使用保护基策略的典型例子。亲核取代反应的产物(2-27)在高活性还原剂氢化锂铝的作用下，分子中的羰基和羧基同时被还原，分别形成仲醇和伯醇结构，制备了化合物(2-28)；在这一步反应过程中，同时完成了羰基还原和羧基还原两种化学转化，是"双反应(double reactions)"的典型实例。化合物(2-28)经 Pd/C 催化氢解反应，脱除 N 上的苄基保护基，完成了沙丁胺醇(2-18)的合成。以上合成路线虽然步骤较多，但选用的反应选择性高，保护基策略使用得当，整个路线的总收率较高，成本较低，所得到的沙丁胺醇(2-18)产品质量良好。

药物合成工艺路线设计是一项复杂、细致的工作，设计者不仅要对可能涉及的化学反应的特点有深入了解，还要对可能使用的各种物料的性质有充分认识。某些经典的反应条件在使用特定物料的情况下并不适用，需要具体问题具体分析，通过更换原料或改变反应条件，设计出合理、可行的合成路线。托美丁(tolmetin, 2-29)为芳基乙酸类非甾体抗炎镇痛药物，作为环氧合酶(cyclooxygenase, COX)抑制剂应用于风湿性关节炎、强直性脊柱炎等疾病的治疗，其化学名称为[1-甲基-5-(4-甲基苯基)-1H-吡咯-2-基]乙酸。在托美丁(2-29)的逆合成分析中，很容易判断出羰基与吡咯环之间的 C—C 键、醋酸基团与吡咯环之间的 C—C 键是合适的切断位点。依据此判断，我们可以联想到分别使用 Friedel-Crafts 酰基化和 Friedel-Crafts 烷基化反应去构建上述两个 C—C 键。然而，许多吡咯类化合物在酸性条件下并不稳定，采用 Lewis 酸等经典的 Friedel-Crafts 反应条件，导致原料和产物中的吡咯环开环，无法高纯度、高收率地获得目标产物。根据原料 N-甲基吡咯(2-30)为富电子杂环、易与亲电试剂发生反应的实际特点，首先在①处切断，逆推到对甲基苯甲酰胺类化合物(2-31)，利用 Vilsmeier 反应构建羰基与吡咯环之间的 C—C 键；再选择②处切断，经腈类化合物

(2-32)、胺类化合物(2-33)逆推到原料(2-30),利用 Mannich 等反应完成醋酸基团与吡咯环之间的 C—C 键的构建。

富电子的 *N*-甲基吡咯(2-30)与甲醛、二甲胺在弱酸性条件下发生 Mannich 等反应,制得 Mannich 碱(2-33)。该 Mannich 碱(2-33)与碘甲烷发生 *N*-甲基化反应,得到季铵盐类化合物(2-34)。随后,季铵盐(2-34)与氰化钠发生取代反应,制得腈类化合物(2-32)。此化合物(2-32)与对甲基苯甲酰胺类化合物(2-31)在三氯氧磷的作用下发生 Vilsmeier 反应,得到中间体(2-35)。后者(2-35)再经碱性水解,最终完成托美丁(2-29)的合成。

杂环是构成有机化合物的重要结构单元,据统计,在已知的有机化合物中,含杂环结构的化合物约占 65%。杂环是药物中极为常见的结构片段,在肿瘤、感染、心血管疾病、糖尿病等重大疾病的治疗药物中,杂环结构更是屡见不鲜。在利用逆合成分析方法设计含杂环药物合成路线的过程中,一种方式是将杂环作为独立的结构片段引入到分子中,前述的克霉唑(2-1)、氟康唑(2-13)和托美丁(2-29)均采用了这种方式;另一种方式是将杂环作为切断对象,选择杂环中的特定价键为切断位点,通过构建杂环来完成目标分子的合成。使用后一种方式进行药物合成路线的设计,要求设计者具有扎实的杂环化学知识,对特定杂环的合成方法比较熟悉,只有这样才能保证路线的合理性和可行性。由武田(Takeda)制药研制、开发的非布索坦(febuxostat,2-36)是第一个非嘌呤类选择性黄嘌呤氧化酶(xanthine oxidase,XO)抑制剂,于 2009 年在美国上市,主要用于慢性痛风患者持续高尿酸血症的长期治疗。非布索坦(2-36)的化学名称为 2-(3-氰基-4-异丁氧基苯基)-4-甲基-5-噻唑甲酸,是含有五元杂环噻唑的药物。在逆合成分析过程中,由非布索坦(2-36)起始,经历一系列苯环上官能团的转换,逆推到中间体(2-37);该化合物具有非布索坦(2-36)的基本骨架,其切断位点选择在噻唑环的 1、5 位间的 S—C 键和 3、4 间的 N—C 键;由此,逆推到起始原料对羟基硫代苯甲酰胺(2-38)和 2-溴代乙酰乙酸乙酯(2-39)。非布索坦(2-36)的制备中,五元杂环噻唑的合成是构建整个分子骨架的关键步骤。

商业来源的对羟基硫代苯甲酰胺(2-38)与2-溴代乙酰乙酸乙酯(2-39)在乙醇中回流反应,经重结晶制得中间体(2-37)纯品,收率为60%。中间体(2-37)与乌洛托品(hexamethylenetetramine,HMTA)和多聚磷酸(polyphosphoric acid,PPA)反应,得到酚羟基邻位甲酰化产物(2-40)。后者与异丁基溴、碳酸钾及催化剂碘化钾在DMF中发生O-烷基化反应,得到酚羟基异丁基化产物(2-41)。化合物(2-41)与羟胺盐酸盐、甲酸钠在甲酸中回流反应,制得氰基化产物(2-42)。此化合物经碱催化的酯水解反应,最终得到非布索坦(2-36)。

(三)逆合成分析法在手性药物合成路线设计中的应用

手性(chirality)即实物与其镜像不能重叠的现象,是自然界的基本特征之一。作为生命活动重要物质基础的生物大分子如蛋白质、核酸、多糖等,几乎全是手性的。在目前临床使用的近2000种药物中,一半以上具有手性结构;部分药物是以单一立体异构体存在并注册的,成为手性药物(chiral drug)。近年来,手性药物研究发展迅猛,已成为国际创新药物研究的主要方向之一,手性药物的制备技术是医药工业发展的重要生长点。在利用逆合成分析法设计手性药物合成路线的过程中,除了考虑分子骨架构建和官能团转化外,必须考虑手性中心的形成!在手性药物的合成中,一种途径是先合成外消旋体,再拆分获得单一异构体;另一种途径是直接合成单一异构体。使用外消旋体拆分途径,合成路线的设计过程与常规方法相同,但要求所使用的拆分方法必须高效、可靠。直接合成单一异构体的途径主要包括两类方法:手性源合成技术和不对称合成技术。

手性源(chirality pool)合成技术是指以廉价易得的天然或合成的手性化合物为原料通过化学修饰方法转化为手性产物。与手性原料相比较,产物手性中心的构型既可能保持,也可能发生翻转或转移。手性药物的合成往往需要经过多步的化学反应来实现,涉及手性中心构建的反应常常只是其中的一步或几步。在设计手性药物合成路线时,一定要对完成手性中心构建后的各步化学反应以及分离、纯化过程加以细致的考虑,保证手性中心的构型不被破坏,最终获得较高纯度的手性产物。氟西汀(fluoxetine)为选择性5-羟色胺再吸收抑制剂,是临床上广泛使用的抗抑郁药。该药物含有1个手性中心,其外消旋体作为药物由礼来公司于20世纪80年代中期推向市场。在氟西汀专利到期、仿制药生产者众多的不利情况下,礼来公司不失时机地开发了手性药物——右氟西汀[(S)-fluoxetine,2-43]。与氟西汀相比,右氟西汀(2-43)的起效时间更短、效果更强、安全性更好。在右氟西汀(2-43)的逆合成分析中,切断位点选择在苯环与氧之间的 C—O 键,逆推到对三氟甲基氟苯(2-44)和手性原料(S)-3-(甲基氨基)-1-苯基-1-丙醇(2-45)。对位连有吸电基团三氟甲基的氟代苯(2-44)在碱的作用下与手性醇原料(2-45)发生亲核取代反应形成 C—O 键,完成右氟西汀(2-43)的合成。在此过程中,原料手性碳原子并未受到影响,原料手性中心的构型在产物中得以保持。

达非那新(darifenacin,2-46)为毒蕈碱受体拮抗剂(muscarinic receptor antagonist),可用于治疗尿急、尿频、尿失禁等疾病。达非那新(2-46)是含有 1 个手性中心的手性药物,其构型为 S。在利用手性源法对达非那新(2-46)进行逆合成分析的过程中,选择 C—N 键为切断位点,经官能团转换过程,可逆推至腈类化合物中间体(2-47)。对于手性中间体(2-47),切断位点需选在氰基邻位碳原子和四氢吡咯环手性碳原子之间的 C—C 键,逆推到 2,2-二苯基乙腈(2-48)和手性原料(R)-四氢吡咯-3-醇(2-49)。需要注意的是,在达非那新(2-46)的实际合成中,原料(R)-四氢吡咯-3-醇(2-49)手性中心的构型发生两次翻转。原料(2-49)与对甲苯磺酰氯在碱性条件下反应,在 N 上引入磺酰基保护基得到化合物(2-50)。化合物(2-50)经 Mitsunobu 反应得羟基磺酰化物(2-51),在此过程中手性中心的构型发生了第一次翻转。2,2-二苯基乙腈(2-48)在强碱作用下去除氰基邻位碳上的质子,所得碳负离子对中间体(2-51)的手性碳原子亲核进攻,经 S_N2 机制构建 C—C 键,手性中心的构型发生第二次翻转。再经过去保护基、N-烷基化等步骤,最终完成达非那新(2-46)的合成。

　　不对称合成(asymmetric synthesis)是指在反应剂的作用下,底物分子中的前手性单元以不等量地生成立体异构产物的途径转化为手性单元的合成方法。如图 2-2 所示,目前实用的不对称合成方法可分为以下 4 种类型:①底物控制方法:底物(S)中的非手性单元在邻近的手性结构片段(X*)的影响下,与非手性试剂(R)反应,得到含有新手性单元的产物(X*-P*);②辅剂控制方法:无手性的底物(S)通过连接手性辅剂(A*)对与非手性试剂(R)的反应进行导向,反应后脱除辅剂(A*),得到手性产物(P*);③试剂控制方法:无手性的底物(S)与化学计量的手性试剂(R*)反应,直接转化为手性产物(P*);④催化控制方法:无手性的底物(S)与非手性试剂(R)在低于化学计量的手性催化剂(C*)的催化下获得手性产物(P*)。上述 4 种类型的不对称合成方法各有特色,利弊共存,但总体来说,催化控制方法最具吸引力,因为该方法使用手性物料的用量最少,更为经济、高效。

$$（1）底物控制方法：\quad X^*\text{-}S \xrightarrow{R} X^*\text{-}P^*$$

$$（2）辅剂控制方法：\quad S \xrightarrow{A^*} A^*\text{-}S \xrightarrow{R} A^*\text{-}P^* \xrightarrow{-A^*} P^*$$

$$（3）试剂控制方法：\quad S \xrightarrow{R^*} P^*$$

$$（4）催化控制方法：\quad S \xrightarrow[C^*]{R} P^*$$

图 2-2　不对称合成方法的类型

　　炔诺酮(norethisterone,2-53)为口服有效的孕激素,临床上主要用于功能性子宫出血、痛经、子宫内膜异位等妇科疾病的治疗。该药物为甾体类手性药物,其 17 位手性中心的构建采用了底物控制的不对称合成方法。以去氢表雄酮(2-54)为起始原料,经一系列的化学修饰过程得到雄甾-4-烯-3,17-二酮(2-55)。在该化合物(2-55)中,17 位羰基为前手性结构单元。在邻近的手性基团的作用下,17 位羰基与乙炔、氢氧化钾在溶剂叔丁醇中发生高度对映选择性的亲核加成反应,得到 17β-羟基-17α-乙炔基产物,即炔诺酮(2-53)。

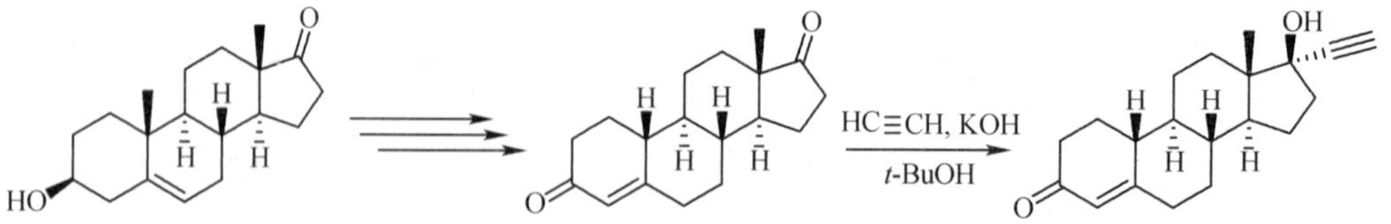

　　硼替佐米(bortezomib,2-56)是第一个进入临床应用的蛋白酶体抑制剂,通过抑制蛋白酶体 26S 亚基的活性,显著减少核因子-κB(NF-κB)的抑制因子(I-κB)在泛素-蛋白酶体途径中的降解,导致 I-κB 与 NF-κB 的结合,抑制 NF-κB 启动的基因转录,从而阻断细胞的多级信号串联,进而诱导肿瘤细胞凋亡。硼替佐米(2-56)由美国 Millennium 公司研制,2003年在美国上市,主要用于多发性骨髓瘤和套细胞淋巴瘤的临床治疗。硼替佐米(2-56)的化学名称为[(1R)-3-甲基-1-[[(2S)-1-氧代-3-苯基-2-[(吡嗪甲酰)-氨基]丙基]氨基]丁基]硼酸,是含有两个手性中心的二肽硼酸类手性药物。文献报道的硼替佐米(2-56)合成路线有数条,在此仅选择以(1S,2S,3R,5S)-(+)-2,3-蒎烷二醇(2-57)为手性辅剂的汇聚式合成路线加以讨论,重点关注两个手性中心的构建方法。异丁基硼酸(2-58)与连二醇类

手性辅剂(2-57)反应,高收率地制得异丁基硼酸酯(2-59)。硼酸酯(2-59)在二异丙基氨基锂(LDA)的作用下与二氯甲烷反应,在硼原子上引入二氯甲基;随后,在 $ZnCl_2$ 的作用下发生 Matteson 重排,在手性辅剂的诱导下对映选择性地生成手性 α-氯代硼酸酯(2-60),完成了第一个手性中心的构建,其对映异构体过量(e.e.)>94%。α-氯代硼酸酯(2-60)与二(三甲基硅基)氨基锂(LiHMDS)发生 S_N2 反应,在分子中导入二(三甲基硅基)氨基,并引起手性碳原子的构型翻转;然后,在三氟乙酸的作用下发生水解,生成手性 α-氨基硼酸酯的三氟乙酸盐(2-61)。手性原料 L-苯丙氨酸(2-62)先与氯化亚砜反应生成酰氯,再与甲醇反应生成 L-苯丙氨酸甲酯(2-63)。L-苯丙氨酸甲酯(2-63)与 α-吡嗪酸(2-64)在 N,N'-二环己基碳二亚胺(DCC)的作用下脱水,生成酰胺类化合物(2-65)。化合物(2-65)经碱性水解后再酸化,得到羧酸类化合物(2-66)。上述 3 步反应中,手性碳原子的构型未受影响。两个手性中间体(2-61)和(2-66)在 O-苯并三唑-N,N,N',N'-四甲基脲四氟硼酸酯(TBTU)和 N,N-二异丙基乙胺(DIPEA)的作用下脱水缩合,生成酰胺类化合物(2-67),完成了目标化合物分子骨架的构建。化合物(2-67)与原料异丁基硼酸(2-58)发生酯交换反应,最终制得目标物硼替佐米(2-56);同时生成硼酸酯类中间体(2-59),可回收套用。综上,在手性药物硼替佐米(2-56)的合成中,两个手性中心的构建分别采用了手性源合成方法和手性辅剂控制不对称合成方法;其中,手性源 L-苯丙氨酸廉价易得,而连二醇类手性辅剂(2-57)实现了循环利用。

手性药物不对称合成中试剂控制方法与催化控制方法的实例将在下一节中论及。

(四)逆合成分析法在半合成路线设计中的应用

按照起始原料的来源来分类,药物合成工艺路线可分为全合成(total synthesis)路线和半合成(semi synthesis)路线两大类。全合成是以化学结构简单的化工产品为起始原料,经过一系列化学反应和物理处理过程制得复杂化合物的过程;半合成是由具有一定基本结构的天然产物经化学结构改造和物理处理过程制得复杂化合物的过程。在现有的化学合成药物中,采用全合成方法制备的占大多数,但使用半合成方法制备的药物并不少见,尤其在抗感染药物、抗肿瘤药物和激素类药物中,采用半合成途径制备的较为常见。在利用半合成设计思路进行逆合成分析过程中,需要头尾兼顾,使逆合成过程最终指向来源广泛、价格低廉、质量可靠的天然产物原料。这些天然产物多为微生物代谢产物,亦可来自植物或动物。多数的头孢菌素类抗感染药物的半合成原料为7-氨基头孢烷酸(7-aminocephalosporanic acid,7-ACA,2-68)或7-氨基-3-去乙酰氧基头孢烷酸(7-aminodesacetoxycephalosporanic acid,7-ADCA,2-69),青霉素类药物多以6-氨基青霉烷酸(6-aminopenicillanic acid,6-APA,2-70)为原料,而十四元、十五元大环内酯类抗菌药物均以红霉素(erythromycin,2-71)为半合成原料。半合成路线的设计者必须熟悉所用天然物原料的化学性质,依据原料的化学反应活性特征设计出合理、高效的半合成路线。

头孢替安(cefotiam,2-72)是由日本武田(Takeda)公司研制开发的第二代半合成头孢菌素类抗菌药物,主要用于治疗由敏感菌引起的肺炎、支气管炎、腹膜炎等疾病。头孢替安(2-72)逆合成分析的切断位点选择在头孢母核的7位氨基所连接的酰胺C—N键和3位甲基所连接的C—S键,逆推到7-ACA(2-69)。按照构建C—N键和C—S键的先后顺序的不同,头孢替安(2-72)的合成路线可分为"先C—N后C—S"和"先C—S后C—N"两类策略。在"先C—N后C—S"策略中,7-ACA(2-69)与4-氯-3-氧代丁酰氯发生N-酰化反应,得到7位酰胺基化合物(2-73);后者再与硫脲进行亲核取代反应,得到中间体(2-74);经分子内成环反应,合成了含氨基噻唑环的中间体(2-75);在碱性条件下,中间体(2-75)与1-(2-二甲胺基乙基)-1H-四唑-5-硫醇(DMMT)发生取代反应,完成头孢替安(2-72)的合成。在"先C—S后C—N"策略中,7-ACA(2-69)先与1-(2-二甲胺基乙基)-1H-四唑-5-硫醇(DMMT)在BF₃的催化下发生取代反应,得到中间体(2-76);再经酰化、取代、环合等步骤制得头孢替安(2-72)。

阿奇霉素(azithromycin,2-79)是由克罗地亚的普利瓦(Pliva)公司开发的十五元大环内酯类抗生素,在酸性条件下的稳定性明显优于红霉素(2-71),抗菌谱较红霉素(2-71)有所拓宽,除保留抗革兰阳性菌活性外,对部分革兰阴性球菌、杆菌及厌氧菌亦有较好活性。该药于1988年在前南斯拉夫首次上市,是全球最畅销的抗感染药物之一。阿奇霉素(2-79)是红霉素(2-71)的半合成衍生物,由于红霉素(2-71)的化学结构与反应特性的限制,阿奇霉素(2-79)的合成方法极为有限。阿奇霉素(2-79)的经典合成路线是以红霉素(2-71)为起始原料,经成肟、Beckmann重排、亚胺醚还原及N-甲基化等反应,最终完成阿奇霉素(2-79)的制备。原料红霉素(2-71)在弱碱性条件下,其9位羰基与羟胺发生加成-消除反应,制得9(E)-红霉素肟(2-80);该化合物(2-80)不仅可用于阿奇霉素(2-79)的合成,还是制备罗红霉素(roxithromycin)、地红霉素(dirithromycin)和克拉霉素(clarithromycin)等其他大环内酯类抗菌药物的重要中间体。9(E)-红霉素肟(2-80)在吡啶的催化下先与对甲苯磺酰氯发生O-磺酰化反应,继而发生Beckmann重排,得到亚胺醚类扩环产物(2-81)。后者(2-

81)经催化氢化或 NaBH$_4$ 还原制得中间体(2-82),最后经 N-甲基化制备阿奇霉素(2-79)。

磷酸奥司他韦(oseltamivir phosphate,2-83)又称达菲(Tamiflu),是罗氏(Roche)公司研制的流感病毒神经氨酸酶(neuraminidase)抑制剂,1999 年在美国上市。达菲(2-83)是目前治疗流感的最为常用的药物之一,也是抵御禽流感和甲型 H1N1 病毒最有效的药物。达菲(2-83)的化学结构中含有 3 个手性中心,是典型的手性药物。文献报道的达菲(2-83)合成路线有多条,其中由罗氏公司开发的经典合成工艺路线是以莽草酸(shikimic acid,2-84)或奎宁酸(quinic acid)为起始原料的半合成路线。莽草酸(2-84)的化学名称为(3R,4S,5R)-3,4,5-三羟基环己-1-烯酸,是存在于木兰科植物八角中的天然产物。莽草酸(2-84)先与乙醇、二氯亚砜反应,生成莽草酸乙酯;后者在对甲苯磺酸的催化下与 3-戊酮反应,得到莽草酸乙酯 3、4 位顺式二羟基缩酮产物;随后,在 5 位羟基上引入甲基磺酰基,制得化合物(2-85)。在 TMSOTf 的存在下,硼烷选择性还原化合物(2-85)的缩酮结构,得到 3 位为 3-戊氧基、4 位为羟基的化合物(2-86)。在碱性条件下,4 位羟基亲核进攻 5 位碳原子,在 4、5 位间形成环氧化,得到中间体(2-87)。叠氮负离子亲核进攻 4 位或 5 位碳原子,得到化合物(2-88)和(2-89)的混合物。上述两个化合物在 PMe$_3$ 的作用下,5 位或 4 位叠氮基团被还原成氨基并亲核进攻 4 位或 5 位碳原子形成氮杂三元环,得到化合物(2-90)。叠氮负离子选择性地亲核进攻 5 位碳原子,氮杂三元环开环,形成 4 位氨基;再在氨基上引入乙酰基,得到中间体(2-91)。经催化氢化和成盐反应,最终完成达菲(2-83)的合成。从原料来源的角度来分析,上述达菲(2-83)合成路线为以天然物为起始原料的半合成路线;从手性药物制备技术的角度来看,此路线属于手性源法的范畴。

二、模拟类推法

模拟类推法是药物合成工艺路线设计的常用方法,本节将对模拟类推法的基本概念、主要方法、适用范围及注意事项等内容加以介绍。

(一)模拟类推法的基本概念与主要方法

在药物合成工艺路线设计过程中,除了使用以逻辑思维为基础的逆合成分析法外,还可应用以类比思维为核心的模拟类推法。药物合成工艺路线设计中的模拟类推法由"模拟"和"类推"两个阶段构成。在"模拟"阶段,首先要准确、细致地剖析药物分子(目标化合物)的结构,发现其关键性的结构特征;其次要综合运用多种文献检索手段,获得结构特征与目标化合物高度近似的多种类似物及其化学信息;再次要对多种类似物的多条合成路线进行比对分析和归纳整理,逐步形成对文献报道的类似物合成路线设计思路的广泛认识和深刻理解。在"类推"阶段,首先从多条类似物合成路线中挑选出有望适用于目标化合物合成的工艺路线;其次进一步分析目标物与其各种类似物的结构特征,确认前者与后者结构之间的差别;最后以精选的类似物合成路线为参考,充分考虑药物分子自身的实际情况,设计出药物分子的合成路线。

药物分子(目标化合物)与其类似物在化学结构方面存在共性是使用模拟类推法进行药物合成工艺路线设计的基础。通过分析药学发展的历史和现状我们不难发现,药物的数量明显高于药物作用靶点的数量,往往是多个药物作用于同一个药物作用靶点;作用于同一靶点的药物在化学结构(特别是三维结构)方面存在相似性,其中部分药物之间结构高度近似。这表明,多数的药物与另外一些药物之间存在结构共性;同时,几乎所有的药物都与某些非药物的分子之间存在结构共性。在很多情况下,模拟类推法是药物合成工艺路线设计的简捷、高效的途径。需要特别说明的是,模拟类推法与逆合成分析法并不矛盾,在药物合成工艺路线设计的实践中经常将这两种方法联合使用,相互补充。

对于作用靶点完全相同、化学结构高度类似的共性显著的系列药物,采用模拟类推法进行合成工艺路线设计的成功概率往往较高。模拟类推方法并不单可用于系列药物分子骨架的构建,而且可扩展到系列手性药物手性中心的构建。奥美拉唑(omeprazole,2-92)是由瑞典阿斯特拉(Astra)公司开发成功的第一个 H^+,K^+- ATP 酶抑制剂(H^+,K^+- ATPase inhibitor),又称质子泵抑制剂(proton pump inhibitor,PPI),主要用于消化道抗溃疡的治疗,具有疗效突出、耐受性好、用药时间短、治愈率高等诸多优点,自1988年上市起,曾多年雄踞单一药物世界销售额排行榜的首位。以奥美拉唑(2-92)为先导化合物,日本武田(Takeda)等公司采用模拟创新策略(即 me-too 策略)相继研制了兰索拉唑(lansoprazole,2-93)、泮托拉唑(pantoprazole,2-94)、雷贝拉唑(rabeprazole,2-95)和艾普拉唑(ilaprazole,2-96)等新药并推向市场,使消化道溃疡性疾病的治疗水平得以全面提升。兰索拉唑(2-93)等药物的化学结构与奥美拉唑(2-92)高度近似,均带有苯并咪唑环和吡啶环,在苯并咪唑的2位和吡啶的2位之间以—S(O)CH₂—相连接。基于上述药物之间的化学结构共性,采用了模拟类推法,以奥美拉唑(2-92)为参照,完成了兰索拉唑(2-93)等药物合成工艺路线的设计。奥美拉唑(2-92)、兰索拉唑(2-93)等药物的逆合成分析如下图所示。由亚砜结构的目标化合物起始,首先逆推到相应的硫醚结构;硫醚结构对应两种切断方式,通过第一种切断方式可逆推到2-巯基苯并咪唑类和2-卤代甲基吡啶类化合物,而通过第二种切断方式则逆推到2-卤代苯并咪唑类和2-巯基甲基吡啶类化合物。由于2-巯基苯并咪唑类和2-卤代甲基吡啶类中间体制备比较方便,故第一种切断方式更为常用。

2-92, R₁=OCH₃, R₂=CH₃, R₃=OCH₃, R₄=CH₃
2-93, R₁=H, R₂=CH₃, R₃=OCH₂CF₃, R₄=H
2-94, R₁=OCHF₂, R₂=OCH₃, R₃=OCH₃, R₄=H
2-95, R₁=H, R₂=CH₃, R₃=O(CH₂)₃OCH₃, R₄=CH₃
2-96, R₁=2, 5-dimethyl-1H-pyrrol-1-yl, R₂=CH₃,
　　　R₃=OCH₃, R₄=H

　　在奥美拉唑(2-92)的合成中,首先要完成关键中间体5-甲氧基-1H-苯并咪唑-2-硫醇(2-97)和2-氯甲基-3,5-二甲基-4-甲氧基吡啶(2-98)的制备。以对甲氧基苯胺(2-99)为原料,经乙酰化保护氨基后发生乙酰胺基邻位的硝化反应,得到化合物(2-100);后者先经碱性水解去掉乙酰基,再还原硝基至氨基,得到邻二氨基产物(2-101);邻二氨基产物(2-101)与二硫化碳在碱性条件下发生关环反应,制得中间体(2-97)。从2,3,5-三甲基吡啶(2-102)出发,经双氧水氧化和硝化反应,得到4位引入硝基的吡啶 N-氧化物(2-103);吡啶 N-氧化物(2-103)与甲醇钠发生亲核取代反应,得到4位硝基被甲氧基替代的产物(2-104);后者(2-104)在醋酸酐的作用下发生重排反应,再经水解得到2位羟甲基吡啶衍生物(2-105);再经二氯亚砜氯代,制备了中间体(2-98)。中间体(2-97)先在强碱作用下使巯基去质子化,再与中间体(2-98)发生亲核取代反应形成 C—S 键,完成目标物分子骨架的构建,得到硫醚类中间体(2-106);在间氯过氧苯甲酸(m-CPBA)或其他氧化剂(如次磷酸钠、过硼酸钠、尿素过氧化氢等)的作用下,选择性地将硫醚转化为亚砜,完成奥美拉唑(2-92)的合成。

泮托拉唑(2-94)是继奥美拉唑(2-92)、兰索拉唑(2-93)之后第三个上市的PPI类抗溃疡药物,其基本分子骨架与奥美拉唑(2-92)完全一致,只是两个杂环上的取代基不同。以奥美拉唑(2-92)的合成路线为参照,采用模拟类推的方法可方便地完成泮托拉唑(2-94)合成工艺路线的设计。中间体5-二氟甲氧基-1*H*-苯并咪唑-2-硫醇(2-107)和2-氯甲基-3,4-二甲氧基吡啶(2-108)在碱性条件下发生亲核取代反应形成C—S键,制得硫醚类中间体(2-109);中间体(2-109)在间氯过氧苯甲酸(m-CPBA)或次氯酸钠、过硼酸钠、过氧化氢/钨酸钠等氧化剂的作用下发生选择性氧化反应,完成泮托拉唑(2-94)的制备。

埃索美拉唑[esomeprazole,(*S*)-奥美拉唑,2-110]、(*R*)-兰索拉唑(2-111)和(*S*)-泮托拉唑(2-112)是在奥美拉唑(2-92)、兰索拉唑(2-93)和泮托拉唑(2-94)的基础上发展起来的PPI类抗溃疡手性药物。与相应的消旋体药物相比,这些手性药物的抑酶活性略有提升,药代动力学性质有所改善,安全性更好。

埃索美拉唑(2-110)的常用合成方法是以Sharpless不对称氧化为基础的催化控制的不对称合成方法。Sharpless不对称氧化是由2001年的诺贝尔化学奖得主K. B. Sharpless创立的催化控制的不对称合成方法,包括环氧化(epoxidation)、双羟基化(dihydroxylation)和氨基羟基化(aminohydroxylation)等反应。在埃索美拉唑(2-110)的合成中,前手性的硫醚类底物(2-106)在远低于化学计量的手性催化体系的催化下,被过氧化醇类氧化剂氧化成亚砜,高度对映选择性地获得手性产物(2-110)。常用手性催化体系为(D)-(−)-酒石酰胺/四异丙醇钛/叔胺或(1R,2R)-1,2-二(2-溴苯基)-1,2-乙二醇/四异丙醇钛/叔胺;常用的氧化剂为氢过氧化枯烯或过氧化叔丁醇。(R)-兰索拉唑(2-111)和(S)-泮托拉唑(2-112)的合成路线设计采用了模拟类推方法,所选择的模拟对象为埃索美拉唑(2-110)。(R)-兰索拉唑(2-111)手性硫原子的构型与埃索美拉唑(2-110)刚好相反,故所用手性催化体系改为(L)-(−)-酒石酸酯/四异丙醇钛/叔胺,氧化剂仍为氢过氧化枯烯。(S)-泮托拉唑(2-112)手性中心的构型与埃索美拉唑(2-110)一致,所用的手性催化体系为(D)-(−)-酒石酸酯/四异丙醇钛/叔胺,氧化剂仍可使用氢过氧化枯烯。上述 3 种手性药物的合成途径均为催化控制不对称合成方法,该方法是制备手性药物的最为经济、高效的途径。

制备埃索美拉唑(2-110)的另一类途径是试剂控制的不对称合成方法。前手性底物硫醚(2-106)在化学计量的 Davis 手性氧化试剂(即樟脑磺酰胺过氧化物)的氧化下,以较高的对映选择性获得手性产物(2-110)。(R)-兰索拉唑(2-111)和(S)-泮托拉唑(2-112)也可采用类似方法合成。

(二) 模拟类推法的适用范围与注意事项

药物合成工艺路线设计中的模拟类推法作为以类比思维为核心的推理模式,有其固有的局限性。某些化学结构看似十分相近的药物分子,其合成路线并不相近,有时甚至相差甚远。喹诺酮类(quinolones)抗菌药物是一类具有 1,4-二氢-4-氧代喹啉-3-羧酸结构的化合物,通过抑制细菌 DNA 螺旋酶(DNA gyrase)干扰细菌 DNA 的合成而产生抗菌活性。诺氟沙星(norfloxacin,2-114)是由日本杏林(Kyorin)公司创制的第一个氟喹诺酮类抗菌药物,对革兰阴性、阳性菌均有较高活性,但在血清和组织中浓度较低,主要用于治疗泌尿道、消化道细菌感染,于 1983 年上市。环丙沙星(ciprofloxacin,2-115)是德国拜耳(Bayer)公司以诺氟沙星(2-114)为先导化合物研制、开发的第二个氟喹诺酮类抗菌药物,于 1987 年上市,其抗菌谱与诺氟沙星(2-114)相近但活性更强,在血清和组织中浓度较高,可用于治疗呼吸道等多种组织的细菌感染。氧氟沙星(ofloxacin,2-116)是继环丙沙星(2-115)之后第二个可用于多种感染治疗的氟喹诺酮类抗菌药物,由日本第一(Daiichi)制药公司开发,于 1990 年上市。诺氟沙星(2-114)、环丙沙星(2-115)和氧氟沙星(2-116)的母核部分均为 1,4-二氢-4-氧代喹啉-3-羧酸,6 位均为氟取代,7 位皆带有哌嗪(或 N-甲基哌嗪)环。三者的结构不同之处主要体现在 1 位 N 上的取代基上,诺氟沙星(2-114)为乙基,环丙沙星(2-115)为环丙基,而氧氟沙星(2-116)的 1 位 N 与 8 位羟基 O 以碳链连接而构成六元环。

2-114　　　　2-115　　　　2-116

上述 3 种药物的化学结构相似,但合成工艺路线却存在明显差异。在逆合成分析过程中,诺氟沙星(2-114)的第一个切断位点选择在母核 6 位与哌嗪环之间的 C—N 键,第二个切断位点为母核 1 位与乙基间的 N—C 键,第三个切断位点是母核的 4 位与 4α-位间的 C—C 键,第四个切断位点为母核的 1、2 间的 N—C 键。经过以上切断过程,可推至起始原料 3-氯-4-氟-苯胺(2-117)与乙氧甲叉丙二酸二乙酯(2-118)、溴乙烷(2-119)及哌嗪(2-120)。起始原料 3-氯-4-氟-苯胺(2-117)与乙氧甲叉丙二酸二乙酯(2-118)发生加成-消除反应,生成中间体(2-121);中间体(2-121)在二苯醚等高沸点溶剂中加热至 250℃以上,发生分子内的 Friedel-Crafts 酰基化反应,得到环合物(2-122);环合物(2-122)先在碱性条件下与溴乙烷(2-119)发生 N-烷基化反应,再经酯水解反应,得到乙基化物(2-123);乙基化物(2-123)在缚酸剂吡啶的存在下与哌嗪(2-120)进行芳环亲核取代反应,完成诺氟沙星(2-114)的制备。

2-114　　　　2-120　　2-117　　　2-119　　2-118

环丙沙星(2-115)的第一个切断位点与诺氟沙星(2-114)相同。第二个切断位点不能选在母核 1 位与环丙基间的 N—C 键,因为构建该键的 N-烷基化反应涉及环丙基碳正离子的形成,而环丙基碳正离子并不稳定,极易转化为烯丙基碳正离子,从而导致反应失败;环丙沙星(2-115)的第二个切断位点为母核 7α-位与 1 位间的 C—N 键,以芳环亲核取代反应构建此键。第三个切断位点为母核的 1、2 间的 N—C 键,第四个切断位点为母核的 2、3 间的 C-C 双键,而第五个切断位点则选在母核 3 位与羧基之间的 C—C 键。由此可推得起始原料 2,4-二氯-5-氟苯乙酮(2-124)与碳酸酯(2-125)、原甲酸酯(2-126)、环丙胺(2-127)和哌嗪(2-120)。原料 2,4-二氯-5-氟苯乙酮(2-124)在醇钠的作用下,与碳酸酯(2-125)发生羰基 α-位酰化反应,形成中间体(2-128);在醋酸酐的存在下,中间体(2-128)与原甲酸酯(2-126)发生缩合反应,在中间体(2-128)的两个羰基间的亚甲基上引入乙氧甲叉基团,得到化合物(2-129);后者(2-129)再与环丙胺(2-127)进行加成-消除反应,获得中间体(2-130);在碳酸钾/DMF 体系中,中间体(2-130)发生分子内的芳环亲核取代反应,完成喹诺酮母核的构建,得到中间体(2-131);再经过水解、哌嗪取代两步反应,最终完成环丙沙星(2-115)的制备。

氧氟沙星(2-116)的第一个切断位点与诺氟沙星(2-114)、环丙沙星(2-115)相同,都是母核 6 位与哌嗪环之间的 C—N 键;第二个切断位点需选在母核的 4 位与 4α-位间的 C—C 键;第三个切断位点为母核的 1、2 间的 N—C 键;而第四、第五切断位点分别在二氢噁嗪环的 C—N、C—O 键。至此,即可推得起始原料 3,4-二氟-2-羟基硝基苯(2-133)与溴代丙酮(2-134)、乙氧甲叉丙二酸二乙酯(2-118)及 N-甲基哌嗪(2-135)。原料 3,4-二氟-2-羟基硝基苯(2-133)与溴代丙酮(2-134)发生 O-烷基化反应,生成中间体(2-136);在 Raney Ni 的催化下,中间体(2-136)的硝基首先被 H_2 还原为氨基,随后氨基与羰基缩合形成亚胺,亚胺 C-N 双键被加氢还原成为 C-N 单键,得到苯并二氢噁嗪中间体(2-137);该中间体(2-137)与乙氧甲叉丙二酸二乙酯(2-118)发生加成-消除反应,生成中间体(2-138);后者在多聚磷酸(PPA)等的催化下发生分子内的 Friedel-Crafts 酰基化反应,得到环合物(2-139);环合物(2-139)在酸性条件下发生酯水解反应,得到 3 位羧基化合物(2-140);化合物(2-140)在 DMSO 中与 N-甲基哌嗪(2-135)经芳环亲核取代反应制得氧氟沙星(2-116)。

通过对比、分析诺氟沙星(2-114)、环丙沙星(2-115)和氧氟沙星(2-116)的经典合成工艺路线可以发现,某些药物分子的化学结构比较相似,但其合成路线却存在明显差异。这一现象提示我们,在利用模拟类推法进行药物合成工艺路线设计时一定得"具体问题,具体分析"。在充分认识多个药物分子之间的结构共性的同时,需深入考察每个药物分子本身的结构特性。如果药物分子间的结构共性占据主导地位,有机会直接采用模拟类推法设计合成工艺路线,即可大胆采用;如果某个药物分子的个性因素起到关键作用,无法进行直接、全面的模拟类推,则可进行间接、局部的模拟类推,在巧妙地借鉴他人的成功经验基础上独立思考,另辟蹊径,创立自己的新颖方法。

自诺氟沙星(2-114)问世至今的 30 年间,氟喹诺酮类抗菌药物一直保持着强劲的发展势头,共有 20 余种此类药物(含兽药)陆续上市,市场份额不断攀升,是唯一一类能与头孢菌素类抗生素相媲美的合成抗菌药物。在后续的氟喹诺酮类抗菌药物的研发过程中,氟罗沙星(fleroxacin,2-141)、莫西沙星(moxifloxacin,2-142)、芦氟沙星(rufloxacin,2-143)等多种药物采用模拟类推法,以诺氟沙星(2-114)、环丙沙星(2-115)或氧氟沙星(2-116)为模拟对象,成功完成了合成工艺路线的设计。

　　氟罗沙星(2-141)是1992年上市的第二代喹诺酮类抗菌药物,具有生物利用度高、半衰期长等优点,主要应用于呼吸道、泌尿道、消化道细菌感染的治疗。氟罗沙星(2-141)的化学结构与诺氟沙星(2-114)高度近似,其差别仅限于1位以2-氟乙基替代乙基、7位以N-甲基哌嗪替换哌嗪、8位增加了F原子。以诺氟沙星(2-114)为参照,采用模拟类推的方法完成了氟罗沙星(2-141)合成工艺路线的设计。选用2,3,4-三氟-苯胺(2-144)为起始原料,经加成-消除、高温分子内的Friedel-Crafts酰基化反应合成环合物中间体(2-146);以2-氟乙醇磺酸酯为烷基化试剂,在碱和KI的催化下完成了1位N-烷基化反应;中间体(2-147)在DMSO中与N-甲基哌嗪(2-135)发生芳环亲核取代反应,再经酸水解反应最终制备了氟罗沙星(2-141)。

　　由德国拜耳(Bayer)公司开发的莫西沙星(2-142)于1999年上市,具有抗菌谱广、抗菌活性强、生物利用度高、半衰期长等诸多优点,广泛应用于多种细菌感染性相关疾病的治疗,为第四代喹诺酮类抗菌药的代表性药物。莫西沙星(2-142)是在环丙沙星(2-115)基础上发展而来的,在化学结构上与环丙沙星(2-115)十分近似,仅以(4aS,7aS)-八氢-6H-吡咯并[3,4-b]吡啶片段替换了环丙沙星(2-115)7位的哌嗪基团,并在8位引入了甲氧基。莫西沙星(2-142)的合成工艺路线是以环丙沙星(2-115)的合成路线为基础,通过模拟类推途径设计的。从环丙沙星(2-115)合成中间体的结构类似物3-氧代-3-(2,4,5-三氟-3-甲氧基苯基)丙酸甲酯(2-149)出发,与二甲胺发生胺解反应制备酰胺类中间体(2-150);该中间体(2-150)先与原甲酸酯(2-126)发生缩合反应制得中间体(2-151),再与环丙胺(2-127)进行加成-消除和芳环亲核取代反应,完成喹诺酮母核的构建,获得中间体(2-152);中间体(2-152)在有机强碱DBU的催化下,与手性中间体(4aS,7aS)-八氢-6H-吡咯并[3,4-b]吡啶发生芳环亲核取代反应,制得中间体(2-153);中间体(2-153)的3位酰胺基团在碱性条件下水解,再经酸中和,完成莫西沙星(2-142)的合成。

　　1992 年上市的芦氟沙星(2-143)在抗菌谱和体外抗菌活性方面与诺氟沙星(2-114)等药物大体相当,其突出的优点是血浆半衰期长、体内活性强,在临床上主要用于呼吸道、泌尿道、消化道细菌感染的治疗。芦氟沙星(2-143)的化学结构与氧氟沙星(2-116)十分相近,前者以二氢噻嗪环替代后者的二氢噁嗪环与喹诺酮母核骈合并去除环上的甲基。芦氟沙星(2-143)的合成工艺路线是以氧氟沙星(2-116)的合成路线为基础进行模拟类推的结果。原料 2,3,4-三氟-硝基苯(2-154)在缚酸剂的存在下,与 2-巯基乙醇(2-134)发生芳环亲核取代反应形成 C—S 键,生成中间体(2-155);Fe/HCl 还原体系将中间体(2-155)的硝基还原为氨基,制得中间体(2-156);中间体(2-156)侧链上的羟基在 HBr 的作用下发生溴代,所得溴代物(2-157)在碱性条件下进行分子内的 N-烷基化反应,形成 C-N 单键,得到苯并二氢噻嗪中间体(2-158);此中间体(2-158)先与乙氧甲叉丙二酸二乙酯(2-118)发生加成-消除反应,再在多聚磷酸(PPA)等的催化下发生分子内的 Friedel-Crafts 酰基化反应,得到环合物(2-160);环合物(2-160)与氟硼酸反应,喹诺酮母核 3 位羧基、4 位羰基与硼原子间形成螯合物(2-161),活化 7 位 C—F 键,提高其与 N-甲基哌嗪(2-135)之间芳环亲核取代反应的选择性,以较高收率得到化合物(2-162);再经过碱水解、酸中和反应完成芦氟沙星(2-143)的制备。

第三节　工艺路线的评价与选择

　　工艺路线的评价与选择是对某一药物的文献报道和(或)自行设计的多条合成路线进行对比、分析,从中挑选 1 条(或数条)具有良好工业化前景的工艺路线的过程。由于多数药物的合成路线数量较多,每个路线又各具特色,要对这些路线作出准确的评价和合理的选择将是一项艰巨而复杂的任务,理想的工艺路线的确立需要长期研究、反复实践。

　　本节将围绕化学制药合成工艺路线的常用评价标准和基本选择方法展开讨论。

一、工艺路线的评价标准

具有良好工业化前景的优化合成工艺路线必须具备质量可靠、经济有效、过程安全、环境友好等基本特征。从技术层面分析,优化合成工艺路线的主要特点可概括如下:反应步骤最少化,汇聚式合成策略,原料来源稳定,化学技术可行,生产设备可靠,后处理过程简单化,环境影响最小化。以上特征是评价化学制药工艺路线的主要技术指标。

1. 反应步骤最少化　在其他因素相差不大的前提下,反应步骤较少的合成路线往往呈现总收率较高、周期较短、成本较低等优点,合成路线的简捷性是评价工艺路线的最为简单、最为直观的指标。以尽量少的步骤完成目标物制备是合成路线设计的重要追求,简捷、高效的合成路线通常是精心设计的结果。在一步反应中实现两种(甚至多种)化学转化是减少反应步骤的常见思路之一。在苯并氮杂环庚烯类化合物(2-163)的合成中,3 次巧妙地使用了"双反应"策略,使整个反应路线大为缩短。在第一步反应中,噁唑啉环的开环与氰基的醇解反应一次完成;在第三步反应中,底物(2-166a)和(2-166b)中的酰胺、酯/内酯基团在硼氢化钠/醋酸体系中同时被还原,形成相应的仲胺和伯醇基团;在最后一步反应中,伯醇氯代/氯代物分子内 Friedel-Crafts 烷基化关环反应与苯甲醚去甲基化反应同时完成。此外,可以精心设计一些反应的顺序,使第一步生成的中间体引发后续的转化,产生串联反应(tandem reaction)或多米诺反应(domino reaction),大幅减少反应步骤,缩短合成路线。串联反应是指将两个或多个属于不同类型的反应串联进行,在 1 瓶内完成。内酯类化合物(2-169)、(2-170)的合成即属于串联反应。腈类化合物(2-171)与有机锌试剂(2-172)发生亲核加成反应,得到络合物中间体(2-173);该络合物(2-173)直接与取代环氧化合物反应,制备了内酯类化合物(2-169)、(2-170)。多米诺反应是指串联反应中一个反应的发生可启动另一个反应,使多步反应连续进行。杂环化合物(2-174)的合成就采用了多米诺反应合成路线。苯甲醛类化合物(2-175)与 4-硫代噻唑啉-2-酮发生缩合反应,得到中间体;该化合物自动进行分子内的 Diels-Alder 反应,完成四并杂环的构建;随后,直接发生氧化,得到杂环化合物(2-174)。在第一步反应启动后,后续两步反应连续自动进行,犹如多米诺骨牌一般。

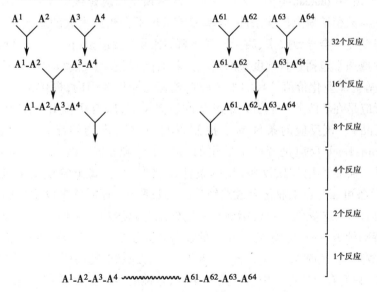

2. 汇聚式合成策略 对于一个多步骤的合成路线而言,有两种极端的装配策略。一种是"直线式合成法(linear synthesis)",即一步一步地进行反应,每一步增加目标分子的一个新单元,最后构建整个分子;另一种是"汇聚式合成法(convergent synthesis)",在这种合成法中,分别合成目标分子的主要部分,并使这些部分在接近合成结束时再连接到一起,完成目标物构建。如图2-3所示,以由64个结构单位构建的化合物为例,直线式合成法中的第一个单元要经历63步反应,如果这些反应的收率都是90%,该路线的总收率为 $0.9^{63} \times 100\% = 0.13\%$;而采用汇聚式合成法进行合成时,反应的总数并没有变化,但每个起始单元仅经历6步反应,反应收率仍按照90%计算,则路线的总收率为 $0.9^6 \times 100\% = 53\%$。与直线式合成法相比,汇聚式合成法具有一定的优势:①中间体总量减少,需要的起始原料和试剂少,成本降低;②所需要的反应容器较小,增加了设备使用的灵活性;③降低了中间体的合成成本,在生产过程中一旦出现差错,损失相对较小。

图2-3 汇聚式合成法

3. 原料来源稳定　没有稳定的原辅材料供应就不能组织正常的生产。因此,在评价合成路线时,应了解每一条合成路线所用的各种原辅材料的来源、规格和供应情况,同时要考虑到原辅材料的贮存和运输等问题。有些原辅材料一时得不到供应,则需要考虑自行生产。对于准备选用的合成路线,需列出各种原辅材料的名称、规格、单价,算出单耗(生产1kg产品所需各种原料的数量),进而算出所需各种原辅材料的成本和原辅材料的总成本,以便比较。在上节中我们曾介绍了奥美拉唑(2-92)的合成工艺路线,其分子骨架构建的关键步骤是5-甲氧基-1*H*-苯并咪唑-2-硫醇(2-97)和2-氯甲基-3,5-二甲基-4-甲氧基吡啶(2-98)在碱的作用下发生亲核取代反应形成C—S键,得到硫醚类中间体(2-106)。事实上,如果改用2-卤代苯并咪唑类化合物(2-179)与2-巯甲基-吡啶衍生物(2-180)为原料发生类似反应,也可以完成中间体(2-106)的制备,而且两种途径的反应条件和产物收率相差并不大。由于后一种途径的两种中间体(2-179)和(2-180)的合成难度大、成本高、来源困难,导致该途径无法实现工业化。

4. 化学技术可行　化学技术可行性是评价合成工艺路线的重要指标。优化的工艺路线各步反应都应稳定可靠,发生意外事件的概率极低,产品的收率和质量均有良好的重现性。各步骤的反应条件比较温和,易于达到、易于控制,尽量避免高温、高压或超低温等极端条件,最好是平顶型(plateau-type)反应。所谓的平顶型反应是优化条件范围较宽的反应,即使某个工艺参数稍稍偏离最佳条件,收率和质量也不会受到太大的影响;与之相反,如果工艺参数稍有变化就会导致收率、质量明显下降,则属于尖顶型(point-type)反应,如图2-4所示。工艺参数通常包括物料纯度、加料量、加料时间、反应温度、反应时间、溶剂含水量、反应体系的pH等。工业化价值较高的工艺应在较宽的操作范围内,提供预期质量和收率的产品。Duff反应是在活泼芳环上引入甲酰基的经典反应,所用甲酰化试剂为六次甲基四胺(即乌洛托品)。该反应的条件易于控制,操作简便,产物纯净,是典型的平顶型反应。Gattermann-Koch反应是芳环甲酰化的另一个经典反应,该反应以毒性较大的CO和HCl为原料,需要使用加压设备,反应条件控制难度大,属于尖顶型反应。

5. 生产设备可靠　在工业化合成路线选择的过程中,必须考虑设备的因素,生产设备可靠性是评价合成工艺路线的重要指标。实用的工艺路线应尽量使用常规设备,最大限度地避免使用特殊种类、特殊材质、特殊型号的设备。大多数光化学、电化学、超声、微波、高温或低温、剧烈放热、快速淬灭、严格控温、高度无水、超强酸碱、超高压力等条件需要借助于特殊设备来实现,只有在反应路线中规避这些条件,才能有效地避免使用特殊设备。近年来,微波加热技术已经发展成为实验室的常规技术手段,有多种型号的专用的微波反应装置可供选择;然而,由于技术、成本、安全性等因素的限制,可用于工业化的大型微波反应器目前

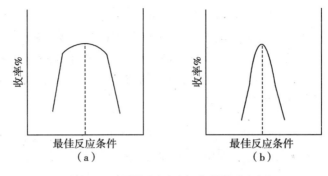

图 2-4 平顶型反应（a）与尖顶型反应（b）

尚未上市。降低反应温度是提高反应选择性的重要手段之一，－78℃的反应条件在实验室中很容易实现；但若在工业生产中采用低温条件，必须使用大功率的制冷设备，并需要长时间的降温过程，这将导致生产成本的大幅上升。

　　6. 后处理过程简单化　分离、纯化等后处理过程是工艺路线的重要组成部分，在工业化生产过程中约占 50% 的人工时间和 75% 的设备支持。在整个工艺过程中，减少后处理的次数或简化后处理的过程能有效地减少物料的损失、降低污染物的排放、节省工时、节约设备投资、降低操作者劳动强度并减少了他们暴露在可能具有毒性的化学物质中的时间。压缩后处理过程的常用方法是反应结束后产物不经分离、纯化，直接进行下一步反应，将几个反应连续操作，实现多步反应的"一锅操作"（one-pot operation），俗称为"一勺烩"。使用"一勺烩"方法的前提条件是上一步所使用的溶剂和试剂以及产生的副产物对下一步反应的影响不大，不至于导致产物和关键中间体纯度的下降。如果"一勺烩"方法使用得当，有望大幅提升整个反应路线的总收率。在非甾体抗炎药物吡罗昔康（piroxi-cam,2-181）的合成路线中，从原料邻苯二甲酸酐（2-182）出发，共需经历 13 个化学反应。该路线虽为直线式合成法，但由于采用了几步"一勺烩"工艺，而显现出独特的优点。由原料邻苯二甲酸酐（2-182）出发，经（1）氨解、（2）Hofmann 降解、（3）酯化等 3 个反应制得邻氨基苯甲酸甲酯（2-184）；这 3 步反应的副产物较少，几乎不影响主产物的生成，且 3 个反应都在碱性甲醇溶液中进行，故可以连续进行，合并为第一个工序。邻氨基苯甲酸甲酯（2-184）经（4）重氮化、（5）置换和（6）氯化等 3 步反应生成了 2-氯磺酰基苯甲酸甲酯（2-187）；此 3 步反应均需在低温和酸性液中进行，最后生成的氯代物（2-187）转入甲苯溶液中得以分离，因此 3 步反应可连续操作，合并为第二个工序。（7）胺化、（8）酸析两步反应可以连续进行，为第三个工序，其产物为糖精（2-189）。糖精（2-189）经（9）成盐反应得糖精钠（2-190），再进行（10）*N*-烷基化、（11）碱催化重排扩环和（12）*N*-甲基化反应，得到苯并噻嗪酯类中间体（2-193）；这几步反应都在碱性下进行，无需分离中间体，直接进行连续操作，成为第四个工序。最后，噻嗪酯类中间体（2-193）与 *α*-氨基吡啶发生酯的（13）氨解反应形成酰胺键，完成吡罗昔康

（2-181）的合成。在上述路线中,4次巧妙地使用"一勺烩"工艺方法,不仅明显地减少后处理的次数、简化后处理的过程,而且显著地提高了整个路线的总收率,使吡罗昔康（2-181）的生产成本大幅降低。需要注意的是,减少后处理的次数和简化后处理的过程是有一定风险的,过分地采用"一勺烩"工艺方法将会导致产物或重要中间体纯度的下降,使分离、纯化的难度增加,甚至可能影响产品的质量。

7. 环境影响最小化　　环境保护是我国的基本国策,是实现经济、社会可持续发展的根本保证。传统的化学制药工业产生大量的废弃物,虽经无害化处理,但仍对环境产生不良影响。解决化学制药工业污染问题的关键是采用绿色工艺,使其对环境的影响趋于最小化,从源头上减少甚至避免污染物的产生。评价合成工艺路线的"绿色度（greenness）"需要从整个路线的原子经济性、各步反应的效率和所用试剂的安全性等方面来考虑。原子经济性（atom economy）是绿色化学的核心概念之一,它是由著名化学家B. M. Trost于1991年提出的。原子经济性被定义为出现在最终产物中的原子质量和参与反应的所有起始物的原子质量的比值。原子经济性好的反应应该使尽量多的原料分子中的原子出现在产物分子中,其比值应趋近于100%。传统的有机合成化学主要关注反应产物的收率,而忽视了副产物或废弃物的生成。例如,制备伯胺的Gabriel反应和构建C＝C双键的Wittig反应均为常用化学反应,其产物的收率并不低;但从绿色化学角度来看,它们伴随较多的副产物的生成,原子经济性很差。按照原子经济性的尺度来衡量,加成反应最为可取,取代反应尚可接受,而消除反应需尽量避免;催化反应是最佳选择,催化剂的用量低于化学计量,且反应过程中不消耗;保护基是非常糟糕的,保护-脱保护的过程中注定要产生大量废弃物。各步反应的效率涵盖产物的收率和反应的选择性两个方面,其中,选择性包括化学选择性、区域选择性和立体选择性（含对映选择性）。此处的反应效率主要用以标度主原料转化为目标产物的情况,只有提高反应的收率和选择性才有可能减少废弃物的产生。所用试剂的安全性主要是强调合成路线中所涉及的各种试剂、溶剂都应该是毒性小、易回收的绿色化学物质,最大限度地避免使用易燃、易爆、剧毒、强腐蚀性、强生物活性(细胞毒性、致癌、致突变等)的化学品。

二、工艺路线的选择

(一)工艺路线选择的基本思路与主要方法

在选择化学制药工艺路线的过程中,首先要以上节讨论的评价路线的主要技术指标为准绳,对每条路线的优势和不足作出客观、准确的评价;随后要对各路线的优劣、利弊进行反复的比较和权衡,挑选出具有明确工业化前景的备选工艺路线;再经过系统、严格的研究、论证,最后确定最优路线,用于中试或工业化生产。

在工艺路线选择的实际操作中,经济因素起着关键性作用。企业要在切实保证产品质量、过程安全和环境友好的前提下,以经济有效性作为衡量工艺路线的核心指标。换言之,在质量、安全和环境因素达到基本要求后,企业往往选择综合成本最低的工艺路线应用于工业生产。化学制药工艺的综合成本的构成比较复杂,既包括原料、试剂、溶剂等物料的成本,也包括设备投资、能源消耗、质量控制、安全措施、三废处理等成本,还包括人工、管理等成本。不同的药物、同一药物的不同合成工艺路线的成本构成的侧重点并不相同,同一工艺路线在不同市场环境下、在不同的生产规模下实际成本也有区别。

工艺路线的选择必须以技术分析为基础,以市场分析为导向,将技术分析和市场分析紧密结合起来,以求获得综合成本最低的优化工艺路线。只有这样,才能使企业以较少的资源投入换取较多的利润回报,带来可观的经济效益;同时,为社会提供质优、价廉的医药产品,从而产生良好的社会效益。

艾瑞昔布(imrecoxib,2-194)是由中国医科院药物研究所郭宗儒教授课题组与恒瑞医药集团合作自主研发的新化学实体(NCE),于 2011 年 5 月获得国家食品药品监督管理局(SFDA)批准上市。艾瑞昔布(2-194)为选择性的环氧合酶-2(COX-2)抑制剂,通过抑制炎症组织中 COX-2 的活性,减少前列腺素(prostaglandines,PGs)等炎症介质的生成,产生抗炎镇痛作用,用于治疗类风湿关节炎、骨关节炎等疾病。由于艾瑞昔布(2-194)对 COX-2 和 COX-1 的抑制活性比较均衡、合理,故该药物对胃肠道和心血管系统均无明显的不良影响。郭宗儒教授课题组早期报道的合成路线以对甲磺酰基溴代苯乙酮(2-195)为起始原料,包括还原、N-烷基化、酰化、氧化和缩合等 5 步反应。对甲磺酰基溴代苯乙酮(2-195)在硼氢化钠的作用下羰基转化为羟基,随后进行分子内的亲核取代,得到环氧化物(2-196);该化合物(2-196)与丙胺发生 N-烷基化反应,制得邻胺基苯乙醇类化合物(2-197);化合物(2-197)在三乙胺的作用下与对甲基苯乙酰氯发生 N-酰化反应,制得化合物(2-198);后者(2-198)经 Jones 试剂氧化,得到相应的羰基化合物(2-199);再经过强碱催化的缩合反应,即可制得艾瑞昔布(2-194)。恒瑞制药集团的研究人员在上述路线的基础上,又设计了制备艾瑞昔布(2-194)的两步法路线。仍以对甲磺酰基溴代苯乙酮(2-195)为原料,在三乙胺的催化下先与对甲基苯乙酸发生 *O*-烷基化反应,随后直接进行分子内的缩合反应,得到内酯中间体(2-200);内酯(2-200)在醋酸的作用下与丙胺发生胺解、取代反应,完成艾瑞昔布(2-194)的制备。与前述的5步法路线相比,两步法路线在技术层面的优势十分明显。首先,反应步骤由5步减到2步,路线路线明显缩短;其次,两步法分两次完成目标物的构建,是更为典型的汇聚式合成策略;第三,两种主要原料并未改变,以对甲基苯乙酸替代相应酰氯,避免硼氢化钠、Jones 试剂及强碱的使用,原料、试剂的种类更少、价格更廉;第四,避免了还原、氧化等氧化态调整过程,规避了强碱、强氧化和高度无水等反应条件,使反应过程更温和、更可靠、更安全;第五,后处理次数减少,过程明显简化,产物的纯度良好;最后,新路线的原子经济性更好,反应总收率更高,避免了有毒、易爆等危险试剂的使用,产生的废弃物更少,实现了环境影响最小化。从经济角度来分析,两步法路线的综合成本明显低于5步法路线,适合于艾瑞昔布(2-194)的工业化生产。

布洛芬(ibuprofen,2-201)为苯丙酸类 COX 抑制剂,抗炎、镇痛、解热疗效突出,安全性良好,是临床上最为常用的非甾体抗炎药物(nonsteroidal anti-inflammatory drugs, NSAIDs)。布洛芬(2-201)由英国 Boots 公司开发,于20世纪60年代在英国上市。我国山东新华制药厂、江苏常州制药厂等企业大批量生产布洛芬(2-201)原料药。文献报道的布洛芬(2-201)的合成路线多达20余条,其中,由 Boots 公司发展的以异丁苯(2-202)为原料、以 Darzens 反应为核心的6步法路线为经典工艺路线,即 Boots 路线,曾被国内外多家药厂所采用。原料异丁苯(2-202)在三氯化铝的催化下与醋酸酐发生 Friedel-Crafts 酰基化反应,得到对异丁基苯乙酮(2-203);后者(2-203)在乙醇钠的作用下与氯乙酸酯发生 Darzens 缩合反应,制得环氧丁酸酯类化合物(2-204);再经过水解、脱羧反应得到苯丙醛衍生物(2-205);再与羟胺缩合,生成肟类化合物(2-206);经脱水反应,形成苯丙腈衍生物(2-207);最后,将醛基氧化为相应的羧酸,完成布洛芬(2-201)的制备。上述 Boots 路线原料易得、反应可靠、控制方便,是较为成熟的工业化路线。但是,该路线存在着以下几个问题:包括6步反应,路线较长;反应过程中需要使用醇钠,存在一定的安全隐患;按原子经济性原则来衡量,原子利用率仅为40.0%(表2-1);成品的精制过程复杂,生产成本高。

$$\text{2-202} \xrightarrow[\text{AlCl}_3]{\text{A}_{\text{C}_2}\text{O}} \text{2-203} \xrightarrow[\text{NaOEt}]{\text{ClCH}_2\text{CO}_2\text{Et}} \text{2-204} \xrightarrow{\text{H}_3\text{O}^+}$$

$$\text{2-205} \xrightarrow{\text{NH}_2\text{OH}} \text{2-206} \longrightarrow \text{2-207} \xrightarrow{\text{H}_2\text{O}}$$

$$\text{2-202} \xrightarrow[\text{HF}]{\text{A}_{\text{C}_2}\text{O}} \text{2-203} \xrightarrow[\text{Raney Ni}]{\text{H}_2} \text{2-208} \xrightarrow[\text{PdCl}_2(\text{PPh}_3)_2]{\text{CO}} \text{2-201}$$

　　1992 年,美国 Hoechst-Celanese 公司与 Boots 公司联合开发了 1 条全新的 3 步法工艺路线,即 HCB 路线。该路线仍以异丁苯(2-202)为起始原料,在氟化氢的催化下与醋酸酐发生 Friedel-Crafts 酰基化反应,得到对异丁基苯乙酮(2-203);在 Raney Ni 的催化下,异丁基苯乙酮(2-203)发生氢化反应,制得对异丁基苯乙醇(2-208);在 Pd(Ⅱ)的催化下,苯乙醇衍生物(2-208)在高压(>16MPa)下与 CO 发生插入反应,生成布洛芬(2-201)。与经典的 6 步法路线相比,3 步法路线的优点十分突出。其一,反应步骤减少,路线明显缩短;其二,为典型的汇聚式合成策略;其三,起始原料并未改变,其他原料和试剂的种类减少,价格低廉,无需使用溶剂,气态催化剂 HF 可循环使用,两种金属催化剂使用后可回收重金属;其四,后处理次数减少,产物的纯度良好;其五,3 步反应的收率分别为 98%、96% 和 98%,路线总收率可达 92.2%。尤为重要的是该路线的原子经济性明显改善,原子利用率达到 77.4%(表 2-2);如果考虑到副产物醋酸可以回收利用,则该路线的原子利用率可趋近于 100%。HCB 路线总收率高、原子经济性好、副产物与催化剂回收利用产生废弃物少,切实实现了环境影响的最小化,因此而获得 1997 年度美国"总统绿色化学挑战奖"的变更合成路线奖。

表 2-1　布洛芬 Boots 合成路线的原子利用率

反应物分子式	相对分子质量	产物中被利用的分子式	相对分子质量	产物中未被利用的分子式	相对分子质量
$C_{10}H_{14}$	134	$C_{10}H_{13}$	133	H	1
$C_4H_6O_3$	102	C_2H_3	27	$C_2H_3O_3$	75
$C_4H_7O_2Cl$	122.5	CH	13	$C_3H_6O_2Cl$	109.5
C_2H_5ONa	68			C_2H_5ONa	68
H_3O	19			H_3O	19
NH_3O	33			NH_3O	33
H_4O_2	36	HO_2	33	H_3	3
原料:		布洛芬:		废弃物:	
$C_{20}H_{42}NO_{10}ClNa$	514.5	$C_{13}H_{18}O_2$	206	$C_7H_{24}NO_8ClNa$	308.5

原子利用率 = 206 ÷ 514.5 × 100% = 40.0%

表 2-2　布洛芬 HCB 合成路线的原子利用率

反应物分子式	相对分子质量	产物中被利用的分子式	相对分子质量	产物中未被利用的分子式	相对分子质量
$C_{10}H_{14}$	134	$C_{10}H_{13}$	133	H	1
$C_4H_6O_3$	102	C_2H_3O	43	$C_2H_3O_2$	59
H_2	2	H_2	2		
CO	28	CO	28		
原料：		布洛芬：		废弃物：	
$C_{15}H_{22}NO_4$	266	$C_{13}H_{18}O_2$	206	$C_2H_4O_2$	60

原子利用率 $= 206 \div 266 \times 100\% = 77.4\%$

在“第二节　工艺路线的设计”中,介绍了以莽草酸(shikimic acid,2-84)为起始原料通过半合成方式制备达菲(2-83)的经典合成路线。此路线成熟、可靠,已被实际应用于达菲(2-83)的工业化制备。然而,该路线存在 1 个致命缺欠:原料莽草酸(2-84)为产自木兰科植物八角中的天然产物,资源有限,价格昂贵。为突破原料来源的限制,包括 Corey、Trost 在内的许多著名化学家相继设计了数条各具特色的全合成路线用于达菲(2-83)的制备;中国科学院上海有机化学研究所马大为教授课题组也开发了具有潜在工业化价值的达菲(2-83)全合成路线。在此,仅简要介绍由日本东京理科大学林雄二郎(Y. Hayashi)教授于 2009年报道的“九步三锅法”全合成路线。此路线的起始原料为简单、易得的非手性原料烷氧基醛(2-209)和硝基烯(2-210)。第一步反应为有机小分子二苯基脯氨醇硅醚(2-211)催化的高度对映选择性的 Michael 加成反应,可同时形成两个手性中心,催化剂用量仅为 5mol%,以近乎定量的收率获得化合物(2-212)。该化合物(2-212)无需从反应体系中分离出来,直接与烯基磷酸酯类化合物(2-213)在碱催化下发生多米诺式的 Michael 加成和分子内的Horner-Wadsworth-Emmons 反应,完成分子基本骨架的构建,并形成一个新的手性中心,得到环己烯酸酯类化合物(2-214)的一对差向异构体(5R,5S)。由于 Michael 加成反应是可逆的,5R 与 5S 两种构型的化合物之间存在平衡,5R- 构型化合物的稳定性高于 5S- 构型化合物,故两者的比例为 5:1。因为所需要的 5S- 构型的化合物的比例过低,所以必须对 5 位的构型加以调整。将对甲基苯硫酚加入差向异构体混合物中,使其发生 Michael 加成反应。由于 5 位立体异构体之间仍存在平衡,而 5 位为 S- 构型的加成产物(2-215)的稳定性明显优于其差向异构体,故 5 位构型不断地由 R 异构化为 S,最终高收率地得到了 5 位为 S- 构型的中间体(2-215)。以上 3 步反应可实现连续操作,为“一勺烩”过程,中间体(2-215)经柱层析纯化,收率为 70%。在三氟乙酸的作用下,选择性水解中间体(2-215)中的羧酸叔丁酯,得羧酸类化合物(2-216)。再经草酰氯氯代反应,得到相应的酰氯类化合物(2-217)。除去过量的草酰氯后,直接与叠氮酸钠反应,制得中间体(2-218)。以上 3 步均为高收率的官能团转换反应,可“一勺烩”完成,所得中间体(2-218)纯度良好,无需纯化可直接用于后续反应。在醋酸、醋酸酐的作用下,中间体(2-218)于室温下发生多米诺式的 Curtius 重排和N- 乙酰化反应,得到化合物(2-219)。除去溶剂后,直接用锌在酸性条件下还原硝基至氨基,得到化合物(2-220)。通入氨气络合锌离子,再加入碳酸钾引发逆-Michael 加成反应,脱除对甲基硫酚,最终完成达菲(2-83)的制备。以上 3 步反应仍为“一勺烩”过程,从中间体(2-215)算起,6 步反应的收率为82% 。

Hayashi 达菲合成路线是高效率、高度对映选择性的不对称全合成路线,共 9 步反应,经 3 次"一勺烩"操作完成,总收率高达 57% 。该路线的特点可概括如下:①高度官能团化的手性环己烯骨架在第一次"一勺烩"过程中完成构建,而且 3 个手性中心的构型都是正确的;第一次"一勺烩"过程包括二苯基脯氨醇硅醚(2-211)介导的不对称 Michael 加成、多米诺式 Michael/Horner- Wadsworth- Emmons 反应、巯基- Michael 加成以及碱催化的异构化反应。②第二次"一勺烩"过程主要是进行 4 位官能团的简单转化,包括水解、氯代、成酰基叠氮物等反应。③3 个反应包含于第三次"一勺烩"过程中,即多米诺式 Curtius 重排/N-乙酰化反应、硝基还原至氨基和逆- Michael 反应;多米诺式 Curtius 重排/N-乙酰化反应在室温下进行,无需加热,降低了发生爆炸的危险;一次性完成了乙酰胺的制备。④所用的试剂全部是廉价的,而且获得方便。⑤仅使用了碱金属 Na、K、Cs 和无毒的过渡金属 Zn,完全避免了有毒、有害金属的使用。⑥反应条件温和,无需采用高度无水、无氧等条件。

总之,上述 Hayashi 达菲合成路线不仅解决了原料来源问题,而且具有路线简捷、总收率高、立体选择性好、反应条件温和、后处理简单、环境友好等诸多优点,既有重要的科学意义,又有潜在的应用价值。

（二）工艺路线选择中的专利问题

专利(patent)是受法律规范保护的发明创造,为一项发明创造向国家审批机关提出专利申请,经依法审查合格后向专利申请人授予的在规定的时间内对该项发明创造享有的专有权。专利权是一种专有权,这种权利具有独占的排他性。非专利权人要想使用他人的专利技术,必须依法征得专利权人的同意或许可。一个国家依照其专利法授予的专利权,仅在该国法律管辖的范围内有效。专利权的法律保护具有时间性,专利权仅在特定的时间范围内有效。我国于1984年通过第一部《中华人民共和国专利法》,开始实行专利制度。我国专利法将专利分为3种,即发明、实用新型和外观设计。发明是指对产品、方法或者其改进所提出的新的技术方案,主要体现在新颖性、创造性和实用性。取得专利的发明又分为产品发明(如机器、仪器设备、用具)和方法发明(制造方法)两大类。

依照我国的《专利法》,具有新颖性、创造性和实用性的药物合成工艺方法可以作为方法发明(制造方法)向国家知识产权局提出发明专利申请。经依法审查合格后,专利申请人将在自申请日起20年的时间内对该项发明享有的专有权。非专利权人若希望在商品生产过程中使用专利方法,必须依法专利权人请求得到授权(通常有许可费用);否则,就可能因侵权而被起诉。因此,在选择工业化的工艺路线的过程中,必须要注意工艺方法是否涉及专利问题。如果是工艺路线未能超出已被授权的发明专利的保护范围,且仍在专利保护期限内,则需请求授权或者避免使用该路线,以防产生法律纠纷。如果经细致检索证明工艺路线超出了已被授权的发明专利的保护范围,或超出了专利的保护期限,则可在生产中使用该路线。

在化学制药工艺研究过程中,如果发现了明显不同于他人专利所描述的工艺路线或工艺方法,具备新颖性、创造性和实用性等特征,可以考虑申报新工艺发明专利,保护自己的发明创造,形成自主知识产权,力争产生经济效益。

在某些情况下,为了规避他人专利的保护范围,企业可能被迫去开发新的工艺路线。在抗菌药物氨曲南(aztreonam)合成前体(2-221)的制备工艺中,关键中间体 α-羰基羧酸类化合物(2-222)已被他人专利保护。为突破专利的限制,设计了新的合成路线。以羧基 α-位无羰基的化合物(2-224)替代中间体(2-222),与 β-内酰胺类化合物(2-223)反应形成酰胺类中间体(2-225);中间体(2-225)在 Mn(Ⅲ)的催化下,经空气氧化在羧基 α-位引入羰基,生成氨曲南前体(2-221)。

　　开发最优工艺需要多年的时间和大量的资金投入,为了避免帮助竞争对手,几乎所有的企业皆不愿透露最优工艺相关的任何细节。而专利法规定申请者需要描述专利的优化条件,使专利在申请时具体化,专利中必须包含相当多的工艺细节。企业会在专利申请过程中做巧妙的技术处理,适当扩大保护范围,覆盖却不暴露最优条件,既能拥有自主知识产权、防止他人侵权,又能保护核心技术机密、避免他人竞争。

(张为革)

第三章 影响化学反应的因素

在学习并掌握药物合成工艺路线的设计方法与选择策略的基础上,本章主要介绍影响化学反应的各种外部因素。在确定了工艺路线、了解并阐明反应物和反应试剂的性质的基础上,需要进一步探索并掌握影响反应的各种外部因素,只有深入了解各种反应因素对反应物和反应试剂的性质、对反应过程的影响,才能将它们统一起来,进而获得经济、安全、高效的工艺条件,同时为制药工程设计提供必要的数据。

第一节 概 述

选择不同的反应条件会对产品质量、收率、生产周期、"三废"的处理产生巨大的影响。深入了解各种因素对化学反应的影响,可以为优化各步反应条件、加速反应并提高收率提供理论依据。常见的影响化学反应的因素如下:

1. 配料比 参加反应的各物料之间物质量的比例称为配料比(也称投料比)。通常物质量以摩尔为单位,称为物料的摩尔比。

2. 溶剂 溶剂可分为反应溶剂与后处理溶剂。反应溶剂主要作为化学反应的介质,其性质与用量直接影响反应物的浓度、溶剂化作用、加料次序、反应温度和反应压力等。后处理溶剂的选择则影响中间体或终产品的质量与纯度。

3. 催化剂 现代有机合成化学的重要成就是在生产过程中广泛采用新型的、高选择性的催化剂。在药物合成中大部分的化学反应需要催化剂来加速化学反应、缩短生产周期、提高产品的纯度和收率。常见的催化剂包括酸碱催化剂、金属催化剂、相转移催化剂、生物酶催化剂等。

4. 温度和压力 化学反应需要能量的传输和转换。在药物合成反应中,需要考察反应温度和压力对反应速率及收率的影响,根据对温度、压力的要求选择合适的搅拌器和搅拌速度。

5. 反应时间及监控 反应物在一定条件下,于一定的时间内转变成产物。有效地控制反应终点可有效地提高反应收率与产品纯度,缩短生产周期。

6. 后处理 药物合成反应中多伴随着副反应,因此反应结束后需将产品从复杂的反应体系中分离出来。工艺研究中的分离方法基本上与实验室所用的方法类似,如蒸馏、过滤、萃取、干燥、柱层析和膜分离等。在进行合成药物工艺研究时,还需考察生产成本、环境保护与三废防治的相应技术措施,使相应指标符合 GMP 规范与环保要求。

7. 产物的纯化和检验 药品的质量必须符合国家规定的药品标准,为保证产品质量,所用的中间体必须建立一定的质量标准。化学原料药生产的最后工序(精制、干燥和包装)必须在符合《药品生产质量管理规范》(GMP)规定的条件下进行。

第二节　反应物的浓度与配料比

化学反应的浓度与配料比能够显著影响产品的收率、质量、反应时间与生产成本等。研究反应物浓度与配料比对化学反应的影响,需要明确化学反应过程、反应原理与反应类型。

一、化学反应过程

反应物分子在碰撞中 1 步转化为生成物的反应称为基元反应,其反应速率与反应物浓度的乘积成正比。如伯卤代烷的碱性水解,按照双分子亲核取代历程(S_N2)进行,反应中碳氧键的形成与碳卤键的断裂同时进行,反应实际上是 1 步完成的。化学反应速率与伯卤代烷和 HO^- 的浓度乘积成正比。

$$-\frac{d[RCH_2X]}{dt} = k[RCH_2X][OH^-] \qquad 式(3\text{-}1)$$

反应物分子经若干步,即若干个基元反应才能转化为生成物的反应,称为非基元反应。如叔卤代烷的碱性水解,属于单分子亲核取代(S_N1),反应实际上是分两步完成的,即两个基元反应。

反应的第一步为叔卤代烷的离解,是整个反应的限速步骤。因此,反应速率仅与叔卤代烷的浓度成正比,与碱的浓度和性质无关。

$$-\frac{d[R_3CX]}{dt} = k[R_3CX] \qquad 式(3\text{-}2)$$

由于伯卤代烷与叔卤代烷的碱水解反应机制不同,欲加速伯卤代烷的水解可增加碱的浓度,而加速叔卤代烷的水解则需增加叔卤代烷的浓度,与碱的浓度无关。因此,考察浓度与配料比对反应的影响需了解化学反应过程。

化学反应按照其过程,由 1 个基元反应组成的化学反应称为简单反应;两个和两个以上基元反应构成的化学反应则称为复杂反应。简单反应在化学动力学上是以反应分子数与反应级数来分类的。复杂反应又分为可逆反应、平行反应和连续反应等。无论是简单反应还是复杂反应,一般都可以应用质量作用定律来计算浓度和反应速率的关系。即温度不变时,反应速率与直接参与反应的物质的瞬间浓度的乘积成正比,并且每种反应物浓度的指数等于反应式中各反应物的系数。例如:

$$aA + bB + \cdots \longrightarrow gG + hH + \cdots$$

按质量作用定律,其瞬间反应速率为:

$$-\frac{dC_A}{dt} = kC_A^a C_B^b \cdots \text{ or } -\frac{dC_B}{dt} = kC_A^a C_B^b \cdots \qquad 式(3\text{-}3)$$

各浓度项的指数称为级数;所有浓度项的指数的总和称为反应级数。应用质量作用定律正确地判断浓度对反应速率的影响,必须首先确定反应机制,了解反应的真实过程。

(一) 简单反应

1. 单分子反应   在基元反应过程中,若只有 1 个分子参与反应,则称为单分子反应。多数的一级反应为单分子反应。反应速率与反应物浓度成正比。

$$-\frac{dC}{dt} = kC \qquad 式(3-4)$$

属于这一类反应的有热分解反应(如烷烃的裂解)、异构化反应(如顺反异构化)、分子内重排(如克莱森重排等)以及羰基化合物酮型和烯醇型之间的互变异构等。

2. 双分子反应   当相同或不同的两个分子碰撞时相互作用而发生的反应称双分子反应,即二级反应。反应速率与反应物浓度的乘积成正比。

$$-\frac{dC}{dt} = kC_A C_B \qquad 式(3-5)$$

属于这一类反应的有加成反应(羰基的加成、烯烃的加成等)、取代反应(饱和碳原子上的取代、芳核上的取代、羰基 α- 位的取代等)和消除反应等。

3. 零级反应   若反应速率与反应物浓度无关,仅受其他因素影响的反应为零级反应,其反应速率为常数。

$$-\frac{dC}{dt} = k \qquad 式(3-6)$$

某些光化学反应、表面催化反应、电解反应属于这一类。它们的反应速率常数与反应物浓度无关,而与光的强度、催化剂表面状态及通过的电量有关。这是一类特殊的反应。

(二) 复杂反应

1. 可逆反应   可逆反应是一种常见的复杂反应,两个方向相反的反应同时进行。对于正方向的反应和反方向的反应,质量作用定律都适用。例如醋酸与乙醇的酯化反应:

若醋酸和乙醇的最初浓度各为 C_A 及 C_B,经过 t 时间后,生成物乙酸乙酯及水的浓度为 x,则该瞬间醋酸的浓度为 $(C_A - x)$,乙醇的浓度为 $(C_B - x)$。按照质量作用定律在该瞬间:

$$正反应速率 = k_1 [C_A - x] [C_B - x]$$

$$逆反应速率 = k_2 x^2$$

两个反应的速度之差为反应的总反应速率:

$$\frac{dx}{dt} = k_1 [C_A - x] [C_B - x] - k_2 x^2 \qquad 式(3-7)$$

可逆反应的特点是正反应速率随时间逐渐减小,逆反应速率则随时间逐渐增大,直到两个反应速率相等,反应物和生成物浓度不再随时间而发生变化。这类反应可利用移动化学平衡的办法破坏平衡,以利于反应向正反应方向进行。通常可增大价格便宜、易得的反应物的投料量或移除某种生成物来控制反应速率。如尼群地平(nitrendipine,3-1)的制备中,在 2-(3-硝基亚苄基)乙酰乙酸乙酯与 3-氨基巴豆酸甲酯缩合反应中用无水乙醇为溶剂,反应 10 小时的收率为 86.1%。利用索式提取器,以分子筛为脱水剂，反应 4 小时的收率达到 90.8%。通过移除生成物，反应向正反应方向进行，反应时间大大缩短。

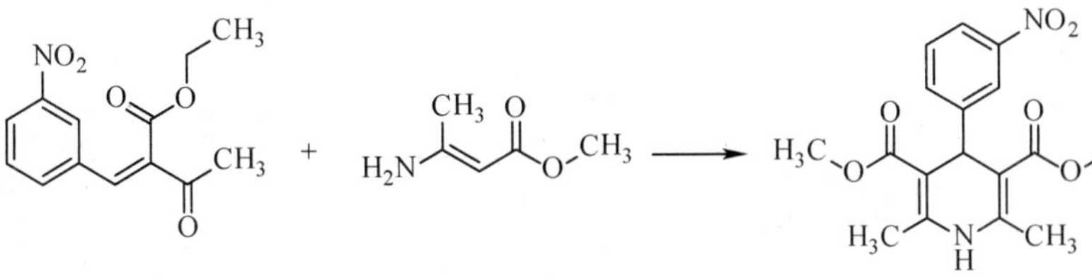

3-1

利用影响化学平衡移动的因素，可以使正逆反应趋势相差不大的可逆反应向着有利的方向移动。对正逆反应趋势相差很大的可逆平衡，也可以利用化学平衡的原理，使可逆反应中处于次要地位的反应上升为主要地位。

如氢氧化钠与乙醇反应来生产乙醇钠的反应中，乙醇钠水解的趋势远远大于乙醇和氢氧化钠生成乙醇钠的趋势，但若按照化学平衡移动原理，利用苯与水生成共沸混合物的方法除去生成的水，就可使平衡混合物中乙醇钠的含量增加到一定程度。

$$C_2H_5ONa + H_2O \Longrightarrow C_2H_5OH + NaOH$$

2. 平行反应　即反应物同时进行几种不同的化学反应，又称为竞争性反应，也是一种复杂反应。在生产上将所需要的反应称为主反应，其余反应称为副反应。这类反应在有机反应中很常见，如氯苯的硝化反应：

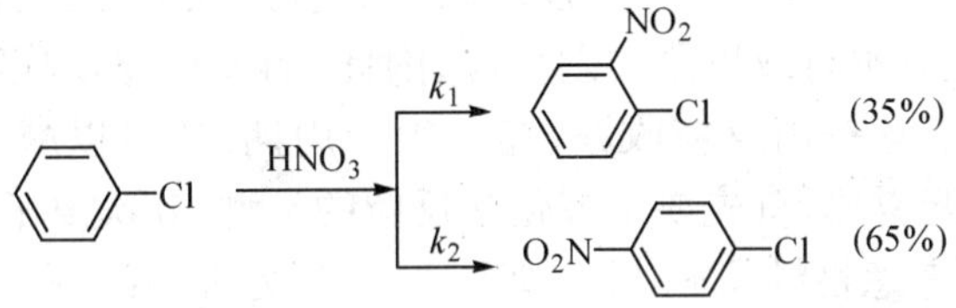

若反应物氯苯的初浓度为 a，硝酸的初浓度为 b，反应 t 时间后，生成邻位和对位硝基氯苯的浓度分别为 x、y，其速率分别为 dx/dt、dy/dt，则

$$\frac{dx}{dt} = k_1(a-x-y)(b-x-y) \tag{式(3-8)}$$

$$\frac{dy}{dt} = k_2(a-x-y)(b-x-y) \tag{式(3-9)}$$

反应的总速率为两者之和：

$$-\frac{dC}{dt} = \frac{dx}{dt} + \frac{dy}{dt} = (k_1+k_2)(a-x-y)(b-x-y) \tag{式(3-10)}$$

式中，$-dC/dt$ 为反应物氯苯或硝酸的消耗速率。主、副反应速率之比为 $(dx/dt)/(dy/dt) = k_1/k_2$，将此式积分得 $x/y = k_1/k_2$。这说明级数相同的平行反应的反应速率之比为一常数，与反应物浓度及反应时间无关。上述氯苯硝化的反应，其邻位和对位生成物的比例为 35∶65。对于这类反应，不能依靠改变反应物的配料比或反应时间来改变生成物的比例，可以通过调节其他影响因素，如改变温度、溶剂、催化剂等来增加主反应产物的比例。

3. 连续反应　某些反应过程中，生成的产物可以在该反应条件下与反应物发生进一步的反应，形成副产物，形成连续反应。一般情况下，增加反应物的浓度有利于加快反应速率、提高设备能力和减少溶剂用量。但增加主反应速率的同时，也加速了副反应的速率，因此需选择最适当的浓度才能得到最佳的工艺结果。例如在奥美拉唑（3-2）的合成中：

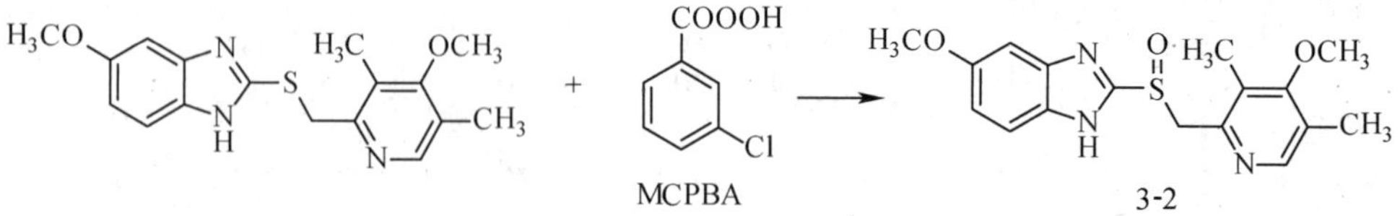

间氯过氧苯甲酸（MCPBA）的浓度增加较多时，奥美拉唑可在 MCPBA 的作用下进一步氧化，生成高氧化产物砜（3-3）或吡啶 N-氧化物（3-4），这些副产物性质与奥美拉唑（3-2）相近，难于分离除去。因此，在合成过程中，除控制 MCPBA 与硫醚的配料比为 1∶1 外，还需采用滴加 MCPBA 的加料方式控制氧化剂的浓度。

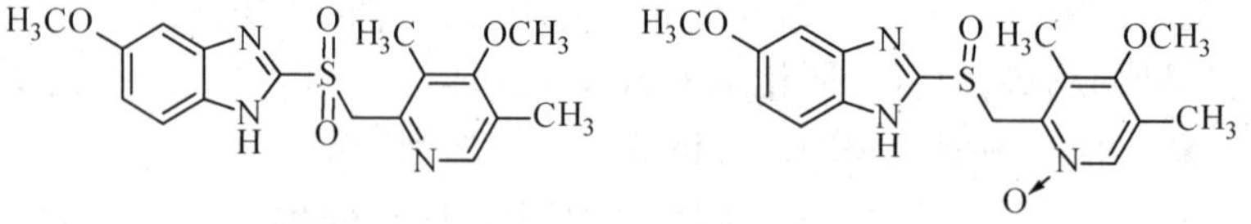

二、反应物浓度与配料比的确定

有机反应在实际反应过程中很少是按理论值定量完成的，这是由于有些反应是可逆的，有些反应同时伴随有平行或串联的副反应，因此，需要调整反应物的配料比。合适的配料关系与浓度不仅能够提高反应收率、缩短生产周期，还可以减少后处理与三废处理的负担。选择合适的配料比，首先要掌握化学反应的类型，其次要了解各物料与产物及副产物的关系，同时还需考虑物料成本、后处理方法、三废处理等问题。一般可以从以下几个方面来考虑：

1. 为降低投入成本、提高反应的收率，加入反应的试剂、原料和溶剂应最小化。最大限度地减少加料总量，同时也降低了加料、蒸馏等过程所需要的工作时间，废物处理费用相应下降，对降低整体生产成本和提高生产效率有相当大的影响。

2. 试剂用量的最小化必须保证在合理的时间内使用足够量的试剂促使反应完成。一般来说，为了达到适当的反应速率，反应可以加入 1.02 ~ 1.2 当量的试剂。如果试剂价格便宜且增加的废料容易处理，可增加其投料比例。在考察配料比与收率关系的同时，还需要将单耗控制在较低的某一范围内，降低生产成本。例如在药物中间体 6-甲基尿嘧啶的合成中，先由乙酰乙酸乙酯与尿素缩合生成中间体 β-脲基巴豆酸乙酯（3-5）。

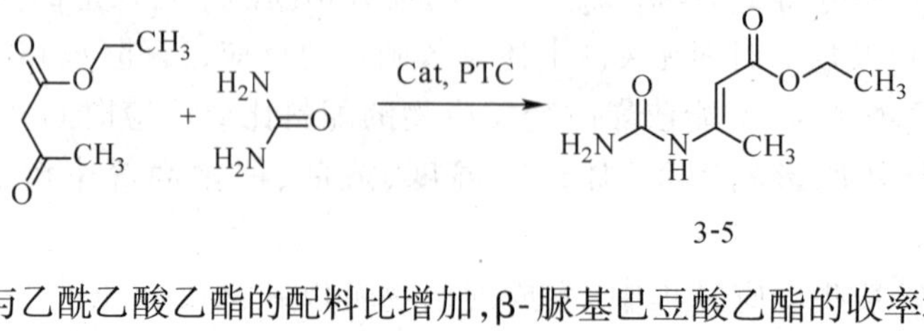

反应中尿素与乙酰乙酸乙酯的配料比增加，β-脲基巴豆酸乙酯的收率增加（表 3-1）。

表3-1 配料比与收率的关系

实验序号	n(尿素)：n(乙酰乙酸乙酯)	收率(%)
1	0.9:1.0	64.4
2	1.0:1.0	77.8
3	1.1:1.0	80.2
4	1.2:1.0	83.7
5	1.3:1.0	83.9

考虑到原料的有效利用率和经济核算,采用1.2:1.0的配料比较为经济合理。

在溶剂用量最小化的时候,还需考虑其他因素的影响。例如浓度较大的反应体系虽然意味着较短的反应时间,但同时也可能使搅拌困难,温度控制的难度增大,并导致因混合和传热不均匀而造成的副反应。对于实验室初始研究,常选择$0.3 \sim 0.4 mol/L$作为反应浓度起点。

3. 若反应中有1种反应物不稳定,则可增加其用量,以保证有足够量的反应物参与主反应。例如催眠药苯巴比妥(phenobarbital,3-6)的生产中最后一步缩合反应系由苯基乙基丙二酸二乙酯与尿素缩合,反应在碱性条件下进行。由于尿素在碱性条件下加热易于分解,所以需使用过量的尿素。

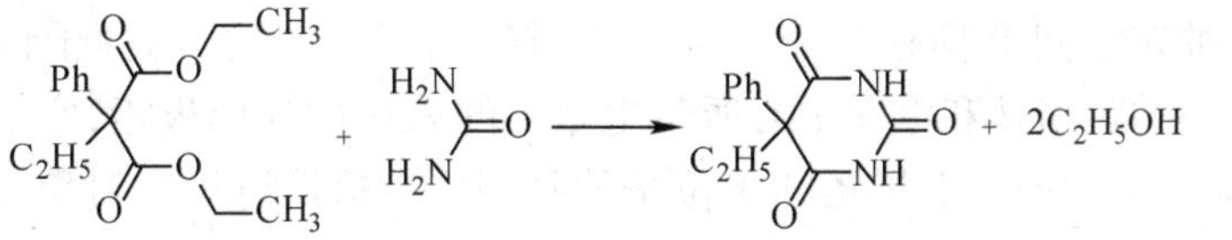

3-6

4. 当参与主、副反应的反应物不尽相同时,可利用这一差异,增加某一反应物的用量,以增加主反应的竞争能力。例如氟哌啶醇(haloperidol,3-7)的中间体4-氯苯基-1,2,5,6-四氢吡啶可由对氯-α-甲基苯乙烯与甲醛、氯化铵作用生成噁嗪中间体,再经酸性重排制得。这里副反应之一是对氯-α-甲基苯乙烯单独与甲醛反应,生成1,3-二氧六环化合物。

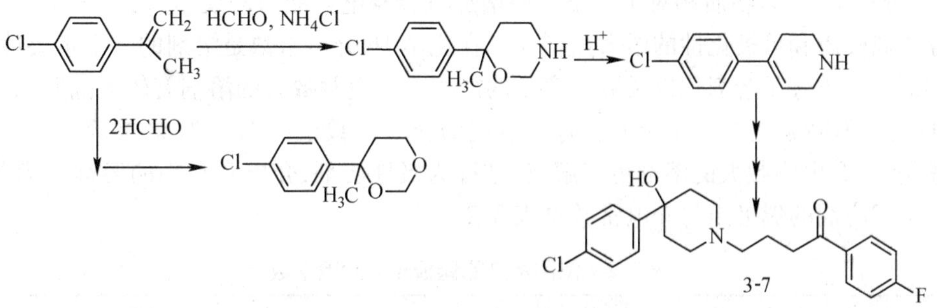

3-7

这个副反应可看作是正反应的一个平行反应;为了抑制此副反应,可适当增加氯化铵的用量。目前生产上氯化铵的用量是理论量的2倍。

5. 为了防止连续反应和副反应的发生,有些反应的配料比小于理论配比,使反应进行到一定程度后停止反应。如在三氯化铝的催化下,将乙烯通入苯中制得乙苯。而乙苯由于乙基的供电性能,使苯环更为活泼,极易引进第二个乙基。如不控制乙烯的通入量,就易产生二乙苯或多乙基苯。所以在工业生产上控制乙烯与苯的摩尔比为0.4:1.0左右,这样乙苯收率较高,过量的苯可以回收、循环套用。

第三节　溶剂的选择

在药物合成中,绝大部分化学反应都是在溶剂中进行的。在反应过程中,溶剂作为一个稀释剂,能够帮助反应分子均匀分布,增加分子间碰撞的机会;同时,溶剂可能是过渡状态的一个重要组成部分,在化学反应过程中影响反应的速度与收率,产物的结构与构型等;此外,溶剂还能够帮助反应散热或传热。重结晶与萃取是中间体与产品纯化的有效手段,重结晶与萃取溶剂的选择,会影响产物的纯度、收率和晶型等多种问题。因此,选择适当的溶剂可以提高反应速率、保证反应的可重复性和操作的便利性,并确保产物的质量和产率。另外,从减少三废及有效回收套用溶剂上来说,溶剂的选择对生产效率和生产成本有直接影响。

一、常用溶剂的性质和分类

1. 溶剂的极性　物质的溶解性具有"相似相溶"的特性。若溶质极性大,则容易溶解在极性大的溶剂中;若溶质是非极性的,则易溶于非极性的溶剂中。因此,极性是影响溶剂选择的重要因素。溶剂的极性常用偶极矩(μ)、介电常数(ε)和溶剂极性参数 $E_T(30)$ 等参数表示。

(1)偶极矩:由于原子的电负性不同,造成分子中电荷分布不均匀,正电中心和负电中心不能重合,这种在空间上具有两个大小相等、符号相反的电荷的分子构成了一个偶极。正、负电荷中心间的距离 d 和电荷中心所带电量 e 的乘积称为偶极矩,它是一个矢量,方向从正电中心指向负电中心。偶极矩的单位是德拜(D)。根据讨论的对象不同,偶极矩可以指键偶极矩,也可以是分子偶极矩。分子偶极矩可由键偶极矩经矢量加法后得到。分子偶极矩可以在一定程度上表示分子的极性,偶极矩越大,表示分子的极性越大。有机溶剂的永久偶极矩值在 $0 \sim 18.5 \times 10^{-30} C \cdot m(0 \sim 5.5D)$ 之间,从烃类溶剂到含有极性官能团($C=O$、$C=N$、$N=O$、$S=O$ 和 $P=O$)的溶剂,偶极矩值呈增大趋势。当溶剂-溶质之间不存在特异性作用时,溶剂分子偶极化且围绕溶质分子呈定向排列,很大程度上取决于溶剂的偶极矩。

(2)介电常数:是物质相对于真空来说增加电容器电容能力的度量,用 ε 表示。介电常数随分子偶极矩和可极化性的增大而增大。在化学中,介电常数是溶剂的一个重要性质,它表征溶剂对溶质分子溶剂化以及隔开离子的能力。介电常数大的溶剂有较大隔开离子的能力,同时也具有较强的溶剂化能力。有机溶剂的介电常数值范围为 2(烃类溶剂)~190(如二级酰胺)。介电常数大的溶剂可以解离,被称为极性溶剂,介电常数小的溶剂称为非极性溶剂。常用溶剂的偶极矩与介电常数见表3-2。

表3-2　常用溶剂的偶极矩与介电常数

溶剂	介电常数	偶极矩
水	78.5	1.85
乙醇	24.6	1.69
甲醇	32.5	1.70

续表

溶剂	介电常数	偶极矩
乙腈	38	3.92
二氯甲烷	9.1	1.55
丙酮	21	2.72
乙酸乙酯	6.0	1.81
三氯甲烷	5	1.15
环己烷	2.0	0
乙醚	4.3	1.15

由于偶极矩和介电常数具有重要的互补性质,可根据有机溶剂的静电因素(electrostatic factor,EF),即 ε 和 μ 的乘积对溶剂进行分类。根据溶剂 EF 值与溶剂的结构类型,可以把有机溶剂分为 4 类(表3-3)。

表3-3 依据溶剂 EF 值与溶剂的结构类型对有机溶剂进行分类

溶剂类型	静电因素 EF
烃类溶剂	0~2
电子供体溶剂	2~20
烃基类溶剂	15~50
偶极性非质子溶剂	≥50

虽然偶极矩和介电常数常作为溶剂极性的特征数据,但用宏观的介电常数和偶极矩来度量微观分子间的相互作用仍是不准确的。人们希望选择一个与溶剂有依赖性的标准体系,寻找溶剂与体系参数之间的函数关系。

(3)溶剂极性参数 $E_T(30)$:指溶于不同极性溶剂中的内鎓盐染料 N-苯氧基吡啶盐染料(染料 No.30,3-8)的跃迁能。

3-8

基于该染料在不同溶剂中最大波长的溶剂化吸收峰的变化情况计算得到。

$$E_T(30)(kcal/mol) = h \cdot c \cdot \bar{v} \cdot N = 2.859 \times 10^{-3}\bar{v}(cm^{-1}) \qquad 式(3-11)$$

式中,h 为普朗克常数;c 为光速;$\bar{v}$ 为引起电子激发的光子波数,表示这个染料在不同极性溶剂中的最大波长吸收峰,是由 π-π^* 跃迁引起的;N 表示 Avogadro 常数。

用染料 No.30 作为标准体系的主要优点是它在较大的波长范围内均具有溶剂化显色行为,如在二苯醚中,$\lambda=810nm$,$E_T(30)=35.3$;在水中,$\lambda=453nm$,$E_T(30)=63.1$。在不同溶剂中染料 No.30 的溶剂化显色范围多在可见光的范围内,如丙酮溶液呈绿色、异戊醇溶液呈蓝色、苯甲醚溶液呈黄绿色。溶液颜色变化的另一特色是几乎可见光的每一种颜色都可由适当的不同极性溶剂的二元混合物产生。由此,$E_T(30)$值提供了一个非常灵敏的表示溶剂极性特征的方法,目前已测定了100多种单一溶剂和许多二元混合溶剂的$E_T(30)$值。

2. 溶剂的分类　溶剂分类的依据很多,如化学结构、酸碱性、物理常数、特异性溶质-溶剂间的相互作用等。依据溶剂给出氢原子的能力,可将溶剂分为质子性溶剂(protic solvent)和非质子性溶剂(aprotic solvent)。

(1)质子性溶剂:含有易取代氢原子,可与含负离子的反应物形成氢键,发生溶剂化作用,也可以与正离子进行配位结合,或与中性分子中的氧原子或氮原子形成氢键,或由于偶极矩的相互作用而产生溶剂化作用。质子性溶剂的介电常数$\varepsilon > 15$,$E_T(30) = 47 \sim 63$。该类溶剂包括水、醇类、醋酸、硫酸、多聚磷酸、氢氟酸-三氟化锑(HF-SbF$_3$)、氟磺酸-三氟化锑(FSO$_3$H-SbF$_3$)、三氟乙酸、氨及胺类化合物等。

(2)非质子性溶剂:不含易取代的氢原子,主要靠偶极矩或范德华力的相互作用而产生溶剂化作用。非质子性溶剂又可以根据偶极矩(μ)和介电常数(ε)分为非质子极性溶剂和非质子非极性溶剂。

非质子极性溶剂具有高介电常数($\varepsilon > 15 \sim 20$)、高偶极矩($\mu > 8.34 \times 10^{-30} C \cdot m$)和较高的$E_T(30)$($40 \sim 47$)。该类溶剂包括醚类(乙醚、四氢呋喃、二氧六环等)、卤代烃类(氯甲烷、二氯甲烷、三氯甲烷、四氯化碳等)、酮类(丙酮、甲乙酮等)、含氮化合物(如硝基甲烷、硝基苯、吡啶、乙腈、喹啉等)、亚砜类(如二甲亚砜)、酰胺类(甲酰胺、N,N-二甲基甲酰胺、N-甲基吡咯酮、N,N-二甲基乙酰胺、六甲基磷酸三酰胺等)。

非质子非极性溶剂的介电常数低($\varepsilon < 15 \sim 20$)、偶极矩小($\mu < 8.34 \times 10^{-30} C \cdot m$)、$E_T(30)$较低($30 \sim 40$),又称为惰性溶剂。该类溶剂包括芳烃类(氯苯、二甲苯、苯等)和脂肪烃类(正己烷、庚烷、环己烷和各种沸程的石油醚)。

离子液体是指在室温或接近室温下呈现液态的、完全由阴阳离子所组成的盐,也称为低温熔融盐。离子液体作为离子化合物,其熔点较低的主要原因是其结构中某些取代基的不对称性使离子不能规则地堆积成晶体所致。它一般由有机阳离子和无机阴离子组成,常见的阳离子有季铵盐离子、季鏻盐离子、咪唑盐离子和吡咯盐离子等,阴离子有卤素离子、四氟硼酸根离子、六氟磷酸根离子等。在与传统的有机溶剂和电解质相比时,离子液体具有一系列突出的优点:①液态范围宽,从低于或接近室温到300℃以上,有高的热稳定性和化学稳定性;②蒸气压非常小,不挥发,在使用、储藏中不会蒸发散失,可以循环使用,消除了挥发性有机化合物的环境污染问题;③电导率高,可作为许多物质电化学研究的电解液;④通过阴阳离子的设计可调节其对无机物、水、有机物及聚合物的溶解性,并且其酸度可调至超酸;⑤具有较大的极性可调控性、黏度低、密度大、可以形成二相或多相体系,适合作分离溶剂或构成反应-分离偶合新体系;⑥对大量无机和有机物质都表现出良好的溶解能力,且具有溶剂和催化剂的双重功能,可以作为许多化学反应的溶剂或催化活性载体。

3. 溶剂化效应　在溶液中,从溶质进入溶剂开始,处于表层的粒子(分子、正离子、负离子)就处于一个相互影响的状态。一方面溶质间相互的吸引作用要把这个粒子留在表面,另一方面溶剂与溶质之间的吸引力又要把它拉入溶液,而存在于溶剂之间的吸引力则阻碍溶质进入溶剂。这3种力共同存在,相互制约。3种力平衡的结果决定着溶质表层粒子的去向。当溶质与溶剂之间的作用力较强时溶解度大,如甲醇、乙醇与水之间由于氢键的作用可以任意比例溶于水;当溶质分子间有强烈的缔合作用时,则会发生疏溶现象。

溶剂化效应指每一个溶解的分子或离子被一层溶剂分子疏密程度不同地包围着的现

象。溶剂化的强弱与溶质溶剂的本性有关。对于水溶液来说,溶质溶于水后的溶剂化作用也称为水合。溶剂化自由能 ΔG_{solv} 是对溶剂化能力的量度,它是由 4 种不同性质的能量组分叠加而成的:①空穴能,由溶解的分子或离子在溶剂中产生;②定向能,由于溶剂化分子或离子的存在而引起,与偶极溶剂分子的部分定向现象有关;③无向性相互作用能,相应于非特异性分子间的作用力,具有较大的活性半径(即静电能、极化能和色散能);④有向性相互作用能,产生于特异性氢键的形成,或者是电子给予体与电子接受体之间键的形成。

物质的溶解不仅需要克服溶质分子间的相互作用力,对于晶体来说就是晶格能,而且也需要克服溶剂分子之间的相互作用能。这些所需能量可通过溶剂化自由能 ΔG_{solv} 而得到补偿。一个化合物的溶解热可以看作是溶剂化自由能和晶格能之间的差值,如图 3-1 所示。

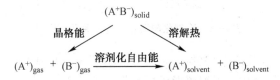

图 3-1 晶格能、溶剂化自由能和溶解热之间的关系

如果释放出的溶剂化自由能高于晶格能,那么溶解的全过程是放热的。在相反的情况下,需要向体系提供能量,溶解的过程便是吸热的。氯化钠溶解过程的有关数值是一个典型的例子:晶格能为 +766kJ/mol,水合自由能为 −761kJ/mol,其溶解热是 +3.8kJ/mol。溶解热通常比较小,因为晶体-晶格之间相互作用的能量与晶体组分同溶剂相互作用的能量接近。如果溶剂化自由能与键能相当,甚至更高时,往往可以把溶剂看成直接的反应参与者,而且应该如实地把溶剂包括在反应式中,如水化物、醇化物和醚化物。常见的溶剂化药物有甾体类药物、β-内酰胺类抗生素、磺胺类抗菌药和强心苷类药物等。

二、反应溶剂的作用与选择

溶剂不仅为化学反应提供了反应进行的场所,而且能够影响化学反应速率、反应方向、转化率和产物构型等。为了使反应能够成功地按预定方向进行,必须了解溶剂在反应中的作用,选择适当的溶剂,同时还要考虑将产物从反应液中分离的方法与难易程度。溶剂对反应的影响主要表现在以下方面:

1. 溶剂对反应速率的影响　有机反应依据其反应机制可分为两大类:游离基反应与离子型反应。溶剂对游离基反应无显著影响,而对离子型反应影响很大。通过对三乙胺与碘乙烷在 23 种溶剂中进行季铵化反应的研究发现,反应速率与所选择的溶剂有关。如以乙烷作溶剂的反应速率为 1,在乙醚中反应速率为 4,在苯中为 36,在甲醇、苄醇中分别为 280 和 742。

溶剂对化学反应速率的影响可以用阿累尼乌斯理论解释:若 A 与 B 反应,经过渡态形式,生成产物 C 和 D。即:

$$A + B \Longrightarrow (AB)^{\ddagger} \longrightarrow C + D$$
$$\text{反应物} \qquad \text{过渡态} \qquad \text{产物}$$

化学反应速率决定于反应物和过渡态之间的能量差即活化能 E,一般来说,如果反应物比过渡态更容易发生溶剂化,则反应物位能降低 ΔH,相当于活化自由焓增高 ΔH,降低反应速率(图3-2a)。当过渡态更容易发生溶剂化时,随着过渡态位能降低 ΔH,反应速率增加(图3-2b)。

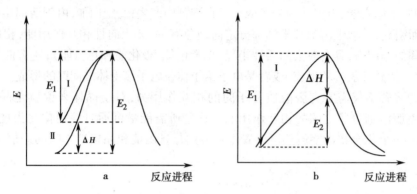

图3-2　溶剂化与活化能的关系示意图

　　例如溶剂对亲核取代反应速率的影响:对于单分子亲核取代反应(S_N1),第一步是反应的限速步骤,由极性小的底物分子解离形成极性较大的碳正离子,增加溶剂的极性有利于过渡态的溶剂化,增加反应速率(表3-4)。

$$R_3CX \longrightarrow \left[\begin{array}{c} \delta^+ \quad\quad \delta^- \\ R_3C\text{-----}X \end{array} \right] \xrightarrow{\text{slow}} R_3C^+ + X^-$$

$$R_3C^+ + HO^- \xrightarrow{\text{fast}} R_3C-OH$$

表3-4　在25℃水-甲醇的混合溶剂中氯代叔丁烷的水解速率

水(体积%)	10	20	30	40	50
$K \times 10^6(\text{s}^{-1})$	1.71	9.14	126	367	33 000

　　溶剂对双分子亲核取代(S_N2)反应的影响比较复杂。当正离子与中性试剂、正离子与负离子反应时,增加溶剂极性会使反应物溶剂化,反应速率降低。当中性底物与中性试剂反应时,生成的过渡态比底物的电荷增加,因而增加溶剂极性有利于过渡态的溶剂化。当中性底物与负离子反应时,质子性溶剂可与负离子亲核试剂发生溶剂化,但极性非质子溶剂对亲核试剂的溶剂化作用很小,故能加速反应的进行。

　　由此可见,选择合适的溶剂可以加快(或减慢)化学反应速率,达到更好的反应目的,在某些极端情况下,仅通过改变溶剂就能使反应速率加速 10^9 倍之多。

　　2. 溶剂对产物结构的影响　化学反应中,溶剂能够通过溶剂化作用影响反应历程或反应位置,形成不同的反应产物。例如叔丁基甲基醚与 HI 的反应中,使用极性低的乙醚溶剂有利于反应按 S_N2 历程进行,亲核试剂碘离子向位阻小的甲基进攻,生成碘甲烷和叔丁醇;使用极性高的水为溶剂有利于反应按照 S_N1 历程进行,生成甲醇和叔丁基碘。

$$
\begin{array}{c}
\text{H}_3\text{C} \\
\text{H}_3\text{C}-\text{C}-\text{O}-\text{CH}_3 \\
\text{H}_3\text{C}
\end{array}
\left\{
\begin{array}{l}
\xrightarrow{\text{HI, ether}} \text{CH}_3\text{I} + (\text{CH}_3)_3\text{COH} \\
\\
\xrightarrow{\text{HI, H}_2\text{O}} \text{CH}_3\text{OH} + (\text{CH}_3)_3\text{CI}
\end{array}
\right.
$$

　　β-萘酚盐与苯溴甲烷反应可生成 C-烷基化和 O-烷基化两种产物:

溶剂的不同会影响产物的比例（表 3-5），随着溶剂供给质子能力的增加（CF_3CH_2OH > H_2O > C_2H_5OH），C-烷基化的比例增加。因为质子溶剂易与氧负离子的氢键溶剂化，阻碍了氧成为反应中心，有利于发生 C-烷基化；在极性非质子溶剂（如 DMF、DMSO）中，由于溶剂只与正离子（Na^+）发生溶剂化，而不与负离子发生溶剂化，苯酚负离子成为"自由"离子，因此 O-烷基化产物为主要产物；而在非极性非质子溶剂（如 $CH_3OCH_2CH_2OCH_3$、THF）中，苯酚负离子与 Na^+ 均不发生溶剂化，而 Na^+ 的存在阻碍了试剂进攻氧负离子，使 O-烷基化的比例比在极性非质子溶剂中有所减少。

表 3-5　不同溶剂中 β-萘酚盐与苯溴甲烷烷基化产物的比例（常温）

溶剂	O/C 百分比	溶剂	O/C 百分比
DMF	97:0	CH_3OH	57:34
DMSO	95:0	CH_3CH_2OH	52:28
$CH_3OCH_2CH_2OCH_3$	70:22	H_2O	10:84
THF	60:36	CF_3CH_2OH	7:85

苯酚与乙酰氯进行 Friedel-Crafts 反应，在二硫化碳中产物主要是邻位取代物，而在硝基苯溶剂中产物主要是对位取代物。

溶剂的选择还可以影响产物的立体构型。炔烃与卤素的亲电加成反应中，在不同溶剂中产物的立体化学结构不同。例如苯乙炔与溴的加成在不同溶剂中生成产物的比例不同。

溶剂	产物比例	
$CHCl_3$	82%	18%
CH_3COOH	70%	30%
$CH_3COOH + LiBr$	97%	3%

合成过程中，我们可以利用溶剂对产物结构的影响，选择适当的溶剂体系获得目标产品。

人工甜味素天冬甜素(aspartame,3-9)的合成以氨基保护的天门冬酸酐(3-10)与苯丙氨酸甲酯为原料,经氨解反应制得,产物多为 1 位羧基成酰胺产物(3-11),但含有少量味苦且不易除去的 4 位羧基成酰胺产物(3-12)。研究发现影响两种产物比例的主要因素是催化剂的碱性和影响分子内氢键的溶剂效应。以非极性溶剂(1,2-二氯乙烷)或微弱极性溶剂(甲苯)为反应溶剂,在低浓度下(0.02mol/L)反应,分子内氢键较强,(3-11)的收率在85%左右;但如果加入三乙胺,(3-11)的收率显著降低。

3. 溶剂极性对化学平衡的影响　溶剂对酸碱平衡、互变异构平衡等化学平衡均有影响。在均相反应体系中,溶剂分子和溶质分子之间要发生相互作用而释放出溶剂化自由能 ΔG_{solv}。通常情况下,对起始反应物和反应终产物来说,溶剂化自由能 ΔG_{solv} 是不同的。根据热力学原理,化学平衡常数 K 和反应的自由能之间存在下列关系:

$$\Delta G = RT\ln K \qquad\qquad 式(3\text{-}12)$$

从式(3-12)可以看出,反应物和反应产物在溶剂化自由能方面的差异决定了溶剂化效应对化学平衡位置的影响。

有机物在气相时的酸性与碱性是个别分子的固有特性,而在溶液中,酸性和碱性是溶质与溶剂相互作用的整体共同表现。在气相中,有机物的酸碱性主要决定于它们与质子结合的难易程度。如在气相中,各种甲基胺的碱性大小次序为 $NH_3 < CH_3NH_2 < (CH_3)_2NH < (CH_3)_3N$;而在水溶液中,它们的碱性顺序为 $NH_3 < CH_3NH_2 < (CH_3)_3N < (CH_3)_2NH$。这是因为它们的共轭酸——季铵盐的氮上连接的氢原子越多,由于氢键而产生的溶剂化作用越强,共轭酸越稳定,则原来的胺碱性就越大,而这个趋势与烷基的电子效应产生的影响相反。因此在水溶液中,在水的溶剂化作用和分子结构中烷基的电子效应以及一定空间效应的综合作用下,脂肪胺在水中的碱性大小为 $R_2NH > RNH_2 > R_3N$。如果碱性的测定在不能生成氢键的溶剂中进行,则碱性的强弱主要受电子效应的影响。如在氯苯中测定各种丁胺的碱性顺序为 $(C_4H_9)_3N > (C_4H_9)_2NH > C_4H_9NH_2 > NH_3$。

溶剂对有机物的互变异构平衡也有显著影响。不同极性的溶剂,直接影响1,3-二羰基化合物(包括 β-二醛、β-酮醛、β-二酮和 β-酮酸酯等)酮式-烯醇式互变异构体系中两种异构体的含量,从而影响1,3-二羰基化合物作为反应物的收率。1,3-二羰基化合物在溶液中以 3 种互变异构的形式同时存在:二酮式(3-13)、顺式-烯醇式(3-13a)和反式-烯醇式(3-13b)。

通常开链的 1,3-二羰基化合物很难以反式-烯醇式(3-13b)存在,故反式-烯醇式(3-13b)可忽略不计。酮式-烯醇式的平衡常数 K_T 可以用下式表示:

$$K_T = [烯醇式]/[二酮式] \hspace{3cm} 式(3-13)$$

在溶液中,开链的 1,3-二羰基化合物实际上完全烯醇化为顺式-烯醇式(3-13a),这种形式可以通过分子内氢键而稳定化;而环状的 1,3-二羰基化合物则能够以反式-烯醇式存在。通常,当二酮式较氢键缔合的顺式-烯醇式具有更大的极性时,其酮式/烯醇式的比例常数取决于溶剂的极性。下面以化学制药工业上常用的原料乙酰乙酸乙酯和乙酰丙酮为例进行探讨。

[1]H-核磁共振谱法测得的乙酰乙酸乙酯和乙酰丙酮的平衡常数(表3-6)表明,这些 1,3-二羰基化合物在非质子非极性溶剂中具有较高的烯醇式含量,在质子性溶剂或者极性非质子溶剂中烯醇式含量较低。

表3-6 在各种溶剂中乙酰乙酸乙酯和乙酰丙酮的平衡常数

溶剂	介电常数(D)	乙酰乙酸乙酯		乙酰丙酮	
		酮式(%)	烯醇式(%)	酮式(%)	烯醇式(%)
气相	0.00	0.74	43	11.7	92
正己烷	1.88	0.64	39	19.0	95
苯	2.28	0.19	16	8.0	89
纯溶质	15.70	0.081	73	4.3	81
甲醇	32.70	0.062	6	2.8	74
醋酸	6.15	0.019	2	2.0	67

在非质子非极性溶剂中酮式和烯醇式的比例与气相条件下得到的数值接近。原则上,当 1,3-二羰基化合物溶于非极性溶剂时,顺式-烯醇式的比例较高;增加溶剂极性,平衡向二酮式移动。在两种互变异构体中烯醇式是极性较小的形式,烯醇式异构体的分子内氢键有助于降低羰基偶极之间的斥力。此外,当溶剂分子间的氢键与 1,3-二羰基化合物分子内氢键不发生竞争时,分子内氢键使烯醇式稳定的作用更为明显。这样,当溶剂极性增强时,伴随着分子间氢键的形成,烯醇式含量降低。

2-异丙基-5-甲氧基-1,3-二氧六环(3-14)的顺、反异构体平衡自由能差与溶剂有关,如表3-7所示。

表3-7　在各种溶剂中5位甲氧基顺、反异构体平衡自由能差

溶剂	ΔG(kJ/mol)	溶剂	ΔG(kJ/mol)
正己烷	-4.44	甲苯	-2.97
四氯化碳	-3.77	四氢呋喃	-2.72
丙酮	-1.42	三氯甲烷	-0.67
硝基苯	-0.84	甲醇	-0.13
乙醚	-3.47	乙腈	+0.04

　　溶剂的选择通常基于"相似相溶"原则,使反应物能够较好地溶解在溶剂体系中。同时要保证溶剂与反应物的兼容性,即反应物与溶剂不发生反应或发生的反应不会对整个反应体系造成不良影响。在此基础上溶剂的筛选还要考虑溶剂物理性质对放大过程的影响(表3-8)、反应后处理及产物纯化的简便性、溶剂的安全性、对环境的影响、经济成本等因素。

表3-8　溶剂的物理性质对工艺过程的影响

参数	参考因素
凝固点	对低温下进行的反应有限制
沸点	高沸点溶剂可以增加反应的温度范围,避免使用高压设备;低沸点溶剂在蒸馏过程中容易移除,但完全冷凝其蒸气相对困难 可燃性液体挥发出的蒸气与空气形成可燃混合物的最低温度
闪点	低沸点的化合物通常具有低闪点。使用任何闪点低于15℃的液体都必须考虑其可燃的危险性,准备适当的预防措施
生成过氧化物	主要发生在醚类溶剂中,在可能产生过氧化物的溶剂中进行的反应需进行密切监控
黏性	带有较大黏性的溶剂会减慢过滤速度
共沸性	对于需要无水条件的反应,可利用共沸除水干燥溶剂和反应设备

　　溶剂对化学反应的影响非常复杂,目前并不能从理论上十分准确地找出某一反应的最适合的溶剂,工艺研究中需要根据经验进行选择,继而根据实验结果来确定最适当的溶剂体系。

三、后处理溶剂的选择

　　萃取与重结晶是工艺过程中用来纯化产物的常用操作,溶剂的选择与纯化效果密切相关。

　　1. 萃取　是利用物质在两种不互溶(或微溶)的溶剂中溶解度或分配比例的不同来达到分离、提取或纯化目的的一种操作。应用萃取可以从固体或液体混合物中提取出所需要的物质,也可以用来洗去混合物中的少量杂质。有关萃取溶剂的选择将在第五章中详细介绍。

　　2. 重结晶溶剂的选择　从有机反应中得到的固体产物往往是不纯的,其中常夹杂着一些反应副产物、未作用的原料和催化剂等。重结晶是工艺过程中对固体产品进行纯化最常用、最有效的方法。

重结晶是利用溶剂对被提纯物质及杂质的溶解度不同,使被提纯物质从过饱和溶液中析出,而让杂质全部或大部分留在溶液中(若在溶剂中的溶解度极小,则配成饱和溶液后被过滤除去),从而达到提纯目的。因此重结晶溶剂的选择对纯化的效果有显著的影响。重结晶溶剂的选择将在第五章中进行详细介绍。

第四节　催　化　剂

现代化学工业中,大部分反应使用了催化剂。研究、使用新型的、高选择性的催化剂是现代有机合成化学领域的核心内容之一。在药物合成中,催化剂的使用尤为普遍,如常见的氢化、氧化、脱水、缩合和环合等反应几乎都离不开催化剂的使用。催化剂能够改变反应速度,提高反应的选择性,减少副产物的产生。现在,酸碱催化、金属催化、酶催化(生物催化)和相转移催化等技术已广泛应用于药物生产领域。

一、催化剂与催化作用

某一种物质在化学反应系统中能改变化学反应速率,而其本身在反应前后化学性质并无变化,这种物质称之为催化剂(catalyst)。有催化剂参与的反应称为催化反应。当催化剂的作用是加快反应速率时,称为正催化作用;减慢反应速率时称为负催化作用。负催化作用的应用比较少,如有一些容易分解或易氧化的中间体或药物,在后处理或贮存过程中为防止变质失效,可加入负催化剂,以增加其稳定性。

在某些反应中,反应物本身即具有加速反应的作用,称为自动催化作用。如游离基反应或反应中产生过氧化物中间体的反应。

1. 催化作用的机制　对于催化作用的机制,可以归纳为以下两点。

(1)催化剂能使反应活化能降低,反应速率增大:在催化反应过程中,至少必须有 1 种反应物分子与催化剂发生了某种形式的化学作用。由于催化剂的介入,化学反应改变了进行的途径,而新的反应途径需要的活化能较低,这就是催化剂得以提高化学反应速率的原因。例如化学反应:

$$A + B \longrightarrow AB$$

反应所需的活化能为 E,在催化剂 C 的参与下,反应按以下两步进行:

$$A + C \longrightarrow AC$$
$$AC + B \longrightarrow AB + C$$

反应所需的活化能分别为 E_1 和 E_2,E_1 和 E_2 均小于 E(图 3-3)。催化剂 C 只是暂时介入了化学反应,反应结束后催化剂 C 即行再生。

按照阿累尼乌斯方程 $k = Ae^{-E/RT}$(A 为指前因子,R 为气体常数,T 为热力学温度),反应速率常数 k 表示的反应速率主要决定于反应活化能 E,若催化使反应活化能降低 ΔE,则反应速率提高 $e^{-\Delta E/RT}$ 倍。大多数非催化反应的活化能平均值为 $167 \sim 188kJ/mol$,而催化反

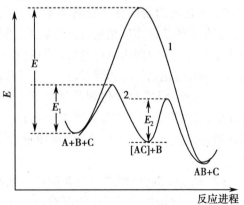

图 3-3　催化示意图

1. 无催化剂时的反应;2. 有催化剂时的反应

应的活化能平均值为 65~125kJ/mol。氢化反应中,使用催化剂后活化能大大降低,例如烯烃双键的氢化加成,在没有催化剂时很难进行;在催化剂的作用下,反应速率加快,室温下反应即可进行。

应当指出,催化剂只能加速热力学上允许的化学反应,提高达到平衡状态的速率,但不能改变化学平衡。反应的速率常数与平衡常数的关系为 $K = k_{正}/k_{逆}$,催化剂对正反应的速率常数 $k_{正}$ 与逆反应的速率常数 $k_{逆}$ 发生同样的影响。因此,对正反应优良的催化剂一般也是逆反应的催化剂,例如金属催化剂钯、铂、镍等,既可以催化氢化反应,也可以催化脱氢氧化反应。

(2)催化剂具有特殊的选择性:催化剂的特殊选择性主要表现在两个方面,一是不同类型的化学反应各有其适宜的催化剂。例如加氢反应的催化剂有铂、钯、镍等;氧化反应的催化剂有五氧化二钒(V_2O_5)、二氧化锰(MnO_2)、三氧化钼(MoO_3)等;脱水反应的催化剂有氧化铝(Al_2O_3)、硅胶等。二是对于同样的反应物体系,应用不同的催化剂可以获得不同的产物。例如以乙醇为原料,使用不同的催化剂,在不同的温度条件下,可以得到 25 种不同的产物,其中重要反应如下:

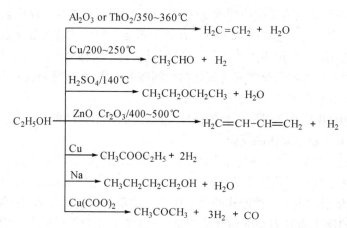

这里必须指出,这些反应都是热力学上可行的,各个催化剂在其特定条件下只是加速了某一反应,使之成为主要的反应。

2. 催化剂的活性及其影响因素　工业上对催化剂的要求主要有活性、选择性和稳定性。催化剂的活性即催化剂的催化能力,是评价催化剂好坏的重要指标。在工业上,催化剂的活性常用单位时间内单位重量(或单位表面积)的催化剂在指定条件下所得的产品量来表示。影响催化剂活性的因素较多,主要有以下几点:

(1)温度:温度对催化剂的活性影响较大,温度太低,催化剂的活性小,反应速率很慢;随着温度升高,反应速率逐渐增大;达到最大速度后,又开始下降。绝大多数催化剂都有活性温度范围,温度过高,易使催化剂烧结而破坏活性,最适的温度需通过实验确定。

(2)助催化剂(或促进剂):在制备催化剂时,往往加入某种少量物质(一般少于催化剂量的10%),这种物质对反应的影响很小,但能显著地提高催化剂的活性、稳定性或选择性。例如在萘普生(naproxen)的合成工艺中,陈芬儿以氧化锌为 α-卤代缩酮-1,2-芳基(3-15)重排的催化剂,选择了 6 种 Lewis 酸作助催化剂,重排结果见表 3-9,添加 6 种 Lewis 酸作为助催化剂可显著地使反应速率加快。

表3-9 不同 Lewis 酸对氧化锌催化重排时间的影响

序号	Lewis 酸	时间(分钟)	收率(%)
1	Cu₂O	25	97.2
2	Cu(OAC)₂	20	97.5
3	CuCl	30	96.8
4	CuCl₂	25	96.5
5	CuI	15	97.0
6	CuBr	15	96.9

（3）载体（担体）：在大多数情况下,常常把催化剂负载于某种惰性物质上,这种惰性物质称为载体。常用的载体有石棉、活性炭、硅藻土、氧化铝和硅胶等。例如对硝基乙苯用空气氧化制备对硝基苯乙酮,所用催化剂为硬脂酸钴,载体为碳酸钙。使用载体可以使催化剂分散,增大有效面积,既可以提高催化剂的活性,又可以节约其用量,还可增加催化剂的机械强度,防止其活性组分在高温下发生熔结现象,延长其使用寿命。

（4）催化毒物：指对于催化剂的活性有抑制作用的物质,也称为催化抑制剂。有些催化剂对于毒物非常敏感,微量的催化毒物即可使催化剂的活性减小甚至消失。

毒化现象有的是由于反应物中含有杂质如硫、磷、砷、硫化氢、砷化氢、磷化氢以及一些含氧化合物如一氧化碳、二氧化碳、水等造成的;有的是由于反应中的生成物或分解物造成的。毒化现象有时表现为催化剂部分失活,呈现出选择性催化作用。如噻吩对镍催化剂的影响,可使其对芳核的催化氢化能力消失,但保留其对侧链及烯烃的氢化作用。这种选择性毒化作用生产上也可以加以利用。例如,被硫毒化后活性降低的钯可用来还原酰卤,使之停留在醛基阶段。

二、酸碱催化剂

有机合成反应大多数在某种溶剂中进行,溶剂系统的酸碱性对反应的影响很大。对于有机溶剂的酸碱度,常用布朗斯台德共轭酸碱理论和路易斯酸碱理论等广义的酸碱理论解释说明。

通常情况下,催化剂必须与某一个反应物作用形成中间络合物,这个中间络合物又必须是活泼的,容易与另一个反应物发生作用,重新释放出催化剂。根据布朗斯台德共轭酸碱理论,凡是能给出质子的任何分子或离子属于酸,凡是能接受质子的分子或离子属于碱。因此,布朗斯台德酸碱符合成为良好催化剂的条件。如布朗斯台德酸作催化剂,则反应物中必须有一个容易接受质子的原子或基团,先结合成为一个中间络合物,再进一步放出正离子或活化分子,最后得到产品。大多数含氧化合物如醇、醚、酮、酯、糖以及一些含氮化合物参与的反应,常可以被酸所催化。例如酯化反应的历程,首先发生羧酸与催化剂 H^+ 加成,生成碳正离子,然后与醇作用,最后从生成的络合物中释放出 1 分子水和质子,同时形成酯。

若没有质子催化,羰基碳原子的亲电能力弱,醇分子的未共用电子对的亲核能力也弱,两者无法形成加成物,酯化反应难于进行。

根据路易斯酸碱理论,凡是含有空轨道能接受外来电子对的分子或离子称为酸。质子酸的质子具有 s 空轨道,可以接受电子,属于路易斯酸;对于一个分子或离子,若其结构中有一个原子尚有未完全满足的价电子层,且能与另一个具有一对未共享电子的原子发生结合,形成配位键化合物的,也属于路易斯酸,如中性分子 AlX_3、BX_3、FeX_3、SnX_4、SbX_5 和 ZnX_2 等,金属正离子 K^+、Na^+、Ca^{2+}、Mg^{2+}、Al^{3+} 和 Fe^{3+} 等。凡是能提供电子的物质都是碱,OH^-、RO^-、$RCOO^-$ 和 X^- 等负离子属于路易斯碱;中性分子若具有多余的电子对,且能与缺少一对电子的原子或分子以配位键相结合的,也是路易斯碱,如 H_2O、ROR' 和 RNH_2。

如在芳烃的烷基化反应中,氯代烷在 $AlCl_3$ 的作用下形成碳正离子,向芳环亲电进攻,形成杂化的带正电荷的离子络合物,正电荷在苯环的 3 个碳原子之间得到分散,最后失去质子,得到烃基苯。

若没有路易斯酸的催化,卤代烃的碳原子的亲电能力均较低,不足以与芳环形成反应的中间络合物,烃化反应无法进行。

酸碱催化反应的速率常数与酸(碱)浓度有关。

$$k = k_H[H^+] \text{ 或 } k = k_{HA}[HA]$$
$$k = k_{OH}[OH^-] \text{ 或 } k = k_B[B]$$

式中,k_H 或 k_{HA} 为酸催化剂的催化常数;k_{OH} 或 k_B 为碱催化剂的催化常数。将上式取对数,即可得到 k 与 pH 关系式。

$$\log k = \log k_H - pH \qquad \text{式(3-14)}$$

酸催化、碱催化和酸碱催化反应的 $\log k$ 与 pH 的关系如图 3-4。酸催化反应中 $\log k$ 随 pH 的增大而减少，碱催化反应中 $\log k$ 随 pH 的增大而增大，而酸碱催化中则出现转折及最小点。

酸碱催化常数用来表示催化剂的催化能力，催化常数的大小取决于酸（碱）的电离常数。电离常数表示酸或碱放出或接受质子的能力，也就是说酸（碱）越强，催化常数越大，催化作用也越强。

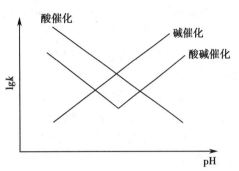

图 3-4　酸碱催化中速率常数与 pH 的关系

常用的酸碱催化剂包括：①无机酸，如盐酸、氢溴酸、氢碘酸、硫酸和磷酸等。浓硫酸在使用时常伴有脱水和氧化的副反应，选用时需谨慎。②强酸弱碱盐，如氯化铵、吡啶盐酸盐等。③有机酸，如对甲苯磺酸、草酸和磺基水杨酸等。其中对甲苯磺酸因性能温和、副反应较少，常为工业生产所采用。④卤化物，如三氯化铝、二氯化锌、三氯化铁、四氯化锡、三氟化硼和四氯化钛等，这类催化剂通常需要在无水条件下进行反应。

常用的碱性催化剂包括：①金属氢氧化物，如氢氧化钠、氢氧化钾和氢氧化钙等。②金属氧化物，如氧化钙、氧化锌等。③强碱弱酸盐，如碳酸钠、碳酸钾、碳酸氢钠及醋酸钠等。④有机碱，如吡啶、甲基吡啶、三甲基吡啶、三乙胺和 N,N-二甲基苯胺等。⑤醇钠和氨基钠，常用的醇钠有甲醇钠、乙醇钠和叔丁醇钠等，其中叔丁醇钠（钾）的催化能力最强。氨基钠的碱性和催化能力均比醇钠强。⑥有机金属化合物，常用的有机金属化合物包括三苯甲基钠、2,4,6-三甲基苯钠、苯基钠、苯基锂和丁基锂等，它们的碱性强，且与含活泼氢的化合物作用时反应往往是不可逆的。

在以上各类酸碱催化剂的基础上，又研制出多种固体酸碱催化剂。用复相固体酸碱催化剂代替均相反应后，催化剂容易从反应混合物中分离出来，反应后催化剂容易再生。同时，固相的酸碱催化剂对反应设备的腐蚀性较小，对环境的污染小。如采用强酸性阳离子交换树脂或强碱性阴离子交换树脂代替酸或碱催化剂，反应完成后，很容易将离子交换树脂分离除去，得到产物。整个过程操作方便，易于实现连续化和自动化生产。

三、金属催化剂

金属催化剂是在反应条件下，活性组分以金属状态存在的一类催化剂。在一般的反应条件下，只有过渡金属元素才能以金属状态存在，这类催化剂也常称为过渡金属催化剂。在还原、氧化、异构化和芳香化等反应中应用广泛，特别是在不对称合成中取得了很好的反应效果。

最适合用于金属催化剂的活性组分是那些最外层有 1~2 个 s 电子，次外层为 d 电子且 d 电子为大部分充满状态的元素。常用的过渡金属催化剂活性组分是ⅧB 和ⅠB 族元素，其中 Pt 和 Pd 是应用范围最广泛的金属元素（表 3-10）。金属催化的作用与 d 电子性质、金属晶体结构、表面结构有关。

表 3-10　常用的活性组分元素

Ⅷ1	Ⅷ2	Ⅷ3	ⅠB
Fe	Co	Ni	Cu
Ru	Rh	Pd	Ag
Os	Ir	Pt	Au

按催化剂的活性组分是否负载在载体上,可将过渡金属催化剂分为:①非负载型金属催化剂,指不含载体的金属催化剂。通常以骨架金属、金属丝网、金属粉末、金属颗粒、金属屑片和金属蒸发膜等形式应用。骨架金属催化剂是将具有催化活性的金属和铝或硅制成合金,再用氢氧化钠溶液将铝或硅溶解,形成金属骨架。工业上最常用的骨架催化剂是1925年由美国 M. 雷尼发明的雷尼镍,广泛地应用于加氢反应中。其他骨架催化剂还有骨架钴、骨架铜和骨架铁等。典型的金属丝网催化剂为铂网和铂- 铑合金网,应用在氨化氧化生产硝酸的工艺上。②负载型金属催化剂,指将金属组分负载在载体上的催化剂,可以提高金属组分的分散度和热稳定性,使催化剂有合适的孔结构、形状和机械强度。大多数负载型金属催化剂是将金属盐类溶液浸渍在载体上,经沉淀转化或热分解后还原制得。如负载在 Al_2O_3 上的 Pt 催化剂。

按催化剂活性组分的种类可将金属催化剂分为:①单金属催化剂,指只有 1 种金属组分的催化剂,如雷尼镍;②多金属催化剂,即催化剂中的组分由两种或两种以上的金属组成。若金属组分之间形成合金,称为合金催化剂,研究应用较多的是二元合金催化剂,例如负载在 Al_2O_3 上的 Pt- Re 合金催化剂、Ni- Cu 合金催化剂等。两种金属形成合金时,可以通过调整合金的组成来调节催化剂的活性。某些合金催化剂的表面和体相内的组成有着显著的差异,如在 Ni 催化剂中加入少量 Cu 后,由于 Cu 在表面富集,使 Ni 催化剂原有表面结构发生变化,从而使乙烷加氢裂解活性迅速降低。

近年来,过渡金属催化剂与手性配体(图 3-5)络合形成的手性催化剂在氢化、环氧化、环丙烷化、双烯加成等不对称合成反应中取得了突破性进展,其中,DIOP、BINAP 等手性二膦配体催化的某些反应立体选择性达到或接近 100% 。

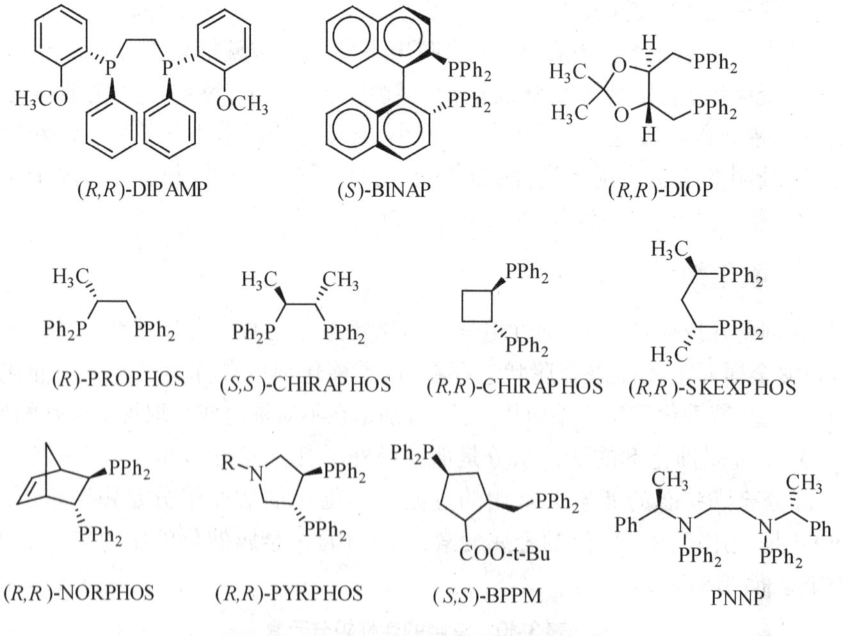

图 3-5　不对称合成中常用的手性配体

在不对称催化合成中,手性配体起到加速反应与手性识别两个方面的作用。手性配体与过渡金属络合加快了反应速率,并提高了反应的立体选择性。手性配体能区别潜手性底物的立体特征,并且以不同的速率反应形成不同的非对映异构体过渡态,产物的选择性由两

个非对映异构过渡态自由能的差别程度决定。对映体过量超过 80% 的不对称合成反应具
有应用价值；对映体过量超过 80%，则两个过渡态的自由能需相差
至少 8.37kJ/mol；对映体过量达到 90%，则自由能需相差 12.56kJ/
mol。手性配体多与 Ru、Rh、Pd 等过渡金属络合，形成大小不等的
环状结构，1,2-二膦（如 DIPAMP）形成五元环，1,4-二膦（如 DIOP、
BINAP）形成七元环，这些配合物的共同特点是 4 个苯环分别处于
两个垂直的平面（图 3-6）。

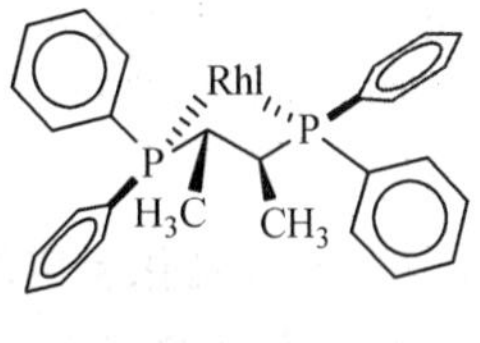

图 3-6　手性二膦催化
剂 Rh-CHIRAPHOS
的立体结构

　　手性二膦 BINAP 是一个非常有效的配体，它的独特之处在于
络合环构象的变化不会引起膦原子上的 4 个基团的手性改变，而其
他的 1,4-二膦如 DIOP，七元络合环的柔性结构变化幅度较大，可导致手性的消失。因此，
BINAP 与过渡金属形成既有柔性又保持构象的七元络合环，这样的催化剂活性可与酶相媲
美。例如在 Ru(OAc)$_2$(S)-BINAP(3-18) 的催化下，以甲醇为溶剂，压力为 1.3×10^7Pa，室
温氢化，从不饱和的前体得到(S)-萘普生(naproxen,3-17)，对映体过量 97% 。

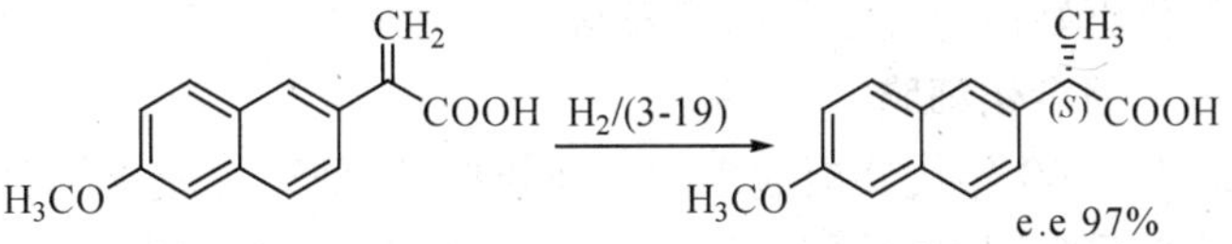

3-17

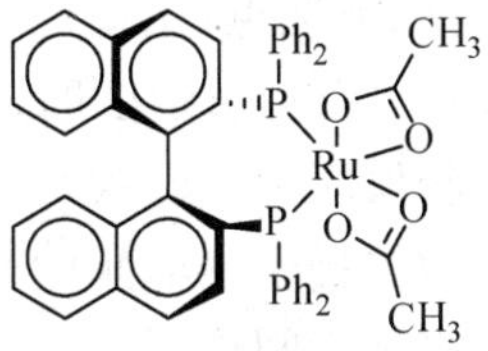

3-18

　　Ru-BINAP 配合物也是许多酮基官能团选择性还原的良好催化剂，已用于合成碳青霉
烯类抗生素的关键中间体(3-19)。

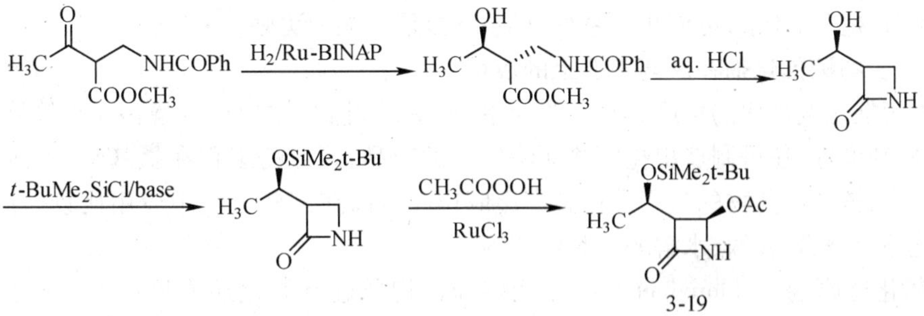

3-19

四、生物催化剂

　　生物催化是指利用酶或细胞作为催化剂来完成化学反应的过程，又称为生物转化。在
生物细胞中形成的可加速化学反应的物质就是生物催化剂（biological catalyst），通常以酶为
主。酶又有纯酶、粗制酶、重组并表达的酶和存在于各种生物细胞中的酶之分。生物酶催化
是生物工程的一个重要组成部分，具有广泛的实用性。在药物工艺中使用生物酶催化反应
能够简化工序、降低成本、节约能源、提高收率以及减少环境污染。

反应中酶可以多种形式供使用,可以选用独立的自由酶或固定酶,也可以将酶包含在完整的细胞中或人为固定的细胞中使用。目前,酶催化技术已经在半合成抗生素工业、氨基酸工业、甾体药物和核苷类药物的合成、外消旋体的拆分和废水处理中得到广泛应用。

(一) 酶催化反应的特点

酶作为一种催化剂,具有一般催化剂的特性,即在一定条件下改变化学反应速率,但不能改变化学平衡,其自身在反应前后不发生变化。与一般催化剂相比,酶催化剂又具有以下特点:

1. 酶催化反应的优点　与普通的化学方法相比,酶催化最显著的特征就是具有立体选择性、结构部位专一性和化学反应特异性。此外,酶催化还具有催化效率高、反应条件温和等特点。

2. 酶催化反应的不足　酶催化存在对有机溶剂、温度和 pH 不稳定及对底物或产物抑制敏感、价格昂贵等缺点。目前科学家们正努力通过定点突变和定向进化等方法克服这些缺点,从而使生物催化更好地应用于新药开发与制药工业中。

(二) 固定化酶和固定化细胞

固定化酶是 20 世纪 60 年代发展起来的一项新技术,是经物理或化学方法处理,使酶变成不易随水流失、运动受到限制而同时又能发挥作用的酶制剂。固定化酶既具有生物催化功能,又具有固相催化剂的特性,具有以下优点:①稳定性提高,可多次使用;②反应后易于分离,有利于提高产物质量;③可实现反应的连续化和自动控制;④单位酶的催化能力增加,用量降低;⑤比水溶性酶更适合于多酶反应。

在固定化酶的基础上,为省去从微生物中提取酶的操作,确保酶的稳定性,发展出固定化细胞技术,即将细胞限制或定位于固定空间位置的方法。被限制或定位于特定空间位置的细胞称为固定化细胞,与固定化酶统称为固定化生物催化剂,也称为第二代固定化酶。固定化细胞的优点在于:①无需进行酶的分离与纯化;②细胞保持酶的原始状态,固定化过程中酶的回收率高;③细胞内酶比固定化酶稳定性更高;④细胞内酶的辅因子可以自动再生;⑤细胞本身含多酶体系,可催化一系列反应;⑥抗污染能力更强。

(三) 生物酶催化剂在医药工业上的应用

生物酶催化剂催化的反应具有工艺简单、效率高、生产成本低、环境污染小等特点,且产品收率高、纯度好,还可制造出化学法无法生产的产品,因此酶工程在氨基酸、甾体药物、半合成抗生素、核苷类药物的生产中得到广泛应用。目前在制药工业中应用比较广泛的酶主要有氧化还原酶、转移酶、水解酶和裂解酶等。

1. 氧化还原酶(oxidoreductases)　能够催化物质进行氧化还原反应,可分为脱氢酶、氧化酶、过氧化物酶和加氧酶。如阿昔洛韦(aciclovir,3-21)的制备中,可利用黄嘌呤氧化酶对各种含氮杂环的区域选择性氧化,有效地将 6-脱氧阿普洛韦(3-20)氧化为阿昔洛韦。

$$3\text{-}20 \xrightarrow{\text{xanthine oxidase}} 3\text{-}21$$

2. 转移酶(transferases) 转移酶能催化一种底物分子上的特定基团(如酰基、羰基、氨基、磷酰基、甲基、醛基和羧基等)转移到另一种底物分子上。在转移酶中,转氨酶由于其底物特异性低、反应速度快,已被用于大规模合成非天然氨基酸的生产中(表3-11)。

表3-11 用转氨酶生产非天然氨基酸

转氨酶种类	缩写	基因	来源	产物
天冬氨酸	AAT	*Aspc*	*E. coli*	L-同型苯丙氨酸
分枝氨基酸	BCAT	*LlvE*	*E. coli*	L-叔丁基亮氨酸
酪氨酸	TAT	*TyrB*	*E. coli*	L-2-氨基丁酸
				L-磷丝菌素
				L-噻吩丙氨酸
D-氨基酸	DAT	*DaT*	*Bacillus sp.* YMI	D-谷氨酸
				D-亮氨酸
			Bacillus sphaericus	D-苯丙氨酸
				D-酪氨酸
				D-2-氨基丁酸

3. 水解酶(hydrolases) 水解酶是指在有水参与下,把大分子物质底物水解为小分子物质的酶。此类酶发现和应用数量日益增多,是目前应用最广的一种酶。在水解酶中,使用最多的是脂肪酶,其他还包括酯酶、蛋白酶、酰胺酶、腈水解酶、磷酸化酶和环氧化物酶等。例如HIV逆转录酶抑制剂齐多夫定(zidovudine,3-25)的半合成工艺是鸟苷(3-22)与胸腺嘧啶(3-23)在胡萝卜欧文杆菌AJ2992产生的嘧啶核苷磷酸化酶(PyNPase)的催化下,生成重要中间体5-甲基尿苷(3-24),再经一系列化学反应得到齐多夫定(3-25)。

利用各种脂肪酶进行的拆分也已经广泛用于手性药物的制备中,如(S)-3-乙酰巯基-2-甲基丙酸(3-27)是抗高血压药物卡托普利(captopril,3-28)的关键中间体,可利用酯酶对外消旋的中间体(3-26)进行选择性水解,从而得到目标产物(3-27)。

3-26　3-27

3-28

4. 裂解酶(lyases)　裂解酶催化小分子在不饱和键上的加成或消除,其中的醛缩酶、转羟乙醛酶和氧腈酶在形成 C—C 键时具有高度的立体选择性,日渐引起关注。例如利用固定化的醛缩酶合成 N-乙酰神经氨酸(3-29)已经达到吨以上的生产规模。N-乙酰神经氨酸为神经氨酸酶抑制剂的前体,该抑制剂临床上用于治疗病毒性流感。

3-29

在对映体选择性合成和官能团区域性选择转化过程中,酶是非常有用的工具。近年酶工程领域不断涌现许多新的技术,如抗体酶、人工合成酶、模拟酶、交联酶晶体和反胶束酶等。酶的修饰及非水相酶学等都是当今酶学研究领域的热点。此外科学家们还尝试利用基因工程技术、蛋白质工程技术改善原有酶的各种性能,如提高酶的产率,增加酶的稳定性,运用基因工程技术将原来有害的、未经批准的微生物产生的酶的基因,或由生长缓慢的动植物产生的酶的基因克隆到安全的、生长迅速的、产量较高的微生物体内,改由微生物来生产。随着这些技术的发展与完善,未来必将会有更多的生物催化过程被应用于制药工业。

五、相转移催化剂

在药物合成反应中,经常遇到两相反应,这类反应的速率慢、反应不完全、效率低。如1-氯辛烷与氰化钠的水溶液加热回流 2 周仍无亲核取代反应产物 1-氰基辛烷生成。若选用极性非质子溶剂,如二甲亚砜等溶剂,虽然能够提高负离子的活性使反应在均相中进行,但这类溶剂多价格昂贵且难于回收,反应中微量水的存在就对反应产生干扰。若加入 1%~3%摩尔量溴化正十六烷基三正丁基鏻(hexadecyl tributyl phosphonium bromide,CTBPB),加热回流 1.8 小时,1-氰基辛烷的产率可达 99%。这里应用的 CTBPB 称为相转移催化剂(phase transfer catalyst,PTC),它的作用是使一种反应物由一相转移到另一相中参加反应,促使一个可溶于有机溶剂的底物与一个不溶于此溶剂的离子型试剂之间发生反应,这类反应统称为相转移催化反应(phase transfer catalyzed reaction)。相转移催化反应不仅能够提高反应速率,并且具有反应方法简单、后处理方便、使用试剂价格低廉等优点。

（一）相转移催化剂的分类

常用的相转移催化剂根据结构可分为鎓盐类、冠醚类及非环多醚类。

1. 鎓盐类　该类催化剂适用于液-液和固-液体系，适合于几乎所有的正离子，在有机溶剂中以各种比例混合，价格低廉，因此是最常用的相转移催化剂。鎓盐类相转移催化剂由中心原子、中心原子上的取代基和负离子3个部分构成，中心原子一般为P、N、As和S等原子，催化活性顺序为$RP^+ > RN^+ > RAs^+ > RS^+$。在季铵盐正离子相同时，不同负离子对萃取常数的影响顺序为$I^- > Br^- > CN^- > Cl^- > OH^- > F^- > SO_4^{2-}$。

该类催化剂的催化能力与其分子结构有关，在苯-水两相体系中：①分子量大的鎓盐比分子量小的鎓盐催化作用好，低于12个碳原子的铵盐几乎没有催化作用；②具有一个长链的季铵盐，其碳链越长，催化效果越好；③与具有一个长链的季铵离子相比，对称的季铵离子的催化效果更好，如四丁基铵离子的催化能力优于三甲基十六烷基铵离子；④在同一结构位置，含有芳基的铵盐催化作用低于烷基铵盐。

2. 冠醚类　化学结构特点是分子中具有$(Y—CH_2—CH_2—)_n$重复单位，其中的Y为氧、氮或其他杂原子，由于其形状似皇冠而得名。冠醚根据其环的大小可以与不同的金属正离子形成络合物，从而使原来与金属正离子结合的负离子"裸露"在溶剂中。

冠醚类相转移催化剂特别适用于固-液体系，常用的冠醚有18-冠-6（3-30）、二苯基-18-冠-6（3-31）等。但由于其在有机溶剂中的溶解度小、价格昂贵且有毒，故在工业生产中应用很少。

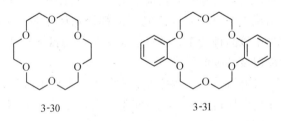

3-30　　　　　　　　　　3-31

3. 非环多醚类　即非环聚氧乙烯衍生物，是一类非离子型表面活性剂。具有价格低、稳定性好、合成方便等优点。主要类型有聚乙二醇、聚乙二醇脂肪醚和聚乙二醇烷基苯醚等。

（二）影响因素

相转移催化剂用量对反应结果影响较大，对不同反应体系的影响不同。催化剂的最佳用量在0.5%~10%之间；当反应强烈放热或催化剂较昂贵时，催化剂的用量应减少，在1%~3%之间。

相转移催化剂的稳定性也是应关注的问题。通常的催化剂在室温下可稳定数天，但在高温条件下可能发生分解反应，如苄基三甲基氯化铵可生成二苄基醚和二甲基苄基胺。在反应条件下，氢氧化季铵盐可能进行霍夫曼降解，苄基取代的季铵盐可能发生脱羟基反应。

相转移催化反应中整个反应体系是非均相的，存在传质过程，搅拌速度是影响传质的重要因素。搅拌速率一般可按下列条件选择：对于在水/有机相介质中的中性相转移催化，搅拌速率应>200r/min，而对于固-液反应以及有氢氧化钠存在的反应，搅拌速率应>750~800r/min，对某些固-液反应应选择高剪切式搅拌。

（王　欣）

第四章　化学合成工艺优化研究

化学合成工艺优化是化学原料药制备工艺研究中的重要过程,工艺优化(process optimization)就是对影响反应的因素进行分析,通过改变反应条件,实现产物产量最大化的过程。本章以优化反应条件为基础,讨论催化剂的选择、活化与后处理,介绍工艺过程控制的内容和方法,并以均匀设计和析因设计为例介绍实验设计方法在工艺优化中的应用。

第一节　概　　述

工艺优化是实现产物产量最大化的过程。产物产量最大化意味着反应的转化率高,也就是反应物被消耗到最低量;同时意味着反应的选择性好,副产物生成量尽可能地少。对化学原料药而言,当工艺路线中的每一步反应的工艺都得到优化时,就实现了产品(终产物)产率的最大化,同时建立了该品种的工艺条件。工艺优化的目标包括提高产品收率和质量、降低成本、提高反应效率以及减少废物排放。

在工艺研究的 3 个不同阶段,即实验室工艺(小试工艺)、中试放大和工业生产,工艺优化的目标不同,工艺优化的顺序也有所不同。工艺优化就是对以下 10 个影响反应的因素进行改变与研究:配料比、加料顺序与投料方法、溶剂和助溶剂、反应浓度、反应温度、反应时间、催化剂及其配体、搅拌速度与搅拌方式、反应压力和反应试剂。

一、工艺优化的前提条件

合成路线初步打通后,部分反应的收率、操作过程、安全等内容还存在问题。特别是某些工艺参数(如温度、压力、反应物浓度)与收率、成本密切相关,因此需要对反应路线的合成工艺进行优化。在开展工艺优化前需要明确工艺优化的目的,更要把安全生产放在首位。

对某种原料药的合成工艺进行优化,从每一步反应的工艺优化到建立可行的工艺过程需要大量的时间、人力、物力,关键在于具体问题具体分析、合理安排时间,并且根据研发期限进行进程评价,适时调整研究计划。

在运行反应以及工艺优化前应考虑有机反应潜在的危险,例如反应放热、气体逸出,如何安全处理反应试剂、溶剂、产物及产品,对已知的或预期的原料、试剂和产物的毒性进行评估,是实验室安全运行条件的主要内容,还要对设备、工艺操作以及人员等其他安全运行条件进行全面的评估。

二、工艺优化的基本思路

对工艺路线中某一步反应进行工艺优化,首先通过文献检索或者总结工作经验找到最基本的反应条件,然后改变反应条件,比较反应结果,选择能使反应彻底进行同时只产生很少量杂质的反应条件。

优化某一步反应的工艺,例如对反应物的配料比进行调整,研究工作容易开展,花费时间较少,对其他反应几乎没有影响。改变反应试剂、催化剂和配体、溶剂等也可以达到工艺优化的目的,但可能产生新的杂质,新的杂质可能对其余反应有影响,需要考察其余反应的工艺条件是否对这种杂质耐受。

对收率低的反应步骤,特别是对最后一步反应进行工艺优化,对产品的制备尤其重要,也是工艺优化的重点。

在原料药的制备过程中,杂质的存在可能导致产品质量不合格,难以除掉的杂质不仅会增加最后一步反应工艺优化的难度,而且降低总收率,增加产品成本。减少杂质生成可以从根本上解决杂质问题,而减少杂质生成正是工艺优化的重点任务。

第二节 反应条件优化

反应试剂、配料比以及溶剂和助溶剂是影响反应的根本因素,已在第二章和第三章讨论,第五章介绍重结晶溶剂对产品质量、晶型的影响等内容。优化反应浓度的目标是达到均相反应状态,随着反应的进行,产物的生成与溶解可能促进反应物的溶解,从而使得浆状物变成均相溶液。对于实验室小试工艺研究,起始反应浓度一般控制在 $0.3 \sim 0.4 mol/L$ 之间。

以下主要讨论加料顺序与投料方法、反应温度、反应时间、反应压力以及搅拌与搅拌方式在工艺优化中的作用。

一、加料顺序与投料方法

(一) 加料顺序

加料顺序(sequence of additions)指底物、反应试剂、催化剂和溶剂的加入顺序。加料顺序可以决定主反应的进程,影响杂质的形成。

确定加料顺序一般从底物和反应试剂的反应性出发,同时考虑加料的方便性和安全性,例如加入液体或溶液比加入固体、气体物料更为方便。

对于放热反应,底物一般最后加入。有毒有害试剂一般在开始时加入,对有毒有害试剂的转移过程需要特别注意。

有机溶剂通常是一个反应中易燃和不稳定的部分,溶剂可以最后加入,这样既安全,又可以减少溶剂蒸发损失,但可能造成搅拌困难。若先加入溶剂,后加入其他反应物料,可能造成溶剂飞溅。但在某些情况下,最后加入溶剂需要改变加料顺序。例如,一个反应物难溶于某种溶剂,若在加入该反应物之后加入溶剂,则固体难于有效分散和溶解,解决办法是边搅动溶剂边分批加入固体,这样利于固体的溶解。

1. 改变加料顺序,主产物不同　例如3-氧代戊二酸二乙酯与氯丙酮和甲胺反应,发生 Hantzsch 缩合反应,得到5-甲基吡咯(4-1);若3-氧代戊二酸二乙酯先与甲胺反应,然后加入氯丙酮,则以73%的收率得到4-甲基吡咯(4-2)。

2. 改变加料顺序,可引起反应收率的变化 在制备沙奎那韦(saquinavir)的中间体酰胺(4-3)时,若把特戊酰氯加入到喹啉-2-羧酸的乙酸乙酯溶液中,随后加入三乙胺,得到混合酸酐(4-4),该混合酸酐与L-天冬酰胺(4-5)反应生成(4-3),收率为90%;如果先将喹啉-2-羧酸与三乙胺溶解,再加入特戊酰氯,不仅生成混合酸酐(4-4),而且生成了喹啉-2-羧酸自身缩合的酸酐(4-6),虽然4-6也能与L-天冬酰胺(4-5)反应,但产物酰胺(4-6)的收率显著降低。

3. 改变加料顺序,可影响杂质的形成 在N-溴代丁二酰亚胺(NBS)的作用下,2-氨基-4,5-二甲基-2-吡啶酰胺(4-7)发生Hoffmann重排反应,生成吡啶并咪唑酮(4-8),用氢氧化钾预先处理NBS,可减少吡啶环溴化形成的副产物(4-9)和(4-10)。具体反应条件为NBS和KOH在-5℃反应16小时,形成在室温条件下不稳定的活性较强的溴化剂(4-11),再加入反应物(4-7),使Hoffman重排反应顺利发生,反应收率为96%,几乎完全避免副产物(4-9)和(4-10)的生成。

4-11

（二）投料方法

投料方法包括直接投入固体物料，还是将固体物料配成溶液，形成液体物料；液体物料是直接加入，还是采用控温滴加的方式两个方面的内容。

在工业生产中，加入液体物料比加入固体物料更安全、更简便，可以将固体原料或反应试剂配成溶液，形成液体物料，泵入或加压压入反应釜里，或通过减压抽吸进反应釜。由于液体和溶液的密度随着温度的变化而变化，液体物料以重量计量比以体积计量更准确，在中试放大和大规模生产中，大部分的物料都以重量计量。

对投料方法进行优化，延长底物或反应试剂的滴加时间，提高底物与反应试剂有效摩尔比，有利于提高反应的选择性，对催化反应尤其重要。例如在 o-异丙基-m-甲氧基苯乙烯（4-12）的不对称双羟化反应中，以 N-甲基吗啉-N-氧化物（NMMO）作氧化剂，二水合锇酸钾和氢化奎宁-1,4-（2,3-二氮杂萘）二醚[（DHQ)$_2$PHAL]分别为催化剂和配体。为了提高 Sharpless 不对称二羟基化反应的立体选择性，得到高选择性的产物 2S-（o-异丙基-m-甲氧基苯基)-2-羟基乙醇（4-13），控制反应物烯烃（4-12）的滴加时间非常重要。在中试规模反应中，采用蠕动泵将 2.5kg 的反应物（4-12）以 5.6ml/min 的速度加入反应液中，加料时间超过 6 小时，保持反应物（4-12）浓度低于 1%，反应收率可达 94%，对映体过量（enantiomeric excess, e. e）95%。如果滴加的速率大于反应的速率，反应物蓄积，使催化剂失去对映体选择性催化的能力。

4-12   NMMO   4-13

二、反应温度

提高反应温度通常可以提高反应速率、缩短反应时间、提高生产效率，但提高反应温度也会降低反应的选择性。理论上，反应温度每升高 10℃，反应速率加快 1 倍，但在实际过程中，也可能加快 4 倍。有的反应温度升高，反应速率反而降低。理想的反应温度就是在可接受的反应时间内得到高质量的产物的温度。

反应温度在 −40～120℃之间的反应在中试放大和工业生产中容易实现，超出此反应温度范围则需要专门的设备。室温或者接近室温的条件下进行反应有很多优点：①大量的化学试剂和设备不需要加热或冷却，易于扩大反应规模；②避免超高温或超低温操作所导致的能源损耗；③避免高温反应可能产生的副产物，包括一些难以除去的有色杂质。

不同的反应温度，可能导致反应主产物不同。例如环己酮与焦碳酸二乙酯在 −78℃反应生成 O-酰化产物（4-14），而在 80℃左右生成缩合产物（4-15），收率分别为 98% 和 72%。

下面以对甲苯磺酸的氯代反应为例,说明温度变化对转化率和选择性的影响。对甲苯磺酸氯代反应生成双氯代产物3,5-二氯-4-甲基苯磺酸(4-16)和少量单氯化产物(4-17),如表4-1所示,反应时间为4小时,60℃时收率最高,80℃时收率降低,这是因为在80℃时 H_2O_2 分解的速率要比 H_2O_2 与 HCl 的反应速率要快。但温度从60℃升高到80℃,反应的选择性基本没有变化。

表4-1 对甲苯磺酸氯代反应的选择性

反应温度(℃)	反应转化率(%)	(4-16)的选择性(%)
30	15	91
40	46	87
50	65	88
60	82	96
70	79	96
80	54	97

一般来说,较低的反应温度可以增加反应的选择性,同时避免副反应。例如脂肪酶催化的(4-18)的酯化反应,在20℃反应时,产物(4-19)的对映选择性较差,e.e 只能达到72%,收率为55%;而冷却到 -40℃时,(4-19)的选择性提高,e.e 提高到97%,收率降低至31%。

三、反应压力

在中试放大中,反应釜可安装有耐受一定压力的防爆膜。在密封的反应釜中进行反应可保持适当压力,一方面使有毒或有刺激性的成分不能溢出,保护操作者和环境;另一方面使挥发性试剂保持适当的浓度,保证反应的进行。常见的挥发性试剂包括 H_2、NH_3、HCl、低分子量胺类和硫醇类等,这些挥发性物质产生的尾气可通过吸收或中和的方式进行处理。

对挥发性试剂参与的反应,使反应釜中保持轻微正压对加快反应非常重要。例如,氨水是一个常用的氨解试剂,将环氧化物、氨水和甲醇加热到 $60 \sim 65℃$,产生 $69 \sim 103kPa$ 的压力,该压力低于防爆膜可耐受的压力,制备氨基醇,反应在 3.5 小时内完成,并且只有极少量的氨损失。加氢反应通常需要专门的加压设备,提供足够的压力,使 H_2 安全进入反应体系并维持足够的浓度参与反应。

四、搅拌与搅拌方式

搅拌(agitation)可使反应混合物混合得更加均匀,反应体系的温度更加均匀,从而有利于化学反应的进行。搅拌的方法有 3 种:人工搅拌、磁力搅拌和机械搅拌。人工搅拌一般借助于玻璃棒或其他简单工具就可以进行,磁力搅拌利用磁力搅拌器,机械搅拌则利用机械搅拌器。磁力搅拌器使用方便,是化学和制药工艺实验室的必备设备,但是对于一些黏稠液或是有大量固体参加或生成的反应搅拌效果差,或无法顺利使用,这时就应选用机械搅拌器。在开展工艺优化研究时,应选择机械搅拌器。

(一) 搅拌器类型

搅拌器是使液体、气体介质强迫对流并均匀混合的器件。搅拌器的类型、尺寸及转速对搅拌功率在总体流动和湍流脉动之间的分配都有影响。目前工业生产中常用的搅拌器主要分为以下几大类:

1. 旋桨式搅拌器　旋桨式搅拌器由 $2 \sim 3$ 片推进式螺旋桨叶构成,工作转速较高,叶片外缘的圆周速度一般为 $5 \sim 15m/s$。旋桨式搅拌器主要造成轴向液流,产生较大的循环量,适用于搅拌低黏度($<2Pa \cdot s$)液体、乳浊液及固体微粒含量低于 10% 的悬浮液。

2. 涡轮式搅拌器　涡轮式搅拌器由在水平圆盘上安装 $2 \sim 4$ 片平直的或弯曲的叶片所构成。桨叶的外径、宽度与高度的比例一般为 $20:5:4$,圆周速度一般为 $3 \sim 8m/s$。涡轮在旋转时造成高度湍动的径向流动,适用于气体及不互溶液体的分散和液液相反应过程,被搅拌液体的黏度一般不超过 $25Pa \cdot s$。

3. 桨式搅拌器　桨式搅拌器有平桨式和斜桨式两种。平桨式搅拌器由两片平直桨叶构成。桨叶直径与高度之比在 $4 \sim 10$ 之间,圆周速度为 $1.5 \sim 3m/s$,所产生的径向液流速度较小。斜桨式搅拌器的两叶相反折转 45° 或 60°,因而产生轴向液流。桨式搅拌器结构简单,常用于低黏度液体的混合以及固体微粒的溶解和悬浮。

4. 锚式搅拌器　锚式搅拌器桨叶外缘形状与搅拌槽内壁要一致,其间仅有很小的间隙,可清除附在槽壁上的黏性反应产物或堆积于槽底的固体物,保持较好的传热效果。桨叶外缘的圆周速度为 $0.5 \sim 1.5m/s$,可用于搅拌黏度高达 $200Pa \cdot s$ 的牛顿型流体和拟塑性流体。

5. 螺带式搅拌器　螺带式搅拌器螺带的外径与螺距相等,专门用于搅拌高黏度液体($200 \sim 500Pa \cdot s$)及拟塑性流体,通常在层流状态下操作。

(二) 搅拌方式

搅拌方式(type of agitation)包括搅拌器的类型、尺寸及转速,在搅拌设备选型确定后,主要影响因素是搅拌速度(agitation rate)。

对于均相反应体系,搅拌与搅拌方式通常对反应的进程影响不大,随着反应的进行,轻微搅拌就足以使反应组分达到良好的混合和接触,只要在关键试剂投料时考虑搅拌速度和搅拌方式即可。可采用的搅拌器类型有旋桨式、涡轮式和桨式搅拌器等。

对于黏稠的反应体系或者非均相的反应体系(液-液、固-液和气-液),搅拌是影响传质非常重要的因素,搅拌的效率直接影响反应速率。可根据反应液的性质,选择涡轮式、锚式或螺带式搅拌器。

在高速搅拌和以小气泡方式通入的情况下,氢气的吸收速度较快。例如,在二氢金鸡宁(dihydrocinchonine)改性的 Pt/Al_2O_3 的催化下,丙酮酸乙酯发生酮羰基的不对称氢化反应。反应动力学研究发现,影响产物 R-2-羟基丙酮酸乙酯(4-20)的对映体过量的直接因素是分子氢气在溶剂丙醇中的浓度,而不是反应的压力。搅拌速度与氢气在气相-液相之间的转移速率相关,温度为 30℃,在两种不同的反应条件下,搅拌速度为 750r/min、反应压力为 300kPa 与搅拌速度为 575r/min、反应压力为 580kPa,氢气在气相-液相之间的转移速率相同,结果(4-20)的对映体过量相同。

4-20

在相转移催化剂(PTC)四正丁基溴化铵(10mol%)的催化下,2-吡咯烷酮与氯苄反应发生苄基化反应生成 N-苄基吡咯烷酮(4-21),由于反应发生在甲苯和水两种溶剂(4:1)的界面,当搅拌速度从 400r/min 增至 1000r/min 时,初始反应速度明显增加,80℃反应 24 小时,转化率为 86%,选择性为 99%,减压分馏后得到(4-21),总收率为 76%。对于发生在两相界面的 PTC 反应,快速搅拌非常必要。

4-21

在中试放大和工业生产时,搅拌与搅拌方式更为重要,在结晶过程中和浆状物料转移到过滤器的过程中特别需要注意。

五、反应时间

在考察反应时间的时候,一方面考虑该反应要实现适当的转化率;另一方面要考虑在中试放大和工业生产时减少反应设备的占用时间,两者之间要达到一种平衡。

由于很多反应在中试放大和工业生产时反应时间相应会延长,这就需要在实验室工艺优化中对可能出现的问题进行合理预测。若随着反应时间延长,产物在反应条件下出现降解时,要及时采取必要的措施,停止反应。制备依那普利马来酸盐(enalapril maleate,4-22)时,立体选择性还原胺化反应一步生成依那普利(4-23),经过反应条件优化,(4-23)与其非对映异构体(4-24)的比例可提高到 94.5:5.5。将(4-23)部分浓缩后加入乙酸乙酯,在此条件下依那普利以每小时 1% 的速率形成哌嗪二酮化合物(4-25)。在实际操作中必须注意把握反应时间节点,及时加入马来酸,防止其转化,这样才能提高(4-22)的收率。

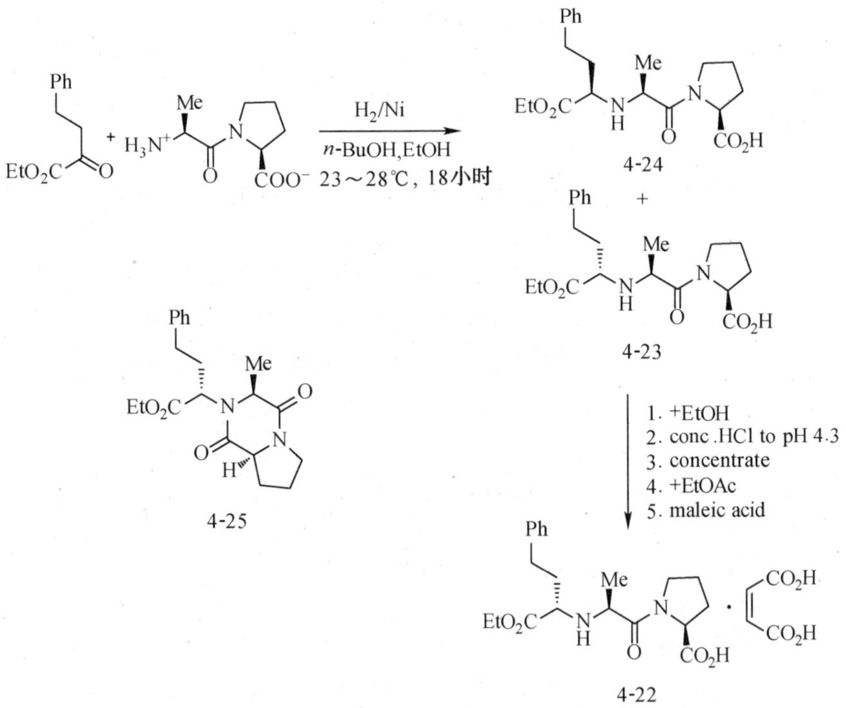

EtO$_2$C + H$_3$N$^+$ ...COO$^-$ $\xrightarrow[\text{$n$-BuOH,EtOH}\ 23\sim28℃,18小时]{\text{H}_2/\text{Ni}}$

4-24

+

4-23

4-25

1. +EtOH
2. conc.HCl to pH 4.3
3. concentrate
4. +EtOAc
5. maleic acid

4-22

第三节　催化反应工艺的优化

新型的、高选择性的催化剂在工业生产中广泛应用,在化学原料药合成中,约80%的化学反应是催化反应。催化反应可大大减少反应试剂的用量、提高生产率并降低废物处理成本,优化催化体系,即优化催化反应工艺或开发新的催化反应工艺,目标就是高效低耗地获得高质量产品。优化催化体系包括提高反应速率、增加产量、增加选择性及简化后处理等指标。相转移催化反应可以避免使用难以回收的高沸点的极性溶剂;催化加氢是化学工业中的一个重要反应;而在近20年,催化剂作用下形成 C—C 键是一个热门的研究方向,出现了一些创造性的化学反应。

优化催化反应的关键在于最大限度地提高催化效率或转化率。通过对反应影响因素包括催化剂的组成和性能、催化剂活化和降解、杂质的存在和含量等的充分把握,设计适用性强的催化工艺。某些竞争性配体可能引起催化剂中毒,应尽量避免。某些杂质的存在不利于反应的进行,应保证催化底物的纯度;相反,若某个杂质能促进反应,则予以保留或添加。值得注意的是,商业化的催化剂不同批次之间可能存在很大的差异,要对用于反应的催化剂批号和预处理方法进行研究。

一、催化剂的选择

酸碱催化剂、金属催化剂、酶催化剂(生物催化剂)和相转移催化剂等各种类型催化剂应用广泛,下面以催化形成 C—C 键的金属催化剂、相转移催化剂以及催化氢化催化剂为例,总结选择催化剂中的注意事项。

(一) 金属催化剂的选择

近年来过渡金属催化剂发展迅速,效率越来越高,应用日趋广泛,有很多类别能应用于工业化生产。过渡金属催化剂通常由中心金属原子和配体构成,配体发挥多个方面的作用:①稳定中心金属原子;②调节催化体系的催化活性;③增加催化剂在反应溶剂中的溶解度;④对于不对称合成反应,提供必要的手性环境。催化剂和配体的选择可以优化一个反应的转化率或生产率。

1. 过渡金属的选择 催化剂的配体相同、金属部分不同时,催化体系的活性不同,甚至得到不同的产物。在手性诱导的4-甲氧基苯甲硫醚氧化成亚砜的过程中,在钛催化剂(4-26)的催化作用下得到 S-型产物(4-28),而锆催化剂(4-27)催化得到 R-型产物(4-29)。原因是不同的催化剂在溶液中的存在形式不同,(4-26)在溶液里以单体形式存在,但类似的锆催化剂(4-27)则以多核聚合物的形式存在,导致氧化反应得到构型相反的手性产物。

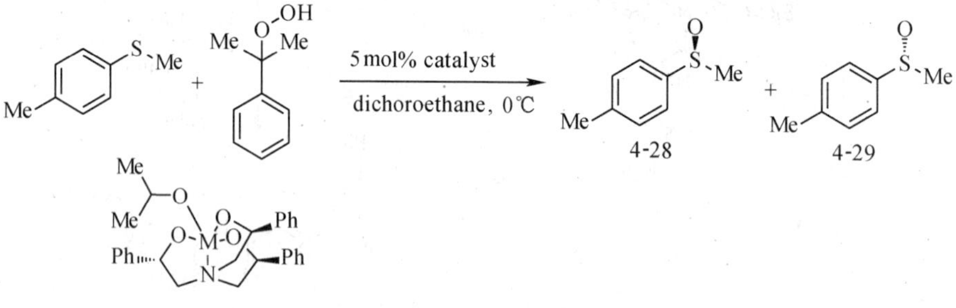

4-26, M=Ti
4-27, M=Zr

不同的催化剂作用下,亲核试剂对(±)-环氧丙烷两种异构体的选择性不同,反应结果不同。在(R,R)-铬-Salen 催化剂(4-30)的催化下,叠氮基三甲基硅烷进攻(S)-环氧丙烷,生成1-叠氮基-2-三甲硅氧基丙烷;而在(R,R)-钴-Salen 催化剂(4-31)的催化下,羟基与(R)-环氧丙烷反应,生成(R)-1,2-丙二醇,完成(±)-环氧丙烷的动力学拆分过程。

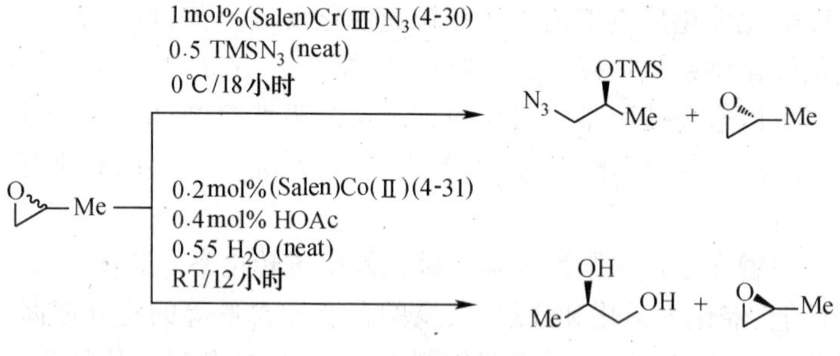

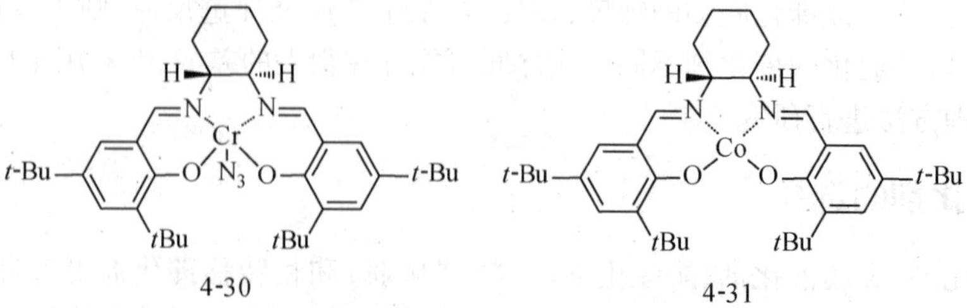

4-30   4-31

2. 配体的选择 催化剂的配体不同,催化体系的活性不同,选择性不同,可以得到不同的产物。许多催化反应具有高度特异性,在大量的配体筛选工作的基础上才有可能选择某一可靠高效的工艺。例如,钯催化芳基氯化物的 Suzuki 偶联反应中,对8种膦配体进行研究,结果见表4-2,最佳的偶联配体是三叔丁基膦。

表4-2 膦配体对 Suzuki 偶联反应收率的影响

phosphane	收率(%)
—	0
三苯膦(PPh$_3$)	0
(2R,3S)-2,2'-双二苯膦基-1,1'-联萘(BINAP)	0
1,1'-双(二苯膦基)二茂铁(dppf)	0
三(2-甲基苯基)膦[P(oTol)$_3$]	10
1,3-双(二苯基膦)丙烷[Ph$_2$P(CH$_2$)$_3$PPh$_2$]	0
1,3-双(二环己基膦)丙烷[Cy$_2$P(CH$_2$)$_3$PCy$_2$]	0
三环己基膦(PCy$_3$)	75
三特丁基膦(Pt-Bu$_3$)	86

在钴催化的环己烯的氧化反应中,不同配体的作用下可选择性地氧化烯丙位或双键,在催化剂(4-32)的作用下,得到环己烯酮和环己烯醇的2:1混合物,收率为70%;而在催化剂(4-33)的作用下,得到环氧化合物,收率为87%。

4-32　　　　　　　4-33

以 TiCl$_3$·(THF)$_3$-t-BuOH 为催化体系,对甲氧基苯甲醛在 Zn 粉-TMSCl 的作用下发生 McMurry 偶联反应,生成 d,l-产物和内消旋产物的混合物,两者的比例为7:3;30mol% 1,3-二乙基-1,3-二苯基脲(4-34)可增加 d,l-产物的生成,使两者的比例上升为9:1,收率为83%。(4-34)在反应中发挥了重要的配体作用,改良了催化体系的选择性。

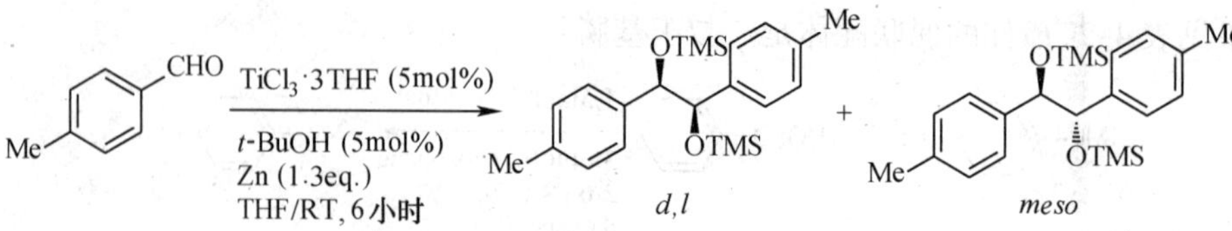

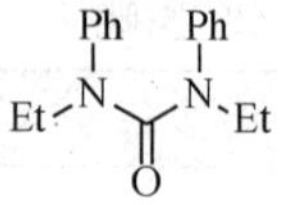

4-34

不同配体的使用,不仅可以扩展催化体系的适用范围,而且使某些反应在较温和的条件下就能完成。例如在有机膦配体(4-35)的作用下,对甲基氯苯与硼试剂发生 Suzuki 偶联反应,反应在室温下即可完成,收率为94%。若无(4-35)的参与,要达到相同的收率,反应温度为100℃。

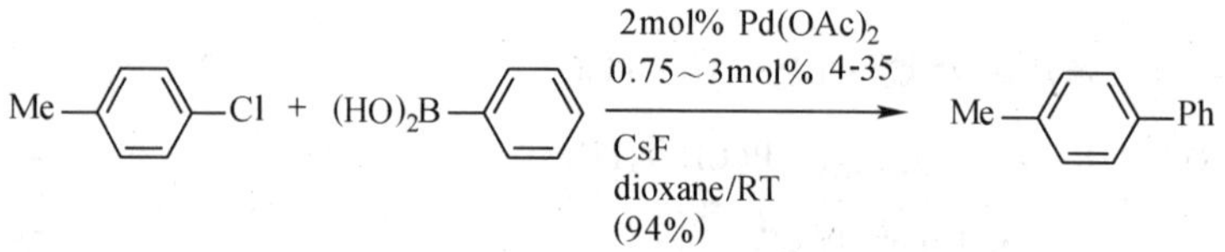

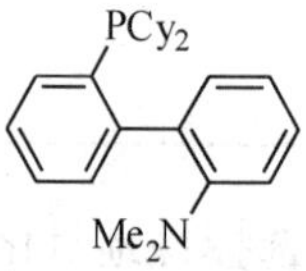

4-35

配体并不是在所有反应中都是必需的,如对于 Suzuki 偶联制备 2-甲基-4′-甲氧基联苯的反应中,催化体系中没有配体可减少氢化脱硼反应生成的杂质甲苯,反应收率为90%。

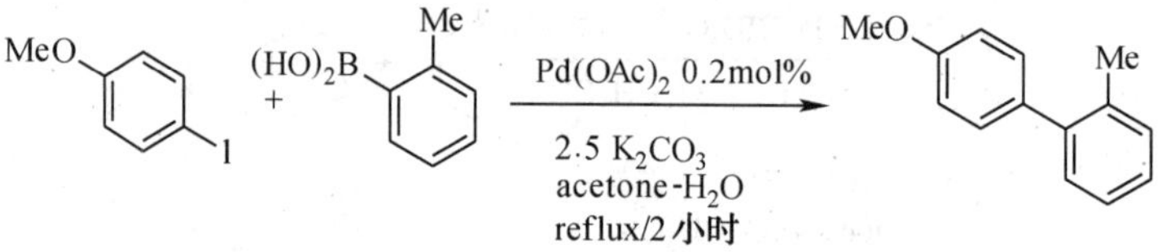

(二)相转移催化剂的选择与应用

对于在有机相和水相之间进行反应时,使用各种不同的相转移催化剂可以大大提高反应速率。例如,在氯化钯-4-(二甲氨基)苯基二苯基膦组成的催化体系作用下,α-甲基溴苄的羰基化反应发生在2-乙基-1-己醇和5mol/L NaOH 水溶液两相之间,乳化剂十二烷基磺酸钠(DSS,4-36)作为相转移催化剂可以加速反应,2′-乙基-1′-己基-2-苯基丙酸酯和2-苯基丙酸的相对比例占到71%。

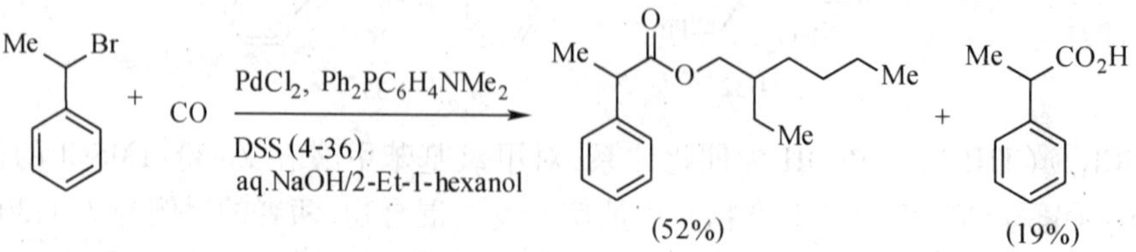

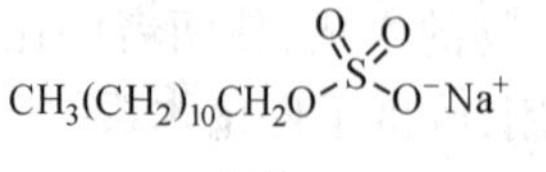

$$CH_3(CH_2)_{10}CH_2O\overset{O}{\underset{O}{S}}O^-Na^+$$

4-36

手性的相转移催化剂兼有加速反应和手性诱导的双重功能,在手性季铵盐(4-37)的催化作用下,6,7-二氯-5-甲氧基-2-苯基-1-茚酮(4-38)发生不对称甲基化反应中,一步反应得到 S-甲基化产物(4-39),(4-39)是利尿药茚达利酮(Indacrinone,4-40)的重要中间体。相转移催化反应在50% NaOH 水溶液和甲苯两相中进行,室温反应 7 小时,操作简单。反应收率为95%,对映体过量92%。而在常规条件下需要化学计量的手性助剂,经多步反应才能得到产物(4-39)。对相转移催化反应来说,高效搅拌是保证良好反应速度的关键。

(三) 催化氢化催化剂的选择与应用

催化氢化反应(catalytic hydrogenation)包括催化加氢和催化氢解反应,副产物少,具有很好的原子经济性。催化氢化的关键是催化剂,催化剂不同,反应产物不同。镍(Ni)催化剂应用最广泛,有兰尼镍、硼化镍等各种类型。贵金属铂(Pt)和钯(Pd)催化剂的特点是催化活性高、用量少,工业上大都使用载体铂、载体钯,用活性炭为载体的分别称为铂炭和钯炭。金属氧化物催化剂如氧化铜-亚铬酸铜、氧化铝-氧化锌-氧化铬催化剂等成本较低,对羰基的催化特别有效,对酯基、酰胺、酰亚胺等也有较高的催化能力,对烯键、炔键则活性较低,对芳环基本上无活性。均相催化剂主要是带有各种配位基的铑(Rh)、钌(Ru)和铱(Ir)的络合物,这些络合物能溶于有机相。常用的均相催化剂有氯化三(三苯基膦)合铑[(Ph₃P)₃·RhCl]、氯氢化三(三苯基膦)合钌[(Ph₃P)₃·RuClH]、氢化三(三苯基膦)合铱[(Ph₃P)₃·IrH]等。均相催化剂的优点是催化活性较高,受有机硫化合物等杂质的影响小,可在常温、常压下进行催化反应而不引起双键的异构化。常用的催化氢化催化剂类型和使用特点见表4-3。

表4-3　常用的催化氢化催化剂类型和使用特点

	结构组成	使用范围和特点
金属催化剂	活性组分 Ni、Pd 和 Pt 负载于载体上,提高分散性和均匀性,增加强度和热稳定性	价廉,活性高,适用于大部分加氢反应,易中毒,低温可反应
骨架催化剂	活性组分与载体 Al、Si 制成合金,用氢氧化钠溶解。骨架镍催化剂,Ni = 40%~50%	活性很高,机械强度高,适用于各类加氢过程
金属氧化物催化剂	MoO₃、CrO₃、ZnO、CuO 和 NiO 单独或混合使用	活性较低,需较高的反应温度,耐热性欠佳

续表

结构组成		使用范围和特点
金属硫化物催化剂	MoS_2、WS 和 NiS_2 等	活性较低,需较高的反应温度,可用于含硫化合物的氢解
金属络合物催化剂	Ru、Rh、Pd、Ni 和 Co 等	活性高,选择性好,条件温和,催化剂与产物难分离

下面主要介绍应用广泛的镍系、铂和钯催化剂。

1. 镍系催化剂　包括骨架镍和负载镍催化剂。

骨架镍催化剂又称兰尼镍(Raney-Ni),是以多孔金属形态出现的金属催化剂,制备骨架形催化剂的主要目的是增加催化剂的表面积,提高催化剂的活性。利用粉碎的镍-硅合金或者镍-铝合金与苛性钠水溶液反应而制得,以镍-铝合金为例,其反应式表示如下:

$$Ni-Al + 2NaOH + 2H_2O \longrightarrow Ni + 2NaAlO_2 + 3H_2$$

用这种方法制得的催化剂具有晶体骨架结构,内外表面吸附大量氢气,具有很高的催化活性。但是,在长期放置过程中催化剂会慢慢失去氢,将骨架镍催化剂放在醇或者其他惰性溶剂中隔绝空气保存才可以保持活性。价格便宜,催化活性高,应用广泛,用量一般在 $10\% \sim 15\%$。

负载镍是加有各种载体或助催化剂的镍,可用作载体的物质有硅藻土、氧化铝、硅胶、$CaSO_4$、$MgSO_4$、木炭和石墨等。例如以硅藻土为载体的负载镍的制法为把硅藻土加进硝酸镍水溶液中,一边搅拌一边加碳酸钠,使碱式碳酸镍(或氢氧化镍)沉淀在硅藻土上。充分水洗、过滤、干燥,使用前将催化剂在 $350 \sim 450℃$ 的氢气流中进行还原。鉴于还原的催化剂与空气接触会着火而失去活性,使用必须注意。通常还把少量金属氧化物作为助催化剂加到 NiO-硅藻土中,例如 NiO-氧化钍-硅藻土、NiO-Cu-硅藻土等,均属于高活性的催化剂。

其他镍系催化剂包括分解镍、漆原镍和超细镍。

2. 铂催化剂　铂是最早应用的加氢催化剂之一,包括铂黑、二氧化铂和铂炭等品种。

在碱溶液中用甲醛、肼、甲酸钠等还原剂还原氯铂酸($H_2PtCl_6 \cdot 6H_2O$),得到铂黑。铂黑是一种典型的贵金属催化剂,能氢化多种基团,催化活性高,所需反应条件温和(室温、常压),常用于烯键、羰基、亚胺、肟、芳香硝基及芳环的氢化或氢解。不足之处是选择性差,若反应物中有硫、磷、砷、碘离子、酚类和有机金属化合物存在时,会使铂催化剂中毒而使其活性明显降低。与钯催化剂相比,不易发生双键迁移(即双键的异构化)及氢解。

氯铂酸与硝酸钠反应先生成硝酸铂,加热分解,放出二氧化氮和氧气,得到二氧化铂催化剂,又称亚当斯(Adams)催化剂。该氧化物可直接用于氢化反应,也可发生氢化反应,被还原制成铂黑。二氧化铂催化剂的用量一般在 $1\% \sim 2\%$。

$$H_2PtCl_6 \xrightarrow{NaNO_3} PtO_2 \xrightarrow{H_2O} PtO_2 \cdot H_2O$$

将氯铂酸溶于水,加入适当的活性炭并进行干燥,用氢气或其他还原剂还原,即得铂炭。铂炭广泛应用于双键、硝基和羰基等的还原,效率高、选择性好,由于是分散型催化剂,含

0.5%~10%的贵金属铂,价格显著降低,可反复使用且易于回收。

3. 钯催化剂 钯在贵金属中价格最便宜,钯催化剂一般都为负载型催化剂,例如钯炭、钯-Al₂O₃和钯-BaSO₄。钯催化剂作用比较温和、具有一定的选择性,适用于多种化合物的选择氢化。在温和条件下,对羰基、苯环和氰基等基团没有活性;但对炔键、双键、肟基、硝基及芳香族化合物侧链上的不饱和键却有很高的活性。钯催化剂也是脱卤、脱苄催化剂。在含双键的化合物氢化时,常常会引起双键的迁移。

由于活性炭比表面积大、孔结构良好,同时具有良好的负载性能和还原性,当钯负载在活性炭上可制得高分散的钯,同时炭还能作为还原剂参与反应,降低反应温度和压力,提高催化剂活性。钯炭中钯含量一般在0.5%~10%,其中5%钯炭的用量在1%~10%。

林德拉(Lindlar)催化剂是一种选择性催化剂,由钯附着于载体上并加入少量抑制剂而成,有Pd-BaSO₄-喹啉和Pd-CaCO₃-PbO/PbAc₂两种,钯的含量在5%~10%,加入喹啉以降低其活性,炔烃只加1mol氢,得到顺式烯烃。

二、催化剂活化与分解

(一)催化剂活化

催化剂活化(catalyst activation)是指许多金属催化剂是催化剂的前体,需经过必要的活化过程,生成活性催化剂后发挥催化作用。在茚的不对称环氧化中,锰(Ⅲ)-Salen催化剂(4-41)实际上是通过次氯酸钠的氧化作用生成活性锰(Ⅳ)(4-42)来完成催化过程的,4-(3-苯基丙基)吡啶N-氧化物(P₃NO)为共催化剂(co-catalyst),具有稳定催化剂、降低催化剂用量、并且促进氧化剂次氯酸到有机相的作用。次氯酸钠为氧化剂,浓度为1.5mol/L的水溶液;催化剂(4-41)的投料量为茚的0.75mol%;P₃NO的投料量为茚的3mol%;反应物茚溶在氯苯中,浓度为3mol/L。−5℃反应2.5小时,收率>90%,e.e%在85%~88%。(1S,2R)-环氧化产物是合成HIV蛋白酶抑制剂茚地那韦(indinavir)的原料。

基于叠氮的铬-Salen催化剂(4-30)和基于氯的催化剂(4-43)一样好用,只是前者不需要在反应时加入额外的亲核试剂。在工业生产中,增加催化剂活化一步可能会增加原料成本,在实际工艺研究时要具体问题具体分析,在原料成本与反应效果之间权衡利弊。如果某个反应必须使用活化的催化剂,或使用活化后的催化剂可显著减少杂质的形成,那么催化剂活化就显得十分有意义。

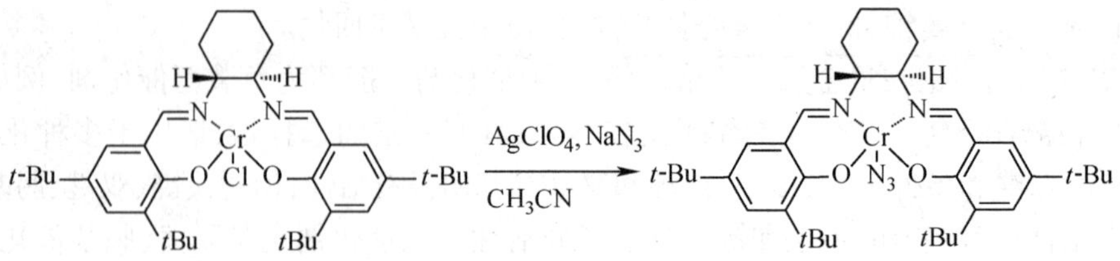

4-43　　　　　　　　　　　　　　　4-30

（二）催化剂老化与分解

1. 催化剂的老化和杂质的影响　某些催化剂需要适度降低其催化活性，称为老化过程（catalyst aging）或催化剂中毒（catalyst poisoning）。如将酰氯还原成醛的 Rosenmund 反应，需要将钯催化剂适度老化，加入少量中毒剂硫-喹啉，降低其催化活性。在四异丙醇基钛/（+）-酒石酸二乙酯催化下的不对称环氧化和动力学拆分中，也需要对催化剂进行老化处理。

杂质对催化反应有显著的影响，杂质的作用有的是有益的，有的是有害的，对有害杂质的控制显得尤其重要。杂质可能是反应物或反应试剂中存在的，也可能是反应中生成的。

2. 催化剂分解　催化剂分解（catalyst decomposition）指在一定反应条件下催化剂可能发生分解反应。在接近反应结束的时候，分解尤其明显，为提高反应转化率，可能需要对剩余催化剂的量进行评估，适量补加催化剂。如醋酸锰在氧化反应中可与溶剂醋酸反应，引起降解，可采用碘量滴定法对催化剂醋酸锰的用量进行计算，产物酮酰胺（4-44）的收率达到 67%。

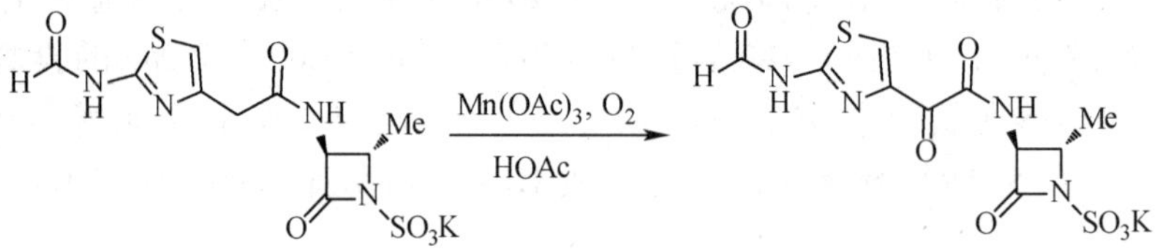

4-44

常用季铵盐类相转移催化剂在加热和碱性条件下发生分解反应，主要分解途径是 Hofmann 消除，产生烯烃和叔胺。而 β-羟基铵盐如手性催化剂（4-37）可以通过其他途径分解。由于大多数季铵盐比较便宜，切实可行的办法是在反应过程中添加催化剂或在反应开始时就加入过量的催化剂。

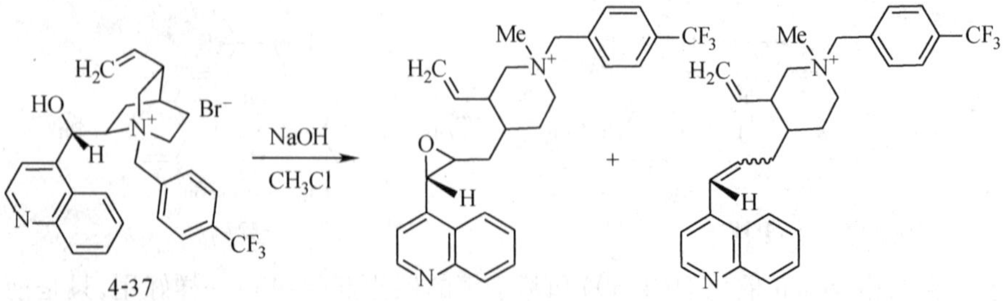

4-37

由于催化反应受催化剂、配体、溶剂、浓度、温度、老化以及搅拌速度等因素的影响，催化剂分解和杂质的影响也可以发挥重要的作用，所有这些参数的相互作用使得寻找最佳条件非常耗时，往往对一种底物是最优的条件对另一个结构类似的底物可能就不是最佳的。

三、催化剂后处理

催化剂的后处理不容忽视,从反应产物中除去残留催化剂尤为重要。必须选择合适的催化剂以及后处理方法,以避免它们在产品中的微量残留。

例如,在原料药中,若使用重金属钯作为催化剂,残留量应低于百万分之十。理想的后处理方法是经过简单的过滤即实现固体催化剂的分离,或通过重结晶提纯产物,而把相关可溶解的催化剂留在母液中。表4-4罗列了常见的催化剂类型和从反应产物中去除催化剂的多种手段。

表4-4　常见的催化剂及去除方法

催化剂	去除催化剂的常用方法
有机催化剂 　相转移催化剂(PTC)、脯氨酸衍生物、DMAP、HOBt、 　2-吡啶酮	稀释、萃取、结晶
可溶性聚合物固载的催化剂 　催化剂负载在聚乙二醇(PEG)上	用不良溶剂稀释、沉淀和过滤
无机催化剂 　硫酸、三氟化硼等	中和、水洗
过渡金属 　钯、铂、钌、铑、锆、铜等及相关配体	助滤剂或活性炭吸附、萃取、 沉淀或重结晶产品
不溶性聚合物固载的催化剂 　离子交换树脂、固载DMAP、聚乙烯基吡啶等	过滤
沸石	过滤

第四节　工艺过程控制

工艺过程控制(in-process controls,IPCs)是指在工艺研究和生产过程中采用分析技术,对反应进行适时监控,确保工艺过程达到预期目标。若分析数据提示工艺不能按计划完成,那么需要采用必要的措施促使反应工艺达到预期目标。IPCs的作用包括:①保证符合质量要求的中间体或终产品的有效制备;②按时完成生产任务;③较高的生产效率。大多数反应的工艺过程非常复杂,影响因素众多,统计学实验设计(design of experiments,DOE)对多种影响因素进行综合分析和实验设计,对实验结果进行统计学数据处理,实现工艺优化。本章第五节将以析因设计(factorial design)为例介绍相关内容。

一、工艺过程控制的研究内容

IPCs用来核查工艺的所有阶段是否能够按照预期完成,对底物、反应试剂和产物的质量进行控制,对反应条件、反应过程、后处理及产物纯化过程进行监控,是保证反应完成预期工艺过程的关键。IPCs的研究内容包括:

1. 监控底物和反应试剂的浓度和纯度　在投料前对底物和反应试剂的纯度进行检测,

避免杂质对反应的影响。对所用酸碱进行标定,确保酸碱的浓度在允许范围内。

2. 控制反应体系中水的含量　对底物、反应试剂以及溶剂进行水分含量的检测,避免水对反应进行、产物结晶以及其他方面的影响。最方便的定量方法通常是 Karl Fischer 滴定法。

3. 确认反应终点　反应终点的标志是起始原料完全或者近乎完全消耗,适量产物生成或杂质生成量不超过允许范围的上限。可采用 TLC、HPLC、GC 和 IR 等手段对反应过程进行监测。

4. 监控 pH　使用 pH 计监测反应液是否已经达到预定的 pH,用以提示是否所有反应物料全部投入反应器,保证反应在适当的 pH 条件下进行,或者提示后处理过程中有机相中是否所有杂质都被去除。

5. 监控溶剂替换的程度　在产物纯化过程中,常常通过蒸馏的办法将某种溶剂替换成另一种高沸点的重结晶溶剂,溶剂替换的程度或者说是否实现溶剂的完全替换对于重结晶产率和产品质量常常比较重要。一般采用 GC 法定量检测蒸馏瓶中低沸点溶剂的含量。

6. 滤饼的彻底洗涤　分别对滤液或滤饼进行检测,采用 HPLC 检测分析滤液中有机杂质的含量,产物从水溶液中结晶时也可采用电导仪检测无机盐的含量。对产物滤饼进行检测,可以分析其是否彻底清洗。

7. 产品的完全干燥　可以通过 Fischer 滴定、GC 或差热分析仪(differential scanning calorimetry,DSC)来分析产品中的残余溶剂,也可以用干燥失重分析法(loss on drying,LOD)检测产品的干燥程度。

如果 IPCs 发现没有达到预期目标,那么在进入下一个工艺环节之前面临着如何修改工艺、延长工艺过程的问题。例如,分析结果表明未达到预期的反应终点,可选择保持工艺条件不变或将反应液浓缩,除去部分溶剂后,延长反应时间;也可选择补加反应试剂,或者调节水相的 pH,促使反应完成。当工艺继续进行时,本批次的操作需要再次进行 IPCs 核查,直到达到预期目标。最后回收未反应的原料,重新加工至规定指标。

IPCs 必须在工艺优化的早期阶段进行,在实验室工艺研究阶段收集详细数据是非常重要的,可以用来预测中试放大可能出现的工艺问题,确保中试放大的顺利进行。例如,进行溶剂替换工艺研究时,在实验室工艺研究阶段要建立 GC 法定量检测蒸馏瓶中低沸点溶剂含量的方法,收集数据,这样就能保证在中试放大中,在预定的工艺温度和压力下低沸点溶剂的残余量在控制范围内。在工业生产中,如果反应釜中混合物的温度明显高于低沸点溶剂的沸点时,说明低沸点溶剂已完全去除,就没有必要监测其含量了。

又如氢化反应釜中加入催化剂、不饱和化合物和溶剂,然后采用适当的真空模式用氢气置换空气,随后充氢气至既定压力,密封反应器。随着起始原料减少和氢气消耗,压力下降。然而对于任何批次的反应体系,压力下降到预期值并不能保证反应完全,这是因为漏气也可能使氢气流失,压力下降。因此一方面要观察反应压力的下降,另一方面通过 IPCs 建立的分析方法证实还原反应完成。这个简单的例子就可以说明 IPCs 的价值。

在工艺优化过程中经常出现意料之外的现象,选择恰当的 IPCs 和收集可靠的数据对于解决实际问题意义重大。

二、工艺过程控制方法

IPCs 的作用在于保证中间体或产品的工艺过程按照预期完成。表 4-5 列出了 IPCs 中常用的分析方法,由于某些分析方法受到仪器成本和操作成本的限制,在实际工艺优化中需要兼顾成本与检测效果,进行合理选择。合适的 IPCs 方法应满足如下要求:①能够随时监测工艺过程,对原料、产物以及在工艺过程中产生的或能够影响工艺的杂质进行适时监控;②能够提供准确可靠的分析数据,技术难度低,方法可操作性强;③适用面广,适用于实验室工艺和中试放大工艺研究阶段,也适合在工业生产中使用。

表 4-5　IPCs 方法及其应用

分析方法	适用范围	特点
HPLC	反应过程、滤饼洗涤	非常有用
气相色谱(GC)	反应过程、溶剂替换	快速分析
气质联用(GC-MS)	反应过程、溶剂替换	仪器昂贵
薄层色谱(TLC)	反应过程	便宜,轻便
红外(IR)和近红外	反应过程	适宜在线分析
紫外(UV)和可见光谱	反应过程	快速分析
核磁共振(NMR)	反应过程	仪器昂贵
湿度计(KF 滴定)	反应试剂和溶剂的质量控制、产物结晶、干燥	快速分析
滴定	反应试剂的质量控制	快速分析
pH 计	反应条件、反应过程、萃取	快速分析,水相
密度计	溶剂替换	快速分析
折射仪	溶剂替换、液态产物	液态产物
电导仪	萃取、滤饼洗涤	检测盐,快速分析
离子色谱	萃取、滤饼洗涤	检测离子
毛细管电泳	萃取、滤饼洗涤	检测主要离子
原子吸收(AA)	冲洗、产物	仪器昂贵
干燥失重(LOD)	干燥分离固体产品	快速分析
X 射线粉末衍射	产物	仪器昂贵
旋光度	产物	需要无溶剂样品
熔点	产物	需要干燥样品
差热分析仪(DSC)	产物	快速分析
试纸	反应条件、萃取、滤饼洗涤	极快速分析
点滴试验	萃取、滤饼洗涤	定量测试
目视观察	反应条件、结晶	快速分析

某些 IPCs 方法非常简单,例如目视观察萃取中液-液相分层、结晶过程中多晶型产物的漂浮或沉降;又如对甲苯萃取液进行共沸蒸馏,蒸馏液呈均相,表明可能已经彻底除水,再对蒸馏反应釜内物料进行水分检测,确保所有水分已经除净。其他的 IPCs 方法则要求相对严格的定量分析和精密昂贵的仪器,如核磁共振(NMR)。选择 IPCs 方法的标准是操作简便、准确可靠,如果一个监控反应过程的方法同时也可用于评价产物的纯度,那么这个方法具有多重作用。

在工艺优化的早期阶段,薄层色谱(TLC)是非常有用的 IPCs 方法,TLC 的优点在于可以跟踪从基线到溶剂前沿间的任何杂质,理论上能够检测到所有反应杂质。TLC 还可以对已知浓度产物中杂质的含量进行半定量分析,初步判断杂质的含量低于某一浓度或高于某一浓度。采用 HPLC 或 GC 进行定量分析比 TLC 更容易些,但很难保证所有组分都能从 HPLC 或 GC 柱洗脱出来,使用 HPLC 要考虑检测器是否适用于所有组分,使用 GC 往往还需注意样品组分的热稳定性,是否发生热分解反应。

利用工艺过程中的颜色变化,即某个特定颜色的出现或消失通常可以进行定性分析。在 β-内酰胺化合物(4-45)的脱甲氧基反应中,必须将反应物加到过量的 Na 的液氨溶液中,否则会大量生成氨解副产物(4-46)。当 Na 被液氨溶剂化时,深蓝色就会消失,补加 Na 确保其过量,再加入原料进行反应。为了有效利用颜色变化,必要时配合其他分析手段,如 IR、HPLC 进行定量分析。

目视观察 IPCs 方法还包括许多显色反应,或者通过取样处理,确定某物质是否存在,或加入某些指示剂,标明反应终点。但应该注意的是,在反应中要尽量避免直接加入指示剂,某些指示剂直接影响产品质量。

三、在线分析

最理想的 IPCs 是实现在线分析,随时对反应过程进行监控,采用探针的方式插入反应器,反映其中各种物质或参数随反应时间的变化。在线 IPCs 的优势在于:

1. 在实际反应条件下,实时监测化学组分浓度变化和反应过程。
2. 提供快速实时分析,可测定化学动力学参数进而推断反应机制,优化路线。
3. 可消除取样的干扰,提高安全性。

在专用设备里面进行的反应常利用在线监测,但是,只有很少的分析技术适用于在线分析。

傅里叶变换红外光谱(FTIR)和 pH 测定仪都是在线 IPCs 最常用的技术。pH 测定仪用来测定在水中进行或含水成分(如水溶液萃取)的反应。FTIR 用于检测连续反应或对空气和实验室温度变化不耐受的反应,如高温反应、低温反应、有气体(高压反应)或剧毒原料(如环氧乙烷)的反应及某些必须在惰性条件下进行的反应。在线 IPCs 方便、快速,无需制备样品,但是对设备和仪器的要求高。

在对 β-内酰胺形成的研究过程中,利用在线 FTIR 可以监测到烯酮中间体(4-47)的形成,烯酮结构的特征峰出现在 $2120cm^{-1}$,而酰氯和 β-内酰胺的特征峰分别出现在 1800 和 $1750cm^{-1}$ 处。随着反应的进行,可观察到烯酮中间体的出现、增加和减少至消失变化过程。

(1:4)

在线分析仪器的探针由特殊材质构成,必须足够稳定,对反应条件耐受,而且必须具备相当的敏感性,可及时反映和传导反应体系中发生的变化。例如,pH 探针可能会溶解于热的有机溶剂,或者强烈搅拌时碎裂,而且必须在特定温度范围内检测,结果才可信。对于红外探针来说,当反应体系非均相,出现气泡、颗粒时可能导致分析结果失真。

第五节 利用实验设计优化工艺

大多数反应的工艺过程非常复杂,配料比、加料顺序与投料方法、溶剂和助溶剂、反应浓度、反应温度、反应时间、催化剂及其配体、搅拌速度与搅拌方式、反应压力和反应试剂等影响因素众多,传统的工艺优化方法每次实验只改变 1 个影响因素,可能导致工艺优化的结果具有局限性。对某个反应而言,若主要影响因素有 3 个,每个影响因素设 5 个水平,即 3 个因素、5 个水平的反应,若开展全面实验,也就是每一个因素的每一个水平彼此都进行组合,这样共需做 $5^3 = 125$ 次实验。全面实验的优点是全面、结论精确,其缺点是实验次数太多。

实验设计(design of experiments,DOE)是以概率论和数理统计为理论基础,经济、科学地安排实验的一项技术。DOE 对包含多影响因素和水平的反应的工艺优化是非常实用的,通常用于优化应用简单方法未获得理想结果的反应,也用于只要收率和生产效率稍微变动,就会对生产成本产生重大影响的中试放大工艺的优化。实验设计方法包括正交设计法(orthogonal design)、均匀设计(uniform design)和析因设计(factorial design)等。计算机程序有助于处理数据,优化参数,广泛应用于 DOE 中。

正交设计法应用正交性原理,从全面试验的点中挑选具有代表性的点进行试验设计。被挑选的试验点应在试验范围内,且具有“均匀分散、整齐可比”的特点。“均匀分散”是指被挑选的点具有代表性,“整齐可比”则是为了使结果便于分析。为了保证这两个特点,用正交设计安排的试验次数必须是水平数平方的整数倍。对于多因素试验而言,如果水平数是 3,试验次数是 $3^2 = 9$;若水平数是 5,试验次数是 $5^2 = 25$;水平数 >5 时,试验次数更多。利用正交设计安排的试验次数虽然比全面试验次数大大减少,但安排的试验次数仍嫌过多。

下面以均匀设计和析因设计为例,介绍 DOE 在合成工艺优化中的应用。

一、均匀设计及优选方法

均匀设计是我国数学家方开泰和王元将数论与多元统计相结合,在正交设计的基础上,单纯地从“均匀分散”性出发的实验设计法,实验次数与水平数相同。与正交设计相比较,均匀设计有如下优点：①实验次数少，每个因素的每个水平只做 1 次实验，实验次数与水平数相等；②因素的水平可以适当调整，避免高水平或低水平的相遇，以防实验中发生意外或反应速度太慢，尤其适合在反应剧烈的情况下考察工艺条件；③利用计算机处理实验数据，准确、快速地得到定量回归方程，便于分析各因素对实验结果的影响，可以定量地预报优化条件及优化结果的区间估计。

均匀设计采用现成的均匀表，并同与之配套的使用表相结合，才能正确地应用。例如对于 3 个因素、5 个水平的反应可采用均匀表 $U_5(5^4)$ 进行设计，如表 4-6 所示，"U"表示均匀设计表，下标"5"是行数（表示实验次数）；括号内的"5"表示该表由 1~5 个自然数组成（表示因素的水平数）；指数"4"表示最多可供挑选的列数（表示最多的因素数）。表 4-7 是 $U_5(5^4)$ 的使用表，因素为 2 时，应选 1 和 2 列；因素为 3 时，应选 1、2 和 4 列。

表 4-6　$U_5(5^4)$ 表

	1	2	3	4
1	1	2	3	4
2	2	4	1	3
3	3	1	4	2
4	4	3	2	1
5	5	5	5	5

表 4-7　$U_5(5^4)$ 的使用表

因素数	列号
2	1、2
3	1、2、4
4	1、2、3、4

例如在益肤酰胺(4-48)的合成工艺研究中，预实验确定的影响反应的因素是水杨酸与对氨基苯甲醚的配料比、反应时间和三氯化磷的用量。

4-48

3 个因素及其范围：

A：水杨酸：氨醚(mol/mol)　　　　　　　0.5~1.5

B：反应时间(小时)　　　　　　　　　　1.5~7.0

C：PCl_3 用量(ml)　　　　　　　　　　1.0~3.5

将因素 B 等分成 12 个水平，因素 A、C 不便等分成 12 个水平，分成 6 个水平，各循环 1 次构成 12 个水平。考虑到均匀设计中最大实验号都是各因素的高水平的相遇，而这样的反应条件发生副反应的概率增大，实际操作中通过对水平进行调整加以解决。将因素 A 的水平进行调整后，列出因素水平表 4-8。

表4-8 因素水平表

	1	2	3	4	5	6	7	8	9	10	11	12
A	1.3	1.5	0.5	0.7	0.9	1.1	1.3	1.5	0.5	0.7	0.9	1.1
B	1.5	2.0	2.5	3.0	3.5	4.0	4.5	5.0	5.5	6.0	6.5	7.0
C	1.0	1.5	2.0	2.5	3.0	3.5	1.0	1.5	2.0	2.5	3.0	3.5

对于这样 3 个因素、12 个水平的实验,应选择 $U_{13}(13^{12})$ 表,去掉最后 1 行得 $U_{12}(12^{12})$ 表。根据 $U_{13}(13^{12})$ 使用表的要求,选取表中的 1、3 和 4 列,把 A、B 和 C 3 个因素的 12 个水平分别填入表内,形成表4-9。按照表4-8 安排的条件进行实验,将每个实验号的结果列入表中,形成收率 1 列。

表4-9 $U_{12}(12^3)$ 实验方案及收率

	A	B	C	收率(%) *
1	1(1.3)	3(2.5)	4(2.5)	39.5
2	2(1.5)	6(4.0)	8(1.5)	31.5
3	3(0.5)	9(5.5)	12(3.5)	7.50
4	4(0.7)	12(7.0)	3(2.0)	16.2
5	5(0.9)	2(2.0)	7(1.0)	19.7
6	6(1.1)	5(3.5)	11(3.0)	35.2
7	7(1.3)	8(5.0)	2(1.5)	28.3
8	8(1.5)	11(6.5)	6(3.5)	30.9
9	9(0.5)	1(1.5)	10(2.5)	11.8
10	10(0.7)	4(3.0)	1(1.0)	27.6
11	11(0.9)	7(4.5)	5(3.0)	11.9
12	12(1.1)	10(6.0)	9(2.0)	40.9

* 注:每个实验号重复 3 次(偏差 <3% ,取平均值)

对实验结果进行回归处理,得到关于收率(y)的回归方程式如下:

$$y = 7.79 \times 10^{-3} + 8.6610^{-2}B - 3.99 \times 10^{-3}B^2 + 9.53 \times 10^{-2}AC - 2.62 \times 10^{-2}BC \quad 式(4-1)$$

$$R = 0.842 \quad F = 4.82 \quad S = 0.0905 \quad N = 12$$

回归方程式通过 F 检验($\alpha = 0.05$)。

结合实际经验及专业知识,应用尝试法,选择优化条件 $A = 15$、$B = 4.0$、$C = 2.0$,代入方程式(4-1)中,得优化号的结果的区间估计为 $y = 0.3699 \pm 0.17$,即在优化条件下实验结果应该在 19.25% ~ 54.73% 之间。实际优化号的收率为 42.60%,在预测范围内比上述 12 个实验号的收率都高。

二、析因设计及其应用

在析因设计中,每个影响因素一般设两个或两个以上值,然后随机选择并开展实验,通过实验结果确定优化效果。对于 1 个包含 5 个影响因素,每个影响因素设 2 个值的系统而言,所要进行的总实验数为 2^5 次,通常只需 2^{n-1} 次实验,也就是开展 16 次实验即可实现有效优化。如果某一影响因素的贡献较小,则可将其忽略,实验可减少至 2^{n-2} 次,也就是工艺优化初期只需做 8 次实验。

5-氨基-2,4,6-三碘代-1,3-苯二甲酸(4-49)与 11.2 当量的二氯亚砜反应生成 5-氨基-2,4,6-三碘代-1,3-苯二甲酰氯(4-50),双酰氯(4-50)是合成一系列诊断试剂的关键中间体。利用析因设计来优化 N-亚磺酰基中间体(4-51)水解和双酰氯(4-50)结晶的条件。在实验室工艺研究中已经选定丙酮和水作为该水解/结晶过程的溶剂,这种混合溶剂能溶解中间体(4-51)而不能溶解双酰氯(4-50)。工艺优化所设定的目标为产物(4-50)的纯度高于 97%,化合物(4-51)的残留量低于 1%。析因设计总共考察 7 个影响因素:氯代反应后处理中甲苯的残留量、溶解(4-51)粗品的丙酮用量、水解和结晶的温度、水/丙酮的加入时程、最终含水量、搅拌速率、加入水/丙酮到过滤分离之间的时间。每个影响因素设高水平值和低水平值,选择开展了 16 个实验,又选高、低值的中间点设计了 2 个实验。根据实验结果确定了优化后的中试放大工艺条件,在此条件下结晶易过滤,含水量低(2%~4%),收率为 86%,产物(4-50)质量合格。

在制备 $N, N, \alpha(S)$-三(苯甲基)-2(S)-环氧丙胺(环氧化物,4-52)时,$ClCH_2I$ 或 $ClCH_2Br$ 与正丁基锂反应生成氯甲基锂,进攻反应物结构中的醛羰基,发生非对映异构体选择性反应,环氧化物(4-52)的收率在 40%~87% 之间,同时产生 1%~27% 的正丁基加成物(4-53)。采用析因设计法对搅拌速度、反应温度、反应物浓度和 $ClCH_2X$ 等 4 个影响因素进行优化,设计选择了 8 个实验。实验结果说明 -70℃、$ClCH_2I$、高速搅拌的条件不适合工业生产,当 $ClCH_2Br$ 代替 $ClCH_2I$,并且把温度从 -70℃ 升高到 -30℃ 时,反应收率和产物纯度都得以提高。最终确定的工艺流程为将原料醛和 $ClCH_2Br$ 的混合溶液与正丁基锂溶液于 -35℃ 加入混合器中反应,该流程缩短了生产周期、简化了操作。

　　每一条工艺路线都有继续优化的空间。工艺优化的过程是综合把握和运用物理知识、化学知识的过程,在具体的工艺优化过程中既要全面考察,又要分清主次,抓住影响工艺指标的主要矛盾,实现工艺过程的相对优化。

（赵临襄　曹正宇）

第五章　化学反应后处理及产物纯化方法

第一节　概　　述

　　化学反应完成后,目标产物可能以活性中间体的形式存在,通常与多种物质混合在一起,包括未反应的底物和试剂、反应生成的副产物、催化剂以及溶剂等。从终止反应到从反应体系中分离得到粗产物所进行的操作过程称为反应的后处理(work-up);对粗产物进行提纯,得到质量合格产物的过程称为产物的纯化(purification)。适宜的反应体系和工艺条件会使反应进行得更加完全,副产物减少,后处理及纯化操作简单易行,从而降低生产成本;相反,不合适的工艺路线与工艺条件会给后处理及纯化带来困难,降低反应收率,增加生产成本。

　　我国 2007 年 10 月 1 日施行的《药品注册管理办法》(局令第 28 号)第二十一条规定了申报化学原料药的技术资料要求,药学资料中必须提供反应后处理及产物纯化的方法。

一、反应后处理与产物纯化的基本思路

　　反应后处理与产物纯化的基本思路是依据反应机制,对中间体的活性、产物和副产物的理化性质及稳定性进行科学合理的预测,进而设计和研究工艺流程,目标是以最经济的工艺得到质量合格的产物。后处理与纯化过程应尽可能具备以下特点:①在保证纯度的前提下,产物的收率最大化;②实现原料、催化剂、中间体及溶剂的回收利用,试剂的循环套用是工业上降低生产成本的一个主要方法;③操作步骤简短,所用设备少,人力消耗少;④"三废"产量最小化。

　　例如,利用产物和反应试剂的溶解性的差异进行后处理是最为简单有效的后处理方法。3-(1-哌嗪丙基)-5-氟-吲哚(5-1)与 3,5-二氯-4-甲氧基嘧啶(5-2)在乙腈中发生偶联反应,得到具有 5-HT 激动活性的吲哚类化合物(5-3),该产物可以直接从乙腈中析出来。使用二异丙基乙胺作缚酸剂比三乙胺效果好,原因是反应中生成的二异丙基乙胺盐酸盐可溶解在乙腈中,不会干扰固体产物;而三乙胺盐酸盐不溶于乙腈,与产物一起析出,需要额外的分离方法。

二、药物的纯度与杂质

药物的纯度(purity)是指药物的洁净程度,可由药物的外观、性状、物理常数和含量等多个方面衡量。药物的杂质(impurity)是指药物中存在的无治疗作用,对药物药效或稳定性有影响,危害人类身体健康的物质。对药物的杂质进行检查是表明药物纯度的一个重要方法。药物作为一类特殊的化学品,其杂质含量控制是保证质量的关键,直接关系到药品的有效性和安全性。某些极少量不可控的杂质也可能导致很严重的安全问题,例如,1989 年美国暴发的嗜酸性粒细胞增多-肌痛综合征(eosinophilia-myalgia syndrome,EMS)事件导致 37 人死亡,后续的研究发现此事件是由于日本昭和公司擅自更改 L-色氨酸(tryptophan,5-4)的生产流程,导致产品中含有极低浓度的二聚体杂质(5-5),该杂质含量尽管仅占 0.01%,仍可引发 EMS。

5-4   5-5

虽然杂质是无效甚至是有害的,但药物中一般允许少量杂质的存在,这一方面是因为药物中杂质含量越低,对生产工艺的要求越苛刻,要完全去除药物中的杂质在理论上是不可能的;另一方面,从药物的使用、调制和贮藏来看,也没有必要。将杂质的含量控制在一定限度以内,就能够保证用药的安全性和有效性,因此,在不影响疗效和不发生毒副作用的前提下,对于药物中可能存在的杂质允许在规定的限度范围内存在。药物中所含杂质的最大允许量叫做杂质限量(determination of impurities)。一般只检查相关杂质的量是否超过限量,这种杂质检查的方法称为杂质的限量检查(impurity limit test)。

反应后处理、中间体特别是终产物(产品)的纯化过程有时比反应路线和反应条件更为重要,可能是决定产品生产成本的关键。后处理与纯化过程操作烦琐,杂质含量难以控制,可能是对某步反应或对工艺路线的否定。本章第二节介绍淬灭、萃取、除去金属和金属离子等后处理的基本方法,第三节介绍产物纯化与精制的方法,包括蒸馏、重结晶、柱层析、打浆纯化及干燥,第四节介绍影响产品稳定性的因素和产品纯度的检测及控制,通过对杂质引入途径的分析,指导工艺优化,控制杂质含量,保证产品质量。

第二节 反应后处理的基本方法

反应的后处理是反应完成后,从终止反应进行到从反应体系中分离得到粗产物所进行的操作过程。后处理操作包括终止反应、除去反应杂质以及安全处理反应废液等基本内容,后处理操作要使产物以便于纯化的形式存在,并为后续操作提供安全保障。

在进行反应后处理时需要注意以下事项:

1. 力求后处理的操作简单高效。在保证产物质量的前提下,尽可能地采用较少的操作步骤、较少的反应器、较少的萃取次数和溶剂量,以提高反应收率。

2. 查阅或预测产物的稳定性是保证后处理操作成功的关键。通过考察产物在极端反应条件下的稳定性,预测操作过程中可能出现的问题,对指导实际操作具有重要意义。例如β-内酰胺环在浓 NaOH 条件下会发生水解反应,在处理该类化合物时应避免高的 pH 条件;在高温条件下采用蒸馏等方法除去反应溶剂可能导致产物分解。

3. 查阅或预测产物和反应试剂的溶解性指导后处理操作。产物的溶解性可根据产物结构中的亲水性、亲脂性以及离子化官能团进行预测,反应试剂的溶解性则通过查阅文献数据获得。对产物的溶解性不了解可能会增加实验操作步骤,影响后处理进度。产物可能溶解在废液中无法被萃取转移,萃取中可能形成乳浊液,或者出现沉淀物。

4. 充分利用所有的相分离技术。为获得高质量的产物,应充分利用液-液和固-液相分离技术。萃取液中如果有不溶性杂质,应及时除去,否则影响产物的纯化。除去萃取分离过程中有机相中的少量水分,不仅可以加速整个后处理过程,而且可以提高分离出来的产物质量。

常用的反应后处理方法有淬灭、萃取、除去金属和金属离子、活性炭处理、过滤、浓缩和溶剂替换、衍生化、使用固载试剂以及处理操作过程中产生的液体等。

一、淬灭

通过薄层色谱法(thin layer chromatography,TLC)或其他监测方法确认反应完成后,一般需要对反应进行淬灭处理以终止反应的进行,使产物以便于进行纯化的形式存在。防止或减少副反应的发生,除去反应杂质,为后续操作提供安全保障。

(一)淬灭的基本方法

淬灭(quenching)即向反应体系中加入某些物质,或者将反应液加入到另一体系中以中和体系中的活性成分,使反应终止,防止或者减少产物的分解、副产物的生成。这些活性物质可能是反应中间体或者反应试剂,在处理后转化成产物或者反应副产物。

(二)淬灭操作的注意事项

1. 淬灭试剂的选择　一些常用的反应淬灭试剂见表 5-1。应充分考虑到产物的稳定性以及后处理的难易程度,选择合适的淬灭试剂。

表 5-1　常见的反应淬灭试剂

活性成分	淬灭剂	注意事项
H^+	无机碱,有机碱	放热,Na_2CO_3 或 $NaHCO_3$ 处理时产生 CO_2 和泡沫
HO^-,RO^-	醋酸,无机酸	放热
BH_4^-	丙酮,H^+,ROH	与 H^+ 和 ROH 反应生成 H_2
AlH_4^-	丙酮,NaOH 水溶液	可能产生不溶性钠盐
$(i\text{-}Bu_2AlH)_2$	ROH,之后 HCl/ >40℃	ROH 加入时放出 H_2
RMgX	枸橼酸水溶液	简单萃取
CN^-	NaOCl,NaOH 水溶液	碱性条件下安全
RLi,R_2NLi	丙酮,ROH,RCOOH	酸性条件下 RLi 生成 RH,具有可燃性
$POCl_3$	稀盐酸或水	注意放热

续表

活性成分	淬灭剂	注意事项
H_2O_2	H_3PO_2	
$HOCl, Cl_2, NCS, Br_2, I_2, I^-$	$NaHSO_3, Na_2S_2O_3, Na_2S_2O_5$	
NH_2NH_2	$NaOCl$	
$AlCl_3$ 和其他路易斯酸	H_2O,之后 H^+	pH >7 可能生成不溶性金属氢氧化物
Na	甲醇	
$Na/$液 NH_3	NH_4Cl,之后 H_2O	

2. 淬灭的注意事项 淬灭中应注意放热和溶解性两个问题。

向反应体系中直接加入淬灭试剂或淬灭试剂的溶液是最简单的淬灭操作方法,对单位体积反应器的生产力影响不大。将淬灭试剂的水溶液加到反应液中,有利于后续的萃取操作。很多淬灭操作中会产生大量热,应注意控制热量的释放,一定要缓慢加入淬灭试剂,并剧烈搅拌,以避免产物分解,降低操作危险性。对于高活性试剂,淬灭可以分步进行。如四氢铝锂还原酰胺羰基(5-6)后,冷却到0℃,加水淬灭,再加10% 氢氧化钠溶液,过滤得到粗品(5-7)。

将反应液加入到淬灭试剂溶液中,被称为"逆淬灭"(inverse quenching, reverse quenching)。在搅拌下把反应液加到淬灭试剂溶液中,比较容易控制热量的释放,预先冷却淬灭试剂的溶液、在淬灭过程中冷却反应容器、控制加入反应液的速度等可以控制淬灭过程的温度。例如在氰基化物与格氏试剂反应后,淬灭剂水的加入方式不同可导致产物的比例不同:在搅拌下将反应液倾入冰水中,产物以酮基化合物(5-9)为主;若是相反的操作,将冰水滴加到反应液中,则产物以醇(5-10)为主。

中和反应体系的选择应考虑中和过程中生成盐的溶解性。钠盐比相应的锂盐和钾盐在水中的溶解性差,而锂盐在醇中的溶解度比相应的钠盐和钾盐高。例如,对于 NaOH 参与的反应,可以用很多种酸来淬灭,生成相应的酸的钠盐。如果使用一定浓度的浓 H_2SO_4 来淬灭反应,Na_2SO_4 在水中的溶解度相对较低,大部分 Na_2SO_4 会沉淀或者结晶析出。如果反应产物溶于水,则可通过抽滤除去 Na_2SO_4,实现产物与无机盐杂质的分离。如果后续操作中用有机溶剂萃取产物,用浓 H_2SO_4 来淬灭反应可能会产生液-液-固三相混合物,造成后续操作复杂,应选择其他酸,相应的钠盐具有很好的水溶性。如果产物在酸性条件下会结晶析出,使用浓 HCl 比浓 H_2SO_4 好,因为 NaCl 的水溶性比 Na_2SO_4 好,NaCl 夹杂在产物晶体中的可能性较小。

淬灭中应注意放热和溶解性两个问题。反应淬灭后,应尽快进行其他后处理操作。

二、萃取

萃取(extraction)是利用系统中组分在互不相溶(或微溶)的溶剂中溶解度不同或分配比不同进行分离的操作。反应结束后,萃取是常用的初步去除杂质的方法。

大多数的液-液萃取过程是将离子化的产物或杂质萃取到水相,而相应的未离子化的杂质或产物仍留在有机相中。大多数情况下,含有碱性官能团的产物可以先用酸性水溶液将其转移到水相,除去酸性及中性杂质,然后将水相碱化并用有机溶剂萃取来得到较易处理的产物;相应的酸性产物可以用碱性水溶液将其转移到水相,除去碱性及中性杂质,然后将水相酸化并用有机溶剂萃取来纯化。在 β-内酰胺类抗菌药物阿扑西林(aspoxicillin)的合成中,中间体(5-13)的分离就是利用其酸性实现与其他杂质的分离。化合物(5-11)发生酯的胺解反应,中间产物以盐(5-12)的形式存在,溶于水,用乙酸乙酯萃取,洗去部分杂质,水层用酸调至 pH = 3,使羧基游离,增加其在有机溶剂中的溶解度,萃取后得到(5-13)的粗品。

(一)萃取溶剂的选择

萃取溶剂的选择要综合考虑以下因素:①萃取溶剂与原溶剂不能互溶;②对提取物有较大的溶解能力;③与被提取物质不发生不可逆的化学反应;④选择沸点较低的溶剂,易与被提纯物质分离,且易于回收。此外,价格低廉、毒性低、不易燃等因素也是工业生产上需要考虑的因素。

萃取溶剂的选择主要依据被提取物质的溶解性和溶剂的极性。常用的萃取溶剂的极性大小如下:石油醚(己烷) < 四氯化碳 < 苯 < 乙醚 < 三氯甲烷 < 乙酸乙酯 < 正丁醇。一般选择极性溶剂从水溶液中提取极性物质,选择非极性溶剂提取极性小的物质。根据极性相似相溶原理,极性较大、易溶于水的极性物质一般以乙酸乙酯萃取;极性较小、在水中溶解度小的物质以石油醚类萃取,若在不同沸程溶剂中的溶解度相差不大,则优选低沸程的溶剂(以30~60℃石油醚较好)。

正丁醇是一个良好的极性有机物的萃取试剂。大多数小分子醇是水溶性的,包括甲醇、乙醇和异丙醇等,正丁醇介于小分子醇与高分子量醇的中间,不溶于水,且极性较大,能溶解一些溶于小分子醇的极性化合物,适宜于极性较大化合物的提取。缺点是沸点较高(常压下为117.7℃),一般需要用真空度较好的油泵才能蒸干,毒性也较大。

乙酸丁酯的性质和极性与乙酸乙酯相当,但在水中的溶解度极小(0.7g/100ml 水,乙酸乙酯在水中的溶解度为8.3g/100ml),在抗生素的生产中常用于萃取含有氨基酸侧链的头孢菌素、青霉素类化合物。例如,青霉素(benzylpenicillin/penicillin)易溶于有机溶剂,pH 1.8~2.0 时青霉素发酵液用乙酸丁酯萃取,再以硫酸盐/碳酸盐缓冲溶液(pH 6.8~7.4)反萃到水相中,反复几次后,浓度几乎可以达到结晶的要求,且收率在85%以上。

萃取的另一相并不仅限定于水,互不相溶的两种溶剂都可以用于萃取纯化极性不同的物质。溶剂对可以分别从亲脂性溶剂和亲水性溶剂中选择,对极性不同的反应产物与杂质进行分离。

(二) 萃取次数和温度的选择

对于萃取的次数,原则上是"少量多次",通常3次萃取操作即可获得满意的效果。如图5-1所示,以易溶于有机溶剂的物质为例,以等量的有机溶剂和水对其进行3次萃取操作,每次有机相中目标产物可存留70%,水层中剩下的30%再用等量的有机溶剂萃取,又可以提取21%,依此类推。3次萃取操作之后,总萃取率可以达到97.3%。

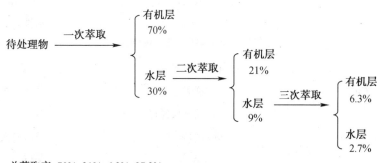

总萃取率=70%+21%+6.3%=97.3%

图5-1 萃取操作的收率

为了提高操作效率和获得高的反应收率,应尽量减少萃取次数和总的萃取液体积。如果需要萃取多次并且需要大量体积的溶剂,可考虑使用其他溶剂或者混合溶剂。如果溶质在两种溶剂中的提取系数是已知的,可以计算出第二次提取所需的溶剂量。例如,如果第一次用有机溶剂萃取时90%的产物从水相中提取出来,第二次使用比原溶剂量10%多的体积就可以很好地提取剩余溶质。通过实验可以确定最少及实际有效的溶剂量。

一般萃取操作都是在室温条件下进行的,也有一些萃取操作对温度有一定的要求。温度升高,有利于提高溶质的溶解度,可以减少溶剂用量,适合萃取溶剂价格较高且对热稳定的物质的萃取操作。对热稳定性差的产物,则要考虑低温萃取,如乙酸丁酯对青霉素的萃取过程需要在冷冻罐中操作。

(三) 乳化的处理

萃取过程中经常会出现乳化现象(emulsification),即液液萃取的两相以极微小的液滴均匀分散在另一相中。乳化产生的原因较为复杂,可能是溶质改变了溶液的表面张力,含有两相溶剂均不溶的微粒,或者两相溶剂的密度相近。另外酸性碱性过强、剧烈振摇都可以出现乳化。乳化发生后,要根据乳化产生的原因进行"破乳",否则产品损失较大,且给后续处理带来麻烦。

破坏乳化的方法:①静置;②增大两相溶剂密度差,可向水层加入无机盐;③因过强的酸碱引起的乳化可加入适量的碱或酸,调整pH;④因两种溶剂互溶引起的乳化可加入少量电解质,如氯化钠,利用盐析作用使两相分离;⑤若乳化层中有少量悬浮微粒,可利用过滤将固体颗粒除去,过滤时使用一些吸附剂(硅藻土、氧化铝、硅胶)效果更好。另外,离心萃取、冷冻萃取、适当加热或向有机溶剂中加入少量极性溶剂(如乙醇),以改善两相之间的表面张力都能有效地去除乳化现象。

三、除去金属和金属离子

在设计合成路线时,应将可能引入金属或金属离子的反应尽量提前,再经过若干步反应得到终产物,这样经过多次后处理和纯化才可能保证原料药中的金属或金属离子含量合格。在后处理中如何去除反应过程中引入的金属或金属离子同样重要,表5-2给出了常见的金属和金属离子的后处理方法和除去方法。

表5-2　常见的金属和金属离子的后处理方法和除去方法

金属和金属离子	后处理方法	除去方法
M^{2+}、M^{3+}、M^{4+}…	碱化	沉淀,滤除
	活性炭	活性炭吸附
	离子交换柱层析(络合树脂)	树脂吸附
	聚苯乙烯配体	树脂吸附
Cu^+、Cu^{2+}	草酸	萃取至水层
	用吡啶或氨水稀释	萃取至水层
Al^{3+}	酒石酸钠钾	萃取至水层
	苹果酸	萃取至水层
Cu^{2+}、Pd^{2+}、Mn^{2+}…	络合	萃取
Pd	$(n\text{-}Bu)_3P$	溶于有机溶液
Ti^{4+}	枸橼酸	沉淀

一些常用的金属离子如 Al^{3+}、Cd^{2+}、Cr^{3+}、Cu^{2+}、Fe^{3+}、Mn^{2+}、Ni^{2+} 和 Zn^{2+} 可与氢氧根离子(HO^-)形成不溶于水的沉淀,过滤除去。不同的金属离子适宜的 pH 范围不同,以离子浓度为 $0.1mol/L$ 计,从开始沉淀至沉淀完全($<10^{-5}mol/L$),Fe^{3+}、Mg^{2+}、Zn^{2+} 和 Al^{3+} 的 pH 范围分别为 $1.9\sim3.3$、$8.1\sim9.4$、$8.0\sim11.1$ 和 $3.3\sim5.2$。氢氧化锌在 pH >10.5 的条件下会溶于水,而氢氧化铝在 pH >6.5 时可生成偏铝酸,重新溶解在水中,故应注意 pH 的控制。

固态的金属盐和金属配合物可过滤除去,用活性炭预处理或者使用助滤剂有助于过滤。金属络合剂通常是人工合成的氨基羧酸、羟基羧酸和有机多元磷酸,它们通过配位键与金属离子络合,在酸性条件下可被萃取到水相中。离子交换树脂和聚苯乙烯形成的配体可用于吸附金属离子。合成的金属树脂可选择性吸附一些特定离子,且不溶于酸、碱、有机溶剂,易于分离和回收,也是工业生产上常用的金属离子的去除方法。

四、其他后处理操作

其他的反应后处理方法还有活性炭处理、过滤、浓缩和溶剂替换、衍生化、使用固载试剂以及处理操作过程中产生的液体等。

(一)活性炭处理

少量的极性杂质可能是使产物带色的原因。将产物溶液与 1%~2% 的活性炭搅拌,可吸附极性杂质。根据孔径大小可将活性炭分为 3 类:大孔(1000~100 000Å)、中孔(100~1000Å)和微孔(100Å)。极性溶剂比非极性溶剂更有助于吸附作用,黏性溶剂会减慢极性分子进入孔的速度。应当注意的是通过活性炭吸附,溶液的 pH 可能发生变化;活性炭吸附是基于负载均衡的,接触时间短会降低杂质的吸附效果。

(二)过滤

通过过滤可以除去少量的不溶性杂质。过滤时微小的颗粒经常会堵塞过滤器,从而减缓或者使抽滤终止。微小的颗粒可能是快速结晶或者沉淀,或者是低分子量的聚合物、灰尘、污垢,或者其他杂质。为了提高过滤效率,可以增大抽滤器的表面积或者过滤介质的表面积,后者是通过助滤剂如硅藻土来实现的。

(三)浓缩和溶剂替换

浓缩是利用加热等方法,使溶液中溶剂汽化并除去,提高溶质浓度的操作。反应溶剂若与水混溶,在进行萃取前通常需要将反应混合物浓缩,替换成与水互溶性差的溶剂。萃取后的萃取液也需要浓缩,为进行产物纯化做准备。浓缩和溶剂替换是常用的一种后处理方法。

常压蒸馏时间长,温度高,产物分解的可能性大,因此浓缩通常是在减压条件下进行的。浓缩形成小体积的可以流动的溶液或者悬浮液,然后加入高沸点的溶剂继续浓缩,可以很方便地替换成高沸点溶剂,即实现溶剂替换。

对反应产物进行衍生化处理,将极性官能团转化成极性较低的官能团,有利于萃取。利用固载试剂可选择性地分离产物和杂质,简化后处理。衍生化和脱保护都需要额外的试剂与时间,使用固载试剂要考虑其成本。后处理过程中产生的液体应该及时处理,以避免发生安全问题。

第三节　产物纯化方法

反应后处理得到的粗产物,对粗产物进行提纯,得到质量合格的产物的过程称为产物的纯化(purification)。液体产物一般通过蒸馏、精馏纯化,但规模化的蒸馏通常需要特殊的设备,要求产物对热稳定、黏度小。纯化固体产物通常采用结晶、重结晶技术,提高并控制中间体的质量,可降低终产物(产品)纯化的难度。通过控制结晶条件,可以得到纯度及晶型符合要求的产品。柱层析技术是实验室常用的分离纯化方法,但规模化生产时,除非常用的提纯方法无法得到符合质量要求的产品,才会考虑柱层析。工业生产中多采用结晶和打浆纯化。本节中我们将依次介绍蒸馏、重结晶、柱层析、打浆纯化及干燥。

一、蒸馏

蒸馏(distillation)是利用混合体系(液-液体系或液-固体系)中各组分在恒定的压力下沸点不同,按照组分沸点由低至高的顺序,低沸点组分先蒸发,再冷凝,达到分离纯化的目的。蒸馏是一种热力学的分离手段,适用于沸点相差较大的混合物,尤其是液体混合物的分离。按照操作时压强的不同,蒸馏可分为常压蒸馏和减压蒸馏,分子蒸馏是一种特殊的减压蒸馏。

(一)常压蒸馏

常压蒸馏(atmospheric distillation)是指在正常大气压(1个大气压)下进行的蒸馏操作。

工业上分离液体混合物应用较多的是精馏(rectification),即在精馏塔内使气相与液相逆向多次接触,在热能和相平衡的作用下,使易挥发组分不断由液相向气相中转移,而难挥发组分由气相向液相中转移,从而使液体混合物分离。精馏相当于多次重复简单蒸馏的效果,从而提高混合组分的分离效果。大部分精馏是在常压条件下进行的,但对于沸点高、混合组分沸点相差较大的混合物也可在减压条件下进行。

（二）减压蒸馏

常压蒸馏所需温度较高、时间长，适合对热稳定的产物的分离纯化。产物若对温度敏感，可采用减压蒸馏（reduced pressure distillation），即在一定的真空度下蒸馏，蒸馏温度较低。

减压蒸馏是提纯高沸点液体或低熔点化合物的常用方法。一般情况下，减压蒸馏提纯产物的回收率相对较低，这是因为随着产物的不断蒸出，蒸馏瓶（或蒸馏釜）内产物的浓度逐渐降低，必须不断提高温度，才能保证产物的饱和蒸气压等于外压。理论上产物不可能全部蒸出，必有一定量的产物残留在蒸馏设备内被难挥发的组分溶解，故蒸馏完毕后通常会存在大量残余馏分。

（三）分子蒸馏

分子蒸馏（molecular distillation）是一种在高度真空下操作的蒸馏方法，不同于传统的蒸馏依靠沸点差进行分离的原理，分子蒸馏是利用不同种类分子逸出蒸发表面后的平均自由程不同的性质而实现分离的。轻分子的平均自由程大，重分子的平均自由程小，若在离液面小于轻分子的平均自由程而大于重分子平均自由程处设置一冷凝面，使得轻分子落在冷凝面上被冷凝，而重分子因达不到冷凝面而返回原来液面，这样混合物就得到了分离。分子蒸馏过程中，不存在蒸发和冷凝的可逆过程，而是从蒸发表面逸出的分子直接飞射到冷凝面上，中间过程不与其他分子发生碰撞，理论上没有返回蒸发面的可能性，因此该过程是不可逆的。分子蒸馏过程是液体表面上的自由蒸发，没有鼓泡现象。

待分离组分理化性质不同，蒸馏方法也不同。蒸馏时要充分考虑加热的温度、时间长短对产物的影响，蒸馏方法的选择十分重要。

二、重结晶

重结晶（recrystallization）是利用固体产物在溶剂中的溶解度与温度有关，不同物质在相同溶剂中的溶解度不同，达到产物与其他杂质分离纯化的目的。重结晶是制药企业进行固体产物纯化最常用的操作。好的重结晶工艺可以提供高质量的合格产品，并尽量避免二次重结晶消耗的人力、物力，最大可能地降低生产成本。

采用重结晶进行产物纯化时需要注意以下事项：①重结晶工艺应稳定、可靠，可得到质量合格的产物。优化重结晶工艺应提高一次产率，尽量避免二次结晶。②明确冷却速度、结晶料浆的陈化时间等物理因素，控制结晶大小和质量。③明确重结晶相关操作所需的时间，提高重结晶设备使用的效率。④保持搅拌，使结晶均匀分布并促进晶体生长。

（一）结晶理论和结晶势

固体有机物在溶剂中的溶解度与温度有密切关系。一般是温度升高，溶解度增大。若把固体溶解在热的溶剂中达到饱和，冷却时即由于溶解度降低，溶液呈过饱和而析出晶体。利用溶剂对被提纯物质及杂质的溶解度不同，可以使被提纯物质从过饱和溶液中析出，而杂质全部或大部分仍留在溶液中，从而达到提纯的目的。

晶体形成（crystal formation）是分子在晶体重复单元中有规律地排列，其他化合物分子被排除在晶格外的过程。结晶势（crystal pressure）就是产物晶体形成的趋势，控制结晶势就是调节条件至产物溶解度降低到亚稳定区间，使产物分子从溶剂中析出并结晶的过程。用于控制与产生结晶势的方法有：①最常用方法是将热溶液冷却，结晶析出；②增加溶液浓度、减少溶剂体积,用于产生结晶势;③增加反相溶剂的比例、增加溶剂的离子强度降低有机物的溶解度也被用于产生结晶势;④控制溶剂 pH 也是产生结晶势的途径,对于两性离子(内盐)化合物,如氨基酸,在其等电点处溶解度最小。

过多的晶核形成会形成很多小晶体,对过滤和洗涤等分离过程不利。通常将晶种加入饱和溶液中,以提供结晶的表面,减少成核;通过控制冷却结晶过程,促进结晶长大。逐渐冷却一般比梯度冷却效果好,悬浮物逐渐冷却到理想的温度,陈化、过滤和洗涤,达到产物纯化的目的。

重结晶存在的问题是即使多次重结晶,尤其是用同一种溶剂系统,也得不到质量合格的产物。低效率的重结晶只能部分降低杂质含量,产物质量差、收率低。相关的解决办法如表5-3 所示。

表5-3 重结晶的理想特征及解决问题的方法

理想特征	可能出现的问题	解决问题的方法
溶剂:无毒,与产物不反应,安全	反应性溶剂,产率低;出现安全性和毒性问题	发展其他溶剂的重结晶工艺
产物的溶解度:热溶剂中为 10% ~ 25%,冷溶剂中为 0.05%~2.5%	产物在冷溶剂中溶解度大,母液中残留量大,降低分离收率	加入少量不良溶剂作为共溶剂,例如水加入到乙醇中重结晶,或者异丙醇代替乙醇
加入晶种后产生需要的结晶	晶体小,产物质量差	在亚稳定区间加入晶种,通过光学显微镜观察晶体生长
冷却产生目标晶型、纯度和颗粒大小	快速冷却可能形成动力学晶型、小晶体,产物质量差	控制温度变化,逐渐冷却、梯度冷却或者结合两者
一次结晶收率稳定	产率低,需要二次结晶,降低产能	检查温度对溶解度的影响,在更低的温度下结晶;确定母液或洗涤液中产物的量;检查重结晶过程中是否有杂质形成;改变重结晶溶剂
产物质量稳定	产物质量低	检查重结晶过程中是否有杂质形成;优化重结晶和(或)洗涤方法;改变重结晶溶剂

(二)重结晶溶剂的选择

选择重结晶溶剂时,应全面考虑产物在该溶剂中的溶解度、溶解杂质的能力、安全性、市场供应和价格、溶剂回收的难易等因素。在结晶和重结晶纯化时,溶剂的选择是关系到纯化质量和回收率的关键问题。选择适宜的溶剂应注意以下几个问题:

1. 选择的溶剂不能与产物发生化学反应。例如脂肪族卤代烃类化合物不宜用作碱性化合物结晶和重结晶的溶剂;醇类化合物不宜用作酯类化合物结晶和重结晶的溶剂,也不宜用作氨基酸盐酸盐结晶和重结晶的溶剂。

2. 选择的溶剂对被提纯物质在温度较高时应具有较大的溶解能力,而在较低温度时溶解能力大大下降。

3. 选择的溶剂对粗品中可能存在的杂质或是溶解度很大,溶解在母液中,温度降低时也不能随晶体一同析出;或是溶解度很小,即使在热溶剂中溶解的也很少,可在热过滤时除去。

4. 选择低沸点、易挥发的溶剂,不要选择沸点比结晶物熔点还要高的溶剂,否则在该溶剂沸点下产物是熔融状态,而不是溶解状态,不能达到重结晶的目的。低沸点的溶剂易于回收,且析出晶体后,残留在晶体上的有机溶剂很容易除去。

（三）常用的重结晶溶剂

用于结晶和重结晶的常用溶剂包括水、甲醇、乙醇、异丙醇、丙酮、乙酸乙酯、三氯甲烷、冰醋酸、二氧六环、四氯化碳、苯和石油醚等。此外,甲苯、硝基甲烷、乙醚、二甲基甲酰胺和二甲基亚砜等也常使用。二甲基甲酰胺和二甲基亚砜的溶解能力大,往往不易从溶剂中析出结晶,且沸点较高,晶体上吸附的溶剂不易除去,当找不到其他适用的溶剂时,可以试用。乙醚虽是常用的溶剂,但由于其易燃、易爆,使用时危险性大;另一方面乙醚的沸点过低,极易挥发而使被纯化的物质在瓶壁上析出,影响结晶的纯度,工业生产上几乎不用。

在选择溶剂时,应分析被提纯物质和杂质的化学结构,溶质往往易溶于与其结构相近的溶剂中,即"相似相溶"的原理:极性物质易溶于极性溶剂,而难溶于非极性溶剂中;相反,非极性物质易溶于非极性溶剂,而难溶于极性溶剂中。这个溶解度的规律对实践工作具有一定的指导作用。如被提纯物质极性较小,已知其在异丙醇中的溶解度很小,异丙醇不宜作其结晶和重结晶的溶剂,那就不必再尝试极性更强的溶剂(如甲醇、水等),而应实验极性较小的溶剂,如丙酮、二氧六环、苯和石油醚等。最佳的适用溶剂只能用实验结果验证。

生产实践中,单一溶剂对产物进行结晶或重结晶常常不能取得满意的结果,此时,可考虑使用混合溶剂进行重结晶。混合溶剂一般由良溶剂和不良溶剂组成。被提纯物质在良溶剂沸点下溶解,再加入不良溶剂使其析出。不良溶剂通常选择与良溶剂混溶的溶剂,如乙醇-水、乙酸乙酯-己烷、乙醇-异丙醚等。

（四）成盐的方法

成盐是纯化可成盐化合物的有效方法。不同的盐具有不同的溶解度和结晶倾向,利用不同盐的物理化学特征可简化产物纯化工艺,如表5-4所示。对候选药物选择成盐,以达到所需稳定性、生物利用率和其他成盐性特征。

表5-4   成盐方法选择

可成盐化合物类型	成盐类型	特点
酸性化合物	Na^+	可从水中结晶
	K^+	水溶性
	$(n\text{-}Bu)_4N^+$	被有机相提取并结晶
	Ca^{2+}	水中结晶,通常低溶解度,小粒径
	Ba^{2+}, Mg^{2+}	水中结晶,很低的溶解度,小粒径,可能不易过滤
碱性化合物	CH_3CO_2H	无毒
	草酸	有毒,不适合原料药
	琥珀酸	无毒
	马来酸	注意 Michael 加成反应杂质
	富马酸	注意 Michael 加成反应杂质
	枸橼酸	无毒,相对分子量大
	甲磺酸	可用于原料药

（五）控制粒径

控制粒径和分布在生产效率和生产过程中起着关键性的作用,可以影响最佳剂型的确定。原料药的颗粒大小可以影响原料药和药物的溶解度、流动性、溶出速度、生物利用度以及稳定性。药物颗粒越小,越容易快速溶解,也更容易分解,易于凝聚,流动性差。有时,制剂生产前要耗费大量人力、精力以严格控制颗粒大小和分布。

一般可通过控制结晶条件控制粒径大小或通过机械磨削减小粒径。机械磨削(如空气粉碎机)可能会使产品留在设备中,难以完全收集,造成产品损失,且会产生具有生物活性的化合物粉尘,可能会污染其他产品,对操作人员造成接触危险。后处理纯化时,可以通过控制结晶析出的条件控制粒径大小和大小分布,避免使用机器减小粒径的缺点。

析晶时温度变化和搅拌速度对形成的颗粒大小和分布至关重要。一般来讲,缓慢冷却静置陈化能产生较大的晶体、相对窄的颗粒大小分布;快速冷却则晶核多、颗粒小;快速搅拌可将晶核分散、晶体打散,得到小晶体。通过逐步冷却,使非常小的晶体逐渐结晶在大晶体上,通过控制冷却方式控制结晶的大小和质量。但在固液分离时,颗粒越小,过滤和洗涤的速度就会越慢。因此,药物通常需要一个合适的粒度范围,而如何控制得到合适的粒度是重结晶工艺的一个重要步骤。

（六）洗涤和干燥固体产物

洗涤滤饼有两个目的:一是移除因母液而吸附在固体表面的杂质;二是用一种溶剂置换另一种溶剂,通常用低沸点溶剂洗涤,易于干燥产物,这种情况需要采用对产物的溶解度尽量小的溶剂。滤饼被转移到干燥器,通常需要加热除去剩余溶剂。必须了解残留溶剂含量与干燥器温度的关系,避免产物在干燥器中熔化。例如将少量湿品置于熔点管中,逐渐加热,确定熔化温度。

三、柱层析

柱层析(chromatography)技术又称为柱色谱技术,是色谱法中使用最广泛的一种分离提纯方法。当被分离物质不能以重结晶纯化时,柱层析往往是最有效的分离手段。

柱层析由两相组成,在圆柱形管中填充不溶性基质,形成固定相,洗脱溶剂为流动相。当两相相对运动时,利用混合物中所含各组分分配平衡能力的差异,反复多次,最终达到彼此分离的目的。固定相填料不同,分离机制不尽相同。下面对实验室和生产中常用的色谱分离包括吸附色谱和离子交换色谱进行介绍。

（一）吸附色谱法

吸附色谱法(absorption chromatography)系利用吸附剂对混合物中各组分吸附能力的差异,实现对组分的分离。混合物在吸附色谱柱中移动速度和分离效果取决于固定相对混合物中各组分的吸附能力和洗脱剂对各组分的解吸能力的大小。物质与固定相之间吸附能力的大小既与吸附剂活性有关,又与物质的分子极性相关。

1. 吸附剂的活性对色谱行为的影响　硅胶和氧化铝是最为常见的固定相吸附剂,其吸附活性一般分为5级,Ⅱ类和Ⅲ类吸附剂是最常应用的。吸附剂的活性取决于它们含水量的多少,含水量越高,吸附活性越弱,含水量最小的吸附剂活性最强。若吸附剂活性太低,可加热降低其含水量,活化吸附剂。

2. 被分离物质对色谱行为的影响　通常来讲,分子中所含极性基团越多,极性基团越大,化合物极性越强,吸附能力越强。常见基团的吸附能力顺序如下:—Cl,—Br,—I < —

C＝C— ＜ —OCH₃ ＜ —COOR ＜ —CO— ＜ —CHO ＜ —SH ＜ —NH₂ ＜ —OH ＜ —COOH。分离极性较强的化合物时,一般选择活性较小的吸附剂;而分离极性较弱的化合物时,通常选择活性较大的吸附剂。

3. 流动相对色谱行为的影响　流动相的洗脱作用实质上是洗脱剂分子与样品组分竞争占据吸附剂表面活性中心的过程。常用溶剂的极性大小顺序为石油醚＜环己烷＜四氯化碳＜苯＜乙醚＜乙酸乙酯＜丙酮＜乙醇＜水。

吸附剂的选择和洗脱剂的选择常常需要结合在一起,综合考虑待分离物质的性质、吸附剂的性能、流动相的极性3个方面的影响因素。通常的选择规律是:以活性较低的吸附柱分离极性较大的样品,选用极性较大的溶剂进行洗脱;若被分离组分极性较弱,则选择活性高的吸附剂,以较小极性的溶剂进行洗脱。吸附色谱柱的层析过程就是吸附、解吸、再吸附和再解吸的过程。

柱层析技术在实验室中应用广泛,层析柱越长,直径越大,上样量越大。工业生产中考虑到装柱、吸附样品、大量的溶剂洗脱、浓缩溶液以及进一步处理所花费的大量时间和大量人力,只有在其他纯化方法效率太低的情况下才会在放大反应中使用柱层析纯化。

（二）离子交换色谱法

离子交换色谱(ion exchange chromatography)系利用被分离组分与固定相之间离子交换能力的不同实现分离纯化。理论上讲,凡是在溶液中能够电离的物质都可以用离子交换色谱分离,因此,它不仅可用于无机离子混合物的分离,也可用于有机盐、氨基酸、蛋白质等有机物和生物大分子的分离纯化,应用范围广泛。

离子交换色谱的填料一般是离子交换树脂,树脂分子结构中含有大量可解离的活性中心,待分离组分中的离子与这些活性中心发生离子交换,达到离子交换平衡,在固定相与流动相之间平衡,随着流动相流动而运动,实现离子的分离纯化。

离子交换色谱法在工业上应用最多的是去除水中的各种阴、阳离子及制备抗生素纯品时去除各种离子。制药生产的不同阶段对水中的离子浓度要求不同,因此,水处理领域离子交换树脂的需求量很大,水纯化领域约90%利用离子交换树脂。

（三）使用柱层析应注意的问题

1. 使用柱层析分离的关键是发展一种能够使产物和杂质之间洗脱时间最大化的层析系统。最优的条件是杂质从最初的位置没动而产品有较好的流动性,只需少量的溶剂即可分离产物与杂质。

2. 为了加快色谱操作,用惰性气体对色谱柱加压,或者在柱的收集端进行抽气。

3. 制备型色谱需要放置在通风良好的位置,当大量使用易产生静电的溶剂时应注意接地设备。

随着对柱层析技术的不断开发,出现了多种提高制备色谱产能的新技术:循环色谱(流动相在柱内循环以增加组分的分离效率)、模拟移动床色谱(simulated moving bed chromatography,SMB,色谱柱以连续的环形方式连接)等。这些都为利用柱层析技术分离纯化提供了更好的选择。

四、打浆纯化

打浆(reslurry)是指固体产物在没有完全溶解的状态下在溶剂里搅拌,然后过滤,除去其他杂质的纯化方法。打浆不需要关注产物的溶解度,打浆比重结晶劳动强度低,有时是可以替代重结晶的最佳方法。打浆一般有两种目的,一是洗掉产物中的杂质,尤其是吸附在晶体表面的杂质;二是除去固体样品中一些高沸点、难挥发的溶剂。晶体的晶型可能在打浆过程中发生变化。

在合成 β-内酰胺化合物(5-15)时,后处理得到的粗品中含有未反应完的对硝基溴苄,将粗品在叔丁基甲基醚/己烷(80/20)溶液中搅拌,打浆处理,2 小时后抽滤,以叔丁基甲基醚洗涤,对硝基溴苄等杂质溶解在滤液中,得到(5-15)的纯品,收率为 90.5%。

五、干燥

除去固体、液体或气体中所含水分或有机溶剂的操作过程叫做干燥(drying),该过程通常是产物纯化的最后步骤。常用的干燥方法包括物理方法和化学方法。自然干燥、共沸蒸馏、蒸馏/分馏、冷冻干燥、真空干燥、吸附干燥(硅胶、离子交换树脂、分子筛等)都属于物理干燥的范畴。化学干燥法一般分为两类:一类是与水可逆地生成水合物,包括氯化钙、硫酸钠、硫酸镁等;另一类是与水发生化学反应消耗掉水,达到干燥溶剂的目的,如金属钠、五氧化二磷等。无论何种干燥方法,恒重是最终衡量样品是否彻底干燥的唯一标准。

(一)液体的干燥

利用干燥剂脱水是液体样品干燥最常用的方法。一般直接将干燥剂加入液体样品中。选择干燥剂时要考虑:①不能与被干燥物质发生不可逆的反应;②不能溶解在溶剂中;③还要考虑干燥剂的吸水容量、干燥速度和干燥能力等。表 5-5 列出了常用干燥剂的性能、干燥速度和使用范围等。

表 5-5 常用干燥剂及其特性与应用范围

种类	干燥剂	吸水产物	干燥效能与速度	应用范围
酸性干燥剂	五氧化二磷	H_3PO_4	效能强、速度快	醚、烃、卤代烃、腈等;不适宜干燥醇、酸、胺、酮等
碱性干燥剂	氢氧化钠(钾)		效能中等、速度快	胺、杂环等碱性物质;不能干燥醇、醛、酮、酸、酚等
	钠	NaOH	效能强、速度快	仅限于干燥醚、烃类中的少量水分
	氧化钙	$Ca(OH)_2$	效能强、速度较快	醇、碱性物质、腈、酰胺;不适宜干燥酮、酯和酸性物质
	碳酸钾	$K_2CO_3 \cdot 1/2H_2O$	效能较弱、速度慢	醇、酮、酯、胺等;不适合干燥酸、酚等化合物
中性干燥剂	氯化钙	$CaCl_2 \cdot nH_2O$	效能中等、速度较快	应用范围广,不能干燥醇、酚、胺、酰胺及某些醛、酮及酯

种类	干燥剂	吸水产物	干燥效能与速度	应用范围
	硫酸镁	$MgSO_4 \cdot nH_2O$	效能较弱、速度快	可代替氯化钙,用于氯化钙不能干燥的醇、酚、胺、酯等
	硫酸钠	$Na_2SO_4 \cdot 10H_2O$	效能弱、速度缓慢	多种有机溶剂初步干燥
	硫酸钙	$2CaSO_4 \cdot H_2O$	效能强、速度快	常与硫酸钠(镁)配合,作最后干燥
	分子筛		效能强、速度快	各类化合物的干燥

吸水容量(water absorbing capacity)是指单位质量的干燥剂所吸收的水量。吸水容量越大,干燥剂吸收水分越多。干燥效能(drying performance)是指达到平衡时液体的干燥程度。干燥剂吸水形成水合物是一个平衡过程,形成不同的水合物达到平衡时有不同的水蒸气压,水蒸气压越大,干燥效果越差。如无水硫酸钠吸水时可形成 $Na_2SO_4 \cdot 10H_2O$,吸水容量为1.25,即 1g 无水硫酸钠最多能吸收 1.25g 水,但其水合物的蒸气压也较大(255.98Pa/25℃),通常这类干燥剂形成水化物需要一定的平衡时间,因此其干燥效能较差,加入干燥剂后必须放置一段时间才能达到脱水效果。氯化钙吸水后形成 $CaCl_2 \cdot nH_2O$,以 $n=6$ 计,吸水容量为 0.97,比硫酸钠稍差,但其水合物的蒸气压较硫酸钠的水合物低(39.99Pa/25℃),故无水氯化钙吸水容量虽然小,但干燥效能强。干燥含水量较多而又不易干燥的化合物时,常先用吸水容量较大的干燥剂除去大部分水分,再用干燥效能较强的干燥剂除去残留的微量水分。干燥时应根据除去水分的具体要求选择合适的干燥剂。

分子筛(molecular sieve)是多种硅铝酸盐晶体,内部有许多孔穴和空隙,它可以允许比孔径小的分子进入,大的分子排除在外,借以筛分各种分子大小的有机溶剂与水分子,也可用于有机反应中除去少量的水。分子筛按照微孔表观直径大小进行分类,常用的分子筛包括 3A 型、4A 型和 5A 型。5A 的分子筛即表示可以吸附颗粒直径为 5Å 的分子,也可以吸附直径为 3Å 的水分子。分子筛吸湿能力非常强,在各种干燥剂中其吸湿能力仅次于五氧化二磷,几乎所有的有机溶剂都可以用分子筛脱水,广泛应用在实验室和工业上的有机溶剂脱水。吸水后的分子筛加热至 350℃ 以上又可以脱水活化,反复使用。

另外,水分较多时,应避免选用与水反应剧烈的干燥剂(如金属钠),而采用氯化钙之类温和的除水剂,除去大部分水后再彻底干燥。

大部分吸水后的干燥剂在受热后又会脱水,其蒸气压随着温度的升高而增加,所以对已干燥的液体在蒸馏之前必须把干燥剂滤除。

(二) 固体干燥

固体产物结晶后需要用重结晶相似组分的液体对固体进行洗涤,以除去固体表面残留的母液中的杂质,洗涤后须对固体样品进行干燥,干燥的方法包括自然干燥、加热烘干和真空干燥等。一般低沸点的少量残留溶剂可选择自然干燥,目前工业上应用较多的是利用热空气作为干燥介质的直接加热干燥法(对流干燥)。

1. 箱式干燥　箱式干燥是一种典型的对流干燥方法,实验室内的烘箱即为小型箱式干燥设备。工业生产上常在烘房内进行箱式干燥,烘房设有进风口和出风口,以强制干燥热空气和湿物料接触,随空气流动带走物料中的水分。箱式干燥在制药企业中应用广泛,设备简单,投资少,物料破损小,可用于干燥多种不同形态的物料。但箱式干燥过程中会产生大量粉尘,易造成药品交叉污染,若干燥品种较多的车间,如何在物料之间隔离、更换物料时设备的清洗都是重要的环节。

2. 真空干燥　真空干燥适用于对热敏感、易被氧化及其他干燥方法不合适的物料干燥。一般是在箱式真空干燥器中间接加热,利用加热板与容器接触进行热传导,干燥样品。加热源可以是热水、加热蒸汽、红外线加热、辐射加热等。以真空泵抽出残留在样品中的溶剂。真空干燥不会产生过多粉尘,也不易氧化产品,具有对流干燥不可比拟的优势。但该方法需要一个能抽出蒸汽的真空装置,运行成本大大增加;且真空干燥生产效率小、产量低。

3. 冷冻干燥　在低温预冻状态下,水分在真空环境中直接升华除去,特别适宜于一些对热敏感和易挥发物质的干燥。与其他干燥方法相比,在冷冻干燥过程中物料的物理结构和分子结构变化极小,其组织结构和外观形态均能较好地保存;物料不存在表面硬化问题,且内部形成多孔的海绵状,具有良好的复水性,可在短时间内恢复干燥前的状态;热敏性物质不发生物理或化学变化,不会被氧化;脱水彻底,且干燥后的样品性质稳定,可长期存放。冷冻干燥技术在实际生产中设备投资大、能源消耗高、生产成本较高,但某些抗生素生产过程中的干燥必须使用冻干技术。

第四节　终产物的稳定性与纯度

工艺开发流程中的最终阶段需要特别考虑到终产物(产品)的产率、物理性质、化学纯度、杂质含量等因素,这些因素有可能是限制其最终成药上市的关键。绝大多数原料药均为固体,原料药的理化性质如熔点、晶型、结晶大小与分布等对其稳定性、生物利用度至关重要,可能影响制剂的研究进程。

本节将从固体药物的晶型控制等方面阐述固体药物理化性质对其稳定性的影响;同时,通过分析药品生产工艺过程中引入的外部杂质控制终产物的纯度。

一、终产物的稳定性

各国药品管理部门均把稳定性测试作为新药申报的一部分,药品的稳定性(stability)是指原料药及制剂保持其物理、化学、生物学和微生物学性质的能力。稳定性测试目的是考察原料药或制剂的性质在温度、湿度、光线等条件的影响下随时间变化的规律,这些温度、湿度、光照等放置条件的设置应充分考虑到药品在贮存、运输及使用过程中可能遇到的环境因素,为药品的生产、包装、贮存、运输条件和有效期的确定提供科学依据,以保障临床用药安全有效。在保质期内药品应该是有疗效的,药效不能减少10%以上。

《中国药典》(2010年版)规定的原料药与制剂稳定性试验包括影响因素试验、加速试验与长期试验(表5-6)。

表5-6　测试原料药的稳定条件

试验名称	条件	考察时间点
影响因素试验		
高温试验	60℃	5和10天
	40℃	

续表

试验名称	条件	考察时间点
高湿度试验	90% ±5%（相对湿度） 75% ±5%（相对湿度）	5 和 10 天
强光照射试验	4500lx ±500lx	5 和 10 天
加速试验	40℃ ±2℃/75% ±5%（相对湿度）	1、2、3 和 6 个月
长期试验	25℃ ±2℃/60% ±10%（相对湿度） 30℃ ±2℃/65% ±5%（相对湿度）	0、3、6、9、12、18、24 和 36 个月

原料药与制剂中活性成分的降解主要是由于水解、氧化、光解、重排、脱水以及易挥发组分（如 HCl、结晶水）的流失。稳定性是相对于测试条件而言的，大多数固体在隔绝氧、避光条件下都是稳定的。例如 H_2 受体拮抗剂西咪替丁（cimetidine，5-16）在室温密闭容器中可保存 5 年，100℃ 4 小时仍然稳定。但其在酸性条件下氰基胍可缓慢分解，加热时分解速度更快，45℃/1mol/L 盐酸中 36 小时就会分解成氨基甲酰胍（5-17），在浓盐酸中加热 2 小时会进一步分解成胍（5-18）。

原料药大多是多晶型或者溶剂化物，晶型不同，理化性质也不尽相同，如密度、硬度、熔点、溶解度、溶出速度和稳定性等方面都会有差异，甚至影响药物的生物利用度。

在原料药的开发中要进行大量稳定性测试（stability testing），稳定性测试可以确定原料药的质量随时间如何变化，以及受温度、湿度和光照的影响。稳定性测试的目的是预知化合物在不同条件下的稳定性问题，建立药物产品的保质期，首选保质期是两年。药物的稳定性除了与活性成分本身的理化性质有关外，有些原料药与辅料之间的相互作用可能也会影响药物的稳定性，因此，原料药具有良好的稳定性并不能保证制剂也具有良好的稳定性，这对制剂研究很重要。

二、终产物的晶型

原料药大多是多晶型或者溶剂化物，晶型不同，理化性质也不尽相同，如密度、硬度、熔点、溶解度、溶出速度和稳定性等方面都会有差异，甚至影响药物的生物利用度。如红霉素有两个多晶型、9 个溶剂化物；氨曲南为无溶剂结晶和 3 个溶剂化物。一定压力和温度下，多晶型中只有 1 种是热力学稳定的，溶解度最小，化学稳定性好，其他均为亚稳型，亚稳型最终可转变为稳定型，但这一过程很缓慢。药物多晶型现象是影响药品质量和临床疗效最重要的原因之一。因此，药物多晶型研究已成为药物质量控制、剂型确定及申报审批过程中的重要环节。

药物的结晶形态会影响原料药(和所有辅料)的流动性和混合性,例如,有些针状晶体和柱状晶体表现出完全不同的性质。将固体原料药制成颗粒过程中可能会加入水,这一过程可能导致药物呈水化状态或结晶形态发生变化。晶体的外部形态、粒度和粒度分布是保证制剂重复性的必不可少的要素。但是,并不是所有的药物都可以制成晶体,有些非晶体固体同样表现出了良好的药效和生物利用度,如抗艾滋病毒的药物甲磺酸奈非那韦(nelfinavir mesylate)。

(一) 晶型的鉴别方法

目前鉴别晶型主要是针对不同晶型的理化性质和其独特的光谱学特征进行的,主要包括差热法、熔点法、X射线衍射法、红外法和核磁法等。

1. X射线衍射法　X射线衍射(X-ray diffraction,XRD)是研究晶体中原子排列的科学,是分析药物分子晶型的主要手段。利用X射线的散射作用,可以获得晶体中电子密度的分布情况,从中分析原子的位置信息,即晶体结构,区别晶体和非晶体,区分化合物和混合物,测定晶型结构,比较不同晶型之间的差别。

XRD分为粉末衍射(X-ray powder diffraction)和单晶衍射(X-ray single crystal diffraction)两种。单晶衍射是公认的确认晶体空间结构的最准确的方法,但有机药物通常很难得到大小合适、纯度高的单晶,因此,多采用粉末衍射法。粉末衍射主要用于结晶药物的鉴别和纯度测定,不同晶型的晶胞参数(如晶面距离、晶面夹角)不同,即得到不同的衍射光谱。该方法不必制备单晶,操作简便,但要注意粉末的粒度,避免发生晶型的转变。

2. 红外吸收光谱法　同一药物的不同晶型,由于共价键的电环境不一样,某些化学键键长和键角会有所不同,导致其运动跃迁能级不同,与其相应的红外光谱上一些特征吸收峰的频率、峰形、强度均会出现差异。红外光谱法应用简便、快速,但同一药物的不同晶型可能会有相同的红外光谱,无法区分。此外,样品纯度不够、晶体大小、制备样品过程中晶型的转变都能导致红外谱图的差异。

3. 热分析法　晶型不同的化合物,在升温或冷却过程中吸、放热也会有差异,热分析法就是根据程序控温下吸、放热峰的不同确定不同的晶型。热分析法主要包括差示扫描量热法(differential scanning calorimeter,DSC)、差热分析法(differential thermal analysis,DTA)和热重分析法(thermogravimetric analysis,TGA)。

DSC是在程序控制温度下,测定输入到物质和参比物之间的功率差(能量差)随温度变化的一种技术,多用于分析样品的熔融分解情况以及是否存在转晶或混晶现象;DTA是程序控制温度下,测量物质和参比物的温度差和温度关系的一种技术。利用差热曲线的吸热或放热峰来表征当温度变化时引起样品发生的任何物理或化学变化。每种物质都有自己的差热曲线,DTA是物质物理特性分析的一种重要手段。TGA是在程序控温下,测定物质的质量随温度变化的一种技术,适用于检查晶体中溶剂的丧失或样品升华、分解的过程,可推测晶体中含结晶水或结晶溶剂的情况,快速区分无水晶型与假多晶型。热分析法研究药物多晶型方法简单、所需样品量少、灵敏度高、重现性好,是一种常见的药物多晶型研究的方法。

此外,有些药物晶型不同,熔点可能会有差异,通过测试药物的熔点研究多晶型的存在也是常用方法之一。通常来说,晶型越稳定,熔点越高,两种晶型的熔点差距大小可初步估计出它们之间稳定性的关系。《中国药典》(2010年版)对吲哚美辛(indomethacin)的晶型控制即采用熔点法,吲哚美辛有 α、β 和 γ 3 种晶型,其中 γ 型为药用型,而 α 型有毒,β 型不稳定,可转化成 α 型和 γ 型,药典规定吲哚美辛 γ 型药用晶型熔点范围为 158～162℃,非药用 α 型熔点范围控制在 152～156℃。

偏光显微镜或电子扫描显微镜法、核磁共振谱、紫外吸收光谱都可以用于晶型鉴别研究。对多晶型药物的研究是一个综合应用各种研究方法的过程,要确证其结构,确定分子中原子的组成、分布及连接方式,以及其在不同晶格中的填充、排列方式,单一的检测方法有各自的优势,但也存在一定的局限性。目前,对多晶型的检测正趋向于多重分析手段联合应用,全面综合分析相关信息,以真正准确地确证样品的晶型。

(二) 影响晶型的因素

药物晶型不同可具有不同的理化性质和生物利用度,在一定温度和压力下多晶型中只有 1 种是热力学最稳定的晶型(稳定型),其他的都为亚稳型。在药品开发和生产过程中,面对多晶型选择时,一般将热力学稳定的晶型作为首选。但是,某些药物热力学稳定的晶型通常晶格能较高、溶解性差、生物利用度低,不能满足临床需要。而亚稳定型通常表观溶解度高、生物利用度好,此时通常选择亚稳定型作为目标晶型。在综合考虑制备工艺、稳定性、临床疗效等影响的基础上,确定是否有必要对药物的晶型进行控制。如法莫替丁(famotidine)虽然有两种晶型,但其溶出度和生物利用度相差不大,不要求对晶型进行控制。但如果晶型不同影响了药物稳定性和药效,则应该限定晶型或控制晶型比例。如驱虫药物甲苯咪唑(mebendazole)具有 A、B 和 C 3 种晶型,其中 C 型为有效型,A 型无效,B 型疗效不确切,3 种晶型之间可相互转化,《中国药典》(2010 年版)采用红外方法控制 A 型晶体不得超过 10%,以保障药效。

固体原料药多为分子晶体,晶格能较小,在纯化和药物制剂生产过程中,由于使用的溶剂不同,温度和压力变化,以及研磨等操作都可能会使晶型发生变化。在生产过程中,了解产品多晶型的特点,制订适宜的生产工艺、合理设计处方,避免产生不希望的晶型,从而保证药品质量和临床疗效。

1. 溶剂　采用不同重结晶溶剂进行重结晶是获得不同晶型样品最常用的方法。如非甾体抗炎药布洛芬(ibuprofen)用不同溶剂重结晶时,可生成不同晶型的产物,以丙酮-乙醇为溶剂,可得到最小尺寸的圆形颗粒;以乙二醇-异丙醇为溶剂,得到中等大小和平顶圆棒状结晶;以乙醚重结晶的布洛芬为不规则和长方形板状结晶。3 种溶剂条件得到的结晶溶解度依次下降。

广义上,药物的多晶型还应包括水合物与溶剂化物。原料药后处理和制剂过程中应用的溶剂都可能导致药物分子与溶剂结合,发生晶型改变,若该溶剂为水则形成水合物。水合物和溶剂化物能改变药物的熔点、溶解度、稳定性及溶出速率等。临床上应用的很多药物都是更稳定的含有结晶水的水合物形式,如环磷酰胺(cyclophospha-mide)单水合物为固体,而失去结晶水后即呈液态,稳定性大大下降,不便于保存和使用;氨苄西林(ampicillin)和阿莫西林(amoxicillin)也是以稳定的三水合物应用于临床。甚至一些药物在潮湿环境中也能吸水发生晶型改变,如无水咖啡因(caffeine)在潮湿空气中也能转变成其水合物形式,这类药物在运输和保存过程中需要隔绝空气,甚至添加干燥剂。

2. 研磨　研磨是制剂工艺中经常用到的操作,是某些剂型生产过程中不可或缺的重要一步。研磨这种外力作用由于做功能使某些药物晶型由稳定型转变为亚稳定型或非晶型,使固体颗粒直径减小、比表面积增大、溶出度增加。很多晶体药物在受压过程后都会发生晶型转变,如卡马西平(carbamazepine)、巴比妥类(barbiturates)、咖啡因(caffeine)、吲哚美辛(indomethacin)、马普替林(maprotiline)等药物都会在研磨及压片过程中发生晶型转变,其中,咖啡因只研磨1分钟即可由稳定型转变成了亚稳定型。研磨的时间长短、温度变化以及是否加入晶种都有可能改变药物的晶型。

3. 温度 温度变化直接影响结晶的速率和晶型的种类。药物重结晶以及干燥或热灭菌等工艺处理时,温度达到一定值后可能发生晶型的转变。甲氧氯普胺(metoclopramide)盐酸盐一水合物加热到120℃脱去结晶水,继续加热至150℃熔融,降温速度不同可得到两种晶型产物,快速冷却得到亚稳定的Ⅱ型结晶,若缓慢降温则得到稳定的Ⅰ型结晶,将Ⅱ型结晶重新加热熔融,缓慢冷却还能得到Ⅰ型结晶。三硬脂酸甘油酯(tristearin)、棕榈酸氯霉素(chloramphenicol palmitate)等药物的晶型变化都与温度变化有关。

压力、升华、金属离子、酸和碱都会使固体晶型发生变化。多晶型药物间的晶型转化有的对药效有利,有的则会生成无效的,甚至是毒性晶型。在药物开发早期就应该对药物的晶型进行研究,采取有效措施对多晶型药物进行晶型控制,使其向有效晶型转化。了解多晶型变化的影响条件,在制订处方、优化工艺以及后期存贮过程中避免生成无效晶型,保证临床用药的安全有效。

(三)制备和选择多晶型终产物

在原料药产品的合成工艺研究成熟之前,应先小试筛选产品重结晶的条件,鉴定可能得到的盐的形态,并研究形成多晶型、溶剂化物的可能性。终产品一般倾向于热力学稳定的晶型。如果某种晶型具有良好的溶解性和生物利用度,那这种较不稳定的晶型将是首选的。在确定以这种晶型制备为主之前,要确保这种不稳定晶型能进行放大生产。

制备新晶型的意义在于:①可能得到一种新的稳定的晶型或溶剂化物;②如果得到的不是目标晶型,可以通过控制重结晶的条件来避免此晶型的形成;③如果没有得到最稳定的晶型,则可能需要通过亚稳态晶型来制备稳定晶型。

可采用许多方法来筛选多晶型:

1. 改变溶剂或使用新的混合溶剂可能产生新的晶型。

2. 快速冷却,结晶势也快速增加时,动力学优势的晶型可能先结晶析出,热力学优势的晶型随着温度的逐渐冷却结晶析出来。

3. 扩大pH的范围可能会导致亚稳态晶型的形成,若快速调节pH,此过程是没法监测的。随着扩大溶液陈化或结晶悬浮,热力学优势的晶型析出。

4. 为验证水合物的存在,重结晶应该在改变水量的条件下尝试,在水-不混溶溶剂系统中重结晶就会产生不同的水合物。

5. 痕量杂质的存在可能导致新的结晶形成或另一个晶型优先形成。

三、终产物的纯度与杂质

原料药产品质量不合格意味着产品纯度不够,杂质含量超标,质量不合格直接关系到临床用药安全。若产品的纯度和杂质含量不能得到有效控制,说明该合成工艺不适合工业化生产,必须重新开展工艺研究,优化反应条件。

原料药中的杂质主要在最后一步反应中生成,在早期研究中应尽早确定最后一步反应的底物,并把研究工作集中在最后一步化学反应及终产物(产品)的纯化上。通过优化产品的纯化工艺,确定常规杂质结构和浓度水平,并使用该方法来制备用于毒理研究和Ⅰ期临床研究的原料药。

(一)终产物的纯度检测

药物纯度的标准是多个方面的,外观性状、物理常数和含量等均可表明药物的纯度。应当把药物的理化性质、含量、杂质的存在与否及其限量作为一个有联系的整体来判定药物的纯度,而对药物中杂质的检查又是表明纯度的一个非常重要的方面。药物纯度的测定方法可分为:①需用外标对照品的方法,如 TLC、HPLC;②依据自身理化性质的方法,如熔点测定、热分析法等;③其他方法,包括 NMR、UV 检测等方法。

1. 薄层色谱法   TLC 是半定量检测方法,要求至少 3 个检测系统中比移值(R_f 值)一致,且无其他斑点。TLC 操作简单、方便,但影响因素较多,一般仅作为辅助参考值。

2. 高效液相色谱   HPLC 是应用最广泛的含量测定方法。具有快速、准确、重现性好等优点,但有时会出现杂质漏检,一般不适合极性过大化合物的检测。

3. 熔点   有机化合物的纯品应具有恒定的熔点,且熔程一般不超过 1℃,杂质含量多,则熔程较长,故该方法可在一定程度上判断固态有机物的纯度。熔点测定过程快捷方便,但人为因素影响较大,可靠性不够高,且产品的固体形态对熔点影响也较大。

4. 差热扫描   DSC 法尤其适合检测多晶型及结晶溶剂化状态。

5. 核磁共振法   NMR 不仅是化合物结构确证的重要手段,也可以从 NMR 谱图中分析化合物的纯度。一般在 ^{1}H-NMR 谱图中积分面积不到 1 的小峰就有可能是样品中的杂质点。利用化合物特征峰面积比值也可估算出产品的纯度。

纯度鉴定时,一般采用多个方法联合应用。可先利用 TLC、熔点初步确定其纯度,较纯时以 HPLC、GC 测定,最后通过解析 NMR 谱图确证其结构及纯度。

(二)药品中的杂质

药物中杂质来源于两个方面,一是生产过程中引入的,二是贮存过程中因外界条件引起药物自身变化而产生的。杂质可分为一般杂质和有关(特殊)杂质。一般杂质指自然界分布较广泛,在一般生产贮存中容易引入的,如水分、氯化物、硫酸盐、重金属及砷盐等,它们的检查方法与限量可按药典中有关的规定方法进行实验与确定。有关(特殊)杂质指个别药物在其生产贮存过程中可能引入的,如起始原料、中间体、反应副产物、残留溶剂、异构体、贮存中产生的降解产物等,它们有可能是已知的或是未知的,检查方法与限量须经分别研究与确定。

1. 杂质的鉴定   根据《化学药物杂质研究的技术指导原则》对原料药的杂质限度的规定,最大日剂量 <2g 的原料药,杂质含量超过 0.1% 时需要进行杂质鉴定。

对于表观含量在 0.1% 及其以上的杂质以及表观含量在 0.1% 以下的具强烈生物作用的杂质或毒性杂质,予以定性或确证其结构。对在稳定性试验中出现的降解产物,也应按上述要求进行研究。

分析工艺路线,对杂质的结构进行预测,若是已知化合物,可与标准品进行比较分析;若是未知化合物,则需要通过一定的分离纯化手段得到纯品,以多种谱图联合应用进行结构鉴定。

2. 杂质的引入   根据药品的生产流程,终产物中杂质的引入可分为 4 个阶段:

(1)起始原料中引入杂质:通过对起始原料的纯度进行分析,可以推测中间体及终产物中可能存在的杂质结构。如 4- 卤代苯基化合物中常混有 1- 卤代的杂质,以其为起始原料合成的氟哌啶醇(haloperidol,5-19)中通常会含有 1- 氟代产物(5-20)。

(2)生产过程中引入杂质:包括未反应完的原料和生产过程中引入的副产物。

化学反应很难实现完全转化,产品中可能会混有未反应完的原料。对转化率低、原料残留多的反应,应尽可能实现原料的回收套用,在三唑酮(5-23)的合成中,2- 氯吡啶(5-21)和水合肼反应,生成 2- 吡啶肼(5-22)。采用先蒸出未反应原料,再冷却抽滤的后处理与纯化方法可得到纯度较高的(5-22),直接用于下一步环合反应,回收的水合肼和 2- 氯吡啶可循环套用。

也有一些未反应完的原料是不能回收套用的,有可能成为下一步反应的杂质,甚至带到终产品中。如盐酸普鲁卡因(procaine hydrochloride)的制备过程中,由于硝基还原不彻底,原料硝基化物混入后续反应中,并成为终产品中的一个主要杂质。

生产过程中副反应的发生会导致副产物的存在,这是分析推测终产品中杂质类型和结构的最重要的途径之一。有些副产物的结构和性质可能与主产物很相似,可能一步分离不完全,需要在后续的衍生化物中进行分离。

在制备福辛普利钠(fosinopril sodium)的侧链时,第一步反应次磷酸对双键(5-24)加成时生成杂质(5-25),该杂质化学性质与主产物(5-26)相似,若不分离,在 O- 烃化反应时就有可能生成 4 个光学异构体杂质(5-31),给 O- 烃化产物的提纯造成极大困难。因此,必须在 O- 烃化反应前严格控制相关杂质的含量。(5-26)中约含有 2% 的杂质(5-25),该杂质继续参加下一步反应,生成杂质(5-27)。在中间体(5-28)的纯化中,用甲基异丁基酮(methyl isobutyl ketone,MIBK)替换水进行重结晶,可将杂质(5-27)的含量控制在 0.1% 以内,随后以 99.6% 的收率得到 O- 烃化产物(5-29),不再含有杂质(5-31)。至此,第一步加成反应的副产物对产品纯度的影响完全消除。

（3）运输和储藏过程中引入杂质：由于外界条件的影响或微生物的作用、吸潮或干燥导致晶型变化、聚合、霉变，以及一些敏感基团对光、温度、空气敏感，导致药品结构发生变化、药品质量发生变化。例如酯键（内酯键）、酰胺（内酰胺）、卤代烃、酚羟基、季铵盐、噻吩、吡啶、醛和双键等都容易发生降解反应。

此外，化学反应进行中可能会出现一些有色杂质，这些有色杂质可能会对原料药产生较大影响。一般金属离子或高度不饱和的物质会产生颜色，可尝试络合沉淀或活性炭/硅藻土类的吸附剂除去，或者改变反应条件，避免温度过高、酸碱性过强等极端反应条件。

（4）外源性污染引入杂质：药品生产过程中外源性污染通常指由于操作不当等原因由外界引入到产物中的物质。包括生产过程中产品的交叉污染，引入的灰尘、固体颗粒等杂质，通过 GMP 等管理条例予以控制。

一旦确定了杂质的结构，则可分析其来源，尽量减少杂质的生成，减少药物中杂质的存在，保证药品质量。

3. 药物中的残留溶剂　残留溶剂（residual solvents）系指在原料药或辅料的生产中，以及在制剂制备过程中使用或产生而又未能完全去除的有机溶剂。《中国药典》（2010 年版）参考人用药品注册技术要求国际协调会（ICH）颁布的残留溶剂研究指导原则，对 4 类有机溶剂的含量限值进行了严格规定，溶剂限量要求与《美国药典》《欧洲药典》中的规定基本相同（表 5-7）。除非必需，一般尽可能避免使用第一类溶剂。对于第一类溶剂中的苯、四氯化碳、1,2-二氯乙烷、1,1-二氯乙烯，由于其明显的毒性，无论在合成过程中哪一步骤使用，均需将残留量检查订入质量标准，限度需符合规定。

对于目前尚无足够毒性资料的溶剂，在表 5-7 中未列出其浓度限制。还有一些在药物制备过程中可能用到的溶剂未列出，药物研发者应尽量检索有关的毒性等研究资料，关注这些溶剂对临床用药安全性和药物质量的影响。

（三）杂质控制对工艺优化的影响

杂质结构确定后，即可分析其产生的机制，从而指导工艺路线改进以避免或减少该杂质的生成。

在糖皮质激素甲泼尼龙（methylprednisolone，5-39）的生产工艺中，对其终产物中的杂质进行分析得知有 3 种主要杂质：六甲基氢化可的松（5-40）、甲泼尼龙脱水反应副产物（5-41）和甲泼尼龙-21-醛（5-42）。产生杂质的机制经证实为杂质（5-40）是起始原料 11α-羟基甲泼尼龙未脱氢物（5-32）未发生脱氢反应，而直接进行后续反应所得到的副产物；杂质（5-41）的产生是甲泼尼龙脱酯物（5-34）进行溴羟反应不完全而直接进行还原碘代等后续反应所生成的副产物；杂质（5-42）是由于醋酸甲泼尼龙（5-38）在水解时，条件过于剧烈而得到的副产物。在分析确定杂质的产生机制后，在相应的步骤对工艺条件进行改进，即可得到符合杂质限量的质量合格的产品。

表 5-7 常见 4 类有机溶剂的含量限度值（ppm）

溶剂类别	溶剂名称	限度值	溶剂类别	溶剂名称	限度值
第一类溶剂（应避免使用）	苯	2	第三类溶剂（GMP 或者其他质量要求限制使用）	醋酸	5000
	四氯化碳	4		丙酮	5000
	1,2-二氯乙烷	5		甲氧基苯	5000
	1,1-二氯乙烷	8		正丁醇	5000
	1,1,1-三氯乙烷	1500		仲丁醇	5000
第二类溶剂（应该限制使用）	乙腈	410		醋酸丁酯	5000
	氯苯	360		叔丁基甲基醚	5000
	三氯甲烷	60		异丙基苯	5000
	环己烷	3880		二甲亚砜	5000
	1,2-二氯乙烯	1870		乙醇	5000
	二氯甲烷	600		醋酸乙酯	5000
	1,2-二甲氧基乙烷	100		乙醚	5000
	N,N-二甲基乙酰胺	1090		甲酸乙酯	5000
	N,N-二甲基甲酰胺	880		甲酸	5000
	1,4-二氧六环	380		正庚烷	5000
	2-乙氧基乙醇	160		醋酸异丁酯	5000
	乙二醇	62		醋酸异丙酯	5000
	甲酰胺	220		醋酸甲酯	5000
	正己烷	290		3-甲基-1-丁醇	5000
	甲醇	3000		丁酮	5000
	2-甲氧基乙醇	50		甲基异丁基酮	5000
	甲基丁基酮	50		异丁醇	5000
	甲基环己烷	1180		正戊烷	5000
	N-甲基吡咯烷酮	4840		正戊醇	5000
	硝基甲烷	50		正丙醇	5000
	吡啶	200		异丙醇	5000
	四氢噻吩	160		醋酸丙酯	5000
	四氢化萘	100	第四类溶剂（尚无足够毒性资料的溶剂）	1,1-二乙氧基丙烷	
	四氢呋喃	720		1,1-二甲氧基甲烷	
	甲苯	890		2,2-二甲氧基丙烷	
	1,1,2-三氯乙烯	80		异辛烷	
	二甲苯	2170		异丙醚	
				甲基异丙基酮	
				甲基四氢呋喃	
				石油醚	
				三氯醋酸	

反应结束后，必须经过适当且有效的后处理与纯化过程才能得到符合质量要求的药物，适宜的后处理与纯化方法可能是整个药物合成工艺的关键。合成路线和反应条件直接决定着后处理与纯化的流程，而后处理与纯化方法和终产物的纯度又影响合成路线的选择。在原料药药品的工艺研究中，工艺路线的设定者通常要综合衡量这两个方面的要素，平衡其中的利害关系后，确定一条最适宜的工艺路线。

（刘　丹）

第六章　微生物发酵制药工艺

微生物(microbes,microorganism)的体积小、结构相对简单、分布广泛、种类繁多,但并不是所有的微生物都可用于制药,只有药物产生菌才具备制药的潜力。微生物制药(drug production by microbes)是人工控制微生物生长繁殖与新陈代谢,使之合成并积累药物,然后从培养物中分离提取、纯化精制,从而制备药品的工艺过程。微生物发酵制药(drug production by microbial fermentation)是在发酵罐中培养微生物,从发酵液中提炼药品的工艺。本章以制药微生物形态学、生理学与生物化学、遗传学为基础,介绍发酵制药的基本原理、操作技术和过程控制。

第一节　概　　述

本节在简要介绍人类利用微生物进行制药历史的基础上,分析可应用制药的微生物及其药物类型和主要药物,概括出微生物制药的基本工艺过程。

一、微生物制药简史

早在 18 世纪以前,虽然人们不知道微生物,却利用微生物进行生产和生活,如酿酒、制醋、发面和腌菜等工艺就是利用微生物的活动制造饮料和食品。17 世纪显微镜的发明使人类发现了微生物后,进入微生物的研究和利用的新时代。18 世纪的工业革命后,微生物制药技术得以起步。

在病毒发现之前,人们已经研制了基于免疫机制的治疗和预防病毒病的疫苗(vaccines)。998~1023 年就有记载人痘预防天花,即从轻微症状患者中采集痘包,接种到健康儿童,使其轻微感染,获得免疫力。1567~1572 年有痘衣、痘浆、旱痘、水苗等方法预防天花。1796 年英国医师琴纳(Edward Jenner)成功地将挤奶员手上的牛痘溃疡接种于一名儿童臂上。该儿童没有全身发病,只是局部溃疡,证明使用种痘方法预防人的天花是可行的。1798 年医学界接受疫苗接种。

19 世纪 60 年代后,法国科学家巴斯德(Louis Pasteur)利用曲颈瓶实验否定了生命的自然发生论,并研究了牛羊炭疽病、鸡霍乱和人狂犬病等传染病的病因,建立了巴氏消毒微生物实验技术。德国柯赫(Robert Koch)提出了细菌学原理和技术,改进了固体培养基配方,发现了多种病原微生物,创造了实验室纯种培养的方法,提出了鉴定微生物引起某一种特定疾病的准则——柯赫准则,证明因果关系,分离并培养病原物,接种健康动物,诱导出对应疾病,并详细研究了炭疽杆菌、结核杆菌的生活周期、症状、作用机制等。巴斯德发现培养物保存一段时间其毒力减弱甚至消失,首次使用低毒力培养物接种使鸡获得了免疫性,研制出防止鸡霍乱的方法。用同样技术,在 42~43℃ 中驯化炭疽杆菌,获得无毒菌株,即炭疽疫苗。

1885 年巴斯德研制了狂犬减毒活疫苗,首次在人体试验,成功救治了被狂犬狗所咬伤的儿童。

20 世纪是微生物制药大发展的时期,建立了现代大规模工业化的发酵制药工艺。1928 年英国细菌学家 Alexander Fleming 发现了抗菌物质青霉素(penicillin)。在第二次世界大战期间,Howard Walter Florey 和 Ernst Boris Chain 从培养液中分离制备得到青霉素结晶,并被临床证实具有抗感染疗效,抗生素从此诞生。他们 3 人为此获得 1945 年的诺贝尔生理和医学奖。20 世纪 30~60 年代是从微生物中筛选发现抗生素的黄金时期,发现了大量的在临床中广泛使用的抗感染和抗肿瘤药物。在有机溶剂和有机酸等化学品发酵技术的基础上,在菌株选育、深层发酵、提取技术和设备的研究取得了突破性进展,建立了以抗生素为代表的次级代谢产物的工业发酵,单罐发酵规模达到百吨级以上,20 世纪 60 年代抗生素成为医药行业的独立门类。

二、微生物制药类型

微生物通常需要借助光学显微镜或电子显微镜才能清楚观察其形态。微生物形态多样,包括原核生物如细菌、古细菌和放线菌,真核生物如真菌、藻类,非细胞生物如噬菌体和病毒。微生物分布广泛,存在于生物圈的所有地方,包括土壤、湖泊、海洋、大气层和岩石。微生物产生的活性化合物种类庞大,约 2.3 万个,其中 45% 由放线菌产生、38% 由真菌产生、17% 由单细胞细菌产生。微生物可生产生物制品(biologics)如疫苗(vaccines),化学药物如氨基酸(amino acids)、维生素(vitamins)、核苷酸(nucleotides)、抗生素(antibiotics)等,这些微生物均来源于自然界。

(一)微生物制备疫苗

疫苗是指可以诱导机体产生针对特定病原微生物的特异性抗体或细胞免疫,从而使机体获得防御或消灭该致病微生物能力的生物制品。可见,疫苗就是利用病原微生物制备的药物,其化学本质是蛋白质、多糖、脂多糖等免疫原性成分。目前已有针对 20 余种疾病的疫苗,其中半数以上是病毒疫苗,有效地预防了病毒感染和传播。

按病原微生物,疫苗分为细菌性疫苗和病毒性疫苗(表 6-1)。细菌性疫苗通过直接培养病原微生物进行制备,而病毒性疫苗要通过转染动物细胞并进行培养,增殖病毒后制备,形成制剂。根据制备技术,疫苗分为灭活疫苗、减毒活疫苗和亚单位疫苗。灭活疫苗是将细菌、病毒或立克次体的培养物用化学或物理方法灭活而制成,使之完全丧失致病性但保留相应的免疫原性。减毒活疫苗是用弱毒或减活的病原微生物的培养物制成的疫苗,接种人体后使机体产生亚临床感染而获得免疫力。亚单位疫苗是将病原微生物的有效抗原成分提纯制得,包括蛋白质抗原、多糖抗原、脂多糖类或类脂抗原、多糖与蛋白质结合的结合抗原。如果把几种疫苗物理混合,则可制成联合疫苗,1 次接种可获得对多种疾病的免疫效果,如百白破联合疫苗、甲型乙型肝炎联合疫苗等。

表 6-1 病原微生物制备疫苗

类型	举例
细菌疫苗	卡介苗、白喉疫苗、破伤风疫苗、百白破联合疫苗、脑膜炎球菌多糖疫苗、肺炎球菌多糖疫苗、伤寒 Vi 多糖疫苗、伤寒副伤寒甲联合疫苗、B 型流感嗜血杆菌结合疫苗、炭疽活疫苗、布氏菌活疫苗、痢疾双价活疫苗、霍乱疫苗、钩端螺旋体疫苗、疖病疫苗、气管炎疫苗

续表

类型	举例
病毒疫苗	流感病毒疫苗、甲型肝炎活疫苗、重组乙型肝炎疫苗、狂犬病疫苗、腮腺炎减毒活疫苗、麻疹减毒活疫苗、乙型脑炎减毒活疫苗、脊髓灰质炎减毒活疫苗、森林脑炎灭活疫苗、脑膜炎球菌多糖疫苗、鼠疫活疫苗、轮状病毒疫苗、水痘减毒活疫苗、麻腮风联合减毒活疫苗、出血热灭活疫苗、黄热减毒活疫苗

（二）原核微生物制药

原核微生物包括细菌、放线菌,细菌主要用于生产氨基酸、维生素、核苷酸、抗生素,如谷氨酸棒杆菌、黄色短杆菌、乳糖发酵短杆菌、短芽孢杆菌、黏质赛式杆菌等,用于产生 L-谷氨酸及其他 10 余种氨基酸。弱氧化醋酸杆菌/氧化葡萄糖酸杆菌(*Gluconobacter oxydans*,俗称小菌)和巨大芽孢杆菌(*Bacillus megaterium*,俗称大菌)混合培养,两步发酵用于维生素 C 的生产。枯草芽孢杆菌用于生产维生素 B_2(核黄素),谢氏丙酸杆菌(*Propionibacterium shermanii*)、费氏丙酸杆菌(*P. freudenreichii*)、脱氮假单孢杆菌(*Pseudomonas denitrificans*)用于生产维生素 B_{12}。甾体激素制药中,分枝杆菌等用于将植物固醇侧链断裂反应,生成雄烯酮。

放线菌主要产生各类抗生素,以链霉菌属(*Streptomyces*)最多,生产的抗生素主要有氨基苷类、四环类、大环内酯类和多烯大环内酯类,用于抗感染、抗癌、器官移植的免疫抑制剂等(表6-2)。此外,红色糖多孢菌(*Saccharopolyspora erythraea*)产生大环内酯类红霉素,东方拟无枝酸菌(*Amycolatopsis orientalis*)产生糖肽类万古霉素,小单孢菌属(*Micromonospora*)产生庆大霉素和小诺米星,假单胞杆菌(*Pseudomonas fluorescens*)产生莫匹罗星,芽孢杆菌产生杆菌肽等,黏细菌产生抗癌药物埃博霉素。

表6-2 链霉菌合成的抗生素药物

药物类型	药物举例
抗细菌感染药物	链霉素、新霉素、氯霉素、卡那霉素、四环素、达托霉素、磷霉素、林可霉素、利福平、利福霉素、土霉素、乙酰螺旋霉素、麦白霉素、麦迪霉素、螺旋霉素、交沙霉素、链阳性菌素
抗真菌药物	两性霉素 B、制霉霉素、匹马菌素
抗寄生虫药物	阿维菌素、伊维菌素
抗癌药物	柔红霉素、阿柔比星、放线菌素 D、博来霉素、嗜癌菌素、肉瘤霉素、多柔比星、新制癌菌素、道诺霉素、链脲菌素、丝裂霉素 C
免疫抑制剂	环孢素、雷帕霉素、他克莫司、吡美莫司
减肥药物	利普斯他汀

（三）真菌制药

相比较原核微生物,制药真菌的种类和数量较少,但其药物却占有非常重要的地位。青霉菌属(*Penicillium*)产生青霉素和灰黄霉素等,顶头孢霉(*Cephalosporium acremonium*)产生头孢菌素 C 等,这些 β-内酰胺类抗生素及其衍生物是抗细菌感染的主流药物。土曲霉菌(*Aspergillus terricola*)产生洛伐他汀(lovastatin),他汀类药物在治疗心血管疾病中起到重要作用。

近几年,以细胞壁合成酶为靶点,从真菌球形阜孢菌(*Papillaria sphaerosperma*)中筛选到产生脂肽结构的棘白菌素(pneumocandins),具有很强的抗真菌活性,用于半合成 echinocandin 类抗生素,如米卡芬净(micafungin)和阿尼芬净(anidulafungin)、卡泊芬净(caspofungin)已经被批准上市。侧耳菌(*Clitopilus prunulus*)生产三环二萜结构的妙林类抗生素截短侧耳菌素,其衍生物素泰妙菌素和沃尼妙林为兽药,用于抗革兰阳性菌和支原体,2007 年批准雷帕姆林(retapamulin)为用于人感染的药物。

真菌还可用于生物转化制药,如羟化可的松的制药中,梨头霉菌能特异性地对 17 位碳羟化,生成终产物。此外,阿舒假囊酵母(*Eremothecium ashbyii*)是目前维生素 B$_2$ 的主要生产菌。

三、微生物发酵制药的基本过程

从工业企业的实际岗位看,微生物发酵制药的基本过程包括生产菌种选育、发酵培养和分离纯化 3 个基本工段(图 6-1)。

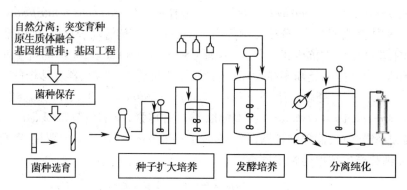

图 6-1　微生物发酵制药基本工艺过程

(一)生产菌种选育

药物生产菌种选育是降低生产成本、提高发酵经济性的首要工作。药物的原始生产菌种来源于自然界,它与新药发现同步。在进行新药发现时,针对疾病机制或作用靶点建立筛选模型,从土壤、空气、岩石、海洋中分离并培养微生物,对代谢物进行筛选。一旦筛选获得新药,就同时建立了新药的生产菌种。原始的新药生产菌种往往效价很低,微克级的产量难以进行发酵生产。对于现有的生产菌种也需要不断地选育,以提高效价和减少杂质。因此,就需要采用各种选育技术,如物理或化学诱变、原生质体融合等,针对高效利用发酵原辅料、产物耐受性、温度或抗生素的抗性,对出发菌种进行筛选,获得高产、高效、遗传性能稳定、适合于工业发酵的优良菌种,并采用相应的措施对菌种进行妥善保存,保证工业生产连续稳定进行。

(二)微生物发酵培养

微生物发酵培养是从小份的生产菌种活化开始的,经历了不同级别的种子扩大培养,最后接种到生产罐中进行工业规模的发酵培养。由于保存的菌种处于生理不活动状态,同时菌种数量很少,不能直接用于发酵培养,因此需要活化菌种。活化菌种就是把保存菌种划线接种在固体培养基上,在适宜的温度下培养,使菌种复苏生长和繁殖,形成菌落或产生孢子。种子的扩大培养包括摇瓶、小种子罐、大种子罐级联液体培养,目的是通过加速生长和扩大繁殖,制备足够的用于发酵培养的种子。收集固体培养基上的菌落或孢子,接到摇瓶内,进行液体培养。对于大型发酵,发酵罐体积达百吨以上,往往需要2级种子罐扩大培养。发酵培养就是按一定比例将种子接到发酵罐,加入消沫剂,控制通气和搅拌,维持适宜的温度、pH和罐压。微生物发酵周期较长,除了车间人工巡查和自控室监测外,还要定期取发酵样品,做无菌检查、生产菌种形态观察和产量测定,严防杂菌污染和发酵异常,确保发酵培养按预定工艺进行。

(三) 药物分离纯化

微生物发酵产生的药物是其代谢产物,要么分泌到胞外的培养液中,要么存在于菌体细胞内。药物分离纯化就是把药物从发酵体系中提取出来,并达到相应的原料药物质量标准。药物分离纯化包括发酵液过滤或离心、提取、纯化、成品检验与包装。发酵体系中的药物含量较低,为了改善发酵液的理化性质,需要进行预处理,增加过滤流速或离心沉降,使菌体细胞与发酵液分离。如果药物存在于细胞内,则破碎菌体把药物释放到提取液中。进一步采用吸附、沉淀、溶媒萃取、离子交换等提取技术,把药物从提取液或滤液中分离出来。采用特异性的分离技术,对粗制品进一步纯化,除去杂质并制成产品就是精制。如果存在于滤液中,澄清滤液,进一步提取。往往是重复或交叉使用几种基本方法,以提高提取效率。

成品检验包括性状及鉴别试验、安全试验、降压试验、热源试验、无菌试验、酸碱度试验、效价测定和水分测定等。合格成品进行包装,为原料药。

第二节　制药微生物菌种与培养技术

制药微生物最初是从自然界中筛选得到的,包括细菌、放线菌和真菌。细菌的形态和结构相对简单,主要用于生产氨基酸、核苷酸等初级代谢产物,其生物合成与代谢调控已在基础生物化学中学习。链霉菌和丝状真菌形态建成复杂,主要用于生产抗生素等次级代谢产物,生物合成途径多样,是菌株选育和发酵的理论基础。本节主要内容是链霉菌和真菌的形态特征、药物生物合成与调控机制,微生物菌种选育原理与方法、微生物培养技术与操作等。

一、制药微生物的形态与产物合成特征

(一) 链霉菌

链霉菌(*Streptomyces*)是放线菌(*Actinomycetes*)中一类非常重要的丝状多核单细胞原核生物,为革兰阳性细菌,能形成孢子,其形态建成和抗生素生物合成调控复杂。在固体培养基上,营养菌丝体(又称初级菌丝体)在培养基中生长,具有吸收营养、分泌代谢的功能。营养菌丝体不断裂,多分枝,横隔稀疏,直径为 $0.5\sim1.0\mu m$,能产生各种水溶性或脂溶性色素,使培养基或菌落出现相应的颜色,这与次生代谢产物的形成有关,可用于菌种鉴别。气生菌丝体(又称次级菌丝体)由营养菌丝体伸出培养基在上部空间伸长并分枝,发育良好,较粗壮,以无横隔的分枝菌丝方式生长。气生菌丝颜色较深,可产生色素。当营养耗竭时,激活孢子形成的条件,气生菌丝体成熟并分化成孢子菌丝(又称繁殖菌丝),进一步形成横隔,断裂形成孢子,即分生孢子。形成孢子后的菌落表层呈粉状、绒毛状或颗粒状,生成各种颜色。

(二) 丝状真菌

丝状真菌或霉菌是菌丝体能分枝的真核细胞微生物,孢子萌发后伸长形成菌丝。菌丝

生长分枝形成初级菌丝体,为单核或多核的单倍体细胞。在初级菌丝体基础上,不同性别的菌丝体接合形成次级菌丝体,为二倍体细胞。在固体培养基上形成基内菌丝和气生菌丝,菌落呈圆形,较大而松疏,不透明,呈现绒毛状、棉絮状、网索状等。产生色素或形成孢子后,出现相应的颜色,是进行分类的依据。真菌的细胞壁厚而坚韧,主要成分为几丁质。细胞质的亚细胞器分化完善,有线粒体、高尔基复合体和内质网等。根据有性生殖特点,用于制药的真菌分布在子囊菌、担子菌和半知菌。青霉菌、顶头孢霉和土曲霉菌的菌丝体有分隔,产无性分生孢子,不产生有性孢子,属于半知菌。侧耳菌的菌丝有分割,产生有性担孢子,而酵母产生子囊孢子。

(三)次级代谢产物的生物合成

次级代谢产物是指微生物产生的一类对自身生长和繁殖无明显生理功能的化合物,如链霉菌和青霉菌生成的抗生素。次级代谢产物的结构是由其编码的基因簇决定的,已发现的最长的生物合成基因簇达 100Kb 以上,包括结构基因、修饰基因、抗性基因和调节基因等。由于次级代谢途径中酶的底物特异性不强,酶催化反应步骤多,特别是后修饰的多样性,使代谢产物是一组活性差异较大的结构类似物。如红霉素(erythromycin)的发酵产物中,除了主要成分红霉素 A 外,还有少量的红霉素 B、红霉素 C、红霉素 D、红霉素 E 和红霉素 F(表6-3)。由于糖基侧链修饰基团不同,形成具有不同抗菌活性的的红霉素。红霉素 A 的抑菌活性最高,是上市药物的主要质量控制成分。

表6-3　天然红霉素的结构

名称	R_1	R_2	R_3	R_4	相对抗菌活性(%)
红霉素 A	—OH	—CH$_3$	H	H	100
红霉素 B	—H	CH$_3$	H	H	75~85
红霉素 C	—OH	—H	H	H	25~50
红霉素 D	—H	—H	H	H	25~50
红霉素 E	—OH	—CH$_3$	—O—	—	—
红霉素 F	—OH	—CH$_3$	OH	H	—

红霉素是红色糖多孢菌(*Saccharopolyspora erythraea*)产生的 14 元大环内酯类抗生素,由红霉内酯、脱氧氨基己糖、红霉糖 3 个部分组成。临床用于抗细菌感染,其作用机制是与核糖体大亚基结合,阻止蛋白质的合成。

1982 年克隆了红霉素抗性基因(*ermE*),以它为探针,逐步克隆了 6-脱氧红霉内酯合成基因及其修饰基因。红霉素生物合成基因簇(*ery*)全长 56kb,包括 21 个基因(图6-2)、3 个聚酮合成酶(polyketide synthetase, PKS)基因(*eryA* Ⅰ - *eryA* Ⅲ)、13 个糖合成基因、3 个修饰基因和 1 个抗性基因。红霉素的生物合成过程包括大环内酯聚酮骨架合成、后修饰氧化和糖基化。

图 6-2 红霉素的生物合成基因簇

单个基因用粗框所示,对应的基因名称在其下方。启动子在基因上游,转录方向用左或右转弯箭头所示。黑色实线所示为转录产物。

1.6-脱氧红霉内酯骨架的生物合成 红霉内酯生物合成的生源主要来自葡萄糖和氨基酸,葡萄糖经过氧化代谢为丙酰-CoA,缬氨酸代谢形成甲基丙二酰-CoA。由 3 个 Ⅰ 型聚酮合成酶催化,对底物进行线性硫模板组装,合成 6-脱氧红霉内酯(6-deoxyerythronolide B,6dEB)(图 6-3)。3 个基因 *eryA* Ⅰ、*eryA* Ⅱ 和 *eryA* Ⅲ 全长约 33kb,编码的 3 个产物分别为超大聚酮合成酶 DEBS1、DEBS2 和 DEBS3。每个聚酮合成酶由两个同型亚基组成,每个亚基有 2 个模块,每个模块由 1 组共价连接的酶共同负责 1 轮聚酮链的延伸。其中 DEBS1 包含起始模块,DEBS3 包含释放模块。最小聚酮合成酶由 AT、KS 和 ACP 组成。

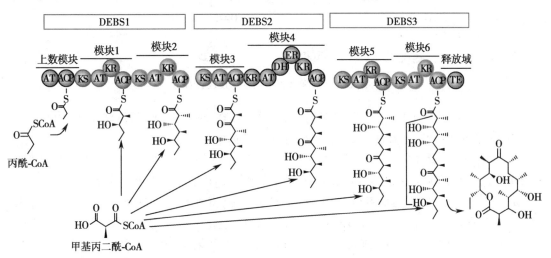

图 6-3 脱氧红霉内酯的生物合成

AT:酰基转移酶(acyltransferase);KS:酮酰基合成酶(β-ketoacyl synthase);ACP:酰基载体蛋白(acyl carrier protein);KR:酮酰基 ACP 还原酶(β-ketoacyl ACP reductase);ER:烯醇还原酶(enoyl reductase);DH:脱水酶(β-hydroxyl-thioester dehydratase);TE:硫酯酶(thioesterase)

(1)聚酮合成的起始:DEBS1 内有上载模块,其作用是通过酰基转移酶域将丙酰-CoA 中 3 碳单元转移到酰基载体蛋白域上,启动聚酮链延长。

(2)聚酮链的延伸:DEBS 中的延伸模块负责碳链的延伸,每个模块由不同的结构域组成,催化相应的生化反应。对于模块 1 而言,AT 将甲基丙二酰基-CoA 转移到 ACP 上,形成丙酰-ACP,KS 域中的半胱氨酸位点接收上载域中的丙酰-ACP。第一个延伸底物甲基丙二酰基-CoA 被转移到 ACP 上,KS 催化脱羧缩合反应,底物甲基丙二酰脱羧释放 1 分子二氧化碳,同时与丙酰基缩合形成甲基-β-酮戊酰-ACP 中间体;KR 用 NADPH 把 β-酮基成还原羟基,完成第一轮 2 碳单位的链延伸(图 6-4)。模块 2、模块 5 和模块 6 的反应过程与模块 1 类似,都延伸 2 碳单位,同时 β-酮基被还原。在模块 3 中,KR 失活,没有还原反应,只有延伸反应。在模块 4 中,KR 还原 β-酮基为羟基,DH 催化羟基脱水形成烯键,而 ER 将烯键还原为饱和键。

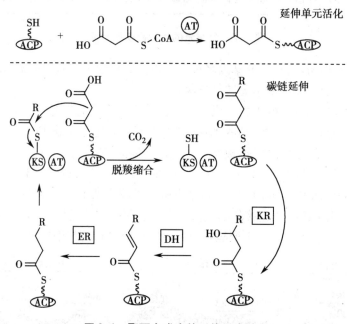

图 6-4　聚酮合成中的延伸反应过程

　　(3)聚酮链的终止与释放:完成聚酮链的延伸后,在 TE 的催化下,链状聚酮环化,并且从聚酮合成酶 DEBS3 上释放下来,形成 6-脱氧红霉内酯环。

　　2. 内酯环的修饰　红霉素合成过程中的修饰是糖基化和氧化。6-脱氧红霉内酯被 P450 氧化酶 EryF 催化氧化,C6 羟化生成红霉内酯。EryB 催化碳霉糖的合成,并与内酯 C3 位氧连接,生成 3-α-碳霉糖基红霉内酯 B。EryC 催化脱氧氨基己糖合成,并与 C5 位氧连接,生成红霉素 D。红霉素 D 被 EryK 催化氧化,C12 羟化生成红霉素 C;红霉素 D 被 EryG 催化,甲基化生成红霉素 B。红霉素 D 先后被氧化和甲基化,则生成红霉素 A(图 6-5)。

　　从基因编码的氨基酸序列和同源性分析及其基因敲除等实验,可知底物葡萄糖被 TTP 活化,生成 TDP-葡萄糖,然后由 EryB 催化合成 TDP-碳霉糖、由 EryC 催化合成 TDP-脱氧氨基己糖。由于涉及多个基因和生化反应,红霉素中的两种糖碳霉糖和脱氧氨基己糖的详细合成机制仍然不清楚。

　　红霉素生物合成基因簇的抗性基因 *ermE* 赋予红色糖多孢菌对红霉素的自身抗性。在生物合成基因簇中未鉴定出分泌和转运基因,因此红霉素是如何分泌到胞外进入发酵液,机制仍然不清楚。

　　3. 次级代谢产物的生物合成调控　在链霉菌中,次级代谢产物的生成伴随着菌体形态的分化。生理学研究表明,微生物生长到一定阶段,当营养受限、水分、pH 等环境条件引起生理状态变化,生成次级代谢产物。同时,菌体出现新的表型,发生相应的形态分化。次级代谢产物生物合成的调控复杂,包括全局调控、途径特异性调控。环境变化是全局调控的引

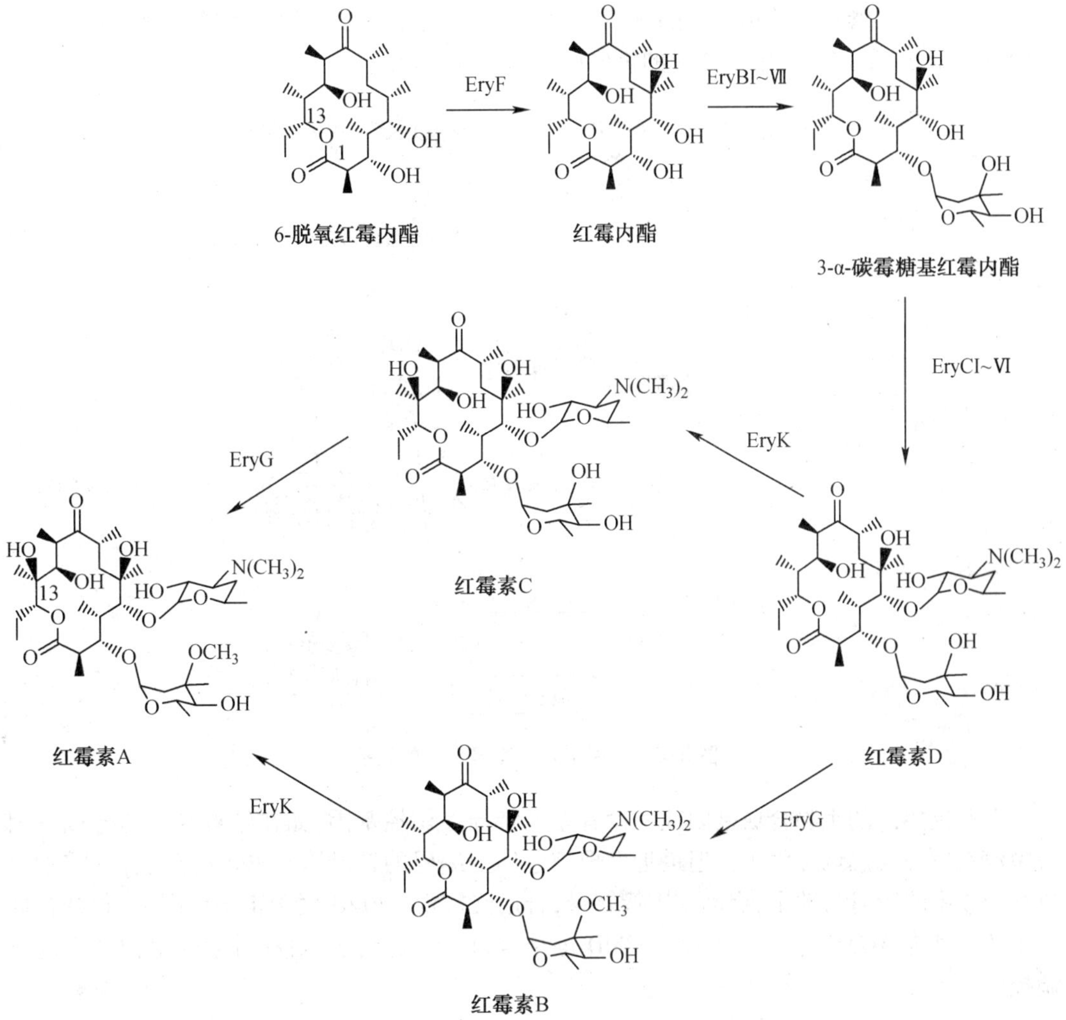

图 6-5 红霉素 A 生物合成中的糖基化修饰和氧化

发因素,抗生素的生成是这些基因协同表达的结果。途径特异性调控是链霉菌次级代谢途径更直接和重要的调控方式,一般位于生物合成基因簇的内部,调控基因控制着结构基因的表达,决定了表达方式和程度。通过结构基因的转录激活或阻遏解除,从而开启次级代谢产物的合成、分泌和积累。抗生素生物合成基因簇的转录和调控、功能基因酶活性及其调控是菌种选育和发酵工艺控制的理论基础。

灰色链霉菌(*Streptomyces griseus*)产生链霉素,在其生物合成基因簇中有唯一途径调控基因 *strR*。StrR 结合到其他基因的启动子区域,启动基因转录和链霉素的合成。但 *strR* 受到细胞群体效应分子的调控。灰色链霉菌产生自诱导因子(autoregulatory factor,A 因子)(2-isocapryloyl-3*R*-hydroxymethyl-g-butyrolactone,γ-丁内酯衍生物)是群体效应分子,当其浓度仅为 10^{-9}mol/L 时启动链霉素产生和气生菌丝形成。质粒上的 Afs 催化合成 A 因子,随着菌体浓度的增加,A 因子合成增加,当达到一定阈值时,A 因子结合到其受体 ArpA 上,解除了 *adpA* 基因的抑制,从而转录、翻译合成 AdpA 蛋白,进而 AdpA 结合到 *strR* 基因的调控区(其特异性序列是 5'-TGGCSNGWWY-3';S,G/C;W,A/T;Y,T/C;N,A/T/G/C),激活 *strR* 基因的转录,链霉素生物合成基因簇得以转录、翻译,实现了链霉素合成途径特异性的调控(图6-6)。继灰色链霉菌中的 A 因子之后,到目前至少在 7 种其他链霉菌中发现了 A 因子的类似物,是抗生素生物合成的重要调控因子。

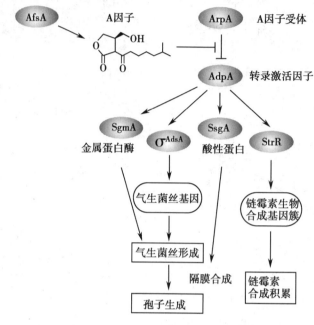

图6-6　A 因子对链霉素合成的调控

有些抗生素的生物合成基因簇中没有途径特异性调控基因,如在红霉素生物合成基因簇中没有发现编码调控因子。但最近发现染色体上编码的转录因子 BldD 能结合红霉素合成基因簇中的所有启动子,启动基因簇转录,合成红霉素。BldD 属于正调控因子,它结合启动子的序列为 AGTGC(n)9TCGAC。BldD 也结合自身的启动子,对红霉素的生物合成进行调控。

二、制药生产菌的选育

发酵生产药物需高产优质的菌种。自然界中的微生物趋向于快速生长和繁殖,而发酵工业还需要大量积累产物,因此菌种选育很重要。最早是利用自然变异,从中选择优良株系。随后采用物理因子(紫外线、X 射线、中子、激光等)、化学因子(烷化剂、碱基类似物等)和生物因子(噬菌体、抗生素)进行诱变育种。20 世纪 80 年代,采用杂交育种和基因工程育种;90 年代以后,出现了基因组 shuffling 育种。

(一)自然分离制药微生物新菌种

从微生物中分离具有药理活性的天然化合物是新药筛选的一个重要方面。因此从自然界分离制药微生物是与新药筛选相辅相成的过程。如果筛选到了新药,就意味着同时分离得到产生新药的菌种。从自然界分离制药微生物包括 4 个基本步骤。

1. 样品的采集与处理　土壤、岩石、湖泊、河流、沙漠和海洋等中都有微生物存在,采集这些样品后,根据筛选药物类型和微生物的特性进行预处理。预处理的目的是富集目标微生物,减少其他微生物的干扰。如较高温度(40~60℃)、不同时间预处理,可分离到不同种类的放线菌。为了减少样品中的细菌数量,可用化学试剂如 SDS、NaOH 处理,也有利于放线菌富集。如果要去除真菌,可用乙酸乙酯、三氯甲烷、苯等处理样品。

2. 分离培养 首先选择适宜的培养基,既要满足目标微生物营养需要和 pH 条件,又要有利于合成活性物质,可考虑添加前体化合物。可添加抑菌剂,加强目标微生物的富集。如加入抗真菌试剂和抗细菌抗生素,可以富集放线菌。一般采用稀释法,用无菌水、生理盐水等稀释样品后涂布平板,确保形成单菌落。根据待分离的目标微生物,在所要求的温度下培养。如放线菌可在 25~30℃ 和 32~37℃ 下培养 7~14 天至 1 个月。

3. 活性药物筛选 通过测定培养物是否具有生物活性而确定。通常以非致病菌为对象,采用琼脂扩散法测定微生物培养物的活性,可筛选抗生素。一旦具有较高活性后,再用耐药和超敏病原微生物为对象进行筛选,这需要严格控制的特殊实验环境。筛选过程是活性跟踪的逐级分离过程,由培养物到组分分离、再到纯化单体化合物。对于抗肿瘤药物的筛选,可采用 96 板培养,制备提取物,结合酶标仪,用不同细胞系进行抗肿瘤细胞活性测试。由于次级代谢产物的生成与培养环境密切相关,因此可使用不同的培养基、不同的培养条件,制备不同的培养物进行活性实验。使用靶向筛选、高通量筛选、高内涵筛选等方法可大大加速新药筛选过程。在活性测定中应该包括阳性药物,只有比阳性药物活性高的化合物才值得深入研究。对此阶段获得的菌种要妥善保存,记录培养条件,可指导后期发酵工艺优化。详细记录活性化合物的分离纯化方法,归纳总结形成产物制备工艺。

4. 活性物质的结构鉴定 对于经过筛选获得的菌种妥善保存,培养后制备足够量的活性化合物,用 HPLC、LC-MS 和 NMR 等波谱仪分析,鉴定活性化合物的结构,研究其理化性质,进入新药研发轨迹。

随着越来越多的微生物基因组被测序,基因组挖掘和异源表达正成为新药筛选和不可培养微生物资源利用的有效途径。

(二) 诱变育种

诱变育种是使用物理或化学诱变剂,使菌种遗传物质基因的一级结构发生变异,从突变群体中筛选性状优良个体的育种方法。诱变育种速度快、收效大、方法相对简单,但缺乏定向性,需要大规模的筛选。诱变育种技术的核心有两点,第一是选择高效产生有益突变的方法,第二是建立筛选有益突变或淘汰有害突变的方法。单轮诱变育种很难奏效,需要反复多轮诱变和筛选(至少 10~20 轮),才能获得具有优良性状的工业微生物菌种。因此,要注意诱变剂的选择与诱变效应的筛选。

常用的化学诱变剂有碱基类似物(如 5-溴尿嘧啶、2-氨基嘌呤、8-氮鸟嘌呤)、烷化剂(如氮芥、硫酸二乙酯、丙酸内酯)和脱氨剂(如亚硝酸、硝酸胍、羟胺)、嵌合剂(如丫啶染料、溴化乙锭)等,其原理在于化学诱变剂的错误掺入和碱基错配使 DNA 在复制过程中发生突变。常用的物理诱变剂有紫外线、快中子、X 射线、γ 射线、激光、太空射线等,其原理在于通过热效应损伤 DNA,或碱基交联形成二聚体,从而使遗传密码发生突变。

诱变剂的剂量和作用时间对诱变效应影响很大,一般选择 80%~90% 的致死率,同时要尽可能增加正突变率。由于不同微生物对各种诱变剂的敏感度不同,需要对诱变剂剂量和时间进行优化,以提高诱变效应。在实际工作中,常常交叉使用化学和物理诱变剂,进行合理组合诱变。

确定育种目标,建立筛选方案。对于生产用菌种,育种目标主要有高产、底物利用迅速、抵抗逆境等。对于提高产量,经常采用高产物浓度进行筛选。也可根据产物的作用机制,采用产物类似物或相同作用机制的抗生素作为筛选压力。施加一定的选择压力,如抗生素、底物浓度等,或生理作用,有针对性地进行。对于底物利用,如果是葡萄糖,可采用其类似物

2-脱氧葡萄糖进行筛选；如果是淀粉或油脂，可采用淀粉酶或脂肪酶的指示剂进行筛选。微生物发酵过程容易被其他杂菌或噬菌体污染，提高菌种的抗逆能力有利于降低能耗和成本。

（三）原生质融合与基因组重排技术

1975 年美国科学家用番茄和马铃薯细胞融合，培育了番茄薯，由此原生质体融合技术广泛应用于微生物育种。

1. 原生质体融合技术　是指将两类不同性状的细胞原生质体通过物理或化学处理，使之融合为 1 个细胞。

原生质体融合包括 3 个基本步骤：①用去壁酶消化胞壁，制备由细胞膜包裹的两类不同性状的原生质体；②用电融合仪或高渗透压处理，促进原生质体发生融合，获得融合子；③在培养基上使融合子再生出细胞壁，获得具有双亲性状的融合细胞。

根据微生物细胞壁的结构成分，选择适宜的去壁酶。如细菌细胞壁的主要成分是肽聚糖，常选用溶菌酶；真菌细胞壁的主要成分是几丁质，常选用蜗牛酶、纤维素酶等。经常采用多种酶按一定比例搭配，提高细胞壁去除效率。为了有效制备原生质体，在培养基中添加菌体生长抑制剂，使细胞壁松弛，并在对数期取样。另一个影响原生质体融合育种的因素是建立高效的细胞壁再生体系，一般要求两个亲本菌种有明显的性状遗传标记，便于融合子的有效筛选。

2. 基因组重排技术　将不同性状的细胞融合后，其染色体发生交换、重组等遗传事件，使之出现新表型。

基因组重排的基本过程为：①对亲本菌种进行诱变处理，高通量筛选，建立单个性状优良突变株库；②多个优良菌株的原生质体融合，基因组重排，再生细胞壁，形成融合库；③发酵筛选，获得优良的融合菌种。

表型性状是由基因组中的多个基因决定的，所以经过多轮基因组重排，可把不同菌种优良性状集成在 1 个菌种中。相比诱变育种，基因组重排能加速筛选，缩短育种时限，在较短时间内能获得表型改进的预期效果。和其他育种方法一样，筛选方法的灵敏性和适用性是基因组重排技术的关键。此外，不同菌种的遗传背景有差异，较高的遗传重组效率有利于重排事件的发生。

链霉菌的原生质体融合使基因组重排的效率很高。在原生质融合技术的基础上，采用基因组重排（genome shuffling，GS）技术，采用硝基胍诱变，筛选到性状不同的菌株。然后用两轮基因组重排，获得了高产泰乐菌素生产菌。1 年内，经过 24 000 次分析，其效果与过去 20 年的诱变育种相当（图6-7）。

（四）基因工程技术育种

基因工程育种在传统抗生素、氨基酸、维生素发酵菌种的选育中具有重要作用，采用基因工程技术，过量表达或抑制表达某一个或一组基因，调控代谢过程，实现目标产物的高效表达。目前，基于基因工程技术的代谢工程已经培育了多种高产初级和次级代谢产

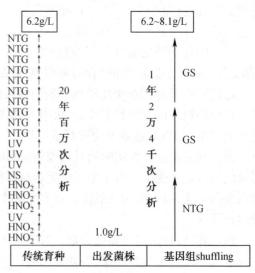

图6-7　突变育种与基因组重排育种的比较
UV：紫外线；NTG：硝基胍；GS：基因组重排

物药物的菌种,并在生产中得到应用。基因工程技术的原理见第七章。

三、制药生产菌种保存方法

由于微生物染色体上存在重组基因和转座元件,生产菌种在实际使用过程中随着传代次数的增加,将产生变异会导致菌种退化,甚至丧失生产能力。因此,妥善保存菌种、保持菌种的遗传特性和生产性能是确保工业生产正常进行的前提和基础。菌种的保存原理是把微生物菌体的生长代谢过程降到最低,从而延长寿命时限。根据不同微生物的特点和对生长的要求及其用途,选用适宜的保存材料,在低温、干燥、缺氧、避光和营养缺乏等人工环境中保存。保存过程中为了防止杂菌污染,每个环节一定要做无菌检查。

(一)低温保存

1. 培养物制备　划线接菌到固体斜面或培养皿的培养基上,或穿刺接种。在适宜温度下充分生长,获得健壮、无污染、具有优良生产特性的菌种。接种量适当,培养时间不宜过长。

2. 培养物预处理　可根据不同微生物的特性和保存目的,对培养物进行不同的预处理。对于固体表面培养物,在生长旺盛期,用封口膜封闭培养容器开口。对穿刺培养物,可用石蜡油密封隔氧保存。一般加入灭菌的液体中性石蜡油,覆盖厚度为1cm左右,封闭管口。对于孢子培养物,可用沙土管保存。将沙土(黄砂:泥土为3:2或1:1)与孢子混合,使孢子吸附在载体介质上,抽气干燥。

3. 保存时限　将预处理的培养物置于4~8℃的冰箱内进行低温保存。对于固体表面培养物短期保存,细菌一般为1个月,放线菌为3个月,酵母和丝状真菌为4~6个月。用石蜡油保存,可达1年以上。沙土管保存分生孢子霉菌、放线菌和芽孢细菌,可达5~10年。

低温保存过程中,要防止培养基蒸发失水而变干。同时要监测菌种活性,在保存时限之前及时定期转接,再次保存。

(二)冷冻干燥保存

细胞或孢子与脱脂奶粉等冷冻保护剂混合,制成悬液,在 -45 ~ -35℃(乙醇或干冰)下预冻15分钟~2小时,使细胞冻结而结构不受破坏,保持细胞的完整性。低温真空干燥后,密封避光于 -80 ~ -20℃下保存。用于制备疫苗的病原微生物可使用明胶或血清等冷冻保护剂。保护剂的作用在于降低细胞的冰点,减少冰晶对细胞的伤害,有利于菌体的复苏。采用冷冻干燥保存时间长,一般为5~10年,多达15年。

(三)液氮保存

液氮的温度是 -196℃,将菌种放在液氮中保存是目前最可靠的长期保存方法。其保存的基本过程如下:

1. 培养物的预处理　收获孢子或单细胞微生物,与10%~20%甘油或二甲亚砜混合,制成悬液,浓度 $>10^8$ 个/ml。分装小管,密封。

2. 冷冻　先降至0℃,以1℃/min的速度降至 -35℃,然后置于液氮罐中保存。也可直接置于液氮中速冻,然后在液氮罐中保存。

液氮保存可用于细菌、链霉菌、酵母、霉菌孢子和动物细胞,是长期保存主种子批的主要方法。

在实验室研究中,固体培养物低温短期保存日常使用菌种,细菌液体培养物或孢子与甘油混合物在 -80℃冰箱中进行长期保存。

四、制药微生物培养技术

（一）固体培养技术

固体培养是将菌种点种、穿刺、划线或涂布在固体培养基表面，或者将菌种与固体培养基混合，在适宜温度下进行培养。固体培养常用于菌种分离与鉴定、菌种活化、种子培养和疫苗生产等。对于固体平板培养，通常倒置，微生物生长形成菌落。

对于冷冻保存的菌种，使用前必须采用固体培养进行活化。菌种活化的过程是恢复其生物活性和适应新的生长环境的过程，也是一次扩大菌种数量的过程，获得比接种量更多的孢子或细胞。在工业生产中，常用固体培养制备孢子菌种。

固体培养制备疫苗的基本过程如下：将菌种接种到试管斜面上，在一定温度下静止培养，获得第一代培养物。转接到大试管或大培养瓶中扩大培养。刮取菌苔悬于生理盐水中，经杀菌后制备灭活菌苗，加适宜保护剂后制备减毒菌苗。如伤寒全菌体灭活疫苗、百日咳灭活疫苗、卡介苗和布氏菌疫苗等采用固体培养生产。固体培养生产疫苗的缺点是产量受限，微生物生长较慢，周期较长，而且人工操作较多，生产效率低下。

（二）液体培养技术

针对固体培养的缺点，人们开发了大规模工业化的液体培养技术。液体培养是把菌种接种到发酵容器的液体培养基中，对菌体细胞进行游离悬浮培养。液体培养过程中通过搅拌和混合，增加氧传递和传质，微生物生长快、效率高，是现代发酵制药的主流技术，用于种子制备和发酵生产。将活化后的菌种接入摇瓶的液体培养基中进行扩大培养，即可制备摇瓶种子；把摇瓶种子转接到种子罐中进行扩大培养，即可制备生产种子。

对于液体培养发酵，有两种策略。第一种是高密度培养策略，另一种是浓醪发酵。高密度发酵是指发酵体系中菌体干重达到 $50g/L$ 以上的培养技术。高密度培养的优点在于缩小发酵培养体积，增加产量，降低生产成本，提高生产效率。对于放线菌等丝状微生物，由于耗氧量大，难以实现高密度培养。但对于细菌等单细胞微生物，高密度培养是发酵工艺努力的方向，特别有利于蛋白质药物生产，也适合于微生物转化生产医药中间体和氨基酸等产品。

（三）固定化培养技术

固定化培养是把菌体或细胞固定在固体支持介质上，再进行液体培养。固定化技术既可应用于微生物，也是动物细胞培养制药的有效方式。在微生物固定化培养中，常用的固体支持介质有聚丙烯酰胺、羧甲基纤维素、明胶和海藻酸钠等。

固定化培养是一种把固体培养和液体培养优点相结合的方法，是未来最具潜力的制药微生物的培养方法。其优点在于：①在固定化的空间内减少了搅拌剪切对细胞的伤害作用，细胞密度高，有利于提高产量；②细胞活性高，稳定性好，可反复或连续使用，延长了发酵培养周期；③发酵液中菌体细胞少，有利于产物的分离和纯化，降低成本。

类似地，对酶进行固定化可用于生物转化制药中。在生物转化制药体系中，底物经过氧化、还原、水解、甲基化、糖基化、酰化和烷基化等生物酶促反应，生成终产物药物。相关酶催化制药实例，见第三章第四节生物催化剂。

第三节　微生物发酵的培养基与灭菌工艺

制药微生物是化能异养型微生物，其生长和药物合成需要营养物质和适宜的环境。制药微生物必须在没有杂菌存在的环境中生长繁殖,营养充分,才能有效地合成和积累药物。培养基和灭菌是发酵培养的两个基本技术。本节介绍微生物培养基成分、种类及其研制、培养基和空气灭菌工艺。

一、微生物培养基的成分与作用

培养基是由人工配制的营养物质和非营养物质组成的混合物,其作用是满足制药微生物生长和产物合成,提供适宜的渗透压、pH 和稳定发酵工艺与控制。培养基的成分主要包括有机碳源、氮源、无机盐、生长因子等营养要素,还包括消沫剂、前体等。

(一) 有机碳源

有机碳源是异养微生物生长的第一营养要素,其作用在于为细胞生长和繁殖提供能量 ATP 来源,也为细胞生理和代谢过程提供碳骨架。进入微生物细胞内的碳源,经过糖酵解、磷酸戊糖途径和三羧酸循环等分解途径,产生 NADPH 和 $NADH_2$;经线粒体的电子传递呼吸链,氧化磷酸化,释放出生物能 ATP,满足细胞的能量需求。分解代谢产生的中间产物如有机酸、核糖等进一步代谢为脂肪酸、氨基酸和核苷酸等,聚合生成多糖、磷脂、蛋白质和核酸,同时合成初级代谢和次级代谢产物药物。

微生物发酵可利用的有机碳源包括糖类、醇类、脂肪和有机酸等。糖类有单糖(如葡萄糖、果糖、木糖)、双糖(如蔗糖、乳糖、纤维二糖)和多糖(如淀粉、糊精),脂肪有豆油、棉籽油、玉米油和猪油,醇类有甘油、甘露醇和山梨醇等。微生物通过主动运输吸收小分子碳源,被细胞代谢。对高分子碳源如淀粉和脂肪,微生物分泌的淀粉酶、脂肪酶等降解为单糖或短链脂肪酸后,再吸收利用。在发酵工业中,常用碳源为葡萄糖、淀粉、糊精和糖蜜,来源于农副产品。糖蜜是制糖的副产物,主要成分为蔗糖,是廉价的碳源。木糖是仅次于葡萄糖的自然界最丰富的碳源,但由于中心碳代谢阻遏效应,制药微生物对葡萄糖和木糖难以同步共利用。近年来,随着淀粉质碳源替代的开发,对木糖的利用越来越受到关注。已经研发了能同步利用葡萄糖和木糖的菌种,有望将来利用纤维素水解产物(主要成分为葡萄糖和木糖的混合物)为碳源进行发酵制药。

(二) 氮源

氮源为制药微生物生长和药物合成提供氮素来源,在细胞内经过转氨作用合成氨基酸,进一步代谢为蛋白质、核苷和核酸及其他含氮物质。

制药微生物可利用的氮源包括有机氮源和无机氮源两类。常用有机氮源有黄豆饼粉、花生饼粉、棉籽饼粉、玉米浆、玉米蛋白粉、蛋白胨、酵母粉和鱼粉等,被微生物分泌的蛋白酶降解后吸收利用。有机氮源中含有少量无机盐、维生素、生长因子和前体等,制药微生物生长更好,有利于药物发酵。另外,尿素也是可利用的有机氮源。

常用无机氮源有铵盐、氨水和硝酸盐。氨离子被细胞吸收后可直接利用,而硝酸根必须被硝酸还原酶体系催化还原为氨离子后才能利用。虽然根瘤菌具有固氮作用,但制药微生物不能利用空气中的无机氮元素。如果硝酸还原酶体系活性不强,微生物对硝酸根的利用就较差。与有机氮源相比,无机氮源是速效氮源,容易被优先利用。无机氮源中,氨离子比硝酸根离子更快被利用。

根据氮被利用后残留物质的性质,把无机氮源可分为生理酸性物质和生理碱性物质。生理酸性物质是代谢后能产生酸性物质,如 $(NH_4)_2SO_4$ 利用后产生硫酸。生理碱性物质是代谢后能产生碱性物质,如硝酸钠利用后产生氢氧化钠。在发酵工艺控制中,添加无机氮源既补充了氮源，又调节了 pH，一举两得。

（三）无机盐

无机盐包括磷、硫、钾、钙、镁、钠等大量元素和铁、铜、锌、锰、钼等微量元素的盐离子形态，为制药微生物生长代谢提供必需的矿物元素。这些矿物质通过主动运输进入细胞，既是细胞的组分，也对代谢具有重要的调节作用。硫是氨基酸和蛋白质的组成元素，钙参与细胞的信号传导过程。磷酸是核苷酸和核酸、细胞膜的组成部分，磷酸化和去磷酸化是细胞内代谢、信号转导的重要生化反应。此外矿物质还参与细胞结构的组成、酶的构成和活性、调节细胞渗透压、胞内氧化还原电势等，因此具有重要的生理功能。由于水和其他农副产品中含有的无机盐成分足以满足细胞的生长，一般情况下在培养基中不单独添加。磷含量与氮含量一样，可以调节微生物的生长与生产，对抗生素等次级代谢调控具有重要的作用。已经发现多个磷调控蛋白，与抗生素的合成和产量直接关联。可见控制磷酸盐浓度对制药发酵非常重要，磷在发酵培养中的作用应该值得重视。在发酵中采用磷酸或磷酸盐缓冲体系来调整酸碱度，提高了培养体系磷含量，必将影响微生物的生长与产物生成的分配。

（四）生长因子

微生物的生长因子是指维持菌体细胞生长所必需的微量有机物，不起碳源和氮源的作用。微生物生长因子包括维生素、氨基酸、嘌呤或嘧啶及其衍生物等，在胞内起辅酶和辅基作用等，参与电子、基团等的转移过程。由于蛋白胨等天然培养基成分含有微生物生长因子，一般不单独添加。

（五）前体和促进剂

前体是直接参与产物的生物合成、构成产物分子的一部分，而自身的结构没有大变化的化合物。前体可以是合成产物的中间体，也可以是其中的一部分。如在青霉素的发酵中，其直接前体半胱氨酸、缬氨酸和 α- 氨基己二酸（由赖氨酸衍生而来），聚合生成青霉素 N，再与前体苯乙酸发生转移反应，异青霉素 N 的侧链被苯乙酰取代，则生成青霉素。钴可以看成是维生素 B_{12} 的前体，丙酸、丁酸等是聚酮类抗生素的前体。如果发酵培养基添加前体丙酸钠，则以乙酰的形式被缩合进入大环结构中。

促进剂是促进微生物发酵产物合成的物质，但不是营养物，也不是前体的一类化合物。其作用机制可能有 4 种情况：①促进剂诱导产物生成，如氯化物有利于灰黄霉素、金霉素的合成。②促进剂抑制中间副产物的形成，如金霉素链霉菌发酵生产四环素时，添加溴可抑制金霉素的形成；添加二乙巴比妥盐有利于利福霉素 B 的合成，抑制其他利福霉素的生成。③促进剂加速产物向胞外释放。④促进剂改善了发酵工艺，添加表面活性剂吐温、清洗剂、脂溶性小分子化合物等将改变发酵液的物理状态，有利于溶解氧和搅拌等参数控制。

前体和促进剂虽然有利于目标产物的合成，但往往有毒性。因此在发酵过程中，为了平衡生长和生产的关系，常采用少量多次的工艺添加前体和促进剂。

（六）消沫剂

由于发酵过程中的搅拌和通气，使发酵体系产生很多泡沫。为了稳定发酵工艺，防止逃液，就要消除泡沫。培养基中加入消沫剂是一种行之有效的工业措施。

消沫剂是降低泡沫的液膜强度和表面黏度，使泡沫破裂的化合物，包括天然油脂和合成的高分子化合物。常用的天然消沫剂包括豆油、玉米油、棉籽油、菜籽油等植物油和猪油等动物油。由于油脂的碳链中存在不饱和双键，容易被空气氧化，导致酸败，碘值和酸值升高，对发酵产生不良影响。因此，应注意油脂的保存条件，稳定供应来源，控制油品质量，稳定发酵生产。

合成的消沫剂包括聚醚类、硅酮类。聚醚类是氧化丙烯或氧化丙烯和环氧乙烷与甘油聚合而成的,品种很多。聚氧乙烯氧丙烯甘油又称泡敌,亲水性好,用量少,效果好,比植物油大10倍以上,消泡能力强。硅酮类不溶于水,单独使用效果差,可与分散剂联合使用。

二、微生物培养基的种类

在微生物培养中,使用的培养基种类繁多,往往根据其物理状态、组成成分和具体用途等进行分类。按培养基的物理状态,可分为固体培养基、半固体培养基和液体培养基,其区别在于所加固化剂的浓度不同。一般使用无营养作用、不影响 pH 的琼脂粉为凝固剂,它在较高温度下(60℃以上)是液体,低于40℃形成固体。不加凝固剂制备液体培养基,添加少量(0.5%~0.7%)凝固剂制备半固体培养基,添加足量(1.5%~2.0%)固化剂可制备固体培养基。按培养基的组成成分,可分为合成培养基、天然培养基和半合成培养基。合成培养基是由成分明确的化学物质组成,天然培养基是由成分不完全明确的天然碳源或氮源组成,半合成培养基是由天然碳源或氮源和化学物质组成。在工业发酵中,常按培养基在发酵过程中所处位置和作用进行分类,包括固体培养基、种子培养基、发酵培养基和补料培养基等。

(一)固体培养基

制备固体培养基的容器包括试管、板瓶或培养皿,其作用是提供细胞的生长或由菌体繁殖产生孢子。对于链霉菌和丝状真菌而言,通常被称为孢子培养基。作为繁殖用的培养基,要求营养丰富,细胞生长繁殖迅速,能形成大量的孢子,但不能引起变异。对于细菌和酵母等单细胞微生物,培养基的成分要丰富,含有各类营养物质,包括碳源、氮源、添加微量元素和生长因子等。对于链霉菌和菌丝状真菌、孢子培养基,培养基的营养成分要适量,以形成优质大量的孢子为主。要防止只有菌丝体旺盛生长,而不产生孢子的现象。

(二)种子培养基

种子培养基是孢子发芽和菌体生长繁殖的液体培养基,包括摇瓶和一级、二级种子罐培养基。种子培养基的作用是扩大种子数目,在较短时间内获得足够数量的健壮和高活性的种子。种子培养基的成分必须完全,营养要丰富,含有容易利用的碳、氮源和无机盐等。由于种子培养时间较短,培养基中营养物质的浓度不宜高。为了缩短发酵的延滞期,种子培养基要与发酵培养基相适应,主要成分应与发酵培养基接近。

(三)发酵培养基

发酵培养基是微生物发酵生产药物的液体培养基,不仅要满足菌体的生长和繁殖,还要满足药物的大量合成与积累,是发酵制药中最关键和最重要的培养基。发酵培养基的组成应丰富完整,包括碳源、氮源和无机盐、消沫剂等,营养物质浓度要适中。不同制药菌种和不同的药物产品对培养基的要求差异很大,要区别对待。

(四)补料培养基

补料培养基是发酵过程中添加的液体培养基,其作用是稳定工艺条件,有利于微生物的生长和代谢,延长发酵周期,提高发酵药物的产量。补料培养基的成分取决于补加的目的,如碳源、氮源等必要的营养物质,有利于产物合成的前体、促进剂等,调节发酵 pH 的无机酸或碱。补料培养基通常单成分高浓度配制成补料罐,基于发酵过程的控制方式加入。

三、微生物发酵培养基优化

发酵培养基的组成和配比直接影响菌体的生长、药物的生成、提取工艺的选择、药物的质量和产量等,也是影响制药工艺经济性的重要因素。根据不同菌种的遗传特性,选择合适的碳源、氮源等营养成分,维持适宜的渗透压和 pH,对培养基的组成和比例进行优化,建立工业化培养基是发酵的基础和前提。

优化发酵培养基要考虑菌种的生理与遗传特性、产物的结构与活性、可能的代谢副产物,特别是需要关注培养基成分对药物生物合成及其调控机制的影响。根据文献资料和科研成果,采用统计学方法进行方差分析,对培养基组成和比例进行实验优化。

1. 单因素实验　在微生物发酵的基础培养基中,固定其他组分,1 次实验只改变 1 个组分,进行组分及其浓度的单因素实验。通常对碳源、氮源和无机盐等主要因素的种类进行实验,如用淀粉、蔗糖、果糖、葡萄糖和甘油等,以生长和产物积累为评价标准,优选适宜的碳源。在确定种类的基础上,再进行不同浓度的实验,从而确定培养基的单组分种类及其适宜的浓度。

2. 多因素实验　由于培养基是多种组分的混合物,碳源、氮源及碳氮比对菌种的生长和生产能力影响很大,各成分之间存在交互作用。需要采用均匀设计、正交设计和响应面设计等方法,进行主要影响因素的多水平实验。注意速效和缓效成分相互配合,发挥综合优势。根据发酵结果,明确因素及水平的相对贡献大小及其之间的相互作用,从中筛选出最优的因素-水平组合。这不仅节约人、财、物和时间,而且能获得优化的培养基配方,有效提高发酵产量。

3. 放大试验　培养基的优化与发酵工艺的优化过程类似,需要经历从摇瓶、小型罐,到中试罐,最后到生产罐的放大研究过程。一般而言,单因素和多因素的培养基优化是在摇瓶中进行,在小型罐上进行调整,在中试罐上验证。计算产量、纯度,核算成本,进行培养基的经济性评价后,在生产罐上应用。由于存在放大效应,培养基优化往往与工艺控制同步进行实验,达到培养基优化为整个发酵工艺服务的目的。

四、微生物培养基的灭菌

灭菌是指用物理或化学方法杀灭或除去物料或设备中所有活生物的操作或工艺过程。制药工业发酵是纯种发酵,只有生产菌的生长,不容许其他微生物的存在,因此必须对发酵罐、培养基、空气等直接接触的发酵物料、容器等进行灭菌。

（一）灭菌方法

在微生物培养中,常用的灭菌方法主要有化学灭菌和物理灭菌两类,其作用原理是使构成生物的蛋白质、酶、核酸和细胞膜变性、交联、降解,失去活性,细胞死亡。几种常见的灭菌方法的使用特点见表6-4。培养基常用高压蒸汽灭菌和过滤灭菌两种方法,可采用间歇操作和连续操作进行物料和设备的灭菌。

表6-4　微生物培养过程中使用的几种灭菌方法

	举例	使用方法	应用范围
化学灭菌	75% 乙醇、甲醛、过氧化氢、含氯石灰	涂擦、喷洒、熏蒸	皮肤表面、器具、无菌区域的台面、地面、墙壁及局部空间
辐射灭菌	紫外线、超声波	照射	器皿表面、无菌室、超净工作台等局部空间
高温灭菌	110℃ 以上高温	维持 115 ~ 170℃ 一定时间	培养皿、三角瓶、接种针、固定化载体、填料等

	举例	使用方法	应用范围
高压灭菌	~ 0.1Mpa	维持一定时间	培养基、发酵容器、器皿
过滤灭菌	棉花、纤维、滤膜	过滤	不耐热的培养基成分、空气

1. 高压蒸汽灭菌　高压蒸汽灭菌过程中既是高压环境，也是高温环境，微生物的死亡符合一级动力学，如式（6-1）所示。如果 X 为微生物浓度，t 为灭菌时间，k_d 为比死亡速率，那么微生物浓度与灭菌时间成反比，物料中微生物浓度越高，灭菌时间越长。如果从零时刻（$t=0$）、微生物浓度为 X_0 开始灭菌，在一定温度下，由积分式可得灭菌时间 t 与比死亡速率 k_d 的关系：

$$t = \frac{1}{k_d} \ln\left(\frac{X_0}{X}\right) \qquad \text{式（6-1）}$$

k_d 与微生物种类、生理状态和灭菌温度有关。k_d 越大，灭菌时间越短，表明细胞越容易死亡。在发酵工业上，如果已知杂菌浓度，一般取 X 为 0.001，即 1‰ 的灭菌失败率，就可计算出灭菌所需时间。微生物芽孢的耐热性很强，不易杀灭。因此在设计灭菌操作时，经常以杀死芽孢的温度和时间为指标。为了确保彻底灭菌，实际操作中往往增加 50% 的保险系数。

高压蒸汽灭菌的效果优于干热灭菌，高压使热蒸汽的穿透力增强，灭菌时间缩短。同时由于蒸汽制备方便、价格低廉、灭菌效果可靠、操作控制简便，因此高压蒸汽灭菌常用于培养基和设备容器的灭菌。实验室常用的小型灭菌锅就是采用高压蒸汽灭菌原理，与数显和电子信息相结合，现实全自动灭菌过程控制，基本条件为 115 ~ 121℃，压力为 1×10^5Pa，维持 15 ~ 30 分钟。

2. 过滤灭菌　有些培养基成分受热容易分解破坏，如维生素、抗生素等，不能使用高压蒸汽灭菌，可采用过滤灭菌。常见的有蔡氏细菌过滤器、烧结玻璃细菌过滤器和纤维素微孔过滤器等，具有热稳定性和化学稳定性，孔径规格为 0.1 ~ 5μm 不等，一般选用 0.22μm。对不耐热的培养基成分制备成浓缩溶液，进行过滤灭菌，加入到已经灭菌的培养基中。

（二）培养基的分批灭菌操作

将培养基由配料灌输入发酵罐内，通入蒸汽加热，达到灭菌要求的温度和压力后维持一段时间，再冷却至发酵温度，这一灭菌工艺过程称为分批灭菌或间歇灭菌。由于培养基与发酵罐一起灭菌，也称为实罐灭菌或实罐实消。分批灭菌的特点是不需其他的附属设备，操作简便，国内外常用。缺点是加热和冷却时间较长，营养成分有一定损失，发酵罐利用低，用于种子制备、中试等小型发酵。

培养基的分批灭菌过程包括加热升温、保温和降温冷却 3 个阶段（图 6-8），灭菌效果主要在保温阶段实现，但在加热升温和冷却降温阶段也有一定贡献。灭菌过程中每个阶段的贡献取决于其时间长短，时间越长，贡献越大。一般认为 100℃ 上升温阶段对灭菌的贡献占 20%，保温阶段的贡献占 75%，降温阶段的贡献占 5%。习惯上以保温阶段的时间为灭菌时间，用温度、传热系数、培养基质量、比热和换热面积进行蒸汽用量衡算。

升温是采用夹套、蛇管中通入蒸汽直接加热，或在培养基中直接通入蒸汽加热，或两种方法并用。总体完成灭菌的周期为 3 ~ 5 小时，空罐灭菌消耗的蒸汽体积为罐体积的 4 ~ 6 倍。

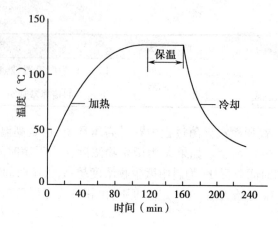

图6-8　分批灭菌过程中的温度变化

（三）培养基的连续灭菌操作

培养基连续经过加热器、温度维持器、降温设备，再输入到已灭菌的发酵罐内的灭菌工艺过程称为连续灭菌操作，或称为连消。加热器包括塔式加热器和喷射式加热器，以喷射式加热器使用较多，使培养基与蒸汽快速混合，达到灭菌温度（130～140℃）。保温设备包括维持罐和管式维持器，不直接通入蒸汽，维持一定的灭菌时间，一般为数分钟。降温设备以喷淋式冷却器为主，还有板式换热器等。连续灭菌过程中的温度和时间的变化如图6-9所示。

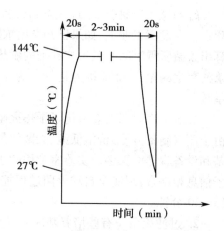

图6-9　连续灭菌过程中的温度变化

与分批灭菌操作的单设备相比，连续灭菌操作的优点是高温快速灭菌，营养成分破坏得少；热能利用合理，易于自动化控制。缺点是发酵罐利用率低，增加了设备及操作环节，增加染菌概率；对压力要求高，一般为0.45～0.8MPa；不适合黏度大或固形物含量高的培养基灭菌。

五、培养基的质量控制

（一）控制培养基用水

水是培养基的主要成分，为微生物生长提供均相环境。碳源、氮源、无机盐等成分溶解在水中，微生物才能快速利用。用水配制发酵培养基，恒定水源和恒定的水质是确保发酵工艺稳定的重要条件。水质的主要参数包括pH、溶解氧、可溶性固体、污染程度、各种矿物和重金属。对于新建厂房的选址，必须对当地水资源进行调研。要对水质定期化验检查，使用符合要求的水质配制各种培养基。在制药生产中，菌种和种子培养基可以用蒸馏水，发酵培养基可使用地下水。

（二）控制培养基原料的来源

培养基原料对发酵影响很大，选择原料应注意来源、种类和纯度，要求价格低廉、质量稳定、纯度达标。在培养基实验研究过程，要对原料的发酵性能进行实验，确定原料的质量标准和检验方法。一旦确定培养基原料后，不能随意更换，保持原料来源的稳定性。在更换原料时,一定要进行一系列实验和验证,确保发酵产量和质量的可控性和稳定性。

(三)控制培养基的灭菌工艺

高压蒸汽灭菌是培养基灭菌的常用方法,但若控制不当,直接影响培养基的有效成分含量和 pH。较高温度下长时间灭菌会破坏营养成分,因为杀灭微生物的活化能大大高于营养物质分解的活化能。高温长时间的灭菌将产生对发酵有害的物质,如葡萄糖等碳水化合物的醛基与含氮化合物的氨基反应,生成甲基糠醛和棕色的黑精类物质,即焦化现象对微生物有毒性。磷酸盐与碳酸钙、镁盐、铵盐发生反应,生成沉淀或配位化合物,降低了对磷酸和铵离子的利用度。灭菌会引起培养基的 pH 变化,蛋白质类培养基灭菌后 pH 上升,而糖类培养基灭菌后 pH 下降。

对于高压蒸汽灭菌,随着温度的升高,微生物的死亡速率比营养物质的分解速率快得多。高温短时灭菌可达到与长时灭菌相同的灭菌效果,同时极大减少了营养物质的损失和有害物质的生成,这样就平衡了发酵培养基的无菌和营养的关系,通过连续式操作,成功地应用于发酵工业中。

六、空气的过滤灭菌

绝大多数的微生物制药属于好氧发酵,因此发酵过程必须有空气供应。然而空气是氧气、二氧化碳和氮气等的混合物,其中还有水汽及悬浮的尘埃,包括各种微粒、灰尘及微生物,这就需要对空气灭菌、除尘、除水才能使用。在发酵工业中,大多采用过滤介质灭菌方法制备无菌空气。

(一)发酵用空气的标准

发酵需要连续的、一定流量的压缩无菌空气。空气流量(每分钟通气量与罐体实际料液体积的比值)一般在 0.1 ~ 2.0VVM(air volume/culture volume/minute),压强为 0.2 ~ 0.4MPa,克服下游阻力。空气质量要求相对湿度 <70%,温度比培养温度高 10~30℃,洁净度为 100 级。

(二)过滤灭菌的原理

空气中附着在尘埃上的微生物大小为 0.5 ~ 5μm,过滤介质可以除去游离的微生物和附着在其他物质上的微生物。当空气通过过滤介质时,颗粒在离心场产生沉降,同时惯性碰撞产生摩擦黏附,颗粒的布朗运动使微粒之间相互集聚成大颗粒,颗粒接触介质表面,直接被截留。气流速度越大,惯性越大,截留效果越好。惯性碰撞截留起主要作用,另外静电引力也有一定作用。

(三)空气灭菌的工艺过程

1. 预处理　为了提高空气的洁净度,有利于后续工艺,需要对空气进行预处理。在空压机房的屋顶上建设采风塔,高空取气。在空压机吸入口,前置过滤器,截留空气中较大的灰尘,保护压缩机,减轻总过滤器的负担,也能起到一定的除菌作用。

2. 除去空气中的油和水　预处理的空气经过压缩机减小体积,进入空气贮罐。空气经过压缩机温度升高,达 120 ~ 150℃,不能直接进入过滤器,必须经过冷却器降温除湿。一般采用分级冷却,一级冷却采用 30℃ 左右的水使空气冷却到 40~50℃,二级冷却器采用 9℃ 的冷水或 15 ~ 18℃ 的地下水使空气冷却到 20 ~ 25℃。冷却后的空气湿度提高了 100%,处于露点以下,油和水凝结成油滴和水滴,在冷却罐内沉降为大液滴。利用离心沉降,旋风分离器可分离 5μm 以上的液滴;利用惯性拦截,丝网除沫器可分离 5μm 以下的液滴,从而实现除去空气中的油和水。

3. 终端过滤　除去油和水的空气,相对湿度仍然为100%,温度稍下降,就会产生水滴,使过滤介质吸潮。只有相对湿度降到70%以下的空气才能进入终端过滤器。油、水分离的空气经过加热器,加热提高空气温度,降低湿度(60%以下)。这样空气温度达30~35℃,经过总过滤器和分过滤器灭菌后,得到符合要求的无菌空气,通入发酵罐。

整个空气灭菌的主要设备和基本过程如图6-10所示。

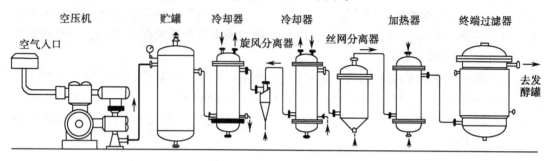

图6-10　空气灭菌的工艺过程

过滤介质除菌效率高,耐受高温、高压,不易被油水污染,阻力小,成本低,易更换。常用介质棉花、玻璃纤维、活性炭等作为总过滤器,金属烧结管过滤器、膜过滤器为终端过滤器。对过滤介质要定期灭菌,应该有备用过滤器,灭菌时交换使用。

第四节　微生物发酵的操作方式与动力学

发酵动力学是研究菌体生长、基质消耗和产物生成之间的相互关系的学科。微生物发酵分为分批式操作、流加式操作、半连续式操作和连续式操作等,各种操作方式有其特点,动力学过程也不同,在发酵制药的实践中根据药物特点和工艺要求,应加以选择使用。在大规模发酵生产之前,必须研究发酵动力学,为工程化控制提供依据。

一、微生物发酵的操作方式

(一)分批式操作

分批式操作又称间歇式操作或不连续操作,是指把培养液一次性装入发酵罐,接种后,控制适宜的培养条件进行发酵。经过一段时间,完成菌体的生长和产物的合成与积累后,将全部培养物取出,进行下游的分离纯化,从而结束发酵。然后清洗发酵罐,装料、灭菌后再进行下一轮分批操作。

在分批式操作发酵过程中,无培养基的加入和产物的输出,发酵体系的组成如培养基浓度、产物浓度及细胞浓度都随发酵时间而变化,经历不同的阶段。培养基一次性装入、培养物一次性卸出,整个发酵处于非衡态过程。分批式操作的时间由两部分组成,一部分是进行发酵所需要的时间,即从接种开始到发酵结束的时间;另一部分为辅助操作时间,包括装料、灭菌、卸料和清洗等所需时间之总和。分批式操作发酵的优点是操作简单,周期短,污染机会少,产品质量容易控制。分批式操作的缺点是发酵体系中开始时培养基的浓度很高,到中、后期产物浓度很高,这对很多发酵反应的顺利进行是不利的。培养基浓度和代谢产物浓度过高都会对细胞生长和产物生成有抑制作用。

（二）补料-分批式操作

补料-分批式操作又称流加式操作,不断补充新培养基,但不取出培养液。流加式操作方式只有物料输入,没有输出,整个发酵体积与分批式操作相比是在不断增加。在实际操作中,残留基质浓度变化非常小,可以看成0。补加的营养基质与菌体消耗的营养物相等。随着发酵进程,菌体生物量和发酵体积都在增加,但单位体积的菌体浓度保持不变,处于准恒态发酵。

补料-分批发酵的优点是,既避免了高浓度底物对前期发酵的抑制作用,也防止了后期养分不足而限制菌体的生长。产物浓度较高,有利于分离,使用范围广。控制流加操作的形式有两种,即反馈控制和无反馈控制。无反馈控制包括定流量和定时间流加,而反馈控制根据反应系中限制性物质的浓度来调节流加速率。通常流加葡萄糖等控制碳源、流加氨水等控制发酵 pH。

（三）半连续式操作

半连续式操作又称反复分批式操作,是菌体和培养液一起装入发酵罐,在菌体生长过程中,每隔一定时间取出部分发酵培养物(称为带放),同时在一定时间内补充同等数量的新培养基。如青霉素发酵过程中,48 小时第一次带放$8m^3$,逐渐流加培养基,然后第 2 次带放。此反复进行 6 次,直至发酵结束,取出全部发酵液(图 6-11)。与流加式操作相比,半连续式操作的发酵罐内的培养液总体积在一段时间内保持不变,同样可起到解除高浓度基质和产物对发酵的抑制作用。延长了产物合成期,最大限度地利用了设备。半连续式操作是抗生素生产的主要方式,缺点是失去了部分生长旺盛的菌体和一些前体,发生非生产菌突变。

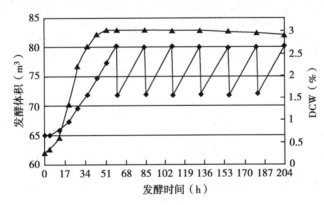

图6-11　半连续操作青霉素发酵体积(■)和细胞干重(DCW,▲)的变化

（四）连续式操作

连续式操作是培养液接种后,随着菌体生长,不断补充新培养基,同时取出包括培养液和菌体在内的发酵液,发酵体积和菌体浓度等不变,使发酵处于恒定状态。连续操作的主要特征是培养基连续稳定地加入到发酵罐内,同时产物等也连续稳定地离开发酵罐,并保持反应体积不变,发酵罐内物系的组成将不随时间和空间位置而变化,因此称为衡态操作。连续培养体系包括恒化器和恒浊器两种。在恒化器连续发酵中,通过控制某种底物浓度保持不变,使菌体比生长速率恒定,菌体生长受 1 种限制性基质的控制。在恒浊器连续发酵中,控制菌体浓度恒定,使微生物连续生长。

发酵达到稳态时,流出的生物量与生成的生物量相同。稀释速率 $D = F/V$(F 为进料流速,V 为发酵液体积)。在稳态时,菌体的生长速率 $dX/dt = (\mu - D), X = 0$,所以 $\mu = D$。

连续式操作的优点是所需设备和投资较少,利于自动化控制;减少了分批式培养的每次清洗、装料、灭菌、接种和放罐等操作时间,提高了产率和效率。连续式操作的缺点是由于连续操作过程时间长,增加了杂菌污染机会,菌体易发生变异和退化、有毒代谢产物积累等。

二、微生物的生长动力学

根据微生物细胞生物量随发酵时间的变化,可绘制微生物生长动力学曲线,它描述了微生物从接种到死亡整个过程。生长速率(r)是单位时间内菌体浓度或质量(X)的变化,比生长速率(μ)是单位时间内单位生物量的变化速率,反映了菌体活力的大小,见式(6-2)。

$$r = \frac{dX}{dt}; \quad \mu = \frac{dX}{Xdt} \qquad 式(6-2)$$

在批式发酵操作过程中,菌体的生物量与时间的关系是 S 形曲线(图6-12)。根据生物量的变化,可以把生长过程分为 5 个阶段,即延滞期、对数生长期、减速生长期、静止期和衰亡期。

(一)延滞期

延滞期或适应期是指接种后,菌体的生物量没有明显增加的一段时间。延滞期是菌体适应新发酵环境的过程,其时间长短与菌种遗传特性和环境因素有关,由菌体与环境相互作用的程度决定。对于同一菌种,又受到接种量和菌龄的影响。工业生产中,为了缩短延滞期,常采用如种子罐与发酵罐培养基尽量接近、对数期的菌体作为种子、加大接种量等方法进行放大培养和发酵生产。

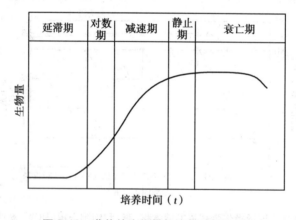

图6-12　菌体的生物量与培养时间的关系

(二)对数生长期

对数生长期是菌体快速繁殖、生物量的增加呈现对数速度增长的过程。特点是比生长速率达到最大值,并保持不变。菌体生长不受限制,细胞分裂繁殖和代谢极其旺盛,菌体细胞的生长速率与生物量是一级动力学关系:

$$\frac{dX}{dt} = \mu_{max}X \qquad 式(6-3)$$

对数期的最大比生长收率 μ_{max} 是个常数,因此细胞生物量倍增时间可以表示为:

$$t_d = \ln\frac{2}{\mu_{max}} = 0.693\left(\frac{1}{\mu_{max}}\right) \qquad 式(6-4)$$

不同生物由于 μ_{max} 值不同,倍增时间差异很大。微生物细胞 μ_{max} 较大,倍增时间为0.5 ~

5 小时。培养基的成分对倍增时间影响很大,如大肠埃希菌在复合培养基上 μ 为 1.2/h,倍增时间约为 35 分钟;在葡萄糖的无机盐培养基上 μ 为 2.82/h,倍增时间约为 15 分钟。

(三)减速期

减速期是指菌体生长速率下降的一段时间。由培养基浓度下降,有害代谢物积累、细胞群体效应等不利因素,减缓了菌体的生长。在减速期内,生长速率与菌体浓度仍符合一级动力学关系,一般微生物生长的减速期较短。

(四)静止期

静止期或稳定期是指菌体净生长速率为 0 的一段时间。由于营养耗竭、代谢产物或有毒害物质的积累,菌体浓度不增加,细胞的分裂与死亡同步进行,生长速率与死亡速率相等,达到平衡。符合如下方程:

$$\frac{\mathrm{d}X}{\mathrm{d}t} = (\mu - k_{\mathrm{d}})X = 0 \qquad 式(6-5)$$

式中,k_{d} 为死亡速率常数。

最大菌体浓度:

$$X_{\max} = X_0 \exp(\mu t) \qquad 式(6-6)$$

静止期的细胞生物量达到最大值,细胞生长速率与死亡速率处于一种动态平衡。静止期往往是目标药物合成积累的主要阶段,为了延长稳定期以增加次级代谢产物的合成,生产上常常在此期进行补料培养,增加营养物质,提高产物量。

(五)衰亡期

衰亡期是指菌体死亡速率大于生长速率的一段时间,主要表现为细胞自溶、死亡,细胞浓度迅速下降。菌体死亡速率也符合一级动力学:

$$\frac{\mathrm{d}X}{\mathrm{d}t} = -k_{\mathrm{d}}X \qquad 式(6-7)$$

对于分批发酵培养,应该在衰亡期到来前结束发酵、放罐,进行下游分离纯化。

三、基质消耗动力学

在微生物的生长过程中,随着培养基中的营养物质(或基质)逐渐被吸收和消耗,浓度呈现降低趋势(图 6-13)。

基质浓度的减少可用基质消耗速率(r_{s})和比消耗速率(q_{s})表示:

$$r_{\mathrm{s}} = -\frac{\mathrm{d}S}{\mathrm{d}t}; \quad q_{\mathrm{s}} = -\frac{\mathrm{d}S}{X\mathrm{d}t} \qquad 式(6-8)$$

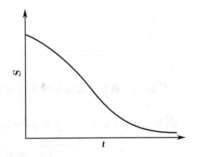

图 6-13 基质消耗与培养时间的关系

基质消耗速率(r_{s})是指单位时间内基质的减少量,而比消耗速率(q_{s})是单位生物量菌体单位时间内的基质消耗量。比消耗速率表示基质被利用的效率,可用于不同微生物之间的发酵效率的比较。

Monod 在研究了大肠埃希菌利用葡萄糖与生长速率的关系后发现,较低浓度下,比生长速率(μ)随基质浓度(S)增加而增大。但达到一定浓度后,继续增加基质浓度,比生长速率不再增大,表现出饱和现象。无产物抑制效应,并且只有单一限制性基质(培养基中浓度低、限制微生物生长的营养物质),其浓度与比生长速率的关系与酶促反应的 Michaelis-Menten 方程非常相似,可用 Monod 方程表示:

$$\mu = \frac{\mu_{max}S}{K_s + S}$$ 式(6-9)

式中,μ_{max} 为限制性基质过量时的最大比生长速率;K_s 为饱和常数,相当于 1/2 最大比生长速率时的基质浓度。Monod 方程对应的动力学曲线如图 6-14 所示。

从方程可见,在 S 很低时,可以近似认为 $K_s + S = K_s$,则 $\mu = \mu_{max} \cdot S/K_s$,表明基质浓度与比生长速率成正比。在 S 很高时,可以近似认为 $K_s + S = S$,则 $\mu = \mu_{max}$,表明在高基质浓度下,菌体能以最大比生长速率进行生长。

μ_{max} 的意义在于各种基质对菌体的生长效率,可用于不同基质之间的比较。

K_s 的意义在于菌体对基质的亲和力,K_s 越小,亲和力越大,即越能被菌体良好利用。大多数微生物的 K_s 很小,在 $0.1 \sim 120$ mg/L 或 $0.01 \sim 3.0$ mm/L。大肠埃希菌对葡萄糖的 K_s 为 $2.0 \sim 4.0$ mg/L,酿酒酵母对葡萄糖的 K_s 为 25 mg/L。

Monod 方程的假设条件是菌体生长为均衡非结构模型,细胞组分用菌体浓度表示,没有产物反馈抑制,只有 1 种限制性基质。

Monod 方程的求解采用双倒数法作图。

$$\frac{1}{\mu} = \frac{1}{\mu_{max}} + \frac{K_s}{\mu_{max}} \times \frac{1}{S} \quad \text{或} \quad \frac{S}{\mu} = \frac{S}{\mu_{max}} + \frac{K_s}{\mu_{max}}$$ 式(6-10)

根据实验测定不同基质浓度下的比生长速率,以 $1/S$ 为横坐标、$1/\mu$ 为纵坐标,Langmuir 作图(图 6-15),求解计算 K_s 和 μ_{max}。

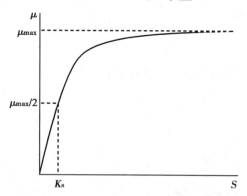

图 6-14   基质浓度对比生长速率的影响

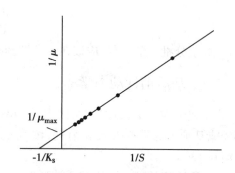

图 6-15   Monod 方程求解

微生物消耗基质,用于维持细胞生存、菌体生长和产物生成 3 个部分(图 6-16)。

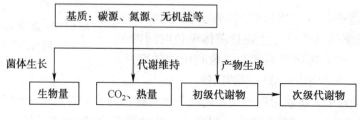

图 6-16   微生物基质消耗的流向示意图

如果忽略发酵过程中中间代谢产物积累,则基质消耗的动力学为:

$$-\frac{\mathrm{d}S}{\mathrm{d}t} = m_s + \frac{\mathrm{d}X}{Y_{x/s}\mathrm{d}t} + \frac{\mathrm{d}P}{Y_{p/s}\mathrm{d}t} \qquad 式(6\text{-}11)$$

式中,m_s 为维持生存代谢;x 为菌体生长;p 为产物生成;$Y_{x/s}$ 为基质用于菌体生长得;$Y_{p/s}$ 为基质用于产物生成得率。

维持系数(M),单位菌体在单位时间内维持代谢消耗的基质,计算式是:

$$m_s = \frac{\mathrm{d}S}{X\,\mathrm{d}t} \qquad 式(6\text{-}12)$$

菌体生物量相对于基质消耗量的得率为生物量得率,药物产量相对于基质消耗的得率为产物得率。理论产物得率可通过代谢反应列出化学计量式进行计算。

四、产物生成动力学

(一)产物生成动力学方程

微生物发酵的生成产物可用产物生成速率和比生成速率表示,即单位时间内产物的生成量为产物生成速率 r_p,单位菌体细胞在单位时间内的产物生成量为产物比生成速率 q_P。Luedeking-Piret 模型适合于微生物代谢,把产物生成收率看成是菌体的生长率和菌体生物量的函数,产物生成速率和比速率分别为:

$$r_p = \frac{\mathrm{d}P}{\mathrm{d}t} = \alpha\frac{\mathrm{d}X}{\mathrm{d}t} + \beta X = \alpha\mu X + \beta X$$

$$q_p = \frac{\mathrm{d}P}{X\mathrm{d}t} = \alpha\frac{\mathrm{d}X}{X\mathrm{d}t} + \beta = \alpha\mu + \beta \qquad 式(6\text{-}13)$$

式中,α、β 为常数,α 与菌体生长率相关的产物生成常数,β 与菌体生长量相关的产物生成常数。

(二)微生物生长与产物生产偶联型

微生物生长与产物生成直接关联,生长期与生产期是一致的。对于方程式(6-13),当 $a>0$、$b=0$ 时,生长与生产偶联型;产物生成速率和比速率分别为:

$$r_p = \frac{\mathrm{d}P}{\mathrm{d}t} = Y_p\frac{\mathrm{d}X}{\mathrm{d}t} = Y_p\mu X;\, q_p = \mu Y_p \qquad 式(6\text{-}14)$$

微生物生长、基质消耗、能源利用和产物生成动力学曲线几乎平行,变化趋势同步,都有最大值,出现的时间接近,菌体生长期和产物形成不是分开的(图6-17a)。产物往往是初级代谢的直接产物,如乳酸、醋酸等。

(三)生长与生产非偶联型

对于方程式(6-13),当 $a=0$、$b>0$ 时,微生物生长和生产为非偶联型。产物生成速率和比速率分别为:

$$r_p = \frac{\mathrm{d}P}{\mathrm{d}t} = \beta X;\, q_p = \beta \qquad 式(6\text{-}15)$$

微生物生长期与产物生成期为独立的两个阶段,先形成基质消耗和菌体生长高峰,此时几乎没有或很少有产物生成;然后进入菌体生长静止期而产物大量生成,并出现产物高峰(图6-17b)。产物来自于中间代谢途径,而不是分解代谢过程,初级代谢与产物形成是完全分开的,如抗生素、生物碱、微生物毒素的发酵。

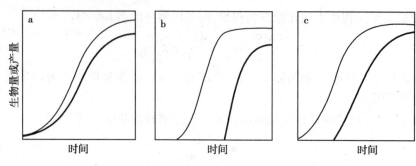

图6-17　菌体生长与产物生产的偶联关系

（四）微生物生长与产物生产部分偶联型

对于方程式（6-13），当 $a>0$、$b>0$ 时，微生物生长和生产为部分偶联型。生长与生产部分偶联型介于偶联和非偶联模型之间，产物生成与基质消耗、能量利用之间存在间接关系。产物来自能量代谢所用的基质，但在次级代谢与初级代谢是分开的。在菌体生长期内基本无产物生成，在生长的中、后期生成大量的产物而进入产物形成期（图6-17c）。发酵过程出现两个高峰，先是基质消耗和菌体生长的高峰，然后是产物形成的高峰。如枸橼酸和某些氨基酸的发酵属于此类型。

（五）微生物生长与产物生产无关型

对于生物或酶转化制药，微生物细胞不再生长，保持一定密度，只有底物被转化为产物。此时，无微生物生长，只有产物生成，生产与生长无关。

第五节　微生物发酵过程的工艺控制

微生物发酵离不开环境条件，菌体生长与产物合成是菌种遗传和工艺条件的综合结果。工艺参数作为外部环境因素，对发酵具有重要作用，往往可以改变生长状态、合成代谢过程及其强度。通过稳定生长期的环境因素保证营养生长适度进行，然后调节环境条件如降低或升高温度，保证产物的最大合成。本节介绍发酵工艺主要参数的影响及其控制策略。

一、发酵主要工艺参数与自动化控制

（一）生产种子制备

生产种子来自生产批种子，经过摇瓶培养，逐级放大到种子罐。种子罐的作用是大规模放大培养，获得足够数量和优质的菌体，满足发酵罐对种子的需要。对于工业生产，种子培养主要是确定种子罐级数。种子罐级数是指制备种子需逐级扩大培养的次数，种子罐级数取决于菌种生长特性和菌体繁殖速度及发酵罐的体积。

车间制备种子一般可分为一级种子和二级种子。对于生长快的细菌，种子用量比例少，故种子罐相应也少。直接将种子接入发酵罐为一级发酵，适合于生长快速的菌种。通过一级种子罐扩大培养，再接入发酵罐，为二级发酵，适合于生长较快的菌种，如某些氨基酸的发酵。通过二级种子罐扩大培养，再接入发酵罐，为三级发酵，适合于生长较慢的菌种，如青霉素的发酵。

种子罐的级数越少，越有利于简化工艺和控制，并可减少由于多次接种而带来的污染。虽然种子罐级数随产物及生产规模而定，但也与所选用的工艺条件有关，如改变种子罐的培养条件,加速菌体的繁殖,也可相应地减少种子罐的级数。

(二)接种

接种发酵罐需要考虑种龄和接种量。种龄是指种子罐中菌体的培养时间,即种子培养时间。接种量是指接入的种子液体积和接种后的培养液总体积之比。接种量的大小取决于生产菌种的生长繁殖速度,快速生长的菌种可较少接种量,反之需要较大接种量。根据不同的菌种选择合适的接种量,一般为 5%~20%。在工业生产中,种子罐与发酵罐的规模是对应关系,以发酵罐体积为前提,确定种子罐的级数和体积,选择生长旺盛的对数期的菌种从种子罐接种到发酵罐。

(三)发酵罐

反应器是在催化剂的作用下发生物或化学反应的一种压力容器。以生物细胞或生物酶为催化剂进行生物化学反应的反应器称为生物反应器,以微生物为培养对象时又称为发酵罐。发酵罐的作用是为微生物生长繁殖和产物合成提供适宜的物理和化学环境,维持一定的温度、pH、溶解氧和底物浓度等。发酵罐应该是无渗漏的严密结构体,传质、传热及混合性能良好,配备检测与控制仪表。发酵罐应该与产品、工艺相适应,以获得最大生产率为标准。

在微生物制药中,应用最广的为搅拌式发酵罐,其容积可从几升到几百吨不等,最大体积已近 $500m^3$。通用式发酵罐的结构如图 6-18 所示。基本结构包括圆柱形罐体、搅拌系统、传热系统和通气系统。

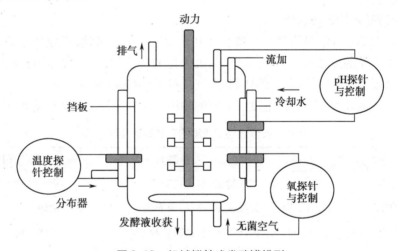

图 6-18 机械搅拌式发酵罐模型

1. **罐体** 为立式圆筒形密闭压力容器,一般由不锈钢材料制成,使用压力在 0.3MPa 以上。菌体在罐体内生长繁殖,进行新陈代谢,合成产物。要求罐体密封和耐压力,防止环境中微生物对罐内发酵体系的污染,满足高压蒸汽灭菌。通用式发酵罐体的高径比为 3~5。在罐体的适当部位设置排气、取样、放料、接种、酸碱等管道接口以及人孔、视镜等。

发酵罐还接有过程检测与控制的传感器,如 pH 电极、溶解氧电极、液位电极、温度计和压力计等,用来监测发酵过程中的参数变化,显示和控制发酵条件等。

2. **搅拌系统** 包括机械搅拌和压缩空气分布装置。机械搅拌由驱动电机、搅拌轴、搅拌桨、挡板和轴封组成,为发酵罐内提供传质、传热和物料混合的动力。搅拌桨有涡轮式、螺旋桨式和平桨式,其中涡轮式使用较多。1 根搅拌轴上安装搅拌桨的数量、规格、安装高度等应根据发酵罐的容积、发酵液特性等因素而定。底部的搅拌桨位于罐体直径 1/3 处,其他桨的间距约为桨直径的 1.2 倍。挡板安装在发酵罐内壁上,防止搅拌器转动引起的流体漩涡。挡板的宽度是罐体直径的 1/10 或 1/12。

由于发酵培养基中存在蛋白质类、糖类等发泡性物质,强烈地通气搅拌会产生大量泡沫。一般情况下,发酵罐的装料系数(料液体积占发酵罐总体积)为 0.7 左右,泡沫所占体积约为培养基的 10%、发酵罐体积的 7%。在发酵罐顶部空间设计安装机械消沫桨,当液位电极检测到泡沫到达预警高度时,机械消沫桨启动,利用机械强烈振动或压力变化打破泡沫。机械消沫的效果一般不理想,只是一种辅助方法。通常将机械消沫与化学消沫剂联合使用,才能达到消沫目的。

3. 温度控制系统　在发酵过程中,微生物代谢的生化反应和机械搅拌会产生热量,必须由换热装置及时除去,才能保证发酵在恒温下进行。换热装置有夹套层和蛇形管两种,一般容积为 $5m^3$ 以下的发酵罐用外夹套层换热,$>5m^3$ 的发酵罐则采用换热量大的蛇形管。

4. 通气系统　罐底部的空气分布器用来通入菌体生长所需要的无菌空气或氧气,罐体顶部有尾气出口,一般入口空气的压力 0.1~0.2MPa。空气分布管常用是单孔管,管口朝下,有利于提高对气泡的破碎作用,并能防止培养液中固体物料堵塞管道。

通用式搅拌发酵罐的优点是发酵环境如 pH、温度等容易控制,放大原理基本明确,适宜于连续搅拌发酵;缺点是消耗动力较大,发酵罐内部结构复杂,不易清洗,易引起污染,剪切力大,细胞易受损伤。

(四) 发酵基本的过程参数

全面表征发酵过程就是检测影响微生物生长和生产的生物学、物理和化学参数。生物学参数包括生产菌的形态特征、菌体浓度、基因表达与酶活性、细胞代谢、杂菌和噬菌体等;物理参数包括温度、搅拌、罐压、发酵体积、空气流量和补料流速等;化学参数包括 pH、供氧、尾气成分、基质、前体和产物等的浓度。主要的检测控制参数及其方法见表6-5。

表 6-5　发酵过程中检测的主要参数及其方法

参数名称	单位	检测方法	用途
菌体形态		离线检测,显微镜观察	菌种的真实性和污染
菌体浓度	g/L;OD	离线检测,称量;吸光度	菌体生长
细胞数目	个/ml	离线检测,显微镜计数	菌体生长
杂菌		离线检测,肉眼和显微镜观察,划线培养	杂菌污染
病毒		离线检测,电子显微镜,噬菌斑	病毒污染
温度	℃	在线原位检测,传感器,铂或热敏电阻	生长与代谢控制
酸碱度	pH	在线原位检测,传感器,复合玻璃电极	代谢过程,培养液
搅拌转速	r/min	在线检测,传感器,转速计	混合物料,增加 $K_L\alpha$
搅拌功率	kW	在线检测,传感器,功率计	控制搅拌和 $K_L\alpha$
通气量	m^3/h	在线检测,传感器,转子流量计	供氧,排废气,增加 $K_L\alpha$
体积传氧系数 $K_L\alpha$	h^{-1}	间接计算,在线监测	供氧
罐压	MPa	在线检测,压力表,隔膜或压敏电阻	维持正压,增加溶解氧

续表

参数名称	单位	检测方法	用途
流加速率	kg/h	在线检测,传感器	流加物质的利用及能量
溶解氧浓度	μl/L;%	在线检测,传感器,复膜氧电极	供氧
摄氧速率	g/(L·h)	间接计算	耗氧速率
尾气 CO_2 浓度	%	在线检测,传感器,红外吸收分析	菌体的呼吸
尾气 O_2 浓度	%	在线检测,传感器,顺磁 O_2 分析	耗氧
泡沫		在线检测,传感器,电导或电容探头	代谢过程
呼吸强度	g/(g·h)	间接计算	比耗氧速率
呼吸商		间接计算	代谢途径
基质、中间体、前体浓度	g/ml	离线检测,取样分析	吸收、转化和利用
产物浓度或效价	g/ml;IU	离线检测,取样分析	产物合成与积累

(五)自动化控制

微生物发酵的生产水平不仅取决于生产菌种的遗传特性,而且要赋以合适的环境才能使它的生产潜力充分表达出来。发酵过程是各种参数不断变化的过程,发酵过程的控制是基于过程参数及菌种生长生产的动力学。通过发酵罐上的检测器,实时测定发酵罐中的温度、pH、溶氧、底物浓度等参数的情况,通过传感器偶联过程动力学模型,对过程控制的信息进行集成,通过计算机有效控制发酵过程(图 6-19),使生产菌种处于产物合成的优化环境之中。

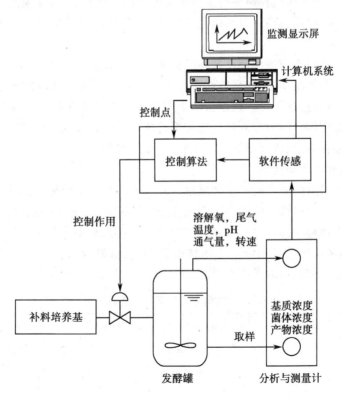

图 6-19　发酵过程中计算机辅助控制

二、生产菌形态与菌体浓度控制

生产菌体形态、菌体浓度和菌体活性是发酵过程检测的主要生物学参数,同时要严格监测和控制杂菌污染。根据发酵液的菌体量、溶解氧浓度、底物浓度和产物浓度等计算菌体比生长速率、氧比消耗速率、底物比消耗速率和产物比生产速率,这些参数是控制菌体代谢、决定补料和供氧等工艺条件的主要依据。

(一)菌体形态

在发酵培养过程中,制药微生物的形态可能发生变化,是生理代谢过程变化的外在表征。菌体形态特征可用于菌种鉴别、衡量种子质量、区分发酵阶段、控制发酵过程的代谢变化,根据不同菌种和不同培养发酵阶段,取样后在显微镜下观察。

(二)菌体浓度检测与控制

菌体浓度是单位体积培养液内菌体细胞的含量,可用质量或细胞数目表示,经常简称为菌浓。虽然可以实时在线测定菌体细胞数目,但在工业过程中则是取样后离线测定菌体浓度。菌体浓度可以用湿重或干重表示,对单细胞微生物如酵母、杆菌等,也可以显微镜计数或通过测定光密度表示。只要在细胞数目与干重之间建立数学方程,则可方便地实现互换计算。

菌体生长速率主要取决于菌种的遗传特性和培养基成分与条件。菌体浓度与生长速率有密切关系。细胞体积微小、结构和繁殖方式简单的生物生长快;反之体积大、结构复杂的生物生长缓慢。典型的细菌、酵母和真菌的倍增时间分别为45、90和180分钟左右。

菌体浓度影响产物形成速率。在适宜的比生长速率下,发酵产物的产率与菌体浓度成正比关系,即产率为最大比生长速率与菌体浓度的乘积。氨基酸、维生素等初级代谢产物的发酵,菌体浓度越高,产量越高。对次级代谢产物而言,在比生长速率等于或大于临界生长速率时也是如此。

发酵过程的菌体浓度应该控制在临界菌体浓度。临界菌体浓度是发酵罐氧传递速率和菌体摄氧速率平衡时的菌体浓度,是菌体遗传特性与发酵罐氧传递特性的综合反映。菌体浓度超过此值,产率会迅速下降。控制菌体浓度主要靠调节基质浓度,发酵过程中是通过基质流加补料以实现的。同时控制通气量和搅拌速率,控制溶解氧量。工业生产中,根据菌体浓度决定适宜地补料量、供氧量等,以得到最佳生产水平。

(三)杂菌检测与污染控制

杂菌污染将严重影响发酵的产量和质量,甚至倒罐,防止杂菌是十分重要的工艺控制工作。显微镜观察和平板划线是检测杂菌的两种主要传统方法,显微镜检测方便、快速、及时,平板检测需要过夜培养、时间较长。对于经常发生的杂菌,要用鉴别培养基进行特异性杂菌检测。对于噬菌体等,还可采用分子生物技术如PCR、核酸杂交等方法。杂菌检测的原则是每个工序或一定时间进行取样检测,确保下道工序无污染(表6-6)。

表6-6　发酵过程的菌种与杂菌检测

工序	时间点	被检测对象	检测方法	目的
斜面或平板培养		培养活化的菌种	平板划线	菌种与杂菌检测
一级种子培养		灭菌后的培养基	平板划线	灭菌检测

续表

工序	时间点	被检测对象	检测方法	目的
一级种子培养	0 小时	接种后的发酵液	平板划线	菌种与杂菌检测
二级种子培养	0 小时	灭菌后的培养基	平板划线	灭菌检测
发酵培养	0 小时	灭菌后的培养基	平板划线	灭菌检测
发酵培养	0 小时	接种后的发酵液	平板划线	菌种与杂菌检测
发酵培养	不同时间	发酵液	平板划线 显微镜检测	菌种与杂菌检测
发酵培养	放罐前	发酵液	显微镜检测	杂菌检测

发酵罐中杂菌污染的原因复杂,主要有种子污染、发酵罐及其附件渗漏、培养基灭菌不彻底、空气带菌、技术管理不善等几个方面。在生产中,根据实际情况和当地环境状况及时总结经验教训,并采取相应的技术措施,建立标准操作规范,完善制度管理,污染是完全可以避免的。

三、发酵温度的控制

(一) 温度对发酵影响

温度对发酵的影响表现在 3 个方面。温度影响菌体生长,主要是对细胞酶催化活性、细胞膜的流动等的影响。高温导致酶变性,引起微生物死亡;而低温抑制酶的活性,微生物生长停止,只有在最适温度范围内和最佳温度点下微生物生长才最佳。谷氨酸棒杆菌、链霉菌生长的温度为 28~30℃,青霉菌生长的温度为 25~30℃。温度对产物的生成和稳定性也有重要影响。温度影响药物合成代谢的方向,如金霉素链霉菌发酵四环素,30℃以下合成的金霉素增多,35℃以上只产四环素。温度还影响产物的稳定性,在发酵后期,蛋白质水解酶积累较多,有些水解情况很严重,降低温度是经常采用的可行措施。温度对发酵液的物理性质也有很大影响,直接影响下游的分离纯化。

由于微生物最适生长温度与最适生产温度往往不一致,一般生长阶段的温度较高,范围较大;而生产阶段的温度较低,范围较窄。因此,在生长阶段选择适宜的菌体生长温度,在生产阶段选择最适宜的产物生产温度,进行变温控制下的发酵,以期高产。

(二) 发酵热

发酵过程是一个放热过程,发酵温度将高于环境温度,需要通过冷却水循环实现发酵温度的控制。发酵热是产能因素和失能因素共同作用的结果。发酵热等于产生热与散失热之差,产生热包括生物热和搅拌热,散失热包括蒸发热、显热和辐射热。即 $Q_{发热} = Q_{生物} + Q_{搅拌} - Q_{蒸发} - Q_{显} - Q_{辐射}$。

生物热是菌体生长过程中直接释放到发酵罐内的热能,使发酵液温度升高。生物热与菌种、培养基和发酵阶段有密切关系。生物热与菌体的呼吸强度有对应关系,呼吸强度越大,生物热越多。培养基成分越丰富,营养利用越快,分解代谢越强,产生的生物热越多。在生长的不同阶段,生物热也不同。在延滞期,生物热较少;在对数生长期,生物热最多,并与细胞的生长量成正比;对数期之后又减少。对数期的生物热可作为发酵热平衡的主要依据。

搅拌热是搅拌器引起的液体之间和液体与设备之间的摩擦所产生的热量,它近似地等于单位体积发酵液的消耗功率与热功当量的乘积。蒸发热是空气进入发酵罐后,引起水分蒸发所需的热能。发酵罐尾气排出时带走的热能为显热。辐射热是通过罐体辐射到大气中的部分热能,罐内外温差越大,辐射热越多。

综合测定以上几个部分的热量,使发酵热与冷却热相等,可计算通入的冷却水用量和流速,从而把发酵控制在适宜的温度范围内。

四、溶解氧的控制

(一)微生物对溶解氧的需求

溶解氧浓度是指溶解于发酵体系中的氧浓度,可以用绝对氧含量或相对饱和氧浓度表征。临界氧浓度是不影响呼吸或产物合成的最低溶解氧浓度。由于微生物制药绝大多数是好氧发酵,因此发酵体系的溶解氧浓度应该大于临界氧浓度。呼吸临界氧浓度和产物合成临界氧浓度可能不一致。

发酵过程中溶解氧是不断变化的。在发酵前期,由于菌体的快速生长,溶解氧出现迅速下降,随后随着过程控制,溶解氧恢复并稳定在较高水平(图6-20)。

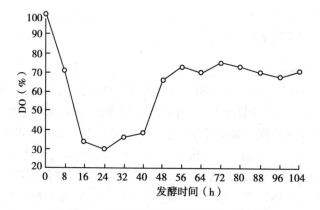

图6-20　抗生素发酵过程中溶解氧的变化

菌体吸收溶解氧的过程是耗氧过程,可用耗氧速率 r_{O_2} [mmol/(L·h)]来表征,它主要取决于呼吸强度或比耗氧率 Q_{O_2}(mmol/g·h)和菌体浓度 X(g/L),可用下式表示:

$$r_{O_2} = Q_{O_2}X \qquad\qquad 式(6-16)$$

不同的微生物的耗氧速率是不同的,大致范围为 $25\sim100$mmol/L·h。在发酵过程的不同阶段,耗氧速率也不同。在发酵前期,菌体生长繁殖旺盛,呼吸强度大,耗氧多,往往由于供氧不足出现一个溶解氧低峰,耗氧速率同时出现一个低峰;在发酵中期,耗氧速率达到最大;发酵后期,菌体衰老自溶,耗氧减少,溶解氧浓度上升。

(二)发酵罐的供氧

供氧是指氧溶解于培养液的过程。氧是难溶于水的气体,在1个大气压25℃的纯水中,氧的溶解度为0.265mmol/L。氧从空气气泡扩散到培养液(物理传递)主要由溶解氧速率决定。氧溶解速率 r_{DO} 与体积传氧系数 $K_L\alpha$(h^{-1})、氧饱和浓度 C_1(mmol/L)、实测氧浓度 C_2(mmol/L)的关系可用下式表示:

$$r_{DO} = \frac{dC}{dt} = K_L\alpha(C_1 - C_2) \qquad\qquad 式(6-17)$$

式中,r_{DO} 为单位时间内培养液溶解氧浓度的变化,mmol/L·h;K_L 为分散气泡中氧传递到液相液膜的溶解氧系数或氧吸收系数,m/h;α 为单位体积发酵液的传氧界面面积,即气液比表面积,m^2/m^3;$K_L\alpha$ 与发酵罐大小、型式、鼓泡器、挡板和搅拌等有关,$K_L\alpha$ 越大,设备的通气效果越好;$(C_1 - C_2)$ 为氧分压或浓度差,是溶解氧的推动力。

(三)溶解氧控制

由于产物合成途径和细胞代谢还原力的差异,不同菌种对溶解氧浓度的需求是不同的。虽然氧浓度不足会限制细胞生长和产物合成,但高氧浓度势必使细胞处于氧化状态,而产生活性氧的毒性。溶解氧浓度由发酵罐的供氧和微生物需氧两个方面所决定,发酵过程中溶解氧速率必须大于或等于菌体耗氧速率才能使发酵正常进行。溶解氧的控制就是使供氧与耗氧平衡:

$$K_L\alpha(C_1 - C_2) = Q_{O_2}X \qquad \text{式(6-18)}$$

首先从生化反应(包括物质代谢和能量代谢,特别要关注氧化与还原力)的角度,分析菌种合成产物过程中对氧的需求程度,然后通过实验确定临界氧浓度和最适氧浓度,并采取相应措施,在发酵中维持最适氧浓度。

其次从反应工程角度,基于菌种和发酵产物特点,设计适宜的搅拌系统,包括类型、叶片、直径、挡板及其位置等,满足菌种对供氧能力的需求。对于成型发酵罐,从式(6-18)可见,增加氧传递推动力如搅拌转速和通气速率等可直接提高溶解氧,而控制菌体浓度则是间接控制溶解氧的有效策略。

1. 增加氧推动力 增加通气速率,加大通气流量,以维持良好的推动力,提高溶解氧。但通气太大会产生大量泡沫,影响发酵。仅增加通气量,维持原有的搅拌功率时,对提高溶解氧不是十分有效。通入纯氧可增加氧分压,从而增加氧饱和浓度,但不具备工业经济性。提高罐压虽然能增加氧分压,但也增加了二氧化碳分压,不仅增加了动力消耗,同时影响微生物生长。增加搅拌强度,$K_L a$ 成正比增加,则提高供氧能力。但转速很高时,不仅增加了动力消耗,而且机械剪切力使菌体损伤,特别是丝状微生物,导致减产。对菌种进行遗传改良,使用透明颤菌的血红蛋白基因,已经在多种制药微生物中被证明能增加菌体对低浓度氧的利用效率。

2. 控制菌体浓度 耗氧率随菌体浓度增加而按比例增加,但氧传递速率按菌体浓度对数关系而减少。控制菌体的比生长速率比临界值稍高的水平,就能达到最适菌体浓度,从而维持溶解氧与耗氧的平衡。

3. 综合控制 各种控制溶解氧措施的选择见表6-7。溶解氧的综合控制可采用反馈级联策略,将搅拌、通气、流加补料、菌体生长和 pH 等多个变量联合起来,溶解氧为一级控制器,搅拌转速、空气流量等为二级控制器,实现多维一体控制。在实际工业过程中,将通气与搅拌转速级联在一起是行之有效的控制溶解氧策略。

表6-7 溶解氧控制措施的优劣比较

措施	作用机制	控制效果	对生产	投资	成本	注意
搅拌转速	$K_L\alpha$	高	好	高	低	避免剪切
挡板	$K_L\alpha$	高	好	中	低	设备改装
罐压	C_1	中	好	中	低	罐强度和密封要求高
气体成分	C_1	高	好	中或低	高	适合于小型罐

续表

措施	作用机制	控制效果	对生产	投资	成本	注意
空气流量	C_1, α	低	好	低	低	可能引起泡沫
血红蛋白基因	C_1	中	好	低	低	

五、发酵 pH 的控制

（一）微生物对 pH 的适应性

发酵液的 pH 为微生物生长和产物合成积累提供了一个适宜的环境,因此 pH 不当将严重影响菌体生长和产物合成。pH 对微生物的影响是广泛的,转录组研究表明,不同 pH 将引起大量基因的转录水平变化,是一个全局性调控。从生理角度看,不同微生物的最适生长和生产 pH 是不同的。细菌生长适宜的 pH 偏碱性,而真菌生长适宜的 pH 偏酸性。链霉素发酵生产为中性偏碱(pH 6.8~7.3),pH >7.5 则合成受到抑制,产量下降。在青霉素的发酵生产中,菌体生长 pH 为 6.0~6.3,产物合成阶段控制在 pH 6.4~6.8。可见,pH 对菌体和产物合成影响很大,维持最适 pH 已成为生产成败的关键因素之一。

发酵液的 pH 变化是菌体产酸和产碱代谢反应的综合结果,它与菌种、培养基和发酵条件有关。在发酵过程中,培养基成分利用后往往产生有机酸如乳酸、醋酸等积累,使 pH 下降。在林可霉素的发酵过程中,前期由于菌体快速生长和碳源的利用,出现 pH 下降低峰,随后稳定在适宜的水平(图 6-21)。

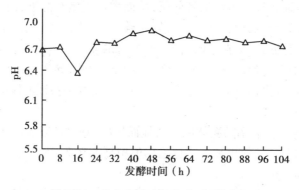

图 6-21   抗生素发酵过程中 pH 的变化

（二）发酵 pH 的控制策略

要根据实验结果来确定菌体生长最适 pH 和产物生产最适 pH,分不同阶段分别控制 pH,已达到最佳生产。在工业生产中,是以培养基为基础,以直接流加酸或碱为主,同时配以补料,把 pH 控制在适宜的范围内。

1. 培养基配方   在培养基配方研究和优化阶段,从碳氮比平衡的角度,就要考虑不同碳源和氮源利用的速度及其对发酵 pH 的影响。碳酸钙与细胞代谢的有机酸反应能起到缓冲和中和作用,一般工业发酵培养基中都含有碳酸钙,其用量要根据菌体产酸能力和种类通过实验来确定。

2. 酸碱调节   由于培养基中添加碳酸钙对 pH 的调节能力非常有限,直接补加酸或碱是非常有效和常用的方法。直接流加硫酸和氢氧化钠控制 pH 虽然效果好,但对菌体的伤害较大。可用生理酸性物质如硫酸铵和生理碱性物质氨水来控制,不仅调节了 pH,还补充了氮源。当 pH 和氮含量低时,流加氨水;当 pH 较高和氮含量低时,流加硫酸铵。根据发酵 pH 确定流加的速度和浓度。

3. 补料流加 采用补料方法调节发酵 pH 是成功的,补料控制 pH 的原理在于营养物质的供应程度影响了细胞的生长和有机酸代谢。营养物质越丰富,细胞生长和初级代谢越旺盛,有机酸积累越多,发酵 pH 降低;反之,细胞生长缓慢,生成有机酸少,发酵 pH 升高。因此,当 pH 升高时,可补料碳源糖类。在青霉素的发酵中,通过控制流加糖的速率来控制 pH。另外,也可直接补料流加氮源,如在氨基酸和抗生素的发酵中可流加尿素。

六、补料与发酵终点控制

(一) 补料的作用

补料是补加含 1 种或多种成分的新鲜培养基的操作过程。放料是发酵到一定时间放出一部分培养物,又称带放。放料与补料往往同时进行,已广泛应用于抗生素、氨基酸、维生素、激素、蛋白质类等药物的发酵工业生产中。

补料与放料是对基质和产物浓度进行控制的有效手段。补料碳源一般用速效碳源,如葡萄糖、淀粉糖化液等。补料氮源一般用有机氮源,如玉米浆、尿素等。用无机氮源补料,加氨水或 $(NH_4)_2SO_4$,既可作为氮源,又能调节 pH。补料磷酸盐能提高四环素、青霉素、林可霉素的产量。

补料的作用在于补充营养物质,避免高浓度基质对微生物生长的抑制作用。放料的作用在于解除产物反馈抑制和分解产物的阻遏抑制。另外,如前所述,补料还可调节培养液的 pH,改善发酵液的流变学性质,使微生物发酵处于适宜的环境中。

(二) 发酵终点与控制

发酵终点是结束发酵的时间,应是最低成本获得最大生产能力的时间。对于分批式发酵,根据总生产周期求得效益最大化的时间,终止发酵。

$$t = \frac{1}{\mu_m} \ln\left(\frac{X_1}{X_2}\right) + t_T + t_D + t_L \qquad 式(6-19)$$

式中,μ_m 为最大比生长速率;X_1 为起始浓度;X_2 为终点浓度;t_T 为放罐检修时间;t_D 为洗罐、配料、灭菌时间;t_L 为延滞期。

控制发酵终点应该与发酵工艺研究相结合,计算相关的参数,如发酵产率、单位发酵液体积、单位发酵时间内的产量 $[kg/(h \cdot m^3)]$;发酵转化率或得率、单位发酵基质底物生产的产物量(kg/kg);发酵系数、单位发酵罐体积、单位发酵周期内的产量 $[kg 产物/(m^3 \cdot h)]$。

生产速率较小的情况下,产量增长有限,延长时间使平均生产能力下降,动力消耗,管理费用支出,设备消耗等增加了成本。发酵终点还应该考虑下游分离纯化工艺及末端处理的要求。残留过多营养物质不仅对分离纯化极其不利,而且会增加废水处理的难度。发酵时间太长,菌体自溶,释放出胞内蛋白酶,改变发酵液理化性质,增加分离的难度,也会引起不稳定产物的降解破坏。

临近放罐时,补料或消沫剂要慎用,其残留影响产物的分离,以允许的残量为标准。对于抗生素,放罐前 16 小时停止补料和消沫。

如遇到染菌、代谢异常等情况,采取相应措施,终止发酵,及时处理。

第六节　发酵药物的分离纯化工艺

微生物发酵产物存在于发酵液或菌体内,需要经过分离和纯化才能得到精制产品。本节主要内容是从发酵液中分离纯化产品及其质量控制。

一、发酵药物分离纯化的基本过程

(一)分离纯化的基本工艺过程

微生物制药的分离纯化属于下游过程,是一个多级单元操作,可分为两个阶段,即初级分离阶段和纯化精制阶段(图6-22)。初级分离阶段是在发酵结束之后,使目标产物与培养体系的其他成分得以分离,浓缩产物并去除大部分杂质。如果产物存在于胞内,则需要破碎细胞,以释放目标产物。纯化精制阶段是在初级分离的基础上,采用各种选择性技术和方法将目标产物和干扰杂质分离,使产物达到纯度要求,形成产品。

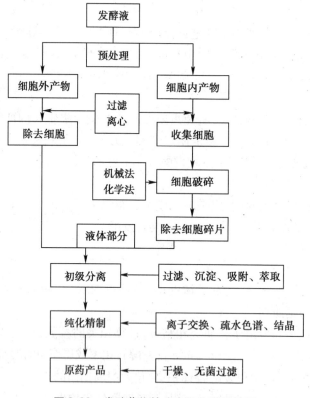

图6-22　发酵药物的分离纯化过程简图

(二)分离纯化工艺的选择

微生物发酵产物的分离纯化工艺应该考虑4个要素:①操作时间短。分离纯化过程涉及操作单元多,各单元有效组合,减少操作步骤,尽量缩短时间。②操作条件温和。有些产物对热等不稳定,要求操作温度低;有些产物对酸或碱不稳定,应选择适宜的 pH 范围。③产物的选择性和专一性强。由于发酵体积大,但产物浓度低(一般为 0.1%~5%)、杂质多,分离纯化技术要针对产物进行设计和选择,达到高效分离倍数。④安全和清洁生产。分离纯化过程多采用易燃、易爆、腐蚀性的有机溶剂,产生的三废(菌体废渣、发酵废液和溶媒、废气)量大,需要做好末端处理,溶媒回收和再利用,进行防爆、防火、防腐等安全生产和清洁生产。

二、发酵液的预处理工艺

发酵液的预处理是指把发酵体系中的菌体细胞与其他成分分离,同时改变发酵液的物理性质,以利于后续分离工序的顺利进行。微生物发酵液的成分相当复杂,除了目标产物外,还有大量的杂质,包括菌体细胞、残留培养基和盐类、微生物分泌的蛋白质和色素及其他代谢产物。

生产不同的目标产物,使用的菌株及其培养液的特性是不尽相同的,预处理的方法也不尽完全相同。对于分泌到胞外的产物,预处理要使目标产物尽可能地转移到液相,固液分离除去固相细胞等杂质。对于胞内产物,预处理改变培养液的特性,离心收集细胞,破碎细胞后将目标产物与细胞碎片分离。培养液的预处理主要包括除去固体悬浮颗粒、重金属离子、色素、热原、毒性物质、杂蛋白质等,改变培养液的特性。主要的物理化学方法有凝聚与絮凝、添加助滤剂、添加沉淀剂、调节 pH 等。

(一)凝聚与絮凝

凝聚和絮凝是工业上最常用的预处理方法,能有效地改变细胞、细胞碎片及蛋白质等可溶性大分子的分散状态,使之聚结成大颗粒,从而除去杂蛋白质和固体杂质,提高过滤速率和质量。凝聚是在发酵液中加入电解质,由于所带电荷性的改变,破坏了原有的离子或胶体的平衡状态,粒子间相互碰撞,形成凝聚的小颗粒,即凝聚体。阳离子对带负电荷的发酵液胶体粒子的凝聚能力依次为 $Al^{3+} > Fe^{3+} > H^+ > Ca^{2+} > Mg^{2+} > K^+ > Na^+ > Li^+$。常用的凝聚电解质有硫酸铝、氯化铝、三氯化铁、硫酸亚铁、氢氧化钙、硫酸锌和碳酸镁等。

絮凝是在絮凝剂存在时,粒子之间由于桥架作用形成体积比凝聚体大的絮凝体。絮凝剂是一种水溶性的高分子聚合物,具有长链结构,有很多活性基团,包括离子型和非离子型基团,它们通过静电引力、范德华力、氢键作用与粒子表面的基团结合,产生桥联对接,形成较大的絮凝团。工业上使用的絮凝剂有 3 类,即天然高分子化合物类,如海藻酸钠、明胶和壳聚糖等;合成的高分子化合物类,如聚丙烯酰胺及其衍生物等阳离子絮凝剂;无机高分子聚合物类,如聚合铝盐、聚合铁盐等。由于发酵液的胶体粒子带负电荷,阳离子絮凝剂使用较多。选择絮凝剂要注意其毒性、使用量、溶液的 pH、搅拌转速和作用时间等因素的影响,也可加入助凝剂,提高凝聚的效果。

(二)助滤作用

助滤剂是一种不可压缩的多孔微粒,能吸附大量的微小粒子,使滤饼疏松,从而有利于提高过滤速度。助滤剂可以涂布在过滤介质表面或直接加入培养液中,根据不同具体情况选择使用。对于粗目滤网介质,可选择石棉、纤维素等;对于细目滤网介质,可选择细硅藻土。助滤剂的大小必须与要分离的粒子尺寸相适应,并且使用量要适宜,才能真正起到助滤的作用。

(三)沉淀作用

有些试剂能与发酵液中的可溶性盐类发生反应生成不溶性沉淀,可防止细胞的黏结,其本身还具有助滤剂的作用,能使悬浮物和胶状物凝固,改善过滤性能。发酵液中的金属离子如钙、镁和铁离子等对后续的离子交换色谱十分不利,必须在预处理阶段除去。使用草酸除去钙离子,使用三聚磷酸钠除去镁离子,使用黄血盐除去铁离子。磷酸处理也可用于除去钙、镁等离子。

(四) 培养液 pH 的调节

用酸或碱调节发酵液的 pH,使蛋白质、细胞和碎片等粒子类的两性电解物质在等电点处容易沉淀,絮凝成较大颗粒,使过滤、离心等分离操作易于进行。

(五) 加热处理

对热稳定的产物可加热预处理发酵液。如灰黄霉素的发酵液加热至 80～90℃ 预处理,多黏菌素 E 的发酵液调节 pH 后加热至 90℃ 左右预处理,可使蛋白质变性,提高了过滤速度。

在预处理中,经常几种方法一起或先后使用,相互配合,才能达到最佳的处理效果和目的。

三、初级分离工艺

(一) 过滤

过滤是固液分离的常用方法,其原理是基于过滤介质孔径大小进行分离。微生物细胞的直径在微米级,而且发酵过程菌丝体往往凝聚成小团。这样微生物的发酵液经过预处理后,很容易通过过滤将液体和菌体等固体杂质分开。常用板框过滤机、平板过滤机和真空旋转过滤机等,其特点是设备简单、操作容易,适合大规模工业应用。缺点是分离速度低、分离效果受物料性质的影响。

(二) 吸附

吸附是利用吸附剂吸附发酵液中的产物,然后改变条件,用洗脱剂把产物洗脱下来,达到浓缩和提纯的目的。常用物理吸附和交换吸附进行发酵产物的分离。物理吸附是吸附剂与产物之间通过分子间范德华力而吸附,选择性较差。吸附过程是平衡可逆的,可发生多层吸附。交换吸附是吸附剂的极性或离子与产物之间发生离子交换,形成双电层。吸附交换能力取决于离子电荷,带电越多吸附越强。交换吸附的优点是对产物的选择性较好。常用活性炭、大孔树脂等吸附剂进行发酵产物的分离。活性炭颗粒细,总表面积大,吸附力强。搅拌混合 30～40 分钟,活性炭可吸附完全,一般用量为 0.5%～3%（W/V）。碱性产物可在中性 pH 下吸附,酸性条件下解析,而酸性产物用碱性解析。在放线菌酮的分离中,滤液用活性炭吸附,用三氯甲烷解析。大孔树脂是非离子型共聚物,容易解析、机械强度好、可反复使用、吸附速度快,要针对不同产物选择树脂的类型。

(三) 沉淀

利用产物的两性电解质性质,在等电点处其净电荷为 0,产物可以沉淀出来,这是直接沉淀。直接沉淀法可以用于氨基酸、蛋白质等的分离。如果产物能与酸、碱或金属离子形成不溶性或溶解度很小的复盐,也可用沉淀析出,这是间接沉淀。四环素在酸性条件下（pH＜3.5）带正电荷,在碱性条件下（pH＞9.2）带负电荷,等电点为 pH 5.4。在四环素的分离中,将发酵滤液 pH 调为 9.0 左右,加入氯化钙,形成钙盐沉淀,过滤后用草酸溶解,再过滤除去草酸钙,调节滤液 pH 4.6～4.8,析出四环素粗品。沉淀分离的优点是设备简单、成本低、节省溶媒、收率高。缺点是过滤较难,常常与萃取分离相结合使用。

(四) 萃取

萃取分离的原理是分配定律,发酵产物在不同 pH 下具有不同的化学态(游离酸、碱和盐），在水和溶媒中的溶解度不同，从而使产物从一种液体转移到另一种液体中。常用溶媒包括乙醚、三氯甲烷、乙酸乙酯、乙酸丁酯等，溶媒的选择是萃取的关键，要求化学性质稳定，对产物的分配系数大，具有选择性，与水互不相溶，才能达到萃取效果。在萃取过程中会产生乳化现象，使分离困难。防止乳化和破乳化是萃取过程中的重要环节，可使用去乳化剂，包括十二烷基磺酸钠、溴代十五烷吡啶等。在青霉素的萃取分离中，滤液用硫酸调节 pH 2~3，此时青霉素为游离酸，在乙酸丁酯中溶解度最大，加入 1/4~1/3 体积的溶媒，加入去乳化剂溴代十五烷吡啶，用离心分离萃取液，把青霉素从发酵液转移到溶媒中。对于菌体胞内产物，如制霉菌素，用 2~3 倍量的乙醇对菌丝体萃取 2~3 次。

（五）离子交换

具有极性的发酵产物在溶液中解离为阳离子或阴离子，与离子交换树脂进行选择性交换，再用洗脱剂从树脂上将产物洗脱下来。酸性产物可用阴离子树脂，碱性产物可用阳离子树脂。在链霉素的分离工艺中，采用弱酸性阴离子树脂，三罐串联吸附，逐级交换，用水洗涤，用 5%~6% 硫酸洗脱。控制各罐间的压力、流量，保证均衡进行。在卡那霉素的分离过程中，采用强酸性阳离子树脂，静态吸附，对饱和树脂用稀盐酸、氯化铵洗涤，用 2%~2.8% 氨水洗脱。

四、纯化精制工艺

（一）浓缩

发酵产物浓缩是通过蒸发去除溶媒或溶剂来实现的。常用的浓缩方法包括真空减压浓缩和膜蒸发浓缩。减压浓缩是降低液面压力，降低溶剂沸点，加热使溶剂汽化，产物得到浓缩。对乙醇萃取的制霉菌素，用减压真空（40~50℃，20~30mmHg）浓缩至原体积的 10%~15%。薄膜蒸发是在加热时，液体形成薄膜而迅速蒸发（数秒）。与减压浓缩相比，薄膜蒸发的优点是蒸发面积大，导热快而且均匀，避免了过热现象，产物不破坏，效率高，从而得到广泛应用。在链霉素的精制中，采用薄膜蒸发，控制温度在 35℃ 以下（20mmHg）进行浓缩。

（二）脱色

发酵液中存在色素，虽然经过分离经过去除了大部分的色素，但还有少量色素随着溶剂等转移而来，必须除去。常用活性炭和离子交换树脂进行脱色。在除去色素时，要注意用量、脱色时间及其 pH 和温度等条件。因为活性炭和树脂在吸附色素的同时吸附发酵产物，如果对产物吸附多，则严重影响收率。

（三）结晶

结晶是产物从溶液中析出晶体的现象。结晶是精制高纯度发酵产物的有效方法，选择性好，成本低，设备简单，操作方便，广泛应用于抗生素和氨基酸的纯化中。常用的结晶方法有诱导结晶、共沸蒸馏结晶等。如制霉菌素的浓缩液在 5℃ 下冷却数小时，则形成晶体。头孢菌素 C 的浓缩液加入醋酸钾，生成头孢菌素钾盐。在青霉素钾盐的精制中，采用共沸蒸馏结晶。结晶液、20% 醋酸钾-乙醇、水（2%~2.5%）组成物系，在真空 60mmHg 下，40~50℃ 共沸结晶 1 小时，溶剂和水被馏出，青霉素钾盐含水量为 0.6%。

（四）干燥

干燥是通过汽化方法除去水分或溶剂的操作，是产品精制的最后工序。目的在于形成产品的稳定形式，便于贮运、加工和使用。常用的干燥方法包括减压真空干燥、喷雾干燥、气流干燥、冷冻干燥和辐射干燥等。在红霉素的精制中，湿晶体在 70~80℃（20mmHg）下真空干燥 20 小时得到成品。在链霉素的精制中,进风口 120～130℃,出风口 84～85℃,对浓缩液进行喷雾干燥,得到硫酸链霉素成品。在四环素的精制中,进风口 130～140℃,出风口 80～90℃,对湿晶体进行气流干燥,得到成品。

(五) 无菌原料药

对于无菌抗生素原料药,在精制过程中通常采用除菌过滤、无菌室结晶、化学灭菌等方法制备。将硫酸庆大霉素浓缩液用 1.2～1.4MPa 的无菌空气压入无菌过滤装置或微孔滤膜,滤液进入低温的无菌储罐,然后喷雾干燥,得到无菌原料药。用于结晶的无菌室要对空气进行净化处理,达到洁净度 100 级,在该环境下进行药物结晶操作。对于化学灭菌,常用环氧乙烷对干燥的普鲁卡因青霉素在灭菌箱中灭菌 6 小时以上,排气后检验。

五、发酵原料药物质量控制

在发酵产物制备过程中,始终要以质量为核心,根据销售地区和产物的用途,以药典为标准,按规定的方法进行检验和质量控制。在中国境内使用,以《中国药典》(2010 年版)为标准;对于出口产品,以出口国或地区的药典为标准。对抗生素原料药制定更高的质量标准,检测方法也发生了变化,强化了组分和有关物质、溶剂残留、微量毒性杂质、晶型等控制,用专属性的 HPLC 取代传统的容量法和微生物检定法,用细菌内毒素代替热原检测。

(一) 检查与鉴别

1. **性状**　药物的性状是指物理化学特性,包括外观、色泽、形状、臭味、溶解度、熔点、旋光度、相对密度、干燥失重与水分、pH 等。不同晶型的药物,物理性质不同,生物利用度和稳定性也不相同。对于多晶型药物,要指出特殊的晶体形态。

2. **鉴别**　鉴别是对产品进行鉴别其真伪的主要检测项目。不同药物具有不同的基团,可用功能团专属性强的化学反应和薄层层析进行鉴别,也可采用红外和紫外吸收光谱、液相色谱和气相色谱等灵敏度高、重复性好的方法进行鉴别。对于抗生素原料药生产企业,根据药典标准,要以仪器分析鉴别为主,以颜色反应和 TLC 为辅。药物化学性质包括 pH、碘值、酸值、皂化值和羟值等。

3. **杂质检查**　杂质检查包括一般杂质和有关物质、毒性杂质。一般杂质包括氯化物、硫酸盐、重金属、砷盐和炽灼残渣等检查,要在规定范围之内。有关物质是在生产工艺过程中带入的原料、中间体、降解物、光学异构体、聚合物、副反应产物和残留溶剂等。对于含量 >0.1% 的杂质,要明确结构和来源,并严格控制限量。采用高效液相色谱梯度洗脱对抗生素中的有关物质进行检查,结合杂质对照品、混合杂质对照品、保留时间和质谱图,对色谱图中的峰进行归属,定性、定量控制杂质。对于微量高分子聚合毒性杂质,可采用凝胶色谱和高效凝胶色谱进行检查。对于微量残留溶剂,根据对人体和环境的危害程度,ICH 对 69 种有机溶剂制定了药物中的限量。要按照《中国药典》的规定,按抗生素原料药生产工艺严格检查步骤,进行残留溶剂检测。

(二) 含量与效价测定

原料药品的含量测定是评价药品质量的主要指标之一,可用物理或化学方法测定药物含量。但对于抗生素,还可以用生物学方法测定药物的效价,以杀灭或抑制微生物的能力为标准,常用管碟法和浊度法。抗生素的生物检定是以抗生素对微生物的抗菌效力作为效价的衡量标准。

1. **管碟法测定效价**　抗生素在供试菌培养板上,它会向周围扩散,浓度逐渐降低。在最低抑制浓度以上的范围内,供试菌被抑制,不能生长,形成抑菌圈。抗生素浓度的对数值与抑菌圈直径的平方呈线性关系,从而计算出效价。该方法受到多种因素的影响,误差较大,不适合于多组分抗生素的效价测定。

2. 浊度法测定效价　在液体供试菌培养液中加入抗生素,抑制其生长。在 530 或 580nm 波长处测定培养物的吸光度,计算效价,与标准品的效价进行比较。供试菌种有金黄色葡萄球菌、大肠埃希菌、白念珠菌等,用甲醛杀死实验细菌,作为空白对照。原料药效价测定一般需双份样品,平行测定。浊度法因在液体中进行,所以不受扩散因素的影响,因此不会像管碟法那样易受如钢圈的放置、向钢圈内滴液的速度、液面的高低、菌层厚薄等种种因素的影响而使抗生素在琼脂表面扩散,从而造成结果的差异或实验的失败,也就是说不受一切扩散因素的影响。同时,浊度法的优点是测定时间短,培养 3 ~ 4 小时就可测定,而管碟法需要 16 ~ 24 小时;误差小,可自动化进行,易于规范化操作。

3. 组分控制　抗生素发酵产物往往是多组分的,不同组分具有不同的生物活性和毒性作用,要保证多组分抗生素产品的比例恒定,严格控制多组分中的小组分和无效组分。采用微生物检定法测定效价不能反映组分比例的变化,因此要采用 HPLC 分析,确定各组分的含量,进行质量控制。如红霉素产品中,红霉素 A 组分不得少于 88.0%,红霉素 B 和红霉素 C 均不得超过 5%。在硫酸庆大霉素产品中,小组分占 20% 以上,要控制 C 组分的含量,对小诺米星、西索米星及其他未知组分均需要控制。

（三）其他检测项目

其他检测项目包括内毒素检测、降压物质试验、无菌试验等,按照药典标准进行控制。

（赵广荣）

第七章 基因工程制药工艺

基因工程(genetic engineering)或重组 DNA 技术(recombinant DNA technology)是对生物的遗传物质基因进行扩增、酶切,与适宜的载体连接,构成完整的基因表达系统,然后导入宿主生物细胞内,整合到基因组上或以质粒形式存在于胞质中,使基因工程生物表现出新功能或新性状。基因工程技术不仅可以生产重组蛋白质、多肽或核酸等药物,还可用于提高抗生素、维生素、氨基酸、辅酶和甾体激素等药物的微生物生产能力。有些小分子化学药物可采用类似方法进行工程微生物制药。本章以重组蛋白质药物为例,主要内容包括基因工程菌构建、工程菌的发酵工艺、重组蛋白质药物的分离纯化和质量控制。

第一节 概　　述

基因工程首先在制药行业实现了产业化,推动了生物技术的实质性发展。到目前为止,生物技术产业的主流仍然是制药领域。本节主要内容是基因工程制药的技术发展历史及其重要事件、基因工程制药的基本工艺过程。

一、基因工程制药类型

根据基因工程操作的宿主生物类型,可分为基因工程微生物制药、基因工程动物细胞制药、转基因动物制药和转基因植物制药。

20 世纪 50 年代后,随着分子生物学的发展,建立了基因工程技术,是生物科学技术史上的里程碑(表 7-1)。1976 年世界上第一家以基因工程技术开发药物的公司(Genentech 公司)建立,开始了现代生物技术产业发展的新纪元。基因工程技术首先在制药领域取得了成功,1982 年世界上第一个基因工程药物重组人胰岛素分别用大肠埃希菌、酵母生产,获得 FDA 批准上市,开启了基因工程微生物制药。1986 年酵母生产的重组人乙肝疫苗上市,标志着蛋白质治疗药物的微生物制药技术已经成熟。从此,人类可以摆脱遗传物质的物种限制,使基因能在不同物种间转移,实现新性状。1990～2003 年人类基因组计划为制药设计提供了更多的功能性数据,对人类战胜疾病、提高生命质量具有重大意义。2005 年以后,相继出现了新一代 DNA 测序仪,加速了生物遗传密码的破译。

表 7-1　基因工程制药的理论与技术的主要事件

年代	事件	贡献者
1953	DNA 双螺旋模型	Francis Harry Compton Crick,James Dewey Watson,获得 1962 年的诺贝尔生理和医学奖
1958	DNA 半保留复制和中心法则	Francis Harry Compton Crick

续表

年代	事件	贡献者
1967	破译遗传密码	Har Gobind Khorana 和 Marshal W. Nirenberg,获得 1968 年的诺贝尔生理和医学奖
1972	体外重组 DNA	Paul Berg,获得 1980 年的诺贝尔化学奖
1977	DNA 测序技术	Walter Gilbert,Frederick Sanger,获得 1980 年的诺贝尔化学奖
1976	第一家基因工程技术制药公司成立	Genentech 公司
1982	重组人胰岛素	美国,Eli Lilly 公司
1983	基因扩增的 PCR 技术	Kary B. Mullis,获得 1993 年的诺贝尔化学奖
1986	重组人乙肝疫苗	美国 Merck 公司
1998	第一个反义基因药物	美国
1990	人类基因组计划开始	美国
2003	人类基因组计划完成	中、美、英、日、法和德等 6 国
2004	第一个基因药物重组人 p53 腺病毒注射液	中国
2009	转基因山羊制备抗血栓药物 Atryn	美国
2012	转基因胡萝卜细胞系生产戈谢病治疗药物	美国
2013	大脑连接图计划开始	美国

通过转基因技术对山羊进行基因改造,可用山羊奶作为生物反应器合成抗凝血酶。2009 年美国 FDA 批准用转基因山羊奶生产的抗血栓药物 Atryn 上市,用于治疗遗传性抗凝血酶缺乏症。

戈谢病是第一对染色体上的葡萄糖脑苷脂酶溶酶体基因缺陷引起的疾病,患者不能水解葡萄糖脑苷脂,脂质积聚在肝脏、脾、肺、骨髓和大脑中。2012 年美国 FDA 批准用转基因胡萝卜细胞系表达生产人葡萄糖脑苷脂酶(taliglucerase alfa)上市,用于 I 型戈谢病患者的长期酶替代治疗。这是到目前为止唯一用转基因植物生产蛋白质药物的例子。

与动物细胞培养制药方式相比,转基因动物和植物细胞系生产药物成本更低,生产规模也会更大。随着大量蛋白质药物专利期的到来,仿制生物制品的开发将进入一个新阶段。转基因动物和植物细胞系先后被美国批准用于制药,为仿制生物制品生产拓展了生物系统,提供了多种生产方式。

二、合成生物学制药

(一)合成生物学

人类基因组计划的实施极大地推动了测序技术的发展。目前近千种生物基因组已完成测序,开发了新一代测序仪,测序成本低、通量高、速度快,还有更多生物基因组在测序中。与此同时,DNA 合成能力和成本大幅下降,生物技术从阅读遗传密码(测序与解码)进入编写(设计与合成)基因和基因组时代,出现了合成生物学。合成生物学(synthetic biology)是基于生命系统的工程技术,旨在设计、构建自然界不存在的生命或使已存在的生命具有新功能。合成生物学可在生命的不同层次上设计和合成基因和元部件,也可以是非细胞生物病毒、具有细胞结构的细菌、酵母基因组。

(二)微生物基因组的合成

目前合成生物学已经从寡核苷酸合成进入到基因组组装水平(表7-2)。1981年化学全合成保守a干扰素基因序列,研制了重组人干扰素药物。2004年Kosan Biosciences公司的科学家采用合成子策略组装了红霉内酯合成基因簇,在大肠埃希菌中合成了6-脱氧红霉内酯。J. Craig Venter研究所(CJVI)的科学家2008年全合了生殖衣原体的基因组,2010年又合成蕈状支原体基因组,合成能力超过1Mb。2011年约翰霍普金斯大学的科学家实现酵母基因组的合成,把合成基因组从原核生物拓展到真核生物。如果能合成细胞质、亚细胞器、生物膜,与基因组合成相匹配,便可实现生命体再造。

表7-2　合成生物学的主要事件及其制药应用

年代	事件	相关指标
	从寡核苷酸到基因组	长度
1981	全合成人a干扰素	514bp
2002	人工合成脊髓灰质炎病毒的cDNA	7501bp
2004	人工合成6-脱氧红霉内酯B合成酶基因簇	31 656bp
2007	基因组的微物种间人工移植	J. Craig Venter研究所(CJVI)
2008	人工合成生殖衣原体细菌基因组	582 970bp
2009	人工合成蕈状支原体基因组	1 077 947bp
2011	人工合成酿酒酵母第6号染色体左臂、第9号染色体右臂	左臂29 932bp;右臂91 010bp
	基因组最小化	删除长度(占基因组的百分数)
2005	谷氨酸棒杆菌基因组删减	190kb(5.7%)
2006	大肠埃希菌基因组删减	708.3kb(15.3%)
2007	酿酒酵母基因组删减	531.5kb(5%)
2010	阿维链霉菌基因组删减	1.7Mb(19%)
	合成生物学的制药应用	产量
2003	酿酒酵母合成氢化可的松	11.5μg/L
2006	酵母合成青蒿素前体青蒿酸	110mg/L
2010	大肠埃希菌合成紫杉醇前体紫杉二烯	1.1g/L
2012	酿酒酵母合成丹参酮前体次丹参酮二烯	365mg/L
2013	大肠埃希菌合成丹参素	7.1g/L

(三)微生物基因组的删减

微生物的基因组大小是自然进化适应环境的产物,在制药工业环境下,冗余基因是无用的,而且造成生长和繁殖的负担。因此,另一条合成生物学的策略是对基因组进行删减(表7-2),提高微生物的工业化水平。采用大规模删除技术敲除非必需基因,目前已经先后获得了大肠埃希菌、芽孢杆菌、链霉菌、酵母等缩减基因组。对大肠埃希菌 K-12 基因组进行设计,删除重复基因、转座基因和毒性基因等,获得了基因组减少 15% 的菌株,生长速度不变,同时出现了新特性,如转化效率提高、外源质粒稳定遗传、增加了重组蛋白质的稳定性等。在缩减基因组的菌株中表达 L-苏氨酸分泌基因和耐受操纵子,L-苏氨酸产量提高了83%。对酿酒酵母基因组进行敲除,提高了乙醇和甘油的含量。对不同链霉菌基因组进行比较分析,设计并敲除了 1.7Mb 阿维链霉菌基因组。阿维链霉菌基因组敲除菌株能高效表达氨基糖胺类链霉素、β-内酰胺类头霉素 C 和青蒿二烯合成基因簇,可作为抗生素等微生物和植物来源次级代谢药物的生产宿主。

(四)利用微生物合成天然产物

合成生物学能对基因元件进行重新设计、全合成和标准化组装,避免了基因克隆、酶切、连接等烦琐的过程,同时可根据宿主的遗传特点对密码进行优化,可在工程水平上批量操作,加速研究开发进程。构建人胰岛素基因表达载体,并在大肠埃希菌中表达和生产胰岛素是相对容易的事情。然而,对于天然产物药物,由于结构非常复杂,全化学合成工艺往往没有经济性。这些天然药物的生物合成涉及多个基因甚至是基因簇,基因工程技术难以操作。合成生物学则提供了方便可行的途径。把青蒿素合成途径分解成数多个功能模块,包括合成模块和调控模块,完成设计和优化后合成并构建代谢线路,不仅使操作过程简单、省时省力,而且很容易得到生产青蒿素的工程生物。经过代谢调控和工艺优化,目前酿酒酵母合成青蒿酸的产量达 27g/L,为半合成青蒿素及其衍生药物提供了廉价的原料药。类似地,在大肠埃希菌中高效合成了抗癌药物紫杉醇的前体紫杉二烯,在酵母中合成了甾体类药物氢化可的松、中药活性成分次丹参酮二烯、丹参素(表 7-2)。随着合成生物学的深入研究,将在结构复杂的天然药物及其衍生物的生产工艺开发中发挥重要作用,降低技术成本,解决药源的经济性问题。

三、基因工程制药的基本过程

基因工程制备蛋白质药物的基本过程包括工程菌种的构建、工程菌的发酵、蛋白质产物的分离纯化和质量控制(图 7-1)。

(一)基因工程菌种的构建

基因工程菌是含有目标基因表达载体、能合成重组蛋白质药物的微生物。通过 PCR 制备目标蛋白质药物的编码基因和质粒载体,

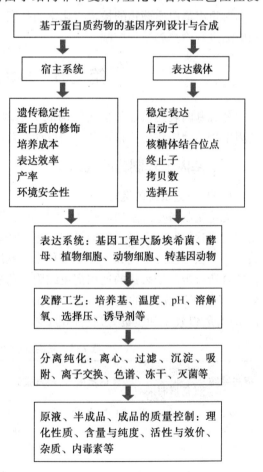

图 7-1 基因工程制药的基本过程

经过限制性内切酶酶切和连接酶催化得到表达载体,转化宿主微生物,筛选得到基因工程菌种。在启动子的驱动下,目标基因转录并翻译,则可实现在微生物中表达出目标蛋白药物。

（二）工程菌的发酵

基因工程菌的发酵过程与普通微生物的发酵相似,在发酵罐中进行,需要控制温度、pH和溶解氧等,只是由于菌种不同,培养基、发酵条件及其控制工艺不同。重点是防止表达载体的丢失和变异,控制重组蛋白质药物的适时表达合成。

（三）重组蛋白质药物的分离纯化

重组蛋白质药物的分离纯化包括对发酵液进行初级分离和精制纯化,获得原液。原液经过稀释、配制和除菌过滤成为半成品。半成品分装、密封在最终容器后,经过目检、贴签和包装,并经过全面检定合格的产品为成品。

在发酵体系中,重组蛋白质药物的含量比小分子发酵药物的更低。要根据重组蛋白质药物的结构、活性等特点,选择特异性的方法,建立适宜的分离和纯化工艺,并对原液进行质量控制。对于胞内形成的包涵体,则要采用变性和复性工艺,重折叠为具有生物活性的产品。重组蛋白质药物原料药与成品药物制剂生产往往不分离,由同一家企业完成。目前重组蛋白质药物仍然以专利药物为主,仿制生物制品很有限。

对重组蛋白质药物的检定与化学药品完全不同,以生物分析方法为主,对原液、半成品和成品进行检验和质量控制。

第二节　基因工程菌的构建

外源基因表达载体和宿主菌构成了基因工程菌表达系统,表达载体与宿主菌要适配。基因工程菌的构建包括目标基因的设计与合成、表达载体的构建和工程菌的建库与保存。

一、基因工程制药的表达系统

（一）表达系统的选择

无论是制备重组蛋白质药物,还是进行代谢工程改造宿主微生物,都涉及异源蛋白质的功能性表达问题。选择适宜的异源宿主,以满足工业过程,对于实现重组蛋白质稳定表达至关重要。虽然已经研究和开发了多种用于基因表达的异源宿主细胞,但目前为止还没有一种适合所有蛋白质表达的通用宿主细胞。药物生产的宿主细胞应该符合法规的安全标准要求,如美国 FDA 颁布的安全标准(generally regarded as safe, GRAS)。因此要根据不同的目标蛋白质,以效率和质量为判别标准,选择适宜的宿主系统(表 7-3)。

表 7-3　常用蛋白质药物表达系统的特点

宿主系统	细胞生长（倍增时间）	表达水平	蛋白质药物	应用	工艺优点	工艺缺点
大肠埃希菌	快（30分钟）	胞内表达为主,高	折叠受限,无糖基化	多肽或非糖基化药物	容易放大,容易操作,培养基简单,低成本	蛋白质包涵体,有热原,分离纯化较复杂
酵母	较快（90分钟）	分泌表达,低-高	能折叠,高甘露糖基化	多肽或蛋白质,疫苗	容易放大,容易操作,培养基简单,低成本	蛋白质的糖基化受限

续表

宿主系统	细胞生长（倍增时间）	表达水平	蛋白质药物	应用	工艺优点	工艺缺点
哺乳动物细胞	慢(11~24小时)	分泌表达，低-中等	能折叠，糖基化完全，接近天然产物结构	蛋白质，抗体，疫苗	活性高，分离纯化操作较简单	放大较难，培养要求严格，工艺控制复杂，高成本
植物细胞	慢	低	能折叠，糖基化	蛋白质，抗体，疫苗	培养基简单，低成本	放大较难

能否成功表达异源蛋白质是选择表达系统的第一步。考虑蛋白质的天然宿主、存在场所和结构特征等，与相似的成功实例进行比较，推测适宜的氧化还原环境。原核生物可用于表达无翻译后修饰的功能蛋白质，而真核生物表达系统可用于表达糖基化、酰基化等修饰的蛋白质。

对于重组蛋白质药物而言，表达产品的质量是第一位的，即表达的蛋白质药物必须均一，尽可能降低表达系统或生产过程引起的微观不均一性。对于制备功能酶而言，在高效表达、正确折叠、活性稳定的前提下降低内源酶的背景，提高生产效率。

（二）原核生物表达系统

大肠埃希菌(*Escherichia coli*)、芽孢杆菌、假单胞杆菌、链霉菌等原核生物通过基因工程技术，可用于蛋白质药物与疫苗等生物制品、氨基酸与抗生素等化学药物及其衍生物，基因工程微生物还可用于生产催化剂生物酶，用于生物转化制备抗生素、手性对映体的拆分。

大肠埃希菌系统已经成功用于重组蛋白质药物生产，包括重组人胰岛素、重组人生长素、重组人干扰素、重组人粒细胞集落刺激因子、白喉毒素-IL-2融合蛋白等30余种药物上市。此外，大肠埃希菌已经广泛被研究，并应用于氨基酸、有机酸、天然产物的合成与生产中。

大肠埃希菌是属于革兰阴性菌，杆状，进行裂殖，在平板上形成白色至黄白色光滑的菌落。大肠埃希菌能利用碳水化合物和氮、磷及微量元素，兼性厌氧生长，在液体培养基中发酵糖，产气、产酸。大肠埃希菌细胞由外到内依次是外膜、细胞壁、细胞膜、细胞质和拟核区。大肠埃希菌的外膜为双层磷脂，细胞壁与外膜之间的部分为周质。细胞壁外周有鞭毛，较长，使细胞游动。有些菌株有菌毛或纤毛，较细而且短，使细胞附着在其他物体上。细胞壁由肽聚糖和脂多糖构成，较薄，起保护和防御功能。细胞死亡后，脂多糖游离出来，形成内毒素，产生热原。细胞膜紧靠细胞壁，是由含蛋白质的磷脂双分子层组成的，具有选择通透性，起调节胞内外物质交换、物质运输和排出废物的功能。细胞质呈浆状，含有各种生物大分子，如酶、mRNA、tRNA、核糖体及代谢产物等小分子物质，是细胞生化反应的主要场所。大肠埃希菌缺乏亚细胞结构，细胞膜向内折叠形成间体，含有核糖体，扩大了生化反应面积。大肠埃希菌基因组 DNA 是双链环状，浓缩在拟核区，无核膜包裹，故属于原核生物。

外源基因在大肠埃希菌中表达存在3种情况。表达质粒存在于细胞质中，被转录、翻译生成细胞质蛋白质。如果微观条件适宜，这些蛋白质折叠形成可溶性蛋白，即可溶性表达。如果采用信号肽引导外源蛋白向胞外分泌，则可运输分泌到周质，或释放到胞外进入培养液。周质表达有利于减少蛋白的降解和下游分离纯化，避免 N 端附加蛋氨酸（由起始密码

ATG编码），但由于不完全转运而显著降低了产率。如果分泌到培养液，则产率进一步下降。尽管大肠埃希菌已经实现了分泌周质和胞外表达，但技术的成熟度有待进一步提高。如果细胞内微观环境不适或表达速度太快，则形成在显微镜下可见的不溶性蛋白包涵体。包涵体蛋白的优点是分离相对容易，但必须经过变性、复性等工艺过程，增加了工艺复杂度，而且不是所有的产物都能完全均一恢复活性，产品质量不易控制。

大肠埃希菌表达系统的遗传背景清楚，1997年完成了基因组测序，大小为4.6Mb，开放阅读框架4288个，编码3000多种蛋白质。实验室常用菌株是BL21（蛋白酶缺陷型）和K-12及其改进的衍生菌株。大肠埃希菌在好氧条件下生长迅速，容易实现高密度（＞100g细胞干重/L）发酵。外源基因表达水平高，目标蛋白占总蛋白量达20%～40%以上，培养周期短，抗污染能力强。已经开发了适应不同蛋白、稀有遗传密码、辅助折叠的菌株，可根据具体情况选择使用。

（三）真核生物表达系统

真核生物表达系统包括酵母、丝状真菌、植物细胞、昆虫细胞、哺乳动物细胞和动物，它们都能对蛋白质进行翻译后修饰和折叠，能分泌到胞外。这里仅对酵母系统和植物细胞系统进行介绍，动物细胞表达系统见第八章。

酵母是最简单的真核单细胞生物，呈球形、椭圆形、卵形或香肠形，细胞壁由甘露聚糖和磷酸甘露聚糖、蛋白质、葡聚糖及少量脂类和几丁质组成。酿酒酵母（*Saccharomyces cerevisiae*）自古以来应用于食品工业，是安全、无毒的表达系统。它以芽殖方式进行无性繁殖，以子囊孢子方式进行有性繁殖。在特定条件下营养细胞才产生子囊孢子。孢子萌发产生单倍体细胞，两个性别不同的单倍体细胞接合形成二倍体接合子。

酿酒酵母生长繁殖迅速，倍增期约为2小时。酿酒酵母的遗传背景相当清楚，有16条染色体，1996年完成其全基因组测序，基因组为12Mb，开放阅读框架5887个，编码约6000个基因。已经开发了5种类型的载体和多种营养缺陷型，遗传操作容易。能对酵母的基因组进行编程，已经人工全合成了第6条染色体的短臂和第9条染色体的长臂，其他几条染色体的全合成也在全球范围内进行。酵母的培养条件简单而且大规模培养技术成熟，有亚细胞器分化，能进行蛋白质的翻译后的修饰和加工，并具有良好的蛋白质分泌能力。酿酒酵母具有良好的同源重组功能，是基因和代谢途径、基因组组装的理想系统，已经实现了用寡核苷酸组装基因、用基因组装抗生素合成基因簇、组装支原体的基因组。酵母表达系统的缺点是过度糖基化而会引起免疫反应，天然酿酒酵母不能利用五碳糖，产生的乙醇制约了高密度发酵。

1981年Hitzman等在酵母中实现了人干扰素的表达，FDA批准的酿酒酵母表达的第一个基因工程疫苗就是乙肝疫苗，上市的其他基因工程药物有重组人胰岛素、重组人粒细胞集落刺激因子、重组人血小板 生长因子、水蛭素和胰高血糖素等。

植物细胞培养是建立在细胞学说的基础上的，细胞的全能性是培养技术的基础。植物细胞培养的发展与植物营养、植物激素的发现密切相关，到20世纪30年代，利用组织培养可以使高度分化细胞发育成完整植株。20世纪70年代，出现了植物细胞培养生产有机化合物的专利，大规模细胞培养技术逐渐发展起来。人参、长春花、红豆杉等细胞培养成为研究药用活性成分生物合成机制的良好材料，红豆杉细胞培养生产紫杉醇技术曾获得美国总统绿色化学挑战奖，利用形成层细胞培养合成紫杉醇受到人们的重视。2012年FDA批准利用胡萝卜细胞系生产人葡萄糖脑苷脂酶，预示着植物细胞培养制药时代的到来。

二、目标基因的设计

（一）基因的化学组成与性质

目标基因是指编码重组蛋白质药物的脱氧核糖核苷酸序列，核苷酸之间由磷酸二酯键连接。脱氧核糖核苷酸是由胸腺嘧啶（T）、胞嘧啶（C）、腺嘌呤（A）、鸟嘌呤（G）、脱氧核糖和磷酸组成的（图7-2），不同基因具有相同的脱氧核糖和磷酸基团，其差别是碱基的排列顺序不同，因此通常用碱基的顺序表示基因序列。基因转录后生成 mRNA，是由尿嘧啶（U）、胞嘧啶（C）、鸟嘌呤（G）、胸腺嘧啶（T）、核糖和磷酸组成的。依据密码，RNA 被翻译生成相应的蛋白质。

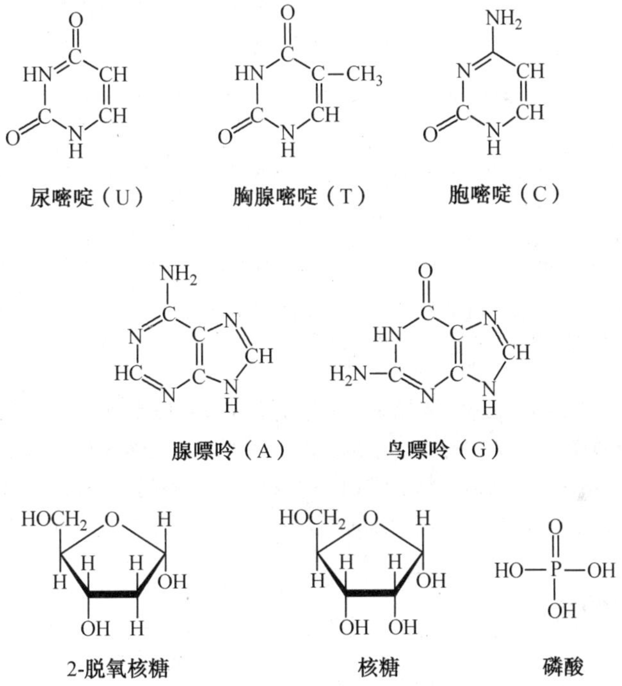

尿嘧啶（U）　　　胸腺嘧啶（T）　　　胞嘧啶（C）

腺嘌呤（A）　　　鸟嘌呤（G）

2-脱氧核糖　　　　核糖　　　　磷酸

图 7-2　组成核酸的碱基、核糖和磷酸

（二）目标基因的设计

对于宿主细胞的基因组而言，编码重组蛋白质药物的目标基因来自于其他生物，因此也常常称为外源基因。随着大量生物基因组的测序，大数据时代提供了虚拟的基因序列，而且合成寡核苷酸的成本大大降低。因此获得目标基因的策略是合成和组装，而非传统的克隆，基因序列设计成为先决条件。

目标基因设计的目的是为了在宿主细胞中有效表达，包括高效转录和翻译成蛋白质，但同时要减少包涵体的形成。对于原核生物而言，mRNA 的二级结构和密码子的使用频率是影响基因表达的核心因素。虽然遗传密码在生物界是通用的，但不同生物具有不同的密码子偏好性。以宿主细胞的密码子偏好性为基础，对目标基因的序列进行设计，消除特殊的二级结构障碍转录，可降低稀有密码子的翻译低效性。从目前大肠埃希菌中表达外源基因的实践来看，采用偏好密码将形成大量的包涵体，这无疑对重组蛋白质药物的生产是十分不利的。如何合理选择密码子供使用，特别是稀有密码子，成为目标基因功能化表达的关键。目标基因设计要基于分子生物学知识，采用生物信息学软件，如 Optimizer、GeneDesign、Gene Designer 和 GenoCAD 等对密码子进行优化、去除 mRNA 二级结构、检查序列。为了方便目标基因的组装和连接等，在设计阶段还要消除序列内部的限制性内切酶切位点的干扰。在 4 个终止密码子中，TAA 是真核和原核中广泛使用的高效终止密码子，其次是 TGA，而 TAG 使用频率很低，可优先选择高频终止密码子。同时，为了防止翻译通读，在 TAA 后再增加 1 个碱基，形成四联终止密码子，如 TAAT、TAAG、TAAA 和 TAAC，也可两个终止密码子串联。

在大肠埃希菌中表达人干扰素，人干扰素 α2b 基因的 GC 含量为 47%，而大肠埃希菌基因组的 GC 含量为 51.54%。人干扰素 α2b 中存在稀有密码，AGG（使用频率为 0.03）/AGA（0.05）、CTA（0.04）和 ATA（0.1）分别需要替换为高频密码 CGT（0.36）/CGC（0.37）、CTG（0.49）和 ATT（0.50）。其中 AGGAGG 与大肠埃希菌基因的核糖体结合位点相似，不利于翻译，需要消除（图 7-3）。

图 7-3　大肠埃希菌表达人干扰素 α2b 基因序列的设计

第 1 行为人源的核苷酸序列，第 2 行为新设计的核苷酸序列，第 3 行为编码的氨基酸序列。在表达设计中，成熟人干扰素的第一个三联体密码子（CUU，编码亮氨酸）被起始密码子（AUG，编码蛋氨酸）取代。下划线为高频密码子取代稀有密码子，方框内为终止密码子，新设计的两个终止密码子串联

三、目标基因的合成

（一）PCR 组装

为了合成基因，对已完成设计的目标基因序列需要分割为短片段（通常为 500～700bp），再分割为寡核苷酸（40～70bp），相邻寡核苷酸的 5′ 和 3′ 两端有 20bp 左右的互补序列，中间有 10～30bp 的间隔序列。用化学合成的这些寡核苷酸，通过聚合酶链式反应（polymerase chain reaction，PCR）（表 7-4）进行组装，可获得全长基因。

表 7-4　标准 PCR 反应体系的组成与作用

成分	作用
缓冲液：50mmol/L KCl，10mmol/L Tris-HCl，pH 8.3	提供合适的离子浓度和反应环境
4 种 dNTP 混合液	等量混合，反应的底物
正向引物	决定基因扩增的起始点
反向引物	决定基因扩增的终止点
DNA 聚合酶	催化底物聚合功能，具有热稳定性
$MgCl_2$	Mg^{2+} 是辅酶
模板 DNA	含有目标基因序列，双链或单链

PCR 的基本原理是细胞复制 DNA 过程的体外形式,经过多轮循环反应,扩增模板基因的拷贝数(图 7-4)。典型 PCR 的每轮延伸反应经过 3 个阶段:高温(94 ~ 96℃)使双链 DNA 变性,打开二级结构,解离为单链;降低温度(50 ~ 60℃),使模板与引物通过碱基间的氢键配对结合,即退火;提高温度(72℃),由 DNA 聚合酶催化底物聚合,合成模板链的互补链(图 7-5)。在 PCR 过程中,随着循环数增加,扩增产物量呈几何级数地增加,一般经 30 ~ 40 个循环达到平台。为了提高模板 DNA 的变性效果,通常第一变性反应需要 3 ~ 5 分钟,然后进入循环反应。最后一个循环在 72℃下反应 5 ~ 7 分钟,使延伸反应完全。PCR 结束后,产物可在 4℃暂时保存。

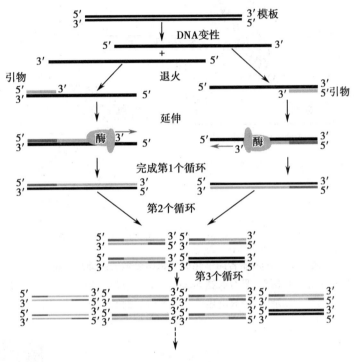

图 7-4 PCR 扩增基因过程的简示图

在 PCR 的参数中,DNA 的变性温度和延伸温度几乎不变,而退火温度与引物长度和序列特征有关,引物越长,GC 含量越高,退火温度越高。各阶段的时间取决于基因的长度和聚合酶的活性,基因越长,变性和延伸时间越长,聚合酶活性越高,延伸时间越短。已有 PCR 参数分析的生物信息学软件,可辅助进行参数的优化。PCR 仪是温度变化的热循环仪,只要设置了参数和程序,可自动运行,完成扩增反应。为了检测 PCR 的结果和过程控制,PCR 实验应该包括正、负对照,以及无模板、无引物、无聚合酶等对照。

对于由寡核苷酸组装基因而言,以一条引物为模板(3'-5'方向),从另一条引物的 3'末端开始延伸,沿 5'-3'方向合成两个寡核苷酸之间的序列。再以基因的末端寡核苷酸为引物,合成整个基因片段(图 7-6)。

DNA 聚合酶的选择取决于扩增产物的长度和保真性要求。常用的 DNA 聚合酶为 *Taq* DNA 聚合酶,来源于嗜热微生物(*Thermus aquaticus*)。*Taq* DNA 聚合酶只有 5'→3'外切酶活性,无 3'→5'外切酶活性,错误率为(20 ~ 100)×10⁻⁶,对错配碱基无矫正功能,半衰期在 97℃下为 7 分钟,延伸速度约为 2000 个碱基/分,所以 *Taq* 酶的保真性不够高,热稳定性较

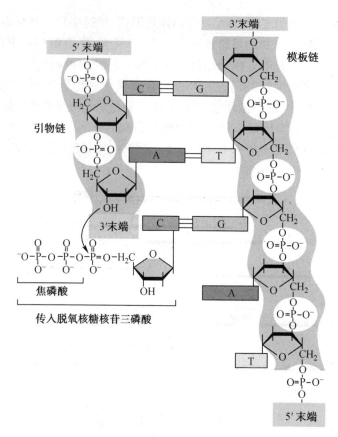

图7-5 DNA 聚合酶催化的脱氧核苷酸的延伸反应机制
与模板链的 G 配对,只有底物 dCTP 与引物 3′端的羟基反应形成磷酸
二酯键,释放出焦磷酸,DNA 链延长 1 个碱基

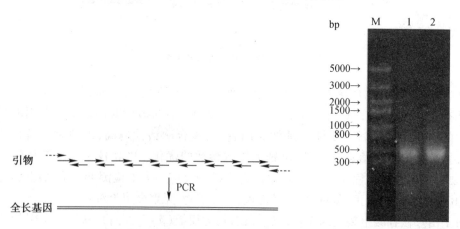

图7-6 PCR 组装人 α 干扰素全长基因的示意图(左)及产物的琼脂糖电泳(右)
M:标准 DNA 分子量;泳道 1 和 2:两个重复的 PCR 产物

低,但效率较高。*Taq* DNA 聚合酶的特点是在扩增的产物 3′端会多 1 个碱基(一般为 A),形成突出的黏性末端,对于基因克隆而言,可连接到相应的 T 载体上,使得连接反应容易进行,但不适合于重组蛋白质编码基因的合成。

Pfu DNA 聚合酶来源于热栖原始菌(*Pyrococcus furiosus*),无 5′→3′外切酶活性,具有 3′→5′外切酶活性,错误率为 1.6×10^{-6},对错配碱基有矫正功能,半衰期在 97.5℃下为 180 分钟,延伸速度约为 600 个碱基/分,扩增产物为平端,具有较高的保真性和热稳定性,但效率较低。Fast *Pfu* 聚合酶改进了 *Pfu* 酶的缺点,延伸速度大大提高,为 2~3kb/min,同时具有高保真性。多种聚合酶组成的复合聚合酶,如 *Taq* 和 *Pfu* 的复合酶也能显著提高扩增效率,特别是长目标基因。

在 PCR 组装中需要高保真 DNA 聚合酶,如 *Pfu* 聚合酶,降低 PCR 过程中的碱基错配率,提高 DNA 组装的效率。一般情况下,1 次 PCR 能有效组装 500~700bp,可满足人 α 干扰素基因的合成(图 7-6)。如果基因较长,可先组装短片段,再用数个短片段(它们末端应该有重叠序列),通过重叠延伸 PCR 组装出全长基因(图 7-7)。

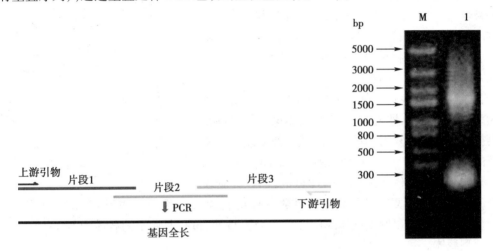

图 7-7　重叠延伸 PCR 组装全长基因的示意图(上)及产物的琼脂糖电泳(下)
M:标准 DNA 分子量;泳道 1:重叠延伸的 PCR 产物

(二) 同源重组组装

除了离体 PCR 组装基因外,还可用细胞的同源重组系统在体内进行组装。同源重组是在同源重组酶的催化下,具有同源臂(具有相同的侧翼序列)的基因之间发生双交换,从而重组在一起。酿酒酵母具有很高的同源重组能力,把单链寡核苷酸和载体转化成酿酒酵母细胞或原生质体,可在细胞内完成目标基因的组装(图 7-8)。筛选到阳性克隆后,提取重组质粒,进行鉴定。单链寡核苷酸的长度要在 60bp 以上,越长越有利于同源重组。寡核苷酸之间可以是完全重叠的,也可以有 20~40bp 以上的间隔,酵母细胞能用自身的聚合酶将间隔填充。

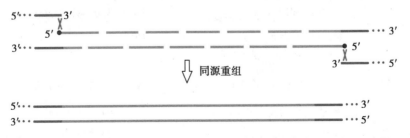

图 7-8　寡核苷酸(实线)与载体(虚线部分)在酵母体内的同源重组示意图

酵母细胞内同源重组的优点是将基因组装与表达载体构建相结合,一次性完成了目标基因的组装,同时实现了与载体的连接。如果重组外源蛋白在酵母中表达,则省去了在大肠埃希菌中的构建过程,方便省时。酵母细胞组装 DNA 是十分有用和强大的技术,目前人工合成细菌和酵母染色体都采用了该方法。对于蛋白质药物的表达而言,酵母组装很适合于构建长基因,如编码抗体基因。

四、表达载体的构建

(一)表达载体的结构与特征

质粒是存在于微生物细胞质中能独立于染色体 DNA 而自主复制的共价、闭环或线性双链 DNA 分子,一般几十 kb 至几百 kb 不等。基因工程使用的载体(注意与药物制剂中的载体相区别)是由天然质粒改造而来的,表达载体是外源基因能在宿主细胞中高效表达、合成产物的质粒(图 7-9),具有以下基本特征。

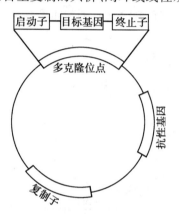

图 7-9　基因工程表达载体的结构

自主复制性:表达载体含有复制起始点以及控制复制频率的调控元件,即复制子,不受宿主染色体复制系统的调控而进行自主复制。具有相同或相似复制子结构及特征的两种不同载体不能稳定地存在于同一宿主细胞内。复制子决定载体在细胞内的拷贝数,如在大肠埃希菌中,含有 pSC101 复制子的载体拷贝数只有几个,属于严紧型载体;pMB1 复制子载体的拷贝数为 15～25 个,pUC 复制子的载体为 500～700 个,属于松弛型载体。

选择标记:表达载体上具有选择标记的基因,用于筛选遗传转化体。细菌中最常用抗生素抗性基因,酵母中常用氨基酸缺陷型作为选择标记。

多克隆位点:是限制性内切酶识别和切割的位点序列,用于外源基因插入载体。如果在外源基因上游有启动子,下游有终止子,就构成了基因表达盒。

可遗传转化性:表达载体可以在同种宿主细胞之间转化,也可在不同宿主之间转化。能在两种不同种属的宿主细胞中复制并存在的载体为穿梭载体,如大肠埃希菌-酵母穿梭载体。

不同生物的表达载体基本结构相同,但其序列具有种属特异性(表 7-5)。大肠埃希菌的表达载体在酵母细胞中不能生成产物,反之亦然。

表 7-5　不同微生物表达载体的主要元件(举例)

宿主	大肠埃希菌	酵母
复制子	pSC101、pMB1、pUC	2μ、自主复制序列、着丝粒
选择标记基因	*amp*、*tet*、*str*、*kan*	*URA3*、*HIS3*、*LEU2*、*TRP1*、*LYS2*
启动子	P_{lac}、P_{tac}、P_{trc}、P_{T7}、P_L	P_{Gal}、P_{GPD}、P_{PKG}、P_{ADH}
外源基因	编码药物或功能蛋白质	编码药物或功能蛋白质
终止子	T_{T7}、T_{rrn}、T_{lac}	T_{Cyc1}、T_{GPD}、T_{PKG}、T_{ADH}
表达方式	游离	游离或整合基因组

（二）外源基因表达盒的结构与功能

外源基因表达盒是由启动子、目标基因和终止子3个部分构成的，是表达载体构建的核心。

启动子是RNA聚合酶结合的一段DNA序列，作用是启动目标基因的转录，它决定着基因表达的类型和产量。基因工程大肠埃希菌中使用两类启动子，一类来源于大肠埃希菌，另一类来源于噬菌体，可以是组成型或诱导型启动子。一般在重组蛋白质药物生产中采用诱导型，而在代谢工程生产其他小分子药物时可采用组成型启动子。由于宿主大肠埃希菌［如BL21（DE3）］染色体上有T7 RNA聚合酶，可采用T7启动子与lac操纵子组合的诱导型启动子（图7-10）。

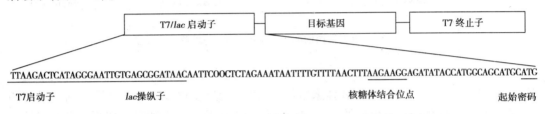

TTAAGACTCATAGGGAATTGTGAGCGGATAACAATTCOOCTCTAGAAATAATTTTGTTTTAACTTTAAGAAGGAGATATACCATGGCAGCATGCATG

T7启动子　　　　　lac操纵子　　　　　　　　　　　　　核糖体结合位点　　　　　　　　起始密码

图7-10　外源基因表达盒基本结构及其转录起始、翻译起始位点序列

正常情况下，阻遏蛋白LacI结合在lac操纵子上，妨碍了T7 RNA聚合酶的移动，外源基因不能转录。在外加诱导剂半乳糖类似物异丙基-β-D-硫代半乳糖苷（isopropylthio-β-D-galactoside，IPTG）时，IPTG与阻遏蛋白LacI结合，使LacI从操纵子上脱离，T7聚合酶启动转录。

由于原核生物的转录和翻译是同步进行的，启动子序列之后、翻译起始密码子之前是核糖体结合位点，它与16S rRNA互补，对翻译速度有重要影响。为了有效表达外源蛋白质药物，启动子强度要与核糖体结合位点序列相匹配。

在目标基因的下游是一段反向重复序列和T串组成的终止子，反向重复序列使转录物形成发卡，转录物与非模板链T串形成弱rU-dA碱基对，使RNA聚合酶停止移动，转录物解离，完成基因转录。

（三）外源基因的重组

外源基因的重组包括酶切、连接、转化和筛选鉴定，涉及基因工程的核心操作技术。

1. DNA的限制性酶切反应　用限制性内切酶对DNA进行切割，产生所需要的DNA片段。

在基因工程操作中，Ⅱ型限制性核酸内切酶最常用，它的命名由酶来源生物的拉丁文名称缩写构成。以生物属名的第一个大写字母和种名的前两个小写字母构成酶的基本名称，斜体书写。如果酶存在于一种特殊的菌株中，则将株名的一个大写字母加在基本名称之后。如果酶的编码基因位于噬菌体（病毒）或质粒上，则还需要一个大写字母表示这些非染色体的遗传物质。酶名称的最后部分为罗马数字，表示该生物中发现此酶的先后次序，如Hind Ⅲ则是在Haemophilus influenzae d株中发现的第三个酶，而EcoRⅠ则表示其基因位于Escherichia coli中的抗药性R质粒上。

Ⅱ型限制性核酸内切酶的识别位点与切割位点相同，大多数为6个碱基对，并且具有180°旋转对称的回文结构（图7-11）。它催化双链DNA分子的两个磷酸二酯键断裂，属于水解反应，形成两个DNA片段，其3端的游离基团为羟基，5端的游离基团为磷酸。酶切割后产生 3 种末端类型(图 7-11),*Hind*Ⅲ、*Eco*RⅠ、*Bam*HⅠ和 *Xba*Ⅰ等酶切产物为 5′突出端,*Kpn*Ⅰ、*Pst*Ⅰ和 *Sph*Ⅰ等酶切产物为 3′突出端,而 *Sma*Ⅰ和 *Eco*RⅤ等产生平末端。

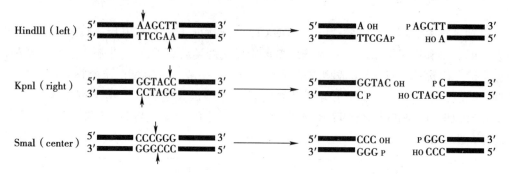

图 7-11 限制性内切酶切割双链 DNA 的反应产物类型

如果载体上有启动子、终止子,对目标基因与载体建立相同的酶切反应体系,使双链载体开环线性化,目标基因末端与载体末端匹配,形成可连接片段。对于目标基因片段的酶切,在识别位点两侧应该有保护碱基,一般需要 2~3 个碱基才能被完全切割。没有保护碱基时不能被酶切,所以要在目标基因组装时把酶切位点及其保护碱基设计在内。

酶切体系由目标基因或载体、限制性内切酶、缓冲液组成,缓冲液包括氯化镁、氯化钠或氯化钾、Tris-HCl、巯基乙醇或二硫苏糖醇(DTT)以及牛血清白蛋白(BSA)等,提供反应介质。酶切一般在 37℃空气浴的环境下反应 0.5~1 小时以上。反应结束后,75℃加热或加 EDTA,终止酶切反应,可也加入 1/10 的电泳上样缓冲液,直接进行琼脂糖凝胶电泳。彻底酶切非常重要,因为只有末端完全匹配的目标基因片段与载体片段才能实现正确连接,不完全酶切会大大降低连接效率。

对于酶切反应,要注意载体是否被甲基化。如果是从具有 DNA 甲基化酶的宿主菌(如大肠埃希菌 JM109)中分离提取的载体和质粒,GATC 和 CC(A/T)GG 分别形成甲基化产物 $G^{6m}ATC$ 和 $C^{5m}C(A/T)GG$,影响了酶的识别和切割能力,甚至不能切割。因此要在非甲基化的大肠埃希菌中保存繁殖载体和质粒。

2. DNA 的连接反应 连接酶催化一条 DNA 链上的 3′-羟基和另一条 DNA 链上的 5′-磷酸基团共价结合,形成 3,5-磷酸二酯键。

DNA 连接反应可以看成是酶切反应的逆反应。分别纯化回收酶切的目标基因和载体片段,加入 DNA 连接酶和缓冲液,建立连接反应体系,反应 0.5 小时以上,使目标基因与载体片段连接。常用大肠埃希菌 DNA 连接酶和 T4 DNA 连接酶(表 7-6)。

表 7-6 双链 DNA 连接酶的特性

连接酶	分子量(kD)	活性形式	还原剂	辅酶	底物类型	反应温度
T4 DNA 连接酶	62	单体	DTT	ATP,Mg^{2+}	平末端或突出端	37
大肠埃希菌 DNA 连接酶	77	聚体	—	NAD^+,Mg^{2+}	突出端	16

大肠埃希菌的 DNA 连接酶在催化连接反应时,需要烟酰胺腺嘌呤二核苷酸(NAD^+)作为辅助因子,NAD^+ 与酶赖氨酸的氨基形成酶-AMP 复合物,同时释放出烟酰胺单核苷酸(NMN)。活化后的酶复合物结合在 DNA 的缺口处修复磷酸二酯键,并释放 AMP(图

7-12）。大肠埃希菌 DNA 连接酶只能用于具有突出末端 DNA 片段之间的连接。

T4 DNA 连接酶由 T4 噬菌体基因编码,目前已经用基因工程大肠埃希菌生产。T4 DNA 连接酶以 ATP 作为辅助因子,它在与酶形成复合物的同时释放出焦磷酸基团(图 7-12)。T4 DNA 连接酶与大肠埃希菌连接酶相比具有更广泛的底物适应性,可用于突出末端和平末端的连接。T4 DNA 连接酶的连接速度随末端碱基序列变化,由高到低依次为 Hind Ⅲ > Pst Ⅰ > EcoR Ⅰ > BamH Ⅰ > Sal Ⅰ。为了提高平末端 DNA 分子的连接效率,可加 1 价阳离子(如 150~200mmol/L NaCl)和 5% PEG4000。

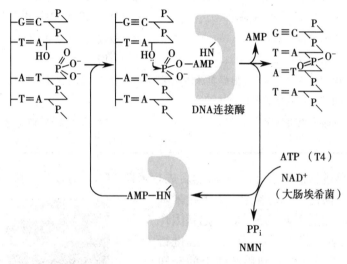

图 7-12　DNA 连接酶的反应机制

(四)遗传转化与筛选

1. **遗传转化**(genetic transformation)　是将重组 DNA 分子导入到微生物细胞的过程(在基因工程操作中常常简称为转化,注意要与化合物的化学转化、生物转化等术语区别)。对于大肠埃希菌,最常用 $CaCl_2$ 制备的感受态加入连接产物,在 42℃ 下热击处理 90 秒,可将外源 DNA 导入细胞。

电转化也是实验室常用的方法,它是在电转仪中进行的,宿主细胞受电场脉冲作用,细胞壁形成微通道,使外源 DNA 分子进入细胞。电转化是高效转化方法,可用于大肠埃希菌、酵母等多种微生物的转化。

将连接产物体系转化大肠埃希菌后,需要加入无抗生素的 LB 液体培养基,在 37℃ 培养 45 分钟~1 小时,进行增殖,然后涂布在含有抗生素的 LB 固体培养基上,倒置 37℃ 培养过夜,使单细胞生长形成单菌落。

2. **筛选**(screening and selection)　是将目标重组分子筛选出来。

连接产物体系转化宿主细胞后,产生的后代有以下几种情况:①非转化子,没有导入载体或重组分子(目标基因连接到载体上)的宿主细胞;②非重组子,导入载体片段的宿主细胞;③重组子,导入重组 DNA 分子的宿主细胞;④期望重组子,导入目标基因连接正确的重组子。

外源基因与载体的连接效率低,对宿主细胞的转化率也很低,一般为百万分之几。为了排除非转化子、非重组子及其不正确重组子,必须使用各种手段进行筛选,并鉴定(表 7-7)。

表7-7   遗传转化细胞的主要筛选鉴定方法

方法	原理	特点
抗生素筛选	载体有抗性标记基因,培养基中添加相应的抗生素	简便,肉眼可见,筛选量大,可排除非转化子,主要用于细菌
营养缺陷筛选	载体有氨基酸或核苷酸的生物合成基因,培养基中缺陷相应氨基酸、核苷酸	简便,肉眼可见,筛选量大,可排除非转化子,主要用于酿酒酵母
蓝白斑筛选	外源基因插入使载体中 lacZ 基因失活,菌落呈白斑;反之,呈蓝斑。	方便快速,筛选量大,可排除非重组子,有一定的假阳性,用于克隆筛选
PCR	扩增出目标基因	较快,能确定重组子,但不能确定连接方向
限制性酶切图谱	限制性内切酶酶切,根据电泳图谱分析重组分子及其外源基因的大小	较快,能确定外源基因大小和连接方向
DNA 序列分析	Sanger 酶法测序	费时,成本最高,精确界定外源基因的边界,获得目标基因序列

首先是对菌落进行抗生素抗性初筛,然后进行菌落 PCR。对候选克隆,提取载体,采用合适的限制性内切酶进行酶切鉴定。人干扰素基因大小约为 0.5kb,载体片段约为 3kb。把基因片段、载体片段及其表达载体的酶切产物一起进行琼脂糖凝胶电泳(图 7-13)。利用载体上的已知酶切位点,建立表达载体的酶切图谱,并与已知图谱进行比较,进而确定正确的候选重组子。在此阶段,应该根据载体上的酶切位点选择多种酶进行反应,建立表达载体的限制性内切酶图谱,可用于以后的载体质量控制。

对酶切正确的表达载体,用 Sanger 酶法进行双向测序。确证外源基因的序列正确,与启动子、终止子之间的连接无误,就完成了表达载体的构建。

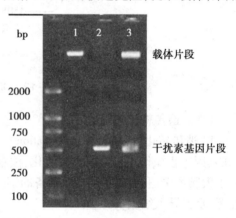

图 7-13   重组人干扰素表达载体的酶切鉴定
泳道 1:载体酶切片段;泳道 2:干扰素片段;泳道 3:表达载体双酶切

五、重组蛋白质的表达

将表达载体转化到生物制品技术指南中规定的微生物中,就获得了基因工程菌。该工程菌只是具有表达外源基因的潜力,能否表达及其表达条件、产品特征仍然需要实验确定。

(一) 蛋白质样品制备

1. 外源基因的诱导表达   取基因工程菌单菌落,在含抗生素的液体 LB 培养基中过夜培养。经过扩大培养,加入 IPTG 进行基因的诱导表达,继续培养 3~5 小时后,每隔一段时间取样。离心收集的菌体,洗涤除去培养基等杂质,于 -20℃保存备用。

2. 外源蛋白质的电泳分析   将菌体样品用变性裂解液处理,沸水浴中煮 5 分钟,裂解细胞,离心,上清液含有总蛋白质,在 SDS-聚丙烯酰胺凝胶上恒压电泳。当溴酚蓝接近底部时,结束电泳。用考马斯亮蓝 R-250 染色,用凝胶成像系统照相并扫描,得到菌体总蛋白质的电泳图谱。用灰度软件分析,计算重组蛋白质的分子量及相对含量。

(二)不同基因序列的表达差异

基因序列设计是有效表达所必需的,特别是稀有密码子和起始密码子。α 干扰素基因中的 5 个稀有精氨酸密码子(AGA、AGG)与核糖体结合位点(CGGAGG)非常相似,影响了起始翻译。用高频密码子 CGC 取代 AGA 或 AGG(图 7-3),α 干扰素的表达量提高了 11 倍。

对人 α 干扰素基因的 5′端序列进行设计,减少自由能,使 mRNA 的起始密码子 AUG(对应基因 ATG)从颈环中释放出来,极大提高了基因表达水平(图 7-14)。

5′–AGAAGGAATTGCCCTⓀAⓉⒼTGTGATCTGCCTCAAACCCACAGCCTGGGTAGCAGGAGGACCTTGATGCTCCTG–3′
5′–AGAAGGAATTGCCCTⒶⓉⒼTGTGATTTACCTCAAACTCATAGTTTAGGTAGTCGTCGTACTTTAATGTTATTA–3′

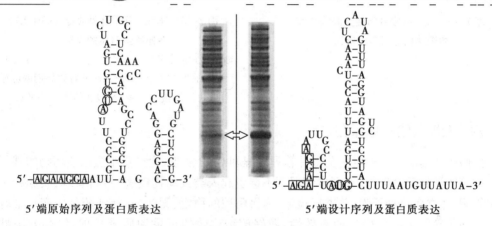

图 7-14 人干扰素基因 5′端序列对表达的影响

上部为 5′端基因序列,带下划线的序列为设计的碱基(不改变氨基酸)。下图左侧为原始 5′端 mRNA 和原始基因表达的蛋白质电泳,右图为设计的 5′端 mRNA 和设计序列表达的总蛋白质电泳,箭头所示为人 α 干扰素

(三)宿主菌筛选

由于遗传背景的差异,不同宿主菌株表达外源基因的能力是不同的。如重组人 α 干扰素(pET-rhIFNα)在大肠埃希菌 BL21(DE3)中无表达,这是由人干扰素基因中的稀有密码子所致的。在含有过表达稀有密码子 tRNA 的 BL21 Condon plus(RIL)中,干扰素基因高效表达,形成了包涵体(图 7-15)。诱导后 1 小时可见蛋白质表达,随着诱导时间的延长,蛋白质表达量显著增加,但 5 小时后增加不明显。

(四)重组蛋白质的表达条件

工程菌构建中,必须对菌体浓度、诱导时间、诱导剂浓度、诱导温度等进行实验,从而建立外源基因表达条件。对于 lac 启动子,诱导时间是在大肠埃希菌的对数期之后,菌体浓度 OD_{600} 从 0.4~2.0 不等。诱导剂 IPTG 的浓度为 0.01~2mmol/L(图 7-16),培养基中的碳源(包括葡萄糖)对 IPTG 诱导浓度的效应有很大影响。对于温度诱导,可选择较高的菌体密度进行实验。如果需要,还要对培养基组成及其添加物等进行优化,作为工艺控制的重要参数。

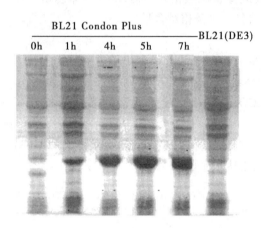

图 7-15 人干扰素基因在大肠埃希菌
中表达的总蛋白质电泳

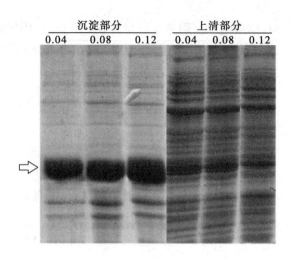

图 7-16 不同 IPTG 诱导浓度(mmol/L)
下外源蛋白质的表达

包涵体在沉淀部分,可溶性蛋白质在上清液中。
箭头所示为外源蛋白质条带,随着诱导剂浓度增
加,可溶性蛋白质减少,包涵体蛋白质增加。

六、工程菌建库与保存

按照生物制品生产检定用菌毒种管理规程和 GMP 要求,生产重组蛋白质药物的基因工程菌按第四类病原微生物(在通常情况下不会引起人类或动物疾病)进行管理,实施种子批系统管理,建立各级种子库,并进行检定,确保菌种的稳定、无污染,保证药品生产正常有序进行。为了确保工程菌构建的有效性,做好菌种构建的记录和质量管理,保存方法见第六章。

(一)宿主细胞与工程菌

对于宿主菌,由国家检定机构认可,并建立原始菌种库。宿主细胞的资料包括菌株名称、来源、传代历史、鉴定结果及基本生物学特性等,详细说明载体导入宿主细胞的方法及载体在宿主细胞内的状态、是否整合到染色体内、拷贝数情况。对导入载体的工程菌,有遗传稳定性资料及基因在细胞中的表达方法和表达水平。表达载体和宿主细胞的验收、储存、保管、使用、销毁等应执行生物制品生产检定用菌毒种管理规定。

(二)菌种库建立

实施种子批系统管理,建立生产用菌毒种的原始种子批、主种子批和工作种子批。原始种子批应验明其记录、历史、来源和生物学特性。主种子批由含表达载体的宿主细胞经过扩大繁殖和保存而建立。由主种子批繁殖扩大后保存为工作种子批,用于生产。做好相关记录和文件处理,工作菌种库必须与主菌种库完全一致,并进行质量控制。由实验室制备放大进行规模生产时,必须进行质量控制试验和产品质量的考察。如果在基因工程菌中有非目标基因的表达,就可能引起蛋白质产物的改变。这种改变可能导致产量降低,存在杂质,从而使产品的质量和数量产生差别。

(三)表达载体与目标基因序列

对于表达载体,应详细记录表达载体的构建、结构和遗传特性,载体各部分包括目标基因、复制子、启动子和终止子、抗性基因的来源、克隆、功能和鉴定、酶切位点及其图谱。对于

PCR 技术,记录扩增的模板、引物、酶及反应条件等。

对于目标基因序列及其表达载体两端控制区侧翼核苷酸序列,以及所有与表达有关的序列,做到序列清楚。DNA 测序分析确认目标基因结构的正确,目标基因序列与目标蛋白质的氨基酸序列一一对应,没有任何差错。对改造过的基因,应说明被修改的密码子、被切除的肽段(如内含子或信号肽等)及拼接方式。详细叙述在生产过程中启动和控制目标基因在宿主细胞中的表达所采用的方法及表达水平。

(四)菌种检定内容

菌种库的质量控制要素是菌种真实性和生产能力。种子批系统应有菌毒种的原始来源、特征鉴定、传代谱系、是否为单一纯微生物、生产和培养特征、制备方式、最适保存条件等完整资料。详细记述种子材料的来源、方式、保存及预计使用寿命,以及在保存和复苏条件下基因工程菌的稳定性。采用新的种子批时,重新进行全面检定,内容包括平板上的菌落形态、光学显微镜染色检查、电子显微镜的细胞形态、抗生素抗性和生化特征、表达载体图谱和目标基因核酸序列,以及目标基因的表达量、产物和效价。保管过程中详细记录菌种学名、株名、历史、来源、特性、用途、批号、传代次数和分发等,做到可追溯。

(五)菌种库管理

建立菌种库,要制定相应的操作规程,对实验室、人员及其环境提出要求。在建立种子批的过程中,在同一实验室工作区内不得同时操作两种不同菌种;一个工作人员亦不得同时操作两种不同菌种。生产的种子批应在规定条件下贮存,专库存放,并只允许指定的人员进入。

第三节　基因工程菌发酵工艺控制

基因工程菌的发酵培养方法和工艺控制原理与微生物发酵基本相同,都涉及培养基制备与灭菌、接种与扩大培养、温度、溶解氧与 pH 等控制,这里仅介绍特殊性,共性部分见第六章。

一、培养基

基因工程菌的培养基是以其宿主为基础,包括碳源、氮源、无机盐、生长因子等营养要素,以及满足生产工艺要求的消沫剂、选择剂和诱导剂。

(一)营养性成分

1. 碳源　主要有糖类、甘油等速效碳源以及酪蛋白水解物等迟效碳源。基因工程大肠埃希菌常用 LB 基础培养基,主要成分是蛋白胨、酵母粉和氯化钠。酿酒酵母只能利用葡萄糖、半乳糖等单糖类物质。

2. 氮源　包括铵盐、氨基酸和有机氮源。常用酵母粉等作为基因工程大肠埃希菌的氮源,基因工程酵母需要使用氨基酸和酵母粉为氮源。在含有无机盐的极限培养基中,需要足量的矿物质,同时还要添加维生素等生长因子。

3. 培养基基础性成分对表达载体稳定性的影响　复合培养基营养较丰富,表达载体稳定性一般高于合成培养基。培养基中添加酵母提取物和谷氨酸等有利于表达载体的稳定性。在基因工程大肠埃希菌发酵中,葡萄糖首先被利用,往往成为限制性基质,对不同类型表达载体的稳定性有较大影响。对于 *lac* 启动子系统,葡萄糖对诱导剂的诱导效果也不相同,要针对表达载体和菌株特性合理组配培养基。对于酵母,极限培养基比丰富培养基更有利于维持质粒的稳定性。

（二）表达载体稳定性成分

为了确保工程菌的纯正性和质粒的稳定性,需要添加相应的抗生素或缺省相应的氨基酸。在基因工程大肠埃希菌培养中,种子培养基可用卡那霉素、链霉素、氯霉素等抗生素作为选择剂,但不得使用 β- 内酰胺类抗生素。对于发酵培养基,可在确保产品质量的前体下不使用抗生素。如果使用了抗生素,在后续工艺必须去除,并进行残留抗生素活性的检测。营养缺陷型的基因工程酵母菌培养中,缺省亮氨酸、组氨酸和赖氨酸等。选择剂的使用量是很低的($10 \sim 100 \text{mg/L}$),在能维持工程菌稳定性的前提下尽量降低使用浓度。

（三）目标产物表达的诱导性成分

对于诱导表达型的基因工程菌,达到一细胞生物量时必须添加诱导剂,以解除目标基因的抑制状态,进行转录,翻译生成重组蛋白质产物。

二、发酵工艺控制

（一）发酵工艺控制的基本原则

进行工程菌发酵工艺参数控制,至少要考虑以下 3 个方面的原则:①以菌体的生长为基础,以表达载体的产物合成为目标,协调生长和生产的关系;②防止表达载体的丢失,确保菌种的遗传稳定性和蛋白质药物结构的均一性;③既要提高重组蛋白质的合成产量,也要降低产物的降解,同时兼顾产物的积累形式。

由于表达载体对工程菌是一种额外负担,往往引起生长速率下降,而产物重组蛋白质可能对菌体有毒性。因此,在多数情况下,较常采用两段工艺进行工程菌的发酵控制,发酵前期主要进行菌体生长,在对数中后期调整工艺参数,进行产物合成和积累。

（二）发酵温度控制

温度对工程菌生长的影响与对宿主菌的影响相同,存在最适生长温度,如大肠埃希菌为37℃、酿酒酵母为30℃,低于或高于最适生长温度生长都会减慢。温度对外源蛋白质药物合成的影响,主要体现在蛋白质产物合成速度和积累形式。对于基因工程大肠埃希菌,温度越高,产量越高,但越容易形成包涵体。在较高温度下,细胞的蛋白酶活性强,对产物的降解严重,特别是对蛋白酶敏感的产物,更是如此。另外,随着发酵温度升高,表达载体的稳定性在下降。对于基因工程大肠埃希菌往往在 30℃ 左右质粒稳定性最好。对于温敏启动子控制的基因工程大肠埃希菌,升高温度是外源基因转录和产物合成的必要条件。

（三）发酵液 pH 控制

pH 对基因工程菌发酵的影响与温度的影响类似,菌体生长、产物合成、质粒稳定性对pH 的要求不尽相同。细菌喜欢偏碱性环境,大肠埃希菌的适宜 pH 为 $6.5 \sim 7.5$,pH >9.0和 <4.5 则不能生长。真菌喜欢微酸性环境,酵母的适宜 pH 为 $5.0 \sim 6.0$,pH >10.0 和<3.0则不能生长。基因工程人干扰素是在酸性发酵条件下相对稳定,而在碱性条件下容易降解。在 pH 6.0 时,基因工程酵母表达乙肝表面抗原的质粒最稳定;在 pH 5.0 时,质粒最不稳定。

（四）溶解氧控制

目前用于生产蛋白质药物的基因工程菌是好氧微生物,生长和生产过程需要充足供氧。发酵罐中溶解氧较高时,生长速率较高,有利于表达载体的复制。供氧不足,将增加碳源无效消耗,产生有机酸,降低 pH,表达载体的稳定性也差,对细胞生长和蛋白质药物产物合成极为不利。搅拌对表达载体稳定性有明显的影响,随搅拌强度提高而表达载体稳定性下降,温和的搅拌速率有利于保持质粒的稳定性。根据需氧与供氧之间的平衡原理,控制在临界氧浓度以上。

三、发酵培养的物料管理

重组蛋白质药物应严格按照国家药品监督管理部门批准的工艺方法生产,严格审核基因工程菌培养、传代及保存方法和使用材料的详细记录,对质粒稳定性进行考核。重组蛋白质药物发酵培养的物料包括培养基、辅料、菌种等,涉及物料的采购、贮存、发放使用的管理,物料要符合质量标准。毒菌种的验收、贮存、保管、使用和销毁应按原卫生部(现为卫计委)颁发的《中国医学微生物菌种保藏管理办法》执行。表达载体和宿主细胞的验收、储存、保管、使用和销毁等应执行生物制品生产检定用菌毒种管理规定。这里主要介绍原辅料和发酵过程表达载体的丢失率检查。

(一)原料

重组蛋白质药物生产用物料须向合法和符合质量标准、有保证的供方采购,签订较固定的供需合同,以确保物料的质量和稳定性。避免使用抗青霉素类抗性标记,最好使用无抗性标记的 DNA 载体,若需要抗性标记,则可使用抗卡那霉素或新霉素的抗性标记。动物源性的原材料使用时要详细记录,内容至少包括动物来源、动物繁殖和饲养条件、动物的健康情况。生产用注射用水应在制备后 6 小时内使用;注射用水的贮存可采用 80℃以上保温、65℃以上保温循环或 4℃以下存放。按照规定的质量标准及生物制品检定规程购进原料、辅料及包装材料,并按规定检查合格后方可使用。

(二)工程菌的生产管理

基因工程菌为有限代次生产,详细记录用于培养和诱导基因产物的材料和方法。从培养过程到收获,要有灵敏的检测措施,控制微生物污染。记录培养生长浓度和产量恒定性方面的数据,确立废弃 1 批培养物的指标。根据宿主细胞-载体系统的稳定性资料,确定在生产过程中允许的最高细胞倍增数或传代次,记录培养条件。在生产周期结束时,监测宿主细胞-载体系统的特性,例如质粒拷贝数、宿主细胞中表达载体的稳定性程度、含插入基因的载体的酶切图谱。一般情况下,用来自 1 个原始细胞库的全部培养物,必要时应做 1 次编码表达产物的基因序列分析。

对于连续培养生产,提供经长期培养后所表达的基因分子的完整性资料,以及宿主细胞的表型和基因型特征,每批培养的产量变化应在规定范围内,确定可以进行后处理及应废弃的培养物的指标。对于长时间连续培养,根据宿主-载体稳定性及产物特性和稳定性,间隔不同时间进行全面检定,规定连续培养的时间。

(三)表达载体稳定性与丢失率检查

通常采用平板稀释计数和平板点种法,以菌种的选择性是否存在来判断表达载体稳定性。平板计数法是把基因工程菌在有选择剂的培养液中生长到对数期,然后在非选择性培养液中连续培养,在不同时间(即繁殖一定代数)取菌液稀释后,涂布在固体选择性和非选择性培养基上,倒置培养,菌落计数,选择性菌落数除以非选择性菌落数,计算出表达的丢失率,评价载体的稳定性。

平板点种法是将菌液涂布在非选择性培养基上,长出菌落后再接种到选择性培养基上,验证表达载体的丢失。平板点种法是《中国药典》规定的质粒丢失率检查方法,可用于生产过程中,定期对发酵液取样,考察表达载体的丢失情况。对于基因工程大肠埃希菌,稀释发酵液,涂布在无抗生素的固体培养基上,37℃培养过夜。调取100个以上的单菌落,分别点种到有抗生素和无抗生素的固体培养基上,过夜培养。要求重复2次以上,菌落计数,计算表达载体的丢失率。在生产工艺验证中,表达载体的丢失率应在许可的范围内。

四、基因工程大肠埃希菌的发酵工艺

(一) 工程菌种制备

取工作种子批菌种接到液体培养基(pH 7.0)中,在37℃培养过夜。根据发酵罐的体积和接种量,对种子进行种子罐的扩大培养。种子培养基可使用适量的抗生素,以防止表达载体的丢失,维持工程菌的产能稳定性。种子罐的目的主要是细胞的繁殖,在适宜生长温度和pH(一般为37℃,pH 7.0)下,通入无菌空气,通过搅拌控制溶解氧浓度。适时转接,进行二级种子放大培养。种子质量控制的内容主要是细胞密度和杂菌检查,测定 OD 值,在固体LB培养基上划线平板培养。

(二) 发酵培养与工艺控制

配制发酵培养基,进行高压蒸汽灭菌。一般按10%接种量将液体种子接到生产发酵罐,控制温度、pH、溶解氧等工艺参数,进行重组蛋白质药物的发酵,采用两段控制工艺。

生长阶段控制温度为30~37℃,搅拌和通气级联控制充分供氧,通过流加控制pH 7.0~7.5。在适宜条件下进行基因大肠埃希菌的生长和繁殖,增加菌体浓度。

生产阶段根据目标基因表达模式进行控制。如果是化学诱导型,如 lac、tac 启动子,在生长对数期后添加诱导剂 IPTG 或乳糖,使生长和生产并进,并且以生产为主。对于热敏感的蛋白质产物,降低温度,减少降解。对于容易形成包涵体的产物,降低温度有利于增加可溶性部分,根据工艺需要可调整。对于温度诱导型,如 P_L、P_R 启动子,提高发酵温度,一般为42℃,启动目标基因的转录,实现蛋白质产物的最大限度合成。

启动子的类型和调控模式决定了基因工程菌发酵生产的外源蛋白质产物的表达方式。当蛋白质药物产率达到最大时,即可结束发酵。

五、基因工程酵母发酵工艺

乙肝疫苗是预防乙型肝炎的重要药物,由基因工程酿酒酵母、汉逊酵母(Hansenula polymorpha)和 CHO 细胞系生产。基因工程酿酒酵母是游离表达载体合成乙肝表面抗原,而基因工程汉逊酵母是染色体整合表达乙肝表面抗原。这里介绍基因工程酿酒酵母发酵生产重组乙肝疫苗的工艺。

(一) 工程菌的构建

目标基因为乙肝表面抗原的 S 基因,采用甘油醛磷酸脱氢酶基因的启动子、乙醇脱氢酶-1 基因的终止子构建 S 基因表达盒,连接到酵母 2μ 型表达载体上。转化酵母细胞,筛选得到表达 S 蛋白的基因工程酵母菌。该工程菌为亮氨酸营养缺陷型,作为筛选的遗传标记。

2μ 型表达载体为酵母高拷贝附加载体,能在酵母细胞内自主复制,其亮氨酸突变体的拷贝数达200~300个/细胞。菌种能高水平表达 S 抗原蛋白,但不能分泌到细胞外,需要破碎菌体,进行分离纯化。

（二）种子制备

将冻存的酵母细胞经 3 次增殖,在三角瓶、小种子罐、大种子罐培养,以达到该年度生产用种子,检定培养物的纯度、S 蛋白基因序列、表达载体的保有率(无选择压培养基上的菌落数/有选择压培养基上的菌落数)、活菌率、抗原表达率等,并经各项检定符合生产要求。

（三）发酵罐培养

将生产用种子接种在发酵罐综合培养基中,含有葡萄糖、甘油等营养成分和消沫剂,用 NH_4OH 调节 pH,维持在 5.0。溶解氧为 40%~60%,25℃培养 2 天,一般菌体浓度达到 OD_{600} 为 60~82 时结束发酵,离心收集酵母细胞。

（四）抗原的制备

酵母细胞经高压匀浆机破碎,去除细胞碎片和小分子后,用硅胶吸附收集粗抗原。用疏水层析柱(丁基琼脂糖 4B)进行精制纯化,抗原纯度可达 99.9% 以上。

（五）制剂成型

纯化的 HBsAg 进行硫氰酸盐处理灭活(低于 1.0μg/ml),而后用 Al(OH)_3 吸附,加入硫柳汞(30~70μg/ml)分装。每剂含抗原 5μg/0.5ml 用于儿童,10μg/0.5ml 用于成人或低免疫应答人群。

第四节　重组蛋白质药物的分离纯化工艺

重组蛋白质药物的分离纯化属于下游过程,在生物制药工艺中占有重要位置,对目标产物的纯度、活性、安全性等具有决定性作用,也影响产物的收率和最终生产成本。本节主要内容包括分离纯化工艺设计与技术、包涵体复性、蛋白质药物的质量管理。

一、重组蛋白质药物的分离纯化工艺设计

重组蛋白药物是以生物活性为基础的,在设计分离纯化工艺时要充分考虑重组蛋白质的特性和影响活性的因素,把活性下降降到最低限度。很多因素影响生物制品的活性,使重组蛋白质变性或修饰。除去的杂质的种类和数量要比传统方法遇到的更复杂,这类杂质包括不准确表达的蛋白质、氧化产物、多聚体、与目标产品有类似构象的异构体等。

（一）重组蛋白质的变性与失活

在发酵体系中,重组蛋白质的含量非常低,通常在毫克级以下。因此在分离纯化过程中,除去杂质和产物富集应该并重。

重组蛋白质药物具有高活性和低稳定性,易受物理化学和生物因素的影响而变性失活。化学药物的活性往往取决于其手性异构体,不同的立体异构体其活性截然不同甚至相反。重组蛋白质药物的活性与结构密切相关,蛋白质药物的活性不仅取决于其一级结构(氨基酸的排列顺序),还与其高级(二级、三级和四级)空间结构(即构象)密切相关。一级结构不变,但空间构象的破坏往往导致蛋白质药物活性下降甚至失活。维持高级结构的分子间力有次级键诸如氢键、离子键、疏水作用、范德华力和共价键,这些键对物理化学因素敏感。蛋白质所处的环境和介质影响其结构,如遇强酸、强碱、有机溶剂、重金属、光照和高温等条件引起结构变化,导致蛋白质变性失活。蛋白质对高温敏感,增强了分子内的振动,破坏维系空间结构的次级作用使蛋白质变性。有机溶剂使肽链内的静电斥力增加,使蛋白质分子膨化或松散,造成失活。在工艺放大过程中应严格监测质量的动态变化,在分离纯化等过程必

须采用措施防止变性失活。

（二）重组蛋白质的修饰

在分离纯化过程,重组蛋白质可能发生水解、氧化、消旋化、二硫键断裂与交换等共价键改变,引起蛋白质的一级结构修饰,是活性丧失的重要原因(图7-17)。

重组蛋白质在酸、碱、蛋白酶存在的条件下发生肽键水解,形成分子量大小不等的肽段和氨基酸,使蛋白质丧失生物活性。蛋白质受碱水解时,会使某些 L-氨基酸变为 D-氨基酸,而产生消旋作用。蛋白酶在特异氨基酸位点水解蛋白质,是菌体破碎后蛋白质活性丧失的重要因素。蛋白质的脱酰胺作用是谷氨酰胺与天冬门酰胺侧链酰胺的水解,形成谷氨酸与天冬门氨酸。酰胺化作用是胰岛素降解的主要途径,较高温度、极端 pH 能促进脱酰胺作用。有些氨基酸容易被氧

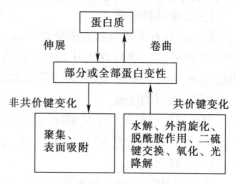

图7-17　重组蛋白质药物变性失活的途径

化剂氧化,蛋氨酸可氧化成蛋氨酸亚砜,半胱氨酸可氧化成半胱磺酸,使重组蛋白质失活。硫基的氧化在碱性 pH 特别在金属离子(Cu^{2+})的存在下容易发生。

（三）重组蛋白质的聚集与吸附

如果重组蛋白的一级结构没有改变,但二级、三级和四级结构的破坏也可导致失活。暴露在蛋白质表面的硫基容易被氧化,形成分子间错配的二硫键,或引起不正确的折叠,导致蛋白质聚集。重组蛋白质聚集是蛋白分子结合的微观过程,形成二聚体或低聚物。由于疏水和静电作用,蛋白质易于吸附于容器、滤器的表面,蛋白质溶液浓度较低时吸附损失相对较高,在分离纯化过程中应该高度重视。蛋白质与吸附表面之间的相互作用随表面疏水性和蛋白质疏水性的增加而增加。

（四）分离纯化设计要点

在分离纯化过程中,操作条件要相对温和,使用缓冲溶液、适宜的 pH、较低的温度,一般在 4~8℃ 的冷室或层析柜中操作,以保持其活性。

尽可能缩短处理时间,加入稳定剂,提高蛋白质的稳定性。采取相应措施,防止重组蛋白质的空气氧化、酶的降解、微生物的污染,避免宿主蛋白质和核酸等工艺杂质和有害物质的引入。使用特异性蛋白酶抑制剂和金属螯合剂,抑制蛋白酶的活性。加入还原剂,防止空气氧化和二硫键错配。应考虑去除内毒素、质粒 DNA、宿主细胞杂蛋白和核酸,不加入对人体有害的物质,防止工艺杂质以及纯化过程带入新的有害物质。

针对不同的重组蛋白质,选用专一性和选择性的分离纯化技术,有效组合各单元操作,缩短加工时间,优化分离工艺。分离纯化工艺的每一步均应测定纯度,计算提纯倍数、收率等,提高生产能力。

二、菌体的破碎

大多数细菌和部分酵母表达重组蛋白质药物存在于细胞内,即具有分泌功能,仍会有部分药物积累在细胞内。需要破碎细胞,使目标蛋白质释放出来,进入液相,便于分离纯化。菌体破碎方法的选择要基于微生物的细胞结构和组成特点,具有针对性。常见的几种菌体破碎方法的特点见表7-8。

表7-8 细胞破碎处理方法

破碎方法	作用原理	特点	应用范围
珠磨法	机械剪切	破碎率较高,操作简单,需要制冷	可连续批式较大规模操作,适宜于各种微生物
压榨法	机械剪切	破碎率较低,需反复破碎操作简单,需要制冷	可连续操作,适宜于不同细胞
匀浆法	液体剪切	破碎率较高,操作简便	可大规模操作,不适宜丝状菌和阳性细菌
超声法	液体剪切	破碎率较低,需反复破碎操作简单,需要制冷	可连续或批式操作,对酵母效果较差
冻融法	温度变化	破碎率低,需要反复操作	与其他方法结合使用
渗透法	胞内外压差	破碎率较高,产物纯度较高	与其他方法结合使用
酶解法	水解细胞壁	反应条件温和,时间长	用于实验室样品处理

在菌体破碎中,物理、化学方法联合使用。首先配制缓冲溶液,然后破碎菌体,蛋白质释放到缓冲溶液中。缓冲溶液的主要成分包括磷酸盐、金属螯合剂、变性剂、表面活性剂、蛋白酶抑制剂和抗氧化剂等。磷酸盐提供了目标蛋白质稳定的离子和 pH 环境,螯合剂(如乙二胺四乙酸)和蛋白酶抑制剂(苯甲基磺酰氟)减少了蛋白酶对目标蛋白质的水解。对于含有游离巯基的目标蛋白质,为了防止氧化形成二硫键,破坏结构,缓冲液中还应该添加巯基试剂如硫二乙醇、巯基乙醇等保护巯基。变性剂(如胍盐、脲)和表面活性剂(如 Triton-X 100、胆酸钠、十二烷基磺酸钠)则破坏其他蛋白质和核酸、磷脂等分子,增加细胞壁或细胞膜的透性,提高内容物的释放效果。化学试剂的选择特别是变性剂、表面活性剂等成分,要注意对目标蛋白质的变性和沉淀作用、后续的去除以及其残留对最终重组蛋白质产品活性的影响。

三、初级分离工艺

(一)沉淀与离心

对破碎后的菌体加入絮凝剂和凝聚剂,对菌体碎片、核酸、磷脂、杂蛋白等进行沉淀。然后在低温下进行离心分离,收集上清液,含有目标蛋白质。沉淀部分蒸汽灭菌后焚烧处理。

(二)盐析

盐析是蛋白质在一定浓度的盐溶液中溶解度降低而析出的现象。蛋白质的盐析作用是静电作用和疏水作用相互作用的结果。离子价位、pH 和温度对蛋白质的盐析有重要影响,而且与蛋白质的性质相关。对于同一种蛋白质而言,离子价位越高,盐析能力越强。

硫酸铵是最广泛应用的盐,它的盐析能力强,溶解度大,价格低廉,对蛋白质结构影响小,无副作用。缺点是硫酸铵溶液缓冲能力较差,pH 难控制。在实际工业分离过程,所需硫酸铵的饱和度和盐析时间需通过实验确定,一般情况下是低温静置过夜。当硫酸铵达到85% 的饱和度时,多数蛋白质的溶解度都 <0.1mg/ml。为了兼顾收率与纯度,硫酸铵饱和度的操作范围可选在40%~60% 之间。对盐析液,经过连续流离心机离心,收集沉淀部分,得到目标蛋白质粗品。

四、纯化精制工艺

重组蛋白质纯化的总目标是增加制品纯度或比活性（活性单位/毫克蛋白），最大限度地去除变性目标蛋白和杂蛋白质，使产量和纯度达到最高值。在纯化的实际生产中，要考虑到另一个问题，即纯化的收率问题，这关系到蛋白质工业的经济效益以及某一套蛋白纯化技术的实用性。

（一）等电点沉淀

不同蛋白质的等电点不同，将 pH 调到某种蛋白的等电点而使该蛋白沉淀，生产中可用这种方法去除一部分杂蛋白。根据杂蛋白质的理化性质，确定纯化缓冲液的组成、pH 和电导值。纯化缓冲液的目的是最大限度沉淀，去除杂质蛋白质，减轻后续色谱纯化的压力。要用超纯水配制纯化缓冲液，并经过 $0.45\,\mu m$ 微孔滤器和 $10ku$ 超滤系统过滤，百级层流下进行收集，$2\sim10℃$ 冷室保存备用。用纯化缓冲液溶解粗品蛋白质，用磷酸调节 pH，对杂蛋白质进行等电点沉淀，离心收集含有目标蛋白质的上清液。

（二）色谱分离

重组蛋白质可用离子交换色谱、吸附色谱、疏水色谱、高效液相色谱和亲和色谱等方法纯化，这些都是特异性强、纯化效果好的常用方法。据统计，在生物药物分离纯化阶段，80%使用亲和色谱，70%使用离子交换色谱，近50%使用反相色谱，色谱技术组合对重组蛋白质药物的纯化具有重要作用。各类色谱技术的模式如表7-9所示。

表7-9　色谱分离纯化蛋白质

色谱模式	原理	优点
离子交换色谱	溶质与交换剂之间的电荷作用	分辨率高，处理量大，容易操作
亲和色谱	溶质与配基之间的分子识别	选择性强，纯化效率高，产品纯度高
疏水作用色谱	溶质对盐离子的依赖性	回收率高，处理量大，成本低
凝胶过滤色谱	溶质在介质中的滞留时间	回收率高，容易操作，分子量范围广
反相色谱	溶质的分配系数差异	柱效高，分离度好

离子交换剂由带电荷的侧链和不溶性的树脂结合而成，DEAE 阴离子树脂侧链电荷为正，可与带负电荷的蛋白结合；羧甲基纤维素阳离子树脂侧链电荷为负，可与带正电荷的蛋白结合。用离子强度较低的缓冲液上样，洗涤结合树脂能力低甚至是无结合能力的杂蛋白质；然后，用离子强度高的缓冲液洗脱结合能力强的蛋白质。如果要除去非疏水性蛋白质，可采用疏水色谱。亲和色谱是选择性极高的重组蛋白质分离方法，通过抗原制备亲和配基（如 IgG），从复杂混合物中能直接纯化出产物，而且纯化倍数和效率非常好。在实验室研究中，常用组氨酸标签（$6\times his$）与目标蛋白融合，利用镍亲和柱纯化，获得目标蛋白质，用于生化研究。由于不同种类的蛋白与不同树脂的亲和力不相同，可洗脱出目标蛋白质。色谱纯化蛋白质的控制点主要是缓冲液和上样液的 pH 及电导值，要针对目标蛋白质量身定制色谱工艺。

亲和色谱操作工艺过程是包括配基固定化、上样吸附和洗脱目标产物。选择合适的配基，与不溶性支撑介质偶联或共价结合成具有特异亲和性的分离介质。上样后，亲和色谱介质上的配基选择性吸附目标蛋白，而不吸附杂蛋白质，经洗涤可除去。最后，选择合适的条件,将吸附在亲和介质上的目标产物洗脱下柱。洗脱液既能改变蛋白质的构象以降低蛋白质与配基的亲和力,但又不破坏蛋白质和吸附剂的稳定性。如图 7-18 所示,亲和色谱具有极高的特异性和亲和力。在第 1 次洗脱中,仍然有少量杂蛋白质被一起洗脱,随着洗脱次数增加,杂质减少;到第 7 次时,目标蛋白已经很少了,可以结束洗脱。

(三) 膜分离

膜分离是利用选择透过特性的过滤膜介质进行物质的分离纯化,较小颗粒通过滤膜,较大颗粒被截留在膜表面。超滤膜的孔径为 $0.001 \sim 0.1\mu m$,可截留蛋白质 $1 \sim 300ku$,商业化的规格有 3、10、30、50 和 100ku,操作压力为 $0.2 \sim 1.0MPa$。重组蛋白质的分子量大多在 $10 \sim 500ku$ 之间,可用超滤进行分离、浓缩。选择合适的截留分子量滤膜很重要,因为不同种类的蛋白分子的物理空间不同,即使分子量相同,截留率也不同。为了截留目标蛋白,选择膜的截留分子量应是目标产物的 $1/3 \sim 1/2$。超滤膜过滤目标蛋白质时,截留分子量应该在目标蛋白

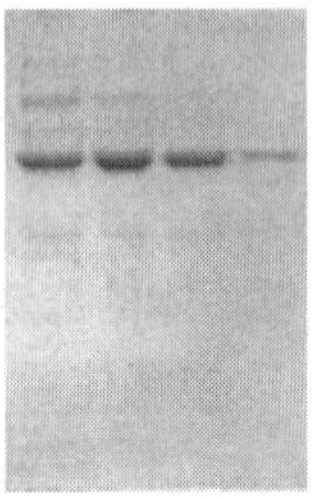

图 7-18　亲和色谱中 1、3、5 和 7 次洗脱的重组蛋白质

质分子量的 10 倍以上。可将超滤和等电沉淀相结合,去除杂蛋白质。由于蛋白质带有电荷,膜的吸附比较严重,造成收率偏低,因此在使用过程中应选择低吸附的超滤膜。

通过沉淀、色谱和超滤后的目标蛋白质溶液含有盐,必须经过透析除去才能进行下一步骤。

(四) 凝胶过滤

凝胶过滤是根据分子量大小进行物质的分离。凝胶过滤的填料是不带电荷的、具有三维空间的多孔网状结构,物质通过凝胶网孔时,大分子经过凝胶颗粒间隙,流程较短,被先洗脱出来,而小分子进入凝胶微孔,流程较长,被后洗脱出来。因此,不同分子大小的蛋白质经过凝胶过滤时,最大蛋白质最早洗脱下来,其次是中等大小的蛋白质,最后洗脱的是小蛋白质。重组蛋白质纯化中,凝胶过滤是重要的步骤,分离条件温和,选择性和分辨率高,收率较高,根据洗脱峰的监测能有效去除微量杂质,得到高纯度产品。

(五) 无菌过滤与封装

蛋白质产品不能用高温灭菌,也不能用化学消毒剂,只能用 $0.22\mu m$ 膜过滤进行灭菌。过滤后分装至小瓶中,加塞和压盖,入库在低温冰箱内冷冻保存。

五、包涵体重组蛋白质的复性技术

(一) 包涵体

外源基因在大肠埃希菌中高水平表达时,常常使蛋白质产物形成在透视性相差显微镜下可见的不透明的蛋白凝聚体颗粒,称为包涵体或包含体。包涵体颗粒直径为 $0.1 \sim 3.0\mu m$,稳定,难溶,密度较大,具有折光性。包涵体的主要成分为重组蛋白质,还有质粒编码的抗性蛋白、RNA 聚合酶、质粒 DNA、rRNA 等杂质。

包涵体形成的可能机制有:①重组蛋白质在微生物胞内高度表达,转录和翻译之间不协调,引起重组蛋白的聚集,可以通过菌种构建、发酵工艺优化得以解决;②重组蛋白质所处的微环境不适,或因缺少某些折叠协助因子所致,可通过复性工艺解决。包涵体中的重组蛋白质虽然具有正确的一级结构序列,但由于不正确的折叠,缺乏高级结构,所以没有生物学活性。包涵体中的重组蛋白质可以通过洗涤、变性剂溶解,在适当条件下重折叠,恢复其天

然结构和活性(即复性)。

(二) 包涵体的分离

包涵体在大肠埃希菌细胞质内首先破坏细胞壁和细胞膜,把包涵体释放到提取缓冲液中。可用高压匀浆破碎细胞,然后膜过滤或离心,收集沉淀有包涵体,弃上清杂质。膜过滤分离成本较低,易于放大。但有时候细胞碎片会截留,与包涵体混在一起。由于包涵体密度比细胞碎片大,一般可达 1.3mg/ml,采用连续离心技术可容易地除去细胞碎片,分离包涵体。在工业生产中,还可采用有机溶剂如苯乙醇、三氯甲烷、甲苯等在线杀死细胞,使内容物释放出来。

(三) 包涵体的洗涤

分离提取包涵体后,用适宜的洗涤剂洗涤,去除包涵体中的蛋白质、核酸等杂质。常用蔗糖、Triton-X 100、脱氧化胆酸等洗涤包涵体,可除去疏水性较强的杂蛋白;用 1~5mol/L 脲洗涤,可除去亲水性较强的杂蛋白。

(四) 包涵体的溶解

包涵体洗涤后必须溶解,使重组蛋白质的一级结构处于完全伸展状态。溶解包涵体的变性剂有 5~8mol/L 盐酸胍、6~8mol/L 脲(表 7-10)。变性剂可破坏包涵体中重组蛋白质分子间的疏水相互作用、氢键和静电作用等,使目标蛋白处于可溶解的变性状态。脲和盐酸胍是具有与肽键相似结构的小分子化合物,容易进入蛋白质中,通过氢键、偶极-偶极作用、静电作用与肽键之间发生分子间作用力而溶解包涵体,形成伸展的肽链。

表 7-10　包涵体溶解方法举例

目标蛋白	二硫键数目	变性剂及浓度(mol/L)	还原剂(mmol/L)	pH	温度(℃)
白介素-2	1	6.0G	ME(14)	8	室温
白介素-4	3	5.0G	GSH:GSSG(2:0.2)	8	室温
尿激酶	6	5.0G	—	8	4
巨噬细胞集落刺激因子	9	7.0G	ME(25)	7.5	室温
组织纤溶酶原激活剂	17	7.0G	ME(50)	7.5	4
凝乳酶原	3	8.0U	—	8	室温
表皮生长因子	3	8.0U	DTT(1)	8.3	室温

注:G 表示胍盐;U 表示脲;ME 表示 β-巯基乙醇;DDT 表示二硫苏糖醇

对于分子间二硫键错配引发的包涵体,在变性剂溶液中还需要加入足够的还原剂,以切断分子间的二硫键。常用的还原剂有 β-巯基乙醇、二硫苏糖醇、还原型谷胱甘肽,浓度为 1~100mmol/L,但常用 β-巯基乙醇。

(五) 重组蛋白质的复性

变性蛋白质分子恢复天然活性(天然空间结构)的重折叠过程是蛋白质复性,这是形成包涵体的重组蛋白质下游工艺中的关键环节。

蛋白质复性是从未折叠蛋白到折叠中间体,再到折叠蛋白的形成过程(图 7-19)。蛋白分子的体外重折叠属于分子内部的相互作用,它遵循一级动力学模型,与蛋白质的浓度无关,然而聚集作用却属于多级动力学反应,严格依赖于蛋白质的浓度。在复性过程中,重折叠与聚集作用相互竞争,抑制蛋白质的集聚和沉淀作用,将有利于重折叠;反之,蛋白质复性将失败。分子伴侣能与折叠中间体形成复合物,抑制聚集反应的发生,防止肽链的错误折叠。

在复性过程中,可添加分子伴侣蛋白可介导重组蛋白质的折叠复性。

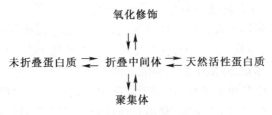

图7-19　简化的蛋白质折叠过程模型

蛋白质有效折叠的天然状态、未折叠状态的蛋白质通过有效折叠途径,大部分经过折叠中间体,成为具有天然生物活性的蛋白质,实现复性。其中少部分中间体脱离有效折叠途径,形成聚集体或被共价键修饰,成为无活性的产物,是折叠不可逆的副反应。

有些蛋白质的折叠需要另一个蛋白质的帮助,这个蛋白质就是分子伴侣。在大肠埃希菌中发现了多种分子伴侣。通过基因工程手段过表达分子伴侣,能有效提高产物的可溶性。蛋白质折叠中间体的聚集是与复性过程竞争的最主要的副反应,分子伴侣通过与折叠中间体形成中间体复合物而抑制副反应的发生。其作用机制与细胞内的情况类似,通过识别、结合伸展状态中间体暴露出来的疏水表面,防止肽链的错误折叠。在体外重折叠中,向稀释液加入分子伴侣,可辅助蛋白质形成有利的空间构型。添加分子伴侣,虽然能帮助重折叠,但增加了去除分子伴侣的分离工序。

蛋白质的折叠需要适宜的微环境,缺乏氧化还原力的微环境是分子间和分子内巯基之间的二硫键错配,导致复性失败的另一重要因素,可通过化学氧化形成二硫键和二硫键交换(图7-20)得以实现。在蛋白质重折叠过程中,空气中的氧作为电子受体,巯基可直接氧化形成二硫键,对二硫键数目较少的蛋白质复性具有较好的效果。然而这种化学氧化的体外重折叠过程中,其副反应是半胱氨酸残基可直接氧化成磺基丙氨酸和半胱氨酸亚砜,失去形成二硫键的可能性。另外这种非特异性无选择的氧化易造成二硫键错配,导致二聚体聚集。用氧化型谷胱甘肽(GSSG)与还原型谷胱甘肽(GSH)提供氧化还原环境,与蛋白质的巯基发生反应,实现二硫键交换。二硫键交换反应的优点是可避免空气氧化的缺陷,最大限度地减少分子内和分子间二硫键的随机配对,从而保证体外重折叠的高效性。在实际生产中,可用廉价的还原剂二硫苏糖醇(1～50mmol/L)、β-巯基乙醇(0.5～50mmol/L)等取代谷胱甘肽。

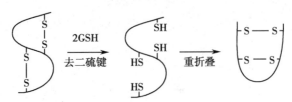

图7-20　二硫键交换重折叠过程

蛋白质的重折叠反应中加入二硫键异构酶,辅助二硫键的形成、异构和还原,纠正不正确的二硫键配对的异构体,增加重组蛋白质正确折叠的效率。有些蛋白质中脯氨酸残基的异构化是重折叠所必需的,而且脯氨酸异构反应较折叠反应慢得多,可加入脯氨酸顺反异构酶催化脯氨酸顺反异构反应进行,提高折叠速率。

蛋白质复性的理论还不很成熟,要依据不同的蛋白质分子建立相应的复性方法。研究表明变性剂的去除速率对重折叠率有很大影响,为此已提出了逐步稀释复性或透析复性。逐步稀释复性是通过稀释逐渐降低变性剂的浓度,抑制聚集,促使蛋白质复性。逐步稀释复性操作很简单,只需加入适量的缓冲液,在低变性剂浓度环境下复性。逐步稀释复性的缺点是增大了后处理的加工体积,降低了蛋白质的浓度。透析复性是通过去除变性剂,使蛋白质在透析袋内低变性剂浓度环境下复性,适用于较高浓度蛋白质的复性。可用色谱进行蛋白质复性,蛋白质在变性剂存在的状态下,利用其在填料上的反复分配作用,逐步使其构象转化为有天然状态的结构。

蛋白质复性是一个十分复杂的过程,受诸多因素的影响,包括缓冲溶液的 pH、离子强度、蛋白质浓度、复性时间及变性剂去除速率等。由于组成蛋白质的氨基酸决定其各自不同的空间构象,所以至今仍然没有一个通用、高效的适合于所有蛋白质的复性方法。

六、重组蛋白质药物的质量控制

(一)分离纯化质量管理

基因工程菌生产的重组蛋白质药物分子量大,结构复杂,很难或无法采用分析小分子化学药物的手段表征其纯度、含量和结构。要对原液、半成品、成品进行检定(表 7-11),采取分离纯化质量管理。详细记述收获、分离和纯化的方法,特别注意外源核酸以及有害抗原性物质的去除。如采用亲和层析技术纯化单克隆抗体,应有检测可能污染此类外源性物质的方法,不应含有可测出的异种免疫球蛋白。对整个纯化工艺应进行全面研究,包括能够去除宿主细胞蛋白、核酸、糖或其他杂质以及在纯化过程中加入的有害的化学物质等。关于纯度的要求可视制品的用途和用法而确定,仅使用 1 次或需反复多次使用。

表 7-11　基因工程菌生产注射用重组蛋白质药物的检定项目

检测项目	原液	半成品	成品	主要方法
生物学活性	+		+	
蛋白质含量(mg/g)	+			双缩脲法等
比活性(IU/mg)	+			
纯度(%)	+			液相色谱或电泳
分子量(kD)	+			还原型 SDS-聚丙烯酰胺凝胶电泳
外源 DNA 残留量	+			
宿主蛋白质残留量	+			
残余抗生素活性	+			
细菌内毒素	+	+	+	
紫外光谱	+			紫外分光光度计
等电点	+			等电点聚焦电泳

检测项目	原液	半成品	成品	主要方法
肽图	+			液相色谱
N 端序列	+			氨基酸测序仪
鉴别试验			+	免疫杂交
无菌检查		+	+	
物理检查			+	
化学检定			+	
异常毒性			+	

（二）物理性质

1. 分子量测定　用还原型 SDS-聚丙烯酰胺凝胶电泳测定重组蛋白质药物的分子量，分离胶浓度为 15%，上样量不低于 1.0μg。用适宜的分子量标记物作为参比，用考马斯亮蓝、银染和荧光染料染色，测定的分子量与理论值基本一致，误差为 5%~10%。如重组人干扰素 α1b 的分子量应为 19.4kD±1.9kD，重组人 γ 干扰素的分子量应为 16.8kD±1.7kD，重组人白介素-2 的的分子量应为 15.5kD±1.6kD。也可用 Sephadex 系列（G-75、G-100）凝胶过滤、质谱测定蛋白质的分子量。

2. 等电点测定　用等电点聚焦电泳测定重组蛋白质药物的等电点。蛋白质药物的等电点经常不均一，即不是一个等电点，而是出现多条区带、多个等电点。如重组人干扰素 α1b 的主区带应为 4.0~6.5，重组人干扰素 α2a 的主区带应为 5.5~6.8，重组人干扰素 α2b 的主区应为 4.0~6.7，并且与对照品一致。对于同一个产品来说，不同批次之间应有良好的一致性和重现性，则表明质量均一和工艺稳定。

3. 物理图谱　重组蛋白质药物有紫外吸收，可用紫外吸收光谱测定。对同一种蛋白质，最大吸收波长是相对稳定和固定的，每批次之间紫外扫描图谱应该是一致的。在 200~360nm 内扫描，重组人干扰素 α2b 的最大吸收波长应为 278nm±3nm，重组人 γ 干扰素的最大吸收波长应为 280nm±3nm。

肽质量指纹图谱（简称肽图谱或肽图）是指用酶解（如胰蛋白酶）或化学方法（如溴化氰）降解蛋白质后，对生成的肽段进行分离，形成特征性的指纹图谱。胰蛋白酶在精氨酸或赖氨酸的羧基端降解肽键，形成肽段，用反相高效液相色谱分离，梯度洗脱，214nm 检测。溴化氰降解蛋氨酸的羧基端，专一性强，切点少，产量高，获得大片段。

（三）化学结构

测定蛋白质的一级结构，包括氨基酸组成分析、末端氨基酸序列分析，最终可确定其一级结构。

1. 氨基酸组成分析　可在氨基酸自动分析仪上进行。以酸水解为主，辅以碱水解，混合氨基酸通过离子交换树脂进行色谱分离，氨基酸与茚三酮反应，测定并计算氨基酸含量，确定组成，并与目标蛋白的氨基酸组成进行比较。如果某氨基酸含量偏差较大，表明基因工程菌可能发生变异导致蛋白结构改变或纯化过程中出现异常，混进了其他杂质。

2. 氨基酸序列分析　可用氨基酸测序仪进行。利用 Edman 降解原理和程序，于 1967 年实现了自动化测序，可测定 50~60 个氨基酸残基。放射性核素、荧光或有色 Edman 试剂等的使用提高了灵敏度,达到皮摩尔(微克)级,能在线检测和直接读出数。

末端序列分析用于鉴别 N 端和 C 端氨基酸的性质和同质性。在实际蛋白质药物质量控制中,常用 N 端 15 ~ 16 个氨基酸残基序列为检定标准,至少每年检测 1 次。若发现目标产品的末端氨基酸发生改变,要分析变异体及其数量,并与对照品的序列进行比较。

(四)纯度与含量检测

1. 蛋白质含量测定　测定方法有凯氏定氮法、双缩脲法、考马斯亮蓝法、荧光法、Folin-酚法和紫外分光光度计分析等,《中国药典》规定了凯氏定氮法、Lowry 法、双缩脲法(表7-12)。与标准蛋白质溶液或回归曲线比较,可计算出重组蛋白质药物的含量。含量测定方法学的选择取决于对敏感性和干扰杂质影响的要求,用 280nm 紫外分析和 Bradford 法比较方便又不损耗蛋白质样品。

表7-12　蛋白质含量测定方法的比较

方法	灵敏度(μg/ml)	检测原理	优点	缺点
凯氏定氮法		测定总氮,乘以常数 6.25(1g 氮相当于 6.25g 蛋白质)	简单	灵敏度低,准确度低
双缩脲法(540nm)	1000 ~ 10 000	碱性铜试剂与肽键反应,形成紫色络合物	试剂低廉,容易操作	很不敏感
Lowry 法(650nm)	30 ~ 150	碱性铜试剂与蛋白质形成复合物,再与酚试剂反应生成蓝色化合物	敏感度比双缩脲法高	费力,去污剂和螯合剂干扰分析

2. 重组蛋白质药物纯度测定　凝胶电泳、毛细管电泳、高效液相色谱、凝胶过滤色谱、离子交换色谱、疏水色谱和质谱等都可用于重组蛋白质药物纯度测定,《中国药典》规定了用非还原型(变性)SDS-聚丙烯酰胺凝胶电泳和高效液相色谱方法(表7-13)。采用变性 SDS-聚丙烯酰胺凝胶电泳,银染或考马斯亮蓝染色,扫描计算含量,检定重组蛋白质药物纯度。采用高效液相色谱时,根据待检测的蛋白质的大小,要选择适宜的色谱填料柱,在 280nm 下检测,计算纯度。如果产品分子构型均一,则只出现 1 个峰,总纯度要达到 95% 以上。在鉴定蛋白质纯度时,至少应该用两种以上的方法,而且两种方法的分离机制应当不同,这样才能得出比较可靠的结果。

表7-13　蛋白质纯度鉴定的方法

方法	所需时间(分钟)	样品体积(μl)	灵敏度		特点
SDS-PAGE	数小时	1 ~ 50	ng ~ pg		准确性较高,分辨率好,但人力操作多
HPLC	10 ~ 120	10 ~ 50	ng ~ pg		准确性高,分辨率好,可自动化分析
毛细管电泳	10 ~ 30	1 ~ 50		pg	准确性高,分辨率好,可自动化,微量级样品制备

(五)杂质检测与控制

根据来源,可把杂质分为工艺相关杂质和产品相关杂质。工艺相关杂质来源于微生物、培养基、分离纯化工艺。来源于微生物的杂质包括源于宿主的蛋白质、核酸、多糖、外源

DNA 等,来源于培养基的杂质包括诱导剂、抗生素及其他培养基组分,来源于下游工艺的杂质包括酶、化学和生化处理试剂(如溴化氰、胍、氧化剂和还原剂)、无机盐、溶剂、载体、配基(如亲和纯化中的 IgG)及其他可滤过性物质。

对于宿主细胞蛋白,用细胞粗提物制备多克隆抗体,进行免疫检测。如用兔抗大肠埃希菌菌体蛋白质抗体对大肠埃希菌生产的重组蛋白质药物进行酶联免疫反应,测定大肠埃希菌菌体蛋白质的残留量,应不高于蛋白质总量的 0.10%。

在重组蛋白质药物的生产过程中,所使用的各种表达体系中都含有大量外源质粒 DNA。世界各国的药品管理机构都对重组蛋白质药物中所允许的 DNA 残留量严加限定,WHO 和 FDA 的限量定为 100pg/剂量,中国的限量为 10ng/剂量。采用 Southern 杂交技术和荧光染色检测外源 DNA 残留量,也可使用更灵敏的技术如 PCR 对特殊的 DNA 序列进行扩增,以检测是否存在某种特定的 DNA 杂质,检测出的基线更低。

通过培养基内抗生素对微生物生长的抑制作用,检测重组蛋白质药物中的抗生素残留量。《中国药典》给了定性规定,制品中不应有抗生素残留。如果比对照品的抑菌圈小,结果判定抗生素残留为阴性,否则为阳性。

(六) 生物学测定

1. 鉴别试验　用重组蛋白质药物与特异性抗体进行免疫印迹(即 Western 杂交),用生物素标记的二抗进行显色。如果呈现明显的杂交带为阳性,不显色为阴性。

2. 生物学活性与比活性测定　重组蛋白质药物的生物学活性用效价或效力表示,采用国际或国家标准品或参考品,以体内或体外法测定制品的生物学活性,以国际单位(IU)表示或折算为国际单位。

根据重组蛋白质药物的生物学功能建立合适的生物模型,测定体内生物学活性。对于测定生长素的活性,以切除脑垂体的大鼠为实验动物模型,再注射生长素,应具有促进生长、增加体重的功能。或用未成年去垂体大鼠,观察其胫骨骨骺软骨增宽来测定生长素的生物学活性。

根据重组蛋白质药物的生物学治疗机制,用适宜的细胞模型测定体外生物学活性。干扰素具有保护人羊膜细胞免受水疱性口炎病毒破坏的作用,故采用细胞病变抑制法测定干扰素的抗病毒生物学活性。重组乙肝疫苗的活性成分是乙肝病毒表面抗原,采用酶联免疫测定其含量,以参考品为标准,可计算体外相对效价。

在测定生物学活性和蛋白质含量的基础上,计算其特异比活性,用活性单位/重量表示每毫克蛋白质的生物学活性,即 IU/mg。比活性不仅是含量指标,又是纯度指标,比活性不符合要求的原料药不能用于生产制剂。

(七) 其他检测

进行无菌试验、内毒素、异常毒性等试验。根据产品剂型,应有外观(如固体、液体、色泽、澄明度等方面的描述)、水分、pH、装量等方面的规定,参照《中国药典》(2010 年版)有关规定进行。

(赵广荣)

第八章 动物细胞工程制药工艺

动物细胞工程(animal cell engineering)是根据细胞生物学、分子生物学及工程学原理等理论和技术,有目的地精心设计、定向改变动物细胞的遗传特性,从而改良或产生新品种或细胞产品的技术。动物细胞可以生产各类生物制品,如疫苗(如乙肝疫苗,狂犬病疫苗,脊髓灰质炎疫苗和乙脑疫苗)、人淋巴因子(如干扰素、白细胞介素)、单克隆抗体、红细胞生成素(EPO)、肿瘤坏死因子(TNF)、粒细胞聚落刺激因子(G-CSF)、上皮生长因子(EGF)等。本章以动物细胞培养的理论和技术为基础,介绍动物细胞工程制药的工艺控制、重组蛋白质药物的分离纯化和质量控制。

第一节 概 述

动物细胞工程制药是细胞工程技术在制药工业方面的应用,主要涉及细胞融合技术、细胞核移植技术、染色体改造技术、转基因技术和细胞大规模培养技术等。

由于传统微生物发酵技术中许多生物活性蛋白质不能在工程菌中表达,而只能在动物细胞中产生,限制了药物的生产效率,增加了药物的生产成本。而动物细胞工程制药的显著优点就在于表达产物方面,尤其是转录后修饰和产物的细胞外分泌表达,不仅可大量工业生产天然稀有的药物,而且其产品具有高效性和对疾病鲜明的针对性。这是传统微生物发酵技术所不具备的。

一、动物细胞工程制药简史

(一)萌芽阶段

1665 年,英国物理学家 Robert Hooke 通过自制的显微镜观察切成薄片的软木时观察到了蜂窝状结构,称之为细胞,如图 8-1 所示。虽然当时他看到的只是死细胞壁,但之后随着越来越多学者的观察研究,细胞的结构和形态逐渐为人们所熟知。

1838 年,Schleiden 和 Schwann 创立了细胞学说,指出一切动植物都是由细胞发育而来的,并由细胞和细胞产物所组成;新的细胞可以通过老的细胞繁殖产生;细胞是个有机体,作为一个相对独立的单位,既有它"自己的"生命,又对共同组成的整体生命有所助益。

1859 年,法国解剖学家 Vulpian 尝试将蛙胚尾部组织放入水中,观察其生长分化。1885年,德国人 W. Roux 用温的生理盐水培养鸡胚髓板组织获得成功,首次提出了组织培养。

(二)奠基阶段

1897 年,B. Loeb 将兔的肝、肾等组织块放入含有少量血浆的凝胶中培养,培养 3 天的组织块结构保持正常,证明了细胞可以在血清和血浆中存活。1903 年,J. Jolly 观察到蝾螈白细胞可以在体外分裂。

图 8-1 Robert Hooke 及其制作的显微镜

1907 年,美国胚胎学家 Ross Granville Harrison 首创了悬滴培养法,成功地在凹玻片的淋巴液内培养了离体的蛙胚髓管部神经组织,观察到神经细胞突起的生长过程,由此建立了动物细胞体外培养基本系统,被誉为动物组织培养的创始人。1923 年,法国 Carrel 发明了卡氏培养瓶,实现了鸡心肌组织的长期培养。自此,动物细胞培养技术基本建立。

后来,人们又创立了试管培养法、表玻璃培养法和旋转管培养法等。1940 年,Earle 首创单细胞克隆培养方法,建立了可以无限传代的小鼠结缔组织 L 细胞系,为建立遗传性状一致的细胞株奠定了技术基础。

由于体外观察研究细胞比较方便,于是细胞培养就成为细胞生物学和分子生物学研究的基本技术之一,为细胞工程的发展奠定了基础。1953 年建立的第一个人子宫颈癌传代细胞系 HeLa(Henrietta Lacks cell)至今仍在传代使用。

(三) 发展阶段

大规模动物细胞培养技术的发展使规模化生产生物制品成为可能。1951 年 Earle 等开发出细胞培养基之后,最初是采用成百上千只体积小的培养瓶进行生产,后来又改用滚瓶培养,主要是用于生产病毒疫苗。1954 年,美国利用猴肾细胞成功制备脊髓灰质炎疫苗,进入工业化规模生产。1962 年,Capstick 等首先大规模培养仓鼠肾细胞,标志着动物细胞培养工业化的突破性发展。

1967 年,微载体培养系统的建立,使得贴壁细胞可以依赖微载体悬浮于液体培养基在搅拌式反应器中培养,便于放大培养且优化了下游控制,大大提高了生产率。1972 年,中空纤维反应器的开发模拟了细胞在体内生长的三维状态,使得细胞密度大为提高。

动物组织细胞培养技术和细胞融合技术的发展,促进了动物细胞工程的蓬勃发展。1965 年,Harrison 把体外培养的 HeLa 细胞与小鼠艾氏腹水瘤细胞通过仙台病毒的作用,融合成具备两亲本特性的杂交细胞;随后骨髓瘤细胞系的建立为杂交瘤技术的诞生奠定了基础。

1975 年,KÖhler 和 Milstein 创立了杂交瘤技术。取经过免疫的小鼠脾细胞,应用仙台病毒诱导其与小鼠骨髓瘤细胞融合,获得能分泌单一抗体的杂交瘤细胞,该细胞具有大量繁殖和分泌单克隆抗体的能力。为此,两人获得了 1984 年的诺贝尔生理学或医学奖。

之后,PEG 诱导、电融合的杂交瘤技术也很快被发展应用。随着细胞融合和基因工程的迅速发展,特定的外源基因可以通过 PCR 技术大量扩增并转染到动物细胞内,得到高效表达。

细胞融合技术和杂交瘤技术的发展,使得悬浮细胞的培养变得十分迫切。气升式反应器应运而生,被应用于杂交瘤细胞的培养,单克隆抗体的生产取得比较好的效果。1978 年,Lim 开发了细胞微囊化技术,将贴壁依赖性细胞包裹在较小的颗粒微囊中,可将规模放大至 1000L,在搅拌釜式或气升式反应器中培养。到 1985 年已有 10 000L 规模的气生式生物反应器被研发出来,用于各类单抗的大量生产。

1890 年,英国剑桥大学首次完成兔胚胎移植,经过几十年的不断完善,羊、猪和牛等动物的胚胎移植获得一系列成功。1997 年,体细胞克隆小羊多利的出生、转基因体细胞克隆牛等的问世等,使动物胚胎移植、干细胞技术、核移植、动物克隆技术均取得了快速发展,在动物育种、快速繁殖、品种改良和珍稀动物保护中发挥着巨大作用。

目前通过动物细胞工程可生产单克隆抗体、酶、病毒疫苗(如口蹄疫、狂犬病、乙型肝炎疫苗等)、非抗体免疫调节剂(如干扰素、白介素、集落刺激因子等)、多肽生长因子(如神经生长因子、血清扩展因子、表皮生长因子等)和激素等。这些产品对临床诊断、疾病的治疗和预防有着重要意义,其中已有一些被批准用于临床,成为许多发达国家一个重要的新兴产业。

抗体与药物偶联也成为一类新型的抗癌药物。2013 年 2 月,由美国 ImmunoGen 制药公司研制,由罗氏旗下的基因泰克联合开发的抗体药物偶联物 Ado-trastuzumab emtansine (T-DM1,Kadcyla)获得美国 FDA 批准,用于治疗 Her2 阳性同时对曲妥珠单抗和紫杉醇有抗药性的晚期或转移性乳腺癌。ImmunoGen 的 TAP 技术是目前为止临床上最认可的抗体药物偶联物技术之一,Kadcyla 也是唯一一个 FDA 批准上市的用于治疗固体肿瘤的抗体药物偶联物。

二、动物细胞的生物学特征与生理特点

动物细胞属于真核细胞,由细胞膜、细胞质和细胞核 3 个基本部分组成,细胞质内有核糖体、内质网、溶酶体、高尔基复合体等细胞器,通过膜系统行使着各自独特的生理功能。

动物细胞的化学组成主要有无机成分(如水和无机盐)和有机成分(如蛋白质、糖类、脂质和核酸)。动物细胞吸收营养后进行糖、脂肪和蛋白质的代谢,分为 3 个降解阶段:大分子降解为小分子,小分子代谢产生 3 个主要的中间产物,中间产物进入三羧酸循环。

(一) 培养细胞的生物学特征

体外培养的细胞形态结构等基本生物学特性与体内细胞相同,在培养环境良好时能反映细胞本身的特性。但随着生活环境及培养方式的不同,有些特点也会发生变异,形态与体内生长的细胞有一定的差异。细胞培养条件适宜,细胞呈均质透明有光泽,表明细胞生长状态良好。

离体培养细胞依据细胞的生长特性、在培养基中的生长方式的不同,可分为悬浮细胞和贴壁细胞两大类。

1. 悬浮细胞　这类细胞可悬浮于培养基中生长,不依赖于支持物,如图 8-2 所示,如淋巴细胞和用于生产干扰素的 Namalwa 细胞。某些贴壁依赖性细胞经过适应和选择也可用此方法培养。

悬浮细胞有较大的生存空间,易于传代培养,可提供大量的细胞,易于收获,获得稳定的性状。增加悬浮培养规模相对比较简单,只要增大培养体系即可。需要注意的是,培养液深度超过 5mm 时需要搅动培养基,超过 10cm 还需要深层通入 CO_2 和空气,以保证足够的气体交换。

2. 贴壁细胞 大多数培养细胞属于贴壁依赖性细胞,必须贴附于支持物表面生存和生长,依靠自身分泌的或培养基中提供的贴附因子才能在固体表面上生长,如图8-3所示。

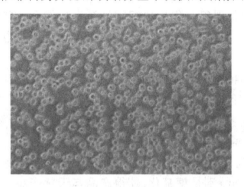

图8-2 悬浮生长的细胞　　　　　　　图8-3 贴壁生长的细胞

细胞开始生长时呈圆形,当贴附于支持物生长后,逐渐恢复至原来的细胞形态。因细胞来源不同,一般具有两种形态,即来源于中胚层的细胞呈现成纤维细胞样(呈梭形或不规则形,中央有圆形核,胞质向外伸出2~3个突起),如纤维细胞、心肌细胞、平滑肌细胞、成骨细胞等;来源于外胚层和内胚层细胞则恢复上皮细胞样(呈扁平的不规则多角形,中间有圆形核,生长时彼此紧密连接成单层细胞片),如皮肤细胞、肠管上皮细胞等。

有些细胞并不严格地依赖支持物,它们既可以贴附于支持物表面生长,又可以在培养基中悬浮生长。例如CHO、L929细胞,贴壁生长时呈上皮或纤维细胞的状态,悬浮生长时呈圆形,但是有时它们又可以相互支持,贴附在一起生长。

(二)动物细胞的生理特点

1. 培养细胞生命期 培养细胞生命期指的是细胞在体外培养条件下持续增殖和生长的时间。体外培养细胞分裂次数有限,具有一定的生存期限,时间长短取决于细胞株的种族和年龄。

在体外培养的正常细胞基本经历原代培养期、传代期和衰退期3个阶段。

细胞培养初始阶段称之为原代培养;经过传代成为有限细胞系,有限的生长传代时间取决于细胞来源的种族和年龄,人胚成纤维细胞约可培养50代、鸡胚30代、小鼠8代。供体为成年或衰老个体,生存时间则较短。培养的条件也会影响传代次数。若向培养基中加入表皮生长因子,可使上皮细胞的寿命从原来的50代增至150代。

当细胞突变为异倍体后,该细胞可转变成无限细胞系,或称连续细胞系。此时细胞寿命是无限的,更适合于工业化生产。

从细胞接种到分离再培养的时间称为细胞的"1代",期间细胞能倍增3~6次。每1代培养细胞群体都会经过潜伏期、对数生长期、稳定期和衰亡期4个生长阶段。传代的频率与细胞培养液的性质、接种细胞的数量和细胞增殖速度有关。

细胞接种密度大时潜伏期短,原代培养潜伏期长,连续细胞系和肿瘤细胞潜伏期短。细胞活力最好的时期是对数生长期,是进行实验的最佳阶段。稳定期细胞增殖停滞,需立即进行分离传代,否则细胞会中毒死亡。

2. 细胞周期时间长 1个细胞分裂形成两个子细胞的过程称为细胞周期。动物细胞的细胞周期明显,时间较长,一般为12~48小时,分为间期($G_1 + S + G_2$)和分裂期(M期)。分裂期很短,细胞大部分处于间期。同一类细胞的周期时间是一定的,但不同种属的细胞周期时间不同,同一种属、不同部位的细胞也不同,差异主要在于 G_1 期。凡细胞无活动时都滞留在 G_1 期,在此期间为 DNA 合成准备,主要完成 DNA 聚合酶、RNA 的合成等。

3. **细胞生长大多需贴附于基质,有接触抑制现象**　除少数细胞悬浮生长外,大多数正常二倍体细胞的生长都需要贴附于固体表面上,伸展后才能生长增殖,其机制可能与电荷、钙离子、镁离子及许多贴附因子的作用有关。

当正常细胞在贴附表面分裂增殖,逐渐汇合成片,细胞之间发生相互接触时,细胞的运动被抑制,细胞停止增殖,这个现象称为接触抑制。而恶性细胞无接触抑制现象,细胞可以多层堆积生长,细胞密度进一步增大,当细胞营养枯竭、代谢产物增多导致细胞停止分裂增殖,这个现象称为密度抑制。如发生抑制作用,需要及时传代分离培养。

4. **动物细胞蛋白质的合成途径和修饰功能与细菌不同**　动物细胞产品分泌于细胞外,收集纯化方便;动物细胞内较完善的翻译后修饰特别是糖基化,使得产品与天然产品一致,更适合临床应用。

动物细胞的蛋白质合成场所为游离的核糖体以及粗面内质网上的结合核糖体,前者合成的蛋白质都用于细胞质基质内,后者合成的蛋白质是分泌性的和膜中的整合蛋白,多数为糖蛋白。蛋白质上的寡糖链有的在内质网上加接,有的在高尔基复合体中加接。

在内质网中加接的是 *N*-链寡糖,即在天冬酰氨残基的侧链上连接 *N*-乙酰葡糖胺、甘露糖和葡萄糖等糖基;在高尔基复合体中内加接的是 *O*-链寡糖,即寡糖链结合在丝氨酸、苏氨酸或酪氨酸的 OH 基上。糖链有助于蛋白质的溶解,防止蛋白聚集沉淀,能帮助蛋白折叠成正确的构象,从而使糖蛋白分泌到细胞外。细胞的许多生理功能如细胞识别、表面受体、胞内消化和外排分泌等,都与蛋白质的糖基化密切相关。如非糖基化的红细胞生成素在体内就无生物活性,这就决定了有些生物药品不能用原核细胞表达,或者需要后续的加工修饰。

5. **动物细胞对周围环境比较敏感**　动物细胞无细胞壁的保护,因而外界的物理化学因素很容易对其产生影响,如动物细胞对 pH、剪切力、渗透压、离子浓度、温度、微量元素等的变化耐受力均很弱,所以比细菌和植物细胞的培养难度要大得多。

6. **动物细胞对营养的要求高**　与细菌和植物细胞不同,动物细胞对培养基的要求高,需要 12 种必需氨基酸、8 种以上的维生素、多种无机盐和微量元素、作为主要碳源的葡萄糖以及多种细胞生长因子和贴附因子,且不同种类的细胞要求又有所不同。

总之,动物细胞产品与天然产品一致,且胞外分泌利于分离纯化是动物细胞工程制药的典型优点,但动物细胞培养条件高、成本高、产量低,也是限制其推广应用的弊端和需要改良的方向。

三、动物细胞工程制药的基本过程

单克隆抗体(monoclonal antibody,McAb)是由能产生抗体的细胞与骨髓瘤细胞融合而形成的杂交瘤细胞经无性繁殖而来的细胞群所产生的。单克隆抗体具有纯度高、特异性强、可大量生产等特点,被广泛应用于肿瘤靶向生物治疗,疾病的分子分型、诊断与治疗,生物大分子的分离纯化,蛋白质功能研究,基因的表达谱分析等方面。

1997 年,美国批准第一个单克隆抗体 Rituxin 用于非霍奇金淋巴瘤的治疗,次年用于治疗乳腺癌的单抗 Herceptin 上市,自此以后用于疾病诊断、治疗的单克隆抗体越来越多地被开发应用,如图 8-4 所示。2012 年,全球单抗药物的市场总量已经达到 645.7 亿美元,占生物类药物市场的半壁江山(51.8%)。McAb 是生物药物的重要组成部分,更是推动生物技术产业发展的主导力量,已成为衡量一个国家生物医药发展水平的重要标志。

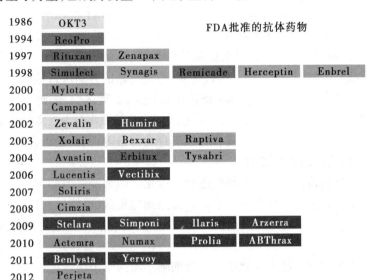

图8-4　FDA批准的抗体药物

下面以鼠源性单克隆抗体的生产制备为例来介绍动物细胞制药工程的基本过程,如图8-5所示。

(一) 细胞系的建立

1. 亲本细胞融合　在单克隆抗体的制备过程中,选择同一品系的免疫动物制备致敏 B 淋巴细胞,与骨髓瘤细胞杂交,融合率高,也便于杂交瘤在同系动物中生长,收取大量腹水制备单克隆抗体。选择的品系相差越大,产生的杂交瘤细胞越不稳定。

将 B 淋巴细胞与小鼠的骨髓瘤细胞在聚乙二醇作用下融合,并在特定的选择培养基中培养,从中筛选出杂交瘤细胞。

2. 分泌特异性抗体的杂交瘤细胞的筛选
脾细胞和骨髓瘤细胞经 PEG 处理后,形成 3 种融合细胞的混合体,只有脾细胞与骨髓细胞形成的杂交瘤细胞才有意义。脾中有多种 B 细胞,融合后必然有多种杂交细胞,而能够产生特异性抗体的杂交瘤细胞才是抗体药物制备所需要的。

3. HAT 选择杂交瘤细胞　由于杂交瘤细胞具有 B 淋巴细胞分泌特异性抗体和骨髓瘤细胞在体外培养无限增殖的双重特性,因此可以通过大量培养杂交瘤细胞,从中筛选出能够产生特异性抗体的杂交瘤细胞群。

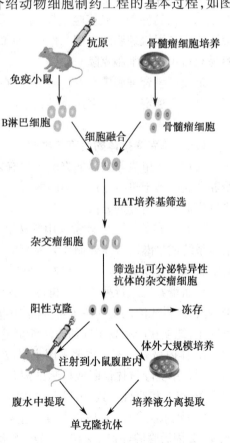

图8-5　单克隆抗体制备全过程

在 HAT 选择培养液中培养时,由于骨髓瘤细胞缺乏胸苷激酶或次黄嘌呤鸟嘌呤核糖转移酶,故不能生长繁殖。而杂交瘤细胞具有上述两种酶,在 HAT 选择培养液可以生长繁殖。

4. 抗体的检测　对杂交瘤细胞生长孔的上清液进行测定,找出可以分泌特异性抗体的杂交瘤细胞群。检测抗体的方法应根据抗原的性质、抗体的类型不同,选择不同的筛选方法。克隆一旦形成,应及时选择快速、灵敏、特异、稳定可靠的方法进行检测。

常用的检测方法有 ELISA、RIA 抗原-抗体结合试验、血凝试验、细胞毒性试验等。应用最广泛的是以抗原包被,放射性核素、酶或荧光标记的羊抗鼠 IgG 为二抗,检测细胞生长孔上清液,观察呈特异标记的抗原-抗体复合物及其存在部位等,判断是否含有目的抗体。

(二)杂交瘤细胞的培养与鉴定

阳性克隆培养是指将抗体阳性孔细胞进行克隆化。因为经过 HAT 筛选后,上清液筛选出为阳性细胞的生长孔内常会有两个以上的杂交瘤细胞集落,可能包括抗体分泌细胞、抗体非分泌细胞、目的抗体分泌细胞和其他抗体分泌细胞,必须利用克隆化培养及时把它们分离开。

克隆化是指单个细胞通过无性繁殖而获得细胞集团的整个培养过程,常用有限稀释法、软琼脂法和流式细胞仪分离法等。

先用抗原结合法或第二抗体法检测杂交瘤抗体。检测到有抗体后,通常采用有限稀释克隆细胞的方法将杂交瘤细胞进行充分稀释,接种在多孔的细胞培养板上,尽可能使每一孔只有 1 个或几个杂交瘤细胞(理论上 30% 的孔中细胞数为 0 时,才能保证有些孔中是单个细胞),再由这些单细胞克隆生长,培养后取上清液用 ELISA 法选出抗体高分泌的细胞。软琼脂法则利用软琼脂的半固态性质,使单个细胞在相对固定的位置上增殖形成细胞克隆,较容易获得单个的细胞克隆。

杂交瘤融合细胞中有两套染色体,在增殖过程中有基因丢失现象,遗传性质不稳定,分泌表型也不稳定。需要多次克隆,直到细胞呈现稳定状态,即细胞呈团簇状生长,大小、形态基本一致。

(三)单克隆抗体的生产与纯化

大量生产单克隆抗体的方法主要有采用动物体作为生物反应器和采用人工生物反应器培养杂交瘤细胞进行生产。不同的方法生产单克隆抗体的纯度不同,现在企业一般采用生物反应器悬浮培养的方法大规模生产单克隆抗体。

1. 体外培养法　体外常采用旋转培养管、气升式或深层发酵罐、中空纤维培养罐、微囊培养系统或牛淋巴液体外循环大规模培养法进行杂交瘤细胞的大量培养,从细胞培养上清液中获取单克隆抗体。

转瓶培养先进行种子培养再逐级放大,但抗体浓度较低。中空纤维培养由于不断更新培养液,所得滤液的抗体浓度可提高 10 倍以上。微囊法抗体可被截留于微囊内,有利于分离纯化,纯度和产率高于别的方法而更适合于抗体生产。

2. 体内培养工艺　主要采用小鼠或大鼠体内接种杂交瘤细胞,提取腹水或血清。一般用于制备单克隆抗体诊断或检测试剂盒,或者少量的临床试验或实验研究。由于采用的细胞同源,组织相容性一致,可以在鼠体内形成肿瘤和诱生腹水,产生单克隆抗体。

(1)腹水制备法:常规是先腹腔注射 0.5ml 降植烷(pristane)或液状石蜡于 BALB/c 小鼠,1~2 周后腹腔注射 1×10^6 个杂交瘤细胞,接种细胞 7~10 天后可产生腹水,用注射器抽提腹水,可反复收集数次;也可待腹水尽可能多,小鼠濒临死亡之前处死小鼠,一次性收取腹水,一般 1 只可收获 5~10ml 腹水。腹水中单克隆抗体含量可达到 5~10mg/ml,这是目前常用的方法。还可将腹水中细胞冻存起来,复苏后转种小鼠腹腔则产生腹水快、量多。

(2)实体瘤法:杂交瘤细胞按 $(1\sim3)\times10^7/ml$ 接种于小鼠背部皮下 2~4 处,每处注射 0.2ml,待肿瘤达到一定大小后(一般 10~20 天)则可采血,从血清中获得单克隆抗体的含量为 1~10mg/ml。

3. 分离纯化　收集得到的培养液上清液或体液离心去除细胞等杂质,再进一步分离纯化。常用的方法有硫酸铵沉淀法、超滤法、透析、离子交换、凝胶过滤法和亲和层析法等。硫酸铵沉淀法能将 90% 的单克隆抗体沉淀出来,是一个有效的分离手段。透析后过 DEAE-纤维素柱,测 OD_{280nm} 收集蛋白峰。在分离纯化过程中一般采用几种方法分步进行,根据抗体的性质选择合适的方法。

4. 制剂　将纯化的单克隆抗体制备成诊断试剂或新药,以供临床应用。常用于制备单克隆抗体制剂的物质有脂质体、聚乙二醇、细胞膜和高聚物等,可用于移植、治疗和体内定位诊断。单克隆抗体可以冻干成干粉,也可以做成针剂。

第二节　动物细胞的培养技术

动物细胞工程的实施首先得使动物细胞在体外能生长繁殖,也就是细胞的体外培养。简单而言就是把来自机体的组织细胞块分散成单个细胞,置于类似于内环境的条件中生存,使其不断生长、繁殖或传代。动物细胞无细胞壁保护,对物理化学因素耐受力很弱,容易受伤害。与细菌和植物细胞相比,动物细胞培养条件要求苛刻,对周围环境十分敏感。

一、动物细胞的培养条件

(一) 无菌、无毒害

无菌、无毒害是体外培养细胞的首要条件。体外生长的细胞没有了体内防御系统的保护,对微生物及一些有害、有毒物质没有抵抗能力,一旦污染或有害物质入侵,可导致细胞死亡,前功尽弃。

因此培养系统所有与细胞接触的设备、器材和溶液都必须保持绝对无菌,无微生物的污染(如细菌、真菌、支原体和病毒等),无化学物质污染,没有对细胞有害的生物活性物质(如抗体、补体)的污染。清洗和消毒工作自然成为细胞培养的一个重要环节。

1. 清洗　玻璃器皿的清洗一般按照浸泡、刷洗、浸酸和冲洗等 4 个步骤进行。酸清洁液由重铬酸钾、浓硫酸及蒸馏水配制而成,具有很强的氧化作用,去污能力很强。清洁液浸泡后必须用水充分冲洗,再用蒸馏水和无离子水冲洗。用过的器材尽快地冲洗去污渍,最好用 3% 的磷酸三钠溶液浸泡过夜,以除去蛋白质和残余细胞等污垢。

新购置的塑料器皿或胶塞等先经自来水冲洗,2% NaOH 煮沸 15 分钟,冲洗后再经 2%~5% HCl 煮沸 15~30 分钟,自来水反复冲洗后再经蒸馏水冲洗,煮沸 10 分钟,冲洗晾干。凡能耐热的最好经高压灭菌。

2. 消毒　严格的消毒灭菌是细胞培养成功的保障,方法有物理法(干热、湿热、过滤、紫外线等)和化学法两类。

玻璃器皿常用干热灭菌法,在 160~170℃ 下持续加热 90~120 分钟或 180℃ 45~60 分钟。耐热塑料器具、滤器、橡胶塞、解剖用具、受热不变性的溶液等常用高压蒸汽灭菌。培养基和试剂可用孔径为 $0.22\mu m$ 的微孔滤膜除去细菌和霉菌等。

无菌室空气可用紫外线照射灭菌和熏蒸法(高锰酸钾 5g,加 40% 甲醛 10ml)消毒。实验室桌面及洗手用的溶液常用化学药品进行消毒杀菌。

(二)气体环境

气体环境是细胞赖以生存的必要条件之一,因此必须给予培养基内充足的氧气。

体外培养细胞的理想气体环境含有 5% CO_2 和 95% 空气,其中氧浓度为 21%。CO_2 既是细胞代谢的产物,又是细胞生长必需的成分,<1% 对细胞有损,过高将使 pH 下降。

在方瓶和转瓶培养时,只要保持瓶内足够的空间,即培养的液体量不超过总体积的 30%,通过液面的空气交换,就可以保证细胞有足够的氧气供应。当采用生物反应器进行大规模培养生产时,则需通气,当前生产中常常采用不同比例的 O_2、N_2、CO_2 和空气,以避免过高的氧浓度对细胞产生不利的影响或毒害。

(三)pH

动物细胞内酶的活性和有些蛋白质的功能与 pH 密切相关。细胞培养的最适 pH 为 7.2~7.4,<6.8 或 >7.6 时都会对细胞产生不利影响,严重时可引起细胞退变甚至死亡。

细胞代谢会造成 pH 变化,可用缓冲体系来稳定细胞所处环境的 pH。为了保持培养基的稳定性,必须加入缓冲系统,最常用的是 Na_2HPO_4/NaH_2PO_4 缓冲系统、$NaHCO_3$/CO_2 缓冲系统。细胞培养用液也具有一定的缓冲能力,如 HEPES。

(四)温度

哺乳动物细胞最佳的培养温度为 37℃ ±0.5℃,昆虫细胞为 25~28℃,而鸡细胞为 39℃。细胞耐受低温的能力比耐热的能力强。温度过低,细胞的代谢活力降低和生长速度减慢,从而影响细胞产物的产量。一般不低于 0℃ 虽影响细胞代谢,但无伤害作用;当温度回升,其生长速度和产物产量仍可恢复。如果温度过高,则容易导致细胞退变甚至死亡,因此体外培养细胞时一定要避免高温。

(五)渗透压

细胞必须在等渗的环境中生活,不同的细胞对渗透压波动的耐受性不同。在细胞培养操作中,为保持合适的渗透压和 pH,一般都使用平衡盐溶液(BBS),由无机盐和葡萄糖组成。为调整培养液的渗透压,一般采用加、减 NaCl 的方法:1mg/ml NaCl 约 32mOsm/kg。动物细胞培养最理想的渗透压为 290~300mOsm/kg。

(六)营养

体外培养细胞必须有足够的营养供应,绝对不可含有害的物质,避免即使是极微量的有害离子的掺入。

营养物质只有溶于水才易被细胞吸收。动物细胞培养对水质有严格的要求,细胞培养的水必须去除微生物、有毒元素、金属离子和热原等物质后才能使用。细胞培养用水要经 3 次蒸馏或者用离子交换、反渗透、中空纤维过滤等方法处理。

细胞生长所必需的糖、氨基酸、维生素、微量元素和钠、钾、镁等无机离子均需在培养基中添加。另外细胞培养时,需要随时清除细胞代谢中产生的有害产物;及时分种,保持合适的细胞密度;保持合适的搅拌或容器转动速度。

二、动物细胞培养基的组成与配制

动物细胞培养基是动物细胞体外生长的液相基质,提供维持体外细胞生长所需的营养物质,给予细胞最适的生存环境与物质基础。不同细胞种系对培养基的要求有所差异,使其尽可能接近细胞生存的体内环境;且体外培养的细胞不能直接利用多糖和蛋白质等化合物,只能利用单体化合物。故而培养基的成分复杂且昂贵,是细胞工程制药高成本的因素之一。

(一)动物细胞培养基的组成

培养基中主要包括糖类、氨基酸、维生素、无机盐和生长因子等成分。

1. 糖类　糖类提供细胞生长所需的碳源和能源,培养基中的糖类包括葡萄糖、核糖和脱氧核糖等。培养基中的主要碳源是葡萄糖和谷氨酰胺。细胞可以利用葡萄糖进行有氧与无氧酵解,此外六碳糖也是合成某些氨基酸、脂肪、核酸的原料。

2. 氨基酸　氨基酸是蛋白质合成的原料。细胞只能利用 L 型同分异构体,培养基中至少要有细胞生长都需要的 12 种必需 L 型氨基酸:缬氨酸、亮氨酸、异亮氨酸、苏氨酸、赖氨酸、色氨酸、苯丙氨酸、蛋氨酸、组氨酸、酪氨酸、精氨酸和胱氨酸。没有 L 型,用 DL 混合型代替时,用量需加倍。

非必需氨基酸的添加可使很多细胞生长得更好,而非必需氨基酸的缺乏增加了细胞对必需氨基酸的需求,如 CHO 衍生的细胞系是脯氨酸营养缺陷型。

细胞培养还需要谷氨酰胺。谷氨酰胺是体外培养细胞的重要碳源和氮源,在细胞代谢过程中有重要作用,所含的氮是核酸中嘌呤和嘧啶合成的来源。如果缺少,细胞会生长不良甚至死亡。

3. 维生素　维生素主要是形成酶的辅酶、辅基,参与构成酶的活性基团,为维持细胞生命活动的低分子活性物质。很多维生素细胞自己不能合成或合成不足,必须从培养基中供给。

脂溶性维生素(A、D、E、K)和水溶性维生素(C、B_1、B_2、B_{12}、生物素、叶酸、胆碱)等都是常用的成分。维生素 A 是细胞合成糖蛋白时寡糖基的载体,对细胞的贴壁及上皮细胞的维护有重要作用。维生素 D 参与调节钙的吸收。维生素 E 是抗氧剂,可防止组成生物膜的磷脂中不饱和脂肪酸被氧化。维生素 K 缺乏会引起低凝血酶原及凝血时间延长。胆碱对细胞膜的完整性有重要作用,缺少时细胞变圆,以致死亡。

4. 无机盐　无机盐是细胞代谢所需酶的辅基,具有保持细胞的渗透压、缓冲 pH 变化的作用。细胞生长除需要 Na、K、Ca、Mg、N 和 P 等基本元素外,还需要 Fe、Cu、Zn 和 Mn 等微量元素。

体外培养为细胞提供充足的无机离子是基本条件,培养基中一般包括氯化钠、氯化钾、硫酸镁和碳酸氢钠等。另外在培养基内常加有硫酸亚铁、硫酸铜等,它们对细胞代谢有促进作用。细胞用液均应为等渗溶液,如 0.9% NaCl 为生理盐水。

5. 其他成分　为了使细胞更好地生长,有些培养基中还加有激素(如胰岛素及其类似物等)、细胞因子(如生长因子、贴附因子、胶原等)、次黄嘌呤、胸腺嘧啶和抗氧化剂(如谷胱甘肽)等。对于杂交瘤细胞等较难培养的细胞,还可加入细胞刺激生长剂 β-巯基乙醇等。

为了使细胞很好地贴壁生长、增殖,培养基中一般都需要加入一定量的动物血清,最常添加的是 5%~10% 小牛血清。杂交瘤细胞的培养对血清的要求更高,常用 10%~20% 的胎牛血清。血清中含有各种血浆蛋白、多肽、脂肪、碳水化合物、生长因子、激素和无机物等,具有良好的 pH 缓冲系统。血清能提供有利于细胞贴壁所需的贴附因子和伸展因子,有利于细胞生长增殖所需的各种生长因子和激素,可识别金属、激素、维生素和脂质的结合蛋白及细胞生长所必需的脂肪酸与微量元素等。

（二）动物细胞培养基的种类

动物细胞培养基大致可分为 3 类,即天然培养基、合成培养基和无血清培养基。

1. 天然培养基　天然培养基是直接取自动物组织提取液或体液等天然材料,如淋巴液、血清、腹水、胚胎浸出液以及羊水等。早期的细胞培养利用天然培养基,营养价值高,但成分复杂,组分不清楚,难以质控;并且来源有限,不适于大规模培养和生产使用。天然培养基的污染主要来源于取材过程及生物材料本身,应当严格选材操作。

目前常用的天然培养基是血清和水解乳蛋白,已有产品出售,不需自制。血清是天然培养基中最有效和常用的培养基,来源有胎牛(取自剖宫产的胎牛,血清中所含的抗体、补体等有害成分最少)血清、新生牛或小牛血清、马血清、鸡血清等,最广泛应用的为胎牛血清和新生牛血清。

2. 合成培养基　天然培养基来源有限,要进行大量的细胞培养,需发展利用合成培养基。合成培养基是人工设计的、用化学成分明确的试剂配制的培养基,组分稳定,可大量供应生产。目前合成培养基已经成为一种标准化的商品。

自 1950 年 Morgan 等研究配制成了第一个合成培养基 M199 以来,细胞培养基发展迅速,现在商品化的合成培养基已有几十种,极大地促进了组织培养技术的普及发展。由于细胞种系和培养目的不同,所用培养基也有差异。现在,动物细胞培养中最常用的培养基有 RPMI1640、BME、MEM、DMEM、IMEM 和 M199 等;原代培养还可用 MCCOY5A 及 HAMF12 培养液。

因为血清的特殊作用,合成培养基中必须添加 5%～10% 的小牛血清才能使细胞很好地贴壁生长、增殖,血清的添加对培养非常有效,但对培养产物的分离纯化和检测会造成一定的不便。

3. 无血清培养基　无血清培养基是不加血清的,全部用已知成分配制的合成培养基。为维持细胞的功能,保证细胞良好生长,培养基内一般会添加替代血清作用的物质,如促细胞生长因子、结合蛋白(铁传递蛋白和白蛋白)、酶抑制剂和微量元素等,组分稳定,可大量配制。为了便于纯化,有时可用硫酸亚铁、枸橼酸铁、葡萄糖酸铁代替铁传递蛋白。现在已有商品化的无血清培养基,如杂交瘤细胞无血清培养基、淋巴细胞无血清培养基和内皮细胞无血清培养基等。

利用无血清培养基进行细胞培养能够减少微生物及毒素污染,避免血清批次之间的质量差异带来的影响,提高了实验重复性,降低了产品生物测定的干扰,而且细胞产品也易于纯化。因此,无血清培养基是制药生产最适用的培养基。

但因为缺少必需的贴附和伸展因子,目前真正能用于培养贴壁细胞的无血清培养基很少,也很昂贵。多数无血清培养基只适用于悬浮细胞的培养。

实际应用中,常根据细胞种系的特点、实验的需要来选择培养基;在细胞培养中,观察细胞生长状态、生长曲线、集落形成率等指标,根据实验结果选择最佳培养基,这是一个较客观的方法。还可以查阅参考文献,或购买细胞株时咨询建立细胞株所用的或最适合的培养基。

（三）动物细胞培养基的配制

对于合成培养基,污染主要来源于配制过程,要严格操作规程。目前在国内市场上培养基主要是干粉型,只有正确配制才能保证培养基的质量。

配制时各成分要充分溶解;配制所用的水应是离子浓度低的三蒸水或去离子水,应及时使用;所用器皿要洁净,配制后应马上过滤除菌。

下面简单介绍培养基的配制方法。

1. 过滤处理　准备过滤器,进行高压灭菌处理,过滤后要检查滤膜是否完好无损。

2. 培养基的配制　认真阅读说明书,说明书会注明干粉不包含的成分,常见的有谷氨酰胺、丙酮酸钠和 HEPES 等。这些成分中有些是必须添加的,有些则可以根据实验需要来决定。充分溶解后调节 pH 7.0 左右,加水至终体积。在无菌室内对溶液进行过滤除菌,分装入无菌瓶中,封好瓶口后于 4℃ 冰箱贮存。

3. 血清的处理　除无血清培养之外,各种合成培养基在使用前需加入 5%~10% 的血清。新批次血清在使用前最好进行筛选观测,掌握血清的质量,避免支原体等微生物污染细胞。

市场上出售的血清一般已做灭菌处理,但在使用前还应做热灭活处理(放置于 56℃ 水浴中 30 分钟破坏补体)。

三、动物细胞培养基本技术

(一) 原代与传代培养

1. 原代培养　原代培养指从生物体器官或组织取材、接种培养到第一次细胞传代前的阶段,是建立细胞系的第一步,又叫初始培养。原代细胞的离体时间很短,形态结构和生物学特性与体内原组织相似,多呈二倍体核型,适用于药物敏感性试验、细胞分化等研究。常见的原代细胞有鸡胚细胞、鼠肾细胞和淋巴细胞等。

原代培养的基本过程包括取材、制备组织块或细胞和接种培养。即在无菌条件下把组织(或器官)从动物体内取出,经粉碎及酶消化处理,使分散成单个细胞,然后在人工条件下培养,使其不断地生长和繁殖。

取材时一般选择来源丰富的动物,如小鼠。采用动物幼年或胚胎组织,这个阶段的细胞分化程度低,增殖能力强,有利于细胞体外培养。

原代培养方法很多,最常用的是组织块培养法和分散细胞培养法。组织块培养法是取材后将组织剪成小块后接种培养;分散细胞培养法是指取材后用机械和酶消化法将组织分离成单个细胞,再进行培养。常用的消化酶为胰蛋白酶和胶原蛋白酶。胰蛋白酶主要用于消化细胞间质较少的软组织,如肝、肾、胚胎组织和传代细胞等;胶原蛋白酶适用于纤维组织、上皮组织、癌组织等;此外,透明质酸酶也可用于消化。2 或 3 种酶可以联合应用,效果更好。

原代培养的细胞一般传至 10 代左右,细胞生长出现停滞,大部分细胞衰老死亡,但有极少数细胞可以渡过"危机"而继续传代下去。

这些存活的细胞一般又可以顺利地传代 40~50 代次,并且保持原有染色体的二倍体数量及接触抑制的行为,很多学者把这种传代细胞称为细胞株。

50 代以后有部分细胞可发生遗传突变,无限制地增殖传代,称为细胞系(cell line)。此时的细胞特点是染色体明显改变,一般呈亚二倍体或非整倍体,失去接触性抑制,易于传代。

2. 传代培养　由于细胞具有接触抑制或密度抑制现象,体外培养的原代细胞或细胞株要持续地培养就必须传代,称为传代培养(subculture)。传代培养可获得稳定的细胞株或得到大量细胞,并维持细胞种的延续。一般来说,二倍体只能传 40~50 代,而异倍体细胞可无限制地进行传代。培养的细胞以 1:2 或 1:3 以上的比率分到另外的器皿中进行新一轮培养,即为传代培养,也称继代培养。

一般细胞可传代 10 ~ 50 代。所谓"1 代",即从细胞接种到分离再培养的一段时间。在此期间,细胞倍增 3~6 次。如某一细胞系为 30 代,即该细胞已传代 30 次。

根据细胞的生长特点,细胞传代的方法有悬浮生长细胞传代、贴壁生长细胞传代法。细胞刚刚全部汇合是传代的最佳时期。悬浮细胞的传代一般只需加入新鲜培养基然后分种传代即可;贴壁生长细胞需经消化液消化后再分种传代,关键技术在于掌握好酶消化处理的时间,不同细胞对酶处理的反应有差异,注意消化程度要恰当。

常用的消化液是 0.25% 的胰蛋白酶液,加入消化液的量要适当,以摇动时能覆盖整个瓶底为准;消化时间要适宜,以防对细胞产生损伤。

细胞传代后,一般经过游离期、吸附贴壁期、潜伏期、指数增生期和停止期。

游离期细胞呈圆球形悬浮在培养基中,24 小时内细胞开始贴附底物。经过 6 ~ 24 小时没有增殖的潜伏期生长,进入细胞增殖最旺盛的对数生长期,一般用细胞分裂指数(mitotic index,MI)表示,即细胞群中每 1000 个细胞中的分裂相数。指数生长期一般持续 3 ~ 5 天,细胞数随时间变化成倍增长,活力最佳,最适合进行实验研究。随后,细胞因代谢产物积累,pH 下降停止增殖,进入停滞期。在此时应及时传代,否则因细胞中毒受损而大量死亡,至少再传 1 ~ 2 代后细胞才能恢复。

(二)细胞分离计数

1. 细胞的分离　为了进行细胞培养,首先要从生物体中取材进行原代细胞培养,常用的细胞分离方法有离心分离法和消化分离法。

离心分离法主要用于从含有细胞的体液,如血液、羊水、胸腹水中 800 ~ 1000r/min 离心 5 ~ 10 分钟分离细胞。消化分离法用于取材进行原代培养时是将生物体取来的组织块剪碎,将组织块消化解离形成细胞悬液,传代培养时将贴壁细胞从瓶壁上消化下来,然后用缓冲液洗涤、离心、去除残留的消化液而获得所需的细胞。常用的消化液有胰蛋白酶、乙二胺四乙酸(EDTA)、胰酶-枸橼酸盐、胰酶-EDTA、胶原酶、链酶蛋白酶和木瓜蛋白酶等。

2. 细胞的计数　一般条件下,培养的细胞有一定的密度才能生长良好,所以细胞分离制成悬液准备接种前都要进行细胞计数,然后按需要量接种于培养瓶或反应器中,结果以每毫升细胞数表示。细胞接种数不能过多,否则细胞很快进入增殖稳定期,短期内即需要传代;也不能太少,太少细胞适应期太长。一般以 7 ~ 10 天能长满且不发生接触抑制为宜。

目前常用的计数法有自动细胞计数器计数、血细胞计数板计数、结晶紫染色细胞核计数、MTT 法或 CCK-8 试剂盒检测计数。为了区别细胞的死活,计数前可进行细胞染色。某些染料如台盼蓝可以透过变性的细胞膜,故死细胞着色,而活细胞不着色。

(1)自动细胞计数器计数:自动细胞计数器计数是让一定体积的细胞悬液流经一个小孔,并在两个电极间通过,在电子计数器上形成一个信号被记录下来。自动细胞计数器计数速度快,但是无法分辨活细胞和死细胞,将细胞结团记录误认为单个细胞,使计数值偏低。

(2)血细胞计数板计数:血细胞计数板盖上盖玻片后,计数室每一个大方格容积为 0.1mm³,以大方格有 25 个中方格的计数板为例计算。设 5 个中方格中总细胞数为 A,细胞液稀释倍数为 B,则细胞数/ml $= A/5 \times 25 \times 10 \times 1000 \times B$。

(3)结晶紫染色细胞核计数:结晶紫染液属碱性染料,低渗,有螯合钙离子的作用,可使细胞分散解离和破碎,将细胞核染成蓝色。染色后取样在血细胞计数板上镜检,计数细胞核即细胞数。

(4)MTT 法与 CCK-8 试剂盒检测计数:活细胞内的线粒体脱氢酶能将外源 MTT(噻唑

蓝)转变为不可溶性的紫色甲䐶结晶,可溶于二甲亚砜(DMSO)。MTT结晶形成的量与细胞数成正比。用酶标仪在490nm处测定其吸光度值,可间接反映活细胞数量。在一定范围内,所测吸光度值与细胞数成正比;方法灵敏度高,操作简便,无放射污染。CCK-8试剂盒检测法的重复性、灵敏性均优于MTT法,试剂中含有WST-8,可被细胞线粒体脱氢酶还原,生成的水溶性黄色甲䐶产物与活细胞数量成正比,细胞增殖越多,则颜色越深。

(三)冻存与复苏

细胞低温冷冻贮存是细胞室的常规工作。细胞冻存可以减少细胞因传代培养而引起的遗传变异和细胞生物学特性变化,保存种子细胞,以便随时取用;还可减少细胞污染,避免有限细胞系出现衰老或恶性转变。细胞的冻存和融化要遵循"缓冻速融"的原则。

1. 细胞的冻存　采取适当的方法将生物材料降至超低温,降低细胞的代谢,使生命活动固定在某一阶段而不衰老死亡。目前采用的都是液氮低温($-196℃$)冻存的方法,可保存几年甚至几十年。

(1)冷冻保存要点:冻存过程要缓慢,冻存细胞最好处在对数生长期,活力 $>90\%$,无微生物污染。

缓慢冷冻可使细胞逐步脱水,细胞内不致产生大的冰晶;相反,则会造成细胞膜、细胞器的损伤和破裂。细胞低温保存的关键在于通过 $-20\sim0℃$ 阶段的处理过程。在此温度范围内,冰晶呈针状,极易致细胞严重损伤。因此细胞在 $-20℃$ 放置不可超过1小时,以防止冰晶过大而破坏细胞。

在细胞冻存时需要加入低温保护剂,最常用的是二甲亚砜(DMSO)和甘油,它们对细胞毒性较小,分子量小,溶解度大,易穿透细胞。其中DMSO毒性较小而常用。DMSO是一种渗透性保护剂,既能降低细胞的新陈代谢,又可迅速透入细胞,提高胞膜对水的通透性,降低冰点,延缓冻结过程,使细胞内水分在冻结前透出细胞外,减少冰晶对细胞的损伤。DMSO稀释时会释放大量热量,不能直接加到细胞液中,必须事先配制。新买的DMSO无需灭菌处理,第一次开瓶后应立即少量分装于无菌试管或瓶中。DMSO不适合高压灭菌或滤膜过滤。高压灭菌会破坏其分子结构,降低冷冻保护效果并使其毒性增大;普通滤膜可被其溶化,须选用耐DMSO的尼龙滤膜。

(2)细胞冻存的基本步骤:预先配制冻存液,以及含DMSO($5\%\sim10\%$)、血清($20\%\sim30\%$)的培养液。取对数生长期细胞,加入适量冻存液,制备细胞悬液 $[(1\sim5)\times10^{6}/ml)]$ 。加入1ml细胞悬液于冻存管中,密封后标记细胞名称和冷冻日期。

为了保证细胞冻存的效果,需要注意最好选用对数生长期细胞,用新配制的培养液;在冻存前一天最好换1次培养液;操作要规范,避免低温损伤。原则上细胞在液氮中可贮存多年,但为了稳妥起见,应定期复苏培养,再继续冻存。

2. 细胞的复苏　细胞的复苏就是当以适当的方法将冻存的生物材料恢复至常温时,使其内部的生化反应恢复正常。复苏的基本原则是快速解冻,操作动作要轻。

复苏细胞应采用快速融化的方法,以保证细胞外结晶在很短的时间内即融化,避免由于缓慢融化使水分渗入细胞内形成胞内再结晶,对细胞造成损伤。一般从液氮容器中取出冻存管,直接放入37℃水浴中,注意避免污染。

在常温下,DMSO对细胞的毒副作用较大,因此必须在 $1\sim2$ 分钟内使冻存液完全融化。然后迅速加10倍以上的培养液稀释其浓度,减少对细胞的损伤。离心收取细胞用培养基重悬,接种到培养瓶中即可,起始密度不低于 $3\times10^{5}/ml$ 。复苏后细胞存活率一般可达 $80\%\sim90\%$ 。

四、动物细胞大规模培养的技术

动物细胞大规模培养技术是指在人工条件下高密度大量培养动物细胞以生产生物制品的技术。随着对单克隆抗体、疫苗、生长激素等生物制品需求的增加，传统技术已经无法满足需求，通过大规模体外培养动物细胞是生产生物制品的有效方法。如何完善细胞培养技术，提高动物细胞大规模培养的产率，一直是国内外研究的热点之一。在实际生产过程中，大规模培养技术主要有悬浮培养、贴壁培养和固定化培养 3 种。

（一）悬浮培养

悬浮培养指让细胞自由地悬浮于培养基里生长繁殖，主要适用于非贴壁依赖性细胞（悬浮细胞），如杂交瘤细胞。

悬浮培养操作简便，培养条件比较单一，传质和传氧较好，细胞收率高，容易扩大培养规模。在培养设备的设计和实际操作中可借鉴细菌发酵的经验，可连续收集部分细胞进行继代培养，传代时无需酶消化分散，避免了酶对细胞的损伤作用。它的缺点是细胞体积较小，较难采用灌流培养，因此细胞密度较低。

培养过程中，为确保细胞呈均匀悬浮状态，需采用搅拌或气升式反应器。在低速搅拌下定速通入含 5% CO_2 的无菌空气，用于保持细胞悬浮状态并维持培养液溶解氧和 pH。

不同细胞悬浮条件不同。为使细胞不凝集成团或沉淀，在配制培养基的基础盐溶液中不加钙和镁离子。间歇或连续更换部分培养液，可维持 pH；若使用 Hepes 缓冲盐溶液，可不必连续通入含 5% CO_2 的空气。

（二）贴壁培养

贴壁培养是必须让细胞贴附在某种固体支持表面上生长繁殖的培养方法。适用于贴壁依赖性细胞，也适用于兼性贴壁细胞。贴壁培养与悬浮培养的不同之处在于传代或扩大培养时需要用酶将细胞从基质上消化下来，分离成单个细胞。

贴壁培养适用的细胞种类广，容易采用灌流培养使细胞达到高密度。但是操作较麻烦，需要合适的贴附材料和足够的表面积，传代或扩大培养时需先消化，培养条件不易均一，传质和传氧较差。

常用设备是固定床式生物反应器。大规模培养常用容器主要有转瓶，早期常采用，现在疫苗生产中仍有使用。

（三）固定化培养

固定化培养是将动物细胞与载体结合起来在生物反应器中进行大规模培养的方法。可以有效地提高细胞生长密度，且易与产物分开，利于分离纯化。

1. 包埋和微囊培养　包埋法就是将细胞包埋于琼脂、琼脂糖、胶原及血纤维等海绵状基质中；微囊法是由包埋法衍生而来的，将包埋的颗粒经液化处理而成为微囊。

包埋和微囊培养的优点在于被包埋在载体或微囊内的细胞可获得保护，避免机械损害；可以获得较高的细胞密度，一般都在 $10^7 \sim 10^8$ 个/ml 或以上。

微囊培养系统是用一层亲水的半透膜将细胞包围在微囊内，小分子物质及营养物质可自由出入；通过控制微囊膜的孔径可使产品浓缩在微囊内，有利于下游产物的纯化。比如在单克隆抗体制备中，微囊膜将抗体截留在微囊内，与培养基中蛋白质分开，培养结束收取微囊，破囊纯化即可获得抗体。

包埋细胞的载体材料主要有 3 类：糖类（如琼脂、卡拉胶、海藻酸钙、壳聚糖和纤维素等);蛋白质类(如胶原、纤维蛋白等);人工合成的高分子聚合物(聚丙烯酰胺、环氧树脂和聚氨基甲酸酯等)。可采用多种生物反应器进行大规模培养,如搅拌罐式生物反应器、气升式反应器等。

2. 微载体与结团培养 微载体培养是利用固体小颗粒作为载体,在培养液中进行悬浮培养,使细胞贴附于微载体表面单层生长的培养方法,又称微珠培养法。结团培养是利用细胞本身作为基质,相互贴附后再用悬浮的方法培养,可获得高密度的细胞。这种培养方式操作简便,节省了微载体部分的成本。在实际应用中,可在培养基内加入一些较小的微粒来加速细胞的结团,促使细胞先附着其上,再相互附着。这两种方法兼具悬浮培养和贴壁培养两者的优点,也称假悬浮培养。

微载体极大地增加了细胞贴附生长的表面积,充分利用生长空间和营养液,提高了细胞的生长效率和产量。由于载体体积很小,比重较轻,在低速连续搅拌下即可携带细胞悬浮于培养液中,并形成单层细胞生长、繁殖。它充分发挥了悬浮培养的优点,细胞生长环境较均匀,生产应用中易于检测和控制。

从固体微载体发展到多孔微载体或大孔微球,极大地增加了供细胞贴附的比表面积,同时适用于悬浮细胞的固定化连续灌流培养。细胞在孔内生长,受到保护,剪切损伤小;细胞呈三维生长,细胞密度是实心微载体的几倍甚至几十倍,适合蛋白质生产。制备微载体的材料主要有葡聚糖、玻璃、聚苯乙烯、胶原、明胶和纤维素等;可用于搅拌罐式生物反应器、气升式生物反应器,或在载体内加入钛等金属,使比重增加,用于流化床反应器(大规模生产 t-PA)等。

理想的微载体材料应选择质地柔软、碰撞摩擦轻的、无毒性的惰性材料;原料价格低廉,来源丰富;材料能灭菌处理,可反复使用;溶胀后粒径为 $60 \sim 250\mu m$,大小均一;具有良好的光学透明性,利于观察细胞生长情况;微载体表面与细胞有良好的相容性,利于细胞贴附生长。为了提高细胞贴壁能力,还可用血清或多聚赖氨酸处理材料表面。

五、动物细胞培养的操作方式

动物细胞培养的操作方式与微生物发酵的基本相同,一般分为分批式操作、流加式操作、半连续式操作、连续式操作和灌流式操作。

(一)分批式操作

分批式操作是将细胞和培养液一次性装入反应器内进行培养,细胞不断生长,产物也不断形成,一段时间后再一次性地将整个培养体系取出,如口蹄疫苗的生产。分批培养周期一般为 3~5 天,通常是在细胞快要死亡或已经死亡后收获产物。

对于分批式操作,细胞所处的环境时刻都在发生变化,不能使细胞始终处于最优条件下;但是由于其操作简便,容易掌握,因而是动物细胞培养常用的操作方式。

(二)流加式操作

流加式操作是先将一定量的培养液接种细胞进行培养,在培养过程中根据细胞对营养物质的不断消耗,流加浓缩的营养物质或培养基,使细胞持续生长至较高的密度,产物达到较高水平,整个反应体系、体积是动态变化的。

通常在细胞进入衰退期前进行流加,可以 1 次或多次添加;防止某些营养成分的损耗而影响细胞的生长和产物生产,还可以避免某种营养成分初始浓度过高而出现底物抑制现象。在细胞进入衰亡期后终止反应,一次性回收整个反应体系,分离、浓缩、纯化产物。

（三）半连续式操作

半连续式操作是细胞和培养基一起加入反应器后，每间隔一段时间在细胞增长和产物形成过程中取出部分培养体系，然后补充同样数量新的培养基和载体，再按分批式操作的方式进行培养。例如，采用微载体系统培养基因工程 rCHO 细胞，待细胞长满微载体后，可反复收获细胞分泌的乙肝表面抗原制备乙肝疫苗。

半连续式操作操作简便，生产效率高，可长期进行生产，多次收获产品，而且可使细胞密度和产品产量一直保持在较高的水平。

（四）连续式操作

连续式培养是常见的悬浮培养模式，是细胞接种培养达到最大密度之前，以一定速度连续添加新鲜培养基，流出细胞培养物，保持培养体积的恒定。细胞可在稳定状态下生长，细胞浓度及生长速率可维持不变。常采用机械搅拌式生物反应器系统。

（五）灌流式操作

灌流式操作是当细胞和培养基一起加入反应器后，在细胞增殖和产物形成过程中将细胞截留在反应器内，不断地取出部分培养基，同时又不断地补充新的培养基，使细胞处于一种较好的营养状态，产品回收率高。

灌流式操作是目前最理想的一种操作方式，常用于动物细胞生产药物如单克隆抗体的生产等。灌流式操作具备以下优点：①产品在罐内停留时间缩短，可及时收留，在低温下保存，有利于提高产品质量；②可提高细胞密度，从而提高了产品产量；③细胞营养条件好，有害代谢废物浓度低，通过调节灌流速度可使细胞处于稳定良好的环境中，从而大大延长了培养周期，可提高生产率；④生产成本明显降低，培养基的比消耗率较低，产品的产量质量提高。但是灌流式操作污染概率较高，且需要复杂的仪器设备，其中过滤系统是制约培养次数的关键因素。

第三节　制药用动物细胞系的构建

制药用动物细胞系的构建是动物细胞工程制药的关键技术，本节从制药对动物细胞系的要求讲起，详细介绍了杂交瘤细胞及基因工程细胞系的构建及常用生产用细胞系的特性。

一、制药对动物细胞系的要求

在实际工业生产中常用到的动物细胞有原代细胞、二倍体细胞系、转化细胞系、融合细胞系和重组工程细胞系。制药生产用动物细胞的要求主要如下。

1. 原代细胞　只有从正常组织中分离的原代细胞才能用来生产生物制品，如鸡胚细胞、兔肾细胞等。

2. 二倍体细胞　多次传代的二倍体细胞（不超过 50 代）也可用于生产，这类细胞的寿命有限，一般从动物的胚组织中获取，如 WI-38、MRC-5 和 2BS 细胞等。

3. 传代细胞　异倍体传代细胞可生产重组基因产品，如 EPO、Ⅷ因子、干扰素和狂犬病疫苗等的生产，但异倍体细胞的核酸会影响人的正常染色体，有致癌的危险。

这类细胞一般通过自发或人工转化，或直接从动物肿瘤组织中建立细胞系；分裂不受细胞密度的影响，没有接触抑制现象，性状不规则；具有无限的生命力，并且倍增的时间很短；对培养条件和生长因子等要求较低，更适用于大规模工业化生产。如 Namalwa、CHO、BHK-

21 和 Vero 细胞等。

除原代细胞外,其他的细胞株、细胞系,无论是二倍体细胞、转化细胞,还是融合细胞或经重组的工程细胞,一旦建立后都需建细胞库加以保存。按我国和美国 FDA 的规定,用于生产的工程细胞必须建立两个细胞库,即原始细胞库(master cell bank,MCB)和生物用细胞库(manufacturer's working cell bank,MWCB)或称工作细胞库(working cell bank,WCB)。

入库细胞要求检测登记以下信息。

培养简历:组织来源日期、物种、组织起源、性别、年龄、健康状态、细胞已传代数等。

细胞建立者:建立者姓名;检测者姓名。

冻存液:培养基和防冻液名称。

培养液:培养基种类和名称(一般要求不含抗生素)、血清来源和含量。

物种检测:检测同工酶,以证明细胞有否交叉污染以及逆转录酶检测。

细胞形态:类型,如为上皮或成纤维细胞等;融解后细胞生长特性。

细胞活力:融解前后细胞接种存活率和生长特性。

核型:二倍体或多倍体,标记染色体的有无。

无污染检测:包括细菌、真菌、支原体、原虫和病毒等。

免疫检测:1~2 种血清学检测。

二、杂交瘤的建立

细胞融合和融合细胞的筛选是杂交瘤技术的基础。细胞融合技术可以用于生产单克隆抗体、抗肿瘤疫苗、致瘤性分析、核移植、动物克隆和基础研究。

(一)细胞融合

细胞融合又称细胞杂交,是指两个或两个以上来源相同或不同的细胞融合形成一个细胞的过程,常用来生产特殊生物制品、分化再生新物种或新品种的技术。它可使两个不同来源的细胞核在一个细胞中表达功能,这样的细胞称异核体。若异核体出现分裂时,则可使两个不同来源的细胞核的染色体汇聚,形成合并有亲本的大核,这样的细胞称为杂种细胞或杂交细胞(hybrid cell)。细胞融合技术目前被广泛地应用于单克隆抗体、生物杂交、新品种的培育和人类基因图谱等研究工作。

动物细胞自发融合的频率很小,但当加入病毒后,细胞融合的频率显著增大,因病毒的磷脂包膜与动物细胞膜十分相似,某些病毒的糖蛋白还有促进细胞融合的功能,仙台病毒已成为公认的细胞融合剂。研究者进行了种内、种间等多种细胞的融合研究,如利用人纤维瘤细胞和小鼠畸胎瘤细胞融合,成功培育出含人染色体的人造小鼠;人类基因组作图工作也得益于人类和小鼠细胞的融合。

(二)细胞融合的原理和方法

诱导动物细胞融合的方法有物理法、化学法和生物法。细胞融合的关键步骤是两亲本细胞的质膜发生融合,形成同一质膜。诱导融合的方法均可造成膜脂分子排列的改变,去掉作用因素之后,质膜恢复原来的有序结构,在恢复过程中便可诱导相接触的细胞发生融合形成融合体。膜融合的分子机制有大量的研究结果,其中典型的就是高尔基复合体产生的转运泡与质膜的识别和融合。

1. 物理法 物理法有离心、振动和电刺激法。常用的是电刺激融合法,由 Scheurich 和 Zimmermann 于 1981 年发明,是将细胞置于两个电极间呈串珠状排列,在短时程、高强度的直流电脉冲作用下,细胞膜发生可逆性的电击穿,使相邻细胞的细胞膜发生继发性融合,简称电融合。方法操作简单,参数易控制,对细胞毒性小,融合效率高,还可在显微镜下直接观察或录像融合过程、诱导过程,可控性强。需要注意的是,因为细胞表面的电荷特性有差异,需要预实验确定融合的最佳技术参数。

2. 化学法　化学法主要是聚乙二醇(PEG)融合法,常用于单克隆抗体杂交瘤细胞的制备。PEG 带有大量的负电荷,和原生质体表面的负电荷在钙离子的连接下形成静电键,促使异源的原生质体间的黏着和结合。在高 pH、高钙离子溶液的作用下,将钙离子和与质膜结合的 PEG 分子洗脱,导致电荷平衡失调并重新分配,使两种原生质体上的正、负电荷连接起来,进而形成具有共同质膜的融合体。

1975 年,Pontecorvo 在高国楠等用 PEG 融合植物原生质体的基础上成功融合动物细胞;方法简便、融合效率高、不需特殊设备,很快就取代病毒法而成为诱导细胞融合的主要方法。需注意的是 PEG 有一定的毒性。

一般选用平均相对分子质量为 1000～4000、使用浓度为 30%～50% 的 PEG 溶液作融合剂,逐滴加入到细胞中,作用期间要不断振摇以防细胞结团。若选用相对分子质量较小的 PEG,以 55% 浓度为宜,融合时细胞浓度不要太大。PEG 溶于 PBS 或 Hanks 液中,调整 pH 为 7.5～7.8 后可提高融合率。融合时要考虑分子质量、浓度、作用时间和 pH 等因素,才能获得最佳融合效果。

3. 生物法　某些病毒如副黏病毒科的仙台病毒、副流感病毒和新城鸡瘟病毒、疱疹病毒等的被膜中有融合蛋白(fusion protein),可介导病毒同宿主细胞融合,也可介导细胞与细胞的融合,因此可以用紫外线灭活的丧失感染活性的病毒,诱导细胞融合。应用最广泛的仙台病毒,其囊膜上有具有凝血活性和唾液酸苷酶活性的刺突,可与细胞膜上的糖蛋白作用,使细胞相互凝集,再进行分子重排,从而打开质膜,导致细胞融合。

这种融合方法建立较早,但融合效率较低、重复性不高、操作繁杂,近年来很少使用。病毒膜融合蛋白的作用机制等仍然是研究的热点。

(三) 杂交瘤细胞的建立

1957 年,Burnet 提出克隆选择理论:一种浆细胞只产生一种类型的免疫球蛋白分子,那么,从一个单克隆细胞产生的抗体分子就是单克隆的,具有独特的均一结构。此理论已经过各种实验得以证实。

杂交瘤是指肿瘤细胞与正常细胞融合的细胞,现专指淋巴细胞杂交瘤。由不分泌抗体、有无限分裂能力的骨髓瘤细胞和经特定抗原免疫能产生目的抗体的 B 淋巴细胞融合形成淋巴细胞杂交瘤,该杂交瘤细胞群经单克隆化,持续分泌成分单一的单克隆抗体。现已培育建立了许多具有很高实用价值的杂交瘤细胞株系,它们能分泌产生在诊断和治疗疾病方面发挥重要作用的单克隆抗体。

杂交瘤抗体的研制主要采用 6 种细胞系统,即小鼠-小鼠、小鼠-大鼠、大鼠-大鼠、鼠-人、人-人和兔-兔,应用最广泛的是小鼠骨髓瘤-小鼠脾细胞杂交瘤技术。常用的骨髓瘤细胞系 SP2/0 和 NS-1 都来自 BALB/c 小鼠,是次黄嘌呤-鸟嘌呤转磷酸核糖基酶缺陷型 HGPRT⁻ 骨髓瘤,可无限增殖且不分泌自身免疫球蛋白成分。

1. 亲本细胞的选择与制备　包括致敏 B 淋巴细胞和骨髓瘤细胞的获取。

(1) 致敏 B 淋巴细胞的获取:选择合适的免疫方案免疫动物,一般在融合前两个月要确立免疫方案,开始初次免疫。取加强免疫后 3 天的动物脾脏制备单细胞悬液,此时的 B 淋巴母细胞较多,融合的成功率较高。

目前实验室杂交瘤技术多选用健康的纯种 BALB/c 小鼠(6~10 周),一般在融合前两个月左右确立免疫方案,开始初次免疫。免疫方案应根据抗原的特性而定,免疫途径对免疫效果也有影响,最常用的是腹腔注射。

目的抗原免疫小鼠一般要经过初次免疫、二次免疫和加强免疫;加强免疫 3 天后处死小鼠,无菌取脾脏,分离 B 淋巴细胞备用。

(2)骨髓瘤细胞的选择与制备:应选择小鼠代谢缺陷型细胞株(HGPRT$^-$ 或 tk$^-$)。在传代过程中,部分细胞可能有返祖现象,应在融合前用 8-氮鸟嘌呤培养 1 周,使生存的细胞对 HAT 的敏感性一致。

处理后的细胞转入普通的完全培养基培养 2 周,血清的浓度一般在 10%~20%。融合前,收集对数生长期、生长状态良好的细胞,染色计数活细胞数 95% 以上用于融合。

骨髓瘤细胞培养于一般培养液即可,如 RPMI1640、DMEM 等。在准备融合前两周应开始复苏骨髓瘤细胞,用 8-AG 培养筛选,取用生长状态良好的对数生长期细胞进行融合。 PEG 与 DMSO 联合融合效果会更好,这可能和 DMSO 能增加细胞膜的通透性有关。加入饲养细胞可促进骨髓瘤细胞生长,提高融合率。

2. 饲养细胞层的应用　在组织培养中,单个或少数分散的细胞不易生长增殖,常加入饲养细胞促进它们的生长。在杂交瘤细胞筛选、克隆化和扩大培养过程中均需要加入饲养细胞。饲养细胞可以分泌细胞生长因子,还可以吞噬衰老细胞与一些微生物。

常用的有小鼠腹腔巨噬细胞、小鼠脾脏细胞或胸腺细胞;也有人用小鼠成纤维细胞系 3T3 经放射线照射后作为饲养细胞。一般选用与免疫小鼠相同品系的小鼠腹腔巨噬细胞,常用 BALB/c 小鼠制备。

3. 细胞融合　选择性培养、分装培养 5~6 天有杂交瘤细胞克隆出现,未融合的脾细胞和骨髓瘤细胞 5~7 天后逐渐死亡。

细胞融合常采用 PEG 化学法,简便易行。方法如下:①按 5:1~10:1 的比例将脾细胞与骨髓瘤细胞混匀,一般来说骨髓瘤细胞越多,融合获得的杂交瘤细胞越多;②离心,弃上清液,37℃ 水浴中摇动离心管 1 分钟内逐滴加入 1ml pH 7.2~7.6 的 50% PEG 4000,水浴中继续摇动 90 秒;③加入 37℃ 预温的培养液 10~15ml,混匀稀释 PEG,以终止诱导作用; ④1000r/min 离心弃上清液,用含 20% 小牛血清的 HAT 选择培养液重悬,分种培养。

(四) 杂交瘤细胞的筛选鉴定

人工诱导细胞融合是个随机的过程,形成杂交细胞的只有极少数,多数细胞没有发生融合。如何从众多细胞中筛选出成功的、有用的杂交瘤细胞,是十分关键的问题。利用杂交细胞的选择标记如基因缺陷互补、抗性标志、营养缺陷、温度敏感等标记,可以选择性地对杂交细胞进行筛选。最常用的还是利用基因缺陷互补的筛选。1964 年,HAT 选择培养基的创立有效地解决了杂交瘤细胞筛选的问题,从而将细胞融合技术推向一个新的发展阶段。

在单克隆抗体制备过程中,总共有两次杂交瘤细胞的筛选,第一次筛选出杂交瘤细胞,第二次筛选出能产生特异性抗体的杂交瘤细胞,两次筛选的原理和方法是不相同的。

1. 第一次筛选　细胞融合后,杂交瘤细胞的选择性培养是第一次筛选的关键。依靠构建载体内的选择标记采用相应的筛选系统,如用 HAT 选择系统筛选 tk$^+$、HGPRT$^+$ 的转化细胞;用 G418(geneticin)选择系统筛选 neo^r 的转化细胞。

普遍采用的 HAT 选择性培养液是在普通的动物细胞培养液中加入次黄嘌呤(H)、氨基嘌呤(A)和胸腺嘧啶核苷酸(T)。

正常细胞合成 DNA 有两条途径。一条是主要合成途径(D 途径),即利用氨基酸及其小分子化合物合成核苷酸,进而合成 DNA。在这一过程中,叶酸作为重要的辅酶,故该途径可被叶酸拮抗物氨基蝶呤阻断。另一条是补救旁路途径(S 途径),即细胞可通过 HGPRT 和 tk,以"H"和"T"为原料合成 DNA。

"A"阻止嘌呤嘧啶的合成,凡能在 HAT 选择培养基中生长的细胞,必须能利用外源性"H"和"T",HGPRT⁻ 或 tk⁻ 细胞没有"S 途径",在 HAT 培养基中又不能通过"D 途径"合成 DNA 而死亡。脾细胞虽有"S 途径",但不能在体外长期培养繁殖,一般在 10 天左右会死亡。而杂交瘤细胞因从脾细胞获得"S 途径"所需的酶而合成 DNA,同时又具备肿瘤细胞在体外培养中可以长期增殖的特性,因此能在 HAT 培养液中选择性生长增殖。由此可见,HAT 选择培养基及补救旁路途径酶缺乏的突变细胞株的建立,是细胞融合后选择出杂交细胞株的关键。

人为地筛选或致突变诱发一些细胞缺乏 HGPRT 或 tk,常用来防止细胞培养中出现返祖现象,保证细胞缺陷的一致性。如用毒性药物 8-氮鸟嘌呤(8-azaguanine,8-AG)作用于细胞株(如 SP2/0),可选育出 HGPRT⁻ 细胞,因为 HGPRT⁺ 的细胞利用了 8-AG 后因合成毒性核苷酸而死亡,只有 HGPRT⁻ 的细胞可在 8-AG 的培养基中生长。

融合处理后,细胞先用 HAT 培养液培养 1 周左右,未融合的细胞死亡。在用 HAT 选择培养 1~2 天内,将有大量瘤细胞死亡,3~4 天后瘤细胞消失,杂交细胞形成小集落,培养 3~6 天有杂交瘤细胞克隆出现,未融合的脾细胞和骨髓瘤细胞 5~7 天后逐渐死亡。

第 2 周用 HT 培养液,消耗氨基蝶呤,使融合细胞通过正常的 DNA 合成途径进行合成;第 3 周开始用完全培养液进行培养。

在选择培养期间,细胞生长至底面积的 1/10~1/3 时,即可开始检测特异性抗体,筛选出所需的杂交瘤细胞系。在选择培养期间,一般每 2~3 天更换一半培养液。

2. 第二次筛选　第二次筛选是选出分泌目的特异性抗体的杂交瘤细胞。

在实际免疫过程中,由于采用连续注射抗原的方法,且一种抗原决定簇刺激机体形成相对应的一种效应 B 淋巴细胞。因此,从小鼠脾脏中取出的效应 B 淋巴细胞的特异性是不同的。融合后经 HAT 培养筛选出的杂交细胞群仍属于异质性的细胞群体,必须进一步纯化为同质性的细胞群,所以必须从杂交瘤细胞群中筛选出能产生针对某一预定抗原决定簇的特异性杂交瘤细胞。

当细胞集落生长到培养孔底面积的 1/10~1/3 时,用简单快速、灵敏特异的方法检测孔中上清液里是否含有所需抗体,筛选出目的杂交瘤细胞,及时进行克隆化培养。

克隆化培养是指单个细胞在一个独立空间通过无性繁殖而获得一群能够稳定遗传的、来源于同一细胞的细胞集团的培养方式。常见的克隆化培养方法有软琼脂法、有限稀释法、单细胞显微注射法、荧光激活分选法和流式细胞术。其中有限稀释法和软琼脂法最为常用。

先用抗原结合法或第二抗体法检测杂交瘤抗体。检测到有抗体后,通常采用有限稀释克隆细胞的方法将杂交瘤细胞多倍稀释接种,使每孔含 1 个或几个杂交瘤细胞,进行克隆生长,最终选出分泌目的特异抗体的杂交细胞株进行扩大培养。还有软琼脂法,此法较容易获得单个的细胞克隆。

克隆一旦形成,应及时选择灵敏特异的免疫学方法如免疫荧光法、放射免疫法(RIA)和酶联免疫法(ELISA)等检测抗体。如果是可溶性抗原,先用已知抗原包被培养板,用牛血清白蛋白封闭后,采用 ELISA、RIA 测定。若是细胞膜表面抗原,可采用膜荧光免疫测定法、细胞毒试验和 ELISA 等;若是细胞膜表面可溶性抗原,可用免疫印迹法测定。

（五）阳性克隆培养与鉴定

1. 抗体阳性细胞的进一步克隆化　对培养筛选出的抗体阳性细胞的培养克隆要尽早进行,以避免非目的细胞过度生长。并应用特异性抗原包被的 ELISA 找出针对目标抗原的抗体阳性细胞株,克隆成功后要检测上清液中抗体的特性,并再连续克隆,多次反复克隆直至得到稳定基因型、稳定分泌特异性抗体的杂交瘤细胞,进行扩大培养,建立细胞株,并及时冷冻保存。

2. 对杂交瘤细胞与抗体特性的鉴定　在建立稳定分泌的单克隆抗体杂交瘤细胞株的基础上,对杂交瘤细胞与抗体特性进行系统的鉴定。

（1）杂交瘤细胞的检查:对培养的杂交瘤细胞要做病毒、细菌、真菌和支原体检查,应为阴性。尤其是鼠源病毒要重点检测。

（2）杂交瘤细胞染色体的检查:杂交瘤细胞的鉴定要做染色体分析,客观了解细胞遗传性状、分泌抗体的能力。单克隆抗体要进行抗体特异性和交叉情况、亲和力、中和活性、分子量以及抗体的类型和亚类的系统鉴定。

采用秋水仙素裂解法进行细胞分裂中期染色体数目、形态检查分析,结果应符合相应杂交瘤细胞的特点。这是鉴定的客观指标,了解分泌抗体的能力。

常用的小鼠骨髓瘤细胞染色体大多数为非整倍性,不同细胞株的染色体数目差异较大,如 SP2/0 细胞为 $2n=62\sim68$,NS-1 细胞为 $2n=54\sim64$,有中部或亚中部着丝点的标记染色体;小鼠脾细胞染色体正常为 $2n=40$,全部是端着丝点。融合后的杂交瘤细胞染色体数目应接近两种亲本之和,结构上应多为端着丝点染色体,且具有少数的标志染色体。

（3）单克隆抗体的鉴定:可以采用各种方法,如免疫荧光法、ELISA 法、间接血凝和免疫印迹技术等,同时还需做免疫阻断试验等进行单抗特异性鉴定。

采用凝集反应、ELISA 或放射免疫测定单抗的效价。购买兔抗小鼠 Ig 类型和亚型的标准抗血清,采用琼脂扩散法或 ELISA 夹心法测定单抗的 Ig 类型和亚型。

必要时还可以测定单抗的亲和力和识别抗原表位的能力测定。

（4）杂交瘤细胞系的保存:对已经建立的杂交瘤细胞系要保存好,防止污染和变异,使其能稳定遗传、稳定表达、稳定分泌特异抗体。

（六）杂交瘤细胞的冻存与复苏

及时冻存原始孔的杂交瘤细胞每次克隆化得到的亚克隆细胞是十分重要的。因为在没有建立一个稳定分泌抗体细胞系的时候,细胞的培养过程中随时可能发生细胞的污染、分泌抗体能力的丧失等。如果没有原始细胞的冻存,则可因上述意外而前功尽弃。

杂交瘤细胞的冻存方法同其他细胞系的冻存方法一样,原则上细胞应在每支安瓿含 1×10^6 以上,但对原始孔的杂交瘤细胞可以因培养环境不同而改变,在 24 孔培养板中培养,当长满孔底时,1 孔就可以装 1 支安瓿冻存。

细胞冻存液为 50% 小牛血清、40% 不完全培养液、10% DMSO（二甲亚砜）,冻存液最好预冷。冻存细胞要定期复苏,检查细胞的活性和分泌抗体的稳定性,在液氮中细胞可保存数年或更长时间。

杂交瘤的复苏有常规复苏和体内复苏法。冻存细胞状态良好、数量较多时一般采用常规复苏法,操作简便。冻存的细胞常规解冻复苏,用完全培养液洗涤两次,然后移入前一日已制备好的饲养层细胞的培养瓶内,置37℃、5% CO_2 孵箱中培养,当细胞形成集落时,检测抗体活性。

如果难以复苏,可采用体内复苏法拯救。将杂交瘤细胞接种于小鼠皮下或腹腔,操作与单克隆抗体制备类似。

三、基因工程细胞系的构建

在制药生产中应用更多的、更有前景的是采用基因工程手段构建的各种工程细胞。目前常被用于构建工程细胞的动物细胞主要有 CHO-dhfr⁻、Namalwa、BHK-21、Vero 和 Sf-9 等细胞。

(一)真核细胞基因表达载体的构建

外源基因在动物细胞中高效表达,首先要将其构建在一个高效表达载体内,如图 8-6 所示。目前一般使用的载体有病毒载体和质粒载体两类。

1. 病毒载体　常用的病毒载体有牛痘病毒、腺病毒、逆转录病毒和杆状病毒等。牛痘病毒(天花病毒)载体已被广泛地用来构建成多价疫苗;逆转录病毒载体正被试用于基因治疗中;杆状病毒载体-昆虫细胞系统已被成功地用于 300 多种外源基因的高效表达,如图 8-7 所示。

图 8-6　表达载体模式图

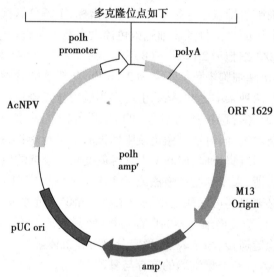

图 8-7　杆状病毒表达载体结构

腺病毒的复制基因和致病基因均已相当清楚,可广泛用于人类及非人类蛋白的表达,在大多哺乳动物细胞和组织中均可用来表达重组蛋白。腺病毒具有嗜上皮细胞性,而人类大多数的肿瘤就是上皮细胞来源的。另外,腺病毒在人群中早已流行(70%~80%的成人体内都有腺病毒中和抗体存在);人类感染野生型腺病毒后仅产生轻微的自限性症状,且利巴韦林治疗有效。

逆转录病毒只能感染增殖性细胞,因此 DNA 转染不能在非增殖细胞中进行,而必须使细胞处于持续培养状态。腺病毒则能感染几乎所有的细胞类型,除了一些抗腺病毒感染的淋巴瘤细胞。腺病毒是研究原代非增殖细胞基因表达的最佳系统,它可以将转化细胞和原代细胞中得到的结果直接进行对比。

2. 质粒载体 常用的是穿梭质粒载体,在细菌和哺乳动物细胞内都能扩增。构建质粒载体一般含有能使质粒载体在细菌体内复制的起始位点和抗生素标记基因;含有能使基因转录表达的调控元件,在 5′端转录启动需要有启动子,包括转录起始点上游约 30 碱基处的 TATA 框和上游 70~90 碱基处的 CAAT 框序列及增强子。当前构建载体的许多启动子序列都来自病毒,也有其他来源的启动子。此外,在基因 3′端应有终止序列、RNA 3′端的切割序列和 poly A 序列等。

质粒含有用来筛选出外源基因已整合的选择标记。一般有两类标记:一类仅适合用于密切相关的突变细胞株,如采用标记基因 *hgprt*、*tk* 和 *aprt*(腺嘌呤磷酸核糖基转移酶)等基因,它们仅适用于基因缺失的细胞株;另一类是显性作用基因,如 *neo* 基因,能使氨基苷类抗生素-新霉素磷酸化而失活,从而使原来对新霉素敏感的哺乳动物细胞一旦获得含该基因的载体后,就能在含该抗生素的培养基中存活。如图 8-8 所示。

质粒有时还带有选择性增加拷贝数的扩增系统。最常用的是编码二氢叶酸还原酶的基因,该酶的扩增可防止甲氨蝶呤(MTX)对细胞的毒害作用。利用该原理,在构建载体时可有意识地将它与目的基因重组在一起,当在培养基内增加 MTX 浓度时,就会促使 *dhfr* 基因的扩增,同时也会使其毗邻的目的基因随之扩增,从而大大提高表达量。类似的扩增系统还有谷氨酰胺合成酶和腺苷脱氢酶等系统。

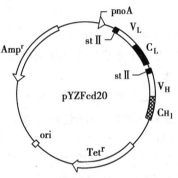

图 8-8 表达载体 pYZFcd20 的结构

(二)基因载体的导入

基因表达载体的构建完成后,需要将其导入动物细胞。导入的方法有磷酸钙共沉淀法、DEAE-Dextran 法、脂质体转染法、细胞融合法、电穿孔法、基因枪法和超声波法等,其中最常用的是电穿孔法和磷酸钙共沉淀法。

电穿孔法是借助电穿孔仪的高压脉冲电场,使细胞膜出现瞬时可逆性小孔,外源 DNA 沿小孔进入细胞。转化率较高,进入的 DNA 拷贝数低,为提高效率,需根据不同的细胞摸索其最佳电场强度、脉冲形状和电穿孔介质等。

磷酸钙沉淀法是将待转移的 DNA 加入氯化钙和磷酸盐,生成 DNA-磷酸钙沉淀,在培养液中由于细胞的吞噬作用,DNA-磷酸钙沉淀物进入细胞,DNA 释出后先进入细胞质再进入细胞核,最后整合到受体细胞的染色体上。

这种方法简单,还可将不含选择标记的 DNA 和含选择标记的 DNA 放在一起形成混合的共沉淀物,一起导入细胞实现共转化。

(三)高效表达工程细胞的筛选

外源基因导入动物细胞的效率很低,从上百万细胞中筛选出高效表达的工程细胞是一个需要大量时间的细致工作。

首先,根据构建载体内的选择标记采用相应的筛选系统,进行选择培养,筛选分离转化细胞。如用 HAT(次黄嘌呤-氨基蝶呤-胸腺嘧啶)选择系统筛选 tk⁺、hgprt⁺ 的转化细胞;用 G418(geneticin)选择系统筛选 nero 的转化细胞;用 MTX 选择系统筛选 dhfr⁺ 的转化细胞。

然后对选出的细胞进行克隆和亚克隆使其纯化,鉴定单克隆的产物生物活性和表达量等。多数情况下需利用扩增系统不断增加基因拷贝数,从而建立高效表达而稳定的工程细胞株,并妥善保存。

四、常用生产用细胞系的特性

常用生产用动物细胞系分为人源细胞株系、哺乳动物细胞株系和昆虫细胞株系。

(一)人源细胞株系

1. WI-38　是1961年来源于女性高加索人正常胚肺组织的二倍体细胞系,是最早的被认为安全的传代细胞。该细胞是成纤维细胞,贴附型生长,能产生胶原,培养基用 BME(Eagle's basal medium)加小牛血清,pH 控制在7.2。细胞的倍增时间为24小时,有限寿命为50代,20世纪60年代第一个被用于疫苗制备。

2. MRC-5　是从正常男性肺组织中获得的人二倍体细胞系。正常的成纤维细胞,生长较 WI-38 快,对不良环境的敏感性较低,被广泛用于人体疫苗的生产。

3. Namalwa　是1972年从肯尼亚淋巴瘤患者中分离获得的类淋巴母细胞,非整体核型,$2n = 12 \sim 14$,单 X 染色体,无 Y 染色体。表达 IgM,悬浮生长。外源基因的表达水平较高,可用无血清培养基高密度培养。成功地表达了 rhEPO、rhG-CSF 和 tPA 等,已用于大规模生产干扰素。

(二)哺乳动物细胞株系

1. CHO　中国仓鼠卵巢(Chinese hamster ovary,CHO)细胞为贴附型生长,是上皮样(epithelial)细胞系,对剪切力和渗透压有较高的忍受能力,是目前使用最为普遍和成熟的宿主细胞。蛋白质翻译后的修饰准确,表达产物的结构、性质和生物活性接近于天然,是药物生产应用常用的主要细胞系,有多个衍生突变株用于药物生产,培养时需要加入脯氨酸。当前被广泛用于构建工程菌的是一株缺乏二氢叶酸还原酶的营养缺陷突变株 CHO-dhfr⁻。

2. Vero　是1962年从成年非洲绿猴肾脏中分离的,为贴壁依赖型的成纤维细胞,多倍体核型,$2n = 60$,可持续地进行培养。支持多种病毒的增殖,包括脊髓灰质炎、狂犬病病毒等,用来生产疫苗,已被批准用于人体。通常用的培养基为199培养基,添加5%胎牛血清。

3. BHK-21　是1961年从5只生长1天的地鼠幼鼠的肾脏中分离的。现在广泛采用的是1963年用单细胞分离方法经13次克隆的细胞。属于成纤维细胞,$2n = 44$。通常用的培养基为 DMEM 培养基,添加胎牛血清。过去多用于增殖病毒,包括多瘤病毒、口蹄疫病毒和狂犬病疫苗,现在已被用于构建工程细胞、制备疫苗和重组蛋白,如治疗血友病的凝血因子 VIII 等。

4. 杂交瘤细胞　从小鼠脾细胞与骨髓瘤细胞的融合细胞中分离获得杂交瘤细胞系,有SP2/0、J558L 和 NSO 等。能在无血清培养基中高密度悬浮生长,能进行多肽糖基化等加工修饰,大量分泌和高效表达。

5. SP2/0-Ag14　细胞不分泌免疫球蛋白,对$20\mu g/ml$ 的8-氮鸟嘌呤有抗性,对 HAT 比较敏感。被广泛地用于单克隆抗体的制备生产,近年来正被开发为生产其他药品的高表达宿主细胞。

(三)昆虫细胞株系

1. TN-5B1-4　是从粉纹夜蛾(Trichoplusia ni,TN)卵细胞分离得到的,可以无血清培养,快速倍增。分泌表达重组蛋白的能力比 SF9 高20多倍,能适应悬浮培养。

2. Sf-21　是从秋黏虫卵巢细胞中分离得到的,细胞较大,能高效表达外源基因。

3. Sf-9 是从秋黏虫 Sf-21 中分离得到的,是最常用的昆虫表达细胞。倍增时间为 18~24 小时,对苜蓿尺蠖核型多角体病毒和其他杆状病毒高度敏感,用于高效表达外源基因。

第四节 动物细胞培养过程的工艺控制

检测系统和控制系统是现代生物反应器所不可缺失的,检测的全面性和精确性代表了反应器本身的水平和性能。通过一系列参数的检测,可以精确地掌握反应器的运行状态,如细胞是否处于最佳生长状态、有无污染、产物的积累情况等,采取相应的措施调控反应过程,实现高效生产。

动物细胞培养过程中需检测的物化参数有很多,有些需要在线检测,如温度、pH、搅拌速度和溶氧等;有些则需要取样离线检测,如活细胞数、氨基酸浓度分析、葡萄糖乳酸和铵离子的检测等;有些则需在检测计算后才能获得,如细胞的群体倍增时间、细胞的比增长率、葡萄糖消耗率、乳酸产率和生物反应器生产率等。

一、细胞活性与污染控制

(一) 细胞活性

在细胞群体中总有一些细胞因各种原因而死亡,活细胞占总细胞数的百分比叫做细胞活力。由组织中分离细胞一般要检查活力,以了解分离过程对细胞是否有损伤作用;复苏后的细胞也要检查活力,以了解冻存和复苏的效果。一般采用细胞显微镜下观察和染色法来检测细胞活性。

生长状态良好的细胞轮廓清晰,胞质均匀透明,折光度好;当细胞活力受损时,细胞常暗淡无光,折光率差,形态常呈不规则改变,胞质中常出现空泡、颗粒状物。

为了区别细胞的死活,计数前可进行细胞染色,某些染料可以透过变性的细胞膜,解体的 DNA 结合而着色;而活细胞能阻止这类染料进入细胞内。常用的染色液有台盼蓝、苯胺黑等。用台盼蓝染色,死亡的细胞呈蓝色,活细胞不被染色;用苯胺黑染色为负染色法,细胞本身不染色。MTT 法与 CCK-8 试剂盒检测法可间接反映活细胞数量。用血细胞计数板计数,或进行分光光度计比色分析,即可确定反应器中的细胞数目;近红外线传感器可把细胞计数和活性的控制结合在一起。

细胞死亡有两种形式,即凋亡和坏死,其形态学和生化变化完全不同。坏死:细胞受到严重伤害时快速膨胀,染色质凝聚而死亡,细胞直接裂解,坏死过程不受细胞自主控制。凋亡:细胞对环境变化作出的有计划的、执行预定程序的应答过程,是能量依赖的细胞内死亡程序活化而致的细胞自杀,是由基因控制的细胞自主有序的主动死亡过程。其特征是细胞收缩,细胞核和 DNA 断裂,细胞膜完整但出现发泡现象,细胞凋亡晚期可见凋亡小体,在体内凋亡小体被邻近细胞或巨噬细胞所吞噬。

在动物细胞培养中,细胞凋亡是很普遍的现象。培养基内缺乏促生长因子时,生长因子依赖性细胞系就发生凋亡。改变培养基条件、缺乏锌元素、细胞密度过高,以及细胞毒素等都会引起细胞凋亡。

Annexin-V 与 PI 匹配使用,就可以将凋亡早晚期的细胞以及死细胞区分开来。磷脂酰丝氨酸(phosphatidylserine, PS)正常位于细胞膜的内侧,但在细胞凋亡的早期,PS 可从细胞膜的内侧翻转到细胞膜的表面,暴露在细胞外;碘化丙啶(propidium iodide,PI)是一种核酸染料,它不能透过完整的细胞膜,但在凋亡中、晚期的细胞和死细胞,PI能够透过细胞膜而使细胞核红染。

(二)污染及其控制

细胞培养污染是指培养环境中混入了对细胞生存有害的成分和造成细胞不纯、变异的异物。一般包括物理性污染、化学性污染及微生物等生物性污染。避免污染是体外培养成功的关键因素之一。

1. 物理性污染　物理性污染通过影响细胞培养体系中的生化成分,从而影响细胞的代谢。培养环境中的物理因素,如温度、放射线、振动和辐射(紫外线或荧光)会对细胞产生影响。细胞、培养液或其他培养试剂暴露在放射线、辐射或过冷过热的温度中,可以引起细胞代谢发生改变,如细胞同步化、细胞生长受抑制,甚至细胞死亡。这些常被忽视或被笼统地归为化学性污染。

对于物理性污染,通过实验室的合理设计及建立规范的操作规程,减少环境中物理因素对细胞的影响。培养箱应放在恒温的环境中,培养液及试剂应放在固定的位置,而且要注意避光,试剂周围不能放置放射性核素等。从冰箱中取出的培养液应放置在室温一段时间后再使用,以避免过冷的温度对细胞的影响。

2. 化学性污染　培养环境中的许多化学物质都能引起细胞的污染。化学物质并不总是抑制细胞的生长,某些化学物质(如激素)就能促进细胞的生长。未纯化的物质如试剂、水、血清、生长辅助因子及储存试剂的容器都可能成为化学性污染的来源。细胞培养的必需养分(如氨基酸)若浓度超过了合理的范围,也会对细胞产生毒性。培养液、培养附加成分、试剂都可能成为化学性污染的来源,玻璃制品在清洗过程中残留的变性剂或肥皂是最常见的化学性污染。

针对化学污染的来源及性质,应采取以下措施来控制污染:细胞培养使用的所有物质都应是高纯度的;采取标准的操作步骤配制和储存培养液及试剂,避免液体体积计算错误、混用类似化合物等错误。

为了避免金属离子、有机分子、细胞内毒素等物质对水的污染,在配制液体和清洗容器时必须使用不含杂质的超纯水。血清是细胞培养中常用的天然培养基,但血清又是潜在的生物污染和化学污染源。为了保证实验的可重复性,最好选用同一批次的血清进行预实验,确定血清质量。

细胞培养过程中会使用各种不同的培养器皿及容器,培养器皿的大小和性状可能会影响培养中气体交换、湿度、培养液的 pH 和细胞生长密度,灭菌过程的差异可能对培养体系产生影响。因此,根据培养细胞的生长特性、培养方式等来选用合适的培养基与器皿,达到实验的准确性和可靠性。

3. 生物性污染　体外培养的动物细胞自身没有抵抗污染的能力,培养细胞一旦发生污染,多数将无法挽回。外界的微生物如细菌、真菌、病毒、支原体等微生物和其他类型的细胞都可能侵入培养环境引起污染,发生污染的可能性取决于操作方法和培养室的无菌环境以及实验室的规章制度。生物性污染对细胞代谢的影响,可因污染源和细胞的种类不同而表现各异。

细菌和真菌的污染较易发现并能及时清除,细菌污染后细胞会发生病理改变,细胞内颗粒增多、增粗、变圆,最终脱落死亡。

支原体污染培养细胞后，敏感细胞会出现细胞生长增殖减慢，一些细胞形体改变，从瓶壁脱落。但多数细胞无明显变化，外观上给人以正常的感觉，实际上细胞已发生不同程度的病变，如果继续使用这种已被支原体污染的细胞做实验或生产，将会严重影响结果。支原体污染的来源包括工作环境的污染、操作者本身的污染、培养液的污染、被污染细胞造成的交叉污染及实验器材的污染等。细胞培养时要尽量避免污染，实验观察要细致，还可利用电镜观察，及时发现、尽早处理。目前有检测支原体的试剂盒可以帮助尽快发现支原体污染。

细胞培养过程中引起污染的因素很多，要从多方面来预防和控制生物污染。为了防止支原体及其他微生物污染，必须建立规范的无菌操作程序及各种规章制度，并严格执行。控制环境污染，同时注意无菌服的洁净和无菌，杜绝人为因素造成环境污染，保证细胞培养基和器材无菌。

一般情况下，细胞一经污染，多数难以处理。若被污染细胞的价值不是很大，可以直接放弃，在彻底消毒操作室后重新培养细胞。但若污染的细胞价值比较大，又不能立刻重新取得，可以采用以下办法控制。

在细胞培养基中添加适量的抗生素，是培养过程中预防微生物污染的重要手段。联合用药效果优于单独用药；预防用药效果好于污染后用药。一般用双抗生素作为预防用药；而污染后的处理需采用高浓度的抗生素冲洗，作用24～48小时之后再换上常规培养液。此法可用于污染早期、细胞污染不严重时。抗生素的使用应受生物制品生产规程的严格限制。

将被污染的细胞培养物放在41℃环境中10小时左右，可以杀死支原体，但此方法对细胞也有一些不良影响，并且对于不同的细胞和支原体所需的时间也不同。因此需要根据实际情况，具体选择最优时间。另外，若能先辅以药物处理，再进行升温处理，效果会更佳。

另外，使用5%的兔支原体免疫血清可以特异地去除支原体，一般经抗血清处理后11天即可转为阴性，且5个月后仍为阴性，但不如抗生素方便、经济。可以采用降低微生物污染程度的同时，将高度稀释细胞与巨噬细胞共培养，利用巨噬细胞的特性清除污染，支持细胞生长。

二、搅拌与溶解氧控制

（一）搅拌

搅拌混合为生物反应器提供了均相环境，提高氧气及其他营养物质的传递速率，但是搅拌产生的剪切力会对细胞造成损伤。细胞内LDH是一个常数，通过检测LDH的细胞外释放可评价不同搅拌对细胞的损伤程度。不同类型的细胞对流体力的应答不同，应注意细胞的特性。通常通过以下几方面进行控制。

1. 反应器的设计　在表面通气的反应器中要避免形成漩涡，安装挡板可减少漩涡并能增加通气和混合。填充反应器，没有顶部气体空间就可完全消除气液界面的气体夹带。如果顶部气体空间不能完全消除，可使用高径比较大的反应器进行悬浮培养。

搅拌速度与细胞损伤之间的关系是和反应器的结构相关联的，如搅拌速度、叶轮顶部速度、综合剪切因素及Kolmogorov漩涡尺寸等。细胞能承受的机械应力取决于搅拌桨的形状及其直径和转速、罐体及其直径以及液相比例。根据搅拌转速对细胞损伤的影响，可确定培养基保护添加剂和搅拌桨的伤害作用等。如果不存在气体夹带，计算Kolmogorov漩涡尺寸可预测搅拌速度对细胞的损伤。

在微载体培养中，要尽可能使用最大的搅拌速度进行混合，以提高微孔内外营养和代谢产物的传递,但如果搅拌强度高,则细胞不能在微珠外表面生长。微载体培养的最大搅拌强度要远远低于悬浮培养,开始培养时,搅拌速率应该能保证微载体悬浮,如果剪切作用太大,细胞会从微载体表面脱离,脱落速度随着搅拌强度的增加而增加。使用微载体之前最好用各种搅拌混合强度检测,并在显微镜下检查微载体的机械损伤程度。

2. 剪切保护剂　在搅拌和鼓泡式或气升式反应器中使用剪切保护剂,可在高速搅拌或剧烈混合时保护细胞。实验表明,合成的添加剂 PEG、PVA 具有和血清一样好的机械保护作用。混合分子量的 PVP 能保护鼓泡式反应器内杂交瘤的剪切损伤。在通气或搅拌反应器中,聚乙烯乙二醇和 PVA 对细胞没有任何毒害作用,0.1% 的 F-68 和 F-88 以及各种 PEG 和 PVA 就足够提供机械保护作用。

剪切保护剂有血清和聚醚类非离子型表面活性剂、纤维素衍生物和淀粉、细胞提取物和蛋白质等。添加血清使药物蛋白的纯化变得复杂,还可能刺激生物应答反应及病毒污染,因此应避免使用血清。在众多的蛋白质添加剂中,牛血清蛋白是唯一值得推荐的剪切保护剂。

悬浮培养游离细胞时,保护剂聚乙二醇和非离子型表面活性剂 F-68、F-88 的效果较好,减轻流体的剪切力,研究最广泛,已使用 30 多年,在绝大多数情况下首先选择。

在微载体培养基中,使用葡聚糖为培养基添加剂时能增大培养基的黏度,从而保护微载体培养中细胞不受机械损伤,这是一个纯粹的物理保护机制。当培养基黏度增大时,漩涡尺寸也随之增大,为此有可能提高搅拌速度,而细胞不受损伤。

(二) 溶解氧的检测与控制

影响氧气传递的因素主要包括通入气体中氧的浓度、搅拌速率和气液接触面的大小。直接鼓入空气或氧,可增加气液接触面积;使用纯氧,氧浓度随氧压增加而升高;如果更希望得到较低的氧浓度,在空气中混合氮气可降低氧的传递动力。

鼓泡式生物反应器一般具有很高的氧传递速率,但动物细胞易受到伤害,而且容易产生泡沫。为防止泡沫形成,可采用浓度为 $(6 \sim 100) \times 10^{-6}$ 的硅消泡剂。微载体鼓泡培养要采用保守方法,如低气流速率、小气泡直径,以利于氧传递,低搅拌强度并使用消泡剂。

膜通气是无气泡供氧,优点是氧传递更为有效,剪切力小,泡沫形成量小。但是,对于大规模的反应器系统,膜通气有其局限性,主要是由于其设计的复杂性和需要面积较大的膜、反应器清洗和灭菌难度大。

在大规模生产中采用的反应器都配备溶氧检测装置。Clark 复膜氧电极则是溶解氧浓度最常用的检测元件。根据不同细胞类型的最适溶解氧水平不同进行控制。通过向培养液中通入不同比例的氧气、空气或氮气或二氧化碳来控制溶氧量,溶氧量的控制通常与 pH 的控制结合在一起,根据需要进行调节。

在高密度培养时,必须对供氧系统进行很好的平衡设计。动物细胞对搅拌引起的剪切力和气泡很敏感,要保持所需的溶氧量较为困难,常采用加大通气流量、适当提高转速、在反应器外通气、适当提高罐压、加入血红蛋白和改变进气的组成,采用不同比例的 O_2、N_2、CO_2 和空气等措施来改善溶氧。

三、温度与 pH 控制

通常在生物反应器内部采用热敏电阻检测器进行温度测量。pH 则多用复合式玻璃电极测量。此类检测元件都已成为生物反应器的标准配置。

(一) 温度控制

动物细胞对温度的变化很敏感,对温度控制要求十分严格。采用高灵敏的温度计来在线检测,通过温控仪自动开关将温度控制在误差为 $0.5℃$ 的范围内,根据温度探针进行反馈控制。

预加热培养基,或加热反应器的水套,使温度恒定。对于循环流带动水套层,水温度略高于反应器的温度 $1\sim3℃$。对于小体积反应器,如 $10L$,外用电子加热片,反应器内部设有冷却水管,可维持细胞的最适温度。

(二) pH 的控制

动物细胞培养基偏碱性,加入微量酚红,根据颜色的变化显示 pH 的变化。开始时,培养液的 pH 为 7.4。在培养过程中,随着细胞浓度的增加,产生较多的二氧化碳和乳酸,pH会下降,但不能低于 7.0。精确控制 pH 非常重要,一般为 $6.7\sim7.9$,其波动范围为 $0.05\sim0.9$。

大规模培养中,用 pH 计能随时检测。直接加盐酸或氢氧化钠不适合动物细胞培养。磷酸盐缓冲液中的磷酸及高 HEPES 对细胞有不良影响。常用碳酸氢盐缓冲剂,加入二氧化碳可降低 pH,加入碳酸氢盐可提高 pH。碳酸氢盐缓冲液的缓冲能力弱。安全的做法是通过控制溶氧量间接控制 pH。增加溶氧量会使培养基中的二氧化碳被置换出来,导致 pH 升高。因此应该合理配置,从而达到控制的目的。

四、基质利用与流加控制

在细胞培养的过程中,营养物质逐渐被消耗,代谢废物不断增加,使得细胞培养环境越来越恶劣,需要更新培养基以使细胞保持稳定生长、高效生产目的产物。

(一) 基质的利用

营养的消耗可以用葡萄糖的减少为指标,而产物的积累可以用乳酸和铵的增加作为指标,动态检测这两种物质的变化,判别细胞的生长状态是否良好。近红外测量技术可实现葡萄糖的在线测定。

固定化和中控纤维反应器用 NMR 分析培养空间的成分鉴定和定量分析代谢产物,也可以区分出增殖细胞。分批培养中,葡萄糖的起始浓度一般为 $5\sim25mmol/L$,谷氨酰胺的起始浓度为 $2\sim6mmol/L$;控制铵离子浓度低于 $2\sim4mmol/L$,乳酸低于约 $60mmol/L$。

过量葡萄糖会增加乳酸;过量谷氨酰胺会导致铵离子、丙氨酸或天冬氨酸的积累。葡萄糖限量能减少乳酸量,增加葡萄糖的产量系数;谷氨酰胺限量能减少铵盐和氨基酸的生成;进行双控制(同时控制葡萄糖和谷氨酰胺),乳酸和铵离子将同时减少,使细胞代谢更有效。在生产工艺中,优化两者之间的关系,使之协调起来,把细胞活力、ATP、DNA 和蛋白质的含量与生物量或细胞计数、底物和产物代谢变化相结合,评价代谢过程,建立调控模型,进行有效控制。

目前代谢控制主要是采用多种复杂参数,包括生长速率、吸收速率、产率和细胞内的代谢产物,是根据基础参数和生物化学参数计算而来的。可用于培养过程的快速控制。

仅根据细胞密度值和流加速率计算生长速率的意义并非很大,因为两次测定时间间隔较长,数据本身滞后,可靠性较差。对于生长速率恒定的连续培养,细胞内 ATP 含量与生长速率相关,自动取样后用相关试剂盒对 ATP 的总量进行在线分析,由在线传感器和计算模型得到实际的细胞数目。这样,通过营养控制或温度调节可维持连续培养的恒定生长速率。

氨基酸的比吸收速率和比生成速率、细胞内酶(如乳酸脱氢酶、谷氨酸草酰乙酸转氨酶)的比释放速率都可作为培养过程的瞬间参数和控制节点的阈值。如果能自动检测产物并计算产率,可通过计算机程序使过程自动优化。多元参数分析的计算机程序能改变所有的相关参数,最终找到一个最佳的生产条件。这些新方法要用于过程培养分析,还需进一步发展和完善。

(二)流加控制

流加控制的总原则是维持细胞生长在相对稳定、适宜的培养环境,依据细胞生长过程中培养基的营养物消耗速率和代谢产物,对细胞生存的抑制情况进行调节控制。

流加控制的关键是流加浓缩营养培养基的控制,通常在细胞衰退期之前添加高浓度的营养物质。可使用脉冲式添加,也可以根据具体需要使用低速率缓慢添加,但后者使用得更多,因为可以维持相对稳定的营养环境。

蠕动泵或其他无计量泵不能有效控制流加液体;可用磁感应或热电原理检测流量,利用节点控制环组和电子流量计来补偿。对于微量流加操作,可以使用自动阀门与电子天平相连,再与计算机偶联来控制。补料速率直接影响培养液中营养物质的浓度,不断对补料瓶内的剩余体积进行监测,则可以得到足够精确的补料速率来计算其他参数。

高密度细胞在连续培养过程中,必须精确控制培养基的流量及液位。流加速率变化大,可降低细胞的活性。液位变化可影响液体的流动方式及氧的传递速率。液位的测定方法有多种,传统方法是使用液位传感器,受泡沫的影响较大。在反应器顶部和底部安装压电传感器,检测流体静力学压力,其压差对应于液位高度;还可以用超声波装置检测液位。在细胞培养的过程中,由于细胞代谢的结果,细胞悬浮的摩尔渗透压浓度增加。目前,用冰点渗透压计进行离线测量,为了稳定渗透压,需安装蒸馏水进口系统,根据样品读数对系统进行调节。

通过在线测量获得数据代入已有的过程模型中,可得到细胞密度、代谢速率、产物浓度等关键变量,分析细胞生长状态。细胞在培养过程中对环境的微小变化是极为敏感的,因此状态估计所用的模型参数也处于不断变化之中;如何通过运行的培养系统在线数据作出正确的分析很关键。

第五节　抗体药物的分离纯化与质量控制

抗体的获得方式分为体内培养法和体外培养法。通过不同方法制备的抗体往往与多种杂蛋白混杂在一起,为了获得成分相对单一的抗体或将抗体用于特定的用途,就需要对抗体进行纯化处理。由于产品多数用于人体,为避免杂质对人体的毒害作用,对产品的纯度要求很高,必须采用较复杂的综合纯化方案才能达到要求。

抗体药物产品成分复杂,常常和细胞内容物、培养基成分混杂在一起,特别是当采用有血清培养基时,血清中的各种蛋白成分都将与产物混杂在一起。这些成分的物化性质常常和目的产物非常相似,很难将它们分离开,所以抗体药物的下游纯化工作花费大、难度大。

大多数动物细胞表达的产物产量低、生物活性不稳定,因此要求纯化过程中所有的操作都应该非常温和、精细,要有精密的设备和检测仪器,严格控制溶液的温度、pH 和盐离子强度等。

按照理化性质和生物学功能,可将单抗分为 IgG、IgA、IgM、IgE 和 IgD 5 类。从成分的角度分析,抗体分子是一类蛋白质分子,与其他蛋白质一样,有一定的等电点、溶解度、荷电性及疏水性,可以用电泳、盐析沉淀或其他层析技术进行分离、纯化。它们的氨基酸组成、结构、相对分子质量大小和等电点等都不尽相同,因此分离纯化技术的通用性差,必须根据每一种产品的特点研究开发出适合于该产品的专用分离纯化技术。

一、抗体药物的分离工艺

(一) 预处理

细胞培养上清液或腹水均含有脂蛋白、脂质、细胞碎片等杂质,用滤纸去掉脂质和大颗粒,应用离心与深层过滤(可变孔隙技术)去除培养液中的细胞和细胞碎片及其他粒子如脂类、内毒素、核酸等,澄清溶液。如果是大量单抗的生产,体外单抗培养技术是首选,在样品的制备和粗提中常用的是离心和超滤。

目前分离纯化方法有十几种,一般采用盐析、凝胶过滤、有机溶剂沉淀、离子交换层析和辛酸提取等。

可变孔隙技术是大粒径滤料和细滤料按一定比例混合而成的滤床,其中两种滤料径所占比相差较大,细滤料一般占3%~4%。大粒径滤料使滤料的平均孔隙通道很大,在高滤速下也不会堵塞孔隙,不会造成表面过滤。加入有限量的细滤料并将其均匀地分散在整个滤层中,可以降低粗滤料的局部孔隙率,促使细小颗粒的絮凝。

白蛋白、转铁蛋白及宿主免疫球蛋白是抗体制备中3种主要的杂质,一般采用凝胶过滤Sephadex 200能有效去除这些杂质。牛免疫球蛋白的污染问题在单抗纯化中十分显著,一般来说用疏水层析和离子交换可以去除。白蛋白和转铁蛋白也可用离子交换的方法去除。

加入硅胶及其他吸附剂有利于分离。还可加入助滤剂,或切向流过滤。膨胀床吸附色谱技术也可以用于抗体初步分离纯化。料液从膨胀床底部泵入,床内的吸附剂不同程度地向上膨胀,料液中的固体颗粒顺利通过床层,而且目标产物在膨胀床内被吸附。膨胀床可将生物制品下游处理过程中的预处理、浓缩和产物捕获等几步集成于一个连续操作中,从而减少操作步骤、缩短操作时间。

(二) 浓缩和分离

盐析法是利用抗体与杂质蛋白之间对盐浓度敏感程度的差异来分离。盐类对于蛋白质的溶解有双重作用,当少量盐类存在时,盐类分子和水分子对蛋白质分子的极性基团产生静电作用力,使蛋白质的溶解度增大;当大量盐类存在时,水的活度降低,带电离子破坏蛋白质周围的水化层,使蛋白质表面的电荷被中和,从而引起蛋白质相互聚集而沉淀。

最常用的中性盐有硫酸铵、硫酸钠和氯化钠等。对于细胞培养上清液,用硫酸铵沉淀可获得粗品,具有溶解度大、对温度不敏感、价格低廉、处理样品量大、分级效果好的特点。硫酸铵对单克隆抗体的浓缩和分离非常有效,终浓度为50%饱和浓度的硫酸铵可以将90%的单克隆抗体沉淀出来。

还可采用辛酸-硫酸铵沉淀、亲和层析或硫酸铵-二乙氨基乙基离子交换层析技术。

凝胶过滤层析法又称空间排阻层析,是通过分子量差异将具有相似分子结构的蛋白质分子分离开来。将含有抗体的溶液通过装有多孔性介质填料的层析柱床,收集流出的抗体组分。当样品从层析柱的顶端向下运动时,大的抗体分子不能进入凝胶颗粒而迅速洗脱,小的抗体分子能够进入凝胶颗粒,在其中迁移而被延缓。因此,抗体分子从凝胶过滤柱洗脱的先后顺序一般是按照分子量的大小由高到低。

所用的大多数凝胶基质都是化学交联的聚合物分子如葡萄糖、琼脂糖、丙烯酰胺和乙烯聚合物制备的,交联程度控制凝胶颗粒的平均孔径。交联程度越高,平均孔径越小,凝胶颗粒的刚性越强。应使用什么孔径的凝胶取决于目标抗体的分子量和主要杂质蛋白质的分子量。

(三) 其他分离方法

加入与水可混溶的有机溶剂如乙醇、甲醇和丙酮等,也可使蛋白质沉淀。为了避免蛋白质变性,必须在低温条件下操作。蛋白质分子较大,不能通过半透膜,可以通过透析将蛋白质与相对分子质量较小的杂质分开,常用于除盐。

毛细管等电聚焦电泳(capillary isoelectric focusing,CIEF)作为一种特殊的微分离技术,首先被用来分析重组单克隆抗体的电荷异质性,在蛋白质、抗体、临床样品等生物活性物质的分离分析方面已得到广泛的应用;具有样品用量少、分辨率高、耗时短、重现性好、易于自动化等优点。

毛细管电泳(capillary electrophoresis,CE)及芯片 CE 技术可提供纯度和分子大小等信息,分析和检测速度快,灵敏度高,消耗样品量少,便于微型化,在药物分离分析领域中展露很好的应用前景。

二、抗体药物的纯化工艺

分离得到的粗样品的预处理可选用脱盐交换缓冲液浓缩样品。大部分单抗在中性偏碱和低电导的缓冲液中是稳定可溶的,但是有一些抗体在温度低于37℃时溶解度会降低,易结晶;强碱性单抗在多价阴离子缓冲液中易形成稳定的离子复合物,导致抗体之间的聚合;单抗同时经常与核酸形成复合物,这种结合在 0.3 ~ 10mol/L NaCl 存在时是可逆的,所以在单抗纯化中粗纯时选择缓冲液是非常重要的。

起始纯化一般选用离子交换或亲和层析,产品纯度可达 50% ~ 98%。可根据抗体的亚型种类分别选用离子交换、Protein A-Sepharose 4B 和 Protein G-Sepharose 4B 亲和层析,IgM 类可选 Sephadex G-200 或 Sephacryl S-300;采取羟基磷灰石分离、疏水层析、凝胶过滤等进一步纯化。

现在最有效的方法是亲和纯化法,常用 SPA 或抗小鼠免疫球蛋白抗体与载体交联,抗体结合上去,然后洗脱。经过这一步纯化得到的抗体纯度可以达到99%。亲和层析是利用生物活性物质之间的特异亲和力,使目标产物得以分离纯化。可应用于任何两种有特异性相互作用的生物大分子,如酶与底物、抗原与抗体、多糖与蛋白复合体等。因为利用的是生物学特异性而不是依赖于物理化学性质,因而非常适合于分离低浓度的生物产品。亲和层析技术具有高收率、高纯度、能保持生物大分子天然状态等优点,广泛地应用于生物大分子的分离纯化,特别是对含量较少的抗体类药物的纯化更显示出这一技术的优越性。

亲和色谱之后主要采用阳离子交换色谱、阴离子交换色谱、疏水作用色谱等方法去除细胞蛋白质、高分子聚合物、DNA 和内毒素等杂质。

目前使用的亲和色谱(Prosep-vA、MabSelect 和 MabCapture)由于抗体捕获能力有限,柱色谱不能无限制放大,其产能放大存在限制。新兴的一次性膜色谱技术,如 Q 膜色谱技术

(如 SingSep Q)处理能力有大幅提升,具有潜在的应用价值。

国际大规模工业化纯化单抗的方法包括模拟移动床色谱、双水相萃取和膜色谱技术。移动床色谱是发展最快、应用最广的连续液相色谱。该色谱系统引入了逆流机制,提高了填料和流动相的利用率,改善了分离效果,提高了收率。双水相萃取分离纯化法体系含水量高,操作条件温和,蛋白质不易失活;分离时间只需要 2 分钟;易于按比例放大和连续操作。膜色谱采用具有一定孔径的膜作为介质,连接配基,利用膜配基与目标分子间的相互作用进行分离纯化。

另外,在抗体纯化过程中还需要有效灭活和清除病毒、内毒素。当前,普遍采用低 pH 来灭活样品中的病毒。

国内由于容纳缓冲液与分离介质的容器容积等的限制,目前抗体纯化的下游加工处理能力逐渐跟不上细胞培养量的增加。由于处理能力受限,同一批细胞培养物只能通过不断循环加工处理才能完成。因此,在近几年,机械设计创新是解决问题的主要方法。随着分离纯化技术的进一步发展,一些依赖于非色谱纯化技术如选择性沉淀或高选择性的液-液分离技术的出现,将是另一个解决问题的途径。

抗体药物纯化方案的设计原则:首先要明确纯化后的抗体用途,不同用途的抗体其纯化要求也不同。在选择一个纯化策略时应考虑几个因素,如抗体的来源、单抗本身的理化性质、最终产品的生产规模及纯度要求、目的蛋白的分析鉴定方法、药品管理部门对产品的要求。在抗体来源中,单抗本身的性质、样品的培养和处理方法、潜在污染及发酵液蛋白浓度均会影响纯化策略的设计。抗体的来源从多抗、单抗到基因工程抗体,制备方法的不同导致最终所含的杂蛋白也有很大的差异。另外,重链类别、亚型、相对分子质量的不同也将使纯化方法间彼此有差别。

单抗纯化时,既要了解它们的共性又要了解个性,整个纯化策略与其他蛋白纯化一样可分为 3 步:粗提用来分离浓缩和稳定样品,中度纯化去除大部分杂质,精细纯化达到最高纯度。

三、抗体药物的质量控制

药品标准直接关乎药品质量,它是从源头上控制药品的安全性、有效性及质量可靠性的尺度。随着生物技术的快速发展,抗体药物不断增加,人源化单克隆抗体的出现,很大程度上降低了鼠源单克隆抗体的免疫原性,已成为肿瘤治疗药物的一个热点。

由于单克隆抗体药物不同于传统药物,两者的产品质量控制有着本质的差别,其质量控制更具复杂性和多样性。除了需要鉴定最终产品外,还需对培养纯化等每个生产环节严格控制,才能保证最终产品的有效性和安全性。

抗体分子在整个制备工艺中存在多种降解途径,如裂解、二硫键错配、甲硫氨酸氧化、谷氨酸焦谷氨酸化、天冬酰胺脱乙酰化和天冬氨酸异构化等。上述降解途径会导致重组抗体在分子量、纯度、等电点和糖基化等方面出现异质性,并最终影响抗体药物的临床疗效。因此,抗体药物的质量控制需根据临床疗效确定其关键质量属性,并据此确定抗体药物的工艺过程、质量标准。

单克隆抗体性质鉴定的方法很多,用已知抗原测定抗体,几乎所有的抗原-抗体反应试验都可以做,如呈现阳性反应,再进行定量分析,最终确定工作浓度。

目前,人源单克隆抗体类药物质量标准相关规定主要参考《中国药典》(三部)、人用药品注册技术要求国际协调会(ICH)、美国食品和药品管理局(FDA)和《美国药典》(USP)的相关技术指南。

(一) 对工程细胞的鉴定与控制

应分别建立原始细胞库、主细胞库和工作细胞库三级细胞库,各级细胞库应有详细的制备过程、检定情况和管理规定。

遵照《生物制品生产和检定用动物细胞基质制备及检定规程》的要求,细胞检定主要包括细胞鉴别、外源因子和内源因子的检查、致瘤性检查等。《中国药典》(三部)规定除上述要求外,主细胞库细胞还应进行细胞核型、抗体分泌稳定性、特异性、免疫球蛋白及亚类、亲和力、交叉反应性检查。

现用于生物制品生产的细胞株主要有中国仓鼠卵巢细胞(CHO)、小鼠骨髓瘤细胞(SP2/0)、猴肾细胞(COS)和幼仓鼠肾细胞(BHK)等。

根据要求生产需要有细胞系的历史资料,包括来源、动物的年龄和性别。有杂交瘤细胞特性的资料,包括形态、生长特性。没有细菌、真菌、支原体和各种病毒,检查没有内、外源病毒因子,包括逆转录病毒等外来有害因子的污染。

对于已经证明具有致瘤性的传代细胞如 BHK21、CHO 和 C127 等或细胞类型属于致瘤性细胞如杂交瘤细胞,可以不必做致瘤性检查。某些已经证明在一定代次内不具有致瘤性,超过某代次则具有致瘤性如 Vero 细胞,则必须做致瘤性检查。人上皮细胞系、人二倍体细胞株及新建的细胞系/株必须进行致瘤性检查。

(二) 生产工艺的要求

一般来说,一个创新抗体药从 DNA 质粒构建到上市,需要 8 ~ 10 年的时间,临床前到拿到临床批件需 13 ~ 15 个月。在我国,一个仿制抗体药从 DNA 质粒构建到拿到生产批件上市,目前也需要 8 年左右的时间,临床前到拿到临床批件估计需 3 ~ 3.5 年。随着生产工艺及分析手段的进步,单克隆抗体类药物的质量控制将更加严格。对生产工艺(细胞培养和纯化工艺)的具体要求有:①使用动物要合格,动物实验设施要有相关部门颁发的二级以上合格证;②细胞培养要用无血清或低血清培养基,不能用 β- 内酰胺类抗生素,培养基和血清要达到质量指标要求;③纯化过程尽可能选用不引起免疫球蛋白聚合变性的纯化方法及条件,分离纯化方法能有效地去除非目标产物污染;④连续生产的各批产品要有较好的重复性,符合质检要求。

(三) 产品的质量要求

从下游纯化过程到产品鉴定过程、批检验过程都需确证其纯度及完整性,并且没有不需要的修饰发生。

1. 免疫球蛋白含量　需要控制免疫球蛋白含量达到 95% 以上,二聚体 $\leqslant 10\%$;产品纯度(HPLC 法)$\geqslant 95.0\%$。

抗体产物是分子质量和电荷量相近的异种混合物,因此,电泳是一种理想的对其纯化、鉴定的方法。最常用的有等电聚焦电泳(IEF)和聚丙烯酰胺凝胶电泳(SDS-PAGE)。前者用于鉴定,而后者主要用于纯度及完整性分析。

2. 产品生物活性　要对产品的活性、比活性、特异性等特性及产品蛋白质性质进行鉴定。蛋白质性质检测 pH、等电点、分子量、肽图,紫外光谱扫描应为 278nm ± 3nm。

3. 产品的稳定性、安全性和有效性评价　产品中杂质的检测要无菌、无病毒、无支原体,热原试验合格,非免疫球蛋白杂质分析包括来源于细胞基质、培养基和下游工艺的相关杂质。

宿主菌蛋残留量≤总蛋白质的 0.1%,残留外源性 DNA≤100pg/剂量,鼠 IgG 含量≤100ng/剂量,细菌内毒素含量≤10Eu/300 万 U,无残留抗生素活性。

用小鼠或豚鼠进行动物实验,评估产品安全性、药效学和药动学。

产品若为冻干制品,应进行残余水分分析,应≤3%;如果是液体制剂,应为接近无色的澄清液体,不应含有异物、混浊。

近年来,国家先后建立"抗体药物国家工程中心"(上海)、"抗体药物研制国家重点实验室"(石家庄)等国家级重点实验室,行业内部也自发形成"抗体产业联盟"等组织。市场需求的驱动、产业政策的扶持,都为我国抗体产业的发展提供了良好机遇。

（张　静）

第九章　中药和天然药物制药工艺

中药和天然药物制药工艺研究的对象是中药及天然药物,主要研究内容包括原药材前处理工艺、有效成分的提取工艺、分离纯化工艺、浓缩与干燥工艺、剂型制备的工艺原理、生产工艺流程、工艺条件筛选及质量控制等。中医药学在临床上的实践已经历了数千年的发展和积累,形成了自己独特的理论体系和传统的中药生产工艺。但传统工艺在中药、天然药物有效成分提取、制剂生产和质量控制等方面存在诸多弊端,严重制约着中药现代化的发展。中药和天然药物制药工艺的创新和技术更新是中药、天然药物制药行业发展的最终趋势所在,加大中药、天然药物的创新研究和现代高新技术与手段在制药生产中的应用是中药、天然药物制药工艺学研究的新内容之一。现代中药和天然药物制药工艺研究应采用现代制药领域中的新技术、新辅料、新工艺和新设备,以进一步提升中药、天然药物制药行业的技术水平。

由于制剂工艺有专章论述,本章将从原药材预处理工艺、提取工艺、分离纯化工艺和浓缩与干燥工艺等方面对中药和天然药物制药工艺展开讨论。

第一节　概　　述

在我国辽阔的土地和海域中,分布着种类繁多、产量丰富的中药和天然药物资源,包括植物、动物及矿物,有 12 800 余种。自古以来,我国人民就对这些宝贵的资源进行了合理开发和有效利用,这是我国人民长期和疾病作斗争的丰富经验的结晶,为中华民族的繁衍昌盛作出了不可磨灭的贡献。

中药(traditional Chinese medicine,TCM)是我国传统药物的总称,是我国人民在长期与自然界和疾病作斗争的实践中总结出来的宝贵财富。但是现在讲的中药是一个广义的概念,包括传统中药、民间药(草药)和民族药,它们既有区别,又有联系,在用药方面相互交叉、相互渗透、相互补充,从而丰富和延伸了"中药"的内涵,组成了广义的中药。天然药物(natural medicine)是指人类在自然界中发现的并可直接供药用的植物、动物或矿物,以及基本不改变其物理化学属性的加工品。中药和天然药物最主要的区别在于中药具有在中医药理论指导下的临床应用基础;而天然药物可以无临床应用基础,或者不在中医药理论的指导下应用。

一、中药和天然药物制药工艺研究的内容

中药和天然药物制药工艺是将传统中药生产工艺与现代生产技术相结合,研究、探讨中药和天然药物制药过程中各单元操作生产工艺和方法的一门学科,其内容包括原药材前处理、有效成分的提取、分离纯化、浓缩与干燥、剂型制备的工艺原理、生产工艺流程、工艺技术

条件筛选及质量控制,使产品达到安全、有效、可控和稳定。制药工艺研究应尽可能采用新技术、新工艺、新辅料和新设备,以进一步提高中药、天然药物制剂的研究水平。

工艺路线是中药和天然药物制药工艺科学性、合理性与可行性的基础和核心。工艺路线的选择是否合理,直接影响药物的安全性、有效性和可控性,决定着制剂质量的优劣,也关系到大生产的可行性和经济效益。中药和天然药物制药工艺与化学制药工艺不同,有其特殊性。中药、天然药物生产工艺的研究应根据药物的临床治疗要求、所含有效成分或有效部位的理化性质,结合制剂制备上的要求、生产的可行性、生产成本、环境保护的要求等因素,进行工艺路线的设计、工艺方法和条件的筛选,制定出方法简便、条件确定的稳定生产工艺。

天然药物制剂原料绝大多数为植、动物及矿物等天然产物,品种繁多、成分复杂,这些原料在应用之前必须进行必要的前处理,使药材的药性、疗效、毒副作用、形状等发生变化,以达到制剂所需的质量标准。中药复方应在分析处方组成和复方中各味药之间的关系,并且参考药物所含成分的理化性质和药理作用研究的基础上,根据与治疗作用相关的有效成分或有效部位的理化性质,结合制剂制备上的要求,进行工艺路线的设计、工艺方法和条件的筛选,制定出方法简便、条件确定的稳定工艺。如在某方药中用了附片,而附片中的成分去甲乌药碱、乌头碱等双酯型生物碱为其有毒成分,应在水里加热较长时间使之降解,以降低或消除毒性,故一般需将附片先煎至无麻味。若在制定工艺路线时将其确定为全方共煎,结果将导致提取物毒性大,所得制剂十分不安全。生产中要根据原料来源、处方组成、加工目的以及药品质量标准、药效标准的要求,将提取、分离纯化、浓缩和干燥等单元操作进行有机组合。

二、中药和天然药物制药现代化

面对医药产业的迅速发展,药品市场的竞争也越来越激烈,实现中药现代化、国际化已成为当务之急。同时,随着现代科学技术的发展和人类生活与健康水平的不断提高,传统医药在"回归自然"的潮流中再次焕发了强大的生命力。中药、天然药物在治疗和保健方面倍受重视,为中药、天然药物的研究和开发带来了契机,提供了良好的环境。但目前在中药、天然药物生产、加工、管理的规范化、标准化中还存在一些问题,限制了中药、天然药物产品进入国际医药市场。国内中药生产企业应积极吸取国外先进的科学技术和管理经验,使中药、天然药物制药业向科技型、现代化方向发展,提高产品的国际竞争力,加快中药、天然药物产品以合法地位进入国际医药市场。

中药现代化是继承和发扬传统中医药的优势和特色,结合现代的科学技术方法和手段,研究开发符合国际通行的医药标准和规范,能够合法地以药品身份进入国际医药市场的中药、天然药物产品。

中药现代化主要涉及4方面:一是思想观念现代化。中药现代化首先应该强调指导思想的现代化,必须突破传统思想的束缚。二是生产技术现代化。国内生产企业应进一步提升中药、天然药物制药行业的技术水平,在生产中应尽可能采用现代制药领域中的新技术、新工艺、新辅料和新设备等;加强对先进的符合GMP要求的生产工艺的研究,提高中药、天然药物产品质量与疗效。三是建立科学的中药、天然药物质量标准及其控制体系,实现质量管理现代化。提出切合中药、天然药物特点的质量控制体系,通过《中药材生产质量管理规范》(GAP)、《药品非临床研究质量管理规范》(GLP)、《药品生产质量管理规范》(GMP)体系,强化质量控制,力求质量稳定可控。四是加强现代中药、天然药物新剂型的研究。在剂型方面应以现代较新的剂型为主,如缓释片、颗粒剂、滴丸剂和控释制剂等作为研究重点,使中药、天然药物制剂达到国际市场对产品的要求和标准,在国际医药市场广泛流通。

第二节　原药材预处理工艺

中药、天然药物采收后,一般都需要采用适当方法进行一定的前处理,即对原药材进行净制、软化、切制和干燥。将原药材加工成具有一定质量规格的药材中间品或半成品,以达到便于应用、贮存及发挥药效、改变药性、降低毒性、方便制剂等目的。同时,也为中药有效成分的提取与中药浸膏的生产提供可靠的保证。

一、药材的净制

(一)杂质的去除

自然生存的原药材中常夹杂一些泥土、砂石、木屑、枯枝、腐叶、杂草和霉变品等杂质。根据药材的不同情况,选用下列方法清除杂质。

1. 挑选　挑选是除去药材中的杂质、霉变品等,或将药物按大小、粗细进行分档,以便达到洁净或进一步加工处理的目的。

2. 筛选　筛选是根据药材和杂质的体积大小不同,选用适宜的筛或箩,筛除药物中夹杂的泥沙、杂质或将大小不等的药物过筛分开的操作。筛选时,小量加工可使用不同规格的竹筛或铁丝筛手工操作;大量加工时多用振荡式筛药机进行筛选,操作时可根据药物体积的不同,更换不同孔径的筛板。

3. 风选　风选是利用药物和杂质的轻重不同,借助风力将杂质与药材分开。一般可用簸箕或风车通过扬簸或扇风除去杂质。常用于种子果实类、花叶类药材。操作时注意簸力、风力适度,以免吹、簸出药物。

4. 漂洗　漂洗是将药材通过洗涤或水漂除去杂质和毒性成分的一种方法。洗漂时要控制好时间,勿使药材在水中浸泡过久,以免有效成分流失而影响疗效。但某些有毒药材如天南星、半夏、白附子等,为了减毒,须浸泡较长时间。

5. 压榨　有些种子类药材含有大量无效或有毒的油脂,可以将其包裹在棉纸中压榨,吸去大部分油脂,以达到提高质量、降低毒性的目的。

(二)非药用部位的去除

药材在采收过程中往往残留有非药用部分,在使用前需要净选除去。

1. 去残根　主要指用地上部分的药材时须除去非药用部分的地下部分,如马鞭草、卷柏、益母草等。也包括用根或根茎的药材除去支根、须根等,如黄连、芦根、藕节等。

2. 去芦头　芦头一般是指残留于根及根茎类药材上的残茎、叶茎、根茎等部位。需要去芦头的药材有人参、防风、桔梗和柴胡等。历代医学认为芦头为非药用部位,但近年来对桔梗、人参芦头的研究证明其亦含有效成分,主张不去除。

3. 去枝梗　去枝梗一般是除去某些果实、花、叶类药材非药用的果柄、花柄、叶柄、嫩枝及枯枝等。

4. 去皮壳　一般指除去某些果实、花、叶类药材中非药用的栓皮、种皮、表皮或果皮等。去皮壳的方法因药而异,树皮类药材用刀刮去栓皮及苔藓;果实类药材砸破去皮壳;种仁、种子类药材单去皮;根及根茎类药材多趁鲜或刮、或撞、或踩去皮。

5. 去心　心一般指某些根皮类药材的木质部和少数种子药材的胚芽。根皮类药材木质的心部不含有效成分，而且占相当大的质量，属非药用部位，应予除去。

6. 去核　核指果实类药材的种子。有些药材的种子为非药用部位，应予除去，如山楂、山茱萸、大枣、乌梅和丝瓜络等。

7. 去瓤　瓤指果实类药材的内果皮及其座生的毛囊。瓤不含果皮的有效成分，且易生霉，故应除去。

8. 去毛　去毛一般是指除去某些药材表面或内部附生的、非药用的绒毛。因其易刺激咽喉引起咳嗽或其他有害作用，应予除去。

9. 去头、尾、足、翅、皮和骨　某些昆虫或动物药材需去头、尾、足、翅、皮和骨，以除去有毒部分或非药用部位。

二、药材的软化

药材净制后，只有少数可以进行鲜切或干切，多数需要进行适当的软化处理才能切片。软化药材的方法分为常水软化法和特殊软化法两类。

（一）常水软化法

常水软化法是用冷水软化药材的操作工艺，目的是使药材吸收一定量的水分，达到质地柔软、适于切制的要求。具体操作方法有淋法、洗法、泡法和润法 4 种。

1. 淋法　淋法是用清水喷洒药材的方法。操作时，将净药材整齐堆放，均匀喷洒清水，水量和次数视药材质地和季节温度灵活掌握。一般喷洒 2～4 次。稍润后进行切制。本法适用于气味芳香、质地疏松、有效成分易溶于水的药材。用淋法处理后仍不能软化的部分，可选用其他方法再行处理。

2. 洗法　洗法是用清水洗涤药材的方法。操作时，将净药材投入清水中，快速淘洗后及时捞出，稍润即行切制。本法适用于质地松软、水分容易浸入的药材。某些药材因气温偏低，运用淋法不能使之很快软化的，也可采用洗法。多数药材淘洗 1 次即可。一些附着泥沙杂质较多的药材（如秦艽、蒲公英等）则可水洗数次，以洁净为准。

3. 泡法　泡法是将药材用清水浸泡一定时间，使其吸收适量水分的方法。操作时先将药材洗净，再注入清水至淹没药材，放置一定时间（视药材质地和气温灵活掌握），中间通常不换水，一般浸透至六七成时捞出，润软即可切制。本法适用于质地坚硬、水分较难渗入的药材。使用泡法时应遵循"少泡多润"的原则。如果浸泡时间过长，不仅有效成分流失过多，而且会使形体过软甚至泡烂，不能切出合格饮片。

4. 润法　润法是促使渍水药材的外部水分徐徐渗入内部，使之软化的方法。凡经过淋、洗、泡的药材，多要经过润法处理才能达到切制的要求。操作时，将上述方法处理后的渍湿药材置一定容器内或堆积于润药台上，以物遮盖，或配合晒、晾处理，经一定时间后药材润至柔软适中，即行切制。润的方法有浸润、伏润和露润等。

（二）特殊软化法

有些药材不宜用常水软化法处理，需采用特殊软化法。

1. 湿热软化　某些质地坚硬，经加热处理有利于保存有效成分的药材，需用蒸、煮法软化。

2. 干热软化　胶类常用烘烤法。有些地区红参、天麻也用此法致软。

3. 酒处理软化　鹿茸、蕲蛇、乌梢蛇等动物药材用水软化处理，或容易变质，或难以软化,需用酒处理软化切制。

（三）药材软化新技术

常见的药材软化新技术包括吸湿回润法、热汽软化法、真空加温软化法、减压冷浸软化法和加压冷浸软化法等。

1. 吸湿回润法 是将药材置于潮湿地面的席子上,使其吸潮变软再行切片的方法。本法适用于含油脂、糖分较多的药材。

2. 热汽软化法 是将药材经热开水焯或经蒸汽蒸等处理,使热水或热蒸汽渗透到药材组织内部,加速软化,再行切片的方法。此法一般适用于经热处理对其所含有效成分影响不大的药材。采用热汽软化,可克服水处理软化时出现的发霉现象。

3. 真空加温软化法 系指将净药材洗涤后,采用减压设备,通过减压和通入热蒸汽的方法,使药材在负压情况下吸收热蒸汽,加速药材软化。此法能显著缩短软化时间,且药材含水量低,便于干燥。适用于遇热成分稳定的药材。

4. 减压冷浸软化法 系指用减压设备通过抽气减压,将药材间隙中的气体抽出,借负压的作用将水迅速吸入,使水分进入药材组织之中,加速药材的软化。此法是在常温下用水软化药材,且能缩短浸润时间,减少有效成分的流失和药材的霉变。

5. 加压冷浸软化法 系指把净药材和水装入耐压容器内,用加压机械将水压入药材组织中以加速药材的软化。

三、药材的切制

药材的切制方法分为手工切制和机械切制。目前在实际生产中,大批量生产多采用机械切制,小批量加工或特殊需求时使用手工操作。切制工具有所不同,实际生产中常根据不同药材及性质分别采用切、镑、刨、锉和劈等切制方法。切制后饮片的形态取决于药材的特点和炮制对片型的要求,大致可分为薄片(片厚为 1～2mm)、厚片(片厚为 2～4mm)、直片(片厚为 2～4mm)、斜片(片厚为 2～4mm)、丝片(叶类切宽度为 5～10mm、皮类切 2～3mm 宽的细丝)、块(8～10mm 的方块)、段(短段长度为 5～10mm,长段长度为 10～15mm)。

四、药材的干燥

药材切成饮片后,为保存药效,便于贮存,必须及时干燥,否则将影响质量。药材的干燥过程按照干燥技术发展过程,可分为传统干燥方法和现代干燥方法。

（一）传统干燥方法

传统干燥方法主要包括阴干、晒干和传统烘房干燥,不需特殊设备,比较经济。

1. 晒干法 是利用太阳能和户外流动的空气对药材进行干燥。一般适用于不要求保持一定颜色和不含挥发油的药材,是目前绝大多数根茎类药材干燥最常采用的方法之一。

2. 阴干法 是利用阳光加热的热空气及风的自然流动进行干燥,不直接接触阳光,适合于不宜久晒或曝晒的叶类药材。

3. 传统烘房干燥 该方法是一种传统的、简便经济的药材干燥方法,适用于小批量、多品种的干燥操作。

（二）现代干燥方法

现代干燥方法主要有热风对流干燥法、红外干燥、微波干燥、冷冻干燥、真空干燥和低温吸附干燥等,要有一定的设备条件,清洁卫生,该法可缩短干燥时间。

1. **热风对流干燥法**　这是最常用的干燥方法,设备比较经济和简单,不受阴雨天的影响,并可根据需要达到迅速干燥的目的,而且有些药材烘干比晒干的质量要好。

2. **红外加热干燥法**　其干燥原理是将电能转化为远红外辐射,从而被药材的分子吸收,产生共振,引起分子和原子的振动和转动,导致物料变热,经过热扩散、蒸发,最终达到干燥的目的。

3. **微波干燥法**　是药材中的极性水分子吸收微波后发生旋转振动,分子间互相摩擦而生热,从而达到干燥灭菌的目的。

4. **其他干燥法**　其他还有冷冻干燥、热泵干燥、低温吸附干燥、真空干燥、太阳能干燥、气流干燥和振动流化干燥等。为了获得最佳的品质、效率,节约成本,发展了多种干燥方法组合的干燥方法,如红外-对流干燥法、微波-气流式干燥法等。

第三节　提取工艺

一般将中药、天然药物的药用有效成分与无效成分的分离称为药材的提取,是中药和天然药物制药工艺中重要的单元操作之一。通过提取可以把有效成分或有效部位与无效成分分离,减少药物服用量,有利于药物吸收,还可消除原药材服用时引起的副作用,增加制剂的稳定性。

一、提取原理

中药、天然药物的浸提是采用适当的溶剂和方法,将有效成分或有效部位从原料药中提取出来的过程。矿物类和树脂类药材无细胞结构,其成分可直接溶解或分散悬浮于溶剂中。动植物药材多具有细胞结构,药材的大部分生物活性成分存在于细胞液中。新鲜药材经干燥后,组织内水分蒸发,细胞皱缩、甚至形成裂隙,同时,在液泡腔中溶解的活性成分等物质干涸沉积于细胞内,使细胞形成空腔,有利于溶剂向细胞内渗透,有利于活性成分的扩散。但是,细胞质膜的半透性丧失,浸出液中杂质增多。药材经过粉碎,细胞壁破碎,其所含的成分可被溶出、胶溶或洗脱下来。

(一)浸提过程

对于细胞结构完好的中药、天然药物来说,细胞内成分溶出需要经过一个浸提过程。浸提过程通常包括浸润、渗透、解吸、溶解、扩散及置换等过程。

1. **浸润渗透**　溶剂能否使药材表面润湿,并逐渐渗透到药材的内部,与溶剂性质和药材性质有关,取决于附着层(液体与固体接触的那一层)的特性。如果药材与溶剂之间的附着力大于溶剂分子间的附着力,则药材易被润湿;反之,如果溶剂的内聚力大于药材与溶剂之间的附着力,则药材不易被润湿。

大多数情况下,药材能被溶剂润湿。因为药材中有很多极性基团物质如蛋白质、果胶、糖类和纤维素等,能被水和醇等溶剂润湿。润湿后的药材由于液体静压和毛细管的作用,溶剂进入药材空隙和裂缝中,渗透进细胞组织内,使干瘪细胞膨胀,恢复通透性,溶剂进一步渗透进入细胞内部。但是,如果溶剂选择不当,或药材中含特殊有碍浸出的成分,则润湿会遇到困难,溶剂就很难向细胞内渗透。例如,要从脂肪油较多的药材中浸出水溶性成分,应先进行脱脂处理;用乙醚、石油醚、三氯甲烷等非极性溶剂浸提脂溶性成分时,药材需先进行干燥。

为了帮助溶剂润湿药材,在某些情况下可向溶剂中加入适量表面活性剂帮助某些成分的溶解,有利于提取。溶剂能否顺利地渗透进入细胞内,还与毛细管中有无气体栓塞有关。所以,在加入溶剂后用挤压法或于密闭容器中减压,以排出毛细管内空气,有利于溶剂向细胞组织内渗透。

2. 解吸溶解 溶剂进入细胞后,可溶性成分逐渐溶解,转入溶液中;胶性物质由于胶溶作用,转入溶剂中或膨胀生成凝胶。随着成分的溶解和胶溶,浸出液的浓度逐渐增大,渗透压提高,溶剂继续向细胞透入,部分细胞壁膨胀破裂,为已溶解的成分向细胞外扩散创造了有利条件。

由于药材中有些成分之间有较强的吸附作用(亲和力),使这些成分不能直接溶解在溶剂中,需解除吸附作用才能使其溶解。所以,药材浸提时需选用具解吸作用的溶剂,如水、乙醇等。必要时,可向溶剂中加入适量的酸、碱、甘油、表面活性剂以助解吸,增加有效成分的溶解作用。但成分能否被溶剂溶解,取决于成分的结构与溶剂的性质,遵循"相似相溶"原理。解吸与溶解阶段的快慢,主要取决于溶剂对有效成分的亲和力大小,因此,选择适当的溶剂对于加快这一过程十分重要。

3. 扩散置换 当浸出溶剂溶解大量的有效成分后,细胞内液体浓度显著提高,使细胞内外出现浓度差和渗透压。这将导致细胞外侧纯溶剂或稀溶液向细胞内渗透,细胞内高浓度的液体可不断地向周围低浓度方向扩散,直至内外溶液浓度相等、渗透压平衡时,扩散终止。

浸出过程是由浸润、渗透、解吸、溶解、扩散及置换等几个相互联系的作用综合组成的,几个作用交错进行,同时还受实际生产条件的限制。创造最大的浓度梯度是浸出方法和浸出设备设计的关键。

(二)常用的浸提溶剂

溶剂的性质不同,对各种化学成分的溶解性不同,浸提出的化学成分也不同。浸提溶剂选择的恰当与否,直接关系到有效成分浸出,制剂的有效性、安全性、稳定性及经济效益的合理性。理想的提取溶剂应符合4个基本条件:①能最大限度地溶解和浸出有效成分或部位,最低限度地浸出无效成分和有害物质;②不与有效成分发生化学反应,不影响其稳定性和药效;③价廉易得,或可以回收;④使用方便,操作安全。但在实际生产中,真正符合上述要求的溶剂很少,除水、乙醇外,还常采用混合溶剂,或在浸提溶剂中加入适宜的浸提辅助剂。

中药和天然药物制药中使用最多的溶媒是水,因它价廉、无毒且提取范围广。对某些适应性较差者可通过调节 pH,或加附加剂,或应用特殊技术(如超声提取、超临界提取等),从而改善提取效果。其次是乙醇,不同浓度的乙醇可以起到纯化除杂的作用。提取溶剂选择应尽量避免使用一、二类有机溶剂,如非用不可时,应做残留检查。选用溶媒时应将提取理论与实践结合起来,选择优化结果。

例如,某治疗肝炎的方药中用了夏枯草,其所含齐墩果酸属有效成分,拟作为含量测定成分。齐墩果酸难溶于水,易溶于乙醇,所以一般用70%~80%乙醇回流提取。若工艺路线规定为将夏枯草与其他药物用水共煎,则该成分难以煎出,制剂无法进行齐墩果酸的含量测定。

(三)浸提辅助剂

浸提辅助剂系指为提高浸提效能,增加浸提成分的溶解度,增强制品的稳定性以及除去或减少某些杂质,特加于浸提溶剂中的物质。常用的浸提辅助剂有酸、碱及表面活性剂等。

1. **酸** 酸的使用主要在于促进生物碱的浸出;提高部分生物碱的稳定性;使有机酸游离,便于用有机溶剂浸提;除去不溶性杂质等。常用的酸有硫酸、盐酸、乙酸、枸橼酸和酒石酸等。酸的用量不宜过多,以能维持一定的 pH 即可,因为过量的酸可能会造成不需要的水解或其他后果。为了发挥所加酸的最佳效能,常常将酸一次性加于最初的少量浸提溶剂中,能较好地控制其用量。当酸化浸出溶剂用完后,只需使用单纯的溶剂即可顺利完成浸提操作。

2. **碱** 碱的应用不如酸普遍。常用的碱为氢氧化铵(氨水)。加入碱的目的是增加有效成分的溶解度和稳定性。碱性水溶液可溶解内酯、蒽醌及其苷、香豆素、有机酸、某些酚性成分,但也能溶解树脂酸、某些蛋白质,使杂质增加。氨溶液是一种挥发性弱碱,对成分破坏作用小,易于控制其用量。对特殊的浸提常选用碳酸钙、氢氧化钙、碳酸钠和石灰等。氢氧化钠碱性过强,容易破坏有效成分,一般不使用。

3. **表面活性剂** 在浸提溶剂中加入适宜的表面活性剂能降低药材与溶剂间的界面张力,使润湿角变小,促进药材表面的润湿性,有利于某些药材成分的浸提。不同类型的表面活性剂显示不同的作用:阳离子型表面活性剂的盐酸盐有助于生物碱的浸出;阴离子型表面活性剂对生物碱多有沉淀作用,故不适于生物碱的浸提;非离子型表面活性剂一般对药物的有效成分不起化学作用,且毒性小甚至无毒,所以经常选用。表面活性剂虽有提高浸出效能的作用,但浸出液中杂质的含量也较多,应用时须加注意。

二、浸提工艺与方法

浸提在中药、天然药物提取生产中占有很重要的地位。在中药、天然药物有效成分不被破坏的基础上,选择最佳的工艺和设备,对浸提生产是非常重要的。最佳的浸提工艺和设备应该是浸提的生产收率高、产品质量好、成本低和经济效益高。为了加速浸提,提高浸提温度和压力是有利的。但有时会引起有效成分的破坏,在这种情况下,常压、低温和受热时间越短越好。因此,要根据天然药物、中药处方中各种药材的性质及有效成分的稳定性选择适当的工艺条件、工艺路线和设备。

(一)浸渍法

浸渍法(infuse method)是用定量的溶剂,在一定温度下将药材浸泡一定的时间,以提取药材成分的一种方法。除特别规定外,浸渍法一般在常温下进行。因浸渍法所需时间较长,不宜以水为溶剂,通常选用不同浓度的乙醇,故浸提过程应密闭,防止溶剂的挥发损失。浸渍法按操作温度和浸渍次数分为冷浸法、热浸法和重浸渍法。

该法适用于黏性药材、无组织结构的药材、新鲜及易膨胀的药材、价格低廉的芳香性药材。由于浸出效率低,不适于贵重药材、毒性药材和有效成分低的药材的浸取。

(二)渗滤法

渗滤法(diacolation method)是将药物粗粉置于渗滤器内,溶剂连续地从容器的上部加入,渗滤液不断地从下部流出,从而浸出药材中有效成分的一种方法。渗滤时,溶剂渗入药材细胞中溶解大量的可溶性成分后,浓度增高,向外扩散,浸提液的密度增大,向下移动。上层的溶剂不断置换其位置,形成良好的浓度差,使扩散自然地进行,故渗滤法的效果优于浸渍法,提取较完全,而且省去了分离浸提液的时间和操作。当渗滤流出液的颜色极浅或渗滤液体积的数值相当于原药材质量数值的 10 倍时,便可认为基本提取完全。

在渗滤法中借鉴和引用一些新技术、新设备等,对于提高制剂的质量、稳定性、生物利用度,降低毒副作用,提高生产效率,降低成本等均有积极作用。如酒剂的生产,由原始的浸渍法到渗漉法,现在又采用循环浸渗提取法,不仅缩短了生产周期,而且提高了产品质量,较好地解决了药酒澄清度的问题。

渗漉法适用于贵重药材、毒性药材及高浓度的制剂,也可用于有效成分含量较低的药材提取。但对新鲜的及易膨胀的药材、无组织结构的药材则不宜采用。因渗漉过程所需时间较长,不宜用水作溶剂,通常用不同浓度的乙醇或白酒,故应防止溶剂的挥发损失。

根据操作方法的不同,渗漉法又可分为单渗漉法、重渗漉法、加压渗漉法和逆流渗漉法。

(三) 煎煮法

煎煮法(decocting method)是以水为浸提溶剂,将药材加热煮沸一定的时间以提取其所含成分的一种方法。

取药材饮片或粗粉,加水浸没药材(勿使用铁器),加热煮沸,保持微沸。煎煮一定时间后,分离煎煮液,药渣继续依法煮沸数次至煎煮液味淡薄,合并各次煎煮液,浓缩。一般以煎煮2~3次为宜,小量提取,第1次煮沸20~30分钟;大量生产,第1次煎煮1~2小时,第2、3次煎煮时间可酌减。

该法适用于有效成分能溶于水,且对湿热较稳定的药材。其优点是操作简单易行;缺点是煎煮液中除有效成分外,往往含有较多的水溶性杂质和少量的脂溶性成分,给后续操作带来很多困难。一些不耐热及挥发性成分在煎煮过程中易被破坏或挥发损失,同时煎出液易霉变、腐败,应及时处理。因煎煮法能提取较多的成分,符合中医传统用药习惯,所以对于有效成分尚未清楚的中药或方剂进行剂型改革时,常采用煎煮法粗提。煎煮法分为常压煎煮法和加压煎煮法。常用的设备有一般提取器、多功能中药提取罐、球形煎煮罐等。图9-1是多功能中药提取罐示意图。

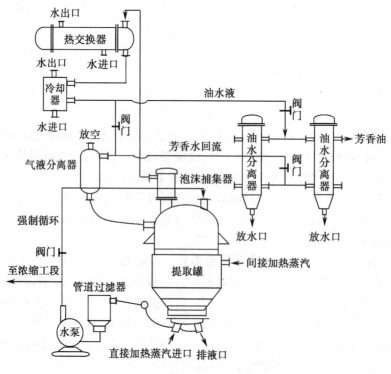

图9-1　多功能中药提取罐示意图

（四）压榨法

压榨法又称榨取法,是用加压方法分离液体和固体的一种方法。该法是中药和天然药物的重要提取方法之一。药材中以水溶性酶、蛋白、氨基酸等为主要有效成分的药物都可以用压榨法制取。含水分高的新鲜药材(如秋梨、生姜、沙棘等)可以以榨汁的方式制备其有效成分提取物。许多药材中的有效成分对热很不稳定,这类药物用加热浸出、浓缩等方法所制备的提取物质量不好,而用湿冷压榨法制备比较理想。

压榨法的缺点是用于榨取脂溶性物质收率较低,如用于榨取芳香油和脂肪油其收率不如浸出法高。由于这种原因,在芳香油的制备方面已经很少使用压榨法。但是有些芳香油用浸出法和蒸馏法所制得的产品气味不如压榨法所得的油气味好,如由中药青皮、陈皮、柑橘等果实以压榨法制得的芳香油远较蒸馏法的气味好,所以压榨法尚不能完全被其他方法所取代。为了提高其收率,可以用压榨法与浸出法或蒸馏法相结合的办法解决。用压榨法榨取水溶性物可得到较高的收率,而且有效成分不会被破坏。因此,压榨法是制备新鲜药材中对热不稳定的有效成分的可靠方法。

（五）水蒸气蒸馏法

水蒸气蒸馏(vapor distillation)是应用相互不溶也不起化学反应的液体,遵循混合物的蒸气总压等于该温度下各组分饱和蒸气压(即分压)之和的道尔顿定律,以蒸馏的方法提取有效成分。该法适用于具有挥发性,能随水蒸气蒸馏而不被破坏,不溶或难溶于水的化学成分的提取、分离,如一些芳香性、有效成分具有挥发性的药材的提取。水蒸气蒸馏法分为水中蒸馏法、水上蒸馏法及水气蒸馏法。

（六）回流法

回流法(circumfluence method)是用乙醇等挥发性有机溶剂热提取药材中有效成分的一种方法。将提取液加热蒸馏,其中挥发性馏分又被冷凝,重新流回浸出器中浸提药材,这样周而复始,直至有效成分回流提取完全。由于提取液浓度逐渐升高,受热时间长,不适用于受热易破坏的药材成分浸出。适用于脂溶性强的化学成分的提取,如甾体、萜类和蒽醌等。回流法可分为回流热浸法和循环回流冷浸法。

1. 回流热浸法　是将药材饮片或粗粉装入圆底烧瓶内,添加溶剂浸没药材表面,浸泡一定时间后,于瓶口安装冷凝装置,并接通冷凝水,水浴加热。回流浸提至规定时间,将回流液滤出后,再添加新溶剂回流,合并多次回流液,回收溶剂,即得浓缩液。

2. 循环回流冷浸法　是采用少量溶剂,通过连续循环回流进行提取,使药物有效成分提出的浸取方法。少量药粉可用索氏提取器提取,大生产时可采用循环回流冷浸装置。

（七）超临界流体萃取法

超临界流体萃取(supercritical fluid extraction,SCFE 或 SFE)是一种用超临界流体作为溶剂,对药材中有效成分进行萃取和分离的新型技术。超临界流体(supercritical fluid,SF)是指处于临界温度(T_c)和临界压力(P_c)以上,以流体形式存在的物质,兼有气、液两者的特点,同时具有液体的高密度和气体的低黏度的双重特性。

超临界流体不仅具有液体的高密度和溶解度,而且具有气体的低黏度和扩散系数,因而具有较好的流动、传质、传热和渗透性能,对许多化学成分有很强的溶解能力。在临界点附近,压力和温度的微小变化可以对超临界流体的密度、扩散系数、表面张力、黏度、溶解度和介电常数等带来显著的变化。它的这些特殊性质,使其在医药、化工、食品等方面获得广泛的应用。可用于超临界流体萃取的气体有二氧化碳、一氧化二氮、乙烷、乙烯、三氟甲烷、氮气和氩气等。二氧化碳因临界条件好、无毒、无腐蚀性、不污染环境、安全、价廉易得、可循环使用等优点,成为超临界流体萃取技术中最常用的超临界流体,称为超临界 CO_2 流体萃取法。常规超临界 CO_2 萃取过程如图9-2所示。

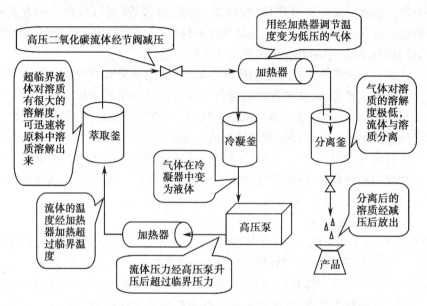

图9-2　常规超临界 CO_2 萃取过程示意图

超临界 CO_2 流体萃取技术用于中药和天然药物有效成分的提取,其提取效率、提取时间、有效成分的含量和纯度都明显优于传统的提取方法。超临界 CO_2 流体提取具有以下优点:①CO_2 价廉易得,可以重复循环使用,有效地降低了成本;提取物无溶剂残留,产品质量好。②萃取温度接近室温或略高,特别适合于对湿、热、光敏感的物质和芳香性物质的提取,能在很大程度上保持各组分原有的特性。③操作易于控制。超临界 CO_2 的萃取能力取决于流体的密度,可以容易地通过改变操作条件(温度和压力)而改变它的溶解度并实现选择性提取。④萃取效率高、速度快。由于超临界 CO_2 流体的溶解能力和渗透能力强,扩散速度快,且萃取是在连续动态条件下进行,萃出的产物不断地被带走,因而能将所要提取的成分完全提取,这一优势在挥发油提取中表现得非常明显。⑤超临界 CO_2 具有抗氧化和灭菌作用,有利于保证和提高天然药物产品的质量。

(八) 超声波提取法

超声波提取(ultrasonic extraction)是利用超声波具有的空化作用、机械效应及热效应,通过增大介质分子的运动速度、增大介质的穿透力,促进药物有效成分的溶解及扩散,缩短提取时间,提高药材有效成分的提取率。超声波提取工艺流程如图9-3所示。

中药有效成分大多为细胞内产物,提取时往往需要将细胞破碎,而现有的机械或化学破碎方法有时难以取得理想的效果,所以超声破碎在中药的提取中显示出显著的优势。目前,超声提取技术在中药和天然药物的研发、中药制药质量的检测中已广泛使用。如采用80%乙醇浸泡水芹,超声处理30分钟,连续提取2次,总黄酮的浸出率为94.5%,而用醇提法仅为73%。

与常规的煎煮法、浸提法、渗漉法和回流提取法等技术相比,超声波提取具有以下特点:①超声提取能增加所提取成分的提取率,提取时间短,操作方便;②在提取过程中无需加热,

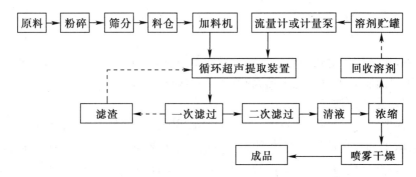

图9-3　超声波提取工艺流程示意图

节约能源,适合于热敏性物质的提取;③不改变所提取成分的化学结构,能保证有效成分及产品质量的稳定性;④溶剂用量少;⑤提取物有效成分含量高,有利于进一步精制。

超声提取技术在大规模提取时效率不高,所以在工业化生产中应用较少。随着对超声理论与实际应用的深入研究、超声设备的不断完善,超声提取在中药和天然药物提取工艺中将会有广阔的应用前景。

（九）微波提取法

微波(microwave,MW)通常是指波长为 1mm～1m(频率在 300MHz～300GHz)的电磁波。微波提取技术(microwave assisted extraction technique,MAET)是利用微波和传统的溶剂萃取法相结合后形成的一种新的萃取方法。微波提取法能在极短的时间内完成提取过程,其主要是利用了微波强烈的热效应。被提取的极性分子在微波电磁场中快速转向及定向排列,由于相互摩擦而发热,保证能量的快速传递和充分利用,极性分子易于溶出和释放。介质中不同组分的理化性质不同,吸收微波能的程度也不同,由此产生的热量和传递给周围环境的热量也不同,从而将药材中的有效成分分别提取出来。

微波萃取技术在中药和天然药物提取中主要有两方面的应用。一是通过快速破坏细胞壁,加快有效成分的溶出;二是难溶性物质在微波的作用下溶解度增大,得到较好的溶解,提高了有效成分萃取的速度和收率。微波提取设备生产线主要包括 4 个环节:预处理、微波提取、料液分离和浓缩系统。微波提取工艺流程如图 9-4 所示。

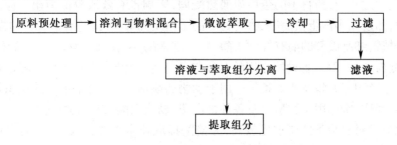

图9-4　微波提取工艺流程示意图

例如,采用微波技术从甘草中提取甘草酸的最佳提取条件为以 5% 氨水为提取溶剂,微波功率为 2000W,体系温度升至 60℃后保温提取 40 分钟。微波提取与索氏提取 4 小时、室温冷浸 44 小时的甘草酸收率相当。

与传统提取方法相比,微波萃取具有如下特点:①操作简单,萃取时间短,不会破坏敏感物质;②可供选择的溶剂多,用量少,溶剂回收率高,有利于改善操作环境并减少投资;③对萃取物具有较高的选择性,有利于改善产品的质量;④微波提取热效率高,节约能源,安全可控。

微波萃取仅适用于对热稳定的产物。微波萃取技术有一定的局限性,微波加热能导致对热敏感物质的降解、变性甚至失活;微波泄漏对操作者影响很大。

(十)半仿生提取法

半仿生提取法(semi-bionic extraction method,SBE)是为经消化道给药的中药制剂设计的一种新提取工艺。它是从生物药剂学的角度将整体药物研究法与分子药物研究法相结合,模拟口服给药后药物在胃肠道的转运环境,采用活性指导下的导向分离法。该法模仿口服药物在胃肠道的转运过程,采用选定 pH 的酸性水和碱性水依次连续提取药材,提取液依次过滤、浓缩,制成制剂。其目的是提取含指标成分高的"活性混合物"。由于这种方法的工艺条件更适合工业化生产实际,不可能完全与人体条件相同,故称为"半仿生"。

半仿生提取法能体现中医临床用药综合作用的特点,又符合药物经胃肠道转运吸收的原理。同时,不经乙醇沉淀除去杂质,可避免有效成分损失,缩短生产周期,降低生产成本。亦可利用 1 种或几种指标成分的含量控制制剂内在质量。半仿生提取法的研究方向是以人为本,确保人的健康。但目前半仿生提取法仍沿袭高温煎煮方式,使许多有效活性成分被破坏,降低药效。

(十一)酶提取技术

酶提取技术(enzyme extractive technique)是在传统提取方法的基础上,根据植物药材细胞壁的构成,利用酶反应所具有的极高催化活性和高度专一性等特点,选择相应的酶,将细胞壁的组成成分水解或降解。该法能够破坏细胞壁结构,使有效成分充分暴露出来,溶解、混悬或胶溶于溶剂中,从而使细胞内有效成分更容易溶解、扩散。由于植物提取过程中的屏障——细胞壁被破坏,因而酶法提取有利于提高有效成分的提取率。

中药和天然药物成分复杂,各种有效成分常与蛋白质、果胶、植物纤维、淀粉等杂质混杂。这些杂质一方面影响植物细胞中活性成分的浸出,另一方面也影响中药液体制剂的澄明度和中药制剂的稳定性。选用恰当的酶,通过酶反应在温和的条件下将影响液体制剂质量的杂质组分分解除去,加速有效成分的释放、提取。例如,许多药材含有蛋白质,采用常规提取法,在煎煮过程中,药材中的蛋白质遇热凝固,影响了有效成分的煎出。应用能够分解蛋白质的酶,如使用木瓜蛋白酶等,将药材中的蛋白质分解,可提高有效成分的提取率。

常用于植物细胞破壁的酶有纤维素酶、半纤维素酶、果胶酶以及多酶复合体(果胶酶复合体、葡聚糖内切酶)等。各种酶作用的对象与条件各不相同,需要根据药材的部位、质地,有针对性地选择相应的酶及酶解条件。用于动物药酶解的酶,根据不同的组织器官和提取成分的种类、性质,常选用脂肪酶以及各种蛋白酶(胰蛋白酶、胃蛋白酶等)。

酶提取技术对实验条件要求比较高,为使酶提取技术发挥最大作用,需先通过实验确定、掌握最适合温度、pH 及作用时间等,因而存在一定的局限性。

(十二)超高压提取技术

超高压提取技术(ultrahigh-pressure extraction,UHPE)是指在常温下用 100～1000MPa的流体静压力作用于提取溶剂和药材的混合液上,并在预定压力下保持一段时间,使植物细胞内外压力达到平衡后迅速卸压,由于细胞内外渗透压力忽然增大,细胞膜的结构发生变化,使得细胞内的有效成分能够穿过细胞的各种膜而转移到细胞外的提取溶剂中,达到提取有效成分目的的一种方法。

超高压提取一般步骤如下。①原料筛选:从原药材中筛选所需的叶、根茎等;②预处理:药材的干燥、粉碎、脱脂等前处理;③与溶剂混合:药材与提取溶剂按照一定的料液比混合后包装并密封;④超高压处理:按照设定的工艺参数值进行处理;⑤除去提取液中的残渣:一般采用离心或过滤的方法;⑥挥干溶剂:用减压蒸馏、膜分离法等处理;⑦纯化:进行萃取、层析、重结晶等纯化处理;⑧得到有效成分,进行相关的定性鉴别和定量测定。超高压提取工艺流程如图9-5所示。

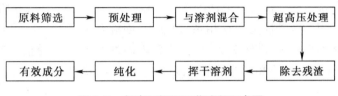

图9-5　超高压提取工艺流程示意图

超高压提取技术在中药和天然药物有效成分提取方面具有许多独特的优势。该提取工艺提取效率高,提取产物生物活性高,提取液稳定性好,耗能低,适用范围广,操作简单,溶剂用量少,并且超高压提取是在密闭环境下进行的,没有溶剂挥发,不会对环境造成污染,是一种绿色提取技术。

超高压条件下虽然不会影响生物小分子的结构,但能够影响蛋白质、淀粉等生物大分子的立体结构。并当药材中含有大量淀粉时,压力过高可引起淀粉的糊化而阻碍有效成分溶入提取溶剂中。因此,超高压提取技术不适于提取活性成分主要为蛋白质类的中药和天然药物。此外,超高压提取需要有特定的提取设备。该提取技术的应用处于刚刚起步的阶段,提取工艺参数的协同效应优化等问题还需进一步研究。

第四节　分离纯化工艺

中药、天然药物品种多、来源复杂,通过各种方法浸提后得到的药材提取液往往是混合物,需进一步除去杂质,进行分离、纯化、精制,才能得到所需要的有效成分或有效部位。具体的分离纯化方法要根据粗提取液的性质、制剂所选剂型,选择适宜的方法与条件来确定。分离纯化的目的是将无效成分、组织成分甚至有害成分除去,尽量保留有效成分或部位,为制剂提供合格的原料或半成品。

一、分离工艺与方法

将固体-液体非均相体系用适当的方法分开的过程称为固-液分离。常用的分离方法有沉降分离法、滤过分离法和离心分离法等。

(一)沉降分离法

沉降分离法是利用固体物质与液体介质密度悬殊,固体物质靠自身的重量自然下沉,进而发生相对运动而分离的操作。沉降分离方法分离不够完全,往往还需要进一步滤过或离心分离。但它能够去除大量杂质,有利于进一步的分离操作,实际生产中常采用。对料液中固体物质含量少、粒子细而轻者,不宜采用沉降分离法。

(二)滤过分离法

滤过分离法是将固-液混悬液通过多孔介质,使固体质子被介质截留,液体经介质孔道流出,从而实现固-液分离的方法。当有效成分为可溶性成分时取滤液;当有效成分为固体沉淀物或结晶时则取滤饼;当滤液和滤饼均为有效成分时,应分别收集。常用的滤过方法有常压滤过、减压滤过和加压滤过。

(三) 离心分离法

离心分离法是将待分离的料液置于离心机中,借助于离心机高速旋转,使料液中的固体与液体或两种不相混溶的液体产生大小不同的离心力,从而达到分离目的。该法是目前较普遍使用的一种分离方法。离心分离法的优点是生产能力大,耗时少,分离效果好,成品纯度高。适于离心分离的料液应为非均相系,包括液-固混合系(混悬液)和液-液混合系(乳浊液)。一般制剂生产中,遇到含水量较高、所含不溶性微粒的粒径很小或黏度很大的滤液,或需将两种密度不同且不相混溶的液体混合物分开,而其他方法难以实现时,可用适当的离心设备进行分离。

二、纯化工艺与方法

纯化是采用适当的方法和设备除去药材提取液中杂质的操作。常用的方法有水提醇沉法、醇提水沉法、改变杂质环境条件法、盐析法、絮凝澄清技术、膜分离技术、蒸馏分离技术、大孔吸附树脂法和双水相萃取技术等。

(一) 水提醇沉法

水提醇沉法是先以水为溶剂提取药材的有效成分,再用不同浓度的乙醇沉淀除去提取液中杂质的方法。其基本原理是利用药材中大多数有效成分(如苷类、生物碱、多糖等)易溶于水和醇的特点,用水提出,并将提取液浓缩,加入适当的乙醇和稀乙醇反复数次沉降,除去不溶解的杂质,从而达到与有效成分分离的目的。

例如雷公藤内酯的水提醇沉工艺流程,如图9-6所示。

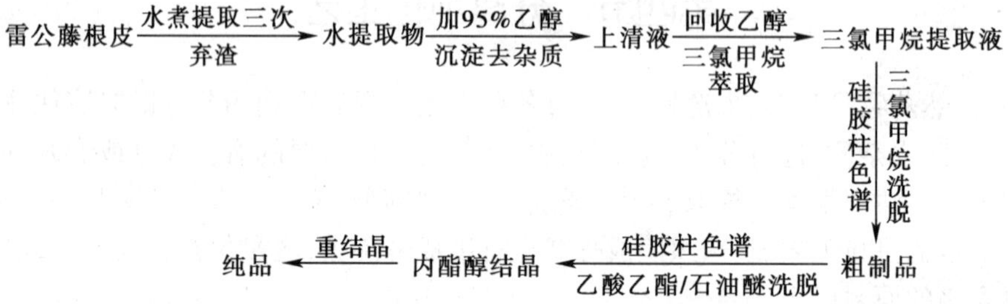

图9-6 雷公藤内酯的水提醇沉工艺流程

水提醇沉操作时,应采用分次醇沉或以梯度递增的方式逐步提高乙醇浓度,有利于除去杂质,减少杂质对有效成分的包裹而被一起沉出造成损失。应将乙醇慢慢加入到浓缩药液中,边加边搅拌,使含醇量逐步提高。分次醇沉是指每次回收乙醇后再加乙醇调至规定含醇量,可以较为完全地除去杂质,但操作较麻烦,乙醇用量大。在大生产中常用梯度递增醇沉法,操作比较方便,乙醇的用量小,但除杂较不完全。

水提醇沉法在应用中还存在不少值得进一步研究和探讨的问题。例如,乙醇沉淀去除杂质成分的同时也造成有效成分的损失;经醇沉处理的制剂疗效不如未经醇沉处理的制剂疗效好;经醇沉处理的液体制剂在保存期间容易产生沉淀或粘壁现象;经醇沉回收乙醇后的药液往往黏性较大,造成浓缩困难,且其浸膏黏性也大,制粒困难;醇沉处理生产周期长,耗醇量大,成本高,大量使用有机溶剂,不利于安全生产。因此,在没有充分的理论和实践依据之前,不宜盲目地套用本法。

（二）醇提水沉法

醇提水沉法是先用适宜浓度的乙醇提取药材成分,再用水除去提取液中杂质的方法。其基本原理及操作与水提醇沉法基本相同,适用于提取药效物质为醇溶性或在醇水中均有较好溶解性的药材,可避免药材中大量蛋白质、淀粉、黏液质等高分子杂质的浸出。同时,水处理可较方便地将醇提取液中的树脂、油脂、叶绿素等杂质沉淀除去。应特别注意,如果药效成分在水中难溶或不溶,则不可采用醇提水沉法。不同浓度的乙醇可提取不同的成分,如表9-1所示。

表9-1　不同浓度乙醇提取的药材成分

乙醇的浓度（%）	浸出的药材成分
20~35	水溶性成分
45	鞣质
60~70	苷类
70~80	生物碱盐及部分生物碱
90	挥发油、树脂、油脂

（三）改变杂质环境条件法

将提取液用冷藏、加热处理、调节pH和离心沉淀等方法处理,改变杂质的环境条件,也可促进杂质从溶媒中沉淀出来。

1. 冷藏　将提取液置于低温条件下,通过降低温度,破坏蛋白质、鞣质、黏液质和树脂等高分子化合物的胶体,使之凝聚,达到沉淀杂质的目的。可置于冰箱、冷库内,冷藏的时间一般为12~24小时或以上,或根据需要适当延长,沉淀杂质的效果更好。

2. 加热处理　高温加热促使受热分解的物质加速分解,聚合的物质加速聚合,以便杂质沉淀。加热温度不应过高,时间也不应过长,以防止有效成分被破坏,一般可在100℃加热30分钟。也有的用灭菌温度与时间加热处理,如115℃灭菌30分钟。

3. 调节酸碱度　调节酸碱度是利用有效成分（或杂质）在某一pH范围内能生成沉淀或能增加溶解度的性质,将提取液的pH保持在需要的范围内,使有效成分（或杂质）沉淀出来或增加其溶解度,从而达到分离目的的一种方法。调节酸碱度的方法是将稀酸或稀碱液加入提取液中,调至偏酸或偏碱性,放置一定时间沉淀。沉淀完全后及时过滤除去杂质,将提取液pH调至中性即可。操作中应注意不可直接加入浓酸或浓碱液,以免破坏有效成分。调至适当的pH后,提取液放置时间不宜过长。

（四）盐析法

盐析法（salting out method）是在药材提取液中加入无机盐至一定浓度,或达到饱和状态,可使某些成分在水中溶解度降低,从而与其他成分分离的一种方法。盐析法主要适用于有效成分为蛋白质的药物,既能使蛋白质分离纯化,又不致使其变性。此外,盐析法也常用于挥发油的纯化。

例如,从大麦中提取淀粉酶,大麦种子25~27℃发芽7天,麦芽捣碎,压汁,在汁液中加入硫酸铵盐析,沉淀物冷冻干燥,磨粉,即为淀粉酶。

常用作盐析的无机盐有氯化钠、硫酸钠、硫酸镁和硫酸铵等。

（五）色谱法

色谱法（chromatography）又称层析法，是分离纯化和定性定量鉴定中药有效成分的重要方法之一。其基本原理是利用混合样品各组分在互不相溶的两相溶剂之间分配系数的差异（分配色谱）、组分对吸附剂吸附能力的不同（吸附色谱）、分子大小的差异（排阻色谱）或其他亲和作用的差异来进行反复吸附或分配，从而使混合物中的各组分得以分离。

在中药、天然药物提取物中，往往含有结构相似、理化性质相似的几种成分的混合物，用一般的化学方法很难分离，可用色谱法将它们分开。在提取、分离得到有效成分时，往往含有少量结构类似的杂质，不易除去，也可用色谱法除去杂质得到纯品。根据各组分在固定相中的作用原理，不同色谱法可分为吸附色谱、分配色谱、离子交换色谱和排阻色谱等；根据载体及操作条件的不同，分为纸色谱、薄层色谱、柱色谱、高效液相色谱和气相色谱等。

（六）吸附澄清技术

吸附澄清技术（adsorption clarification technique）是指在中药提取液中加入1种或数种絮凝沉淀剂，通过吸附架桥或电荷中和的方式与黏液质、蛋白质、果胶、鞣质等发生分子间作用，使其沉降，除去溶液中的粗粒子，以达到纯化和提高成品质量目的的一种技术。该法可部分代替传统醇沉工艺，其优越性在于絮凝剂价格低、用量少，有效成分保留率高，澄清效果较佳，成品稳定性好，安全无毒等。

絮凝澄清技术中最重要的就是絮凝剂的使用，由于天然的高分子絮凝剂无毒、可降解，所以广泛用于药物澄清工艺中。目前常用的絮凝剂有明胶、ZTC澄清剂、101果汁澄清剂、甲壳素及其衍生物等，其中运用最多的是甲壳素及其衍生物。

中药、天然药物来源丰富，成分复杂，吸附澄清剂对各种成分的影响也不尽相同。澄清效果不仅与澄清剂的结构、加入量、加入方式有关，而且受提取液浓度、体系pH、絮凝温度、搅拌速度及时间等诸多因素的影响。故在确定吸附澄清工艺时，应充分考虑和考察各相关因素，确定合理可行的最佳工艺条件。

（七）膜分离技术

膜分离技术（membrane separation technique）是用天然或人工合成的、具有选择性的薄膜为分离介质，在膜两侧一定推动力（如压力差、浓度差、温度差和电位差等）的作用下，使原料中的某组分选择性地透过膜，从而使混合物得以分离，达到提纯、浓缩等目的的分离过程。使用膜分离技术，可以在原生物体系环境下实现物质分离的目的，可以高效浓缩富集产物，有效地去除杂质。

膜分离是一个高效的分离过程，可以实现高纯度的分离；大多数膜分离过程不发生相的变化，且通常在室温下进行，能耗较低，特别适用于热敏性物质的分离、分级、提纯或浓缩；而且适于从病毒、细菌到微粒广泛范围的有机物和无机物的分离及许多理化性质相近的混合物（共沸物或近沸物）的分离。

选用合适材质和孔径的滤膜是膜分离技术的关键。中药、天然药物化学成分非常复杂，类型繁多，不同孔径的膜和不同材料制成的膜对不同类型有效成分的截留率和吸收率不同。因此，应根据药液所含的有效成分，选择适宜规格的超滤膜。目前应用于中药和天然药物生产工艺过程中的膜分离技术有微滤（microfiltration，MR）、超滤（ultrafiltration，UF）、纳滤（nanofiltration，NF）、反渗透（reverse osmosis，RO）、渗析（dialysis）、电渗析（electrodialysis，ED）、气体分离（gas permeation，GP）和渗透汽化（pervaporation，PV）等。

（八）蒸馏分离技术

蒸馏分离技术是利用物质挥发程度的差异实现液体混合物分离的一系列技术的总称，其基本原理是利用混合物中各组分的沸点不同而进行分离。液体物质的沸点越低，其挥发度就越大，因此将液体混合物沸腾并使其部分汽化和部分冷凝时，挥发度较大的组分在气相中的浓度就比在液相中的浓度高；相反地，难挥发组分在液相中的浓度高于在气相中的浓度，故将气、液两相分别收集，可达到分离的目的。

1. 水蒸气蒸馏　根据道尔顿（Dalton）定律，当与水不相混溶的物质与水一起存在时，整个体系的蒸气压力等于该温度下各组分蒸气压（即分压）之和。当混合物中各组分的蒸气压总和等于外界大气压时，这时的温度即为它们的共沸点，此沸点较任一个组分的沸点都低。因此，在常压下应用水蒸气蒸馏（vapour distillation），就能在低于100℃的情况下将高沸点组分与水一起蒸出来。此法特别适用于分离那些在其沸点附近易分解的物质，也用于从不挥发物质或不需要的树脂状物质中分离出所需的组分。

2. 分子蒸馏技术　分子蒸馏（molecular distillation，MD）又称为短程蒸馏（short-path distillation），是一种在高真空度下进行分离精制的连续蒸馏过程。在压力和温度一定的条件下，不同种类的分子由于分子有效直径的不同，其分子平均自由程也不同。从统计学观点来看，不同种类的分子逸出液面后不与其他分子碰撞的飞行距离是不同的，轻分子的平均自由程大，重分子的平均自由程小。如果冷凝面与蒸发面的间距小于轻分子的平均自由程，而大于重分子的平均自由程，这样轻分子可达到冷凝面被冷却收集，从而破坏了轻分子的动态平衡，使轻分子不断逸出。重分子因达不到冷凝面相互碰撞而返回液面，很快趋于动态平衡，不再从混合液中逸出，从而实现混合物的分离。

分子蒸馏技术适用于高沸点、热敏性、易氧化的物料，尤其是对温度较为敏感的挥发油的提取分离。该法可脱除液体中的低分子质量物质（如有机溶剂、臭味等），所得到的产品安全、品质好。例如，玫瑰精油为热敏性物质，常规的蒸馏方法温度高，加热时间过长会引起其中某些成分的分解或聚合。利用分子蒸馏技术对超临界提取的玫瑰粗油进行精制：操作真空度为30Pa，加热器的温度从80℃开始，每次递增10℃对玫瑰粗油进行单级多次分子蒸馏，在80～120℃的沸程温度下能得到品质较好的玫瑰精油，收率为56.4%。

分子蒸馏物料在进料时为液态，可连续进、出料，利于产业化大生产，且工艺简单、操作简便、运行安全。与传统蒸馏相比，分子蒸馏有如下特点：①操作温度低，可大大节省能耗；②蒸馏压强低，需在高真空度下操作；③受热时间短；④分离程度及产品收率高；⑤分子蒸馏是不可逆过程。

（九）大孔吸附树脂法

大孔吸附树脂（macroporous adsorption resin）是一种非离子型高分子聚合物吸附剂，具有大孔网状结构，其物理化学性质稳定，不溶于酸、碱及各种有机溶剂，不受无机盐类及强离子、低分子化合物存在的影响。大孔树脂比表面积大、吸附与洗脱均较快、机械强度高、抗污染能力强、热稳定性好，在水溶液和非水溶液中都能使用。不同于以往使用的离子交换树脂，大孔吸附树脂通过物理吸附和树脂网状孔穴的筛分作用，达到分离提纯目的。

中药、天然药物提取液体积大、杂质多、有效成分含量低，使用大孔树脂即可除去大量杂质，同时使有效成分富集，它完成了除杂和浓缩两道工序。如人参茎叶中含可作为药用的人参皂苷，但含量低，用一般方法提取麻烦。若用大孔树脂，即将人参茎叶煮提3次，通过树脂柱处理即得人参皂苷粗品。其提取工艺流程如图9-7所示。

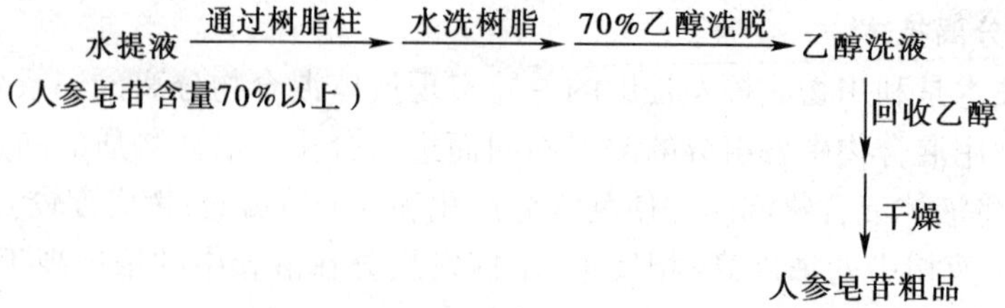

水提液 —通过树脂柱→ 水洗树脂 —70%乙醇洗脱→ 乙醇洗液
（人参皂苷含量70%以上）

↓回收乙醇

↓干燥

人参皂苷粗品

图9-7 人参皂苷的大孔吸附树脂提取工艺流程

大孔吸附树脂与以往的吸附剂（活性炭、分子筛和氧化铝等）相比，其性能非常突出，主要是吸附量大、容易洗脱、有一定的选择性、强度好、可以重复使用等。特别是可以针对不同的用途设计树脂的结构，因而使吸附树脂成为一个多品种的系列，在中药和天然药物、化学药物及生物药物分离等多方面显示出优良的吸附分离性能。

（十）双水相萃取技术

双水相萃取（aqueous two-phase extraction，ATPE）是利用物质在互不相溶的两个水相之间分配系数的差异实现分离的方法。它与水-有机相萃取的原理相似，都是依据物质在两相间的选择性分配，并符合相似相溶的原则。由于萃取体系的性质不同，在被分离物质进入双水相体系后，由于分子间的范德华力、疏水作用、分子间的氢键、分子与分子之间电荷作用的存在和环境因素的影响，使其在静置分层时被分离物质在两相中的浓度不同，然后将富集了被分离成分的相分离出来，再经过处理后就可得到被分离成分，从而达到分离的目的。由于该法条件温和，容易放大，可连续操作，目前已成功用于中药和天然药物有效成分、抗生素和蛋白质等生物产品的分离和纯化。

第五节 浓缩与干燥工艺

浓缩与干燥是中药和天然药物制药工艺中重要的基本操作。浓缩与干燥技术的应用是否适宜，将直接影响产品的质量、使用以及外观等。因此，在生产过程中如何根据不同的生产工艺要求、提取液的物性以及浓缩后物料的性质和剂型特点等，选择适宜的浓缩与干燥技术和装备是十分重要的。

一、浓缩工艺与方法

浓缩过程是用加热的方法，利用蒸发原理，使溶液中部分溶剂汽化而被分离除去，以提高溶液的浓度。由于药物性质不同，浓缩方法也不同。

（一）煎煮浓缩

煎煮浓缩是利用蒸发原理，使一部分溶剂汽化而达到浓缩的目的。蒸发时，溶剂分子从外界吸收能量，克服液体分子间引力和外界阻力而逸出液面。按照蒸发操作过程中所采用压力的不同，可将蒸发过程分为常压浓缩和减压浓缩。

1. 常压浓缩 是料液在1个大气压下进行的蒸发浓缩。被浓缩药液中的有效成分是耐热的，而溶剂无燃烧性、无毒害、无经济价值，可用此法进行浓缩。其特点是液体表面压力大，蒸发需较高温度，液面浓度高，黏度大，因而使液面产生结膜现象而不利于蒸发，通过搅拌可提高蒸发强度。中药水提取液常压浓缩时，蒸发时间长，加热温度高，热敏性有效成分容易破坏、炭化而影响药品质量，且设备易结垢，故应用受到限制。

2. 减压浓缩 又称减压蒸发,是使蒸发器内形成一定的真空度,使料液的沸点降低,进行沸腾蒸发的操作。减压浓缩由于溶液沸点降低,能防止或减少热敏性成分的破坏;增大传热温度差,强化蒸发操作;并能不断地排出溶剂蒸气,有利于蒸发顺利进行;同时,沸点降低,可利用低压蒸汽或废气加热。由于减压浓缩优点多于缺点,其在生产中应用较普遍。

(二) 薄膜浓缩

薄膜浓缩(film concentration)是利用料液在蒸发时形成薄膜,增大汽化表面进行蒸发的方法。其特点是浸出液的浓缩速度快,受热时间短;不受料液静压和过热影响,成分不易被破坏;能连续操作,可在常压或减压下进行;能将溶剂回收重复利用。

薄膜蒸发的进行方式有两种:一是使液膜快速流过加热面进行蒸发;二是使料液剧烈沸腾而产生大量泡沫,以泡沫的内外表面为蒸发面进行蒸发。前者在很短的时间内能达到最大蒸发量,但蒸发速度与热量供应间的平衡较难把握,药液变稠后容易黏附在加热面上,加大热阻,影响蒸发,故很少使用。后者目前使用较多,常常通过流量计来控制料液的流速,以维持液面恒定,否则也容易发生前者的弊端。

(三) 多效浓缩

在中药和天然药物制药工艺中,要使用大量的水(或乙醇等)从药材中提取有效物质,浸提液还要经蒸发浓缩蒸走大量溶剂水(或乙醇等)才能制得中间原料浸膏。大量水或乙醇的蒸发需要消耗大量的加热蒸汽,减少加热蒸汽消耗量的方法有两种:一是减少提取过程中的溶剂量;二是开发二次蒸汽的剩余热焓量的利用。

多效浓缩(multi-effect evaporation)是将蒸发器串联在一起,将前一效产生的二次蒸汽引入后一效作为加热蒸汽,组成双效浓缩器;将二效的二次蒸汽引入三效作为加热蒸汽,组成三效浓缩器;同理,组成多效浓缩器。最后一效引出的二次蒸汽进入冷凝器被冷凝成水而除去。

多效浓缩是根据能量守恒定律关于低温低压(真空)蒸气含有的热能与高温高压含有的热能相差很小,而汽化热反而高的原理设计的。要使多效蒸发能正常运行,系统中除第一效外,任一效蒸发器的蒸发温度和压力均要低于上一效蒸发器的蒸发温度和压力。常见的多效浓缩操作流程根据蒸汽与被浓缩料液流向不同(以三效为例),一般可分为顺流、逆流和平流 3 种形式。

1. 顺流加料法 又称并流加料法,料液的流向和蒸汽的走向一致,均由第一效顺序至末效。即原料液依次通过一效、二效和三效,完成液由第三效的底部排出。加热蒸汽通入第一效加热室的壳层,蒸发出的二次蒸汽进入第二效的加热室壳层作为蒸汽,第二效的二次蒸汽又进入第三效的加热室作为蒸汽,第三效的二次蒸汽则送至冷凝器被全部冷凝移除。顺流加料法工艺流程如图 9-8 所示。

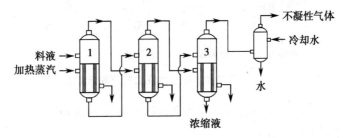

图9-8 顺流加料三效蒸发工艺流程示意图

　　顺流加料法的优点是由于前一效的温度、压力总比后一效的高，故料液不需要泵输送，而是依靠效间的压力差自动送料，操作简便。并且前一效溶液的沸点较后一效的高，当前一效料液流入后一效时，则处于过热状态而自行蒸发，能产生较多的二次蒸汽，使热量消耗较少。其缺点是由于后一效溶液的浓度较前一效的高，且温度又较低，所以沿溶液流动方向其浓度逐渐增高，黏度也增高，致使传热系数逐渐下降，因而此法不宜处理黏度随温度、浓度变化大的溶液。

　　2. 逆流加料法　逆流加料法蒸汽流向与料液流向相反，加热蒸汽的流向与顺流加料法相同，而料液则从末效加入，依次用泵将料液送到前一效，浓缩液由第一效放出。逆流加料法工艺流程如图 9-9 所示。

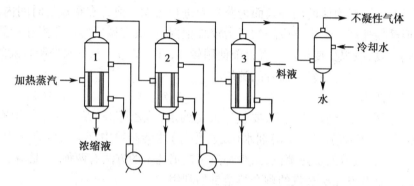

图 9-9　逆流加料三效蒸发工艺流程示意图

　　逆流加料法的优点是工艺流程从末效至第一效，溶液浓度逐渐增大，相应的操作温度也随之逐渐增高，由于浓度增大黏度上升与温度升高黏度下降的影响基本可以抵消，故各效溶液的黏度相近、传热系数也大致相同。其缺点是料液均从压力、温度较低之处送入，效与效之间需用泵输送，因而能耗大、操作费用较高、设备也较复杂。逆流加料法对于黏度随温度和浓度变化较大的料液的蒸发较为适宜，不适于热敏性料液的处理。

　　3. 平流加料法　平流加料法是将待浓缩料液同时平行加入每一效的蒸发器中，浓缩液也是分别从每一效蒸发器底部排出，蒸汽的流向仍然从一效流至末效。平流加料法工艺流程如图 9-10 所示。

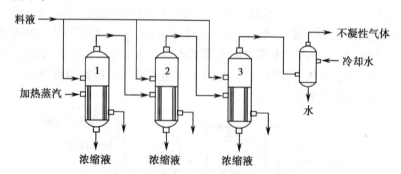

图 9-10　平流加料三效蒸发工艺流程示意图

　　平流加料能避免在各效之间输送含有结晶或沉淀析出的溶液，故适用于处理蒸发过程中伴有结晶或沉淀析出的料液。

二、干燥工艺与方法

干燥是利用热能使物料中湿分蒸发或借助冷冻使物料中的水结冰后升华而被除去的工艺操作。干燥的目的是除去某些固体原料、半成品或成品中的水分或溶剂,以便于贮存、运输、加工和使用,提高药物的稳定性,保证药物质量。

由于在中药和天然药物生产中被干燥物料的性质、预期干燥程度、生产条件等不同,所采用的干燥方法也不尽相同。常见的干燥方法有厢式干燥法、气流干燥法、喷雾干燥法、真空干燥法、流化干燥法和冷冻干燥法等。

(一) 厢式干燥法

厢式干燥又称室式干燥,采用一种间歇式的干燥器,一般小型的称为烘箱,大型的称为烘房。厢式干燥主要是以热风通过湿物料的表面达到干燥的目的。热风沿着湿物料的表面通过,称为水平气流厢式干燥器;热风垂直穿过物料,称为穿流气流厢式干燥器。

厢式干燥器广泛应用于干燥时间较长、处理量较小的物料系统,主要适用于各种颗粒状、膏糊状物料的干燥。该设备的优点是结构简单,设备投资少,适应性强,物料破损及粉尘少;其缺点是干燥时间长,每次操作都要装卸物料,劳动强度大,设备利用率低。

(二) 气流干燥法

气流干燥是采用加热介质(空气、惰性气体、燃气或其他热气体)在管内流动来输送被干燥的分离状颗粒的物料,使被干燥的固体颗粒悬浮于流体中,增加气-固两相接触面积,以气流方式向湿物料供热,汽化后生成的水汽也由气流带走,出来的物料湿分大大降低而达到干燥目的的方法。气流干燥法的优点是干燥速率高,干燥时间短,生产能力较大,相对来说设备投资较低,操作控制方便;该法的主要缺点是干燥管太长,整个系统的流体阻力很大,因此动力消耗大。

气流干燥适用于粉末状或颗粒状物料的干燥,对于泥状、膏糊状及块状的湿物料应配置粉碎机或分散器,使泥状、膏糊状及块状的湿物料同时进行粉碎并干燥。因为气体流速较高,粒子有一定的磨损,对晶体有一定要求的物料不宜采用,对管壁黏附性很强的物料、需干燥至临界湿含量以下的物料均不适用,此外对除尘系统要求较高。

(三) 喷雾干燥法

喷雾干燥(spray drying)是采用雾化器将一定浓度的液态物料(溶液、乳浊液和悬浮液)喷射成细小雾滴,并用热气体与雾滴接触,雾滴中湿分被热气流带走,从而使之迅速干燥,获得粉状或颗粒状制品的方法。

在喷雾干燥过程中,由于雾滴群的表面积很大,所以物料所需的干燥时间很短,只有数秒至数十秒钟。在高温气流中,雾滴表面温度不会超过干燥介质的温度,加上干燥时间短,最终产品的温度不高,故能适合于热敏性物料的干燥。由于喷雾干燥能直接将溶液干燥成粉末或颗粒状产品,且能保持物料原有的色、香、味以及生物活性,所以是目前中药生产过程采用较多的一种理想干燥方法。

喷雾干燥的缺点是所用设备容积较大,热效率不高;更换品种时设备清洗较麻烦,操作弹性小;干燥过程中塔壁会发生粘壁、吸湿及结块等现象。

(四) 真空干燥法

真空干燥(vacuum drying)又称减压干燥,是将被干燥物料处于真空条件下进行加热干燥,利用真空泵抽出由物料中蒸出的水汽或其他蒸气,以此达到干燥的目的。真空干燥法干燥温度低,干燥速度较快,干燥物疏松易于粉碎,整个干燥过程系密闭操作,减少了药物与空气接触,减轻了空气对产品质量的影响,且干燥物料的形状基本不改变。真空干燥适用于热敏性物料;易于氧化性物料;湿分是有机溶剂,其蒸气与空气混合具有爆炸危险的物料等。

（五）沸腾干燥法

沸腾干燥(boiling drying)又称流化干燥,是利用热空气流使湿颗粒悬浮,呈流态化,似沸腾状,热空气在湿颗粒间通过,在动态下进行热交换,带走水汽而达到干燥目的的一种方法。

流化干燥的气流阻力较小,物料磨损较轻,热利用率较高;干燥速度快,产品质量好,产品干、湿度均匀,适用于湿颗粒物料,如颗粒剂、片剂制备过程中湿颗粒的干燥和水丸的干燥;干燥过程中没有杂质带入;干燥时不需翻料,且能自动出料,大大降低了劳动强度,适用于大规模生产。但流化干燥热能消耗大,清扫设备较麻烦,尤其是有色颗粒干燥时给清洁工作带来困难。

（六）冷冻干燥法

冷冻干燥(freeze drying)又称升华干燥,是将被干燥液体物料先冻结成冰点以下的固体,然后在高真空条件下加热,使水蒸气直接从固体中升华出来而除去,从而达到干燥的方法。冷冻干燥过程包括冻结、升华和再干燥3个阶段。该法特点是物料在冷冻、真空条件下进行干燥,可避免产品因高热而变质,挥发性成分的损失较小或破坏极小,产品质量好;干燥后产品稳定、质地疏松;质量轻、体积小、含水量低,能长期保存而不变质。但冷冻干燥设备投资和操作费用均很大,产品成本高,价格贵。

（七）辐射干燥法

辐射干燥是利用湿物料对一定波长电磁波的吸收并产生热量将水分汽化的干燥过程。按频率由高到低,红外线、远红外线、微波和高频加热方法在生产上均有应用。常用的有红外线干燥法和微波干燥法。

1. 红外线干燥法　红外线干燥(infra red drying)是利用红外线辐射器产生的电磁波被含水物料吸收后产生强烈振动,直接转变为热能,使物料中水分或其他湿分汽化,从而达到干燥目的的方法。常用的辐射干燥是利用远红外线制成的远红外干燥。远红外线干燥速率快、产品质量好,适用于热敏性大的物料的干燥,特别适用于熔点低、吸湿性强的物料的干燥。

2. 微波干燥法　微波干燥(microwave drying)是将物料置于高频场内,由于高频电场的交换作用,使物料加热达到干燥目的的一种方法。在中药生产中,微波干燥所用频率主要为915MHz和2450MHz两种,后者在一定条件下兼有灭菌功能。由于微波可以穿透至物料内部,物料表面和内部同时被均匀加热,所以热效率高,干燥时间短,干燥后的物料保留原有的色、香、味和组织结构,产品质量高。但微波干燥设备投资费用较大,而且微波对人体有不良影响,应特别注意微波的泄漏和防护。

（八）吸湿干燥法

吸湿干燥(hygroscopic desiccation)是将湿物料置干燥器内,用吸湿性很强的物质作干燥剂,使物料得到干燥的一种方法。数量小、含水量较低的药品可用吸湿干燥法进行干燥。有些药品或制剂不能用较高的温度干燥,采用真空低温干燥又会使某些制剂中的挥发性成分损失,可用适当的干燥剂进行吸湿干燥。根据被干燥物料的种类和数量不同,可选择不同的干燥剂。常用的干燥剂有分子筛、硅胶、氧化钙、五氧化二磷和浓硫酸等。

（沈广志）

第十章　药物制剂工艺

药物制剂工艺是以药剂学、工程学以及相关科学理论和技术为基础来研究制剂生产的科学技术。研究内容包括产品开发、工程设计、单元操作、生产过程及质量控制等环节,实现规模化、规范化生产制剂产品。本章第一节介绍药物制剂的性质与任务、药物制剂的分类以及制剂的重要性;第二节介绍药物制剂的设计依据和辅料的筛选与优化;第三节按照制剂形态分类,对固体制剂、半固体制剂、液体制剂和灭菌与无菌制剂生产工艺做简要介绍。

第一节　概　　述

药物制剂(pharmaceutical preparation),简而言之是研究制剂生产工艺理论的科学。其含义基本等同于药剂学,但与药剂学也有不同,是药剂学在生产实践中的应用。药物制剂是指根据药典或国家标准将药物制成适合临床要求并具有一定质量标准,用于预防、治疗、诊断疾病,有目的地调节受体对象生理功能并规定有适应证、用法和用量的物质,包括中成药、化学合成药物制剂、生物技术药物制剂、放射性药品和诊断药品等。

一、药物制剂的性质与任务

药物是用来防止人类和动物疾病以及对机体生理功能有影响的物质,在我国可以分为中药与天然药物、化学药物、生物技术药物3类。任何一种药物在供临床使用前,都必须制成适于治疗或者预防应用的、与一定给药途径相适应的给药形式,即药物剂型,如片剂、注射剂、胶囊剂、软膏剂、栓剂和气雾剂等。

药物制剂的基本任务是研究将药物制成适宜的剂型,以安全、有效、质量可控和顺应性好的制剂应用于临床,发挥防病、治病和诊断的作用。制成的剂型应符合安全有效、质量可控、方便使用的原则。药物的性质对剂型有一定的限制,如胰酶遇到胃酸易发生水解,因此不能采用普通口服剂型,但可以制成肠溶胶囊或肠溶片,使其在肠内吸收并发挥药效;刺激性药物宜制成缓释片,使其在体内缓慢释放,防止过强的刺激,同时可延长药物作用时间;而某些在液体中不稳定的药物宜制成固体剂型。

虽然药物本身对疗效起主要作用,但是在一定条件下,剂型对药物的疗效发挥起着重要的作用,有的药物剂型不同则疗效完全不同。如硫酸镁口服剂有致泻作用,而其静脉注射剂可用于抗惊厥、子痫等症。

在设计药物的剂型时,除了要满足医疗需要外,还必须综合考虑药物的性质、制剂稳定性、安全性、有效性、顺应性和质量控制以及生产、使用、携带、运输和储存等各方面的问题。

二、药物制剂的重要性

过去长期认为只有药物的化学结构决定药效,随着现代药剂学及相关学科的发展,这种观点已经改变,认识到将药物制成剂型不再仅仅是赋予其一定的外形,药物制剂产生的药效不仅与药物的化学结构有关,同时也受到各种剂型因素、生物因素的影响,而且有时这些影响很重要。因此,药物剂型和制剂工艺对药效的良好发挥起着重要作用,具体体现在以下4方面。

1. 改变药物的作用性质　有些药物在剂型和给药途径不同时发挥的作用不同,如硫酸镁口服剂由于具有一定的渗透压,使肠内保持大量水分,机械地刺激肠蠕动而用作泻下药,同时刺激十二指肠黏膜,反射性引起胆汁排空而有利胆作用;但是10%的硫酸镁注射液能抑制大脑中枢神经,有镇静、解痉的作用。

2. 改变药物的吸收速率和生物利用度　剂型不同,药物从制剂中溶出的速度可能也不同,因而影响药物吸收速率和生物利用度。药物含量相同的一些药物制剂,因药物晶型、粒度、剂型不同甚至处方组成或制备工艺不同,其生物利用度也有较大不同。如吲哚美辛片剂溶出速率慢,影响吸收,每日所需量为200～300mg,刺激性大,基本被淘汰;如果采用胶囊剂,改善药物的溶出速率,可促进药物吸收,剂量减少到75～100mg即可,副作用大大降低。

3. 具有靶向作用　一些微粒分散系统如脂质体、微乳、微囊、微球和纳米囊等具有被动靶向脾、肝、肾等单核吞噬细胞系统的作用,使靶部位药物浓度较高,其他组织浓度较低,从而降低毒副作用。

4. 减少毒副作用　有些普通制剂由于吸收特性造成血药浓度的谷峰现象,使其在血药浓度较大或生理条件有变化时,易使血药浓度超过药物的中毒量,发生严重的毒副作用。针对这一问题开发了缓控释剂型,释药缓慢,血药浓度平稳,在延长作用时间、减少毒副作用方面比普通制剂有较大的优越性。

三、现代药物制剂分类

药物剂型(dosage form)种类很多,可以按照形态、分散系统、给药途径等原则进行分类。按形态分类较为直观,形态相同的剂型其制备工艺也接近;按照分散系统分类便于应用物理化学的原理来阐明各类制剂的特征,但不能反映用药部位与用药方法对剂型的要求;按照给药途径分类可与临床密切结合,能反映给药途径和应用方法对剂型制备的特殊要求,但是同一剂型可能会在不同的给药途径中出现。表10-1中列出了各分类制剂的特点以及实例。

表10-1　药物制剂分类

分类	特点	剂型	实例
给药途径	将给药途径相同的剂型归为一类	经肠胃道给药的剂型	溶液剂、糖浆剂、乳剂、混悬剂、散剂、片剂、丸剂、胶囊剂
		经非胃肠道给药的剂型	注射剂;皮肤(贴剂、软膏剂等);呼吸道(气雾剂、喷雾剂);黏膜(滴鼻剂、滴眼剂、舌下片等);腔道(直肠、尿道、耳道滴剂等)
形态	分类方法简单,对药物制备、储藏和运输有一定的指导意义	固体制剂	散剂、丸剂、片剂和胶囊剂等
		半固体制剂	软膏剂、凝胶剂、糊剂等
		液体制剂	注射剂、溶液剂、滴剂和洗剂等

续表

分类	特点	剂型	实例
		气体制剂	气体吸入剂
分散系统	按照热力学稳定性进行分类	均匀分散体系	糖浆剂、甘油剂、注射剂、胶浆剂、涂膜剂
		粗分散体系	乳剂型、混悬剂、气体分散剂
		聚集体分散体系	片剂、胶囊剂、颗粒剂、微囊剂等

第二节 制剂处方设计与辅料筛选

药物制剂的设计是新药研究和开发的起点，是决定药品安全性、有效性、稳定性和顺应性的重要环节。药物制剂设计的目的是根据防病治病的需求，确定给药途径和药物剂型。

一、药物制剂设计依据

通过对药物的化学性质、物理性质和生物学性质进行充分调查和研究，确定新制剂处方设计和工艺设计中应该重点解决的问题或应该达到的目标，选择应用辅料以及制剂技术或工艺，研究药物与辅料的相互作用，采用适宜的测试手段，进行初步的质量考察，并根据考察结果，修改、优化或完善设计，最后确定制剂的包装。认真、周密和科学合理的设计工作是获得优质制剂的重要保证。

（一）药物制剂处方设计的基本原则是安全性、有效性、稳定性和顺应性

1. 安全性 药物剂型设计应以提高药物治疗的安全性、降低毒副作用和刺激性为基本前提。如紫杉醇(taxol)的溶解度低，用聚氧乙烯蓖麻油为增溶剂时制成的注射剂刺激性大，设计成紫杉醇脂质体制剂后，可避免使用增溶剂，刺激性降低，用药安全性提高。

2. 有效性 设计药物剂型时，必须考虑到药效会受到剂型的限制。难溶药物可以通过加入增溶剂、助溶剂或潜溶剂，制成固体分散体，进行微粉化，制成乳剂等方法，增加药物溶解度与溶出速率，促进吸收，提高生物利用度。

3. 质量稳定性和可控性 稳定性包括物理、化学、生物学等方面的稳定性；药品质量可控体现在制剂质量的可预见性。

4. 顺应性及其他 顺应性是指患者或医护人员对所用药物的接受程度，包括制剂外观、气味、色泽和使用方法等；其他还要考虑降低生产成本、进行工艺简化等。

（二）药物剂型设计流程

药物剂型设计的目标是能够获得可预知的治疗效果，药品能规模化生产，并且产品质量稳定可控。具体流程为处方前工作、确定给药途径及剂型、处方设计和工艺优化及制剂评价、处方调整与确定4个步骤。

1. 处方前工作 在药物制剂处方与制备工艺研究之前，需要全面了解药物的理化性质、药理、药动学等必要的参数，是药物剂型研究的基础。处方前工作的主要内容有通过文献检索及实验获取药物的相关理化参数(熔点、沸点、溶解度、分配系数、解离常数、多晶型和粉体学性质)；通过实验测定与处方有关的物理性质，测定药物与辅料之间的相互作用，

掌握药物的稳定性及配伍研究;掌握药物的生物学性质(药物的膜通透性,毒副作用,药物在体内的吸收、分布、代谢和排泄等过程的动态变化规律)。

2. 确定给药途径及剂型 进行药物剂型设计时,根据药物的理化性质、临床治疗的需要,综合各方面因素来确定给药途径和剂型。药物的物理化学性质主要考虑溶解度与膜渗透性,难溶性的药物不宜制成溶液剂、注射剂。稳定性较差的药物不宜制成溶液剂。

剂型的选择要考虑临床治疗的需要。口服给药主要以全身治疗为目的,主要吸收部位在胃肠道,口服剂型要求胃肠道内吸收良好,固体制剂应该具有良好的崩解性、分散性、溶出性和溶解性,避免对胃肠的刺激作用,克服首关效应,外观、大小、形态等具有良好的顺应性。注射给药可通过皮下、肌内和血管给药,要求药物具有较好的稳定性,无菌、无热原,刺激性小。皮肤或黏膜给药要求制剂与皮肤有良好的亲和性、铺展性、黏着性,无明显刺激性,不影响皮肤正常功能,不同部位设计成不同剂型。临床用药的顺应性也是剂型选择的重要因素,缓释、控释制剂可以减少给药次数,降低药物的毒副作用。另外,剂型设计必须考虑制剂工业化生产的可行性及生产成本。

3. 处方设计和工艺优化及制剂评价 处方设计是在前期对药物和辅料研究的基础上,根据剂型的特点及临床应用的需要制订合理的处方,并开展筛选和优化。制剂处方筛选和优化包括制剂基本性能评价、稳定性评价、临床前和临床评价。

4. 处方调整与确定 通过制剂基本性能评价、稳定性评价和临床前评价,基本可确定制剂的处方。必要时可根据研究结果对制剂处方进行调整,调整的研究思路与上述的研究内容一致。调整的合理性必须通过实验进行证明,以最终确定制剂处方。

二、辅料的筛选与优化

辅料(pharmaceutical excipients)是药物制剂中经过合理安全评价的不包括有效成分或前体的组分,是药物发挥治疗作用的载体。辅料的作用包括在药物制剂制备过程中有利于成品的加工;提高药物制剂的稳定性、生物利用度和患者的顺应性;有利于从外观上鉴别药物;改善药物制剂在储藏和应用时的安全性和有效性。

辅料按用途分为溶剂、矫味剂、抛射剂、润滑剂、增溶剂、助流剂、助悬剂、助压剂、乳化剂、防腐剂、着色剂、黏合剂、崩解剂、填充剂、芳香剂以及包衣剂等。

辅料选用需要遵循的基本原则首先是满足制剂成型、有效、稳定、方便要求基础上的最低用量原则,最好可减少用药剂量,节约材料,降低成本;其次是无不良影响原则,要求不降低药品疗效,不产生毒副作用,不对质量监控产生干扰。

辅料的发展趋势是生产专业化、品种系列化和应用科学化,大批具有特殊性能的新辅料已经研发成功或正在研发之中。以下按照剂型来阐述各自使用的辅料及其要求。

1. 固体制剂 固体制剂中常用的辅料要求具有较高的稳定性,不与主药发生任何物理化学反应,无生理活性,对人体无毒无害、无不良反应。不同剂型对辅料有不同的要求。

片剂常用的辅料包括稀释剂、润湿剂、黏合剂、崩解剂和润滑剂等。①稀释剂可用来增加片剂的重量或体积,有利于成型和分剂量。稀释剂的加入不仅可以保证一定体积的大小,还可减少主药成分的剂量偏差、改善药物的压缩成型性等。常用的稀释剂有乳糖、淀粉、糊精、微晶纤维素以及其他无机盐等。②润湿剂指本身无黏性,但可使物料润湿产生足够的黏性以利于制粒的液体。常用的润湿剂有蒸馏水和乙醇。③黏合剂是指能使无黏性或黏性不足的物料聚集黏结成颗粒或压缩成型的具有黏性的辅料。片剂常用的黏合剂有羟丙基纤维素、羧甲基纤维素钠等纤维素衍生物、淀粉浆、聚乙二醇、聚维酮、蔗糖溶液、海藻酸钠溶液等。④崩解剂是促使片剂在胃肠道中迅速崩解成细小颗粒的辅料。片剂常用的崩解剂有干淀粉、羧甲基淀粉钠、低取代羟丙基纤维素、交联羧甲基纤维素钠、交联聚维酮和泡腾崩解剂等。⑤润滑剂是片剂压片时为了顺利加料和出片,并减少黏冲及降低颗粒与颗粒、药片与模孔壁之间的摩擦力,需要在颗粒中添加的辅料。润滑剂的作用机制复杂,普遍认为可改善粒子表面的粗糙度、静电分布,减弱粒子间的范德华力。包括广义的润滑剂如助流剂、抗黏剂和狭义的润滑剂。目前常用的润滑剂有硬脂酸镁、滑石粉、氢化植物油、微粉硅胶、聚乙二醇类和月桂酸硫酸钠(镁)等。

胶囊剂中制备胶囊的辅料包括明胶、增塑剂、防腐剂、遮光剂和色素等。滴丸剂中的基质常用聚乙二醇、甘油明胶、硬脂酸、十六醇和氢化植物油等。膜剂中的成膜材料可用聚乙烯醇(polyvinyl alcohol,PVA)等,增塑剂可用甘油、山梨醇等,表面活性剂可用十二烷基硫酸钠、豆磷酸等。

2. 半固体制剂　以软膏剂为例来说明辅料的选用。软膏剂中的基质不仅是软膏的赋形剂,也是药物的载体,选择合适的基质是制备软膏剂的关键。基质要求润滑无刺激,稠度适宜,易于涂布,性质稳定,具有吸水性,不妨碍皮肤的正常功能,具有良好的稀释药性,易清洗等。在具体使用时,应根据基质的性质和用药目的等灵活选择。

常用的基质分为油脂性基质,乳剂型基质和水溶性基质。油脂性基质包括烃类(如凡士林、石蜡和二甲硅油等)、类脂类(如羊毛脂、蜂蜡等)和油脂类(植物油和动物油)。乳剂型基质包括肥皂类、高级脂肪醇类、多元醇酯类以及乳化剂 OP 等。水溶性基质包括甘油明胶、纤维素衍生物和聚乙二醇类。

眼膏剂中的常用基质为黄凡士林、液状石蜡和羊毛脂。凝胶剂中的基质有水性凝胶剂(如纤维素衍生物、明胶、淀粉、卡波姆和海藻酸钠等加水、甘油或丙二醇制成),而油性凝胶剂基质由液态石蜡与聚氧乙烯或脂肪油与交替硅或铝皂、锌皂构成。

栓剂的基质则要求室温下具有一定的硬度,塞入腔道时不变形、不破碎,在体温下容易软化、融化或熔化,不与药物发生反应,不妨碍药物测定,释药速率符合要求,对黏膜无刺激性、毒性和过敏性,具有乳化或润湿能力,与制备方法相适应且易于脱模,熔点与凝固点的间距不宜过大。常用的基质有可可豆脂、椰油酯、山油酯、棕榈油酯以及硬脂酸丙二醇酯等油脂性基质;甘油明胶、聚乙二醇、聚氧乙烯单硬脂酸酯和泊洛沙姆等亲水性基质。

气雾剂中使用的辅料主要有抛射剂和附加剂。抛射剂主要有动力作用,兼作溶剂及稀释剂,一般分为压缩气体与液化气体两类。压缩气体有二氧化碳、氮气等,化学性质稳定,无毒,但由于蒸气压较高,要求容器有较高的耐压性。而液化气体有氟氯烷烃类(氟利昂)和碳氢化合物(丙烷、正丁烷以及异丁烷等)。附加剂主要是作为助溶剂、稳定剂、抗氧化剂以及防腐剂等加入的物质。

3. 液体制剂　液体制剂中的辅料主要是溶剂、矫味剂、着色剂及表面活性剂等。液体制剂中的溶剂要求对药物具有较好的溶解性和分散性,化学性质稳定,毒性小,无刺激性,无臭味。实际设计中,应根据药物的性质和用途等灵活选用适宜的溶剂,常用的溶剂有水、甘油、乙醇、丙二醇、聚乙二醇、二甲亚砜、脂肪油和液状石蜡;矫味剂有甜味剂(蔗糖及单糖浆)、芳香剂(如挥发油等)、胶浆剂(亲水性高分子溶液)、泡腾剂(碳酸氢钠和有机酸);着色剂有天然色素和人工合成色素;防腐剂包括酸类及其盐类(如苯酚、苯甲酸及其盐类、山梨酸及其盐类等)、一些中性化合物如苯乙醇等、汞化合物类(如硝酸苯汞等)和季铵化合物类(如溴化十六烷铵等);助悬剂包括低分子(如甘油、糖浆等)和高分子助悬剂(如阿拉伯胶、羧甲基纤维素钠、硅酸铝以及触变胶等);润湿剂多为表面活性剂(如聚山梨酯等);絮凝剂和反絮凝剂有枸橼酸盐等;乳化剂包括天然乳化剂(阿拉伯胶、明胶、羊毛脂等)、表面活性剂类乳化剂(十二烷基硫酸钠、三甘油脂肪酸酯等)、固体微粒乳化剂(硬脂酸镁、二氧化硅等)和辅助乳化剂(甲基纤维素、蜂蜡等)。

4. 灭菌与无菌制剂　注射剂的辅料必须符合《中国药典》(2010 年版)所规定的各项杂质检查与含量限度。如有时不易获得专供注射用规格的原料,临床上确实急需而必须采用化学试剂时,应严格控制质量,加强检验,特别是安全性试验和杂质检查项目证明安全时方可使用。附加剂和活性炭等亦应用"注射用"规格。

注射剂中的辅料有注射用水、注射用油以及其他附加剂(如 pH 调节剂、抗氧剂、抑菌剂、局部止痛剂、助悬剂和渗透压调节剂等)。注射用水除了要求符合一般蒸馏水的质量要求之外,还必须经过细菌、热原、内毒素等检查合格后才可使用。

第三节　制剂工艺研究

不同剂型的生产工艺不同,本节按照形态分类对固体制剂、半固体制剂、液体制剂、灭菌和无菌制剂的生产工艺做简单的介绍。

一、固体制剂生产工艺

常见的固体剂型有散剂、片剂、胶囊剂和膜剂等,在药物制剂中约占 70%。固体制剂共同的吸收路径是将固体制剂口服给药后,需经过药物的溶解过程,才能经胃肠道上皮细胞膜吸收进入血液循环而发挥其治疗作用。特别是对一些难溶性药物来说,药物的溶出过程将成为药物吸收的限制过程。若溶出速率小、吸收慢,则血药浓度就难以达到治疗的有效浓度。口服固体制剂药物吸收的快慢和多少,常与药物的理化性质、吸收环境等密切相关。一般的口服固体剂型吸收快慢的顺序为散剂 > 颗粒剂 > 片剂 > 丸剂。

固体制剂的共同特点有:①与液体制剂相比,物理、化学稳定性好,生产制造成本较低,服用与携带比较方便;②制备过程的前处理经历相同的单元操作,以保证药物的均匀混合与准确剂量,而且剂型之间有密切的关系;③药物在体内首先溶解后才能透过生物膜,被吸收进入血液循环中。

在固体剂型的制备过程中,一般情况下需要对固体物料进行粉碎前的预处理,即将物料加工成符合粉碎所要求的粒度和干燥程度等,然后对处理后的物料进行粉碎、过筛、混合等单元操作,从而加工成各种剂型。对于固体剂型来说,物料的混合度、流动性、充填性很重要,几乎所有的固体制剂都要经历如粉碎、过筛、混合等主要单元操作。固体制剂的良好流动性、充填性可以保证产品的准确剂量,制粒或助剂的加入是改善流动性、充填性的主要措施之一。

(一)散剂

散剂是指 1 种或 1 种以上的药物均匀混合而制成的干燥粉末状制剂,供内服或外用。散剂具有以下特点:①散剂粉状颗粒的粒径小、比表面积大、容易分散、起效快;②外用散剂的覆盖面积大,可同时发挥保护和收敛等作用;③贮存、运输、携带比较方便;④制备工艺简单,剂量易于控制,便于婴幼儿服用。但也要注意由于分散度大而造成的吸湿性、化学活性、气味、刺激性等方面的影响。散剂的制备流程包括粉碎、筛分、分剂量和包装等步骤。

1. 粉碎　固体药物的粉碎是借助机械力将大块物料破碎成适宜大小的颗粒或细粉的操作。通常要对粉碎后的物料进行过筛，以获得均匀粒子。粉碎的主要目的在于减小粒径，增加比表面积（m^2/m^3 或 m^2/kg）。通常把粉碎前的粒度 D_1 与粉粹后的粒度 D_2 之比称为粉碎度或粉碎比（$n = D_1/D_2$）。

粉碎操作对制剂过程的意义有：①有利于提高难溶性药物的溶出速率以及生物利用度；②有利于各成分的混合均匀；③有利于提高固体药物在液体、半固体、气体中的分散度；④有助于从天然药物中提取有效成分等。显然，粉碎对药物质量的影响很大，但必须注意粉碎过程可能带来的不良作用，如晶型转变、热分解、黏附与团聚的增大、堆密度的减小、在粉末表面吸附的空气对润湿性的影响、粉尘飞扬、爆炸等。常用的粉碎器械有研钵、球磨机、冲击式粉碎机以及流能磨等。

2. 筛分　筛分是指借助筛网孔径大小将物料进行分离的方法。筛分法操作简单、经济而且分级精度较高。筛分是为了获得较均匀的粒子群，即筛除粗粉取细粉，或筛除细粉取粗粉，或筛除粗、细粉取中粉等。这对药品质量及制剂生产有重要意义，在混合、制粒、压片等单元操作中对混合度、粒子的流动性、充填性、片重差异、片剂硬度、裂片等具有显著影响。

筛分用的药筛分冲眼筛和编制筛。冲眼筛筛孔坚固，不易变形，多用做高速旋转粉碎机的筛板及药丸等粗颗粒的筛分。编织筛单位面积上的筛孔多，筛分效率高，可用于细粉的筛选。

3. 混合　把两种以上组分的物质均匀混合的操作称为混合。混合操作以含量的均匀一致为目的，是保证制剂产品质量的重要措施之一。固体的混合不同于互溶液体的混合，是以固体粒子作为分散单位，因此在实际混合过程中完全混合的可能性较小。为了满足混合样品中各成分含量的均匀分布，尽量减小各成分的粒度，常以微细粉末作为混合的主要对象。

影响混合的因素有物料粉体性质、设备类型和操作条件。物料的粉体性质，如粒度分布、粒子形态及表面状态、粒子密度及堆密度、含水量、流动性（休止角、内部摩擦系数等）、黏附性、团聚性等都会影响混合过程；设备类型包括混合机的形状和尺寸、内部插入物（挡板、强制搅拌等）、材质及表面情况等；操作条件有物料的充填量、装料方式、混合比、混合机的转动速度及混合时间等。

实验室常用的混合方法有搅拌混合、研磨混合和过筛混合。在大批量生产时多采用搅拌混合或容器旋转方式混合，以产生物料的整体和局部的移动而实现均匀混合的目的。固体的混合设备大致分为两大类，即容器旋转型和容器固定型。

除此以外，为了达到均匀的混合效果，有些影响因素必须充分考虑：①各组分的混合比例。当组分比例相差过大时，难以混合均匀。此时应该采用等量递增混合法（配研法）进行混合，即小量药物研细后，加入等体积的其他细粉混匀，如此倍量增加混合至全部混匀，再过筛混合即可。加入少量色素便于观察混合是否均匀。②各组分的密度与粒度。各组分密度差异较大时，先装密度小的或粒径大的物料，再装密度大的或粒径小的物料，且混合时间应适当。③各组分的黏附性与带电性。若药物粉末对混合器械具有黏附性，为避免损失，应将量大或不易吸附的药粉或辅料垫底，量少或易吸附者后加入；对于混合摩擦起电的粉末，可加少量表面活性剂或润滑剂加以克服。④含液体或易吸湿成分的混合。如处方中含有液体组分时，可用处方中其他固体组分或吸收剂吸收该液体至不润湿为止；若含有易吸湿的组分,则应针对吸湿原因加以解决。⑤形成低共熔混合物。有些药物按一定比例混合时,可形成低共熔混合物而在室温条件下出现润湿或液化现象。应尽量避免形成低共熔物的混合比例。

4. 分剂量   分剂量是将混合均匀的物料按剂量要求分配的过程。机械化生产多用容量法分剂量。为了保证剂量的准确性,应对药粉的流动性、吸湿性、密度差等理化特性进行必要的实验考察。

5. 质量检查及预包装贮存   散剂的质量除了与制备工艺有关以外,还与散剂的包装贮存条件密切相关。由于散剂的分散性很大,吸湿性是影响散剂的重要因素,因此必须了解物料的吸湿特性以及影响吸湿性的因素。

散剂要求色泽均匀,无花纹色斑,一般水分不超过9%,装量差异、微生物学检查符合规定,包装贮存应干燥防潮。

(二)颗粒剂

颗粒剂的制备工艺中,药物的粉碎、过筛、混合操作完全与散剂的制备过程相同,具体制备工艺如下。

1. 制软材   将药物与适当的稀释剂(如淀粉、蔗糖或乳糖等)、必要时加入的崩解剂(如淀粉、纤维素衍生物等)充分混匀,加入适量的水或其他黏合剂制软材。制软材是传统湿法制粒的关键技术,黏合剂的加入量可根据经验,以"手握成团、轻压即散"为准。

2. 制湿颗粒   颗粒的制备常采用挤出制粒法。将软材用机械挤压通过筛网,即可制得湿颗粒。除传统的过筛制粒方法外,近年来开发出许多新的制粒方法和设备应用于生产实践,其中最典型的就是流化(沸腾颗粒)制粒,流化制粒可在一台机器内完成混合、制粒和干燥,因此称为"一步制粒法"。

3. 颗粒的干燥   除流化或喷雾制粒法制得的颗粒外,其他方法制得的颗粒需再用适宜的方法加以干燥除去水分,防止结块或受压变形。常用的方法有厢式干燥法、流化床干燥法等。

4. 整粒与分级   在干燥过程中,某些颗粒可能发生粘连,甚至结块,因此要对干燥后的颗粒给予适当的整理,使结块、粘连的颗粒散开,获得具有一定粒度的均匀颗粒,这就是整粒的目的。一般采用过筛的办法进行整粒和分级。

5. 质量检查与分剂量   将制得的颗粒进行含量检查与粒度测定等,按剂量装入适宜袋中。颗粒剂的贮存基本与散剂相同,但应注意均匀性,防止多组分颗粒的分层,防止吸潮。

颗粒剂要求外观干燥,均匀,色泽一致,干燥防潮,无软化、结块及潮解等现象,粒度均匀,干燥失重一般不得超过2%,溶化性能好,可溶性颗粒应全部溶化或有轻微混浊,不得有异物。混悬型颗粒剂应能混悬均匀,泡腾性颗粒剂遇水应立即产生二氧化碳,呈泡腾状。

(三)片剂

片剂的制备需要根据药物的性质、临床用药的要求和设备条件等来选择辅料及具体的制备方法。片剂的制备方法按制备工艺分类为制粒压片法和直接压片法。制粒压片法可分为湿法制粒压片法和干法制粒压片法,直接压片法可分为直接粉末(结晶)压片法和半干式(结晶)颗粒压片法。

压片过程的三大要素是流动性、压缩成型性和润滑性:①流动性好,使流动、充填等粉体操作顺利进行,可减少片重差异;②压缩成型性好,不出现裂片、松片等不良现象;③润滑性好,片剂不黏冲,可得到完整、光洁的片剂。片剂的处方筛选和制备工艺的选择应考虑能否顺利压出片。

1. 湿法制粒压片法　湿法制粒是将药物和辅料的粉末混合均匀后加入液体黏合剂制备颗粒的方法,该方法靠黏合剂的作用使粉末粒子间产生结合力。由于湿法制粒的颗粒具有外形美观、流动性好、耐磨性较强、压缩成型性好等优点,是在制药工业中应用最为广泛的方法。湿法制粒压片法是将湿法制粒的颗粒经干燥后压片的工艺,其工艺流程如图 10-1 所示。

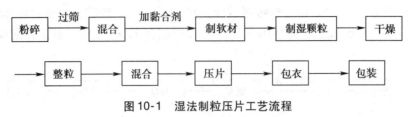

图 10-1　湿法制粒压片工艺流程

湿法制粒的方法很多,有挤压制粒法、转动制粒法、高速搅拌制粒法、流化床制粒法、复合型制粒法和液相中晶析制粒法等,这些方法各具特点,在实际操作中应该根据具体情况而定。如复方磺胺甲噁唑片(compound sulfamethoxazole tablets)的制备过程为,将磺胺甲噁唑和甲氧苄啶混合均匀,过 80 目筛,加入淀粉混匀,加入淀粉浆制软材,过 14 目筛,在 70～80℃下干燥,过 12 目筛整粒,加硬脂酸镁混匀,压片即得。

2. 干法制粒压片法　干法制粒压片法是将干法制粒的颗粒进行压片的方法。干法制粒是将药物和辅料的粉末混合均匀、压缩成大片状或板状后,粉碎成所需大小颗粒的方法。该法靠压缩力使粒子间产生结合力,其制备方法有压片法和滚压法。压片法是利用重型压片机将物料粉末压制成直径为 20～25mm 的胚片,然后破碎成一定大小颗粒的方法。滚压法系利用转速相同的两个滚动圆筒之间的缝隙,将药物粉末滚压成板状物,然后碎裂成一定大小颗粒的方法。

干法制粒压片法常用于热敏性物料、遇水易分解的药物,方法简单、省工省时。但采用干法制粒时,应注意由于高压引起的晶型转变及活性降低等问题。

3. 半干式颗粒压片法　半干式颗粒压片法是将药物粉末和预先制好的辅料颗粒(空白颗粒)混合进行压片的方法。该法适合于对湿热敏感、不宜制粒,而且压缩成型性差的药物,也可用于含药较少的物料。这些药可借助辅料的优良压缩特性顺利制备片剂。

4. 直接粉末压片法　直接粉末压片法是不经过制粒过程直接把药物和辅料的混合物进行压片的方法。粉末直接压片法避开了制粒过程,因而具有节能、工艺简便、工序少、适用于对湿热不稳定的药物等突出优点,但也存在粉末的流动性差、片重差异大、容易造成裂片等缺点,致使该工艺的应用受到了一定限制。随着科学技术的发展,可用于粉末直接压片的优良药物辅料与高效旋转压片机的研制获得成功,促进了粉末直接压片的发展。维生素 C 片(vitamin C tablets)的制备为直接压片的典型过程。将维生素 C、可压性淀粉、微晶纤维素、微晶硅胶、枸橼酸和硬脂酸镁混匀,过 40 目筛,直接压片可得。

片剂成型是由于药物和辅料的颗粒(粉末)在压力作用下产生足够的内聚力及辅料的黏结作用而紧密结合的结果。为了改善药物的流动性,克服压片时成分的分离,常需要将药物制成颗粒后压片,因此颗粒或结晶的压制、固结是片剂成型的主要过程。片剂成型的影响因素较多,如压缩成型性、药物的熔点及结晶形态、黏合剂和润滑剂、水分、压力等。

片剂的包装应做到密封、防潮以及使用方便等,以保证制剂到患者服用时保持着药物的稳定性与活性。片剂要求含量准确,重量差异小,硬度适宜,崩解时限或溶出度以及卫生学检查符合规定,含药量小的要检查含量均匀度,外观光洁,色泽均匀。

(四) 胶囊剂

胶囊剂分为软胶囊剂(又称胶丸)和硬胶囊剂。硬胶囊剂的制备包括空胶囊的制备、填充物的制备、填充和封口等工艺。软胶囊剂的制备工艺可采用滴制法和压制法。

空胶囊的成型材料一般为明胶,增塑剂为甘油、山梨醇羧甲基纤维素钠等,增稠剂一般为琼脂,遮光剂为二氧化钛,还有矫味剂、着色剂和防腐剂等。硬胶囊剂的制备过程中,环境的洁净度应达到万级,温度范围为 10~25℃,湿度控制在 35%~45%。其制备流程通常如图10-2 所示。

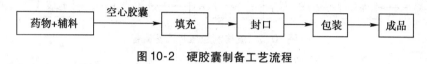

图10-2　硬胶囊制备工艺流程

用滴制法制备软胶囊,软质囊材与药液分别在双层滴头的外层与内层以不同速度流出,使定量的胶液将定量的药液包裹后,滴入与胶液不相混溶的冷却液中,由于表面张力作用使之形成球形,并逐渐冷却、凝固成软胶囊。而压制法则是将胶液制成厚薄均匀的胶片,再将药液置于两个胶片之间,用钢板模或旋转模压制软胶囊的一种方法。

现以参七胶囊(salvia-notoginseng capsules)为例,说明胶囊剂的制备工艺:取三七粉碎成细粉,待用;人参与丹参加水煎煮 2 次,分别为 1.5 小时和 1 小时,过滤,合并滤液,浓缩至相对密度约为 1.31(60℃)的清膏,加入三七细粉混匀,真空干燥后粉碎,过 6 号筛,装入胶囊即得。

胶囊剂外观应整洁,无黏结、变形或破裂现象,无异味,硬胶囊剂的内容物应干燥、松紧适度、混合均匀且水分一般不超过 9.0%,装量差异及崩解度应符合规定。

(五) 滴丸剂

滴丸剂指固体或液体药物与基质加热熔化混匀后,滴入不相混溶的冷凝液中,收缩冷凝而制成的小丸状制剂。滴丸剂中的基质要求在室温为固体状态,60~100℃条件下能熔化成液体,遇冷能立即凝成固体。

滴丸剂制备工艺流程如图10-3 所示,要求在制备过程中滴丸圆整成型,丸重差异合格的关键是选择适宜基质、确定合适的滴管内外口径、滴制过程中保持恒温、滴制液液压恒定、及时冷却。

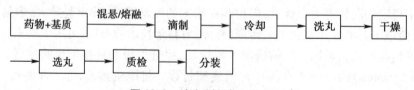

图10-3　滴丸剂制备工艺流程

(六) 膜剂

膜剂是指药物与适宜的成膜材料经加工制成的膜状制剂。组成成分包括主药、成膜材料、增塑剂、表面活性剂、填充剂、着色剂以及脱膜剂等。膜剂的制备方法及特点如表10-2 所示。

表 10-2　膜剂的制备方法

方法	工艺过程
匀浆制膜法	将 PVA 溶于水,过滤,加入药物,搅拌溶解,在平板玻璃上涂成膜或用涂膜机涂膜。不溶性药物可先制成微晶或粉碎成细粉,再分散于浆液中,脱去气泡
热塑制膜法	将药物细粉和成膜材料混合,用橡皮滚筒热压成膜或将药物细粉加入热熔的成膜材料,混合后再冷却成膜
复合制膜法	以不溶性的热塑性成膜材料为外膜,将水溶性的成膜材料用匀浆制膜法制成含药的内膜带,剪切后置于底外膜带的凹穴中。经吹风干燥后,盖上外膜带,热封即成

　　膜剂要求外观完整光洁,厚度均一,色泽均匀,无明显气泡;包装材料无毒、稳定;密封防潮;重量差异和微生物学检查符合规定。

二、半固体及其他制剂生产工艺

　　半固体及其他制剂中包含了软膏剂、眼膏剂、凝胶剂、栓剂、气雾剂、喷雾剂和粉雾剂。

(一)软膏剂

　　软膏剂是指药物与适宜基质混合制成的半固体外用制剂。常用基质分为油脂性、水溶性和乳剂型基质,其中用乳剂型基质制成的软膏剂称乳膏剂(也称霜剂)。软膏剂对皮肤、黏膜以及创面主要起保护、润滑和局部治疗作用,还有些药物制成软膏剂后,经透皮吸收可发挥全身治疗作用。

　　软膏剂按分散系统的不同可分为溶液型软膏、混悬型软膏及乳剂型软膏。制备方法可分为研合法、熔合法及乳化法。

　　在制备过程中,若药物能溶于基质中,则易溶解在制剂的组分中制成溶液型软膏。不溶性药物宜先制成细粉,并用 6 号筛筛分。取药粉先与少量基质或液体组分研匀成糊状,再与其余基质混匀。某些在处方中含量较小的药物,可用少量适宜的溶剂溶解后,再加至基质中混匀。半固体黏稠性药物可先加等量蓖麻油或羊毛脂混匀,再加入基质中。共熔性成分共存时,可先研磨至共熔后再与基质混匀;单独使用时可用少量适宜溶剂溶解,再加入基质中混匀,或溶于约40℃的基质中。中药浸出物为液体时,可先浓缩至膏状再加入基质中,固体浸膏可加少量乙醇等研成糊状,再与基质混合。

　　软膏剂的制备一般有研合法、熔合法和乳化法(表 10-3)。

表 10-3　软膏剂的制备方法

方法	工艺	特点
研合法	取已研细的药物与部分基质或适宜液体研磨成细糊状,再添加其余基质研匀,直至取少量软膏涂于手背上无颗粒感为止	用于由半固体和液体组分组成的软膏剂,只适合在常温下与药物均匀混合的软膏剂制备
熔合法	一般先按熔点高低顺序依次加入固体组分,然后加入液体成分,待全部基质熔化后再将细药粉缓慢加入,可通过软膏研磨机进一步研磨,设备常用三滚筒式软膏研磨机。软膏通过滚筒间隙时受到挤压和研磨,从而使固体药物被研细并且与基质混合均匀	用于由熔点较高的组分组成的软膏基质,常温下不能与药物均匀混合的软膏剂制备

方法	工艺	特点
乳化法	将油脂性成分加热至80℃左右熔化,用细布滤过;然后将水溶性成分溶于水,再加热至较油相温度略高时(防止两相混合时油相中的组分过早析出或凝结),将水溶液逐步加入油相中,搅拌至冷凝	用于制备乳剂型软膏的方法

软膏剂的一般质量要求:均匀、细腻,易涂布于皮肤或黏膜上,无粗糙感觉;性质稳定,应无酸败、异臭、变色、变硬和油水分离等变质现象;应无刺激性、致敏性及其他不良反应;用于大面积烧伤及严重损伤的皮肤时应进行无菌处理,用于鼻黏膜的基质应灭菌;所用的内包装材料不应与药物或其他基质发生理化作用。

(二)眼膏剂

眼膏剂系指药物与适宜基质制成的供眼用的膏状制剂,适用于配制对水不稳定的药物,如某些抗生素。眼膏剂较一般滴眼剂的疗效持久,并能减轻眼睑对眼球的摩擦。眼膏剂属灭菌制剂,与一般外用软膏相比,其制备要求比较高。眼膏剂在制备时应在清洁灭菌的环境下进行,严防微生物的污染;眼膏剂的基质应纯净、均匀、细腻,易涂布于眼部,对眼部无刺激性;用于眼部手术或创伤的眼膏剂应灭菌或按无菌操作配制,并不得加入抑菌剂或抗氧剂;所用包装材料应紧密,易于防止污染,方便使用,并不得与药物或基质发生理化作用。

眼膏剂的制备与一般软膏剂制法基本相同,但必须在净化条件下进行。所用药物、基质、器具与包装材料等均应严格灭菌,用具在使用前需用70%乙醇擦洗,或用水洗净后再用干热灭菌法灭菌。盛装软膏的锡管可先洗净,再用70%乙醇或1%~2%苯酚溶液浸泡,用前用蒸馏水冲洗,已涂漆的锡管可置于烘箱中干燥,未涂漆的锡管洗净后用干热灭菌法灭菌。眼膏配制时,若主药易溶于水而且性质稳定,可先用少量灭菌蒸馏水溶解,再分次加入灭菌基质研匀制成。主药不溶于水或不宜用水溶解又不溶于基质时应研成极细粉末,并通过9号筛,再加少量灭菌基质或灭菌液状石蜡研成糊状,然后分次加入剩余灭菌基质研匀,灌装于灭菌容器中,密封。

眼膏剂的常用基质一般为黄凡士林8份,液状石蜡、羊毛脂各1份,或为凡士林85g、羊毛脂10g、石蜡5g的混合物。可根据气温适当增减液状石蜡或石蜡的用量。基质中的羊毛脂具有较强的吸水性和黏附性,使眼膏易与泪液及水性药液混合,并易于附着于眼黏膜上,有利于药物的释放。基质加热熔化后用细布或适当滤材保温滤过,并在150℃干热灭菌1~2小时,放冷备用。

(三)凝胶剂

凝胶剂系指药物与能形成凝胶的辅料制成均一、混悬或乳剂型的乳胶稠厚液体或半固体制剂,主要供局部外用。凝胶剂可分为单相和两相凝胶。小分子无机药物(如氢氧化铝)凝胶剂是由分散的药物胶体小粒子以网状结构存在于液体中,具有触变性,属于两相分散系统,也称混悬凝胶剂。局部用凝胶剂属单相分散系统,又可分为水性凝胶剂和油性凝胶剂。

凝胶剂的一般制备流程为:药物溶于水者,可先溶于部分水或甘油中,其余处方成分与基质制成水凝胶剂基质,再与药物溶液混匀加水至足量即可;药物不溶于水者,可先用少量水或甘油研细分散,再与基质混匀即得。

(四)栓剂

栓剂是指药物与适宜基质制成的供腔道给药的制剂。栓剂在常温下为固体,塞入腔道后在体温下能软化、融化或溶化,并与分泌液混合,逐渐释放药物而产生局部或全身作用。栓剂种类较多,除常见的肛门栓、阴道栓及尿道栓剂外,还有以速释或缓释为目的的中空栓剂、双层栓剂、微囊栓剂、不溶栓剂及渗透泵栓剂等。

栓剂的制备方法有搓捏法、热熔法与冷压法(表10-4)。脂肪性基质可采用3种方法中的任何1种制备栓剂,而水溶性基质多采用热熔法。

表10-4 栓剂的制备方法

方法	制备工艺	特点
搓捏法	取药物细粉置乳钵中,加入约等量的基质研匀后,再缓缓加入余下的基质制成均匀的可塑性软材(必要时可加适量的植物油或羊毛脂以增加可塑性)。然后隔纸搓揉,轻轻加压转动滚成圆柱体。再将之分割成若干等分,搓捏成形	适用于小量制备,但产品外观较差
热熔法	将计算量的基质加热熔化(勿使温度过高),然后将药物粉末与等重已熔融的基质研磨混合均匀,然后将剩余已熔化的基质加入混匀,倾入涂有润滑剂的栓模中至稍微溢出模口为度,放冷,待完全凝固后削去溢出部分,开模取出,包装即得。为避免过热,一般在基质熔融达2/3时即应停止加热	应用广泛
冷压法	将基质磨碎,与主药混合均匀后装入压栓机中,在配有栓剂模型的圆筒内,通过水压机或手动螺旋活塞挤压成型	可避免加热对主药或基质稳定性的影响,不溶性药物也不会在基质中沉降,但生产效率低,且产品往往夹带空气对基质和主药起氧化作用

栓剂的一般质量要求:药物与基质应混合均匀,栓剂外形应完整光滑;塞入腔道后应无刺激性,能融化、软化或溶化,并与分泌液混合,逐渐释放出药物;有适宜的硬度,以免在包装、贮存或使用时变形;所用内包装材料应无毒,并不得与药物或基质发生理化作用。

(五) 气雾剂、粉雾剂与喷雾剂

气雾剂指药物与适宜的抛射剂封装于具有特制阀门系统的耐压密封容器中制成的制剂。使用时,借抛射剂的压力将内容物喷出。由于气雾剂的种类不同,也可呈烟雾状、泡沫状或细流。粉雾剂与喷雾剂不含抛射剂,粉雾剂由患者主动吸入或借适宜装置喷出,喷雾剂是借助手动机械泵将药物喷出。

气雾剂可在呼吸道、皮肤或其他腔道起局部或全身作用。气雾剂的主要特点有①可直接将药物喷于作用部位,药物分布均匀,起效快;②药物密闭于不透明的容器内,可避光且不与空气中的氧或水分直接接触,不被微生物污染;③可使药物避免肝首关效应和胃肠道的破坏作用;④可以用定量阀门准确控制剂量。

气雾剂分为溶液型、混悬型和乳剂型3类,设计时应根据临床用药的方式、药物的理化性质与工艺要求来设计,应使药物与抛射剂或药物、抛射剂与附加剂(潜溶剂、乳化剂、抗氧剂、防腐剂等)在容器内形成不同的分散体系,以满足临床用药的需要。制备的一般工艺流程为:首先是容器与阀门系统的处理与装配,然后将药物进行配制和分装,填充抛射剂,最后进行质量检查,包装成品。

在气雾剂中抛射剂起动力作用,且兼作主药的溶剂或稀释剂。当气雾剂阀门打开时,因其内压高于外压,使抛射剂急剧汽化,将药液以雾状喷出达到用药部位。抛射剂在常温下的蒸气压应大于大气压,无毒,无致敏性和刺激性,安全稳定,不易燃、不易爆,无色、无臭、无味,不与药物、容器等发生反应,而且价格低廉。

若药物需制成溶液型气雾剂时,可将抛射剂作为溶剂,必要时可加入乙醇、丙二醇或聚乙二醇等作潜溶剂;对于混悬型气雾剂,为使药物易分散于抛射剂中,可加入固体润湿剂,还可加入表面活性剂等作稳定剂,以防止药物聚集。制备乳剂型气雾剂时,若药物不溶于水或在水中不稳定时,可将药物溶于甘油、丙二醇等溶剂中,此外还必须加入适当的乳化剂。必要时可在气雾剂中加入抗氧剂和防腐剂。

喷雾剂是指不含抛射剂,借助手动泵的压力将内容物以雾状等形式释出的制剂,按分散系统也分为溶液型、混悬型、乳剂型喷雾剂。溶液型喷雾剂药液应澄清;混悬型喷雾剂应将药物细粉和附加剂充分混匀,制成稳定的混悬剂;乳剂型液滴在液体介质中应分散均匀。手动泵是指采用手压触动器所产生的压力使喷雾器内含药液释放的装置。

粉雾剂分为吸入粉雾剂和非吸入粉雾剂。制备粉雾剂时,为改善吸入粉末的流动性,可加入适宜的载体和润滑剂。粉雾剂应置于阴凉干燥处保存,防止吸潮。

三、液体制剂生产工艺

液体制剂指药物分散在适宜的分散介质中制成的液体形态的制剂,可供内服或外用。液体制剂的品种繁多,临床应用广泛,具有诸多优点:液体制剂中药物以分子、离子或微粒状态分散在介质中,分散度大,吸收快,作用迅速;可减少某些药物的刺激性;易于分剂量,服用方便,尤其适用于婴幼儿和老年患者;给药途径广泛;某些固体药物制成液体制剂后可提高生物利用度。但是液体制剂也具有一些缺点,如药物分散度大,易引起药物的化学降解,药效降低;非均匀性液体制剂的物理稳定性较差;水性液体制剂容易霉变,需加入防腐剂,而非水溶剂具有一定不良的药理作用。注射剂虽然属于液体制剂,但需要严格无菌,将在灭菌与无菌制剂部分介绍。

液体制剂携带、运输、贮存不方便,因此液体制剂的包装和贮存要求较高。液体制剂的包装材料一般要求性质稳定,不与药物发生作用;能减少和防止外界因素的影响;坚固耐用,体轻,形状适宜,便于运输、贮存、携带和使用。

液体制剂特别是以水为溶剂的液体制剂,在贮存期间易发生水解和染菌而导致变质,应临时配制。大量生产时除应注意防止染菌措施外,还需添加适当的防腐剂,使用适宜的包装材料,密闭贮存于阴凉干燥处。医院液体制剂应尽量减小生产批量,缩短存放时间,以有利于保证液体制剂的质量。

液体制剂按照分散系统分为均相液体制剂(包括低分子溶液剂和高分子溶液剂)和非均相液体制剂(包括溶胶剂、混悬剂和乳剂等)。下面逐一介绍各溶液剂的生产工艺。

(一)低分子溶液剂

低分子溶液剂指小分子药物分散在溶剂中制成的均匀分散的液体制剂,可口服或外用。包括溶液剂、糖浆剂、芳香水剂、甘油剂、醑剂和酊剂等。

溶液剂的溶剂多为水,少数以乙醇或油为溶剂,必要时可加入助溶剂、抗氧剂、甜味剂和着色剂等附加剂。其制法主要有溶解法和稀释法。溶解法是将药物用处方总量3/4量的溶剂溶解,过滤,再加溶剂至全量,搅匀,滤过后的药液应进行质量检查,将制得的药物溶液分装、密封、贴标签及进行外包装。稀释法系先将药物制成高浓度溶液或将易溶性药物制成贮备液,如稀甲醛溶液就是将甲醛溶液用水稀释而得到的。

糖浆剂指含药物或芳香物质的浓蔗糖水溶液,其制备方法主要有溶解法和混合法。溶解法是将药物溶于含蔗糖的水溶液,溶解,过滤,分装。按照溶解的温度分为热溶法和冷溶法。混合法是将药物与糖浆均匀混合,水溶性固体药物可先用少量蒸馏水溶解再与单糖浆混合;水中溶解度小的药物可酌加少量其他适宜的溶剂使药物溶解,然后加入单糖浆中,搅匀;药物为可溶性液体或为药物的液体制剂时,可将其直接加入单糖浆中,必要时过滤;药物为含乙醇的液体制剂时,与单糖浆混合常产生混浊,可加入适量甘油助溶或加滑石粉助滤;药物为水性浸出制剂时,需加热使蛋白质凝固除去,再将滤液加入单糖浆中。制备糖浆剂应在避菌环境中进行,各种用具、容器需进行洁净或灭菌处理,及时灌装,选择药用白砂糖,生产中宜用蒸汽夹层锅加热,温度和时间应严格控制;应在30℃以下密闭贮存。

芳香水剂指芳香挥发性药物(多为挥发油)的饱和或近饱和水溶液。用乙醇和水混合溶剂制成的含大量挥发油的溶液,称为浓芳香水剂。芳香水剂应澄明,具有与原有药物相同的气味,不得有异臭、沉淀和杂质。主要用于矫味、矫臭,有的也有祛痰止咳、平喘和解热镇痛等治疗作用。纯挥发油和化学药物多用溶解法和稀释法制备,含挥发性成分的药材多用蒸馏法制备,也可制成浓芳香水剂,临用时加以稀释。芳香水剂中挥发性成分多半容易分解或变质、易霉败,不宜大量配制和长久贮存。

甘油剂是药物溶于甘油中制成的专供外用的溶液剂,常用于耳鼻咽喉科疾病。甘油剂的制备可用溶解法和化学反应法。溶解法是将药物直接溶于甘油中制成;化学反应法是将甘油与药物混合后发生化学反应而制成的甘油剂。

酊剂是指药物用规定浓度的乙醇浸出或溶解制成的澄清液体制剂,也可用流浸膏或浸膏溶解稀释制成。酊剂可用溶解法、稀释法、浸渍法和渗漉法制备。制备酊剂时,应根据药物有效成分的溶解性选择适宜浓度的乙醇,以减少酊剂中杂质的含量。

醑剂是指挥发性药物的乙醇溶液,供外用或内服。可用于制备芳香水剂的药物一般均可制成醑剂。一般醑剂的浓度为5%~10%,醑剂中乙醇的浓度一般控制在60%~90%。醑剂应贮存于密闭容器中,不宜长期贮存。

(二) 高分子溶液剂

高分子溶液剂是高分子化合物溶解于溶剂中制成的均匀分散的液体制剂。高分子溶液剂以水为溶剂时,称为亲水性高分子溶液剂(或胶浆剂);以非水溶剂制备的高分子溶液剂称为非水性高分子溶液剂。

高分子溶液剂的制备首先是水分子渗入到高分子化合物分子间的空隙中,与高分子中的亲水基团发生水化作用而使体积膨胀,称为溶胀,其结果使高分子空隙间充满了水分子,这一过程称为有限溶胀。而由于高分子空隙间存在水分子,降低了高分子间的作用力(范德华力),溶胀过程继续进行,最后高分子化合物完全分散在水中而形成高分子溶液,这一过程称为无限溶胀。形成高分子溶液的过程称为胶溶。

(三) 溶胶剂

溶胶剂是指固体药物微粒分散在水中形成的非均匀分散的液体制剂,也称为疏水胶体溶液。溶胶剂中分散的微粒(胶粒)大小通常为1~100nm,胶粒是多分子聚集体,分散度很大,但微粒与水的水化作用很弱,它们之间存在着物理界面,胶粒间极易合并。其制备方法主要是分散法和凝聚法。分散法根据原理可分为机械分散法、胶溶法和超声分散法。胶溶法是通过使新生的粗分散粒子重新分散而获得溶胶的方法，即在细小（胶体粒子范围）沉淀中加入电解质使沉淀粒子吸附电荷后逐渐分散的方法；超声分散法是用 20kHz 以上超声波所产生的能量使粗分散粒子分散成溶胶剂的方法；脆而易碎的药物可用机械分散法，生产上常采用胶体磨进行制备。凝聚法是利用氧化、还原、水解、复分解等化学反应或改变分散介质的性质使溶解的药物溶解度降低，药物凝聚成溶胶的制备方法。

（四）混悬剂

混悬剂适用于以下情况：①难溶性药物需制成液体剂型时；②药物的用量超过了溶解度而不能制成溶液；③两种溶液混合时，药物的溶解度降低或产生难溶性化合物；④为了产生缓释作用或提高药物在水溶液中的稳定性，可设计成混悬剂。混悬剂是指难溶性固体药物以微粒状态分散于分散介质中形成的非均匀分散的液体制剂。混悬微粒一般为 0.1 ～ 10μm，也可达 50μm 或更大。混悬剂的分散介质为水或植物油。混悬剂还可制成干粉或颗粒，用时加入分散介质迅速分散，制成高含量的混悬剂。混悬剂除应符合一般液体制剂的要求外，其微粒大小还应符合不同用途的要求，粒子的沉降速度应很慢，沉降后不应有结块现象，轻摇后应迅速均匀分散；外用混悬剂应容易涂布。剧毒药或剂量小的药物不适合制成混悬剂。

混悬剂的制备可分为分散法和凝聚法。

分散法是将粗颗粒的药物粉碎成符合混悬剂微粒要求的分散程度，再分散于分散介质中制成混悬剂的方法。如氧化锌、炉甘石、次硝酸铋、次碳酸铋、碳酸钙和碳酸镁等药物，一般可先干研磨到一定程度，再加水或与水极性相近的液体进行加液研磨，至适宜的分散度，然后加入其余的液体至全量。加液研磨时，通常 1 份药物加 0.4 ～ 0.6 份液体研磨，可使药物粉碎得更细，研磨效果较好。小量制备可用乳钵，大量生产可用乳匀机、胶体磨等机械。对于质重、硬度大的药物，可采用"水飞法"，即在加水研磨后，加入大量水（或分散介质）搅拌，静置，倾出上层液，将残留于底部的粗粒再研磨，如此反复至不剩粗粒为止。流水性药物如硫黄等，制备时可先将其加润湿剂研磨，再加其他液体研磨，最后加水性液体稀释。

凝聚法有物理凝聚法和化学凝聚法。物理凝聚法是将药物制成热饱和溶液，在快速搅拌下加至另一种不同性质的冷溶剂中，使快速结晶，可形成 10μm 以下的微粒，再将微粒分散于介质中即制成混悬剂。化学凝聚法则是利用化学反应使两种或两种以上的化合物生成难溶性的药物微粒，再混悬于分散介质中制成混悬剂。

（五）乳剂

乳剂也称乳浊液，系指互不相溶的两相液体，其中一相液体以液滴状态分散于另一相液体中形成的非均相液体制剂。乳剂中分散的液滴称为分散相、内相或不连续相，包在液滴外面的另一相则称为分散介质、外相或连续相。乳剂中的一种液体往往是水或水溶液，称为水相，用"W"表示；另一种液体则是与水不相溶的有机液体，称为油相，用"O"表示。乳剂分散相液滴的直径一般为 0.1 ～ 100μm。当乳滴粒子直径 < 0.1μm 时称为微乳，此时乳滴 <120nm，乳剂处于胶体分散范围，可产生光散射（丁达尔现象）；粒径为 0.1～0.4μm 的乳剂称亚微乳，静脉注射乳剂为亚微乳，粒径可控制在 0.25～0.4μm。乳剂属热力学不稳定体系，为了得到稳定的乳剂，还必须加入乳化剂。乳剂主要有两种类型，其中油为分散相、水为分散介质的称为水包油（油/水，O/W）型乳剂；若水为分散相、油为分散介质则称为油包水（水/油，W/O）型乳剂。此外还有复合乳剂或简称复乳，用"W/O/W"或"O/W/O"表示。

乳剂临床应用广泛，可内服、外用，也可注射。乳剂的特点为乳剂中液滴的分散度大，药物吸收迅速,药效发挥快,生物利用度高;油性药物制成乳剂后,其分剂量准确;水包油型乳剂可掩盖油的不良臭味;外用乳剂能改善对皮肤、黏膜的渗透性,减少刺激性;静脉注射乳剂后作用快,且具有一定的靶向性。

乳剂的制备方法有油中乳化剂法、水中乳化剂法、油相水相混合加至乳化剂法和机械法(表10-5)。

表10-5　乳剂的制备方法

方法	工艺特点
油中乳化剂法	将水相加到含乳化剂的油相中。制备过程如下:先将胶粉(乳化剂)与油混合均匀,加入一定量的水,研磨成初乳,再逐渐加水稀释至全量
水中乳化剂法	将油相加到含乳化剂的水相中。制备过程如下:将胶(乳化剂)溶于水中,制成胶浆作为水相,再将油相分次加于水相中,研磨成初乳渐加水稀释至全量
油相水相混合加至乳化剂	先将油相、水相混合;阿拉伯胶置乳钵中研细,油水混合液加入其中,研磨成初乳,再加水稀释至全量。用表面活性剂为乳化剂制备乳剂时,由于其乳化能力较强,一般比较容易制成,可不考虑加入顺序,制备时可将油、水、乳化剂混合,用乳化机械制成乳剂。对于在油水两相界面能发生化学反应生成乳化剂的情况,可直接使两相混合生成乳剂
机械法	若大量配制乳剂可用机械法,将油相、水相、乳化剂混合后,用乳化机械制成乳剂

四、灭菌与无菌制剂生产工艺

灭菌与无菌制剂主要是指直接注入体内或接触于创伤面的一类药剂。这类制剂直接作用于人体血液系统,使用前必须保证处于无菌状态,因此生产和贮存该类制剂时,对人员、设备以及环境都有特殊要求。

(一) 注射剂

注射剂是指药物制成的供注入人体内的灭菌溶液、乳浊液或悬浊液,以及供临用前配成溶液或悬浊液的无菌粉末或浓溶液。注射剂临床应用十分广泛,是最重要的剂型之一,相对于其他剂型而言,具有很多优点,如起效迅速,适用于不宜口服的药物以及不能口服给药的患者,且可发挥局部作用。但是注射剂也存在一些缺点,如使用不便、注射疼痛、给药和制造过程复杂、需要一定的生产条件和设备、成本较高。

1. 注射用水的制备　《中国药典》法定的制备方法是蒸馏法,原料水是一次蒸馏水或去离子水。制备设备为蒸馏水器,在制备注射用水时,初馏液应弃去一部分,经检查合格后方可收集。收集时应注意防止空气中灰尘及其他污物落入,最好采用带有无菌过滤装置的密闭收集系统。注射用水应在80℃以上或灭菌后密封保存。在生产过程中,需要对氯化物、重金属、pH和铵盐等项目进行检测。热原需要定期检查。除蒸馏法外,美国药典收录的法定方法为使用反渗透法。

2. 灭菌和无菌技术　灭菌是指用物理或化学方法将所有微生物包括细菌、真菌、病毒等全部杀灭,灭菌法是指杀灭或除去所有微生物的繁殖体和芽孢的技术。灭菌方法和灭菌效果随微生物的种类不同而不同。由于细菌的芽孢具有较强的抗热能力,因此灭菌效果常以杀灭芽孢为准。灭菌是药品生产过程中一项重要的操作,也是保证药品质量的重要措施之一,涉及厂房、设备、容器、洁具、工作服装、原辅材料、成品、包装材料和仪器等的灭菌。

在药剂学中选择灭菌方法,不仅要达到灭菌目的,更重要的是要保证药物的稳定性及有效性。因此,应根据药物的性质及临床治疗要求,选择适当的灭菌方法。灭菌的方法根据原理可分为物理灭菌法和化学灭菌法。常用的灭菌方法介绍如下。

物理灭菌法包括湿热灭菌法、干热灭菌法、紫外线灭菌、过滤除菌、辐射灭菌和微波灭菌法。①干热灭菌法是利用火焰或干热空气进行灭菌的方法,加热可以破坏蛋白质与核酸中的氢链,导致蛋白质变性或凝固,核酸破坏,酶失去活性,使微生物死亡。②湿热灭菌法是指物质在灭菌器内利用高压蒸汽或其他热力学灭菌手段杀灭细菌,由于蒸汽潜热大,穿透力强,容易使蛋白质变性或凝固,所以灭菌效率高。本法是制剂生产中应用最广泛的一种灭菌法,具有可靠、操作简便、易于控制和经济等优点,但不适用于对湿热不稳定的药物或制剂的灭菌。③紫外线灭菌法是指用紫外线照射杀灭微生物的方法,一般用于灭菌的紫外线波长是200~300nm,灭菌力最强的是254nm,它作用于核酸蛋白质,使蛋白质变性而起杀菌作用。另外,空气受紫外线照射后,产生的微量臭氧也可起杀菌作用。本法适用于表面灭菌、无菌室的空气及蒸馏水的灭菌。紫外线的灭菌只限于被照射物的表面,不能透入溶液或固体物质的深部,普通玻璃亦可吸收紫外线,因此,安瓿中的药物不能用此法灭菌。用紫外线灭菌时,一般在操作前开启1~2小时,如在操作中使用,应对操作者的皮肤及眼做适当防护。④过滤除菌法指用滤过方法除去活的或死的微生物的方法,适用于不耐热的药液灭菌。所用过滤器不得对被滤成分有吸附作用,也不能释放物质,不得使用有纤维脱落的过滤器。⑤辐射灭菌法是以放射性核素(^{60}Co 或^{137}Cs)放射的 γ 射线或电子加速器发出的 β 射线杀菌的方法。射线可使有机化合物的分子直接发生电离,产生破坏正常代谢的自由基,导致大分子化合物分解。辐射灭菌的特点是不升高灭菌产品的温度,穿透性强(γ 射线),适用于不耐热药物的灭菌。辐射灭菌法已成功地应用于一些药物及重要制剂、医疗器械、高分子材料等的灭菌。辐射灭菌设备费用高,某些药品经辐射灭菌后有可能效力降低,产生毒性物质或发热性物质。⑥微波灭菌法是用微波照射产生的热来杀灭微生物的方法。微波灭菌加热均匀,升温迅速。由于水可以强烈地吸收微波,且微波穿透物质较深,所以可以用作水性注射液的灭菌。

化学灭菌法可用气体灭菌法和化学杀菌剂灭菌。①气体灭菌法是指用化学药品的气体或蒸气对需要灭菌的药品或材料进行灭菌的方法。制药工业上多用环氧乙烷气体灭菌,此法适用于对热敏感的固体药物、塑料容器、纸、橡胶、注射器、衣服、辅料和皮革制品等。其杀菌原理是环氧乙烷为烷化剂,可使菌体蛋白的—COOH、—NH$_2$、—SH 和—OH 中的氢被—CH$_2$—CH$_2$—OH 所置换,对菌体细胞的代谢产生不可逆性的破坏。环氧乙烷与空气以一定比例混合时有爆炸的危险,故应用时需用惰性气体 CO$_2$ 等稀释。注意环氧乙烷对中枢神经系统有麻醉作用,而且会损害皮肤及眼黏膜。②利用化学杀菌剂杀菌是利用一些化学物质来进行灭菌的方法。但是大多数化学杀菌剂仅对微生物的繁殖体有效,而不能杀灭芽孢。所以在制药工业中主要用于物体表面消毒,常用的有 0.1%~0.2% 苯扎溴铵溶液、2% 左右的酚或煤酚皂溶液及 75% 乙醇等。

3. 注射剂的生产工艺流程　包括注射剂容器的处理、原辅料的准备、配制、灌封、灭菌、质量检查和包装等步骤,如图 10-4 所示。

(1)原辅料的要求:配制注射剂的原辅料必须符合《中国药典》(2010 年版)所规定的各项杂质检查与含量限度。附加剂和活性炭等亦应用"注射用"规格。

(2)投料量计算:配制前,应先按处方规定计算原料的用量,然后准确称取,经核对后投料。如果注射剂在灭菌后含量下降,可在投料时酌情增加其投料量。在称量计算时,如原料含有结晶水应注意换算。在计算处方时应将附加剂的用量一起算出,然后分别精密称量,称量后应再核对 1 次。

（3）配制用具的选择与处理：大量生产可选用夹层配液锅并装配搅拌器,可通蒸汽加热,也可通冷水冷却。配制药液容器的材料有中性硬质玻璃、搪瓷、耐酸耐碱陶瓷、不锈钢及无毒聚乙烯和聚氯乙烯塑料等。铝质材料不宜使用。容器使用前可用肥皂或洗涤剂洗干净,临用前再用新鲜注射用水洗或灭菌后备用。玻璃器具可用铬酸洗液处理,然后用自来水和注射用水冲洗,可加入少量洗液或 75% 乙醇放置,以免长菌,用时再依法清洗。橡皮管道可置蒸馏水内蒸煮搓洗后,用注射用水反复抽洗。

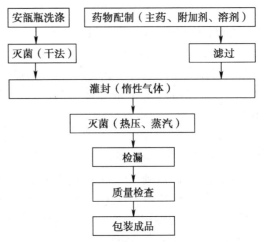

图 10-4　注射剂生产工艺流程

（4）配制方法：质量好的原料可采用稀配法,即将原料药加入所需溶剂中,1 次配成所需的浓度。质量较差的原料采用浓配法,即将全部原料药加入部分溶剂中配成浓溶液,加热过滤,必要时也可冷藏后过滤,然后稀释至所需浓度。溶解度小的杂质在浓配时可以滤过除去。配制用注射用水必须新鲜,注射用水生产后必须在 12 小时内使用。对不易滤清的药液,可加 0.1%～0.3% 的注射用活性炭,起吸附和助滤作用。使用活性炭时要注意对药物的吸附作用。配制油性注射液一般先将注射用油在 150～160℃ 干热灭菌 1～2 小时,冷却后进行配制。

（5）滤过：滤过是保证注射液澄明的关键操作。注射剂生产中常用的滤过器有垂熔玻璃滤器、微孔滤膜滤器、砂滤棒和板框式压滤器等,应根据它们的性能和用途合理选用。垂熔玻璃滤器常用于注射液的精滤或膜滤器前的预滤,砂滤棒目前多用于粗滤。注射剂生产中,一般注射液的过滤可将微孔滤膜过滤器串联在常规滤器后作为末端精滤之用。注射剂生产中的滤过一般采用粗滤与精滤相结合的方法,过滤装置有高位静压滤过装置。

（6）灌封：灌封即灌装和封口,滤过的药液经检查合格后立即灌封,以减少污染。灌封室是注射剂制备的关键区域,必须严格控制环境洁净度。灌装时灌注针头及药液不得碰到安瓿瓶口,灌注量应比标示量稍多,以弥补瓶壁黏附及用药时针头吸留的损失。注射剂的装置增加量可参见《中国药典》(2010 年版)附录中的有关规定。安瓿封口要求严密、不漏气,顶端圆整光滑,无尖头、泡头、瘪头和焦头。封口的方法分拉封与顶封两种。拉封封口严密,但顶端区的玻璃较薄,易破碎；顶封法有时会出现极细的毛细孔,因此安瓿、粉末安瓿或具广口的其他安瓿等均应用拉封法封口。灌封操作分为手工灌封和机械灌封。

（7）通气：易氧化的药物溶液在灌注时,需向安瓿中通入惰性气体,以取代安瓿中的空气,常用的惰性气体有氮气和二氧化碳。通气时,1～2ml 安瓿先灌注药液,后通气；5ml 以上的安瓿先通气,再灌注药液,最后再通气,尽可能排尽安瓿内的残余空气。

（8）灭菌和检漏：熔封后的安瓿应立即进行灭菌,一般注射剂从配液到灭菌不应超过 12 小时。灭菌方法与时间应根据药物的性质来选择,需要保证灭菌效果以及注射剂的稳定性,必要时可采取多种灭菌方法联合使用。在避菌条件较好的情况下生产的注射剂,一般

1～5ml安瓿多用流通蒸汽100℃灭菌30分钟,10～20ml安瓿为100℃灭菌45分钟。对热稳定的产品,可以热压灭菌。安瓿应进行漏气检查。对于采用铝盖压封的输液瓶,未压紧的铝盖经灭菌可顶起或松动,应逐瓶检查。

(9)质量检查:为保证注射用量不少于标示量,灌装标示装量为50ml与50ml以下的注射液时,应适当增加装量。除另有规定外,供多次用量的注射液,每一容器的装量不得超过10次注射量,增加装量应能保证每次注射用量。注射剂的标示装量为50ml以上至500ml的按最低装量检查法检查,应符合规定。具体检查方法参见《中国药典》(2010年版)附录部分。检查澄明度可以保证用药安全,且可发现生产中的问题。检查应为黑色背景、20W照明荧光灯光源下,用眼视检,应符合《澄明度检查细则和判断标准》。注射剂在灭菌后都应进行无菌检查,以确保产品的灭菌质量。按《中国药典》(2010年版)附录中无菌检查法项下的方法检查,应符合规定。静脉滴注用注射剂按各品种项下的规定进行检查,应符合规定。检查方法参见前面内容。有些品种要求检查降压物质,以猫为实验动物,参照《中国药典》规定的方法进行。此外,鉴别、含量测定、pH的滴定、毒性试验和刺激性试验等可按具体品种的要求进行检查。

(10)注射剂的印字和包装:经检验合格的注射剂应及时注明注射剂的品名、规格和批号等,以免产品之间发生混淆。

(二)其他类型的注射剂

其他类型的注射剂包括混悬型和乳剂型注射剂。混悬型注射剂是药物制成的供注入体内的混悬液。难溶性药物、所制得的药液浓度超过其溶解度的药物、在水中不稳定而可制成难溶性的药物以及需要长效的药物等,可考虑制成混悬型注射剂。注射用混悬液不得用于静脉注射和椎管注射。进行混悬型注射剂的处方设计时,应综合考虑药物的性质材料、结晶生长、结块、合适的包装材料、混悬剂对药物吸收的影响等方面。

将油(或油溶性药物)制成乳剂型注射剂后,除可为患者提供脂肪性营养物质外,注射后还可被人体单核-吞噬细胞系统吞噬,使药物定向聚集在肝、淋巴系统等部位,可显著提高药物的疗效,降低毒副作用。静脉滴注用乳剂不得用于椎管注射。除应符合注射剂的质量要求外,乳剂型注射剂还要求乳滴大小均匀,静脉滴注用乳剂的球粒粒度绝大多数应在$1\mu m$以下,不得有大于$5\mu m$的球粒,应无热原,能耐热压灭菌,贮存期间稳定。

(三)输液

输液是注射剂的一个分支,是由静脉滴注输入体内的大剂量注射剂,在临床中广泛使用。输液注射量较大,对无菌、无热原及澄明度要求更为严格,其他质量要求与注射剂基本一致。应注意输液的pH尽量与血浆的pH相近;渗透压应为等渗或偏高渗;输入体内不应引起血象的任何异常变化,不损害肝、肾等;输液中不得添加任何抑菌剂;对某些输液还要求不能有产生过敏反应的异性蛋白及降压物质。输液的生产工艺流程如图10-5所示。

下面以氯化钠输液为例,说明输液生产工艺。氯化钠输液是氯化钠的等渗灭菌水溶液,氯化钠含量为0.85%～0.95%(g/ml)。首先称取氯化钠投入洁净的夹层配料锅中,加入新鲜的热注射用水适量,配成质量浓度为200g/L的浓溶液,用0.1mol/L盐酸调节pH至4.5～5.0。加针用活性炭(0.1%～0.5%),搅拌,煮沸30分钟,过滤除炭,加新鲜注射用水稀释至全量,测定含量及pH(5.0～5.5),经微孔滤膜精滤,灌装,115℃加压灭菌30分钟即得。

(四)注射用无菌粉末

对热敏感或在水溶液中不稳定的药物,则不能制成水溶性注射液,也不能在水溶液中加

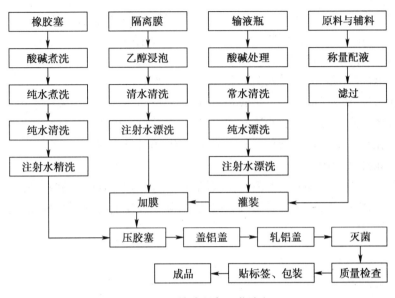

图 10-5 输液制备工艺流程

热灭菌,只能采用无菌操作法将它们制成注射用无菌粉末,临用前加溶剂溶解、分散,以供临床注射用。根据药物的性质和生产工艺的不同,注射用无菌粉末可分为两种。一种是将原料药精制成无菌粉末,在无菌条件下直接进行无菌分装;另一种是将药物配成注射液后除菌过滤,进行无菌分装,经冷冻干燥,在无菌条件下密封而制成注射用冻干粉剂,又称冷冻干燥制品。

注射用细胞色素 C(cytochrome C for injection)是利用冷冻干燥方法制得的注射剂。其制备过程为:在无菌操作室内,称取细胞色素 C、葡萄糖,投入合适的容器中,加注射用水,在氮气回流下加热(温度不高于 75℃),搅拌溶解,加入抗氧剂,溶解,用 2mol/L 的 NaOH 溶液调节至 pH 7.0~7.2,然后加配制量的 0.1%~0.2% 活性炭,搅拌,过滤除炭,滤液送检,测定含量和 pH 合格后,用 5 号垂熔玻璃漏斗滤净,分装,低温冷冻干燥 34 小时,在无菌条件下塞上胶塞,轧口。

(五)滴眼剂

滴眼剂是用药物制成供滴眼用的水性或油性澄明溶液、混悬液或乳剂,也包括眼内注射溶液。临床上使用的洗眼剂一般由医院药剂科配制,用于眼部的清洗,如 0.9% 氯化钠溶液、2% 硼酸溶液等。滴眼剂在眼部可发挥消炎杀菌、扩瞳、缩瞳、降低眼压、诊断以及局部麻醉等作用。有的在眼球外部,有的在眼球内部发挥作用。滴眼剂在眼部不仅起局部治疗作用,还可以通过眼部吸收起全身治疗作用。

滴眼剂的质量要求较为严格,与注射剂类似,对 pH、渗透压、无菌和澄明度等都有一定的要求。滴眼剂要求无菌。用于外科手术、供角膜穿通伤用的滴眼剂及眼内注射溶液要求绝对无菌,配制应按无菌制剂进行,并密封于单剂量包装中,且不得加抑菌剂和抗氧剂。一般滴眼剂(即用于无眼外伤的滴眼剂)要求无致病菌,不得有铜绿假单胞菌和金黄色葡萄球菌,采用多剂量包装,需加抑菌剂。滴眼剂的 pH 要求在眼耐受范围(5.0~9.0)内,另外应考虑药物的溶解度、稳定性及吸收。《中国药典》规定滴眼剂应与泪液等渗,低渗滴眼剂应该用氯化钠、硼酸、硝酸钾和葡萄糖等调成等渗。除另有规定外,应按《澄明度检查细则和判断标准》的规定检查。塑料容器或有色溶液应在光照度 3000~5000 lx 下用眼检视,观察有无玻璃屑、较大纤维和其他不溶性异物。但眼内注射溶液应按注射液的规定检查,应符合规定。滴眼剂黏度适当增大,可使药物在眼内停留时间延长,增强药物的作用,同时黏度增加后可减少刺激作用。滴眼剂合适的黏度宜在 $4\sim5$ cPa·s。混悬液粒度照粒度测定法检查,>50μm 的粒子不得多于 2 个,且不得检出大于 90μm 的粒子。

盐酸吗啉胍滴眼液(moroxydine hydrochloride eye drops)的制备采用无菌操作制备。制备流程为:将羟苯乙酯加入适量的注射用水中,115℃热压灭菌 30 分钟,然后将盐酸吗啉胍加入上述备用溶液中,搅拌至溶解,pH 控制在 $6.0\sim6.4$,5 号垂熔玻璃漏斗滤过至澄明,灌装于洁净灭菌的棕色滴眼瓶中,严封。

若主药不稳定,则严格按照无菌操作法制备。在药房小量配制滴眼剂时,可在洁净工作台中进行。大量滴眼剂灌装时,可用减压灌装法,其原理与上述减压洗瓶法相同。

（张业旺）

第十一章　中试放大与物料平衡

在新药创制和仿制产品开发中,寻找适合工业生产的技术路线是重要的关键环节之一。通过该项研究,将为生产安全有效、质量稳定、价格低廉的药品提供保证。药物的生产工艺路线一般要经过实验小试阶段和中试放大阶段的研究,最终为工业化生产工艺提供确切的科学依据。中试放大作为实验室研究和工业化生产阶段的桥梁,在新药创制和医药工业化生产中具有重要意义。本章将就中试放大及其相关的反应器、反应过程和物料衡算进行讲述。

第一节　概　　述

中试放大(pilot magnification)是指药物生产工艺在实验室小规模试制成功后,经过一个比实验室规模放大 50~100 倍的中间过程来模拟工业化生产条件,从而验证在工业生产条件下工艺的可行性,保证研发和生产时工艺的一致性。在制剂工程中,中试放大可以结合药物的制剂规格、剂型及临床使用情况确定中试放大规模,一般每批号原料的量应达到制剂规格量的 1 万倍以上。

一、中试放大的作用

中试放大在制药工业中的重要作用主要体现在以下两个方面:

1. 在新药研制和仿制品开发中,可以通过中试放大积累足够的千克级样品用于后续新药临床研究。

2. 中试放大还可以为药品工业生产过程的消耗定额和成本,为工艺路线的设计、生产流程的确定、设备和材质选型以及制药车间设计提供必要的技术参数。

二、反应器与物料平衡

通过中试放大,可以确定生产工艺流程。在此基础上结合物料衡算可以进行设备选型,最后过渡到工业化生产。

物料平衡(material balance)也称为物料衡算,是指产品理论产量与实际产量或物料的理论用量与实际用量之间的比较。通过物料平衡计算,得到进入与离开某一过程或某反应器的各种物料数量、组分。这包括产品的质量、原辅材料消耗量、副产物量、"三废"排放量,以及水、电、蒸汽消耗量等。这些指标与操作参数有密切关系,也是制药工艺优化程度、操作技艺和管理水平的综合反映。因此,物料平衡是制药生产(及设计)的基本依据,是衡量制药生产经济效益的基础,对改进生产和指导设计具有重大意义。

药物的生产过程,无论是化学药物还是生物技术药物,都是在反应器(reactor)内实现的。为此可根据发生反应的类型,将反应器分为化学反应器(或反应罐)和生物反应器(bioreactor)。而传统意义上,进行微生物培养的反应器也称为发酵罐(fermentor)。生物反应器与化学反应器的不同之处在于,化学反应器从原料进入到产物生成常常需要加压和加热,是一个高能耗过程;而生物反应器则在酶和生物细胞的参与下,在常温和常压下,通过细胞的生长和代谢进行相应的合成反应。在医药工业中,常见的反应器类型包括釜式反应器、管式反应器、塔式反应器和床式反应器。不同的反应器适用范围不同,生产设备选型时需要根据生产工艺过程并结合物料平衡进行确定。

第二节　中 试 放 大

药物研发初期主要在实验室中进行,其制备样品的规模一般从几克到几百克,但到达千克级时实验室装置已达到极限。如果将实验室小试工艺的最佳条件直接用于工业生产,经常会出现收率降低和产品质量不合格等问题,严重时甚至发生溢料或爆炸等安全事故。这是由于实验室的条件和装置与工业化生产之间存在很大差别。这些差别不仅体现在厂房、设备、管道和仪器等硬件设施上,还表现在操作规程、生产周期和员工培训等软件环境上。通过中试放大研究,能够发现小试工艺在产业化过程中存在的问题,从而降低生产阶段风险。下面将就中试放大阶段的研究方法和研究内容进行讲述。

一、中试放大的研究方法

常用的中试放大方法主要有经验放大法、相似放大法和数学模拟放大法。

(一)经验放大法

经验放大法(experience amplification method)基于经验,通过逐级放大来摸索反应器的特征,实现从实验室装置到中间装置、中型装置和大型装置的过渡。经验放大法认为虽然反应规模不同,但单位时间、单位体积反应器所生产的产品量(或处理的原料量)是相同的。通过物料平衡,求出完成规定的生产任务所需处理的原料量后,得到空时得率的经验数据,即可求得放大反应所需反应器的容积。

采用经验放大法的前提条件是放大的反应装置必须与提供经验数据的装置保持完全相同的操作条件。经验放大法适用于反应器的搅拌形式、结构等反应条件相似的情况,而且放大倍数不宜过大。如果希望通过改变反应条件或反应器的结构来改进反应器的设计,或进一步寻求反应器的最优化设计与操作方案,经验放大法是无能为力的。

由于化学合成药物生产中化学反应复杂,原料与中间体种类繁多,化学动力学方面的研究往往又不够充分,因此难以从理论上精确地对反应器进行计算。尽管经验放大法有上述缺点,但是利用经验放大法能简便地估算出所需要的反应器容积,在化学合成药物以及生物技术药物、中药制剂等的中试放大研究中主要采用经验放大法。

(二)相似放大法

以模型设备的某些参数按比例放大,即按相似准数相等的原则进行放大的方法称为相似放大法(similar amplification method)。相似放大法主要是应用相似理论进行放大,一般只适用于物理过程的放大,而不宜用于化学反应过程的放大。在化学制药反应器中,化学反应与流体流动、传热及传质过程交织在一起,要同时保持几何相似、流体力学相似、传热相似、传质相似和反应相似是不可能的。一般情况下,既要考虑反应的速度,又要考虑传递的速度,因此采用局部相似的放大法不能解决问题。相似放大法只有在某些特殊情况下才有可能应用,例如反应器中的搅拌器与传热装置等的放大。

(三) 数学模拟放大法

数学模拟放大法(mathematical simulation method)又称为计算机控制下的工艺学研究,是利用数学模型来预计大设备的行为,实现工程放大的放大法,它是今后中试放大技术的发展方向。

数学模拟放大法的基础是建立数学模型。数学模型是描述工业反应器中各参数之间关系的数学表达式。由于制药反应过程涉及复杂的化学变化或生物次级代谢过程,因此影响因素错综复杂。若全部用数学形式来完整、定量地描述过程的全部真实情况显然不现实,因此首先要对过程进行合理的简化,提出合理的模型,以此模拟实际的反应过程。对此简化模型再一步进行数学描述,得到数学模型后,可通过计算机研究各参数的变化对过程的影响。数学模拟放大法以过程参数间的定量关系为基础,不仅避免了相似放大法中的盲目性与矛盾,而且能够较有把握地进行高倍数放大,缩短放大周期。

采用数学模拟放大法进行工程放大,能否精确地预测大设备的行为,主要取决于数学模型的可靠性。因为简化后的模型与实际过程有不同程度的差别,所以要将模型计算的结果与中试放大或生产设备的数据进行比较,再对模型进行修正,从而提高数学模型的可靠性。

需要指出的是,中试放大除了前面提到的经验放大法、相似放大法和数学模拟放大法外,近年来制药工业领域还应用微型中间装置替代大型中间装置,以便为工业化装置提供设计数据。其优点是费用低,建设快,在一般情况下不必做全工艺流程的中试放大,而只做流程中某一关键环节的中试放大,从而加快了中试放大的速度。

中试放大还可以在企业或研究所的多功能车间中进行。这种多功能车间配有各种规格的中、小型反应罐和后处理设备,对制药工业中常见的反应有很强的适应性。例如,这些反应罐一般均配备搅拌器,可通过管道接通蒸汽、冷却水或冷冻盐水实现加热和降温操作。另外,某些反应罐还配有蒸馏装置,可以实现回流、分馏及减压分馏等单元操作。在后处理操作上,可通过配备的中、小型离心机实现过滤分离,可应用小型分馏装置实现有机溶剂回收。除了常用的反应装置外,多功能车间一般还配有适应高压反应和氢化反应的特殊装置。多功能车间适应性强,不需要按生产流程来布置生产设备,而是根据工艺过程的需要来选用反应设备。因此,这种车间不仅可用于中试放大和新药样品制备,还适于企业进行多品种的小批量生产,在制药企业有广泛的应用。

二、中试放大的研究内容

中试生产作为实验室研究过渡到工业生产的重要环节,不仅是小试工作的扩大,也是工业生产的缩影。通常中试放大的研究内容和任务有以下 8 项,但实际工作中一般要根据项目的具体情况,选择主要环节实施中试放大研究。

(一) 生产工艺路线和操作方法的复审

通常生产工艺路线和相关操作方法一般在实验室阶段已基本明确。中试放大阶段需要从工艺条件、设备、原材料和环保等方面考察是否适合工业生产。一般要求中试放大阶段中每一步反应所涉及的具体步骤和单元操作应取得基本稳定的数据。若小试工艺路线或某步反应在中试放大阶段出现难以克服的重大问题时,就需要重新考虑替代方案,修改后的工艺过程应再次经过中试放大进行验证。

例如在抗菌药西司他汀(cilastatin)的中试过程中,按文献方法合成化合物(11-1),在纯化产品时采用硝基甲烷重结晶,尽管多次重结晶其光学纯度始终达不到要求[文献值

$[\alpha]_D^{25} = +72.8°(c = 0.5, CHCl_3)]$。经中试探索,发现在 $-15℃$ 左右将化合物(11-1)溶于乙酸乙酯中,滴加石油醚使其析出,所得产品光学纯度符合要求。

11-1

近年来,生物制药产业迅猛发展,相关的中试放大过程也备受关注。生物技术制药(biotechnological pharmaceutics)是将生物体内具有生物活性的基本物质在含有多种成分的固相或液相中分离提取出来,并保持其原来的结构和功能。它是一项要求十分严格、工艺较为复杂的过程,涉及物理、化学、生物医药、工程等多方面的知识和操作技术。

例如对 S- 腺苷-L-蛋氨酸(SAM)发酵培养基的优化中,应用 Plackett-Burman 实验、最陡爬坡实验和响应面分析法对基础发酵培养基进行了优化,得到了最优发酵培养基配方:葡萄糖、酵母提取物、K_2HPO_4、$(NH_4)_2SO_4$、$ZnSO_4$、$MnSO_4$、$CaCl_2$、$MgCl_2$、Met 和 $FeSO_4 \cdot 7H_2O$,浓度分别为 13.9、13.8、4.5、8、0.8、0.08、1、0.1、23.3 和 0.4g/L。在该配方条件下,发酵液中 SAM 的含量为 6.14g/L,而优化前的基础发酵培养基发酵液 SAM 的含量仅为 2.65g/L。

中试研究时,还应注意各步单元反应所用的溶剂是否需要调整。文献报道和小试工艺所用的反应溶剂通常仅从实验室制备角度出发,未考虑制药工业生产时国家法律法规的要求。中试研究时应尽量用第三类溶剂或毒性较低的第二类溶剂替代毒性较大的第一类溶剂,应探索溶剂改变对反应进程、反应速度和收率的影响。另外,由于已有国家标准的原料药一般都直接申报生产,没有临床完善的时间,因而如果原工艺中有第一类溶剂,应在中试生产的初期尽量研究革除。

(二)设备材质与形式的选择

中试规模或工业生产的反应装置不同于实验室制备样品所用的装置,其多为铝、铸铁或不锈钢等材料。

1. 反应设备材质的考察　实验室制备样品一般都应用玻璃仪器,可耐酸碱,抗骤冷骤热,传热冷却也相对容易。而中试规模或工业生产的反应装置一般采用铝、铸铁、不锈钢或搪玻璃等材质,下面就相关材质的适用类型简介如下。

铸铁和不锈钢反应设备耐酸能力差,反应液的酸浓度超过限度时可能会产生金属离子,因而需研究金属离子对反应的干扰。铝质容器除不耐酸外,还能与碱金属溶液发生反应。因此,当反应体系中存在强酸介质时,一般不能选用铝、铸铁和不锈钢材质的反应罐。

除了强腐蚀性物质外,某些条件下溶剂种类不同或含水量不同,也可能对金属材质的反应设备产生影响。例如含水量在 1% 以下的二甲亚砜(DMSO)对钢板的腐蚀作用极微,当含水量达 5% 时,则对钢板有强的腐蚀作用。经中试放大,发现含水 5% 的 DMSO 对铝的作用极微弱,故可用铝板制作其容器。

搪玻璃设备是将含硅量高的瓷釉涂在金属表面,950℃ 高温烧制而成,具有类似玻璃的稳定性和金属强度的双重优点。搪玻璃设备对于各种浓度的无机酸、有机酸、弱碱和有机溶剂均具有极强的抗腐蚀性。但对于强碱、氢氟酸及含氟离子的反应体系不适用。另外,搪玻璃反应器热量传导较慢且不耐骤冷骤热,因此加热和冷却时应当通过程序升温或程序降温,以避免反应设备的损坏。这些变化都会对工业生产中的反应时间、反应温度等质控参数产生影响,应研究重新确定反应条件,并研究这些变化对反应产物收率、纯度的影响。

2. 反应规模和反应工艺对设备的要求　常用的制药反应设备根据反应设备形式可分为釜式反应器、管式反应器和塔式反应器,相关内容将在第三节中进行介绍。即使是常用的釜式反应器,具体装置的形式也要考虑反应规模和反应的工艺条件。

以制药工业生产中常见的硝化反应为例,如果生产规模小,可采用间歇釜式反应器;若生产规模大,应采用连续式反应器。从反应工艺考虑,所用硝化剂和反应溶剂不同也将导致反应设备的材质和形式有较大差异。通常制药工业中的硝化反应常用混酸硝化法,所用溶剂为浓硫酸。浓硫酸在常温下能使铸铁钝化,因此混酸硝化工艺可使用铸铁材质反应装置。

(三) 反应的传质与传热问题的考察

实验室制备样品时反应体积较小,所用玻璃装置热传导也容易,因此借助普通电磁搅拌器或电动搅拌器即可实现反应体系的均质,反应的传热、传质问题表现得并不明显。而中试研究时由于反应体积成百倍地增加,简单搅拌已不能保证反应器不同位置的物料浓度具有一致性。另外随着反应容器的增大、搅拌的不均匀,反应器不同位置所产生或吸收的热量也不均衡,从而导致反应器内不同部位的反应温度存在差异,从而影响了反应的时间和产品质量。

反应的传质与传热问题在很大程度上与反应器的搅拌有关,因此中试阶段很重要的研究内容就是重点考察搅拌速度和搅拌器类型对反应进程、产品纯度的影响。同时考察反应的传热问题,可以通过引入相关的辅助设备进行解决。

1. 搅拌器形式与搅拌速度的考察　反应釜的搅拌类型一般包括锚式搅拌、框式搅拌和桨式搅拌等多种类型,具体形式在第三节中进行介绍。在中试放大中,必须根据物料性质和反应特点来研究搅拌器的形式,考察搅拌速度对反应的影响规律,特别是在固-液非均相反应时,要选择合乎反应要求的搅拌器形式和适宜的搅拌速度,有时搅拌速度过快亦不一定合适。

例如小檗碱(berberine,11-4)的中间体胡椒环(11-3)系通过儿茶酚(11-2)与二氯甲烷和固体烧碱在含有少量水分的 DMSO 存在下反应制得的。中试放大时,起初采用 180r/min 的搅拌速度,反应过于激烈而发生溢料。经考察,将搅拌速度降至 56r/min,并控制反应温度在 90～100℃(实验室反应温度为 105℃),结果胡椒环(11-3)的收率超过实验室水平,达到 90% 以上。

2. 反应的热传导问题　实验室规模时热量的传导很容易实现,普通的油浴、水浴和冰浴即可实现物料的加热和冷却。中试放大时,随着反应容器的增大,需要提供加热和制冷设备且相关设备的功率和效率应满足反应要求。以常用的釜式反应器为例,反应釜通常根据反应工艺要求,要配备换热装置以解决热传导问题。常见的换热装置包括夹套、蛇管(盘管)和回流冷凝器 3 种。

常用的夹套式换热器可用于反应过程的加热和冷却,配合搅拌使反应釜内受热均匀。加热时可通入蒸汽或其他无相变的加热剂;冷却时可通入冷却水或冰盐水。由于传热面受到限制,为提高传热系数且保证反应釜内受热均匀,可在安装搅拌桨的基础上进一步在釜内安装蛇管(图 11-1)。例如混酸硝化反应属于放热反应,温度过高将导致二硝化等副反应发生,因此需要有良好的冷却以保持适宜的反应温度。通常其反应装置不仅需要外面的夹套冷却,还要在釜内安装冷却蛇管。

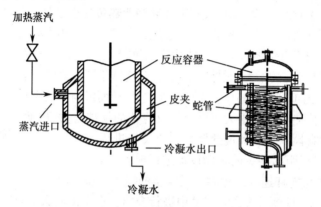

图 11-1　夹套和蛇管换热器

在中试放大过程中,应结合反应的工艺条件,对反应热传导问题进行考察,以获得反应的最佳参数。特别对于在不同阶段热效应不同的反应,尤其应当注意。例如磺胺异甲噁唑(sulfamethoxazole,SMZ)的生产工艺中,需用乙酰苯胺(11-5)和氯磺酸制备对乙酰氨基苯磺酰氯(11-7)。该反应可分为两步反应进行,第一步反应生成对乙酰氨基苯磺酸(11-6),为快反应,反应放热,需要冷却降温使反应不超过 50℃;第二步反应为吸热反应,需要适当加热以维持反应体系温度在 50℃左右。经过中试试验,确定工业生产时首先将氯磺酸冷却至 15℃以下,再缓慢加入乙酰苯胺(11-5),以保证最初阶段反应温度不会过高。加料完毕后再保温 50~60℃反应 2 小时。

(四)反应工艺参数的优化

由于实验室小试工艺的最佳反应条件不一定能完全符合中试放大的要求,应该针对主要的影响因素,如放热反应中的加料速度、反应罐的传热面积与传热系数,以及冷却剂等因素进行深入的研究,掌握它们在中试装置中的变化规律,从而得到更合适的反应条件。

例如,研究磺胺对甲氧嘧啶(sulfametoxydiazine,11-10)的生产工艺时,中间体甲氧基乙醛缩二甲酯(11-9)是由氯乙醛缩二甲醇(11-8)与甲醇钠反应制得的。该反应要求甲醇钠浓度为20%左右,反应温度为140℃,反应罐内压力为$10 \times 10^5 Pa$。由于该条件对设备要求较高,因此在中试放大时在反应罐上装了分馏塔,随着甲醇馏分的馏出,罐内甲醇钠浓度逐渐升高。由于产物的沸点较高,反应物可在常压下顺利加热至140℃进行反应,从而把加压条件下进行的反应改为常压反应。

又如,L-维生素C(vitamin C,11-12)的生产工艺中,2-酮-L-古龙糖酸(11-11)加入盐酸后升温至50℃左右反应,经烯醇化和内酯化得到产品。但反应过程中,盐酸既是酸转化反应的催化剂,同时又是副反应的催化剂,可导致产物脱水生成糠醛(11-13)。糠醛(11-13)则进一步发生聚合,生成不溶于水和醇的糠醛树脂,从而导致维生素C原料药带有色杂质。在中试放大中,发现盐酸用量是主要影响因素,盐酸用量较多时,加快反应速度,但产品的质量和收率严重下降;盐酸用量较少时,产量和质量较好,但反应温度或时间不相应改变也会影响收率。通过中试放大研究,选定适当的盐酸用量,同时在反应体系中加入丙酮可及时溶解糠醛,阻止生成的糠醛发生聚合反应,从而使转化率和质量都达到最佳水平。

(五) 工艺流程与操作方法的确定

在中试放大阶段,由于处理物料增加,因而必须考虑如何使反应及后处理的操作方法适应工业生产的要求,不仅从加料方法、物料输送和分离等方面系统考虑,而且要特别注意缩短工序、简化操作和减轻劳动强度。

例如,由邻位香兰醛(11-14)经甲基化反应制备2,3-二甲氧基苯甲醛(11-15),直接按小试操作方法放大需要将邻位香兰醛和水放于反应罐中,回流下交替加入18%氢氧化钠水溶液和硫酸二甲酯。反应结束后,先冷却再冷冻才能使产物结晶析出。水洗后自然干燥,再减压蒸出产品。该操作不仅非常繁杂,而且减压蒸馏时需要防止蒸出物在管道中凝固而导致管道堵塞,严重时可引起爆炸。

若后处理改为萃取法,则易发生乳化而导致物料的损失较多,收率也从小试83%降到78%。改用了相转移催化(PTC)反应后,可将邻位香兰醛、水和硫酸二甲酯加入反应罐,再加入苯和相转移催化剂三乙基正丁基铵(TEBA)。搅拌下升温到60~75℃,滴加40%氢氧化钠溶液。生成的产物在相转移催化剂的作用下很快转移到苯层,而硫酸一甲酯钠则在水层。反应完毕分出有机层,蒸除溶剂即得产品,收率也稳定在90%以上。

（六）原辅材料和中间体的质量监控

小规模生产的原材料、试剂、溶剂的纯度级别较高,一般采用分析纯或化学纯的原辅材料;而规模化生产时出于对成本的考虑,一般采用工业级的原材料。原材料级别、纯度的改变可能会对终产品的纯度和收率产生很大影响,有时甚至会影响反应的进行,因而一定要在中试时进行不同级别原材料的替代研究,有时还需要重新进行成本的核算。

1. 原辅材料、中间体的物理性质和化工参数的测定　为解决生产工艺和安全措施中可能出现的问题,需测定某些物料的物理性质和化工参数,如比热、闪点和爆炸极限等。如 N,N-二甲基甲酰胺(DMF)与强氧化剂以一定比例混合时可引起爆炸,必须在中试放大前和中试放大时进行详细考察。

2. 制定原辅材料、中间体质量标准　特别是对于无水、无氧反应,原料和所用试剂的水分或其他杂质超标经常导致反应失败。在放大生产中,应特别注意原辅材料的水分、金属离子或某些杂质的含量。通过对比实验,验证工业级原料对反应的影响,并制定相应的原料质量标准,以便作为采购原料时的重要依据。

例如在磺胺异甲噁唑(sulfamethoxazole,SMZ)的生产工艺研究中,发现产品中存在一种高熔点的副产物(11-17)。经研究发现,该杂质与对乙酰氨基苯磺酰氯(11-6)有关。因为购进的工业级乙酰苯胺中常混有未反应完全的苯胺,苯胺与对乙酰氨基苯磺酰氯(11-6)反应,再经氯磺化生成(11-16),进一步与 3-氨基-5-甲基异甲噁唑缩合后,经水解得到高熔点的杂质(11-17)。因此企业在购置乙酰苯胺时,应提高原料乙酰苯胺的质量要求,特别要检查残留的苯胺。

又如氢化可的松(hydrocortisone)的生产工艺研究中,双烯醇酮乙酸酯(11-18)经环氧化反应制备环氧黄体酮(11-19)时,工业级氢氧化钠的铁离子含量对反应有重要影响。原因是铁离子可促使过氧化氢分解,并导致反应溶剂甲醇被氧化成甲酸;生成的甲酸又消耗反应液中的氢氧化钠。因此,用于该反应的氢氧化钠应当严格限定可催化过氧化氢分解的重金属(如铁、铜、锰、镍和锌等)离子含量,或设法除去相关的重金属离子。

(七) 产品的质量控制

安全性、有效性和质量可控性是药品的三大特性,药品质量控制主要包括杂质、有机溶剂残留量及产品晶型的控制。

1. 杂质的生成与控制　由于上述原材料级别和各反应条件的改变,产物中可能会产生小试工艺及原国家标准中没有的新杂质,需要引起重视,并在中试研究中重点对该问题进行研究。如果该新杂质的量较大,还需要对该杂质进行定性研究以分析其产生的原因,并进一步研究减少其产生的新工艺。必要时还需要在国家标准的基础上制定注册标准以控制新增杂质,同时还需考虑新杂质的安全性问题。

例如吡哌酸(pipemidic acid,PPA)是喹诺酮类抗菌药,对于铜绿假单胞菌、大肠埃希菌、变形杆菌、克雷伯杆菌等革兰阴性杆菌具有强的抗菌作用。在生产过程中,成品 PPA 的相关物质含量往往可以达到要求,但由于缩哌嗪反应过程中杂质吡哌酸酯(11-20)的生成,产品熔点偏低,酸碱澄清度不合格。改进后处理工艺,缓慢升温至90℃,用盐酸返调至 pH 2 ~ 4.5,出现大量沉淀,30℃条件下进行过滤,滤液放入反应器中,加入配量碱,在90℃下水解1.5 小时后,酸化过滤得到粗品吡哌酸。采用以上工艺过程,成品的澄清度大大提高,基本符合要求。

2. 有机溶剂残留量控制　药品的残留有机溶剂又称有机挥发性杂质,主要是指药品生产过程中使用或产生的有机挥发性物质。由于药品中残留的有机溶剂无治疗作用并可能对人体的健康和环境产生危害,因此人用药品注册技术要求国际协调会(ICH)的指导委员会制定的指导原则要求,如果某个药品的生产或纯化过程可导致溶剂残留,就应对这个药品进行检测。现在各国药典针对许多原料药也不断新增有机溶剂残留标准,因此在新药研发中,有机溶剂残留已成为产品质量控制的重要内容。实验室制备的样品可应用红外干燥或真空干燥箱干燥,干燥效率高,产品的有机溶剂残留量控制很容易实现。中试及生产规模的样品一般采用普通干燥箱或自然干燥,因而需要重新考察中试以上产品的有机溶剂残留量是否合格。

3. 晶型控制　由于终产品量的不同,中试样品与小试样品精制时的容器材质、结晶速度、结晶时间等皆可能有所不同,因而产品的晶型可能也会有所改变。特别是口服固体制剂的原料药,应考察中试和小试时样品的晶型是否一致。

(八) 三废处理

实验室规模的三废产生量较小,容易处理;中试以上规模生产时,三废的生成量成百倍、千倍地增加,需进一步研究三废的循环利用和无害处理,以降低成本和减小对环境的污染(参见第十三章)。

第三节　反应器与反应过程

反应器(reactor)是用来进行化学或生物反应的装置,是一个能为反应提供适宜反应条件,以实现将原料转化为特定产品的设备。其作用是为化学或生物反应提供可人为控制的、优化的环境条件。不论是化学反应器还是生物反应器,其材质一般选用不锈钢或搪玻璃。从反应过程看,反应器主要解决反应过程中的传热和传质两大问题。在制药工业中,反应器的规模、种类和材质需要根据药品生产工艺过程和产量进行确定。

一、反应器的分类

根据反应器的结构形式、操作方法、反应物的相态及热的应用方式等方面的不同,对反应器进行不同方法的分类。现分别简述如下。

(一) 按反应器的结构分类

按几何结构形式的不同,反应器可分为釜式反应器、管式反应器、塔式反应器和床式反应器等几种类型。釜式反应器常带有桨式、锚式和螺旋桨等搅拌器,一般还设有夹套式换热器来控制反应温度。管式反应器可为细长的直管、盘管或列管式,其特点是换热面积大、传热效率高。塔式反应器一般为高大的圆筒形设备,塔内装填料或塔板,常用于气-液相反应,若填充固体催化剂则可用于气-固相催化反应。床式反应器包括固定床式反应器、流化床式反应器等多种类型,多用于生物反应器和气-固反应。

(二) 按操作方式分类

根据操作方式的不同,反应器可分为间歇式、半间歇式和连续式等几种。间歇式反应器是制药工业中最常用的一种,一般是原料从反应器上方一次性加入,反应结束后将产物从反应器下部排出;半间歇式反应器是先将一种反应物全部加入,另一种反应物以一定的速度连续加入,反应结束后将产物卸出;连续式反应器也称流动式反应器,原料以一定的速度连续送入,同时反应产物也连续导出。

间歇式和半间歇式的操作主要采用釜式反应器,其反应物浓度随时间不断变化。连续操作采用釜式或管式反应器,但它们的流体流动状态不同,故反应物浓度的变化情况也有本质上的差别。

(三) 按物料相态分类

按体系的相态,化学反应器可分为均相反应器和非均相反应器。通常均相反应包括气相反应和液相反应;非均相反应可分为气-液相、气-固相、液-液相、液-固相和气-液-固相反应等。均相反应中,物料的扩散对反应没有影响,故反应器结构较为简单;气相反应一般采用管式反应器;单一的液相反应可以采用管式,也可以采用釜式反应器。非均相反应中,扩散对反应的影响很大,相的接触状况与反应结果密切相关。气-液非均相反应可采用鼓泡塔、填充塔和吸收塔反应器;气-固非均相反应可采用固定床、流化床和移动床式反应器。

(四) 按反应条件分类

温度对反应速度、副反应、催化反应等有显著的影响。按吸热放热要求,反应器可分为等温反应器、不等温反应器和绝热反应器3种。等温反应器是指少数反应热很小、反应物热容很大、可以忽略温度的微小变化而不考虑热影响的反应器;不等温反应器是指反应的热量很大、通过反应器壁冷却也不能避免反应温度的变化、必须考虑热影响的反应器;绝热反应器是指反应热不大或生成物可以将热量带走、或是反应的允许温度范围较宽、反应可在绝热的条件下进行也不考虑热影响的反应器。

二、常见反应器的结构形式与应用

(一) 釜式反应器

釜式反应器是医药工业和精细化工生产中应用最为广泛的一类反应器,大量用于气-液、液-液和液-固相反应过程。按照反应釜的操作方式,釜式反应器又可分为间歇釜式反应器(间歇釜)、连续釜式反应器(连续釜)以及半间歇釜式反应器。由于医药工业中最常用的是间歇釜式反应器,因此本章主要介绍间歇釜的结构和相关应用。

1. 釜式反应器的结构　釜式反应器通常由釜体(罐体)、传热装置、搅拌装置、轴封装置和其他附件构成(图11-2)。

釜体(罐体)是一个密闭容器,为物料进行化学反应的空间,通常由圆筒体和上下封头组成。传热装置主要用于反应的加热或冷却,通常釜体内设置蛇管,在釜体外设置夹套。搅拌装置通常由搅拌轴和搅拌器组成,目的是保证参加反应的物料混合均匀,加速反应进行或控制反应速度。轴封装置是为了避免反应器内的物质通过搅拌轴从釜内泄漏或外部杂质进入而设计的,因此在搅拌轴和釜体封头处进行密封。其他附件还包括人孔、手孔、各种管道接头、温度计(或热电偶)、压力表和安全泄放装置等。

2. 搅拌器的类型及选择　釜式反应器中最重要的部分是搅拌器,搅拌器用于搅拌液体或低稠度悬浮液,它的类型和性能直接影响着化学反应的进程。搅拌器的形式多种多样,有单层或多层不同类型。常用的搅拌器类型包括涡轮式、桨式、推进式、布鲁马金式、锚式、螺带式和螺杆式等。其中桨式搅拌器是结构最简单的一种搅拌器,主要用于流体的循环;推进式搅拌器常用于黏度低、流量大的液-液混合反应体系;涡轮式搅拌器应用较广,能完成几乎所有的搅拌操作(表11-1)。

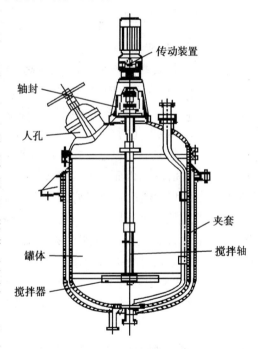

图 11-2　间歇釜式反应器的结构

表 11-1　搅拌器的类型和适用条件

搅拌器类型		涡轮式	桨式	推进式	布鲁马金式	锚式	螺带式	螺杆式
样图								
转速（r/min）		10～300	10～300	100～500	0～300	1～100	0.5～50	0.5～50
搅拌目的	低黏度混合	√	√	√				
	高黏度混合	√	√		√	√	√	√
	分散	√		√				
	溶解	√	√	√	√	√	√	√
	固体悬浮	√	√	√				
	气体吸收	√						
	结晶	√	√	√				
	传热				√			
	液相反应	√	√	√	√			

（二）管式反应器

管式反应器具有传热面积大、耐压高、结构简单、加工方便的特点。多为连续操作，生产能力大，易于实现自动化控制，节省人力，湍流状态下操作也具有良好的传质效果。对于强放热反应和高压反应，有釜式反应器不具备的优势，适用于气相及均液相反应、气-液相反应、有悬浮固体或催化剂存在时的液-固和气-液-固反应。

管式反应器具有一般连续操作设备的共同优点，即反应的浓度、温度条件只沿管长方向改变，不随时间而变，因而易于实现自动控制。由于连续操作不占用加料、卸料、清扫等非生产时间，设备利用率高，设计良好的管式反应器基本能消除返混，可以达到较高的转化率。

管式反应器特别适用于高压反应、混合物为气体的反应体系；又由于管式反应器单位体积的表面积大，因而也适用于强的吸热反应和需要在高温下进行的反应。生产上使用的管式反应器大多采用并行加料操作。

（三）塔式反应器

塔式反应器适用于气-液相逆流操作反应，可分为鼓泡塔、填料塔、板式塔和喷雾塔（图11-3）。

1. 鼓泡塔　圆柱形塔体内设挡板及鼓泡器构成鼓泡塔式反应器，液体物料从塔顶加入，从底部流出；气体物料从塔底部通入，分散成气泡沿液层上升，从塔顶排出。适用于气-液相反应及气-液-固三相反应，是生产中应用较广泛的气-液反应设备。优点是结构简单、造价低、易控制和维修；不同的选材可以适用于腐蚀性的反应物料；用于高压操作也很方便。缺点是液体易返混使气泡并聚而导致鼓泡塔的效率下降，流速有限。

2. 填料塔　塔内部有填充物，填充物可为圆环、螺旋环或马鞍环等，是广泛使用的气体

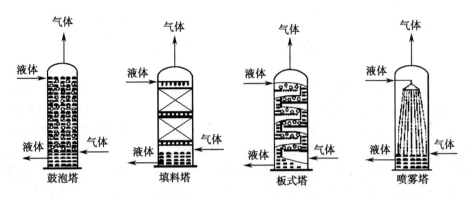

图 11-3　塔式反应器示意图

吸收设备。填料塔适于处理气体物料量大而液体物料量小的过程,液体沿塔内填料表面向下流,返混程度极小;平均浓度推动力与流向无关,应用并流时可不受液泛的限制,压降小,结构简单;但塔内有温差,填料装卸麻烦。

3. 板式塔　塔体内部有塔板结构,可采用筛板或泡罩板,在每块塔板上气体分散于液体中,故气体为分散相,液体为连续相。板式塔适用于气-液相逆流操作的反应和要求伴随蒸馏的化学反应,气液返混都很小,可在板间换热,但流速有限制,存液量较填料塔多。

4. 喷雾塔　喷雾塔系将液体分散于气体中,气体为连续相,液体为分散相。塔体内部可有搅拌装置或脉冲振动装置,适用于气-液、液-液、液-固等非均相反应,以及气-液相进行的快速反应及要求伴随萃取的化学反应。结构简单,相界面积大,存液量小,气速有限制。

(四) 床式反应器

床式反应器也是目前工业生产中较为常用的反应器,包括固定床反应器、移动床反应器和流化床反应器。

1. 固定床反应器　固定床反应器主要用于气-固相催化反应工艺中,固相物料静止于反应器中,气体物料在固相物料间隙中流过。它的返混小,固体不易磨损,但传热不佳,在反应过程中温度的控制直接影响反应的转化率。根据反应器的温度调节方法,固定床反应器又可分为绝热式、多段中间换热式、对外换热式和自身换热式多种,其结构如图 11-4 所示。

2. 移动床反应器　移动床反应器是固体颗粒物料利用重力在反应器内向下缓慢移动,气体物料由下向上穿过固体物料的空隙,与之接触进行反应。

3. 流化床反应器　高速向上流动的气体物料(或液体物料)将固体物料在反应器中托住,悬浮在反应区间里呈沸腾状。流化床反应器利用液体或气体使固体粒子流动,进行液-固相或气-固相催化反应。其优点包括强烈的混合作用使得床层温度和固体颗粒分布均匀,特别适用于放热量大且需要进行等温操作的过程;扩散阻力小,使小颗粒催化剂更易提高效率等。

生产中使用的主要形式有两种:一是固体粒子和反应物一起从反应器顶部排出;二是反应生成物从顶部排出,未反应的固体粒子通过排出管从底部排出。其结构如图 11-4 所示。

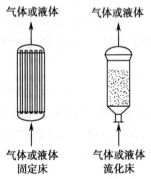

图 11-4　床式反应器示意图

第四节　物　料　平　衡

实际工作中,物料平衡的计算内容比较复杂。它需要考虑许多实际因素的影响,诸如原始物料和最终产品、副产品的实际组成、反应物的过剩量、转化率以及原料和产物在整个过程中的损失等。在生产中,对一个车间、一个工段、一个或几个设备进行物料平衡计算,能够较好地分析生产状况,确定实际产能、寻找薄弱环节、挖掘生产潜力,最终为改进生产提供依据。此外,通过物料平衡能够计算原料消耗定额或单耗(生产 1kg 产品所需要消耗原料的千克数)、产品和副产品的产量以及"三废"的生成量,在此基础上结合能量平衡,可计算出动力消耗定额,最后计算出产品成本以及总的经济效果。物料平衡还为设备选型、设备尺寸、台套数以及辅助工程和公共设施的规模提供依据。总之,物料衡算是制药生产(及设计)的基本依据,是衡量制药生产经济效益的基础,对改进生产和指导设计具有重大意义。

一、物料平衡的理论基础

物料平衡是制药工程计算中最基础、最重要的内容之一,是进行药物生产工艺设计、物料核定、过程控制、过程优化以及过程经济评估的基础。它以质量守恒定律和化学计量关系为基础,也就是在一个特定体系中,进入体系的全部物料质量加上所有生成量之和,必定等于离开该体系的全部产物质量加上消耗掉的和积累起来的物料质量之和。用式(11-1)表示为:

$$\sum G_{进料} + \sum G_{生成} = \sum G_{出料} + \sum G_{累积} + \sum G_{消耗} \qquad 式(11\text{-}1)$$

式中,$\sum G_{进料}$ 为所有进入物系质量之和;$\sum G_{生成}$ 为物系中所有生成质量之和;$\sum G_{出料}$ 为所有离开物系质量之和;$\sum G_{消耗}$ 为物系中所有消耗质量之和(包括损失);$\sum G_{累积}$ 为物系中所有积累质量之和。

该体系可以是一个单元操作,也可以是一个过程的一部分或者整体,如一个工厂、一个车间、一个工段或一个设备。若该体系中的物质无生成或消耗时,式(11-1)可简化为式(11-2),实际上该物系为孤立的封闭系统(enclosed isolated system)。

$$\sum G_{累积} = \sum G_{进料} - \sum G_{出料} \qquad 式(11\text{-}2)$$

若物系中没有累积量时,可以简化为式(11-3)。该方程式所表示的是稳态过程,对任何简单或复杂的生产过程都适用。

$$\sum G_{进料} = \sum G_{出料} \qquad 式(11\text{-}3)$$

医药生产和设计过程中,当涉及化学反应问题进行计算时,物料衡算可根据反应的平衡方程式和化学计量关系进行。化学计量关系是代表元素和化合物在反应时的重要质量关系,反应方程式中各物质的系数比为化学计量比。用化学计量关系可以从一种物质的摩尔数计算出另一种物质的摩尔数。因此,只要知道了反应方程式和组分的摩尔数就可以建立物料平衡。

二、物料平衡的基本类型

(一) 按照物质的变化过程分类

根据物料平衡计算是否涉及物质的变化,可将物料平衡按物理过程和化学过程分为两类。

物理过程的物料平衡即在生产系统中,物料没有发生化学反应的过程,它所发生的只是相态和浓度的变化。这类物理过程在医药工业中主要体现在混合过程和分离过程,如流体输送、吸附、结晶、过滤、干燥、粉碎、蒸馏和萃取等单元操作。以盐酸林可霉素的结晶过程为例,含有丙酮(6194.5kg)和盐酸林可霉素的脱色液(476.5kg),在结晶罐中析出纯品盐酸林可霉素(176.2kg)后,母液质量为6487.4kg,损失质量为7.4kg(图11-5)。

丙酮(6194.5kg)
盐酸林可霉素脱色液
（476.5kg）　→　结晶罐　→　纯品(176.2kg)

母液(6487.4kg)
损失(7.4kg)

图11-5　盐酸林可霉素结晶过程物料衡算

化学过程的物料衡算即由于化学反应,原子与分子之间形成新的化学键,从而形成完全不同的新物质的过程。在进行计算的时候,经常用到组分平衡和化学元素平衡,特别是当化学反应计量系数未知或很复杂以及只有参加反应的各物质的化学分析数据时,用元素平衡最方便,有时甚至只能用该方法才能解决,如水杨酸(11-21)的酰化反应见如下反应式。同时,在化学反应中还涉及化学反应速率、转化率和产物收率等因素。

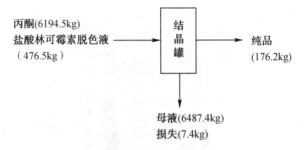

11-21
138.12　　　102.09　　　180.16　　　60.05

(二) 按照操作方式进行分类

根据物料平衡所涉及操作的方式,可分为连续操作和间歇操作两类。

以生产枸橼酸铋钾(bismuth potassium citrate)的喷雾干燥操作为例,介绍连续操作的物料平衡。在此干燥操作中,需要向干燥器中输送具有一定速度、湿度和温度的空气,同时湿物料从反方向以一定速度通过干燥器,尽管物料在干燥器中不断被加热,所处的状态在不断改变,但对某一具体部位而言,其所处的状态是不随时间的改变而改变的。如物料在进口的温度和出口的温度是不随时间变化的,且始终是一个定值,如图11-6所示。

间歇操作是指操作过程开始时原料一次性进入体系,经过一段时间以后一次性移出所有的产物,期间没有物质进出体系。在生物制药中,常用有机溶剂沉淀法进行分离操作,该方法属于典型的间歇操作。这种操作特点是操作过程的状态随时间的变化而改变。如在硫

W_B 为干空气的量；W_S 为物料的量；C_1、C_2 为物料的含量；Y_1、Y_2 为空气的绝对湿度

图 11-6　干燥过程物料衡算图

酸软骨素(chondroitin sulfate)的制备工艺中,将 95% 乙醇加入到提取后的滤液中,不断搅拌后沉淀析出,取出即得产品,见图 11-7。

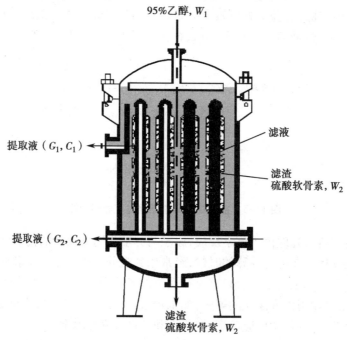

图 11-7　沉淀法物料衡算示意图

三、物料平衡计算的基本方法和步骤

物料衡算是制药工程计算的基础,但实际工作中进行物料平衡计算所遇到的情况往往较为复杂。因此需要按有关的方法和规则进行,这样才能得到正确的计算结果。

(一)收集必需的基本数据

在计算前,要尽可能收集合乎实际的准确数据,通常也称为原始数据。这些数据是整个计算的基本数据与基础。原始数据的收集根据不同计算性质来确定。对设计过程的计算,需要依据设定值,如年产量 100t 布洛芬的工艺设计,1 年以 330 天计,该数据即为设定值;对生产过程进行测定性计算,就需要根据现场采集的实际数据,这些数据包括物料投量、配料比、转化率、选择性、总收率和回收套用量等。如厄贝沙坦(irbesartan)的生产中,脱保护基及烷基化工段收率为 90%,精制收率为 90%,这些数值为实际数据。设产品的纯度为99.5%,则该数值即为设定值。

另外,还需要收集相关的物性数据,如流体的密度、原料的规格(主要指原料的有效成分和杂质含量、气体或者液体混合物的组成等)、临界参数、状态方程参数、萃取或水洗过程的分配系数、塔精馏过程的回流比、结晶过程的饱和度等。

（二）列出化学反应方程式，包括主反应和副反应

若过程中有化学反应发生，则需要写出物系内的所有化学反应方程式，并建立已知量、未知量以及常数之间的数学关系。如在磺胺甲基异噁唑（SMZ）的中间体 5-甲基异噁唑（5-MI）的生产过程中，会出现副产物 3-甲基异噁唑（3-MI）。因此，在计算过程中需要考虑副产物的量。

这是一个平行反应，若反应级数相同，它的特点是反应速度之比是常数，与反应浓度和时间没有关系，也就是不论反应时间多长，主副产物的比例是一定值，即 $k_1/k_2 = x/y$（x 和 y 分别为 5-MI 的浓度和 3-MI 的浓度；k_1 和 k_2 分别为 5-MI 和 3-MI 的速率常数）。因此，在进行物料衡算时，要对化学反应的类型和产物做到全面了解，这样就能进行较准确的物料衡算。

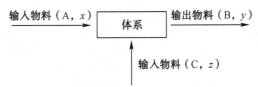

（三）根据给定条件画出流程简图

确定物料平衡计算体系后需要画出流程示意图，标示出所有的物料线（主物料线、辅助物料线和次物料线），将原始数据（包括数量和组成）标注在物料线上，未知量也同时标注。绘制物料流程图时，要着重考虑物料的种类和走向，输入和输出要明确，通常主物料线为左右方向、辅助和次物料线为上下方向。如果物系不复杂，则整个系统用 1 个方框和若干进、出线表示即可，流程图一目了然（图 11-8）。

注：A、B 和 C 分别表示物料的种类；x、y 和 z 分别表示物料的浓度

图 11-8 物料平衡流程简图

（四）选择物料计算基准

在物料衡算过程中，恰当地选择计算基准可以使计算简化，同时也可以减小计算误差。通常的计算基准有如下 4 种。

1. **时间基准** 以一段时间如 1 小时、1 天等的投料量或产量作为计算基准。这种基准可直接联系到生产规模和设备规模，但是以时间为基准得到的进出物料量不一定是便于运算的数字。比如年产 1000t 阿司匹林，年操作时间为 330 天，那么每天平均产量为 3.03t。

2. **质量基准** 当系统介质为液相、固相时，选择原料或产品 1 年的质量作为计算基准。如在以固态原料药或者中药浓缩液制备制剂的过程中，采用一定量（1kg、1000kg 等）的原料作基准。如果所用原料药或产品系单一化合物，或者是由已知组成百分数和组分分子量的

多组分组成,那么用物质的量(摩尔)作基准更为方便。

3. 体积基准　主要在对气体物料进行衡算时选用,要把实际情况下的体积换算为标准状况下的体积,即标准体积,用 m^3(STP)表示。这样不仅排除了温度、压力变化带来的影响,而且可直接同摩尔基准换算。气体混合物中组分的体积分数同其摩尔分数在数值上是相同的。

4. 干湿基准　制药生产中遇到的物料不论是气态、固态还是液态,均含有一定的水分,尽管有的含量极少。因而在选用基准时就有算不算水分在内的问题,若不计算水分在内称为干基,否则为湿基。例如在红霉素(erythromycin)的生产中利用压缩空气进行有氧发酵,空气组成通常为含氧21%(体积)、含氮79%,这是以干基计算的。如果把水分(水蒸气)计算在内,氧气、氮气的百分含量就变了,如年产福尔马林(formalin)5000t,系指湿基,因为它是含一定水分的混合物。但是空气经过压缩、除湿、加热、除菌和膜过滤等净化过程后,实际上仍然是以干基计算的。

根据不同过程的特点,选择计算基准时应注意以下几点。

(1)以每批操作为基础:适用于间歇操作设备、标准或定型设备的物料衡算,化学制药产品的生产间歇操作居多。

(2)以单位时间为基准:适用于连续操作设备的物料衡算。

(3)以每千克产品为基准:以确定原辅材料的消耗定额。

《药品生产质量管理规范》(2010年修订)附录2原料药一节中明确规定了批的划分原则:连续生产的原料药,在一定时间间隔内生产的在规定限度内的均质产品为一批;间歇生产的原料药,可由一定数量的产品经最后混合所得的在规定时间内的均质产品为一批。

（五）列出物料平衡表

物料平衡表主要包括输入和输出的物料平衡表(表11-2);计算原辅料消耗定额表和"三废"排量表等。本章主要介绍输入和输出的物料平衡表。

表11-2　混酸配制物料平衡表

进料量			出料量		
进料物料名称	进料物质量(kg)	进料物含量(%)		出料物料名称	出料物质量(kg)	出料物含量(%)	
硝酸	470	HNO_3 98%	硝化混酸	1000	H_2SO_4 46%
		H_2O 2%			
硫酸	400	H_2SO_4 93%			HNO_3 46%
		H_2O 7%			
废酸	130	H_2SO_4 70%			H_2O 8%
		H_2O 30%			
合计	1000		合计	1000	

四、计算数据

1. 转化率　对某一组分来说,反应所消耗掉的物料量与投入反应物料量之比简称该组分的转化率,一般以百分率表示。若用符号 X_A 表示组分的转化率,则得:

$$X_A = \frac{反应消耗的\,A\,组分的量}{投入反应的\,A\,组分的量} \times 100\%$$ 式(11-4)

2. 收率或产率 指某主要产物实际产量与投入原料计算的理论产量之比值,也以百分率表示。若用符号 Y 表示,则得:

$$Y = \frac{产物实际得量}{按某一主要原料计算的理论产量} \times 100\%$$ 式(11-5)

或 $$Y = \frac{产物获得量折算成原料量}{原料投入量} \times 100\%$$ 式(11-6)

3. 选择性 各种主、副产物中,主产物所占比率或百分率可用符号 φ 表示,则得:

$$\varphi = \frac{主产物生成量折算成原料量}{反应掉的原料量} \times 100\%$$ 式(11-7)

$$Y = X \cdot \varphi$$

例如在普拉洛芬(pranoprofen)的生产中,由 2-氯烟酸(11-22)制备 2-苯氧基烟酸(11-24)的工序,苯酚(11-23)的投料量为 302.3kg,2-氯烟酸(11-22)的投料量为 422.0kg,未反应的 2-氯烟酸(11-22)为 20.0kg,生产 2-苯氧基烟酸(11-24)524.0kg。化学反应式和分子量为:

原料 2-氯烟酸的转化率(X)、产物 2-苯氧基烟酸的收率(Y)以及选择性(φ)分别为:

$$X = \frac{422.0 - 20.0}{422.0} \times 100\% = 95.2\%$$

$$Y = \frac{524.0}{422.0 \times \frac{215.2}{157.6}} \times 100\% = 90.9\%$$

或 $$Y = \frac{524.0 \times \frac{157.6}{215.2}}{422.0} \times 100\% = 90.9\%$$

$$\varphi = \frac{524.0 \times \frac{157.6}{215.2}}{422.0 - 20.0} \times 100\% = 95.4\%$$

实际测得的转化率、收率和选择性等数据将作为设计工业反应器的依据,这些数据也是评价这套生产装置效果优劣的重要指标。

4. 车间总收率 通常,生产一个化学合成药物都是由若干个物理工序和化学反应工序所组成的。各工序都有一定的收率,各工序的收率之积即为总收率。车间总收率与各工序收率的关系为:

$$Y = Y_1 \times Y_2 \times Y_3 \times \cdots$$ 式(11-8)

在计算收率时,必须注意生产过程的质量监控,即对各工序中间体和药品纯度要有质量分析数据。

五、物料平衡计算举例

年产量为 18t 的厄贝沙坦（irbesartan,11-25），其四氮唑化（11-26）的物料衡算如下。设计基本条件：工作日为 300 天/年；总收率为 64.41%，其中四氮唑（11-26）化工段的收率为 95%、上保护基工段的收率为 93%、溴代工段的收率为 90%、脱保护基及烷基化工段的收率为 90%、精制工段的收率为 90%；产品的纯度为 99.5%（表 11-3）。

表 11-3　已知生产原始投料量

投料物	投料量（kg）	含量（%）	摩尔比
2-氰基-4′-甲基联苯	100	95	1.0
叠氮钠	67.3	99	2.0
三乙胺盐酸盐	142.5	99	2.0
纯化水	500	100	/

计算结果：

$$日产纯品量 = \frac{18 \times 1000}{300} \times 99.5\% = 59.7 \text{kg}$$

$$每天所需纯联苯投料量 = \frac{59.7 \times 193.24}{428.53 \times 95\% \times 93\% \times 90\% \times 90\% \times 90\%} = 41.80 \text{kg}$$

（其中，428.53 为厄贝沙坦的摩尔质量；193.24 为 2-氰基-4′-甲基联苯的摩尔质量）

（一）进料量

95% 2-氰基-4′-甲基联苯的量为：41.8/95% = 44.0kg

其中杂质为：44.0 − 41.8 = 2.2kg

99%叠氮钠的量为：44.0/100 × 67.3 = 29.61kg

其中纯品量为：29.61 × 99% = 29.31kg

其中杂质为：29.61 − 29.31 = 0.30kg

99%三乙胺盐酸盐的量为：44.0/100 × 142.5 = 62.7kg

其中纯品量为：62.7 × 99% = 62.1kg

其中杂质为：62.7 − 62.1 = 0.6kg

杂质总量为：2.2 + 0.3 + 0.6 = 3.1kg

纯水的量为：44.0/100 × 500 = 220kg

（二）出料量

设转化率为 98.5%。

反应用的 2-氰基-4′-甲基联苯的量为:41.8×98.5% = 41.17kg

剩余的量为:41.8 − 41.17 = 0.63kg

用去的叠氮钠的量为:$\dfrac{41.8×98.5\%}{193.24}×65.01 = 13.85$kg

剩余的叠氮钠的量为:29.31 − 13.85 = 15.46kg

生成的氢氧化钠的量为:15.46/65.01×40 = 9.51kg

用去的三乙胺盐酸盐的量为:$\dfrac{41.8×98.5\%}{193.24}×137.65 = 29.33$kg

剩余的三乙胺盐酸盐的量为:62.7 − 29.33 = 33.37kg

生成的联苯四氮唑的量为:$\dfrac{41.8×98.5\%}{193.24}×236.1 = 50.31$kg

理论生成联苯四氮唑的量为:$\dfrac{41.8}{193.24}×236.1 = 51.07$kg

生成的杂质量为:51.07 − 50.31 = 0.76kg

衡算数据汇总见表 11-4。

表 11-4　进出物料平衡表

进料物 名称	进料物 质量(kg)	进料物 含量(%)	出料物 名称	出料物 质量(kg)	出料物 含量(%)
2-氰基-4′- 甲基联苯	41.8	11.73	2-氰基-4′- 甲基联苯	0.63	0.18
叠氮化钠	29.31	8.23	氢氧化钠	9.51	0.27
纯化水	220	61.74	废水	258.63	72.59
三乙胺盐 酸盐	62.1	17.43	三乙胺盐 酸盐	33.37	22.12
杂质	3.1	0.87	联苯四氮唑	50.31	9.36
			杂质	3.86	1.08
总计	356.31	100	总计	356.31	100

（方　浩）

第十二章　药品生产质量管理与控制

本章从工艺说明书、药品生产质量管理与控制、GMP 与空气洁净技术 3 方面对于药品生产质量管理与控制展开讨论。生产工艺说明书(production process specification)是药品生产质量管理与控制的基础文件,能有效地指导、控制、检查、监督药品生产过程。第二节以原料药车间、制剂车间两个层面详细地解释和说明了 GMP 具体的实施规范和条例。第三节介绍了 GMP 控制中对于空气洁净技术的讨论,并针对典型的片剂车间、冻干粉车间、输液车间的隔离手段和方法进行了举例说明。

第一节　概　　述

药品(drug)是指用于预防、治疗、诊断人的疾病,有目的地调节人的生理功能并规定有适应证或者功能主治、用法和用量的物质,包括中药材、中药饮片、中成药、化学原料药及其制剂、抗生素、生化药品、放射性药品、血清、疫苗、血液制品和诊断药品等。因此,它是一种特殊的商品。而药品的生产环节是保证药品质量的首要环节,生产质量管理与控制直接决定了药品质量的好坏。

一、药品质量管理

药品质量管理研究范围包括微观质量管理与宏观质量管理。微观质量管理着重从医药企业的角度,研究如何保证和提高产品质量。宏观质量管理则着重从国民经济和全社会的角度,研究如何对医药企业的产品质量、服务质量进行有效的统筹管理和监督控制。

药品质量与生产技术和管理都有十分密切的关系,质量管理必须是技术与管理的结合。如果只有技术没有管理,技术很难充分发挥作用;反之,如果只有管理没有技术,管理只能成为无米之炊。

具体来讲,药品质量管理应包括下列主要内容:

1. 质量管理的基本概念、基本指导思想与工作原则;宏观质量管理。
2. 质量设计　药品质量标准与设计标准的制定。
3. 生产质量与过程控制。
4. 质量体系。
5. 质量诊断。
6. 质量的经济性　涉及质量成本以及经济核算。
7. 质量管理小组。
8. 常用统计方法　数据的搜集与整理、控制图、抽样检验、试验设计、回归分析、方差分析、多元分析和时间序列分析等。

（一）ISO9000 质量体系

国际标准化组织（ISO）已正式发布了改为 ISO8402:1994、ISO9000-1:1994、ISO9001:1994、ISO9002:1994、ISO9003:1994 和 ISO9004-1:1994 等 17 个国际标准，与 ISO8402:1986 一起统称为"ISO9000 系列标准"。目前，医药企业的质量管理体系主要包括 ISO 颁布的 ISO9001、ISO9002 和 ISO9003 质量管理体系认证标准，分别是《品质体系设计、开发、生产》、《品质体系生产、安装和服务的品质保证模式》和《品质体系最终检验和试验的品质保证模式》3 种国际标准。ISO9001、ISO9002 和 ISO9003 认证体系是一个世界范围内的国际标准，它的实施推动了全球医药企业的质量管理更加统一化，促进国际贸易的规范性发展。

因此，ISO9000 质量管理体系的建立和实施，能充分、有效地保证药品生产质量管理符合国际化、标准化的要求，通过其认证，才能从真正意义上保障药品质量，才能体现药品的内涵本质。

（二）药品生产质量管理规范

药品生产质量管理规范（good manufacturing practice，GMP）是药品生产和质量管理的基本准则，适用于药品制剂生产的全过程和原料药生产中影响成品质量的关键工序。大力推行药品 GMP，是为了最大限度地避免药品生产过程中的污染和交叉污染，降低各种差错的发生，是提高药品质量的重要措施。

我国医药企业 GMP 的实施顺应国家战略性新兴产业发展和转变经济发展方式的要求，有利于促进医药行业资源向优势企业集中，淘汰落后生产力；有利于调整医药经济结构，以促进产业升级；有利于培育具有国际竞争力的企业，加快医药产品进入国际市场。通过 GMP 认证来提高药品生产管理总体水平，同时也保障药品的安全使用。

二、药品质量控制

为了避免药品不良事件的发生，如何对药品生产全过程进行良好的质量控制，从而获得高品质的药品，以满足临床需要，是药品研发者、生产者及监管者共同关心的问题。质量控制包括过程控制和终点控制两方面，其中过程控制与生产过程同步进行，以经过验证的参数为依据，可在全过程中进行多点控制；而终点控制属于滞后行为，于生产结束后进行，并以质量标准为依据进行单点控制。总体上，在实际生产过程中，应采用过程控制和终点控制双管齐下的模式，以便持续地、规模化地生产出质量稳定、安全可靠、疗效保障的药品。质量控制存在着"检验决定质量"模式、"生产决定质量"模式和"设计决定质量"模式 3 种形式。

（一）"检验决定质量"模式

该模式的主要特征为仅通过终端检验确认药品质量。惯常的做法是以药品质量标准为检验依据，根据质量研究及稳定性结果，判断药品质量是否符合标准的限度要求，进而判断药品质量是否符合要求。医药企业中，质量检验（quality check，QC）就是承担着对药品原料和成品的所含主要成分进行检测，主要是给出原料和成品的检测数据的重要职能。

（二）"生产决定质量"模式

其核心是在"检验决定质量"模式的基础上,将控制重心前移至生产过程中,通过强化过程控制来保证药品质量。因此,通常医药企业有质量保证(quality assurance,QA)人员,其主要任务就是监督药品从原料进厂到成品出厂全过程的质量。

（三）"设计决定质量"模式

基于"生产决定质量"模式仍不能完全满足质量控制要求,近两年,国外特别是"人用药品注册技术要求国际协调会(ICH)"提出了"质量源于设计(quality by design,QbD)"的理念,进一步指出如果要保证药品质量,必须有好的设计作为前提。也就是说,好的药品是通过良好设计而生产出来的。由此,以 QbD 为代表的"设计决定质量"模式概念应运而生。

因此,无论采取何种质量控制模式,质量可控是安全有效的前提条件,只有使药品质量处于良好的控制之下,才有可能获得高品质的药品,进而为临床应用的安全性提供有效保障。

第二节　工艺说明书

药品生产工艺(drug production technology)是药品生产的核心,是实施药品生产的软件基础,也是生产合格药品、提高经济效益的基本保证,更是利用新技术、新反应改造传统生产工艺,提高医药企业国际竞争力的根本途径。按照不同的目的和形式,工艺来源可进行如下划分。

一、工艺说明书的基本内容

工艺说明书的内容主要包括药品性质、质量标准、生产工艺规程、工艺"三算"（物料衡算、热量衡算、设备的选择和计算）、车间布置、操作工时和人员配备、劳动保护和安全生产、生产技术经济指标、"三废"治理等几方面。说明书文理通顺,技术用语正确,分析全面,论述充分,分析计算和数据引用正确,结构严谨合理。

（一）药品性质

药品性质实际上包括物理性质（如分子结构、分子式、性状、溶解度、熔点、沸点等）、化学性质（如光热的稳定性、成盐性、特殊反应等）和药理性质（如适应证、体内代谢机制、耐药性、毒性等）,这些性质能有效地让操作者认识产品的特点,作为工艺说明书的一个基础部分。

（二）质量标准

药品质量标准是药品的纯度、鉴别、检查（酸碱度、有关物质、氯化物、重金属、干燥失重、炽灼残渣等）、含量测定方法、组分、类别疗效、毒副作用、贮藏方法和剂型剂量的综合体现。它是以法律的形式写进《中华人民共和国药典》的,是医药企业生产合格产品的法定依据,它在工艺说明书中起到提纲挈领的作用。此外,还包括原辅材料、中间体的性状、规格以及注意事项（包括含量、杂质含量限度等）。原辅材料和中间体的质量标准也是工艺过程不可分割的组成部分。

（三）生产工艺规程

生产工艺规程(production instruction)是组织药品工业化生产的指导性文件,是保证有效实施生产准备的重要依据,是扩大生产车间或新建药厂的基本技术条件,因此,它是工艺说明书的核心内容。制定生产工艺规程,需具备下列原始资料和基本内容。

1. 产品介绍 主要包括产品的名称、化学结构、分子式、产品性状、药效学/药理学信息、剂型情况、剂量、服用方法和存储方法等。

2. 化学反应过程 依据化学反应或生物合成方法,分工段地写出主反应、副反应、辅助反应(如催化剂制备、副产物处理、回收套用等)及其反应机制和具体的反应条件参数(如投料比、温度、时间等)。同时,也包括反应终点的判定方法和快速检测中间体或原料药的测定方法。

3. 工艺流程 以生产工艺过程为核心,用图解或文字的形式来描述冷却、加热、过滤、蒸馏、萃取、结晶和干燥等单元操作的具体内容。

4. 设备一览表 岗位名称、设备名称、规格、数量(容积、性能)和材质等。

5. 设备流程和设备检修 设备流程图(equipment flow sheet)是用设备示意图的形式来表示生产过程中各设备的衔接关系,表达生产过程的进程。同时,对于设备检修时间和具体实施办法,应该能明确地作出预案。

6. 工艺过程及参数 生产工艺过程包括:①配料比(摩尔比、重量比、投料量);②工艺操作;③主要工艺条件及其说明和有关注意事项;④生产过程中的中间体及其理化性质和反应终点的控制;⑤后处理方法以及收率等。

7. 成品、中间体、原料检验方法 中间体、原料的检测是直接影响药品生产过程的重要因素,而成品的检测是维系药品质量和疗效的根本基础。以药典或药品标准为依据,建立科学、有效、快速的检验方法。如硫酸新霉素的生产工艺规程中,对于各个过程的效价测定;如浓缩后中药浸膏的中控指标往往采用检测密度的方法;如磺胺甲噁唑的生产工艺中,中间体乙酰丙酮酸乙酯的检验以及原辅料乙醇、草酸二乙酯、丙酮的含量测定以及原料中的水分限度检查(该反应有水的存在会影响反应的收率)。

(四)工艺"三算"

工艺"三算"包括物料衡算、热量衡算、设备的选择和计算,三者是逐步递进的关系。物料衡算是三者的基础;热量衡算是以物料衡算为基础,它是建立过程数学模型的一个重要手段,是医药化工计算的重要组成部分;设备的选择和计算是以物料衡算和热量衡算为基础来进行生产设备的选择和设计计算,从而实现工业化过程硬件的配备。

(五)车间布置

结合工艺过程中所涉及的各种原辅料性质以及反应过程的特性,车间布置设计的目的就是对厂房的配置和设备的排列作出合理的安排。有效的车间布置将会使车间内的人、设备和物料在空间上实现最合理的组合,增加可用空间。

车间一般由生产部分(一般生产区及洁净区)、辅助生产部分和行政生活部分组成。

辅助生产部分包括物料净化用室、原辅料外包装清洁室、包装材料清洁室、灭菌室;称量室、配料室、设备容器具清洁室、清洁工具洗涤存放室、洁净工作服洗涤干燥室;动力室、配电室、化验室、维修保养室、通风空调室、冷冻机室、仓库等。

行政生活部分由人员净化用室(包括雨具存放间、管理间、换鞋室、存外衣室、盥洗室、洁净工作服室、空气吹淋室等)和生活用室(包括办公室、厕所、淋浴室)组成。

车间布置设计的内容为:第一是确定车间的火灾危险类别、爆炸与火灾危险性场所登记及卫生标准;第二是确定车间建筑(构筑)物和露天场所的主要尺寸,并对车间的生产、辅助生产和行政生活区域的位置作出安排;第三是确定全部设备的空间位置。因此,平立面车间布置图是车间布置不可缺失的重要部分。

(六)操作工时和人员配备

记叙各岗位中工序名称、操作时间(包括生产周期与辅助操作时间并由此计算出产品生产的总周期)。药品质量好坏与生产过程直接相关,所以合理地配置人员和组织生产显得特别重要。为了使设计能够更好地与生产工作衔接,需要劳动组织和人员配合设计。

(七)劳动保护和安全生产

药厂生产中遇到的主要安全事故有中毒、腐蚀、爆炸、火灾、人身伤亡及机械设备事故。从医药化工生产的角度看,工业安全有两个主要的侧面:一是以防火、防爆为主的安全措施;二是防止污染扩散形成的暴露源对人身造成的健康危害。同时,操作人员除了要通晓化工专业知识外,还要了解燃烧和爆炸方面的知识,必须注意原辅料和中间体的理化性质,逐个列出预防原则、技术措施、注意事项和现场处置预案。更要掌握系统安全分析的技能,熟悉各种安全标准规范。如维生素 C 的生产工艺过程中应用的 Raney 镍催化剂应随用随制备,暴露于空气中便会剧烈氧化而燃烧;氢气更是高度易燃、易爆气体;氯气则是窒息性毒气;氰化反应用到的含 CN^- 无机盐剧毒物质的投料、出料和后处理的操作等。此外,危险品库应设于厂区的安全位置,并有防冻、降温、消防措施。危险品储存和运输的设施应符合 GB 15603-1995《常用化学危险品贮存通则》的要求。因此,在实际生产中要时刻提高警惕。

(八)生产技术经济指标

生产技术经济指标的高低直接反映出产品生产工艺的先进性,是医药企业竞争力高低的一个十分重要的技术指标。生产技术经济指标主要包括:

1. 生产能力(年产量、月产量)。

2. 中间体、成品收率、分步收率和成品总收率、收率计算方法。

3. 工资及福利费 指直接参加生产的工人工资和按规定提取的福利基金。工资部分按设计直接生产工人定员人数和同行业实际平均工资水平计算;福利基金按工资总额的一定百分比计算。

4. 原辅料及中间体消耗定额 单位产品原材料成本 = 单位产品原材料消耗定额(单耗)×原材料价格。

5. 燃料和动力费用 指直接用于工艺过程的燃料和直接供给生产产品所消耗的水、电、蒸汽、压缩空气等费用,分别根据单耗乘以单价计算。

(九)"三废"治理

针对生产产品的"三废"特点,制订相关的具体措施,使排放对环境的污染降低到最小程度。在医药生产中,环境保护和污染治理主要从以下几方面着手。

1. 控制污染源。

2. 改革有污染的产品或反应物品种。

3. 排料封闭循环　医药生产中可以采用循环流程来减少污染和充分利用物料。

4. 改进设备结构和操作。

5. 减少或消除生产系统的"跑、冒、滴、漏"　为达到此目的,提高设备和管道的严密性,减少机械连接,采用适宜的结构材料并加强管理等。

6. 控制排水,清污分流,有显著污染的废水与间接冷却水分开　根据工业废水的具体情况,经处理后稀释排放或循环使用;间接冷却用水经风冷塔降温后循环利用。

7. 回收和综合利用是控制污染的积极措施　如左沙丁胺醇原料药 S- 异构体的外消旋化,能有效地减少固体废渣的产生;在地西泮的生产过程中,氯化产生大量的 HCl 气体用低真空循环泵系统进行尾气吸收,可以制备工业盐酸;此外,医药行业大量使用溶剂进行重结晶操作,溶剂的回收套用也是不容忽视的。

二、工艺流程设计

生产工艺流程就是如何把原料通过医药化工单元操作和设备,经过化学或物理的变化逐步变成产品的过程。其任务一般包括如下内容。

1. 确定全流程的组成　全流程包括原料制得产品和"三废"处理所需的单元操作,以及它们之间的相互联系。

2. 确定载能介质的技术规格和流向　如工艺的载能介质有水、蒸汽、冷冻盐水和空气(真空或压缩)。

3. 确定生产控制方法　保持生产方法的操作条件和参数是生产按照给定方法进行的必要条件,流程设计要确定温度、压力、浓度、流量、流速及酸碱度。

4. 确定安全技术措施　如报警装置、防爆片、安全阀和事故储槽等。

5. 编写工艺操作方法　根据工艺流程图编写生产操作说明书,阐述从原料到产品的每一个过程和步骤的具体方法。

其中,制药工艺流程的设计是核心内容,其制订的基本程序如下。

1. 编写生产操作方法　在小试研究的基础上,结合中试放大的验证和复审结果,对拟订的生产方法进行过程分析,将产品的生产工艺过程分解成若干个单元反应、操作或若干个工序,并确定基本操作参数和载能介质的技术规格,结合生产工艺规程的内容进行相关的编写工作。如地西泮(diazepam)的中间体——甲基化产物(12-1)的生产操作规程。

12-1

将 120kg 5- 氯 -3- 苯基苯并 -2,1- 异噁唑(简称异噁唑)粗品投入甲基化反应罐中,再放入 210L 甲苯,密封升温到 78℃ 开始回流,并伴随有带水过程(关闭排空管,加热反应罐,甲苯和水蒸气通过冷凝器回收到甲苯储罐中,当反应温度升高到 100℃ 以上时,反应罐中的水被全部带完,持续一段时间后打开排空管,降低罐内压力);待温度下降到 95℃ 时,向罐内滴加 80L 硫酸二甲酯(滴加速度控制在 4L/min),保温在 90~95℃ 条件下

3小时,停止加热,使温度下降到82~90℃时,由进料口分3次加入60℃的热水450L,放出的水层由缓冲罐利用空压作用,进入还原罐中,甲苯层以真空作为动力抽到蒸馏罐中回收甲苯。

2. 绘制工艺流程框图　工艺流程框图的主要任务是结合拟订的生产操作方法,定性地表示出原料转变为产品的路线和顺序,以及要采用的各种医药化工单元操作和主要设备。以原料药生产工艺为例,如按照甲基化产物(12-1)的操作规程绘制其工艺流程框图,如图12-1所示。

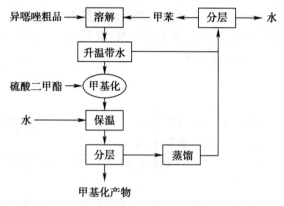

图12-1　地西泮的中间体——甲基化产物的工艺流程框图

在设计生产工艺流程框图时,首先要弄清楚原料变成产品要经过哪些操作单元。其次要研究确定生产线(或生产系统),即根据生产规模、产品品种、设备能力等因素决定采用1条生产线还是几条生产线进行生产。最后还要考虑采用的操作方式,是采用连续生产方式,还是采用间歇生产方式。还要研究某些相关问题,例如进料、出料方式,进料和出料是否需要预热或冷却,以及是否需要洗涤等。总之,在设计生产工艺流程框图时,要根据生产要求,从建设投资、生产运行费用、利于安全、方便操作、简化流程和减少"三废"排放等角度进行综合考虑,反复比较,以确定生产的具体步骤,优化单元操作和设备,从而达到技术先进、安全适用、经济合理、"三废"得以治理的预期效果。

以固体制剂车间为例,首先要考虑工艺路线、工艺布局,从源头和硬件上保证了人流与人流、人流与物流交叉的概率为最小,才能符合我国GMP改造的未来趋势,即cGMP。为了达到上述目的,两种新的制剂工艺路线如图12-2所示。工艺路线(a)中采用了传统的湿法制粒,利用沸腾干燥(或烘箱干燥)技术进行后续的整粒;而工艺路线(b)采用了一步法——沸腾制粒,再进行后续整粒的工艺,使得工艺过程简易。

这两种工艺路线的设计特点:可以控制车间内粉尘飞扬;制作周期缩短,减少能耗;应用新设备,质量有保证。

3. 结合流程框图,考虑设备与流程的关系　确定最优方案后,经过物料和能量衡算,对整个生产过程中投入和产出的各种物流,以及采用设备的台数、结构和主要尺寸都已明确后,便可正式开始设备工艺流程图的设计。设备工艺流程图是以设备外形、设备名称、设备间的相对位置、物料流向及文字的形式定性地表示出由原料变成产品的生产过程。

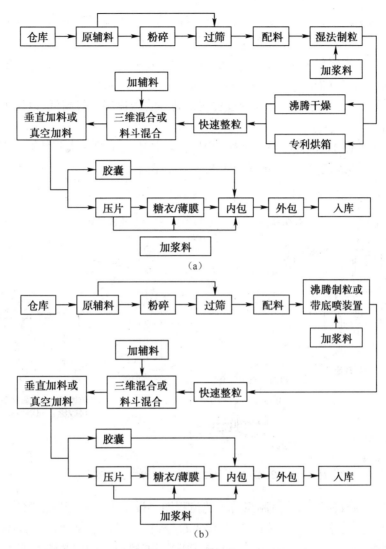

图 12-2 固体制剂车间两种新的工艺路线(a)和(b)

进行设备工艺流程图的设计必须具备工业化生产的概念。譬如说,医药中间体镇咳药羟丙哌嗪(dropropizine)的中间体 3-氯-1,2-丙二醇(12-2)采用环氧氯丙烷热水解法制备。

看似简单的一个反应、分离和纯化过程,但在工业化生产中就不那么简单了。必须考虑一系列问题:①首先要有水解罐,并结合年生产能力确定罐体的大小、个数等。②鉴于投料量而言,要有环氧氯丙烷计量罐和水计量罐,以便正确地将两种反应原料送入水解罐。③考虑反应体系的热效应问题、加热系统的安装,如蒸汽管线以及疏水器的使用。同时,冷却系统在反应罐的降温过程、蒸馏过程和反应过程也都是必不可少的,如列管式冷却器的采用以及一级、二级冷却形式的考虑。④物料转运系统的设置。考虑采用什么方法将过滤后的滤液送入相应的蒸馏罐中,要针对物料的易燃、易爆、腐蚀和比重等性质予以考虑。如果采用空压输送方式,应需添加空压装置和管线,以及放空设施。⑤根据系统的流体性质来考虑设备材质问题。如酸水解罐采用搪瓷的材质,3-氯-1,2-丙二醇呈中性,则减压蒸馏采用不锈钢材质。⑥减压操作过程需要涉及采用何种真空系统和如何管线布置,同时也考虑放空设施的采用。⑦最后,还要考虑设计分馏过程的设备和管线连接位置高低,以便于实际生产中的操作和使用。

上述例子参照图 12-3 就可一目了然。因此,需要建立工业化大规模生产的概念,将设备、管线、加热/冷却系统、转运系统以及工艺过程相结合。

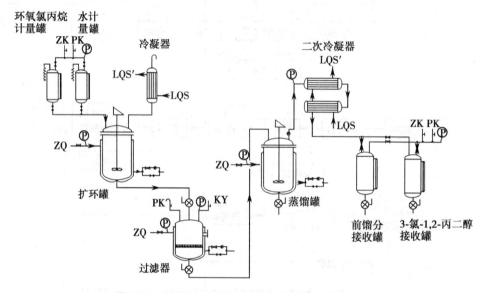

图 12-3　3-氯-1,2-丙二醇生产过程的工艺流程图

4. 绘制初步设计阶段的带控制点的工艺流程图　设备工艺流程图绘制后,就可进行车间布置和仪表自控设计。根据车间布置和仪表自控设计结果,绘制初步设计阶段的带控制点的工艺流程图(pipe and instrument diagram,PID)。带控制点的工艺流程图要比设备工艺流程图更加全面、完整和合理。带控制点的工艺流程图可以明显反映出各种设备的使用状况、相互关系,以及该工艺在使用设备(包括各种计量、控制仪表在内)和技术方面的先进程度、操作水平和安全程度。它是工艺流程框图和设备工艺流程图的最终设计,是以后一系列施工设计的主要依据,起着承上启下的作用。

在设备设计计算全部完成和计量、仪表控制方案被确定后,以设备工艺流程图为基础,开始绘制带控制点的工艺流程图,然后进行车间布置设计,并结合主要管路布置,再审查带控制点的工艺流程图的设计是否合理。如发现工艺流程中某些设备的布置不够妥当或是个别设备的型式和主要尺寸决定欠妥,可以进行修改完善。经过多次反复逐项审查,确认设计合理无误后才正式绘制带控制点的工艺流程图,作为正式的设计成果编入设计文件,供上级审批和今后施工设计之用。

带控制点的工艺流程图的各个组成部分与设备工艺流程图一样,由物料流程、图例、设备位号、图签和图框组成,如图 12-4 所示。

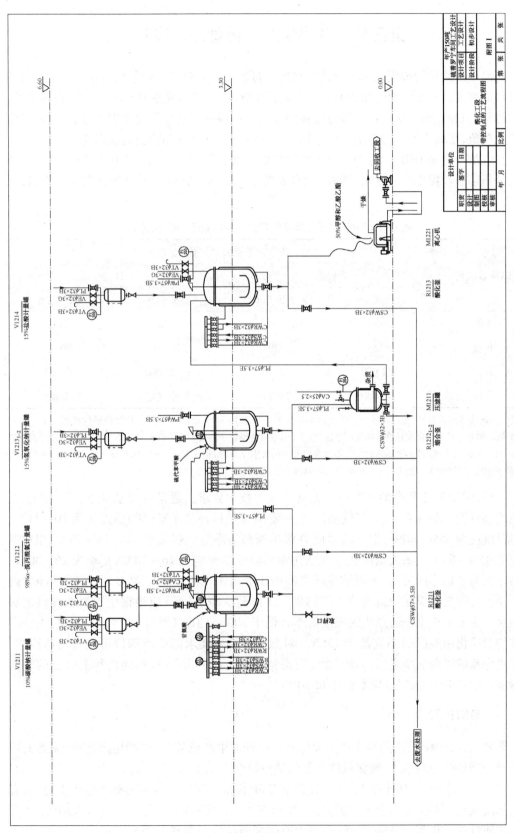

图 12-4 某药厂带控制点的工艺流程图

第三节　药品生产质量管理与控制

药品生产质量管理规范是一种注重在生产过程中实施对产品质量与卫生安全进行自主性管理的制度。它是一套适用于制药行业的强制性标准,要求企业从原料、人员、设施设备、生产过程、包装运输和质量控制等方面按国家有关法规达到药品质量要求,形成一套可操作的作业规范,帮助企业改善卫生环境,及时发现生产过程中存在的问题,加以改善。

空气洁净度是 GMP 运行中一个不可缺少的核心,是药品生产过程中的核心控制点,其定义是指洁净环境中空气含尘(微粒)量多少的程度。通常的洁净等级划分为 4 个级别,见表 12-1。

表 12-1　GMP 对于洁净等级中空气悬浮粒子的标准规定

洁净度级别	悬浮粒子最大允许数/立方米			
	静态		动态	
	$\geq 0.5\mu m$	$\geq 5.0\mu m$	$\geq 0.5\mu m$	$\geq 5.0\mu m$
A 级	3520	20	3520	20
B 级	3520	29	352 000	2900
C 级	352 000	2900	3 520 000	29 000
D 级	3 520 000	29 000	不作规定	不作规定

注:为确认 A 级洁净区的级别,每个采样点的采样量不得少于 1m³。A 级洁净区空气悬浮粒子的级别为 ISO 4.8,以 $\geq 5.0\mu m$ 的悬浮粒子为限度标准。B 级洁净区(静态)的空气悬浮粒子的级别为 ISO 5,同时包括表中两种粒径的悬浮粒子。对于 C 级洁净区(静态和动态)而言,空气悬浮粒子的级别分别为 ISO 7 和 ISO 8。对于 D 级洁净区(静态),空气悬浮粒子的级别为 ISO 8。测试方法可参照 ISO14644-1

同时,GMP 对于药品的生产过程也有一定的技术要求。通常的要求如下:①生产工艺对温度和湿度无特殊要求时,空气洁净度 A 级、B 级的医药洁净室(区)温度应为 20～24℃,相对湿度应为 45%～60%;空气洁净度 D 级的医药洁净室(区)温度应为 18～26℃,相对湿度应为 45%～65%。②人员净化及生活用室的温度冬季应为 16～20℃,夏季为 26～30℃。③洁净区与非洁净区之间、不同洁净区之间的压差应不低于 10Pa。必要时,相同洁净区内不同功能房间之间应保持适当的压差梯度。④医药洁净室(区)应根据生产要求提供足够的照度。主要工作室一般照明的照度值不宜低于 300lx;辅助工作室、走廊、气闸室、人员净化和物料净化用室(区)不宜低于 150lx。对照度有特殊要求的生产部位可设置局部照明。⑤非单向流的医药洁净室(区)噪声级(空态)应不大于 60dB(A);单向流和混合流的医药洁净室(区)噪声级(空态)应不大于 65dB(A)。

一、GMP 简介

简要而言,GMP 要求药品生产企业应具备良好的生产设备、合理的生产过程、完善的质量管理和严格的检测系统,确保最终产品的质量符合法规要求。

世界卫生组织于 1975 年 11 月正式公布 GMP 标准。国际上药品的概念包括兽药,只有中国和澳大利亚等少数几个国家是将人用药 GMP 和兽药 GMP 分开的。我国人用药的《药品生产质量管理规范》(1998 年修订)是由原国家药品监督管理局第 9 号局长令发布,并于

1999 年 8 月 1 日起施行。随后,历经 5 年修订、两次公开征求意见的《药品生产质量管理规范》(2010 年修订)(以下简称新版药品 GMP)已于 2011 年 3 月 1 日起正式实施。

新版药品 GMP 共 14 章、313 条,相对于 1998 年修订的药品 GMP,篇幅大量增加。新版药品 GMP 吸收国际先进经验,结合我国国情,按照"软件、硬件并重"的原则,贯彻质量风险管理和药品生产全过程管理的理念,更加注重科学性,强调指导性和可操作性,达到了与世界卫生组织药品 GMP 的一致性。

新版药品 GMP 修订的主要特点:一是加强了药品生产质量管理体系建设,大幅提高对企业质量管理软件方面的要求。细化了对构建实用、有效质量管理体系的要求,强化药品生产关键环节的控制和管理,以促进企业质量管理水平的提高。二是全面强化了从业人员的素质要求。增加了对从事药品生产质量管理人员素质要求的条款和内容,进一步明确职责。如新版药品 GMP 明确药品生产企业的关键人员包括企业负责人、生产管理负责人、质量管理负责人、质量受权人等必须具有的资质和应履行的职责。三是细化了操作规程、生产记录等文件管理规定,增加了指导性和可操作性。四是进一步完善了药品安全保障措施。引入了质量风险管理的概念,在原辅料采购、生产工艺变更、操作中的偏差处理、发现问题的调查和纠正、上市后药品质量的监控等方面,增加了供应商审计、变更控制、纠正和预防措施、产品质量回顾分析等新制度和措施,对各个环节可能出现的风险进行管理和控制,主动防范质量事故的发生。提高了无菌制剂生产环境标准,增加了生产环境在线监测要求,提高无菌药品的质量保证水平。

二、原料药 GMP 规定

原料药包括无菌原料药和非无菌原料药两种类型,是通过化学合成、提取、细胞培养或发酵、天然资源回收或通过以上工艺的结合而得到的。一般来说,原料药生产中 GMP 的适用范围如表 12-2 所示。在原料药生产过程中,GMP 的要求随工艺过程的进行而逐步提高。

表 12-2　原料药生产中的 GMP 适用步骤

生产类型	在该种生产类型中的适用步骤(阴影部分)				
化学生产	起始物质的生产	起始物质进入反应过程	中间体的生产	分离和纯化	物理过程和包装
动物来源的原料药	器官、液体或组织的收集	切片、混合或初始过程	起始物质进入反应过程	分离和纯化	物理过程和包装
从植物中提取的原料药	植物的收集	切片和最初的提取	起始物质进入反应过程	分离和纯化	物理过程和包装
从中草药中提取的原料药	植物的收集	切片和最初的提取		进一步提取	物理过程和包装
由碎片或粉状草药组成的原料药	植物的培育和收割	切片/碎化			物理过程和包装
生物技术发酵、细胞培养	主细胞库和工作细胞库的建立	工作细胞库的维护		分离和纯化	物理过程和包装
传统发酵产生的原料药	细胞库的建立	细胞库的维护		分离和纯化	物理过程和包装

《药品生产质量管理规范》和《原料药 GMP 实施指南》的相关内容针对非无菌原料药的特点,主要从质量管理、人员规定、厂房与设施、生产和过程控制、工艺验证的方法和程序、发酵细胞药物的特殊要求来阐述 GMP 对于原料药的生产的相关规定和原则。

（一）质量管理

企业应建立药品质量管理体系。该体系应涵盖影响药品质量的所有因素,包括确保药品质量符合预定用途的有组织、有计划的全部活动。建立与药品生产相适应的管理机构。

质量管理部门应独立于其他部门,独立履行质量保证和质量控制的职责。质量负责人应直接向企业(工厂)负责人汇报。根据企业(工厂)的具体情况,质量管理部门可以设立为一个总的部门,也可分设为质量保证部门和质量控制部门。作为质量负责人,除了要保证所出厂的产品在技术上要符合质量标准的要求,还要确保整个生产控制过程在法规上也要符合要求。比如,实际生产所用的工艺、质量标准、分析方法、标签和说明书、物料及其供应商等要与注册批准的一致,任何变更都要按要求进行备案或提请批准,任何偏差都要得到评估。确保在所负责的范围内建立一个有效的质量管理体系,能够自我发现、改进、提高。在药品的生产、包装(有时包括研发)、销售等环节都能满足法规的要求,甚至比法规的要求更加严格。

1. 自检(内审)　质量管理部门应定期组织对企业进行自检,监控本规范的实施情况,评估企业是否符合本规范要求,并提出必要的纠正和预防措施。

2. 产品质量回顾　产品质量回顾的主要目的是评估生产状态(如工艺控制是否仍处于验证状态、包装、贴签和检验),并基于关键数据的评估提出改进之处。

应按照操作规程,每年对所有生产的药品按品种进行产品质量回顾分析,以确认工艺稳定可靠,以及原辅料、成品现行质量标准的适用性,及时发现不良趋势,确定产品及工艺改进的方向。应考虑以往回顾分析的历史数据,还应对产品质量回顾分析的有效性进行自检。回顾分析应有报告,应对下列情形进行回顾分析:①产品所用原辅料的所有变更,尤其是来自新供应商的原辅料;②关键中间控制点及成品的检验结果;③所有不符合质量标准的批次及其调查;④所有重大偏差及相关的调查、所采取的整改措施和预防措施的有效性;⑤生产工艺或检验方法等的所有变更;⑥已批准或备案的药品注册所有变更;⑦稳定性考察的结果及任何不良趋势;⑧所有因质量原因造成的退货、投诉、召回及调查;⑨与产品工艺或设备相关的纠正措施的执行情况和效果;⑩新获批准和有变更的药品,按照注册要求上市后应完成的工作情况;⑪相关设备和设施,如空调净化系统、水系统、压缩空气等的确认状态;⑫委托生产或检验的技术合同履行情况。

应对回顾分析的结果进行评估,提出是否需要采取纠正和预防措施或进行再确认或再验证的评估意见及理由,并及时、有效地完成整改。药品委托生产时,委托方和受托方之间应有书面的技术协议,规定产品质量回顾分析中各方的责任,确保产品质量回顾分析按时进行并符合要求。

3. 风险管理　质量风险管理是在整个产品生命周期中采用前瞻或回顾的方式,对质量风险进行评估、控制、沟通、审核的系统过程。应根据科学知识及经验对质量风险进行评估,以保证产品质量。质量风险管理过程所采用的方法、措施、形式及形成的文件应与存在风险的级别相适应。具体的流程图如图 12-5 所示。

（二）人员规定

在 GMP 硬件、软件和人员这三大要素中,人是主导因素,软件是人制定、执行的,硬件是

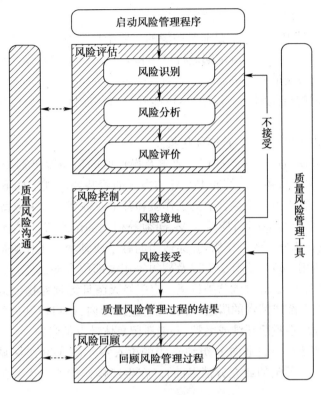

图 12-5　质量风险管理流程图

靠人去设计、使用的。离开高素质的"GMP 人",再好的硬件和软件都不能很好地发挥作用。因此,人员素质是实施 GMP 的关键。除了对于人员培训以外,人员卫生是其核心。

因此,按要求更衣、戴口罩,控制进入洁净区的人数,洁净区人的动作要轻等是必要的。

1. 原料药生产个人卫生技术要求　所有的人员应养成良好的卫生和健康习惯,穿着应适合他们各自生产活动的服装,在需要时也要佩戴头罩、面罩、手套以防止污染。不准穿洁净服(鞋)进入厕所或离开加工场所。同时,应当避免操作人员的裸手直接与药品相接触的设备表面接触。任何人员在任何时候(医疗检查或管理监督时)发现有明显的疾病或创伤伤口,则不得从事生产活动。任何人员进入车间生产洁净区域时必须首先洗手消毒。此外,物流/人流有各自的专用通道,禁止任何人员以任何理由交叉穿行。

2. 无菌原料药生产个人卫生技术要求　无菌药品制造必须符合一些特殊的要求,以防止微生物、微粒和热原的污染。这在很大程度上要依赖于工作人员的技术水平、培训和工作态度。在这一方面质量保证显得特别重要,这种类型的生产必须严格按照完善的和经过验证的生产方法和工作程序进行。仅靠产品的最终灭菌和某一方面的质量控制是不允许的。

(1)只有工作需要的最低人数可以进入洁净区,这对无菌生产过程特别重要。检查和控制都要尽可能在洁净区外面进行。

(2)所有在这些区域工作的人员(包括清洁和维护人员)都要定期进行与无菌药品生产有关的培训。这些培训应包括卫生和微生物学的基本知识。当外来的没有接受培训的人员(如建造或维修人员)需要进入时,要特别注意给予指导和监督。

(3)从事动物组织加工处理或微生物培养的人员,不包括生产在用的材料,除非遵照严格明确的进入程序,否则不可进入洁净区。

(4)高标准的人员卫生和清洁是非常关键的。要指导涉及生产的人员及时报告可能产生异常污染的任何情况;要对人员定期进行健康检查。对可能带来微生物污染的人的处理措施,要由指定的合格人员作出决定。

(5)要按照书面的更换和清洗程序,尽可能降低对洁净区工作服的污染或将污染物带进洁净区。

(6)在洁净区内不准戴手表、首饰和化妆。

(7)工作服及其质量应与生产操作的要求及操作区的洁净度级别相适应,其式样和穿着方式应能满足保护产品和人员的要求。各洁净区的着装要求规定如下。①D级区:应将头发、胡须等相关部位遮盖。应穿合适的工作服和鞋子或鞋套。应采取适当措施,以避免带入洁净区外的污染物。②C级区:应将头发、胡须等相关部位遮盖,应戴口罩。应穿手腕处可收紧的连体服或衣裤分开的工作服,并穿适当的鞋子或鞋套。工作服应不脱落纤维或微粒。③A/B级区:应用头罩将所有头发以及胡须等相关部位全部遮盖,头罩应塞进衣领内,应戴口罩以防散发飞沫,必要时戴防护目镜。应戴经灭菌且无颗粒物(如滑石粉)散发的橡胶或塑料手套,穿经灭菌或消毒的脚套,裤腿应塞进脚套内,袖口应塞进手套内。工作服应为灭菌的连体工作服,不脱落纤维或微粒,并能滞留身体散发的微粒。

(8)外界的衣服不得带进通向B级和C级的更衣室。在A/B级区域工作的各个岗位的人员要穿戴洁净服(灭菌的或充分消毒的)。在生产操作中要对手套定期消毒。每班都要更换口罩和手套。

(9)洁净区工作服的清洁和处理方法要按操作程序进行处理。要求这些工作服最好在各自的洗涤设施进行处理。对工作服不适当的处理方法会损害纤维,增加颗粒脱落的风险。

(三) 厂房与设施

厂房的选址、设计、布局、建造、改造和维护必须符合药品生产要求,应能最大限度地避免污染、交叉污染、混淆和差错,便于清洁、操作和维护。厂房应有适当的照明、温度、湿度和通风,确保生产和贮存的产品质量以及相关设备性能不会直接或间接地受到影响。其中,对于原料药生产区而言,为降低污染和交叉污染的风险,厂房、生产设施和设备应根据所生产药品的特性、工艺流程及相应洁净度级别要求合理设计、布局和使用,并符合下列要求。

1. 应综合考虑药品的特性、工艺和预定用途等因素,确定厂房、生产设施和设备多产品共用的可行性,并有相应的评估报告。

2. 生产特殊性质的药品,如高致敏性药品(如青霉素类)或生物制品(如卡介苗或其他用活性微生物制备而成的药品),必须采用专用和独立的厂房、生产设施和设备。青霉素类药品产尘量大的操作区域应保持相对负压,排至室外的废气应经净化处理并符合要求,排风口应远离其他空气净化系统的进风口。

3. 生产β-内酰胺结构类药品、性激素类避孕药品必须使用专用设施(如独立的空气净化系统)和设备,并与其他药品生产区严格分开。

4. 生产某些激素类、细胞毒性类、高活性化学药品应使用专用设施(如独立的空气净化系统)和设备;在特殊情况下,如采取特别防护措施并经过必要的验证,上述药品制剂则可通过阶段性生产方式共用同一生产设施和设备。

5. 用于上述第2、3和4项的空气净化系统,其排风应经净化处理;洁净区与非洁净区之间、不同级别洁净区之间的压差应不低于10Pa。必要时,相同洁净度级别的不同功能区域(操作间)之间也应保持适当的压差梯度。

6. 药品生产厂房不得用于生产对药品质量有不利影响的非药用产品。

此外,生产区应有足够的空间,确保有序地存放设备、物料、中间产品、待包装产品和成品,避免不同产品或物料的混淆、交叉污染,避免生产或质量控制操作发生遗漏或差错。应根据药品品种、生产操作要求及外部环境状况等配置空调净化系统,使生产区有效通风,并有温度、湿度控制和空气净化过滤,保证药品的生产环境符合要求。无特殊要求时,温度应控制在18～26℃,相对湿度控制在45%～65%。

洁净区的内表面(墙壁、地面、天棚)应平整光滑、无裂缝、接口严密、无颗粒物脱落,避免积尘。各种管道、照明设施、风口和其他公用设施的设计和安装应避免出现不易清洁的部位,应尽可能在生产区外部对其进行维护。排水设施应大小适宜,并安装防止倒灌的装置。应尽可能避免明沟排水;不可避免时,明沟宜浅,以方便清洁和消毒。

（四）生产和过程控制

生产过程是药品制造全过程中决定药品质量最关键和最复杂的环节之一。药品生产过程实际上包含两种同时发生的过程,既是物料的生产过程,又是文件记录的传递过程。以典型合成药为例,备料(原材料领料、发料、物料暂存)、投料、化学反应、提取(分离)、纯化(结晶、干燥)、过程控制、包装、待验直至检验合格后入库、清场。生产过程是物料投入、目标产物的生成以及后续处理的过程;文件记录传递过程是指由生产部门发出生产指令,确定批号和签发发放批生产记录(由质量管理部门或者授权生产部门来进行),并在生产过程中由操作人员完成各种批生产记录、批包装记录以及其他辅助记录(设备使用记录、清洁记录等),中间体检验人员完成检验记录,原料药检验人员完成成品检验记录。该记录经部门负责人或者授权人员审核并归档。质量管理人员对这些记录审核,作为批放行的一部分。

1. 生产操作　原料应在适宜的条件下称量,以免影响其适用性。称量的装置应具有与使用目的相适应的精度。将物料分装后用于生产的,应使用适当的分装容器。关键的称量或分装操作应有复核或有类似的控制手段。同时,应将生产过程中指定步骤的实际收率与预期收率比较。预期收率的范围应根据以前的实验室、中试或生产的数据来确定。应对关键工艺步骤收率的偏差进行调查,以确定偏差对相关批次产品质量的影响或潜在影响。最后,需返工或重新加工的物料应严加控制,以防止未经批准即投入使用。

2. 污染控制　生产过程中应尽可能采取措施防止污染和交叉污染,如:①在分隔的区域内生产不同品种的药品;②采用阶段性生产方式;③设置必要的气锁间和排风,空气洁净度级别不同的区域应有压差控制;④应降低未经处理或未经充分处理的空气再次进入生产区导致污染的风险;⑤在易产生交叉污染的生产区内,操作人员应穿戴该区域专用的防护服;⑥采用经过验证或已知有效的清洁和去污染操作规程进行设备清洁,必要时,应对与物料直接接触的设备表面的残留物进行检测;⑦采用密闭系统生产;⑧干燥设备的进风应有空气过滤器,排风应有防止空气倒流装置;⑨生产和清洁过程中应避免使用易碎、易脱屑、易发霉的器具;使用筛网时,应有防止因筛网断裂而造成污染的措施。

3. 清洁与清场　进行清场的目的是防止发生混淆。所谓清场是将与本批生产无关的物料和文件清理出现场的活动。可以将清场看作是生产过程中的一道特殊工序。

清场在每道工序的开始和结束进行。应有专门的操作规程规定清场的每个细节,以及实施清场的人员和复核人员的资格。清场的每一步作业都必须记录并签名。越是容易发生混淆的工序,清场的要求越严格。执行严格的清场,可以防止混淆和交叉污染的产生。

清洁(清洗)分两种,一种是对于专用设备的清洗,不一定需要批批进行,可根据实验结果确定合适的清洗频率;另一种是更换生产品种时需要转产清洗。清洗是防止交叉污染的有效手段。清洁一般指对设备和药品接触表面进行的清洗,一般有拆洗和在线清洗两种手段。无论哪种方式,都需要书面的经过验证的清洗规程(对于专用设备的清洗程序,不强制要求需要清洗验证),详细规定清洗的方法、清洗液的成分与浓度、温度、清洗时间、流量等参数。每次清洗都必须有相应的记录和签名,以证明按照预定的方法进行了有关的清洁。

(五)工艺验证

工艺验证的目的在于证明一个具体的工艺在以连续耐用的方式运转时仍然是有效的,以确保所有工艺条件、操作过程的适用性,并证明在使用其规定的原材料、设备、中间控制等条件下,能始终如一地生产出符合质量要求的产品,保证产品质量的稳定性,保持生产运行有良好的稳定性和可靠性。

采用新的生产处方或生产工艺前,应验证其常规生产的适用性。生产工艺在使用规定的原辅料和设备条件下,应能始终生产出符合预定用途和注册要求的产品。当影响产品质量的主要因素,如原辅料、与药品直接接触的包装材料、生产设备、生产环境(或厂房)、生产工艺和检验方法等发生变更时,应进行确认或验证。验证方法有3种,即预验证、同步验证和回顾性验证。

1. 原料药生产工艺的验证方法一般应为预验证。因原料药不经常生产、批数不多或生产工艺已有变更等原因,难以从原料药的重复性生产获得现成的数据时,可进行同步验证。

2. 如没有发生因原料、设备、系统、设施或生产工艺改变而对原料药质量有影响的重大变更时,可例外进行回顾性验证。该验证方法适用于下列情况:①关键质量属性和关键工艺参数均已确定;②已设定合适的中间控制项目和合格标准;③除操作人员失误或设备故障外,从未出现较大的工艺或产品不合格的问题;④已明确原料药的杂质情况。

3. 回顾性验证的批次应当是验证阶段中有代表性的生产批次,包括不合格的批次。应有足够多的批次数,以证明工艺的稳定。必要时,可用留样检验获得的数据作为回顾性验证的补充。

同时,结合验证方式制订相应的验证计划,具体如下:①应根据生产工艺的复杂性及工艺变更的大小决定工艺验证的运行次数。前验证和同步验证通常采用3个连续的、成功的批次,但在某些情况下,需要更多的批次才能保证工艺的一致性(例如复杂的原料药生产工艺或周期很长的原料药生产工艺),并将结果汇总于关键工艺参数表(表12-3)中。②工艺验证期间,应对关键的工艺参数进行监控。与质量无关的参数,例如与节能或设备使用相关控制的参数无需列入工艺验证中。③工艺验证应证明每种原料药的杂质都在规定的限度内,验证数据至少应与工艺研发阶段确定的杂质限度或者关键的临床和毒理研究批次的杂质数据相当。

表12-3　关键工艺参数表

工艺步骤	参数	目标范围		可接受范围		关键工艺参数		备注
		最小值	最大值	最小值	最大值	是	不是	
								此处应写明超出"目标范围"同时在"可接受范围"内时,对产品质量和收率有何影响;超出"可接受范围"时,对产品质量和收率有何影响。

（六）发酵药物的特殊要求

发酵获取药物的生产工艺过程中,应根据物料来源、制备方法和原料药或中间体的预期用途,有必要在制造和工艺监测的适当阶段控制微生物、病毒污染和（或）内毒素,特别注意防止微生物污染。在工艺控制过程中可重点考虑以下内容:①主菌株库和工作菌种的建立和维护;②接种和扩增培养;③发酵过程中关键操作参数的控制,包括质量、杂质指纹的控制;④菌体生长、生产能力的监控;⑤收集和纯化工艺过程,此工艺去除菌体、菌体碎片、培养基组分,需保护中间产品和原料药不受污染（特别是微生物学特征）,避免质量下降;⑥在适当的生产阶段进行生物负荷监控,必要时进行细菌内毒素监控。

必要时,可以考虑验证培养基、宿主微生物蛋白、其他与工艺及产品有关的杂质和污染物的去除效果。

1. 菌种培养和发酵　需在无菌操作条件下添加细胞基质、培养基、缓冲液和气体时,应采用密闭或封闭系统。如果初始容器接种、转种或加料（培养基、缓冲液）使用敞口容器操作,应有控制措施和操作规程将污染的风险降低到最低程度。同时,当微生物污染可能危及原料药质量时,敞口容器的操作应在生物安全柜或相似的控制环境下进行。

在实施发酵过程中,应对关键的运行参数（如温度、pH、搅拌速度、通气量和压力）进行监测,确保与规定的工艺一致。菌体生长、生产能力（必要时）也应当监控。

菌种培养设备使用后应清洁和灭菌。建立发酵岗位关键生产设备清洗和灭菌操作规程,清洗一般包括配料池、种子罐、发酵罐（含补料罐）及各罐体之间相连管线（包括补料管路）的清洗,必要时可以灭菌,并应有清洁和灭菌状态记录。菌种培养基使用前应灭菌,以保证原料药的质量。灭菌常用的方法有化学试剂灭菌、射线灭菌、干热灭菌、湿热灭菌和过滤除菌等。可根据不同的需求,采用不同的方法,如培养基灭菌一般采用湿热灭菌,空气则采用过滤除菌。

应有适当操作规程监测各工序是否染菌,并规定应采用的措施,该措施应评估染菌对产品质量的影响,确定能消除污染并使设备恢复到正常的生产条件。在处置被染菌的生产物料时,应对发酵工艺中检出的外来有机体进行鉴别,并在必要时评估外来有机体对产品质量的影响。

染菌事件的所有记录均应保存。更换品种生产时,对多产品共用设备应在清洁后进行必要的检测,以便将交叉污染的风险降低到最低程度。

2. 收集、分离和纯化　传统发酵产品其收集、分离、纯化工艺和过程是非常关键的部分,它直接关系到产品的质量,包括污染问题,应对收集、分离、纯化过程中的设备和工艺以及操作区有一比较明确的规定,目的是为了控制生物负荷,保证所得中间产品或原料药具有持续稳定的质量。

收获和纯化过程在灭活、去除菌体或培养基残留成分的过程中,包括基础原料发酵后残留的残留糖、残留无机盐、残留油、残留蛋白质、色素等,以及微生物代谢产生的如菌丝体自溶蛋白质、代谢中间体、代谢类似物等,应该注意防止产品的降解和污染,从而影响质量。

3. 病毒去除/灭活步骤　病毒去除和灭活是某些工艺的关键步骤,应按验证的规程操作。

应采取必要的措施来防止去除和灭活病毒操作后可能的病毒污染。敞口操作区应与其他操作区分开,并设独立的空调净化系统。

同一设备通常不能用于不同的纯化操作。如果使用同一设备,应采取适当的清洁和消毒等必要的措施来防止病毒通过设备或环境由前次纯化操作带入后续纯化操作。

病毒去除和灭活有许多方法,一个特殊方法的适宜性依赖于潜在病毒污染物的特性和产品的性质,并需要得到验证。①在某些情况下,病毒可以通过常规的工艺和纯化操作来去除和灭活。纯化过程中典型的方法(如沉淀、层析和过滤)加上使用特定试剂(如溶媒)或者处理条件(如 pH、温度),通常能够有效地从物理上去除和灭活病毒。②病毒方面的安全通过组合有效的、特异的病毒去除和灭活方法,如热灭活、溶媒/变性剂处理、极端 pH、病毒过滤、或者病毒特异性吸附方法来保证。③通常采用 2 种正交(不同机制联合使用清除病毒)方法,如特异性病毒减少方法(典型的是用 2 种不同的方法,如溶媒/变性剂和低 pH,或者低 pH 和纳滤)是在工艺方案中通常使用的方法,以达到强有力的病毒去除和灭活的要求。④对于朊病毒而言,目前没有去除、破坏或者灭活朊病毒(BSE/TSE)的有效方法,关键在于预防,例如保证使用的材料其来源是没有 BSE 的地方。

(七)无菌原料药的特殊要求

无菌原料药的生产工艺要求保护暴露产品、保护产品接触表面免受微生物污染,通常污染来自人员、设备或工艺环境等。无菌工艺过程的结果缺乏可预见性,并且存在高风险。产品的无菌或其他质量特性决不能全依赖于任何形式的最终操作或成品检验。在生产加工的每个阶段都必须采取措施,以尽可能降低污染,就是指合格的药品是生产出来的。其要求无菌保证系统,即为保证产品无菌状态而采取的所有措施。

无菌药品要求不能含有活微生物,必须符合内毒素的限度要求,其特性为无菌、无热原或细菌内毒素、无不溶性微粒/可见异物。

无菌原料药的生产通常是把精制过程和无菌过程结合在一起,将无菌过程作为生产工艺的一个单元操作来完成。目前生产上最常用的方法是无菌过滤法,即将非无菌的中间体或原材料配制成溶液,再通过 $0.22\mu m$ 孔径的除菌过滤器以达到除去细菌的目的,在以后用于精制的一系列单元操作中一直保持无菌,最后生产出符合无菌要求的原料药,如图 12-6 所示。

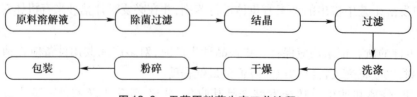

图 12-6　无菌原料药生产工艺流程

1. 操作环境的要求　厂房中受控的区域包括无菌生产区域和辅助区域。无菌生产设施:建筑物或其中隔开的区间,包括洁净室,其中空气供给、原料、设备应按照规定控制微生物和粒子污染。对无菌药品生产质量特别重要的两个洁净区域:关键区域,即灭菌后的药品、容器和包材所暴露的生产环境,还有与关键区域相连的辅助区,必须设计成确保产品无菌。

2. 人流和物流穿越的要求　更衣室应按照气锁方式设计,使更衣的不同阶段分开,以尽可能避免工作服被微生物和微粒污染。更衣室应有足够的换气次数。更衣室后段的静态级别应与其相应洁净区的级别相同。必要时,可将进入和离开洁净区的更衣间分开设置。一般情况下,洗手设施只能安装在更衣的第一阶段。

气锁间两侧的门不应同时打开。可采用连锁系统或光学或(和)声学的报警系统,防止两侧的门同时打开。

3. 无菌原料药生产对微粒和微生物的影响　应对洁净区的悬浮粒子进行动态监测。根据洁净度级别和空调净化系统验证中获得的结果及风险评估,确定取样点的位置并进行日常动态监控。

在关键操作的全过程,包括设备组装,应对 A 级区进行微粒监测。工艺的污染(如活生物、放射危害)如可能损坏粒子计数仪时,应在设备调试操作和模拟操作期间进行测试。A 级区监测的频率及取样量应能及时发现所有人为干预、偶发事件及任何系统的损坏。灌装或分装时,由于产品本身产生粒子或液滴,灌装点 ≥5μm 的粒子也许不能始终如一地符合标准,这种状况是可以接受的。

在 B 级区可采用相似于 A 级区的监测系统。根据 B 级区对相邻 A 级区的影响程度,采样频率和采样量可予以调整。悬浮粒子的监测系统应考虑到采样管的长度和弯管的半径对测试结果的影响。日常监测的采样量可与洁净度级别和空调净化系统验证时的空气采样量不同。

在 A 级区和 B 级区,连续或有规律地出现少量 ≥5.0μm 的粒子计数时,可能是污染事件的征兆,应进行调查。生产操作全部结束,操作人员撤离生产现场并经 15～20 分钟(指导值)自净后,洁净区的悬浮粒子应达到表 12-1 中的"静态"标准。

对 C 级区和 D 级区,应按照质量风险管理的原则进行动态监测。监控要求以及警戒/纠偏限度可根据所从事操作的性质来确定,但自净时间应达到规定的要求。

温度、相对湿度等其他指标取决于产品及操作的性质,这些参数不应对规定的洁净度造成不良影响。为评估无菌生产的微生物状况,应对微生物进行动态监测,监测方法有沉降菌法、定量空气浮游菌采样法和表面取样法(如棉签擦拭法和接触碟法)等。动态取样应避免对洁净区造成不良影响。成品批记录的审核应同时考虑环境监测的结果。对表面和操作人员的监测应在关键操作完成后进行。除正常的生产操作监测外,可在系统验证、清洁或消毒等操作完成后增加微生物监测。

4. 除菌过滤　使用环氧乙烷对无菌原料药灭菌是不合适的,因为环氧乙烷在产品内会有残留,环氧乙烷对无菌原料药晶体内部的灭菌效果也很难验证。在干热灭菌工艺验证中,应特别关注热穿透和热分布、温度、时间和微粒的控制。大部分无菌原料药都是采用过滤除菌和无菌操作生产出来的。

选择滤芯型号时应至少考虑以下因素:①根据过滤介质确定合适的膜,确认其相容性;②确定最优过滤器组合;③根据滤器的位置,确定外壳形式;④根据工艺特点,确定滤芯的尺寸大小。

除菌过滤器应尽可能地在 C 级区局部层流下或者在 B 级区内安装,但应最大限度地控制对高洁净级别的污染风险。新的滤芯在使用前应检查是否有厂家合格证,检查滤器的外观和完整性;使用时应注意滤芯应有适当的包装方式,在进入不同级别区域,脱去滤器的不同外包装以最大限度地降低对高洁净级别的污染;按照厂家说明和企业规定正确使用滤器,以防止滤器损坏,保护滤器下游工艺产品,避免对产品带来污染。

企业应制订合适的滤芯清洗方式以对新滤芯和使用后的滤芯进行清洗,清洗程序应进行验证。滤芯如采用蒸汽灭菌时温度不得低于 122℃,并保持至少 30 分钟。滤器灭菌后通过完整性测试,用 0.2MPa 氮气吹干、保压,以备下批使用。

三、制剂 GMP 规定

制剂是药物剂型的制备过程。制剂车间一般对生产场所的空气洁净度有较高要求。同时,制剂车间依产品剂型的不同,药品生产洁净区的空气洁净度要求也不同。制剂车间内各生产线的洁净按现行《药品生产质量管理规范》(GMP)要求,各洁净区具体参数根据生产产品的工艺要求和 GMP 规范确定。此外,同一制剂车间内一般有几种剂型的产品同时生产,剂型相近或相似、生产区及洁净度要求相同的剂型通常尽可能集中设置。

(一)产品防护

口服固体制剂生产过程应采取有效控制措施,避免对产品造成污染。GMP 是做好产品防护最有效的法规和手段,要有效地实施 GMP,需要将 GMP 的三大要素(硬件、软件和人员)结合起来,即"软""硬"结合的策略。下面从人员、厂房设施、设备、物料、工艺技术和环境等方面讨论产品防护。

1. 人员　人是洁净室最大的污染源,污染的途径和方式主要有:①人的头发和皮肤上散发出的微生物或微粒;②呼吸和咳嗽产生的尘粒污染和微生物污染;③衣着散落出的纤维和磨损脱落的微粒;④化妆品和珠宝首饰引起的尘粒和微生物污染。

企业应对人员健康进行管理,并建立健康档案。直接接触药品的生产人员上岗前应接受健康检查,以后每年至少进行 1 次健康检查。应采取适当措施,避免体表有伤口、患有传染病或其他可能污染药品疾病的人员从事直接接触药品的生产。

任何进入生产区的人员均应按规定更衣。工作服的选材、式样及穿戴方式应与所从事的工作和空气洁净度级别要求相适应。进入洁净生产区的人员不得化妆和佩戴饰物。操作人员应避免裸手直接接触药品、与药品直接接触的包装材料和设备表面。

生产区、仓储区应禁止吸烟和饮食,禁止存放食品、饮料、香烟和个人用品等非生产用物品。

在易产生交叉污染的生产区内,操作人员应穿戴该区域专用的防护服。此外,参观人员和未经培训的人员不得进入生产区和质量控制区,特殊情况确需进入的,应事先对个人卫生、更衣等事项进行指导。

2. 厂房设施和设备　厂房设施和设备是药品生产企业实施 GMP 的基础,是硬件中的关键部分,应有与生产品种和规模相适应的厂房设施、设备。昆虫及其他动物的侵扰是造成药品生产中污染和交叉污染的一个重要因素,在厂房设计时要进行考虑。

(1)厂房设计:一般而言,单层厂房布置能使工艺流程更合理,最大限度地避免车间内的人流、物流交叉,因此将该大型综合中成药厂联合制剂车间设计成单层厂房。车间右前部与办公质检中心相连,连接处设置为车间的人流入口,车间前部为一般人净区和空调机房,车间右部为动力区,车间后部为成品中间体仓库及物流入口。车间中部设 3 条制剂生产线,从左至右分别为固体制剂生产线、软胶囊生产线和口服液生产线。车间布置详见图 12-7,联合制剂车间布置有如下特点:①3 条生产线周边分别为动力区、仓库及一般人净区,车间净化区布置在建筑物的中央,尽量不受到环境影响;②人流在车间前部,物流在车间后部,各行其道;③动力区(冷冻站、纯水站、空压站、循环水站和供电站)与主要服务的区域(3 条生产线)紧邻布置,简化了公用管线;④特别采用了前置式的净化空调布置,即把机房布置在车间前部夹层中(图 12-8),既节约了建筑面积,缩短了风管长度,又降低了生产区噪声。

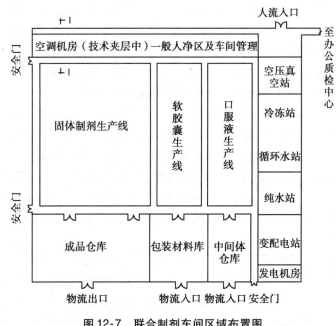

图 12-7　联合制剂车间区域布置图

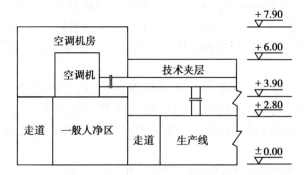

图 12-8　前置式空调机房布置剖面示意图

　　洁净区与非洁净区之间、不同级别洁净区之间的压差应不低于 10Pa,通常采用气锁间的方式连接。所谓的气锁间是指设置于两个或数个房间之间(如不同洁净度级别的房间之间)的具有两扇或多扇门的隔离空间,其目的是在人员或物料出入时控制气流,能尽量减少微生物和其他污染。产尘量大的房间可采用不同压力气锁间的形式来防止粉尘的泄漏。气锁间包括小瀑布气锁间、水槽气锁间和泡影气锁间,如图 12-9 所示。

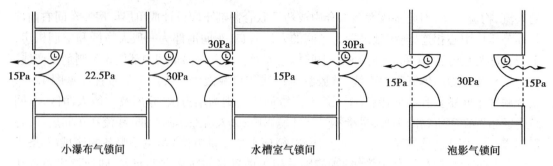

图 12-9　3 种不同类型的气锁间简图

（2）设备：洁净室设备的设计、选型应符合以下要求。①构造：结构简单，外表面光洁，易清洁；便于操作，造型美观。②材质：凡与药物及腐蚀性介质接触的及潮湿环境下工作的设备，均应选用低含碳量的不锈钢材料、钛及钛复合材料或铁基涂覆耐腐蚀、耐热、耐磨等涂层的材料制造。不锈钢材料以 316L 为最佳，304 不锈钢可用在次要场合。③传动：设备的传动部位要密封良好，防止润滑油、冷却剂等泄漏时对药品的污染。④保温层：洁净室内设备保温层表面应平整、光洁，不得有颗粒性物质脱落。⑤设备：对生产中发尘量大的工序设备，如粉碎、过筛、混合、制粒、干燥、压片和包衣等，应选用自身带有捕尘、吸粉装置设备。⑥净化：与药物直接接触的惰性气体、压缩空气、干燥用空气应设置净化装置；干燥设备出风口应有防止空气倒灌的装置；经净化处理的空气应符合规定的空气洁净度要求。其中压缩空气的质量标准可参考 ISO8573.1：2001 的要求，即露点 $-40℃$，固体颗粒粒径为 $0.1 \sim 0.5 \mu m$ 的应 $\leqslant 100$ 个/m^3、$0.5 \sim 1.0 \mu m$ 的应 $\leqslant 1$ 个/m^3，含油量 $\leqslant 0.01 mg/m^3$。

控制区清洗间的水槽形式有两种：一种是不锈钢水斗，适用于清洗体积较小的容器具、部件；另一种是地槽，上铺不锈钢格栅，适用于清洗体积较大的容器具、设备。地漏是洁净车间一个容易忽视的辅助设备，其应该有足够的体积，并且直接通向下水道的地方应该安装一个气闸或其他机械装置来阻止倒吸。地漏必须定期消毒，因为滞留在里面的污水是微生物繁殖的理想环境。例如固体制剂生产，作为多种培养物培养基的固体残渣被污水冲走（例如淀粉、纤维素和乳糖等）。因为原料中就存在一定量的起始污染，尤其是植物来源的物质，可以想象生物负荷会增加，因此消毒是不可缺少的。消毒剂应该定期更换，来抵消抗药性的增长。

3. 物料　原辅料、包装材料是药品生产的基础物质，是药品生产过程的第一关，其质量状况直接影响最终产品的质量。物料管理的重点在于预防污染、混淆和差错，并确保储运条件，最终保证药品质量。物料防护主要涉及物料的购入、储存、取样、运输和使用等方面。

（1）物料采购：采购的原辅料符合药用要求；使用的润滑剂应为食用级，并向供应商索要合法资质证明；药品上印字油墨须为食用级，并向印字厂家索要油墨供应商的合法资质证明。

（2）物料的运输：物料运输过程中应该保护物料和产品避免受天气影响；对不能冷冻或不耐高温的原辅料、对需避光的原辅料都要采取一定的运输方式，并建议采取必要的监控措施；原辅料的包装材料必须符合国家标准或行业标准；对原辅料的包材应根据原辅料的特性、重量、运输过程的受压、冲击和撞击来确定。

（3）物料的验收、入库：①物料进入仓库后，用科学、规范的表示方法标记接收的物料，避免混药。②所有进厂物料均应有供应单位的合格检验报告单或合格证明。③物料按照类别和批号分库、分区码放，做到五防，即防潮、防霉变、防火灾、防虫鼠和防污染。④仓库应按物料储存条件设冷库、阴凉库和常温库等，并配置温湿度计。建议每天两次记录温湿度。冷库、阴凉库和常温库温湿度标准参见《中国药典》（2010 年版）。⑤内包材与外包材分库或分区存放。液体物料贮存时应有防护措施。⑥产品包材应能防止药品变质，需要在药品包装时保持适当的环境，防止受到物理、化学的作用，以达到防潮、防氧化、防光线、防高温等目的。可采用防潮包装、密封包装、避光包装及充填惰性气体等。

（4）物料的取样：物料的取样环境需与生产的投料区洁净级别一致，为防止取样时原辅料的污染，应严格按规定的程序取样。

取样室的必要设施要有单独的空调净化系统以及设置必要的洗手设施，存放取样器具的橱柜和清洁的（必要时经灭菌的）取样器具，说明某一容器已取过样的标识或封签，有启开和再行密封容器的工具。活性成分物料的取样工具与非活性成分物料的取样工具要分开；不同类别活性成分物料的取样工具要分开，且取样工具要隔离存放于取样间内。

同时，根据物料特性建立相应的取样工具清洁规程，并明确清洁后的有效期。打开容器、取样、重新封口时，防止其内容物受污染和其他成分、药品容器或密封件的污染。

（5）物料的使用：应制定物料领用、使用操作规程。内容应包括物料的储存、发放、剩余、损坏物料的处理等。原料使用中有剩余时，要及时密封；不同产品的操作不能同时或连续在同一个房间生产。

在生产的各个阶段，产品和原料应避免受到微生物及其他污染物的污染。进入洁净区的物料应经净化处理。应通过适当的技术和管理来避免交叉污染。

灭鼠剂、杀虫剂、熏蒸剂和消毒剂不得污染起始物料、包材、中间控制物料或成品。产品的包材应具有保护产品、方便使用、促进销售及利于储运等特点。

（6）润滑剂使用中的特别注意事项：润滑剂不应该接触产品或者产品的表面；如果由于技术原因，润滑剂的使用无法避免（如移动机械部件），必须确认油脂的相符性或官方的批准（例如符合食用的证明），以及其与产品的相容性；为避免污染，最开始一批的某些接触到这些部位的部分（如软膏灌装、压片）应舍弃。

4. 工艺技术及环境　恰当的设计及对生产的控制是防止产品污染的重要因素，单靠日常最终产品检测是不够的，这是因为检测的灵敏度限制不能展现所有变化，这些变化可能导致并影响产品的物理、化学及生物特性。

口服液体和固体制剂、腔道用药（含直肠用药）、表皮外用药品等非无菌制剂生产的暴露工序区域及其直接接触药品的包装材料最终处理的暴露工序区域，应参照"无菌药品"附录中 D 级洁净区的要求设置，企业可根据产品的标准和特性，对该区域采取适当的微生物监控措施。

液体制剂的配制、过滤、灌封和灭菌等工序应在规定的时间内完成。

（二）工艺用水

药品生产企业的生产工艺中使用的水统称工艺用水，如制剂生产中洗瓶、配料等工序的用水。工艺用水分饮用水、纯化水和注射用水等 3 类。各类工艺用水的应用范围如表 12-4 所示。

表 12-4   工艺用水的应用范围

类别	应用范围
饮用水	药品包装材料粗洗用水、中药材和中药饮片的清洗、浸润、提取等用水。《中国药典》(2010 年版)同时说明,饮用水可作为药材净制时的漂洗、制药用具的粗洗用水。除另有规定外,也可作为药材的提取溶剂
纯化水	非无菌药品的配料、直接接触药品的设备、器具和包装材料最后一次洗涤用水、非无菌原料药精制工艺用水、制备注射用水的水源、直接接触非最终灭菌棉织品的包装材料粗洗用水等。纯化水可作为配制普通药物制剂用的溶剂或实验用水;可作为中药注射剂、滴眼剂等灭菌制剂所用饮片的提取溶剂;口服、外用制剂配制用溶剂或稀释剂;非灭菌制剂用器具的精洗用水。也用作非灭菌制剂所用饮片的提取溶剂。纯化水不得用于注射剂的配制与稀释
注射用水	直接接触无菌药品包装材料的最后一次精洗用水、无菌原料药精制工艺用水、直接接触无菌原料药包装材料的最后洗涤用水、无菌制剂的配料用水等。注射用水可作为配制注射剂、滴眼剂等的溶剂或稀释剂及容器的精洗
灭菌注射用水	灭菌注射用灭菌粉末的溶剂或注射剂的稀释剂。其质量应符合灭菌注射用水项下的规定

1. 制药工艺用水的质量标准   《中国药典》(2010 年版)规定纯化水检查项目包括酸碱度、硝酸盐、亚硝酸盐、氨、电导率、总有机碳、易氧化物、不挥发物、重金属和微生物限度。其中总有机碳和易氧化物两项可选做 1 项。与《中国药典》2005 年版相比,增加了电导率和总有机碳的要求,取消了氯化物、硫酸盐与钙盐的检验项目。

《中国药典》(2010 年版)规定灭菌注射用水检查 pH;氯化物、硫酸盐与钙盐;二氧化碳;易氧化物;硝酸盐与亚硝酸盐、氨、电导率、不挥发物与重金属;细菌内毒素。

2. GMP 对制药用水的要求   原水、制药用水及水处理设施的化学和微生物污染状况应定期监测,必要时还应监测细菌内毒素。应保存监测结果及所采取纠偏措施的相关记录。

纯化水、注射用水储罐和输送管道所用材料应无毒、耐腐蚀;储罐的通气口应安装不脱落纤维的疏水性除菌滤器;管道的设计和安装应避免死角、盲管。纯化水、注射用水的制备、贮存和分配应能防止微生物的滋生。纯化水可采用循环,注射用水可采用 70℃ 以上保温循环。

3. 制药用水的制备   包括纯化水和注射用水的制备。

(1)纯化水的制备:纯化水的制备是以原水(如饮用水、自来水、地下水或地表水)为原料,经逐级提纯水质,使之符合要求的过程。因此水的净化是一个多级过程,每一级都除掉一定量的污物,为下一级做准备。对某一独特的水源,应根据其水质特性及供水对象来设计净化系统。纯化水制备方案如图 12-10 所示。

纯化水的预处理设备所用的管道一般采用 ABS 工程塑料,也有采用 PVC、PPR 或其他合适材料的。但纯化水的分配系统应采用与化学消毒、巴氏消毒、热力灭菌等相适应的管道材料,如 PVDF、ABS 和 PPR 等,最好采用不锈钢,尤以 316L 型号为最佳。

(2)注射用水的制备:《中国药典》(2010 年版)规定,注射用水是使用纯化水作为原料水,通过蒸馏的方法来获得。注射用水的制备通常通过以下 3 种蒸馏方式获得,即单效蒸馏、多效蒸馏和热压式蒸馏。

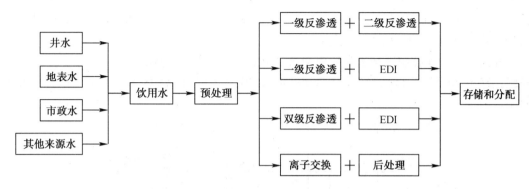

图 12-10 纯化水制备方案

注射用水是以纯化水作为原水,经过特殊设计的蒸馏器蒸馏,冷凝冷却后经膜过滤制备而得。目前一般采用的蒸馏器有多效蒸馏水机和气压式蒸馏水机等。过滤膜的孔径应为≤0.45μm。注射用水接触的材料必须是优质低碳不锈钢(如 316L 不锈钢)或其他经验证不对水质产生污染的材料。注射用水的水质应逐批检测,保证符合《中国药典》(2010 年版)标准。注射用水制备装置应定期清洗、消毒灭菌,验证合格方可投入使用。通过蒸馏的方法至少能减少 99.99% 的内毒素含量。

我国新版 GMP 对验证的要求有所提高,为了满足验证要求和降低系统的风险,推荐注射用水的制备设备要有自动控制功能,使在验证当中要求控制的参数有在线的监控和记录。

第四节　GMP 与空气洁净技术

洁净厂房的兴建或改造是实施 GMP 的重要内容和物质保证,而空气洁净技术(air cleaning technology)是获得洁净厂房和保证洁净厂房洁净级别的主要手段。

一、空气洁净级别

净化空调和空气过滤器是洁净技术中必不可少的设备。现行 GMP 无菌药品生产所需的洁净区可分为以下 4 个级别。

A 级:高风险操作区,如灌装区、放置胶塞桶和与无菌制剂直接接触的敞口包装容器的区域及无菌装配或连接操作的区域,应当用单向流操作台(罩)维持该区的环境状态。单向流系统在其工作区域必须均匀送风,风速为 0.36 ~ 0.54m/s(指导值)。应当有数据证明单向流的状态并经过验证。在密闭的隔离操作器或手套箱内可使用较低的风速。

B 级:指无菌配制和灌装等高风险操作 A 级洁净区所处的背景区域。

C 级和 D 级:指无菌药品生产过程中重要程度较低的操作步骤的洁净区。

在确认级别时,应当使用采样管较短的便携式尘埃粒子计数器,避免≥5.0μm 的悬浮粒子在远程采样系统的长采样管中沉降。在单向流系统中,应当采用等动力学的取样头。

动态测试可在常规操作、培养基模拟灌装过程中进行,证明达到动态的洁净度级别,但培养基模拟灌装试验要求在"最差状况"下进行动态测试。

二、设计保证

空调净化系统的设计应严格遵照《医药设计技术规定》第 10 册《医药工业洁净厂房设

计规范》、《药品生产质量管理规范》、《洁净厂房设计规范》（GBJ 73-84）和《采暖通风与空气调节设计规范》（GBJ 19-87）执行。

相对低级洁净控制区域通常采用初效、中效、高效三级或初效、中效、亚高效（或高效）三级洁净空调（图 12-11），换气次数≥每小时 25 次。A 级的洁净区域一般采用垂直层流或水平层流等。

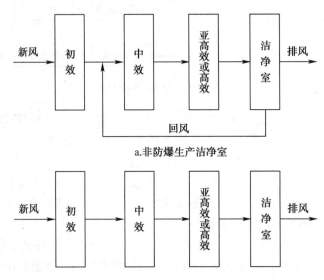

图 12-11　洁净厂房空气净化情况

三、设计参数

洁净房间所要保证的设计参数主要有送风量、湿度、压力差和其他洁净要求。

1. 送风量　普通洁净房间以洁净度（或换气次数）计算的送风量远大于以除余热、除余湿所计算的送风量。部分高温、高湿房间（如可灭菌溶剂的灭菌前后室）应以除余热、除余湿所计算的送风量为准。即送风量的确定不应只以换气次数确定，还应考虑除余热、除余湿的风量。

依据 GMP 规定，洁净室内应保持一定的新鲜空气量，新风量的数值应取下列风量中的最大值：①非单向流洁净室总送风量的 10% ~ 30%，单向流洁净室总送风量的 2% ~ 4%；②补偿室内排风和保持室内正压值所需的新鲜空气量；③保证室内每人每小时的新鲜空气量不小于 40m³。一般情况下，以第②点确定新鲜空气量，通常这样选择新风量较大，能耗较多。从节约能源角度，最好进行排风能量回收，采用显热或全热回收装置。热回收装置初投资较大，目前制药企业采用的较少，从长期运行角度来看，采用此装置较好。

2. 湿度　对于普通净化系统，冷冻除湿即可达到湿度要求。对于低湿场合，需用转轮除湿机除湿，如冻干粉针的冻干区。

3. 压力差　为了防止低级别环境污染高级别环境，依据 GMP，洁净室必须维持一定的正压。不同空气洁净度的洁净区之间以及洁净与非洁净区之间的静压差不应小于 10Pa，洁净区与室外的静压差不应小于 10Pa。正压的控制通常采用 3 种方式，即回风口安装阻尼、回风阀门调节和余压阀调节。正压的最初调节必须采用回风的阀门,阻尼及余压阀只能进行微调节。特殊药物的生产洁净区或药物生产的特殊工序,室内要保持正压,与相邻房间或区域需维持相对的负压。这种情况洁净度的计算以及气流的控制较为主要,通常可以采用缓冲区域、前室或回风环墙方式。

4. 洁净要求　GMP要求洁净室排风系统应有防倒灌措施。通常排风系统设置自垂百叶风口,管道逆止阀来防止倒灌。由于阀门密封的不严密,系统停运时还会有室外空气进入室内。目前,较重要房间的排风系统增加防倒灌过滤箱,维持洁净房间的洁净度。也可以采用值班风机方式防止倒灌。值班风机的风量为依据正压控制风量加上管道损失风量,值班风机口可以采用并联风机或原有风机加变频装置实现。

制药业传统的灭菌方法有紫外线灭菌、气体熏蒸灭菌(如甲醛气体)、消毒剂灭菌和臭氧灭菌。近几年,臭氧灭菌由于杀菌性强、杀菌后无残留物、对环境无害而成为净化系统空气灭菌的首选。

四、典型药品车间

(一) 片剂生产

片剂属于非无菌制剂,通常的工艺流程图如图12-12所示,其洁净度级别为D级。对空气净化系统的要求:在产尘点和产尘区设隔离罩和除尘设备;控制室内压力,产生粉尘的房间应保持相对负压;合理的气流组织;对多品种换批次生产的片剂车间,产生粉尘的房间不采用循环风。控制粉尘装置有沉流式除尘器、环境控制室和逆层流称量工作台等。

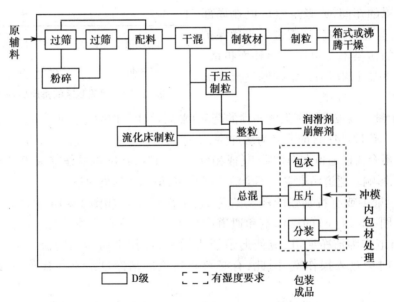

图 12-12　片剂工艺示意图

粉尘控制和清除的措施为以下4种:物理隔离、就地排除、压差隔离和全新风全排。

1. 物理隔离　为了防止粉尘飞扬扩散,最好是把尘源用物理屏障加以隔离。物理隔离也适用于对尘源无法实现局部排尘的场合,例如尘源设备形状特殊,排尘吸气罩无法安装,只能在较大范围内进行物理隔离。

采取物理隔离措施以后,空气净化方案可有以下 3 种。

(1)被隔离的生产工序对空气洁净度有相当要求:这种情况下可给隔离区内送洁净风,达到一定的洁净度级别。在隔离区门口设缓冲室,缓冲室与隔离区内保持同一洁净度级别,而使其压力高于隔离区和外面的车间。也可以把缓冲室设计成"负压陷阱",即其压力低于两边房间。但此时由于人员进出可能将压入缓冲室的空气裹带了一些出来,如果不仅考虑尘的浓度,还要考虑尘的性质的影响,则后一种方式不如前述的方式。

(2)被隔离的生产工序对空气洁净度的要求不高:这种情况下可在隔离区内设独立排风,使隔离区外车间内的空气经过物理屏障上的风口进入隔离区。如果发尘量不大则不必开风口,通过缝隙或百叶进风即可。

(3)隔离区需要很大的排风量:这种情况下,这部分排风如完全来自外面的车间,将增大系统的冷、热负荷和净化负荷。此时可以把隔离区内的排风经过防尘过滤后再送回隔离区,即形成自循环。但为了使隔离区略呈负压,在经过除尘过滤后的回风管段上开一旁通支管排到室外或车间内,见图 12-13。

2. 就地排除　物理隔离也需要排除含尘空气,但采取就地排除措施则是因为有些工序如果隔离起来对操作带来不便,或者尘源本身容易在局部位置层积。在尘源的上部或侧面安装外部吸气罩,则可以采用就地排除措施。

3. 压差隔离　对于不便于物理隔离、局部设置吸气罩的车间,或者虽然可以在局部设置吸气罩,但要求较高,还需进一步确保扩散到车间内的污染不会再向车间外面扩散,这就要靠车间内外的压力差来抑制气流的流动。它又分以下两种情况。

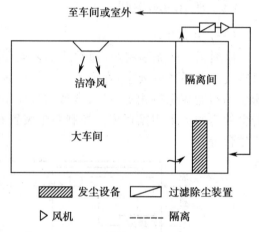

图 12-13　用隔离区的排风原理(剖面)

(1)粉尘量少或没有特别强的药性的药品:平面设计可按图 12-14 中的(a)或(b)这两种形式考虑。图 12-14(a)的前室为缓冲室,而通道边门和操作室边门不同时开启,使操作室 A 的空气不会流向通道和操作室 B(或相反)。图 12-14(b)的操作室 A、B 的粉尘向通道流出,相互无影响。通道污染空气不会流入操作室,但容易污染通道。

(2)粉尘量多或有特别强的药性的药品:平面可设计如图 12-14 中的(c)或(d)这两种形式。图 12-14(c)的操作室和通道中出来的粉尘在前室中排除,不进入通道。图 12-14(d)通道作为洁净通道,应使通道压力增大,操作室粉尘不能流向通道。由于通道的空气有时会进入操作室,因此,有必要将通道的洁净度级别与操作室设计一致甚至更高。

4. 全新风全排　对多品种换批生产的固体制剂车间,为了防止交叉污染,应采用全新风而不能用循环风。

(二)冻干粉生产

依据《中国药典》(2010 年版),结合实际生产情况,以奥美拉唑钠无菌冻干制剂的工艺流程为例,如图 12-15 所示。其中无菌过滤、灌装、半压盖的处理要求为 A/B 级。

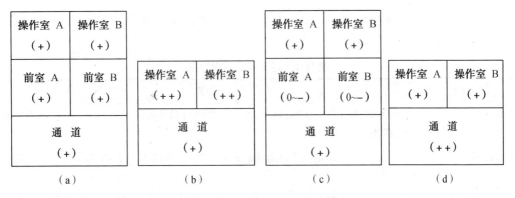

图 12-14　压差控制的平面设计

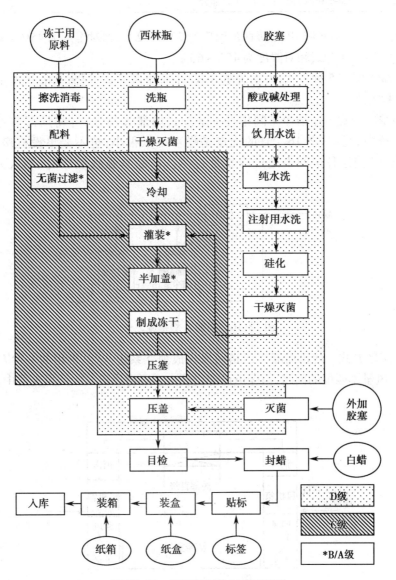

图 12-15　冻干制剂的工艺流程图

同时,冻干生产的主要工序对洁净度有着不同的要求,各个车间的洁净级别如表 12-5 所示。

表 12-5 各车间的洁净级别

洁净级别	车间
D 级区域	瓶精洗间、瓶干燥灭菌室、瓶塞清洗室、原辅材料外表清洗消毒间、二更、备料称量室、缓冲室
C 级区域	器具消毒灭菌室、清洁工具清洗贮放室、洁净衣洗涤灭菌室、配料室、三更、无菌缓冲走廊
A 级（B 级背景）区域	无菌过滤室、干燥灭菌瓶出口存放间、胶塞干燥、分装、压盖室、灭菌开口间、灌装半加塞和两台冻干机门开口部分

一般规定:冻干 A/B 级、B、C 级区的温度为 22℃ ±2℃,相对湿度为 45%~60% ;D 级生产区的温度为 24℃ ±2℃,相对湿度为 45%~60% 。

实现局部 A 级有 5 种方式:大系统敞开式、小系统敞开式、层流罩敞开式、阻漏层送风末端和小室封闭式。

1. 大系统敞开式 在洁净车间中设一敞开式局部 A 级区,并将局部 A 级的送回风都纳入大系统中,见图 12-16。它的优点是噪声可以很小,也不要单设机房,但由于局部 A 级风量大,使这种房间不是过冷就是过热。产品具强致敏性时,纳入大系统并不合适。

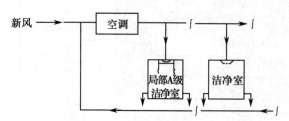

图 12-16 局部 A 级措施之一

2. 小系统敞开式 使该局部 A 级送回风自成独立系统,这是常用的一种方法,可以解决风机压头、风量不匹配的问题,但噪声可能仍较大。可将风机放入回风夹层中,如图12-17 所示。

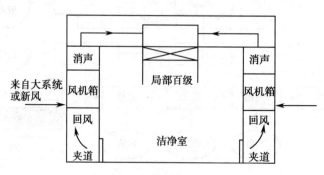

图 12-17 局部 A 级措施之二

3. 层流罩敞开式 可将上侧回风口封死,在贴顶棚安装的层流罩顶部另开回风口,如图 12-18 所示。此回风口连接管道引向房间的侧墙,在侧墙上做回风夹层,从下部开回风口(由于只能单侧回,房间不能太宽)。

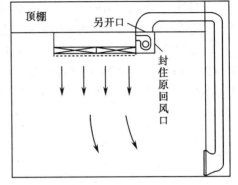

图 12-18 局部 A 级措施之三

4. 阻漏层送风末端 阻漏层送风末端即阻漏层送风口,它是最新的研究成果和产品,具有减小层高、阻止泄漏、对乱流可扩大主流区、风机和过滤器与风口分离、方便安装和维修等特点。凡用层流罩的地方均可用它代替。

5. 小室封闭式 如图 12-19 所示,灌封机被置于单向流洁净小室内,小室可以是刚性或柔性围护结构。

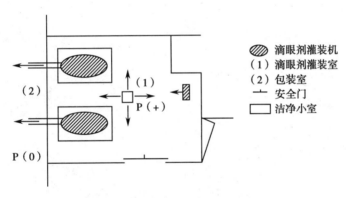

图 12-19 局部 A 级措施之四

▓ 滴眼剂灌装机
(1) 滴眼剂灌装室
(2) 包装室
⊢ 安全门
□ 洁净小室

(三)输液生产

为了降低生产过程中的污染,大输液生产设备应具有自动化、连续化的能力(图 12-20)。

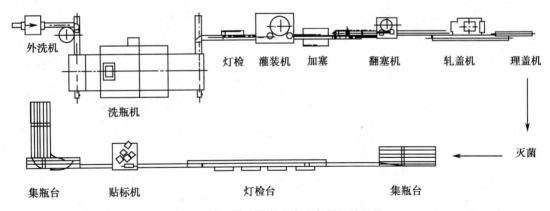

图 12-20 输液灌装成套设备机组流程图

结合其生产特点,空气净化措施如下。

1. 输液车间的洁净重点 应放在直接与药物接触的开口部位。因为产品暴露于室内空气的生产线如洗瓶、吹瓶、瓶子运输等处很容易染菌,所以要做好室内空气净化和灭菌的一些措施,如紫外线灯杀菌、消毒液气体熏蒸和臭氧消毒等。

2. 过滤器问题　为防止送风口高效过滤器长霉,应采用防潮高效过滤器,该过滤器采用金属或塑料框、铝箔分隔板和喷胶处理过的过滤滤纸。

3. 车间温度　稀配车间常设有盛装 80℃ 高温液体的大容器。如果该洁净车间送风是按洁净度计算的,一般都小于热、湿负荷。当用该洁净度下的换气次数进行送风时,这种车间就给人以闷热的感觉。

(王　凯)

第十三章　安全生产与环境保护

本章将从安全生产和环境保护的重要性、安全生产的措施、防治污染的主要措施、废水的处理、废气的处理和废渣的处理等方面,对化学合成药物、中药及天然产物药物、生物药物及混装制剂等制药过程的安全生产和环境保护展开讨论,对常用制药工艺过程产生的废弃物的处理分别进行论述。

安全生产(production safety)是指在生产经营活动过程中,为避免造成人员伤害和财物损失的事故发生而采取相应的预防和控制措施,以保证从业者人身安全、生产经营活动顺利进行的相关活动。环境保护(environment protection)是指人类为解决现实的或潜在的环境问题,协调人类与环境的关系,保障经济社会的持续发展而采取的各种行动。

第一节　概　　述

在药品生产过程中存在着各种不安全因素,如果不能及时识别并采取措施加以控制和消除,就可能发生事故,引起职业病,损害操作人员身体健康,甚至危及操作人员生命。环境污染直接威胁人类的生命和安全,也影响经济的可持续健康发展,已成为严重的社会问题。

一、安全生产的重要性

安全生产与企业生存及发展紧密联系,如果因为安全生产问题发生伤亡事故和职业病,劳动者的安全健康受到危害,生产就会遭受损失。安全生产工作的目的是为了保护劳动者在生产过程中的安全、健康,维护企业正常的生产和发展。安全生产是我们国家的一项重要政策,也是社会、企业管理的重要内容之一。做好安全生产工作,对于保障员工在生产过程中的安全与健康,搞好企业生产经营,促进企业发展具有非常重要的意义。安全与生产是相互依存的关系,即安全促进生产,生产必须安全。

根据《中华人民共和国安全生产法》,对企业安全生产的监管是由企业、行业主管、各级政府、安全生产监管局相互协调配合实现的。首先,制药企业应该按照相关法律完善安全生产管理体系,建立健全行业主管部门安全生产监管体系与数据库,使之与各级安全生产监管数据库相链接。

安全生产监管是一项复杂的系统工程,同时医药行业情况复杂,包括化学制药、生物制药、中药及天然药物制药及制剂等,根据国家有关法律法规,查清制药企业的重大危险源和重大事故隐患,并登记建档,落实监控和整改责任,督促、协调存在隐患的单位和有关部门做好整改工作,是各级安全生产监管人员的职责。根据安全生产需要,在行业主管部门和企业设立安全生产监管组织,有专(兼)职人员负责安全生产监管。

二、环境保护的重要性

随着我国经济的发展,有效利用能源、减少环境污染、防止突发环境事件,对确保生活安全非常重要。尽管中国医药工业在整个国民经济中具有显著地位,但环境污染问题不可轻视。

1. 环境保护是我国医药工业可持续发展战略的重要组成部分。在区域性经济发展中,人们已经注意到以牺牲环境为代价所带来的后果。环保部门开展了清洁生产运动,提高企业的认知并加强意识,为医药工业清洁生产、提高环保能力、降低突发环境事件的发生奠定基础。

2. 污染增大设备腐蚀,影响产品质量,甚至影响人民生活,破坏生态,直接危害人的健康,损害很大,甚至使生产不能进行。例如水污染后,通过饮水或食物链,污染物进入人体,使人急性或慢性中毒,还可诱发癌症。被病毒或其他致病菌污染的水会引起多种传染病和寄生虫病。

3. 入世给我国环境保护带来了新挑战。我国在 2001 年加入世界贸易组织(WTO),我们在享受权利的同时,还要履行相应的义务。发达国家会要求我们执行与之同样的高环境标准。因此,WTO 的一些绿色条款可能会对我国商品出口造成影响,限制了国内那些不符合环境标准商品的出口贸易。这就要求国内企业提高环境保护意识,加大环境保护方面的投入,建立环境管理体系,持续改善环境行为,以提高产品的国际竞争力。

我国对环境污染的治理十分重视,自 1973 年建立环境保护机构起,各级环境保护部门就开展了污染的治理和综合利用。几十年来,我国在治理污染方面不仅加强了立法,而且投入了大量的资金,取得了较显著的成绩。但是,面对医药工业的快速发展,采取切实可行的措施,走高科技、低污染的发展之路,治理和保护好环境,才能促进我国整个国民经济的可持续发展。

三、我国安全生产和防治污染的方针政策

《中华人民共和国安全生产法》自 2002 年 11 月 1 日起施行。"安全第一,预防为主,综合治理"是我国的安全生产管理方针。《安全生产法》的贯彻实施,有利于依法规范各类生产经营单位的安全生产工作;有利于保障职工劳动安全的权利和提高从业人员的素质;有利于依法制裁各种安全生产违法行为,防止和减少生产安全事故,促进经济发展。

如何保护和改善生活环境与生态环境,合理地开发和利用自然环境与自然资源,制定有效的经济政策和相应的环境保护策略,是关系到人类健康和社会经济可持续发展的重大问题。我国历来重视保护生态平衡工作,消除污染、保护环境已成为我国的一项基本国策。凡是新建、扩建和改造项目都必须按国家基本建设项目环境管理办法的规定,切实执行环境评价报告制度和"三同时"制度,做到先评价后建设,环保设施与主体工程同时设计、同时施工、同时投产,防止发生新的污染。在环境管理工作中,我国借鉴了国外的先进方法和手段,并结合我国国情,在完善"三同时"申报制度、环境影响评价制度和排污收费制度的基础上,决定在全国推行环境保护目标责任制、城市环境综合定量考核、污染物排放许可证制度、污染集中控制和污染限期治理等制度。这些制度的实施是加强我国环境管理工作的有力措施。

第二节　安全生产的主要措施

药品安全生产涉及很多学科的知识,它既包括国家有关安全生产的方针政策、法规制度和组织管理等方面的内容,也包括各种有关的工程技术与应用技术。药品安全生产主要由安全生产、安全技术等部分组成。安全生产的主要内容有安全生产方针、政策、法规、制度、规程、规范,安全生产的管理体制,安全目标管理,危险性评价,人的行为管理,工伤事故分析等。安全技术是一种为防止工伤事故、减轻体力劳动而采取的技术工程措施,如制药设备采取的防护装置、保险装置和信号指示装置等,自动化设备的应用等,都属于安全技术的范畴。

一、危险化学品的安全措施

在制药过程中,生产所采用的原料、催化剂及溶剂等很多都属于危险化学品。危险化学品是指具有易燃、易爆、毒害、放射和腐蚀等特性,在生产、运输、使用、储存和回收等过程对人员、环境、设施易造成伤害或损害而需要特别防护的化学品。

影响危险化学品安全的主要因素有温度、明火和电火、机械力、空气、水和杂质等几方面。

1. 温度　危险化学品的性质随着温度的升高而趋向于不稳定,分解速度加快,容易引起化学变化。当温度达到一定程度时,就会发生突变而导致燃烧或爆炸。而在较低的温度下,危险化学品较为稳定,储存运输也较为安全。

2. 明火和电火　明火是指暴露在外的火,包括各种火焰、炽热、火星、燃着物、烟头以及火柴余烬等。电火包括电火花、静电火花和雷电等。

3. 机械力　机械力是指在搬动、装卸和运输等过程中的摩擦、振动、碰摔、撞击、挤压等作用。这些机械力的作用不仅容易造成危险化学品包装的损坏,而且还容易引起危险化学品发生危险性的变化,使危险化学品的性质变得不稳定,容易引起燃烧、爆炸、漏洒等危险。

4. 空气、水和杂质　许多危险化学品能在空气中发生危险性的变化,也有一些危险化学品长时间在空气的作用下变质,变质后物品的危险性可能进一步增加。水能溶解许多物质,某些危险化学品溶于水时能放出大量的热,短时间产生大量的热能使物体膨胀而爆炸。水还能和一些危险化学品作用生成危害性巨大的物品,并且放出热量,从而导致危险。杂质的影响主要指危险化学品和某些其他物质接触后,能发生危险性的变化或能促使危险性变化的发生。

因此,对于危险化学品的运输、储存及使用等过程要注意以上影响因素,做好防护措施。

二、规范化生产及安全生产管理

在制药企业生产过程中,只有对生产进行规范化管理,才能使生产过程安全、可控,保障生产的连续和稳定。

(一)规范化生产

1. 掌握工艺安全信息　制药企业操作人员应掌握的工艺安全信息包括以下几点:①化学品危险性的信息:物理特性、反应活性、腐蚀性、热和化学稳定性、毒性、职业接触限值等;②工艺信息:流程图,化学反应过程,最大储存量,工艺参数(如压力、温度和流量等),安全上、下限值等;③设备信息:设备材料、设备和管道图纸、电器类别、调节阀系统设计、安全设施(如报警器、联锁等)等。

2. **严格安全操作规程**　企业操作人员应严格执行安全操作规程,工艺参数控制不超出安全限制。对工艺参数运行出现的偏离情况及时分析,保证工艺参数偏差及时得到纠正。

3. **安全维修**　建立生产设施安全检维修管理制度,明确检维修时机和频次;制订检维修计划;进行检维修前,对检维修作业进行风险评估,采取有效的措施控制风险;对检维修作业现场进行安全管理。

(二)安全生产管理

1. **粉尘防治**　制药生产过程中会产生大量的粉尘,如无机粉尘、有机粉尘或者是两者的混合粉尘等,粉碎过程中的安全管理主要是防止粉尘带来的危害。防尘的主要措施有制订防尘计划和规章制度,对接触粉尘的操作人员应定期进行健康检查;制定清扫制度;定期检测生产环境中的粉尘浓度,使粉尘浓度保持在国家职业接触限值标准以下;大力开展防尘的宣传教育,提高操作人员对粉尘的危害认识。

2. **单元操作安全管理**　药品生产过程中需要进行加料、出料、药液的输送、加热、冷却、冷凝、过滤、蒸发、蒸馏和干燥等基本单元操作,其安全生产措施如下。

(1)加压操作安全管理:加压设备应符合压力容器标准和生产工艺要求;加压系统必须密闭性良好;操作过程中应严密观察压力表,控制升压速度和压力;升压操作过程中应注意检查所用的各种仪表与相应的安全措施,如安全泄压阀、紧急排放管等是否齐全完好。比如在不饱和键加氢过程中,在以上保障措施下,还要注意首先进行反应装置中的气体置换,即容器中的空气被置换为氮气,经3次置换后,再通入氢气置换氮气,以保障生产的安全性。

(2)负压操作安全管理:负压操作系统必须密闭性良好,以防空气进入设备内部,有可能形成爆炸混合物;系统恢复常压时,应待温度降低后,缓缓放进空气或惰性气体,以防自燃或爆炸;在真空系统上加装缓冲装置,并定期检查缓冲装置内的液位,以防出现反冲或有害物料从缓冲装置溢出,引起事故;在负压系统的真空阀、泄压阀的入口处应加防护装置,以防操作人员接近时发生事故。

(3)加料操作安全管理:如果采用人工加料,首先进行加料前的检查,加料前需检查反应器内的液位、压力等关键工艺情况;在生产过程中需严格按照操作规章佩戴健康保护用品,防止发生异常时对人体的伤害;加料过程中需注意控制投料温度、投料顺序。

(4)出料操作安全管理:在生产过程中,出料方式有常压出料、带压出料、抽吸出料和机械传动出料等。

1)常压出料:对于可流动性的物料常采用常压出料。常压出料过程中要注意防止物料泄漏,以免容器蒸气大量逸出而发生意外;控制出料压力,防止出料时压力过高,造成意外事故。

2)带压出料:若后面系统压力与出料压差较小,在常压下出料困难,则可采用带压出料。带压出料时,需注意压差不能超过1个大气压,否则可能会引起后面系统的异常;对于含有较多固体颗粒的液体物料,在放料时应将搅拌调低速度而不能停止搅拌,以防发生堵塞。若发生堵塞,一般考虑用溶剂疏通。

3)抽吸出料:适合于逸出后容易造成中毒、爆炸等事故的物料。抽吸出料是采用负压抽出物料,低沸点的物料不宜用此法,因物料损耗大。抽吸出料时需注意避免将物料抽入真空泵,防止发生燃烧、爆炸危险;在接料设备与抽真空系统间应设置安全缓冲容器。

4)机械传动出料:当提取物较稠或为半固体时,可采用螺旋推进出料。但对于易燃、易爆、热敏感的物料不能用此法,可以采用适当溶剂调成液体状态后采用常压出料。

(5)液体输送安全管理:液体的输送方式有从高处向低处输送或从低处向高处输送。药液由低处向高处输送需要克服重力,靠泵的输送来完成。用来输送液体的泵常有离心泵、往复泵、旋涡泵、齿轮泵、螺杆泵和流体作用泵等,其中最常用的是离心泵和往复泵。用泵输送液体时,需要注意:①输送易燃、可燃液体时,管内流速不应超过安全流速,防止静电积累;②输送易爆、燃烧性的液体时,应采用氮气、二氧化碳等惰性气体代替空气压送,以免造成燃烧或爆炸;③使用离心泵输送液体时,应注意严格按照安全操作规程进行,如操作前应检查物料储存情况,并确认接料的准备工作已做好;检查接地、接零是否完好;开机时先接通电源,再开出口阀;关机时,先关出口阀,再关电源等;安装要坚固,并经常检查其牢固性,以防止机械振动造成物料的泄漏;管道应有可靠的接地措施,防止物料流动时与管壁摩擦产生的静电积累;泵入口设在容器底部或将吸入口深入液体深部,防止因泵吸入位置不当在吸入口产生负压,引起爆炸或设备抽瘪事故。

(6)加热操作安全管理:在加热过程中需要注意:①选择适当的加热方式。制药过程中常用的加热方式有直接火加热、通蒸汽或热水加热、用导热油等载热体加热、电加热等。选择何种加热方式,一般根据反应釜内成分的性质确定。对于易燃、易爆的有机溶剂就不能选择直接火加热或电加热,而应选择通蒸汽或热水加热;对于忌水成分就不能用热水或蒸汽加热,可采用油加热等。②保证适宜的反应温度。反应温度高于工艺要求的温度,不仅会发生不必要的副反应,而且还可能发生冲料、燃烧、爆炸等生产事故。③保持适宜的升温速度。加热过程中需要保持一定的升温速度,不能太快。若升温过快,不仅容易使反应超过需要的温度,引起反应釜内物质的分解,而且还会损坏设备,如损坏带有衬里的设备及各种加热炉、反应炉等。④严密注意压力变化。反应过程中严密注意设备的压力变化,以免在升温过程中造成压力过高,发生冲料、燃烧和爆炸事故。

(7)冷却与冷凝操作安全管理:在药品生产过程中,经常需要进行冷却、冷凝操作。在冷却、冷凝操作时,需注意:①正确选用冷却、冷凝设备。冷却、冷凝设备的选用一般依据需要冷却、冷凝物料的温度、压力、性质及工艺要求等来选择确定。例如需要冷却、冷凝物料的温度非常高,若选择的冷却、冷凝设备不能耐受冷却物料高温,则可能引起冷却、冷凝设备的爆裂,引发生产事故。②严格注意冷却、冷凝设备的密闭性。如果设备的密闭性不好,则可能使物料和冷却剂发生混合,从而引发生产事故。③冷却、冷凝操作过程中,冷却、冷凝介质不能中断。若冷却、冷凝过程中冷却剂中断,会造成积热,如不能及时交换热量,则可能引起系统温度、压力骤增,造成生产事故,甚至可能导致火灾、爆炸事故,因此,冷却、冷凝介质温度控制最好采用自动调节装置。④冷却、冷凝设备开机时,应先通入冷却剂,待冷却剂流动正常后,再投入需冷却的高温物料;停机时,应先停物料,再关冷却系统,以防止需冷却物料的高温引起冷却、冷凝设备的损坏,甚至发生事故。⑤对于冷却后易变黏稠或凝固的物料,需要控制冷却的温度,防止物料堵塞设备及管道等引发事故。

(8)过滤操作安全管理:过滤是进行固液分离的常用方法,过滤操作的动力有常压,加压、真空和离心等,在操作过程中注意:①加压过滤时,若会逸出易燃、易爆、有害气体,则应采用密闭过滤机,并用惰性气体或压缩空气保持正压;取滤渣时,应先减压。②在有火灾、爆炸危险的工艺中,不宜使用离心过滤机;若必须采用,则应严格控制电机安装质量,安装限速装置。③离心过滤操作时需注意防止剧烈振动,防止杂物落入离心机内,机器停止后再进行器壁清理等;加压过滤与真空过滤操作注意事项见正压与负压操作。

（9）蒸馏操作安全管理：制药过程中进行蒸馏操作时应注意：①应根据待蒸馏分离物质的性质选择不同的蒸馏方法和设备。如常压下沸点100℃的组分，可采用常压蒸馏；常压下沸点在150℃以上的组分，应采用减压蒸馏；常压下沸点低于30℃的组分，则应采用加压蒸馏。②蒸馏系统应具有良好的密闭性，以防蒸汽或液体泄漏，引发事故；注意控制蒸馏压力和温度，并装安全阀，以防蒸汽泄漏或发生冲料，引发事故。③蒸馏过程应注意防止冷却水进入蒸馏塔，否则易发生冲料，甚至引发火灾爆炸等；保证塔顶冷凝器中的冷却水不中断，否则未冷凝的易燃蒸汽逸出可能引起燃烧。④在蒸馏过程中要防止蒸干，以免残渣焦化结垢后造成局部过热而引发事故。⑤减压蒸馏时应注意先开真空泵，然后开塔顶冷却水，最后进行加热操作；操作完成时则顺序相反。

（10）干燥操作安全管理：制药过程中干燥时应注意：①干燥室与生产车间应用防火隔绝墙，并有良好的通风设备，且干燥室内不能放置易自燃的物质；②干燥易燃、易爆物品时不能采用明火加热，并且所用的干燥设备应具有防爆装置；③应定期清理干燥设备内的死角积料，以防积料长时间受热发生变化而引发事故；④对流干燥时，应注意控制干燥温度和干燥气流速度，以防局部过热和摩擦产生的静电引发的爆炸危险，并且干燥设备应有防静电措施；⑤真空干燥器时，应注意要降低温度后才能放进空气。

第三节　防治污染的主要措施

制药工业的生成过程既是原料的消耗过程和产品的形成过程，也是污染物的产生过程，主要产生"废水、废气和废渣"，俗称"三废"；所采用的生产工艺决定了污染物的种类、数量和毒性。因此，防治污染首先应从生产过程入手，尽量采用那些污染少或没有污染的绿色生产工艺，改造那些污染严重的落后生产工艺，以消除或减少污染物的排放；其次，对于必须排放的污染物，要积极开展综合利用，尽可能化害为利；最后才考虑对污染物进行无害化处理。

一、采用绿色生产工艺

20世纪90年代，人们已认识到环境保护的首选对策是从源头上消除或减少污染物的排放，即在对环境污染进行治理的同时，更要努力采取措施，从源头上消除环境污染。未来的化学制药工业一方面要从技术上减少和消除对大气、土地和水域的污染，从合成路线、工艺改革、品种更新和环境控制上解决环境污染和资源短缺等问题；另一方面要全面贯彻药品法，保证化学制药从原料、生产、加工、贮存、运输、销售、使用和废弃处理各环节的安全，保持生态环境发展的可持续性。当前的主要任务是针对生产过程的主要环节和组分，重新设计较小污染甚至无污染的工艺过程，并通过优化工艺操作条件、改进操作方法及后处理方式等措施，实现制药过程的节能、降耗、消除或减少环境污染的目的。

（一）重新设计反应步骤少的生产工艺

许多药品常常需要多步反应才能得到，尽管有时单步反应的收率很高，但反应的总收率一般不高。在重新设计生产工艺时，简化合成步骤可以减少污染物的种类和数量，从而减轻处理系统的负担，有利于环境保护。

Merck公司开发的用于治疗糖尿病的二肽基肽酶-Ⅳ（DPPV-Ⅳ）抑制剂西他列汀（sitagliptin，13-3）是一种手性分子，其手性的引入是其合成的关键。原工艺路线经8步反应获得，步骤较长，三废较多。

Merck 公司在以上基础上,通过采用二茂铁配位的手性铑催化剂,对未保护的烯胺进行非均相催化加氢不对称还原,其收率提高 50%,减少了氨基保护基的使用,"三废"排放量减少 80%,催化剂回收率达到 95%。改进工艺于 2006 年获得"总统绿色化学挑战奖"的绿色合成路线奖。

（二）有毒、有害原料的替代技术

药物合成工艺所采用的类型取决于所采用的原料,采用无毒、无害的环境友好原料来代替传统的高毒、高害原料是绿色技术的一个重要手段。双(三氯甲基)碳酸酯是一种白色固体,在运输、储藏及使用过程中相对比较安全。在反应中亲核试剂的作用下,1 分子双(三氯甲基)碳酸酯可以起到 3 分子光气的作用,并且反应条件温和,是气体光气的理想替代品,此外还可以用作酰化剂和氯代试剂。如抗生素氟氯西林(flucloxacillin)中间体(13-4)的合成。

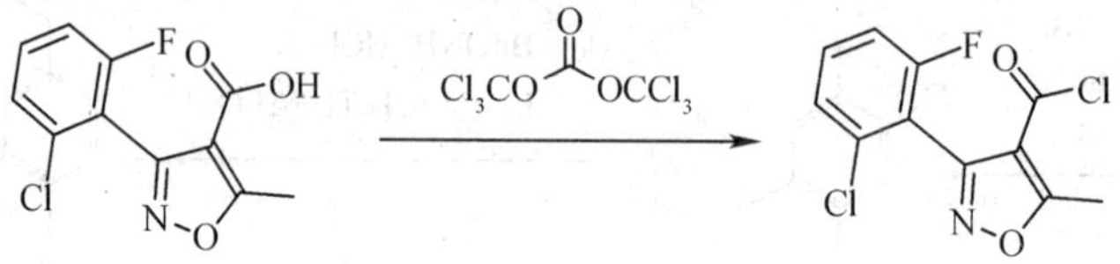

13-4

在 4 位取代的 5-甲基异噁唑甲酰氯的合成过程中,在有机胺四甲基胍的作用下,以双(三氯甲基)碳酸酯代替 SOCl₂ 或 POCl₃ 与 4 位取代的 5-甲基异噁唑甲酸反应,得到95%以上收率的酰氯,大大减轻了污染物的处理负担。

（三）改进操作方法

在生产工艺已经确定的前提下,可从改进操作方法入手,减少或消除污染物的形成。例如抗菌药诺氟沙星(norfloxacin)合成中的对氯硝基苯氟化反应,原工艺采用二甲亚砜(DMSO)作溶剂。由于 DMSO 的沸点和产物对氟硝基苯的沸点接近,难以直接用精馏方法分离,需采用水蒸气蒸馏才能获得对氟硝基苯,因而不可避免地产生一部分废水。后改用高沸点的环丁砜作溶剂,反应液除去无机盐后,可直接精馏获得对氟硝基苯,避免废水的生成。

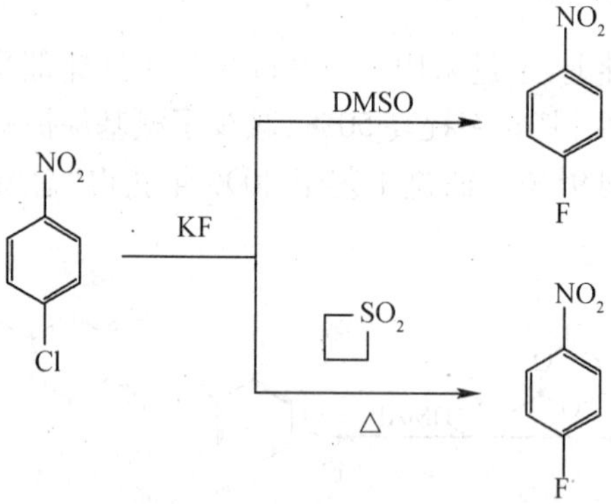

（四）采用新技术

使用新技术不仅能显著提高生产技术水平,而且有时也十分有利于污染物的防治和环境保护。2,4,5-三氟苯乙酸(13-1)是治疗糖尿病的新药西他列汀(sitagliptin)的重要中间体。传统方法是采用取代苯乙腈水解来制备,而取代苯乙腈又是由取代苄氯和氢氰酸反应来合成的。现在通过相应的苄氯羰基化合成苯乙酸。这一合成路线不仅经济,而且避免使用剧毒的氰化物,减少了对环境的污染。

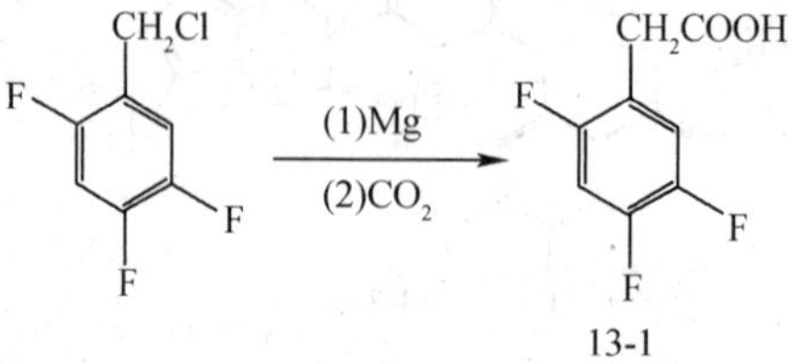

13-1

其他新技术如手性药物制备中的化学控制技术、生物控制技术、相转移技术、超临界技术等的使用,都能显著提高产品的质量和收率,降低原辅料的消耗,提高资源和能源的利用率,同时也有利于减少污染物的种类和数量,减轻后处理过程的负担,有利于环境保护。

采用超临界 CO_2 萃取技术进行中药及天然药物工艺开发,和传统方法相比,具有萃取能力强、提取率高;通过改变温度或压力,选择性地进行中药中多种物质的分离,减小杂质使中药有效成分高度富集;较完好地保存中药有效成分不被破坏;提取周期短;提取剂 CO_2 全部回收利用等许多独特的优点。

注射用薏苡仁油是国家新药"康莱特注射液"的原料药,原工艺采用有机溶剂提取,得率低,纯度低,每年还要消耗数百吨的丙酮、石油醚,需要上万吨的石油能源支持,对环境有一定污染。采用超临界 CO_2 萃取技术,实现了萃取分离一步到位,产品得率提高到 13.3% ,成本降低 22% ,并节约大量石油资源,产能可达到每年 36.5t。2003 年经原国家食品药品监督管理局批准投入正式生产,至今产品合格率为 100% 。

二、循环套用

在药物合成中,反应往往不能进行得十分完全,且大多存在副反应,产物也不可能从反应混合物中完全分离出来,因此分离母液中常含有一定数量的未反应原料、副产物和产物。在某些药物合成中,通过工艺设计人员周密而细致的安排,可以实现反应母液的循环套用或经适当处理后套用。这不仅可降低原辅材料的单耗、提高产品的收率,而且可减少环境污染。例如,青霉素钠盐的生产过程中,由于青霉素钾盐的结晶形态较好,因此青霉素发酵液首先经提取、提纯转化为青霉素钾盐,然后通过离子交换生产青霉素钠盐。

离子交换树脂法是青霉素钾盐通过与钠型树脂进行离子交换,转化为青霉素钠盐,然后离子树脂与氯化钠交换再生。实际生产过程中,氯化钠理论用量与实际用量有较大差距,见图 13-1。

图 13-1 青霉素钾盐转化及树脂再生过程

通过确定再生过程中 K^+、Na^+ 含量随操作时间变化的曲线,以此为根据进行阶段性的氯化钠回收并进行套用,可以降低单批氯化钠用量 175kg,约为用量的 28% 。不仅降低氯化钠用量,同时可以避免高盐废水的产生。

此外,化学制药工业中冷却水的用量占总用水量的比例一般很大,必须考虑水的循环使用,尽可能实现水的闭路循环。在设计排水系统时应考虑清污分流,将间接冷却水与有严重污染的废水分开,这不仅有利于水的循环使用,而且可大幅降低废水量。由生产系统排出的废水经处理后,也可采用闭路循环。水的重复利用和循环回用是保护水源、控制环境污染的重要技术措施。

三、综合利用

从某种意义上讲,化学制药过程中产生的废弃物也是一种"资源",能否充分利用这种资源,反映了一个企业的生产技术水平。从排放的废弃物中回收有价值的物料,开展综合利用,是控制污染的一个积极措施。近年来在制药行业的污染治理中,资源综合利用的成功例子很多。例如头孢噻肟(cefotaxime)的生产废渣中富含2-巯基苯并噻唑和三苯基氧磷,若能提取加以利用,则不仅充分利用了资源,而且解决了制药厂废渣处理难的问题。2-巯基苯并噻唑不溶于水,而其钠盐溶于水,利用2-巯基苯并噻唑的钠盐与废渣中其他组分在水中溶解度的不同,采用碳酸钠中和废渣、60℃下硫酸酸化、无水乙醇精制的方法从制药废料中提取了2-巯基苯并噻唑。

四、改进生产设备,加强设备管理

改进生产设备,加强设备管理是药品生产中控制污染源、减少环境污染的又一个重要途径。设备的选型是否合理、设计是否得当,与污染物的数量和浓度有很大的关系。例如,甲苯磺化反应中,用连续式自动脱水器代替人工的间歇式脱水器,可显著提高甲苯的转化率,减少污染物的数量。又如,在直接冷凝器中用水直接冷凝含有机物的废气,会产生大量低浓度的废水。若改用间壁式冷凝器用水间接冷却,可以显著减少废水的数量,废水中有机物的浓度也显著提高,数量少而有机物浓度高的废水有利于回收处理。再如,用水吸收含氯化氢的废气可以获得一定浓度的盐酸,但用水吸收塔排出的尾气中常含有一定量的氯化氢气体,直接排放对环境造成污染(见本章第五节)。实际设计时,在水吸收塔后再增加一座碱液吸收塔,可使尾气中的氯化氢含量降至 $4mg/m^3$ 以下,低于国家排放标准。

在化学制药工业中,系统的"跑、冒、滴、漏"往往是造成环境污染的一个重要原因,必须引起足够的重视。在药品生产中,从原料、中间体到产品,以至排出的污染物,往往具有易燃、易爆、有毒和有腐蚀性等特点。就整个工艺过程而言,提高设备管道的严密性,使系统少排或不排污染物,是防止产生污染物的一个重要措施。

第四节 废水的处理

在采用新技术、改变生产工艺和开展综合利用等措施后,仍可能有一些不符合现行排放标准的污染物需要进行处理。在制药企业的污染物中,以废水的数量最大,种类最多,且十分复杂,危害最严重,对生产可持续发展的影响也最大;它也是制药企业污染物无害化处理的重点和难点。

一、废水的污染控制指标

(一)控制污染的基本概念

1. 水质指标 水质指标是表征废水性质的参数。对废水进行无害化处理,控制和掌握废水处理设备的工作状况和效果,必须定期分析废水的水质。表征废水水质的指标很多,比较重要的有 pH、悬浮物(suspended substance,SS)、生化需氧量(biochemical oxygen demand,

BOD)、化学需氧量(chemical oxygen demand,COD)等。

pH 是反映废水酸碱性强弱的重要指标。它的测定和控制对维护废水处理设施的正常运行、防止废水处理及输送设备的腐蚀、保护水生生物和水体自净化功能都有重要的意义。处理后的废水应呈中性或接近中性。

悬浮物是指废水中呈悬浮状态的固体,是反映水中固体物质含量的一个常用指标,可用过滤法测定,单位为 mg/L。

生化需氧量是指在一定条件下,微生物氧化分解水中有机物时所需的溶解氧的量,单位为 mg/L。微生物分解有机物的速度和程度与时间有直接关系。实际工作中,常在 20℃ 的条件下将废水培养 5 日,然后测定单位体积废水中溶解氧的减少量,即 5 日生化需氧量作为生化需氧量的指标,以 BOD_5 表示。BOD 反映了废水中可被微生物分解的有机物的总量,其值越大,表示水中的有机物越多,水体被污染的程度也就越高。

化学需氧量是指在一定条件下,用强氧化剂氧化废水中的有机物所需的氧的量,单位为 mg/L。我国的废水检验标准规定以重铬酸钾作氧化剂,标记为 COD_{Cr}。COD 与 BOD 均可表征水被污染的程度,但 COD 能够更精确地表示废水中的有机物含量,而且测定时间短,不受水质限制,因此常被用作废水的污染指标。COD 和 BOD 的差值表示废水中没有被微生物分解的有机物含量。

2. 清污分流 清污分流是指将清水(如间接冷却用水、雨水和生活用水等)与废水(如制药生产过程中排出的各种废水)分别用各自不同的管路或渠道输送、排放或驻留,以利于清水的循环套用和废水的处理。排水系统的清污分流是非常重要的。制药工业中清水的数量通常超过废水的许多倍,采取清污分流,不仅可以节约大量的清水,而且可大幅降低废水量,提高废水的浓度,从而大大减轻废水的输送负荷和治理负担。

除清污分流外,还应将某些特殊废水与一般废水分开,以利于特殊废水的单独处理和一般废水的常规处理。例如,含剧毒物质(如某些重金属)的废水应与准备生物处理的废水分开;含氰废水、含硫化合物废水以及酸性废水不能混合等。

3. 废水处理级数 按处理废水的程度不同,废水处理可分为一级、二级和三级处理。

一级处理通常是采用物理方法或简单的化学方法除去水中的漂浮物和部分处于悬浮状态的污染物,以及调节废水的 pH 等。通过一级处理可减轻废水的污染程度和后续处理的负荷。一级处理具有投资少、成本低等特点,但在大多数场合,废水经一级处理后仍达不到国家规定的排放标准,需要进行二级处理,必要时还需进行三级处理。因此,一级处理常作为废水的预处理。

二级处理主要指废水的生物处理。废水经过一级处理后再经过二级处理,可除去废水中的大部分有机污染物,使废水得到进一步净化。二级处理适用于处理各种含有机污染物的废水。废水经二级处理后,BOD_5 可降至 20~30mg/L,水质一般可以达到规定的排放标准。

三级处理是一种净化要求较高的处理,目的是除去二级处理中未能除去的污染物,包括不能被微生物分解的有机物、可导致水体富营养化的可溶性无机物(如氮、磷等)以及各种病毒、病菌等。三级处理所使用的方法很多,如过滤、活性炭吸附、臭氧氧化、离子交换、电渗析、反渗透以及生物法脱氮除磷等。废水经三级处理后,BOD_5 可从 20~30mg/L 降至 5mg/L 以下,可达到地面水和工业用水的水质要求。

（二）废水的污染控制指标

由于药品的种类很多,生产规模大小不一,生产过程多种多样,因此废水的水质和水量的变化范围很大,且十分复杂。在《国家污水综合排放标准》中,按污染物对人体健康的影响程度,将污染物分为两类。

1. 第一类污染物　指能在环境或生物体内积累,对人体健康产生长远不良影响的污染物。《国家污水综合排放标准》中规定的此类污染物有 9 种,即总汞、烷基汞、总镉、总铬、6 价铬、总砷、总铅、总镍和苯并[α]芘。含有这一类污染物的废水不分行业和排放方式,也不分受纳水体的功能差别,一律在车间或车间处理设施的排出口取样,其最高允许排放浓度必须符合表 13-1 中的规定。

表 13-1　第一类污染物的最高允许排放浓度（mg/L）

序号	污染物	最高允许排放浓度	序号	污染物	最高允许排放浓度
1	总汞	0.05	6	总砷	0.5
2	烷基汞	不得检出	7	总铅	1.0
3	总镉	0.1	8	总镍	1.0
4	总铬	1.5	9	苯并[α]芘	0.00005
5	6 价铬	0.5			

2. 第二类污染物　指其长远影响比第一类污染物小的污染物。在《国家污水综合排放标准》中规定的有 pH、化学需氧量、生化需氧量、色度、悬浮物、石油类、挥发性酚类、氰化物、硫化物、氟化物、硝基苯类和苯胺类等共 20 项。含有第二类污染物的废水在排污单位排出口取样,根据受纳水体的不同,执行不同的排放标准。部分第二类污染物的最高允许排放浓度列于表 13-2 中。

表 13-2　第二类污染物的最高允许排放浓度（mg/L）

污染物	一级标准		二级标准		三级标准
	新扩建[a]	现有	新扩建	现有	
pH	6~9	6~9	6~9	6~9	6~9
悬浮物（SS）	70	100	200	250	400
生化需氧量（BOD$_5$）	30	60	60	80	300
化学需氧量（COD$_{Cr}$）	100	150	150	200	500
石油类	10	15	10	20	30
挥发性酚	0.5	1.0	0.5	1.0	2.0
氰化物	0.5	0.5	0.5	2.0	1.0
硫化物	1.0	1.0	1.0	2.0	2.0
氟化物	10	15	10	15	20
硝基苯类	2.0	3.0	3.0	5.0	5.0

注:新扩建[a] 是指 1998 年 1 月 1 日后建设的单位

国家按地面水域的使用功能要求和排放去向,对向地面水域和城市下水道排放的废水分别执行一级、二级和三级标准。对特殊保护水域及重点保护水域,如生活用水水源地、重点风景名胜和重点风景游览区水体、珍贵鱼类及一般经济渔业水域等执行一级标准;对一般保护水域,如一般工业用水区、景观用水区、农业用水区、港口和海洋开发作业区等执行二级标准;对排入城镇下水道并进入二级污水处理厂进行生物处理的污水执行三级标准。

二、废水处理的基本方法

废水处理的实质就是利用各种技术手段,将废水中的污染物分离出来,或将其转化为无害物质,从而使废水得到净化。废水处理技术很多,按作用原理一般可分为物理法、化学法、物理化学法和生物法。

1. 物理法　物理法是利用物理作用将废水中呈悬浮状态的污染物分离出来,在分离过程中不改变其化学性质,如沉降、气浮、过滤、离心、蒸发和浓缩等。物理法常用于废水的一级处理。

2. 化学法　化学法是利用化学反应原理来分离、回收废水中各种形态的污染物,如中和、凝聚、氧化和还原等。化学法常用于有毒、有害废水的处理,使废水达到不影响生物处理的条件。

3. 物理化学法　物理化学法是综合利用物理和化学作用除去废水中的污染物,常用的方法包括混凝、气浮、吸附、电解、微电解、高级氧化技术(Fenton 试剂、光催化氧化、超声波、O_3 氧化)及湿式空气氧化等。

(1)混凝沉淀法:混凝沉淀是制药废水预处理常用的另外一种方法,主要用于去除制药废水中难以生化降解的固体培养基成分、胶体物以及蛋白质等,改善废水的生物降解性,降低污染物的浓度。目前对青霉素、林可霉素、庆大霉素以及麦迪霉素等废水的预处理常采用这一方法。在制药废水混凝预处理中常用的凝聚剂有聚合硫酸铁、氯化铁、亚铁盐、聚合氯化硫酸铝、聚合氯化铝、聚合氯化硫酸铝铁和聚丙烯酰胺(PAM)等。采用混凝沉淀预处理可较好地去除制药废水中的悬浮物、胶体物及蛋白质等物质,可明显改善废水的生物降解性,对 COD 等有机物的去除率一般在 15% 左右。

(2)气浮法:制药废水处理中,常把气浮法作为预处理工序或后处理工序,主要处理含有高沸点溶剂或悬浮物废水的预处理,如庆大霉素、土霉素、麦迪霉素等废水的处理。采用气浮法作为废水的预处理设施,对去除废水中悬浮物、改善废水可生化性有较好的效果,但对 COD 等有机物的去除效果一般仅在 10%~20% 。

(3)电解法:电解法处理废水因具有高效、易操作等优点而得到人们的重视,同时电解法又有很好的脱色效果。

(4)微电解法(Fe- C 法):它是基于电化学氧化还原反应的原理,通过铁屑对絮体的电附集、混凝、吸附、过滤等综合作用来处理废水。微电解废水处理技术具有设备构造简单、处理成本低、适用范围广、可大大提高废水的可生化性等特点,为后期的生化处理减轻负担,取得了非常满意的结果。

(5)高级氧化技术:高级氧化技术在处理废水时,主要是依靠产生的中间产物·OH 与污染物进行化学氧化反应,从而达到降解污染物的目的。·OH 是最具活性的氧化剂,它的氧化电位比普通氧化剂高得多。目前,以产生·OH 作为氧化剂的污染物处理技术包括 Fenton 试剂及其联用技术。

Fenton 试剂由亚铁盐和过氧化氢组成。当 pH 足够低时，在 Fe^{2+} 的催化作用下，过氧化氢就会分解产生·OH，从而引发一系列的链反应。Fenton 试剂对化学合成制药废水进行预处理。Fenton 试剂具有很强的氧化能力，能在较短的时间内将有机物氧化降解。一般认为Fenton 试剂与有机物作用的机制如下：

$$Fe^{2+} + H_2O_2 \longrightarrow Fe^{3+} + OH^- + \cdot OH$$

$$Fe^{2+} + \cdot OH \longrightarrow Fe^{3+} + \cdot \cdot OH^-$$

$$Fe^{3+} + H_2O_2 \longrightarrow Fe^{2+} + \cdot O_2H + H^+$$

$$RH + \cdot OH \longrightarrow R \cdot + H_2O$$

$$R \cdot + Fe^{3+} \longrightarrow R^+ + Fe^{2+}$$

$$R^+ + O_2 \longrightarrow ROO^+ \longrightarrow \cdots \longrightarrow CO_2 + H_2O$$

Fenton 试剂产生的·OH 自由基具有强氧化性，使有机物结构发生碳链裂变，氧化为 CO_2 和 H_2O，与其他工艺结合可使有机物含量大大降低。采用 Fenton 试剂法结合石灰沉淀对土霉素生产废水进行处理，针对原水可生化性差、有机物浓度高、难降解物质含量高的特点，制订恰当的工艺流程，处理效果良好。

Fenton 试剂联用技术中的 Fenton 试剂可作为前置处理技术，也可作为后置处理技术。Fenton 试剂在联用技术中选择前置还是后置，这主要取决于原废水的可生化性。

4. 生物法　生物法是利用微生物的代谢作用，使废水中呈溶解和胶体状态的有机污染物转化为稳定、无害的物质，如 H_2O 和 CO_2 等。生物法能够去除废水中的大部分有机污染物，是常用的二级处理法。

上述每种废水处理方法都是一种单元操作。由于制药废水的特殊性，仅用一种方法一般不能将废水中的所有污染物除去。在废水处理中，常常需要将几种处理方法组合在一起，形成一个处理流程。流程的组织一般遵循先易后难、先简后繁的规律，即首先使用物理法进行预处理，以除去大块垃圾、漂浮物和悬浮固体等，然后再使用化学法和生物法等处理方法。对于某种特定的制药废水，应根据废水的水质、水量、回收有用物质的可能性和经济性以及排放水体的具体要求等，确定具体的废水处理流程。

三、废水的生物处理法

在自然界中存在着大量依靠有机物生活的微生物。根据生物处理过程中起主要作用的微生物对氧气需求的不同，废水的生物处理可分为好氧生物处理和厌氧生物处理两大类。其中好氧生物处理又可分为活性污泥法和生物膜法，前者是利用悬浮于水中的微生物群使有机物氧化分解，后者是利用附着于载体上的微生物群进行处理的方法。由于制药工业的废水种类繁多、水质各异，因此，必须根据废水的水量、水质等情况，选择适宜的生物处理方法。

（一）生物处理的基本原理

1. 好氧生物处理　好氧生物处理是在有氧条件下，利用好氧微生物的作用将废水中的有机物分解为 CO_2 和 H_2O，并释放出能量的代谢过程。有机物（ $C_xH_yO_z$ ）在氧化过程中释放出的氢与氧结合生成水，如下式所示：

$$C_xH_yO_z + O_2 \xrightarrow{\text{酶}} CO_2 + H_2O + 能量$$

在好氧生物处理过程中，有机物的分解比较彻底，释放的能量较多，代谢速度较快，代谢产物也很稳定。从废水处理的角度考虑,这是一种非常好的代谢形式。

用好氧生物法处理有机废水,基本上没有臭气产生,所需的处理时间比较短,在适宜的条件下 BOD_5 可除去 $80\% \sim 90\%$,有时可达 95% 以上。因此,好氧生物法已在有机废水处理中得到了广泛应用,活性污泥法、生物滤池和生物转盘等都是常见的好氧生物处理法。好氧生物法的缺点是对于高浓度的有机废水,要供给好氧生物所需的氧气(空气)比较困难,需先用大量的水对废水进行稀释,且在处理过程中要不断地补充水中的溶解氧,从而使处理的成本较高。

2. 厌氧生物处理　厌氧生物处理是在无氧条件下利用厌氧微生物,主要是厌氧菌来处理废水中的有机物。厌氧生物处理中的受氢体不是游离氧,而是有机物、含氧化合物和酸根,如 SO_4^{2-}、NO_3^- 和 NO_2^- 等。因此,最终的代谢产物不是简单的 CO_2 和 H_2O,而是一些低分子有机物、CH_4、H_2S 和 NH_4^+ 等。

厌氧生物处理是一个复杂的生物化学过程,主要依靠三大类细菌,即水解产酸细菌、产氢产乙酸细菌和产甲烷细菌的联合作用来完成。厌氧生物处理过程可粗略地分为 3 个连续的阶段,即水解产酸阶段、产氢产乙酸阶段和产甲烷阶段,如图 13-2 所示。

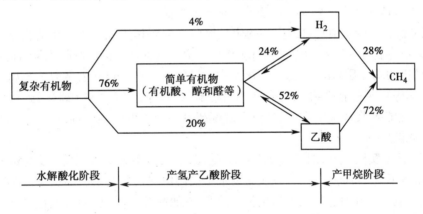

图 13-2　厌氧生物处理的 3 个阶段和 COD 转化率

第一阶段为水解酸化阶段。在细胞外酶的作用下,废水中复杂的大分子有机物、不溶性有机物先水解为溶解性的小分子有机物,然后渗透到细胞体内,并分解产生简单的挥发性有机酸、醇类和醛类物质等。第二阶段为产氢产乙酸阶段。在产氢产乙酸细菌的作用下,第一阶段产生的或原来已经存在于废水中的各种简单有机物被分解转化成乙酸和 H_2,在分解有机酸时还有 CO_2 生成。第三阶段为产甲烷阶段。在产甲烷菌的作用下将乙酸、乙酸盐、CO_2 和 H_2 等转化为甲烷。

厌氧生物处理过程中不需要供给氧气(空气),故动力消耗少,设备简单,并能回收一定数量的甲烷气体作为燃料,因而运行费用低。目前,厌氧生物法主要用于中、高浓度有机废水的处理,也可用于低浓度有机废水的处理。该法缺点是处理时间较长,处理过程中常有硫化氢或其他一些硫化物生成,硫化氢与铁质接触就会形成黑色的硫化铁,从而使处理后的废水既黑又臭,需要进一步处理。

（二）生物处理对水质的要求

废水的生物处理是以废水中的污染物作为营养源,利用微生物的代谢作用使废水得到净化。当废水中存在有毒物质,或环境条件发生变化,超过微生物的承受限度时,将会对微生物产生抑制或有毒作用。因此,进行生物处理时,给微生物的生长繁殖提供一个适宜的环境条件是十分重要的。生物处理对废水的水质要求主要有以下几方面。

1. 温度　通常好氧生物处理的水温宜控制在 20～40℃,而厌氧生物处理的水温与各种产甲烷菌的适宜温度条件有关。一般认为,产甲烷菌适宜的温度范围为 5～60℃,在 35 和 53℃上下可以分别获得较高的处理效率;温度为 40～45℃时,处理效率较低。根据产甲烷菌适宜温度条件的不同,厌氧生物处理的适宜水温可分别控制在 10～30℃、35～38℃ 和 50～55℃。

2. pH　pH 不能突然变化很大,否则将使微生物的活力受到抑制,甚至造成微生物的死亡。对好氧生物的处理,废水的 pH 宜控制在 6～9;对厌氧生物处理,废水的 pH 宜控制在 6.5～7.5。

微生物在生活过程中常常由于某些代谢产物积累而使周围环境的 pH 发生改变,因此,在生物处理过程中常加入一些廉价的物质(如石灰等)以调节废水的 pH。

3. 营养物质　生活废水中具有微生物生长所需的全部营养,而某些工业废水中可能缺乏某些营养。当废水中缺少某些营养成分时,可按所需比例投加所缺营养成分或加入生活污水进行均化,以满足微生物生长所需的各种营养物质。

4. 有毒物质　废水中凡对微生物的生长繁殖有抑制作用或杀害作用的化学物质均为有毒物质。有毒物质对微生物生长的毒害作用主要表现在使细菌细胞的正常结构遭到破坏以及使菌体内的酶变质,并失去活性。废水中常见的有毒物质包括大多数重金属离子(铅、镉、铬、锌、铜等)、某些有机物(酚、甲醛、甲醇、苯、氯苯等)和无机物(硫化物、氰化物等)。有些毒物虽然能被某些微生物分解,但当浓度超过一定限度时则会抑制微生物的生长、繁殖,甚至杀死微生物。

5. 溶解氧　实践表明,对于好氧生物的处理,水中的溶解氧宜保持在 2～4mg/L,如出水中的溶解氧不低于 1mg/L,则可以认为废水中的溶解氧已经足够。而厌氧微生物对氧气很敏感,当有氧气存在时它们就无法生长。因此,在厌氧生物的处理中,处理设备要严格密封、隔绝空气。

6. 有机物浓度　在好氧生物的处理中,废水中的有机物浓度不能太高,否则会增加生物反应所需的氧量,容易造成缺氧,影响生物处理效果。而厌氧生物处理是在无氧条件下进行的,因此可处理较高浓度的有机废水。此外,废水中的有机物浓度不能过低,否则会造成营养不良,影响微生物的生长繁殖,降低生物处理效果。

(三) 好氧生物处理法

1. 活性污泥法　活性污泥是由好氧微生物(包括细菌、微型动物和其他微生物)及其代谢和吸附的有机物和无机物组成的生物絮凝体,具有很强的吸附和分解有机物的能力。

活性污泥的制备可在含粪便的污水池中连续鼓入空气(曝气)以维持污水中的溶解氧,经过一段时间后,由于污水中微生物的生长和繁殖,逐渐形成褐色的污泥状絮凝体,这种生物絮凝体即为活性污泥。活性污泥法处理工业废水就是让这些生物絮凝体悬浮在废水中形成混合液,使废水中的有机物与絮凝体中的微生物充分接触。废水中呈悬浮状态和胶态的有机物被活性污泥吸附后,在微生物的细胞外酶作用下分解为溶解性的小分子有机物。溶解性的有机物进一步渗透到微生物细胞体内,通过微生物的代谢作用而分解,从而使废水得到净化。

(1)活性污泥的性能指标:活性污泥法处理废水的关键在于具有足够数量且性能优良

的活性污泥。衡量活性污泥数量和性能好坏的指标主要有污泥浓度、污泥沉降比(SV)和污泥容积指数(sludge volume index,SVI)等。

1)污泥浓度:是指 1L 混合液中所含的悬浮固体(MLSS)或挥发性悬浮固体(MLVSS)的量,单位为 g/L 或 mg/L。污泥浓度的大小可间接地反映混合液中所含微生物的数量。

2)污泥沉降比:是指一定量的曝气混合液静置 30 分钟后,沉淀污泥与原混合液的体积百分比。污泥沉降比可反映正常曝气时的污泥量以及污泥的沉淀和凝聚性能。性能良好的活性污泥,其沉降比一般为 15%~20%。

3)污泥容积指数:又称污泥指数,是指一定量的曝气混合液静置 30 分钟后,1g 干污泥所占有的沉淀污泥的体积,单位为 ml/g。污泥指数的计算方法为:

$$SVI = \frac{SV \times 1000}{污泥浓度} \qquad\qquad 式(13-1)$$

例如,曝气混合液的污泥沉降比 SV 为 25%,污泥浓度为 2.5g/L,则污泥指数为:

$$SVI = \frac{25\% \times 1000}{2.5} = 100(ml/g)$$

污泥指数是反映活性污泥松散程度的指标。SVI 值过低,说明污泥颗粒细小紧密,无机物较多,缺乏活性;SVI 值过高,说明污泥松散,难沉淀分离,有膨胀趋势或已处于膨胀状态。多数情况下,SVI 值宜控制在 50~100ml/g。

(2)活性污泥法的基本工艺流程:活性污泥法处理工业废水的基本工艺流程如图 13-3 所示。

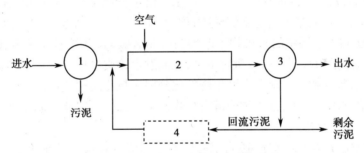

图 13-3　活性污泥法基本工艺流程
1—初次沉淀池;2—曝气池;3—二次沉淀池;4—再生池

废水首先进入初次沉淀池中进行预处理,以除去较大的悬浮物及胶体状颗粒等,然后进入曝气池。在曝气池内,通过充分曝气,一方面使活性污泥悬浮于废水中,以确保废水与活性污泥充分接触;另一方面可使活性污泥混合液始终保持好氧条件,保证微生物的正常生产和繁殖。废水中的有机物被活性污泥吸附后,其中的小分子有机物可直接渗入微生物的细胞体内,而大分子有机物则先被微生物的细胞外酶分解为小分子有机物,然后再渗入细胞体内。在微生物细胞内酶的作用下,进入细胞体内的有机物一部分被吸收形成微生物有机体,另一部分则被氧化分解,转化为 CO_2、H_2O、NH_3、SO_4^{2-} 和 PO_4^{2-} 等简单的无机物或酸根,并释放出能量。

处理后的废水和活性污泥由曝气池流入二次沉淀池进行固-液分离,上清液即被净化了的水,由二次沉降池的溢流堰排出。二次沉淀池底部的沉淀污泥,一部分回流到曝气池入口,与进入曝气池的废水混合,以保持曝气池内具有足够数量的活性污泥;另一部分则作为剩余污泥排入污泥处理系统。

（3）常用曝气方式：按曝气方式不同，活性污泥法可分为普通曝气法、逐步曝气法、完全混合曝气法、纯氧曝气法和深井曝气法等多种方法。其中普通曝气法是最基本的曝气方法，其他方法都是在普通曝气法的基础上逐步发展起来的。我国应用较多的是完全混合曝气法。

（4）剩余污泥的处理：好氧法处理废水会产生大量的剩余污泥，这些污泥中含有大量的微生物、未分解的有机物甚至重金属等毒物。剩余污泥量大、味臭、成分复杂，如不妥善处理，也会造成环境污染。剩余污泥的含水率很高、体积很大，这对污泥的运输、处理和利用均带来一定的困难。因此，一般先要对污泥进行脱水处理，然后再对其进行综合利用和无害化处理。

2. 生物膜法　生物膜法是依靠生物膜吸附和氧化废水中的有机物并同废水进行物质交换，从而使废水得到净化的另一种好氧生物处理法。生物膜不同于活性污泥悬浮于废水中，它是附着于固体介质（滤料）表面上的一层黏膜。同活性污泥法相比，生物膜具有生物密度大、适应能力强、不存在污泥回流与污泥膨胀、剩余污泥较少和运行管理方便等优点，是一种具有广阔发展前景的生物净化方法。

生物膜由废水中的胶体、细小悬浮物、溶质物质和大量微生物所组成，这些微生物包括大量的细菌、真菌、藻类和微型动物。微生物群体所形成的一层黏膜状物即生物膜，附着于载体表面，厚度一般为 $1 \sim 3mm$。随着净化过程的进行，生物膜将经历一个由初生、生长、成熟到老化剥落的过程。

生物膜净化有机废水的原理如图 13-4 所示。由于生物膜的吸附作用，其表面常吸附着一层很薄的水层，此水层基本上是不流动的，称为"附着水"；其外层可自由流动的废水称为"运动水"。由于附着水层中的有机物不断地被生物膜吸附，并被氧化分解，故附着水层中的有机物浓度低于运动水层中的有机物浓度，从而发生传质过程，有机物从运动水层不停地向附着水层传递，被生物膜吸附后由微生物氧化分解。与此同时，空气中的氧依次通过运动水层和附着水层进入生物膜；微生物分解有机物产生的二氧化碳及其他无机物、有机酸等代谢产物则沿相反方向释出。

微生物除氧化分解有机物外，还利用有机物作为营养合成新的细胞质，形成新的生物膜。随着生物膜厚度的增加，扩散到膜内部的氧很快就被膜表层中的微生物所消耗，离开表层稍远（约 2mm）的生物膜由于缺氧而形成厌氧层。这样，生物膜就形成了两层，即外层的好氧层和内层的厌氧层。

进入厌氧层的有机物在厌氧微生物的作用下分解为有机酸和硫化氢等产物，这些产物将通过膜表面的好氧层排入废水中。当厌氧层厚度不大时，好氧层能够保持净化功能。随着厌氧层厚度的增大，代谢产物将逐渐增多，生物膜将逐渐老化而自然剥落。此外，水力冲刷或气泡振动等原因也会导致小块生物膜剥落。生物膜剥离后，介质表面得到更新，又会逐渐形成新的生物膜。

（四）厌氧生物处理法

与好氧生物处理相比，厌氧生物处理具有能耗低（不需充氧）、有机物负荷高、氮和磷的需求量小、剩余污泥产量小且易于处理等优点，不仅运费较低，而且可以获得大量的生物能——沼气。多年来，结合高浓度有机废水的特点和处理经验，人们开发了多种厌氧生物处理工艺和设备。

1. 水解酸化法　水解酸化过程是在兼氧或非严格厌氧的环境下，通过微生物的水解及

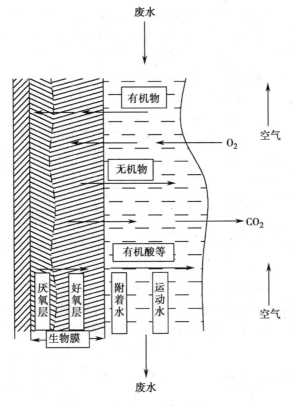

图 13-4 生物膜的净化原理

产酸发酵等作用,将复杂的大分子有机物转为简单有机物等产物的过程。水解酸化属非甲烷化的厌氧生化过程,通过这一过程使废水中一些难生化降解的物质转化为易降解物,以利于后续的生化处理。目前在制药工业废水治理工艺中,较多地采用水解酸化过程作为好氧生化的前处理。

2. 传统厌氧消化池 传统消化池适用于处理有机物及悬浮物浓度较高的废水,其工艺流程如图 13-5 所示。废水或污泥定期或连续加入消化池,经消化的污泥和废水分别从消化池的底部和上部排出,所产生的沼气也从顶部排出。

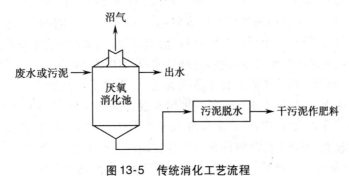

图 13-5 传统消化工艺流程

传统厌氧消化池的特点是在一个池内实现厌氧发酵反应以及液体与污泥的分离过程。为了使进料与厌氧污泥充分接触,池内可设置搅拌装置,一般情况下每隔 2 ~ 4 小时搅拌 1次。此法的缺点是缺乏保留或补充厌氧活性污泥的特殊装置,故池内难以保持大量的微生物,且容积负荷低、反应时间长、消化池的容积大、处理效果不佳。

3. 厌氧接触法　厌氧接触法是在传统消化池的基础上开发的一种厌氧处理工艺,与传统消化法的区别在于增加了污泥回流。其工艺流程如图13-6所示。

在厌氧接触工艺中,消化池内是完全混合的。由消化池排出的混合液通过真空脱气,使附着在污泥上的小气泡分离出来,有利于泥水分离。脱气后的混合液在沉淀池中进行固-液分离,废水由沉淀池上部排出,沉淀下来的厌氧污泥回流至消化池,这样既可保证污泥不会流失,又可提高消化池内的污泥浓度,增加厌氧生物量,从而提高了设备的有机物负荷和处理效率。

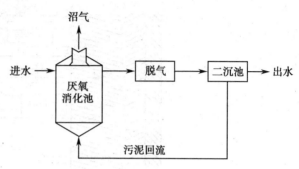

图13-6　厌氧接触法工艺流程

厌氧接触法可直接处理含较多悬浮物的废水,而且运行比较稳定,并有一定的抗冲击负荷的能力。此工艺的缺点是污泥在池内呈分散、细小的絮状,沉淀性能较差,因而难以在沉淀池中进行固-液分离,所以出水中含有一定数量的污泥。此外,此工艺不能处理低浓度的有机废水。

四、各类制药废水的处理

我国的药物体系总体上可以分为化学合成药、中药与天然药物、生物制品和制剂等四大类,制药废水种类繁多,按照制药生产工艺路线可以将制药工业及其产生的废水分为化学合成类制药废水、发酵类制药废水、生物工程类制药废水、提取与中药类制药废水及混装制剂类制药废水等。

(一)化学合成类制药废水的处理

化学合成类制药产生较严重污染的原因是合成工艺比较长、反应步骤多,形成化学结构的原料只占原料消耗的5%~15%,因此"三废"产量大,并且废物成分复杂、污染危害严重。

传统批反应器是化学合成工艺的主要设备。一批合成药生产完成之后,清洗设备,备选不同原料,按照不同的配方就可以生产不同的产品,但也会产生不同的污染物。此外,在化学工艺中作为反应和纯化使用的多种有机溶剂包括芳烃、氯苯、丙酮和三氯甲烷等也是重要的污染源之一。另外,还包括未反应的原材料、溶剂,以及伴随大量化学反应的副反应产物。

综合化学合成类制药废水特点、废水处理技术以及国家对化学合成类制药废水的排放要求,化学合成类制药废水污染防治技术路线确定为:①对于毒性较小、易生化降解的化学合成类制药生产废水,高浓度废水可与低浓度废水混合,采用厌氧生化(或水解酸化)-好氧生化-后续深度处理的工艺处理;或高浓度废水厌氧处理后再与低浓度废水混合进行后续处理。②对于毒性较大、较难生化降解的化学合成类制药生产废水,提倡废水分类处理。高浓度废水预处理、厌氧生化处理后,其出水与低浓度废水混合,再进行好氧生化-后续深度处理。③对于毒性大、难以生化降解的化学合成类制药生产废水,提倡废水分类处理。高浓度有机废水可采用超临界水氧化技术(supercritical water oxidation,SCWO)处理,其他低浓度废水可采用以生化为主的工艺处理。

例如处理6-APA、氨苄西林、阿莫西林、头孢曲松钠和头孢他啶等半合成类抗生素原料药生产废水。规模为处理废水量1200t/d,其中高浓度有机废水240t/d,COD 60 000mg/L;其他废水960t/d,COD 3000mg/L;处理工艺为采用氧化絮凝复合床-水解酸化-厌氧颗粒污泥复合填料床(UASB + AF)反应器-CASS处理工艺。高浓度有机废水进入废液调节池,先采用三维电极电解催化氧化预处理,出水经絮凝加药沉淀后,与其他废水合并进入综合调节池。综合调节池废水混合均匀后进入水解酸化反应器,出水进入厌氧颗粒污泥复合填料床(UASB + AF)反应器,厌氧出水再进入CASS反应池,经处理后出水排入市政污水管网。废水处理工艺如图13-7所示。

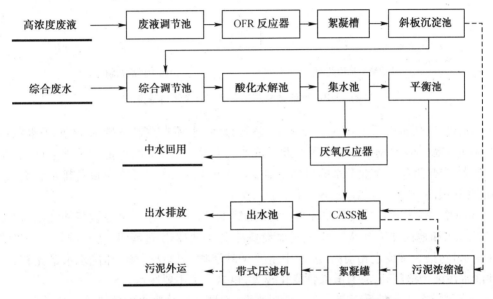

图13-7　某合成制药有限公司废水处理工艺流程图

　　处理效果:高浓度废水经电解催化氧化、絮凝后的COD去除率为60%~70%,混合后的综合废水浓度在7000mg/L左右,再进行后续的生化处理。水解酸化装置的COD去除率为10%~15%,厌氧消化处理装置的COD去除率可达40%~60%,在好氧生化装置的COD去除率可保持在80%以上。整个系统最终出水COD浓度稳定在250mg/L左右。

(二) 发酵类制药废水的处理

　　发酵类制药废水主要来自菌渣的分离、药物的提取、精制,溶剂的回收及设备、地面冲洗水等过程。发酵类抗生素生产废水污染物浓度高、水量大,废水中所含成分主要为发酵残余物、破乳剂和残留抗生素及其降解物,还有抗生素提取过程中残留的各种有机溶剂和一些无机盐类等。

　　1. 发酵类废水的分类　其废水成分复杂,碳氮营养比例失调(氮源过剩),硫酸盐、悬浮物含量高,废水带有较重的颜色和气味,易产生泡沫,含有难降解物质、抑菌作用的抗生素并且有毒性等,而致生化降解困难。发酵类抗生素生产过程排放的废水可以分为3类。

　　(1)生产过程排水:包括废滤液(从菌体中提取药物)、废母液(从滤液中提取药物)、其他母液、精制纯化过程的溶剂回收残液等,如图13-8所示。该类废水最显著的特点是浓度高、酸碱性及温度变化大、含有药物残留,虽然水量未必很大,但是污染物含量高,在全部废水中的COD_{Cr}比例高,处理难度大。

　　(2)辅助过程排水:包括工艺冷却水(如发酵罐、消毒设备冷却水)、动力设备冷却水(如

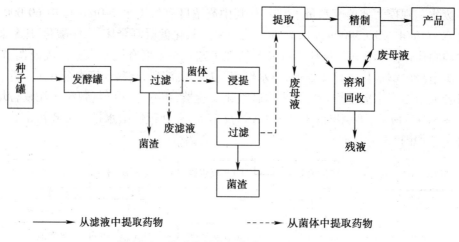

图 13-8　发酵类制药工艺流程及废水排放点

空气压缩机、制药机冷却水)、循环冷却水、系统排污、水环真空设备排水、去离子水制备过程排水和蒸馏(加热)设备冷凝水等。此类废水污染物浓度低,但水量大且季节性强、企业间差异大,也是近年来企业节水的目标。需要注意的是,一些水环真空设备排水含有溶剂,COD_{Cr}含量很高。

(3)冲洗水:包括容器设备冲洗水(如发酵罐的冲洗废水等)、过滤设备冲洗水、树脂柱(罐)冲洗水和地面冲洗水等。其中,过滤设备冲洗水(如板框过滤机、转鼓过滤机等过滤设备冲洗水)污染物浓度也相当高,废水中主要是悬浮物;树脂柱(罐)冲洗水水量比较大,初期冲洗水污染物浓度高,并且酸碱性变化较大,也是一类主要废水。

2. 发酵类废水的处理工艺　有关调研表明,发酵类制药废水的污染物主要为常规污染物,即 COD、BOD、SS、pH、色度和氨氮等。综合分析发酵类制药废水特征、废水处理技术以及国家对发酵类制药废水的排放要求,发酵类制药废水污染防治技术路线确定如下。

(1)对于毒性较小、易生化降解的发酵类制药生产废水,高浓度废水可与低浓度废水混合,采用厌氧生化(或水解酸化)-好氧生化-后续深度处理的工艺处理;或高浓度废水厌氧处理后再与低浓度废水混合进行后续处理。

(2)对于毒性较大、较难生化降解的发酵类制药生产废水,提倡废水分类收集、处理。高浓度废水首先经预处理、厌氧生化处理后,其出水与低浓度废水混合,再进行好氧生化-后续深度处理。

(3)对于高含氮发酵类制药生产废水可选择物化脱氮法,对于总氮浓度含量较低的废水可选择生物脱氮法。

例如维生素 C 的废水处理工程:规模为处理总水量 6000t/d,其中高浓度有机废水 4000t/d,COD 浓度为 6000mg/L。处理工艺为采用"厌氧-MBBR-酸化-接触氧化"的处理工艺。高浓度废水经调节后进入厌氧系统进行处理,出水与低浓度废水混合经 MBBR 处理后,进入酸化罐酸化提高废水的生化性,出水进入接触氧化池进一步处理后排放。工艺流程图见图 13-9,处理效果为处理系统出水 COD 控制在 200mg/L 以下。

(三)生物工程类制药废水的处理

1. 生物工程类制药废水来源　废水来源包括:①实验室废水,包括一般微生物实验室废弃的含有致病菌的培养基、料液和洗涤水,生物医学实验室的各种传染性材料的废水,重

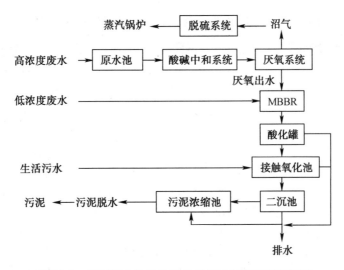

图 13-9　某制药企业维生素 C 的废水处理工艺流程图

组 DNA 实验室废弃的含有生物危害的废水;②实验动物废水,包括动物的尿液、粪便以及笼具、垫料等的洗涤废水及消毒水。

2. 生物工程类制药废水处理　通常生物工程类制药企业的实际废水 COD_{Cr} 浓度大约在 1000mg/L 以下,经过二级生化处理后可能达到的排放浓度在 100mg/L 或以下。

生物工程类制药的特征污染物主要是乙醇、甲醇、乙二醇等容易生化的有机溶剂,一般通过 COD_{Cr}、TOC 两项综合因子控制。生物工程制药特征控制因子包括挥发酚、甲醛、乙腈、总余氯等。虽然污染物特征因子比较多,但用量都很少,目前采用 NaClO 等含氯消毒工艺较多,以总余氯指标控制。生物工程类制药废水处理常用物化法、生物法、物化法-生物法联用等。废水处理的核心技术是二级生化,然后增加消毒工艺。

（四）提取与中药类制药废水的处理

1. 提取与中药类制药废水来源　废水来源包括以下几种:①原料清洗废水:主要污染物为 SS、动植物油等;②提取废水:为主要污染源废水,污染物主要是提取后的产品、中间产品以及溶解的溶剂等;③精制废水:提取后的粗品精制过程中会有少量废水产生,水质与提取废水基本相同;④设备清洗水:每批生产后对各工序的设备进行清洗,水质与提取废水类似;⑤地面清洗水:地面定期清洗排放的废水。

2. 提取与中药类制药废水处理工艺　主要分为物化、生化及其组合工艺。①物化处理:中和、混凝沉淀、气浮、微电解反应和铁屑还原法等,多采用混凝沉淀和气浮法;②生化处理:有厌氧、水解酸化和好氧 3 种技术。水解酸化使难降解的大分子有机物开环断链,变为易于降解的小分子物质,从而改善废水的可生化性、提高后续好氧生物降解的处理效率。水解酸化-好氧法、厌氧-好氧法等对提取与中药类制药废水而言是有效且经济、实用的处理技术,前者适于浓度较低的原废水,后者适于浓度较高的原废水。

（五）混装制剂类制药废水的处理

各种药物制剂的生产过程主要产生中、低浓度的有机废水。因此,混装制剂类制药废水一般经预处理后,采用好氧生物活性污泥法、接触氧化法、SBR 法等成熟工艺处理即可达标排放(表 13-3)。

表 13-3   混装制剂类制药废水采用不同工艺处理的效果比较

	处理工艺及方法	适用条件	处理效果
物化法	简单沉淀物化法		COD < 500mg/L，能达到《污水综合排放标准》（GB8978-1996）的三级排放标准
	高效气浮物化法		COD < 150mg/L，能达到《污水综合排放标准》（GB8978-1996）的三级排放标准
好氧生物法	活性污泥法	中、低浓度的有机废水，且抑制物质的浓度不能太高，进水必须稳定	
	生物接触氧化法	可生化性较好的制药废水（BOD$_5$/COD > 1/3）	COD < 100mg/L，能达到《污水综合排放标准》（GB8978-1996）的一级排放标准
	水解酸化 + 生物接触氧化法	难以生物降解的制药废水（BOD$_5$/COD < 1/3）	
	SBR 法	小水量、间歇排放的制药废水	

第五节   废气的处理

化学制药厂排出的废气具有种类繁多、组成复杂、数量大、危害严重等特点，必须进行综合治理，以免危害操作者的身体健康，造成环境污染。按所含主要污染物的性质不同，化学制药厂排出的废气可分为 3 类，即含尘（固体悬浮物）废气、含无机污染物的废气和含有机污染物的废气。含尘废气的处理实际上是一个气固两相混合物的分离问题，可利用粉尘质量较大的特点，通过外力的作用将其分离出来；而处理含无机或有机污染物的废气则要根据所含污染物的物理性质和化学性质，通过冷凝、吸收、吸附、燃烧和催化等方法进行无害化处理。

目前，对化学制药厂排放的污染物的管理主要执行《工业"三废"排放标准》（GB13-73），该标准规定了 13 类有害物质的排放浓度。在评价污染源对外界环境的影响时，可执行《工业企业卫生标准》（TJ36-79）中《居住区大气中有害物质的最高容许浓度》的规定；在评价大气污染物对车间空气的影响时，可执行《车间空气有害物质的最高允许浓度》的规定（TJ36-79）。

一、含尘废气的处理

化学制药厂排出的含尘废气主要来自粉碎、碾磨、筛分等机械过程所产生的粉尘，以及锅炉燃烧所产生的烟尘等。常用的除尘方法有 3 种，即机械除尘、洗涤除尘和过滤除尘。

（一）机械除尘

机械除尘是利用机械力（重力、惯性力和离心力）将固体悬浮物从气流中分离出来。常用的机械除尘设备有重力沉降室、惯性除尘器和旋风除尘器等。

机械除尘设备具有结构简单、易于制造、阻力小和运转费用低等特点，但此类除尘设备只对大粒径粉尘的去除效率较高,而对小粒径粉尘的捕获效率很低。为了取得较好的分离效率,可采用多级串联的形式,或将其作为一级除尘使用。

(二) 洗涤除尘

又称湿式除尘,它是用水(或其他液体)洗涤含尘气体,利用形成的液膜、液滴或气泡捕获气体中的尘粒,尘粒随液体排出,气体得到净化。洗涤除尘设备形式很多,图 13-10 为常见的填料式洗涤除尘器。

洗涤除尘器可以除去直径 $>0.1\mu m$ 的尘粒,且除尘效率较高,一般为 80%~95% ,高效率的装置可达到 99% 。除尘器的结构比较简单,设备投资较少,操作维修也比较方便。洗涤除尘过程中,水与含尘气体可充分接触,有降温、增湿和净化有害、有毒气体等作用,尤其适合高温、高湿、易燃、易爆和有毒废气的净化。洗涤除尘的明显缺点是除尘过程中要消耗大量的洗涤水,而且从废气中除去的污染物全部转移到水中,因此必须对洗涤后的水进行净化处理,并尽量回用,以免造成水的二次污染。此外,洗涤除尘器的气流阻力较大,因而运转费用较高。

(三) 过滤除尘

过滤除尘是使含尘气体通过多孔材料,将气体中的尘粒截留下来,使气体得到净化。目前,我国使用较多的是袋式除尘器,其基本结构是在除尘器的集尘室内悬挂若干个圆形或椭圆形的滤袋,当含尘气流穿过这些滤袋的袋壁时,尘粒被袋壁截留,在袋的内壁或外壁聚集而被捕集。图 13-11 为常见的袋式除尘器。

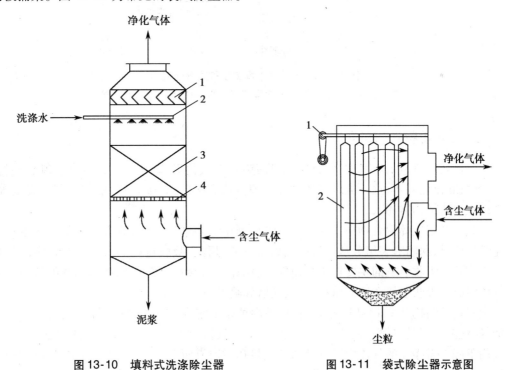

图 13-10　填料式洗涤除尘器
1—除沫器;2—分布器;3—填料;4—填料支承

图 13-11　袋式除尘器示意图
1—振动装置;2—滤袋

袋式除尘器在使用一段时间后,滤布的空隙可能会被尘粒堵塞,从而使气体的流动阻力增大,因此袋壁上聚集的尘粒需要连续或周期地被清除下来。图 13-11 所示的袋式除尘器是利用机械装置的运动,周期性地振打布袋而使积尘脱落。此外,利用气流反吹袋壁而使灰尘脱落,也是常用的清灰方法。

袋式除尘器的结构简单,使用灵活方便,可以处理不同类型的颗粒污染物,尤其对直径为 $0.1 \sim 0.2 \mu m$ 的细粉有很强的捕获效果,除尘效率可达 $90\% \sim 99\%$,是一种高效除尘设备。但袋式除尘器的应用要受到滤布的耐温和耐腐蚀等性能的限制,一般不适用于高温、高湿或强腐蚀性废气的处理。

各类除尘装置各有其优缺点。对于那些粒径分布范围较广的尘粒,常将两种或多种不同性质的除尘器组合使用。例如,某化学制药厂用沸腾干燥器干燥氯霉素成品,排出气流中含有一定量的氯霉素粉末,若直接排放不仅会造成环境污染,而且损失了产品。该厂采用图 13-12 所示的净化流程对排出气流进行净化处理。含有氯霉素粉末的气流首先经两只串联的旋风除尘器除去大部分的粉末,再经一只袋式除尘器滤去粒径较小的细粉,未被袋式除尘器捕获的粒径极细的粉末经鼓风机出口处的洗涤除尘器而除去。这样不仅使排出尾气中基本不含氯霉素粉末,保护了环境,而且可回收一定量的氯霉素产品。

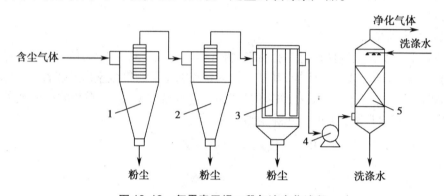

图 13-12　氯霉素干燥工段气流净化流程

1,2—旋风除尘器;3—袋式除尘器;4—鼓风机;5—洗涤除尘器

二、含无机物废气的处理

化学制药厂排放的废气中,常见的无机污染物有氯化氢、硫化氢、二氧化硫、氮氧化物、氯气、氨气和氰化氢等,这一类废气的主要处理方法有吸收法、吸附法、催化法和燃烧法等,其中以吸收法最为常用。

吸收是利用气体混合物中不同组分在吸附剂中的溶解度不同,或者与吸附剂发生选择性化学反应,从而将有害组分从气流中分离出来的过程。吸收过程一般需要在特定的吸收装置中进行。吸收装置的主要作用是使气、液两相充分接触,实现气、液两相间的传质。用于气体吸收的吸收装置主要有填料塔、板式塔和喷淋塔。

填料塔的结构如图 13-13 所示。在塔筒内填装一定高度的填料(散堆或规整填料),以增加气、液两相间的接触面积。用作吸收的液体由液体分离器均匀分布于填料表面,并沿填料表面下降。需净化的气体由塔下部通过填料孔隙逆流而上,并与液体充分接触,其中的污染物由气相进入液相中,从而达到净化气体的目的。

板式塔的结构如图 13-14 所示。在塔筒内装有若干块水平塔板,塔板两侧分别设有降液管和溢流堰,塔板上安设泡罩、浮阀元件等,或按一定规律开成筛孔,即分别称为泡罩塔、浮阀塔和筛板塔等。操作时,吸收液首先进入最上层塔板,然后经各板的溢流堰和降液管逐板下降,每块塔板上都积有一定厚度的液体层。需净化的气体由塔底进入,通过塔板向上穿过液体层鼓泡而出,其中污染物被板上的液体层所吸收,从而达到净化的目的。

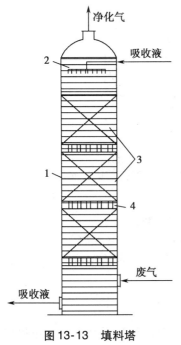

图 13-13　填料塔

1—塔筒;2—分布器;3—填料;4—支承

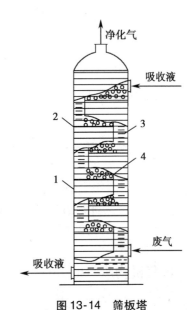

图 13-14　筛板塔

1—塔筒;2—筛板;3—降液管;4—溢流堰

喷淋塔的结构如图 13-15 所示,既无填料也无塔板,是一个空心吸收塔。操作时,吸收液由塔顶进入,经喷淋器喷出后形成雾状或雨状下落。需净化的气体由塔底进入,在上升过程中与雾状的吸收液充分接触,其中的污染物进入吸收液,从而使气体得到净化。

药物合成中的氯化、氯磺化等反应过程中都伴有一定量的氯化氢尾气产生。这些尾气如直接排入大气,不仅浪费资源、增加成本,而且会造成严重的环境污染。因此,回收利用氯化氢尾气具有十分重要的意义。

常温、常压下,氯化氢在水中的溶解度很大,因此,可用水直接吸收氯化氢尾气,这样不仅可消除氯化氢气体造成的环境污染,而且可获得一定浓度的盐酸。吸收过程通常在吸收塔中进行,塔体一般以陶瓷、搪瓷、玻璃钢或塑料等为材质,塔内填充陶瓷、玻璃或塑料制成的散堆或规整填料。为了提高回收盐酸的浓度,通常采用多塔串联的方

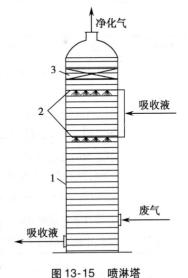

图 13-15　喷淋塔

1—塔筒;2—喷淋器;3—除沫器

式操作。图 13-16 是采用双塔串联吸收氯化氢尾气的工业流程。含氯化氢的尾气首先进入一级吸收塔的底部,与二级吸收塔产生的稀盐酸逆流接触,获得的浓酸由塔底排出。经一级吸收塔吸收后的尾气进入二级吸收塔的底部,与循环稀盐酸逆流接触,期间需补充一定流量的清水。由二级吸收塔排出的尾气中还残留一定量的氯化氢,将其引入液碱吸收塔,用循环液碱(30%液体氢氧化钠)作吸收剂,以进一步降低尾气中的氯化氢含量,使尾气达到规定

的排放标准。实际操作中,通过调节补充的清水量,可以方便地调节副产物盐酸的浓度。

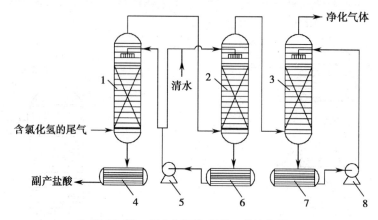

图 13-16 氯化氢尾气吸收工艺流程图

1——级吸收塔;2—二级吸收塔;3—液碱吸收塔;4—浓盐酸贮罐;
5—稀盐酸循环泵;6—稀盐酸贮罐;7—液碱贮罐;8—液碱循环泵

三、含有机物废气的处理

根据废气中所含有机污染物的性质、特点和回收的可能性,可采用不同的净化和回收方法。目前,含有机污染物废气的一般处理方法主要有冷凝法、吸收法、吸附法、燃烧法和生物法,各类方法的要点和适用范围见表 13-4。

表 13-4 有机废气的治理方法

处理方法	方法要点	适用范围
冷凝法	采用低温,使有机物冷却组分冷却至露点以下,液化回收	适用于高浓度废气的净化(对沸点 < 38℃的有机废气不适用)
吸附法	用适当的吸收剂对废气中的有机物分级进行物理吸附,温度范围为常温	适用于低浓度废气的净化(不适用于相对湿度 >50% 的有机废气)
吸收法	用适当的吸收剂对废气中的有机组分进行物理吸收,温度范围为常温	对废气浓度限制较小,适用于含有颗粒物的废气的净化
燃烧法	将废气中的有机物作为燃料烧掉或将其在高温下进行氧化分解,温度范围为 600～1100℃	适用于中、高浓度范围无回收价值或有一定毒性的废气的净化
生物法	废气中所含的污染物转化为低毒或无毒的物质	处理有机污染物含量较低的废气

(一)冷凝法

通过冷却的方法将废气中所含的有机污染物凝结成液体而分离出来。冷凝法所用的冷凝器可分为间壁式和混合式两大类,相应地,冷凝法有直接冷凝和间接冷凝两种工艺流程。

图 13-17 为间接冷凝的工艺流程。由于使用了间壁式冷凝器,冷却介质和废液由间壁隔开,彼此互不接触,因此可方便地回收被冷凝组分,但冷却效率较低。

图 13-18 为直接冷凝的工艺流程。由于使用了直接混合式冷凝器,冷却介质与废气直接接触,冷却效率较高。但被冷凝组分不易回收,且排水一般需要进行无害化处理。

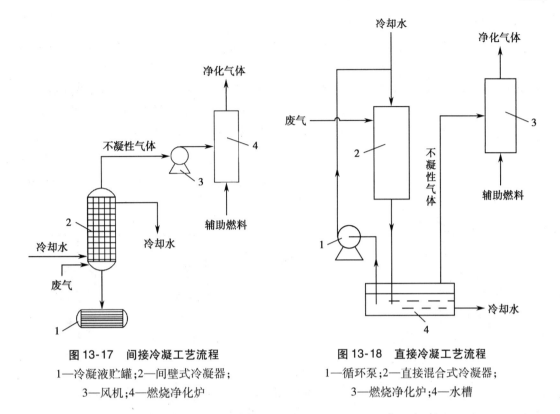

图 13-17 间接冷凝工艺流程
1—冷凝液贮罐；2—间壁式冷凝器；
3—风机；4—燃烧净化炉

图 13-18 直接冷凝工艺流程
1—循环泵；2—直接混合式冷凝器；
3—燃烧净化炉；4—水槽

冷凝法的特点是设备简单、操作方便，适用于处理有机污染物含量较高的废气。冷凝法常用作燃烧或吸附净化的预处理，当有机污染物的含量较高时，可通过冷凝回收的方法减轻后续净化装置的负荷。但此法对废气的净化程度受冷凝温度的限制，当要求的净化程度很高或处理低浓度的有机废气时，需要将废气冷却到很低的温度，经济上通常是不合算的。

（二）吸收法

选用适宜的吸收剂和吸收流程，通过吸收法除去废气中所含的有机污染物是处理含有机废气的有效方法。吸收法在处理含有机污染物废气中的应用不如在处理含无机污染物废气中的应用广泛，其主要原因是适宜吸收剂的选择比较困难。

吸收法可用于处理有机污染物含量较低或沸点较低的废气，并可回收获得一定量的有机化合物。如用水或乙二醛水溶液吸收废气中的胺类化合物，用稀硫酸吸收废气中的吡啶类化合物，用水吸收废气中的醇类和酚类化合物，用亚硫酸氢钠溶液吸收废气中的醛类化合物，用柴油或机油吸收废气中的某些有机溶剂（如苯、甲苯、乙酸丁酯等）等。但当废气中所含的有机污染物浓度过低时，吸收效率会显著下降，因此，吸收法不宜处理有机污染物含量过低的废气。

（三）吸附法

吸附法是将废气与大表面多孔性固体物质（吸附剂）接触，使废气中的有害成分吸附到固体表面上，从而达到净化气体的目的。吸附过程是一个可逆的过程，当气相中某组分被吸附的同时，部分已被吸附的该组分又可以脱离固体表面而回到气相中，这种现象称为脱附。当吸附速率与脱附速率相当时，吸附过程达到动态平衡，此时的吸附剂已失去继续吸附的能力。因此，当吸附过程接近或达到吸附平衡时，应采用适当的方法将被吸附的组分从吸附剂中解脱下来，以恢复吸附剂的能力，这一过程称为吸附剂的再生。吸附法处理含有机污染物的废气包括吸附和吸附剂再生的全部过程。

　　吸附法处理废气的流程可分为间歇式、半连续式和连续式 3 种,其中以间歇式和半连续式较为常用。图 13-19 是间歇式吸附工艺流程,用于处理间歇排放且排气量较小、排放浓度较低的废气。图 13-20 是有两台吸附器的半连续吸附工艺流程。运行时,一台吸附器进行吸附操作,另一台吸附器进行再生操作,再生操作的周期一般小于吸附操作的周期,否则需增加吸附器的台数。再生后的气体可通过冷凝等方法回收被吸附的组分。

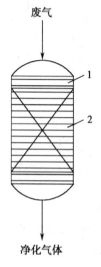

图 13-19　间歇式吸附工艺流程

1—吸附器;2—吸附剂

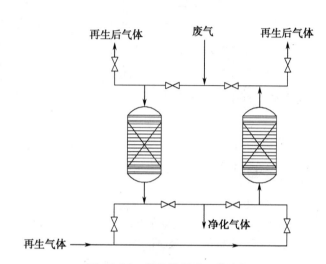

图 13-20　半连续吸附工艺流程

1—吸附器;2—再生器

　　与吸收法类似,合理地选择和利用高效吸附剂是吸附法处理含有机污染物废气的关键。常用的吸附剂有活性炭、活性氧化铝、硅胶、分子筛和褐煤等。吸附法的净化效率较高,特别是废气中的有机污染物浓度较低时,其仍具有很强的净化能力。因此,吸附法特别适用于处理排放要求比较严格或有机污染物浓度较低的废气。但吸附法一般不适用于高浓度、大气量的废气处理,否则,需对吸附剂频繁地进行再生处理,影响吸附剂的使用寿命,并增加操作费用。

（四）燃烧法

　　燃烧法是在有氧的条件下,将废气加热到一定的温度,使其中的可燃污染物发生氧化燃烧或高温分解而转化为无害的物质。当废气中的可燃污染物浓度较高或热值较高时,可将废气作为燃料直接通入焚烧炉中燃烧,燃烧产生的热量可予以回收。当废气中的可燃污染物浓度较低或热值较低时,可利用辅助燃料燃烧放出的热量将混合气体加热到所要求的温度,使废气中的可燃有害物质进行高温分解而转化为无害物质。图 13-21 是一种常用的燃气配焰燃烧炉,其特点是辅助燃料在燃烧炉的断面上形成许多小的火焰,废气围绕小火焰进入燃烧室,并与小火焰充分接触,进行高温分解反应。

　　燃烧过程一般需控制在 800℃ 左右的高温下进

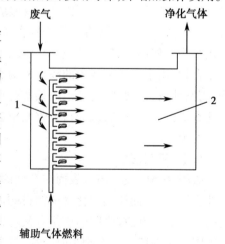

图 13-21　配焰燃烧炉

1—配焰燃烧器;2—燃烧室

行。为了降低燃烧反应的温度,可采用催化燃烧法,即在氧化催化剂的作用下,使废气中的可燃组分或可高温分解组分在较低的温度下进行燃烧而转化为 CO_2 和 H_2O。催化燃烧法处理废气的流程一般包括预处理、预热、反应和热回收等部分,如图 13-22 所示。燃烧法是一种常见的处理含有机污染物废气的方法。此法的特点是工艺比较简单,操作比较方便,并可回收一定的热量;缺点是不能回收有用物质,并容易造成二次污染。

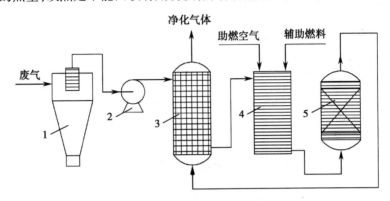

图 13-22 催化燃烧法废气处理工艺流程
1—预处理装置;2—风机;3—预热器;4—混合器;5—催化燃烧反应器

(五) 生物法

生物法处理废气的原理是利用微生物的代谢作用,将废气中所含的污染物转化为低毒或无毒的物质。图 13-23 是用生物过滤器处理含有机污染物废气的工艺流程。含有机污染物的废气首先在增湿器中增湿,然后进入生物过滤器。生物过滤器是由土壤、堆肥或活性炭等多孔材料构成的滤床,其中含有大量的微生物。增湿后的废气在生物过滤器中与附着在多孔材料表面的微生物充分接触,其中的有机污染物被微生物吸附吸收,并被氧化分解为无机物,从而使废气得到净化。

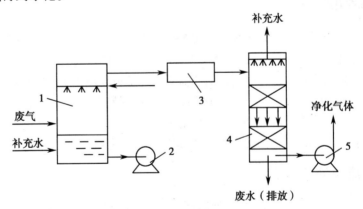

图 13-23 生物法处理废气的工艺流程
1—增湿器;2—循环泵;3—调温装置;4—生物过滤器;5—风机

与其他气体净化方法相比,生物处理法的设备比较简单,且处理效率较高,运行费用较低。因此,生物法在处理废气领域中的应用越来越广泛,特别是含有机污染物废气的净化。但生物法只能处理有机污染物含量较低的废气,且不能回收有用物质。

在制药生产企业实际应用中,往往是几种处理方式结合使用,以达到废气处理效果最大化。如某制药企业冷凝法回收丙酮,采用了冷凝法结合吸收法进行。含丙酮废气经过真空泵循环水吸收后再经冷凝器冷却,冷凝后经洗涤塔吸收然后排放到大气中,其中水吸收部分的去除效率为50%~60%。丙酮尾气回收装置示意图详见图13-24。

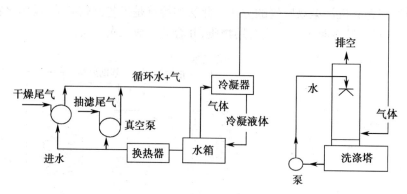

图13-24　丙酮尾气回收装置示意图

第六节　废渣的处理

药厂废渣是指在制药过程中产生的固体、半固体和浆状废物,是制药工业的主要污染源之一。在制药过程中,废渣的来源很多,如活性炭脱色精制工序产生的废活性炭,铁粉还原工序产生的铁泥,锰粉氧化工序产生的锰泥,废水处理产生的污泥,以及蒸馏残渣、失活催化剂、过期的药品、不合格中间体的产品等。一般而言,药厂残渣的数量比废水、废气少,污染也没有废气、废水的严重,但残渣的组成复杂,且大多含有高浓度的有机污染物,有些还是剧毒、易燃、易爆的物质。因此,必须对药厂残渣进行适当的处理,以免造成环境污染。

一、回收和综合利用

废渣中常有相当一部分是未反应的原料或反应副产物,是宝贵的资源。许多废渣经过某些技术处理后,可回收有价值的资源。例如含贵金属的废催化剂是化学制药过程中常见的废渣,制造这些催化剂要消耗大量的贵金属,从控制环境污染和合理利用资源的角度考虑,都应对其进行回收利用。例如利用废钯-炭催化剂制备氯化钯的工艺流程。废钯-炭催化剂首先用焚烧法除去炭和有机物,然后用甲酸将钯废渣中的钯氧化物(PdO)还原成钯。粗钯再经王水溶解、水溶、离子交换除杂等步骤制成氯化钯。

二、废渣的处理方法

经综合利用后的残渣或无法进行综合利用的废渣,应采用适当的方法进行无害化处理。由于废渣的组成复杂、性质各异,故废渣的治理还没有像废气和废水的治理那样形成系统。目前,对废渣的处理方法主要有化学法、焚烧法、热解法和填埋法等。

(一)化学法

化学法是利用废渣中所含污染物的化学性质,通过化学反应将其转化为稳定、安全的物质,是一种常用的无害化处理技术。例如,铬渣中常含有可溶性的6价铬,对环境有严重危害,可利用还原剂将其还原为无毒的3价铬,从而达到消除污染的目的。

（二）焚烧法

焚烧法是使被处理的废渣与过量的空气在焚烧炉内进行氧化燃烧反应,从而使废渣中所含的污染物在高温下氧化分解而被破坏,是一种高温处理和深度氧化的综合工艺。焚烧法不仅可以大大减少废渣的体积,消除其中的许多有害物质,而且可以回收一定的热量,是一种可同时实现减量化、无害化和资源化的处理技术。因此,对于一些暂时无回收价值的可燃性废渣,特别是当用其他方法不能解决或处理不彻底时,焚烧法是一种有效的方法。图13-25 是常用的回转炉焚烧装置的工艺流程。回转炉保持一定的倾斜度,并以一定的速度旋转。加入炉中的废渣由一端向另一端移动,经过干燥器时,废渣中的水分和挥发性的有机物被蒸发掉。温度开始上升,达到着火点后开始燃烧。回转炉内的温度一般控制在 $650 \sim 1250℃$。为了使挥发性有机物和由气体中的悬浮颗粒所夹带的有机物能完全燃烧,常在回转炉后设置二次燃烧室,其内的温度控制在 $1100 \sim 1370℃$。燃烧产生的热量由废热锅炉回收,废气经处理后排放。

焚烧法可使废渣中的有机污染物完全氧化为无害物质,COD 的去除率可达 99.5% 以上,因此,适宜于有机物含量较高或热值较高的废渣。当废渣中的有机物含量较少时,可加入辅助燃料。此法的缺点是投资较大,运行管理费用较高。

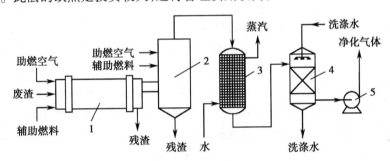

图 13-25 回转炉废渣焚烧装置工艺流程
1—回转炉;2—二次燃烧室;3—废热锅炉;4—水洗塔;5—风机

（三）热解法

热解法是在无氧或缺氧的高温条件下,使废渣中的大分子有机物裂解为可燃的小分子燃料气体、油和固态碳等。热解法与焚烧法是两个完全不同的处理过程。焚烧过程放热,其热量可以回收利用;而热解法则是吸热的。焚烧的产物主要是水和二氧化碳,无利用价值;而热解产物主要为可燃的小分子化合物,如气态的氢、甲烷,液态的甲醇、丙酮、乙酸、乙醛等有机物以及焦油和溶剂等,以及固态的焦炭或炭黑,这些产品可以回收利用。图 13-26 是热解法处理废渣的工艺流程示意图。

（四）填埋法

填埋法是将一时无法利用又无特殊危害的废渣埋入土中,利用微生物的长期分解作用而使其中的有害物质降解。一般情况下,首先要经过减量化和资源化的处理,然后才对剩余的无利用价值的残渣进行填埋处理。同其他处理方法相比,此法的成本较低,且简便易行,但常有潜在的危险性。例如,废渣的渗透液可能会导致填埋场地附近的地表水和地下水的严重污染;某些含有机物的废渣分解时要产生甲烷、氨气和硫化氢等气体,造成场地恶臭,严重破坏周围的环境卫生,而且甲烷的积累还可能引起火灾或爆炸。因此,要认真仔细地选择填埋场地,并采取妥善措施,防止对水资源造成污染。

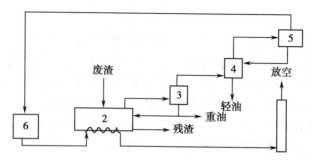

图 13-26　热解法工艺流程

1—碾碎机;2—热解炉;3—重油分离塔;4—轻油分离塔;5—气液分离器;6—燃烧室;7—烟道

除以上几种方法外,废渣的处理方法还有生物法、湿式氧化法等多种方法。生物法是利用微生物的代谢作用将废渣中的有机污染物转为简单、稳定的化合物,从而达到无害化的目的。湿式氧化法是在高压和 150~300℃ 的条件下,利用空气中的氧对废渣中的有机物进行氧化,以达到无害化的目的,整个过程在有水的条件下进行。

三、各类制药废渣的处理

（一）化学合成药物产生废渣的处理技术

化学合成药物生产过程中,废渣的处理除了常用的热解法之外,近年来还有应用较为广泛的好氧堆肥化技术。

好氧堆肥化是在有氧条件下,好氧菌对废物进行吸收、氧化和分解。微生物通过自身的生命活动,把一部分被吸收的有机物氧化成简单的无机物,同时释放出可供微生物生长活动所需的能量,而另一部分有机物则被合成新的细胞质,使微生物不断生长繁殖,产生出更多的生物体。如图 13-27 所示。

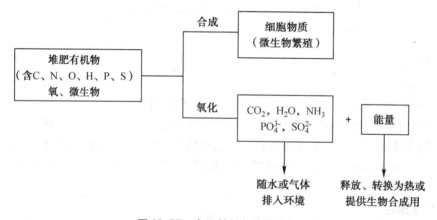

图 13-27　有机的好氧堆肥分解

（二）发酵生产药物产生废渣的处理技术

发酵工业废渣主要是指发酵液经过过滤或提取产品后所产生的废菌渣。其数量通常占发酵液体积的 20%~30%,含水量为 80%~90%。干燥后的菌丝粉中含粗蛋白 20%~30%,脂肪 5%~10%,灰分为 15%,还含有少量的纤维素、钙、磷等物质。有的菌丝中含有残留的抗生素及发酵液处理过程中加入的金属盐或絮凝剂等。

2002年,农业部、原卫生部等部门联合发布了176号文《禁止在饲料和动物饮用水中使用的药物品种目录》,认为"抗生素滤渣是抗生素类产品生产过程中产生的废弃物,因含有微量抗生素成分,在饲料和饲养过程中使用后对动物有一定的促生长作用。但对于养殖业的危害很大,一是容易引起耐药性,二是由于未做安全性试验,存在各种安全隐患"。因此把抗生素菌渣列入目录中,禁止未进行处理的抗生素菌渣作饲料添加剂。同时,最高人民法院、最高人民检察院颁布了《关于办理非法生产、销售、使用禁止在饲料和动物饮用水中使用药品等刑事案件具体应用法律若干问题的解释》,进一步强化了对抗生素菌渣流向饲料市场的管理。2008年,"化学药品原料药生产过程中的母液及反应基或培养基废物"被列入《国家危险废物名录》。

目前,对抗生素菌丝废渣的处理还在寻求妥善的处置途径。许多制药企业开展了抗生素菌渣无害化处置和不同用途的研究,例如用青霉素菌渣制抗生素发酵原料(代替豆饼粉);抗生素菌渣无害化处理后制菌体蛋白作饲料添加剂;利用酶催化降解青霉素菌渣中残留的青霉素后,制粒烘干制成有机肥。2012年,环境保护部《制药工业污染防治技术政策》规定,抗生素类药物生产产生的菌丝废渣应作为危险废物处置;维生素、氨基酸及其他发酵类药物生产产生的菌丝废渣经鉴别并认定为非危险废物后可用于生产有机肥料,鼓励开发发酵菌渣在生产工艺中的再利用技术,以及无害化处理技术、综合利用技术。

(三)中药废渣的处理技术

中药提取后药渣排放和处理是中药提取的棘手问题,每个中药生产企业都要处理大量的药渣,这些药渣如果简单地露天堆放,将发酵霉烂,污染环境。

1. 中药渣的主要来源及化学成分 中药渣主要源于各类生产的过程,其中在中药的生成过程中所留的药渣约占药渣总量的70%。中药的有效成分含量往往较低,中药材经过提取、煎煮后将产生大量药渣,而药渣中通常还存在一定的活性成分。

2. 药渣的综合利用处理 药渣的堆积、填埋都会对环境造成一定的影响,也会造成资源浪费。为了符合绿色环保和清洁生产的发展趋势,通过对中药渣的利用,不仅节省了排污费,也可以把它作为燃料以及用于生产食用菌、有机肥料甚至是动物的保健饲料。中药渣主要的处理途径为焚烧处理,即将提取后的药渣装入药渣收集罐。为了达到焚烧炉的焚烧要求,进一步提高焚烧炉的燃烧效率,节约能源,需要在焚烧之前进行烘干处理。

(尚振华)

参 考 文 献

1. 国家药典委员会. 中华人民共和国药典. 2010 年版. 北京：中国医药科技出版社,2010
2. 中华人民共和国国务院. 中华人民共和国药品管理法实施条例. 2002 年 8 月 15 日
3. 工信部. 医药工业"十二五"发展规划. 2012 年 1 月 19 日
4. 尼尔. G. 安德森. 实用有机合成工艺研发手册. 北京：科学出版社,2011
5. 杨淑慎,武浩,赛务加甫,等. 细胞工程. 北京：科学出版社,2009
6. 元英进,赵广荣,孙铁民,等. 制药工艺学. 北京：化学工业出版社,2007
7. 梅兴国. 药物新剂型与制剂新技术. 北京：化学工业出版社,2007
8. 周晶,冯淑华. 中药提取分离新技术. 北京：科学出版社,2010
9. 国家食品药品监督管理局. 药品生产质量管理规范(2010 修订版). 2010
10. 国家食品药品监督管理局. 原料药 GMP 实施指南. 2010
11. 张珩,万春杰. 药物制剂过程装备与工程设计. 北京：化学工业出版社,2012
12. 中华人民共和国环境保护部. 制药工业污染防治技术政策(征求意见稿). 2009
13. 赵临襄,王志祥. 化学制药工艺学. 北京：中国医药科技出版社,2003
14. 王效山,夏伦祝. 制药工业三废处理技术. 北京：化学工业出版社,2010
15. 邹玉繁,晏亦林. 制药企业安全生产与健康保护. 北京：化学工业出版社,2010